Manfred J. Holler · Gerhard Illing

Einführung in die Spieltheorie

Siebte Auflage

Prof. Dr. Manfred J. Holler
Universität Hamburg
Institut für Allokation und Wettbewerb
Arbeitsbereich Mikroökonomik
Von-Melle-Park 5
20146 Hamburg
holler@hermes1.econ.uni-hamburg.de

Prof. Dr. Gerhard Illing
Ludwig-Maximilians-Universität München
Volkswirtschaftliches Institut
Seminar für Makroökonomie
Ludwigstr. 28/012 (Rgb.)
80539 München
gerhard.illing@lrz.uni-muenchen.de

ISBN 978-3-540-69372-7

Springer-Lehrbuch ISSN 0937-7433

Bibliografische Information der Deutschen Nationalbibliothek
Die Deutsche Bibliothek verzeichnet diese Publikation in der Deutschen Nationalbibliografie; detaillierte bibliografische Daten sind im Internet über http://dnb.d-nb.de abrufbar.

Satz und Herstellung: le-tex publishing services oHG, Leipzig
Umschlaggestaltung: WMXDesign GmbH, Heidelberg

Gedruckt auf säurefreiem Papier

9 8 7 6 5 4 3 2 1

springer.de

Vorwort zur siebten Auflage

Wir haben die Möglichkeit einer weiteren Auflage des Buches genutzt, den Text leserfreundlicher zu gestalten, den Sach- und Personenindex zu überarbeiten und neuere Literatur einzuarbeiten. Wir möchten uns herzlich bei den Kollegen, Studenten und Lesern bedanken, die durch ihre Hinweise und Anregungen zur gelungenen Überarbeitung des Buches beitrugen.

Hamburg und München
August 2008

Manfred J. Holler
Gerhard Illing

Vorwort zur vierten Auflage

Als vor rund einem Jahrzehnt die erste Auflage des vorliegenden Buches erschien, konnten selbst viele Fachkollegen mit der Spieltheorie wenig anfangen. Inzwischen gibt es dazu an vielen ökonomischen Fachbereichen regelmäßig Lehrveranstaltungen. Die Spieltheorie hat Eingang in fast alle Bereiche der Wirtschaftswissenschaften gefunden. Zahlreiche Lehrbücher der Mikroökonomie enthalten heute ein Kapitel zur Spieltheorie. Ihre eigentliche Domäne aber ist die Industrieökonomik: Sie hat durch die Spieltheorie ein neues, sehr attraktives Gesicht bekommen, das nicht nur Theoretiker nachhaltig inspiriert, sondern auch Praktiker anzieht, die nach einem Fundament für ihre Entscheidungen und eine Erklärung für ihre Umwelt suchen. Dieser Entwicklung wurde durch Einarbeitung neuerer Ergebnisse zur asymmetrischen Information, der Messung von Macht und der evolutorischen Theorie Rechnung getragen und auch dadurch, daß die Darstellung vereinfacht und in manchen Teilen etwas ausführlicher wurde.

Hamburg und Frankfurt am Main
Dezember 1999

Manfred J. Holler
Gerhard Illing

Vorwort zur dritten Auflage

Die Spieltheorie wurde seit der letzten Auflage dieses Buches nicht nur durch den Nobelpreis an John Harsanyi, John Nash und Reinhard Selten in besonderer Weise ausgezeichnet, sie entwickelte sich auch weiter. Die vorliegende dritte Auflage trägt diesen Entwicklungen sowohl durch die Einbeziehung der Theorie evolutorischer Spiele (neues Kap. 8) als auch durch umfangreiche Überarbeitungen und Erweiterungen Rechnung.

Hamburg und Frankfurt am Main
Januar 1996

Manfred J. Holler
Gerhard Illing

Vorwort zur ersten Auflage

Spieltheoretische Methoden werden heute in allen Bereichen der Wirtschafts- und Sozialwissenschaften intensiv verwendet. Die Spieltheorie stellt das formale Instrumentarium zur Analyse von Konflikten und Kooperation bereit. Viele neu entwickelte spieltheoretische Konzepte sind bisher jedoch nur in Darstellungen zugänglich (häufig nur anhand der Originalaufsätze), die die Kenntnis fortgeschrittener mathematischer Methoden voraussetzen und damit für Studenten schwer verständlich sind. Die vorliegende Einführung setzt nur solche mathematische Grundkenntnisse voraus, wie sie von Studenten im Hauptstudium mit wirtschaftswissenschaftlicher Ausbildung erwartet werden. Das Buch gibt einen umfassenden Überblick über den neuesten Stand der Spieltheorie. Die Darstellung legt den Schwerpunkt auf die Vermittlung der grundlegenden Ideen und der intuitiven Konzepte; auf eine Ableitung von Beweisen wird weitgehend verzichtet. Anhand von zahlreichen Beispielen wird illustriert, wie sich spieltheoretische Konzepte auf ökonomische Fragestellungen anwenden lassen.

Das erste Kapitel gibt einen informellen Überblick über die in diesem Buch behandelten Fragestellungen. Die formalen Grundlagen, die zum Verständnis spieltheoretischer Modelle notwendig sind, werden in Kap. 2 behandelt. Kapitel 3 und 4 analysieren nicht-kooperative Spiele. Kapitel 3 führt in verschiedene Gleichgewichtskonzepte ein. Dynamische Spiele werden in Kap. 4 behandelt. An die Darstellung von Verfeinerungen des Nash-Gleichgewichts für Spiele in extensiver Form schließt sich die Analyse wiederholter Spiele an mit einer Diskussion der Folk-Theoreme sowie endlich wiederholter Spiele. Kapitel 5 und 6 behandeln kooperative Spiele. Kapitel 5 führt in die axiomatische Theorie der Verhandlungsspiele ein. Eine Darstellung des Zeuthen-Harsanyi-Verhandlungsspiels sowie strategischer Verhandlungsmodelle schließt sich an. Kapitel 6 untersucht Konzepte zur Analyse von Spielen mit Koalitionsbildung. Kapitel 7 gibt eine Einführung in die Theorie des Mechanismus-Designs und der Implementierung. Es wird gezeigt, wie spieltheoretische Konzepte neue Einsichten für das Verständnis der Grundlagen ökonomischer Theorie liefern können.

Das Buch entstand aus Skripten zu Vorlesungen über Spieltheorie, die an den Universitäten Århus, München und Bamberg gehalten wurden. Wir danken allen Kollegen und Studenten, die Anregungen für das Buch gegeben haben. Toni Bauer, Friedel Bolle, Thomas Hueck, Hartmut Kliemt sowie Kai Vahrenkamp haben wertvolle Kommentare bei der Durchsicht von Teilen des Manuskripts gegeben. Für die Mithilfe bei der Erstellung des Satzes danken wir Martin Bauer und Marcus Mirbach. Die Abbildungen wurden von Jesper Lindholt erstellt.

Århus und München
Dezember 1990

Manfred J. Holler
Gerhard Illing

Inhaltsverzeichnis

Kapitel 1
Einführung

Gegenstand der Spieltheorie ist die Analyse von **strategischen Entscheidungssituationen**, d. h. von Situationen, in denen

(a) das Ergebnis von den Entscheidungen mehrerer Entscheidungsträger abhängt, so daß ein einzelner das Ergebnis nicht unabhängig von der Wahl der anderen bestimmen kann;
(b) jeder Entscheidungsträger sich dieser Interdependenz bewußt ist;
(c) jeder Entscheidungsträger davon ausgeht, daß alle anderen sich ebenfalls der Interdependenz bewußt sind;
(d) jeder bei seinen Entscheidungen (a), (b) und (c) berücksichtigt.

Aufgrund der Eigenschaften (a) bis (d) sind **Interessenskonflikte** und/oder **Koordinationsprobleme** charakteristische Eigenschaften von strategischen Entscheidungssituationen. Die Spieltheorie liefert eine Sprache, mit deren Hilfe sich solche Situationen analysieren lassen. Man kann sie als Spielsituationen beschreiben, bei denen jeder Spieler **Erwartungen** über das Verhalten der Mitspieler bildet oder auf die Entscheidungen der Mitspieler reagiert und dann nach gewissen Regeln seine Entscheidungen trifft. **Erwartungsbildung** und das sich *Hineindenken* in das Entscheidungsproblem der Mitspieler sind zentrale Ansatzpunkte für die Spieltheorie.

1.1 Spieltheorie und Ökonomie

Viele ökonomische Fragestellungen weisen die hier aufgeführten Eigenschaften auf. Die Spieltheorie bietet ein formales Instrumentarium, das bei der Analyse dieser Fragen verwendet werden kann. Umgekehrt hat gerade in den letzten Jahren die Behandlung ökonomischer Probleme zur Fortentwicklung und Verfeinerung spieltheoretischer Konzepte wesentlich beigetragen. Von vielen Ökonomen wird die Spieltheorie heute als die *formale Sprache der ökonomischen Theorie* betrachtet.

Besonders fruchtbar hat sich die Anwendung im Bereich unvollkommener Konkurrenz (Oligopole) und beschränkter Information (Moral Hazard, Adverse Selection) erwiesen. Aber inzwischen gibt es keinen Bereich der Mikroökonomik, in dem Spieltheorie nicht angewandt wird. Mit der Entwicklung der evolutorischen Spieltheorie einerseits und der Mikrofundierung der Makroökonomik andererseits, ergeben sich zunehmend sehr fruchtbare Anwendungsfelder auch in der Makroökonomik. Aber wir werden im Laufe dieses Textes auch Anwendungen der Spieltheorie in der Philosophie, Soziologie und den Politikwissenschaften kennenlernen. Spieltheorie wird aber auch auf die Interpretation von Literatur (Brams, 1994) und Theater (Holler und Klose-Ullmann, 2008) angewandt.

Ziel des vorliegenden Lehrbuches ist es, eine Einführung in die formalen Konzepte zu geben und sie an Hand von Beispielen aus der ökonomischen Theorie zu motivieren. Damit ist bereits die Methode charakterisiert, die wir in dem Buch verwenden: Wir stellen formale Konzepte der Spieltheorie dar und zeigen an Beispielen, wie sie auf ökonomische Fragestellungen angewendet werden können. Dabei werden wir die Beziehungen zwischen der Formulierung **ökonomischer Probleme** und der Formulierung **spieltheoretischer Konzepte** herausarbeiten.

1.2 Das Gefangenendilemma

Die wesentlichen Merkmale einer Spielsituation lassen sich mit Hilfe des wohl bekanntesten Spiels, dem **Gefangenendilemma** bzw. **Prisoner's Dilemma**, charakterisieren. Luce und Raiffa (1957, S. 95) haben die Entscheidungssituation dieses Spiels so beschrieben: „Zwei Verdächtige werden in Einzelhaft genommen. Der Staatsanwalt ist sich sicher, daß sie beide eines schweren Verbrechens schuldig sind, doch verfügt er über keine ausreichenden Beweise, um sie vor Gericht zu überführen. Er weist jeden Verdächtigen darauf hin, daß er zwei Möglichkeiten hat: das Verbrechen zu gestehen oder aber nicht zu gestehen. Wenn beide nicht gestehen, dann, so erklärt der Staatsanwalt, wird er sie wegen ein paar minderer Delikte wie illegalem Waffenbesitz anklagen, und sie werden eine geringe Strafe bekommen. Wenn beide gestehen, werden sie zusammen angeklagt, aber er wird nicht die Höchststrafe beantragen. Macht einer ein Geständnis, der andere jedoch nicht, so wird der Geständige nach kurzer Zeit freigelassen, während der andere die Höchststrafe erhält."

Die beiden Gefangenen werden vom Staatsanwalt vor ein strategisches Entscheidungsproblem gestellt. Ihre Lage läßt sich formal als Spielsituation auffassen. Eine spieltheoretische Analyse muß sich dabei mit zwei Fragen auseinandersetzen:

(1) Was ist die geeignete formale Darstellung der Spielsituation? Dabei geht es darum, die wesentlichen Aspekte der Spielsituation in einem geeigneten Modell zu erfassen.
(2) Wie lautet die Lösung des Spiels? Aufbauend auf der Beschreibung der jeweiligen Spielsituation, besteht die eigentliche Funktion der Spieltheorie darin, ein geeignetes **Lösungskonzept** zu entwickeln, das von allen möglichen Ergebnissen (Spielverläufen) diejenigen auswählt, die bei rationalem Verhalten der Spieler als Ergebnis („Lösung") zu erwarten sind. Freilich ist dabei keineswegs sicher, daß die Theorie ein eindeutiges Ergebnis angeben kann.

Versuchen wir nun, beide Fragen für das Gefangenendilemma zu beantworten. Das **Lösungsproblem** besteht hier darin, für jeden Spieler eine **individuell rationale Strategie** zu definieren.

1.2.1 Spielsituation und Spielform

Die Spielsituation der zwei Gefangenen können wir formal so beschreiben: Beide haben als Spieler $i = 1$ oder $i = 2$ (also $i = 1,2$) jeweils zwei **reine Strategien** s_i zur Auswahl: *„Nicht gestehen"* (s_{i1}) oder *„Gestehen"* (s_{i2}). Je nachdem, welche Strategien die beiden wählen, ergibt sich eine bestimmte Strategiekombination s als ein Paar (s_1, s_2). Insgesamt sind vier (2×2) Kombinationen von reinen Strategien möglich. Durch eine Kombination s wird ein **Ereignis** $e(s)$ bzw. die Anzahl von Jahren bestimmt, die jeder im Gefängnis verbringen muß. Wir können das Spiel mit den vier möglichen Ereignissen in der Matrix 1.1 zusammenfassen.

Matrix 1.1. Ereignismatrix des Gefangenendilemmas *(Prisoner's Dilemma)*

	Spieler 2	
Spieler 1	Nicht Gestehen s_{21}	Gestehen s_{22}
Nicht Gestehen s_{11}	1 Jahr für 1 1 Jahr für 2	10 Jahre für 1 3 Monate für 2
Gestehen s_{12}	3 Monate für 1 10 Jahre für 2	8 Jahre für 1 8 Jahre für 2

Für eine vollständige formale Darstellung eines Spiels sind Angaben über die Menge der Spieler $N = \{1, \ldots, n\}$, wobei n die Anzahl der Spieler ist, über die Menge S der **Strategiekombinationen** $s = (s_1, \ldots, s_i, \ldots, s_n)$ und über die **Menge der Ereignisse** E notwendig.

Der **Strategieraum** S ist die Menge aller möglichen Kombinationen aus den Strategien $s_i \in S_i$, welche die verschiedenen Spieler i ($i = 1, \ldots, n$) wählen können, wobei S_i die Menge aller Strategien (d. h. **Strategienmenge)** bezeichnet, über die Spieler i verfügt. Ferner ist die Beschreibung der Spielregeln erforderlich. Sie legen fest, in welcher Reihenfolge die Spieler zum Zuge kommen und welches Ereignis $e(s) \in E$ durch die Strategiekombination s bestimmt ist.

In der Schilderung von Luce und Raiffa und in der Matrix 1.1 sind die Regeln implizit definiert. Sie lauten: Beide Gefangenen wählen ihre Strategien gleichzeitig, ohne die Wahl des Mitspielers zu kennen. Eine Kommunikation zwischen beiden, die eine Koordinierung der Strategien ermöglichen könnte, oder gar der Abschluß von bindenden Vereinbarungen (die Möglichkeit einer Kooperation) sind nicht zugelassen. Die Spielsituation ist selbst **nicht-kooperativ**.

Bei manchen Fragestellungen, z. B. beim Vergleich alternativer institutioneller Regelungen (etwa von Verfassungen, Wahlsystemen, Abstimmungsregeln etc.), geht es allein darum, *allgemeine Eigenschaften verschiedener Spielsituationen* miteinander zu *vergleichen* und zu *beurteilen* – unabhängig davon, wie die einzelnen Ereignisse jeweils von den Spielern bewertet werden. Dann genügt es, Spielsituationen in der Form $\Gamma' = (N,S,E)$ (wie etwa in Matrix 1.1) zu analysieren. Eine solche Darstellung bezeichnet man als **Spielform**.

Ein konkretes Spiel dagegen liegt erst dann vor, wenn wir auch die *Bewertung* der Ereignisse durch die Spieler (bzw. ihre Präferenzen) spezifizieren.

1.2.2 Das Spiel

Ein **Lösungskonzept** sollte jedem Mitspieler Anweisungen geben, welche Strategie er wählen sollte. Dies ist nur dann möglich, wenn die Spieler die verschiedenen Ereignisse entsprechend ihren Präferenzen ordnen können. Im konkreten Beispiel liegt es nahe, anzunehmen, jeder Spieler ziehe eine kürzere Zeit im Gefängnis einer längeren vor. Das ermöglicht es uns, dem Spieler i für jedes Ereignis $e \in E$ einen **Nutzenindex** $u_i(e)$ zuzuordnen. Die Wahl der Nutzenindexzahl ist dabei willkürlich, solange die Ordnung erhalten bleibt, d. h. solange man einer kürzeren Gefängniszeit jeweils einen höheren Index zuweist, denn die Nutzenfunktion ist ordinal.[1] Weil eine Strategiekombination $s \in S$ eindeutig ein Ereignis $e \in E$ entsprechend der Ereignisfunktion $e(s)$ bestimmt, kann für jedes s den Spielern i entsprechend der Nutzen- oder Auszahlungsfunktion $u_i(s)$ eindeutig ein bestimmter **Nutzenindex** zugeordnet werden.

Ein **Spiel** $\Gamma = (N,S,u)$ ist also vollständig beschrieben durch:

1. die **Menge der Spieler** $N = \{1,\ldots,n\}$.
2. den **Strategieraum** S, der die Menge aller möglichen Strategiekombinationen $s = (s_1,\ldots,s_i,\ldots,s_n)$ aus den Strategien der einzelnen Spieler angibt, d. h. $s \in S$.
3. die **Nutzenfunktionen** $u = (u_1,\ldots,u_n)$. Hierbei gibt $u_i(s)$ den Nutzen für Spieler i wieder, wenn die Strategiekombination s gespielt wird. Die Funktion $u_i(\cdot)$ wird auch **Auszahlungsfunktionen** genannt.
4. die **Spielregeln** (soweit sie durch die **Strategienmengen** S_i festgelegt sind).

Wird in einem Spiel $\Gamma = (N,S,u)$ eine bestimmte Strategiekombination s gespielt, ergibt sich daraus die *Nutzenkombination* $u(s)$. Die Menge aller zulässigen (möglichen) Nutzenkombinationen, den **Auszahlungsraum**, bezeichnen wir mit:

$$P = \{u(s)\,|\,s \in S\} = \{(u_1(s),\ldots,u_n(s)) \quad \text{für alle } s \in S\} \ .$$

Ein Spiel, das ein **Gefangenendilemma** darstellt, läßt sich z. B. durch die nachfolgende Auszahlungsmatrix abbilden.

[1] Wir werden im folgenden die Nutzenfunktion nach von Neumann und Morgenstern (1947 [1944]) verwenden, mit deren Hilfe Entscheidungen unter Unsicherheit analysiert werden können (vgl. Abschnitt 2.3).

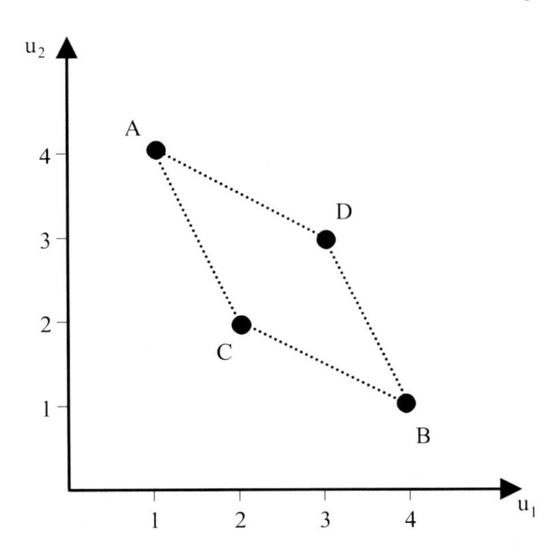

Abb. 1.1 Auszahlungsraum des Gefangenendilemmas

Matrix 1.2. Auszahlungsmatrix für das Gefangenendilemma

	Spieler 2	
Spieler 1	s_{21}	s_{22}
s_{11}	$(3,3)$	$(1,4)$
s_{12}	$(4,1)$	$(2,2)$

Betrachten wir als Beispiel die **strategische Entscheidungssituation** des Gefangenendilemmas. Sie läßt sich bei der Wahl eines entsprechenden **Nutzenindex** für jeden Spieler durch Matrix 1.2 beschreiben. Die Menge der zulässigen Kombinationen $P = \{(1,4);(4,1);(2,2);(3,3)\}$ ist durch die Punkte A, B, C und D charakterisiert (Abb. 1.1).

Man bezeichnet die Darstellungsform eines Spieles in einer Matrix als **strategische Form** (oder auch als **Normal-** oder **Matrixform**) eines Spiels. Als weitere Darstellungsformen werden wir später die **extensive** bzw. **sequentielle Form** sowie die **Koalitionsform** kennenlernen.

1.2.3 Lösungskonzepte

Welche Strategie sollte ein Spieler in diesem Spiel wählen? Dem Leser wird es nicht schwer fallen, für das Gefangenendilemma eine Lösung anzugeben. Sie besteht darin, beiden Gefangenen ein Geständnis zu empfehlen. In der beschriebenen Situation ist dies für jeden Spieler die einzig individuell rationale Strategie.

Diese Lösung hat freilich, zumindest auf den ersten Blick, recht überraschende Eigenschaften: Offensichtlich ist die Strategiekombination (s_{11}, s_{21}) („*Nicht ge-*

stehen“) für beide Gefangene besser als die Kombination (s_{12}, s_{22}) (*„Gestehen“*). Doch unter den beschriebenen Bedingungen wäre „Nicht Gestehen“ kein individuell rationales Verhalten, weil die beiden keinen *bindenden Vertrag* abschließen können. Folglich muß die Lösung – wie bei allen nicht-kooperativen Spielen – so gestaltet sein, daß keiner der Spieler ein Eigeninteresse daran hat, von ihr abzuweichen: Sie muß aus sich selbst heraus durchsetzbar **(self-enforcing)** sein.

Die Kombination (s_{11}, s_{21}) erfüllt diese Eigenschaft nicht: Angenommen, Spieler 2 verfolgt die Strategie s_{21}, dann stellt sich Spieler 1 besser, wenn er ein Geständnis macht (s_{12} wählt). Aber auch falls 2 gesteht, ist für 1 wiederum ein Geständnis (s_{12}) die beste Strategie. Offensichtlich ist es – unabhängig davon, was 2 tut – individuell rational zu gestehen. Das gleiche gilt entsprechend für den zweiten Spieler. Gestehen ist also für beide Spieler eine **strikt dominante Strategie**, denn für jeden Spieler i gilt $u_i(s_{i2}, s_{ik}) > u_i(s_{i1}, s_{ik})$ – *unabhängig davon, welche Strategie k der Spieler j wählt.*

Es ist somit einfach, ein **Lösungskonzept** für das Gefangenendilemma zu entwickeln: es besteht darin, jedem Spieler die Wahl seiner **strikt dominanten Strategie** zu empfehlen. Die Kombination (s_{12}, s_{22}) ergibt als Lösung ein **Gleichgewicht in dominanten Strategien**. Das Strategiepaar (s_{12}, s_{22}) ist ein Gleichgewicht, weil keiner der beiden Spieler, gegeben die Strategie des anderen, einen Anreiz hat, eine andere Strategie zu wählen.

Man sieht auch, daß sich die gleiche Lösung ergeben würde, falls die Gefangenen die Möglichkeit hätten, vor ihrer Entscheidung in Kontakt zu treten und Absprachen zu treffen. Angenommen, sie vereinbaren, nicht zu gestehen. Da es keinen Mechanismus gibt, der bindend vorschreibt, sich an die Vereinbarungen zu halten, würde jeder der beiden einen Anreiz haben, von der Vereinbarung abzuweichen. Die kooperative Strategie ist nicht aus sich selbst heraus durchsetzbar; wie gezeigt, ist ja „Gestehen“ eine dominante Strategie. Daran wird deutlich, daß die Lösung einer Spielsituation wesentlich davon bestimmt wird, inwieweit einzelne Spieler *Verpflichtungen über zukünftige Handlungen bindend festlegen* können.

Können die Spieler **bindende Abmachungen** treffen, so liegt ein **kooperatives Spiel** bzw. ein **Verhandlungsspiel** (bzw. **bargaining game**) vor. Dies setzt voraus, daß nicht nur *Kommunikation* möglich ist, sondern daß die *Abmachung exogen durchgesetzt* werden kann (etwa durch eine dritte Partei). Fehlt eine solche Möglichkeit, so ist das Spiel nicht-kooperativ.

In **nicht-kooperativen Spielen** muß jede Lösung so gestaltet sein, daß jeder einzelne Spieler ein Eigeninteresse daran hat, nicht davon abzuweichen. Lösungen mit dieser Eigenschaft bezeichnen wir als **Gleichgewicht**. Interessanterweise ist das Gleichgewicht des nicht-kooperativen Spiels **ineffizient** bzw. **nicht pareto-optimal**, soweit es die beteiligten Spieler, und nicht den „Staatsanwalt“ betrifft: Individuell rationales, von Eigeninteresse geleitetes Verhalten führt zu einem Ergebnis, das für die Beteiligten insofern nicht optimal ist, als sich beide bei kooperativem Verhalten besser stellen könnten. Wie wir später sehen werden, sind die Lösungen vieler nicht-kooperativer Spiele ineffizient.

Für ein **nicht-kooperativen Spielen** $\Gamma = (N, S, u)$ wählt ein **Lösungskonzept** f aus dem Strategienraum S eine Teilmenge von Strategiekombinationen: $f(\Gamma) \subset S$.

wenn die Menge $f(\Gamma)$ stets nur ein Element enthält, dann ist f ein **eindeutiges Lösungskonzept**. Man sagt dann, daß es einen Strategienvektor als Spielergebnis bestimmt.

Für ein **kooperatives Spiel** B wählt ein **Lösungskonzept** F eine Teilmenge von Auszahlungsvektoren aus dem Auszahlungsraum P aus: $F(B) \subset P$. Wenn die Menge $F(B)$ stets nur ein Element enthält, dann ist F ein **eindeutiges Lösungskonzept**. Man sagt dann auch, daß es einen Auszahlungsvektor als Spielergebnis bestimmt.

1.2.4 Anwendungen

Die Eigenschaften des Gefangenendilemmas sind für eine ganze Reihe von ökonomischen Entscheidungssituationen charakteristisch. Die formale Struktur dieses Spiels läßt sich durch geeignete Interpretation von Strategienmenge und Auszahlungsmatrix auf sehr unterschiedliche Fragestellungen übertragen. Verdeutlichen wir uns das kurz an zwei Beispielen: (1) *Kartellabsprachen in einem Dyopol* und (2) *Private Entscheidung über die Bereitstellung öffentlicher Güter*.

1.2.4.1 Kartellabsprachen im Dyopol

Zwei Produzenten treffen sich an einem geheimen Ort, um über die Bildung eines Kartells zu beraten. Bisher haben beide – in einem scharfen Konkurrenzkampf – nur einen Gewinn von 10 erzielt. Sie erkennen, daß jeder einen Gewinn in Höhe von 50 erzielen könnte, wenn sie durch eine Kartellabsprache die Produktion stark einschränken könnten. Obwohl das Verhältnis der Konkurrenten von gegenseitigem Mißtrauen geprägt ist, einigen sie sich angesichts der vorliegenden Zahlen rasch auf die Festlegung von Produktionsbeschränkungen.

Von den erfolgreich verlaufenen Geheimberatungen zurückgekehrt, rechnet jeder Produzent im eigenen Büro nochmals nach: Wenn mein Konkurrent sich an die Vereinbarung hält, kann ich meinen Gewinn weiter steigern, indem ich mehr als vereinbart produziere. Mein Gewinn betrüge dann sogar 100, während mein Konkurrent dann gar keinen Gewinn erzielt ($G = 0$). Andererseits kann ich meinem Konkurrenten nicht trauen: Er wird die Abmachungen bestimmt nicht einhalten, denn auch ihm bietet sich eine größere Gewinnmöglichkeit, wenn er sie nicht erfüllt. Dann aber machte ich selbst keinen Gewinn, wenn ich mich an die Kartellabsprachen hielte.

Matrix 1.3. Kartellabsprachen im Dyopol

	s_{21}	s_{22}
s_{11}	$(50, 50)$	$(0, 100)$
s_{12}	$(100, 0)$	$(10, 10)$

Die Auszahlungsmatrix 1.3 (mit s_{i1} als „Absprache einhalten" und s_{i2} als „Absprache brechen") verdeutlicht, daß hier die typische Situation des Gefangenendilemmas vorliegt.[2] Die Absprache nicht einzuhalten (s_{i2}), ist für jeden Produzenten die **strikt dominante Strategie**. Trotz Kommunikation erfolgt keine Kooperation, weil bindende Vereinbarungen, die etwa vor Gericht einklagbar wären, nicht möglich sind. Oft sind Kartellabsprachen sogar strafbar.

1.2.4.2 Öffentliche Güter

Ein grundlegendes Anwendungsbeispiel des Gefangenendilemmas in der ökonomischen Theorie ist die Bereitstellung von sogenannten öffentlichen Gütern – das sind Güter, die von mehreren Personen gleichzeitig genutzt werden, ohne daß jemand davon ausgeschlossen werden kann. Es gilt das Prinzip der **Nichtrivalität:** Die Nutzung durch Konsument i beeinträchtigt nicht die Nutzung durch den Konsumenten j. Es ist eine wichtige Aussage der ökonomischen Theorie, daß die Bereitstellung öffentlicher Güter durch einen privaten Marktmechanismus nicht **effizient** erfolgt. Weil ein öffentliches Gut auch ohne eigenen Zahlungsbeitrag genutzt werden kann, ist es individuell rational, sich als **Trittbrettfahrer** (bzw. **Free Rider**) zu verhalten. Das individuell rationale Verhalten führt dann dazu, daß öffentliche Güter privat erst gar nicht angeboten werden.

Die formale Struktur dieses ökonomischen Problems ist im Zwei-Personen-Fall identisch mit der des Gefangenendilemmas. Dies sehen wir am deutlichsten, wenn wir als Grenzfall das folgende Beispiel betrachten: Zwei Personen werden gefragt, ob sie der Einrichtung eines öffentlichen Parks zustimmen. Die Errichtung koste 120 DM. Wenn beide der Errichtung zustimmen, trägt jeder die Hälfte der Kosten. Wenn nur einer zustimmt, trägt er die gesamten Kosten. Stimmt keiner zu, wird der Park nicht gebaut. Die Zahlungsbereitschaft betrage für jeden jeweils DM 110. Der Nettonutzen der beiden – die Differenz zwischen Zahlungsbereitschaft und Zahlungsbeitrag – ist in Matrix 1.4 dargestellt:

Matrix 1.4. Free-Rider-Verhalten als Gefangenendilemma

	s_{21}	s_{22}
s_{11}	$(50,50)$	$(-10,110)$
s_{12}	$(110,-10)$	$(0,0)$

Wie in Matrix 1.2 und 1.3 sind s_{12} und s_{22}, also der Errichtung des Parks *nicht* zuzustimmen, **strikt dominante Strategien**. Als Konsequenz wird der Park nicht errichtet. Dieses Ergebnis ist unvermeidlich, solange für die Spieler keine Möglichkeit besteht, *bindende Verträge* abzuschließen oder sich die Situation nicht wieder-

[2] Durch eine entsprechende Transformation der Auszahlungsmatrix läßt sich die Matrix 1.3 in die Matrix 1.2 überführen.

holt. In einer solchen Situation wären beide besser gestellt, wenn jeder etwa durch eine staatliche Verordnung (oder Besteuerung) verpflichtet würde, die Hälfte der Errichtungskosten zu übernehmen. Es ist zu vermuten, daß beide Spieler sich in bilateralen Verhandlungen auf die kooperative Lösung einigen würden, wenn sie bindende Vereinbarungen schließen könnten. Eine solche Kooperation wird wesentlich schwieriger, wenn die individuelle Zahlungsbereitschaft der einzelnen Spieler nicht bekannt ist. Die Schwierigkeit bei der effizienten Bereitstellung öffentlicher Güter liegt in der fehlenden Information über die wahre Zahlungsbereitschaft der Individuen.

1.3 Überblick

Es erwies sich als einfache Aufgabe, eine geeignete Darstellungsform und ein überzeugendes **Lösungskonzept** für das Gefangenendilemma zu formulieren. Das liegt daran, daß der Staatsanwalt eine Spielsituation mit sehr einfachen Eigenschaften konstruierte. Wir werden nun diskutieren, welche Schwierigkeiten sich bei komplizierteren Spielsituationen ergeben und dabei einen Überblick über die Fragen geben, mit denen wir uns in den folgenden Kapiteln beschäftigen werden.

1.3.1 Nash-Gleichgewichte in Matrixspielen

Im Gefangenendilemma verfügt jeder Spieler über eine **strikt dominante Strategie**. Das bedeutet: Ein Spieler kann somit seine optimale Strategie unabhängig davon bestimmen, was sein Mitspieler tut. Die Entscheidung eines Spielers ist unabhängig von seinen Erwartungen über das Verhalten des Mitspielers. Wenn alle strategischen Entscheidungen so einfach zu lösen wären, wäre Spieltheorie nicht nur langweilig, sondern geradezu überflüssig: Das, was strategische Situationen erst interessant und, wie wir sehen werden, so schwierig zu lösen macht, ist die Tatsache, daß das eigene Verhalten wesentlich von den *Erwartungen über das Verhalten der Mitspieler* abhängt, und nicht zuletzt auch von der Einschätzung darüber, welche *Erwartungen diese wiederum über das Verhalten aller Mitspieler* bilden. In der Mehrzahl aller Spielsituationen gibt es keine dominanten Strategien – folglich ist das **Lösungskonzept** *„Wahl der dominanten Strategie"* nicht anwendbar.

Ein einfaches Beispiel für ein Spiel *ohne* dominante Strategien ist Matrix 1.5. Hier hängt die beste Strategie für einen Spieler davon ab, wie sich der Gegenspieler verhält: Würde Spieler 2 die Strategie s_{21} wählen, so wäre s_{11} für Spieler 1 die beste Antwort, bei s_{22} wäre es s_{12} und bei s_{23} schließlich s_{13}. Umgekehrt würde Spieler 2 die Strategie s_{23} vorziehen, wenn Spieler 1 die Strategie s_{11} wählen würde, bei s_{12} würde er mit s_{22} reagieren und auf s_{13} wäre s_{21} die beste Antwort.

Matrix 1.5. Spiel ohne dominante Strategien

	s_{21}	s_{22}	s_{23}
s_{11}	$(8,-8)$	$(1,1)$	$(-8,8)$
s_{12}	$(1,1)$	$(2,2)$	$(1,1)$
s_{13}	$(-8,8)$	$(1,1)$	$(8,-8)$

Für welche Strategien sollten sich die Spieler entscheiden? Ein individuell rationaler Spieler wird, allgemein gesprochen, die Strategie wählen, die seinen erwarteten Nutzen maximiert. *Wenn es keine dominanten Strategien gibt, setzt dies voraus, daß der Spieler sich Erwartungen über die Strategiewahl seiner Mitspieler bildet.* Die Art und Weise, wie diese Erwartungsbildung erfolgt, bestimmt entscheidend das **Lösungskonzept** für das jeweils analysierte Spiel.

In Kap. 3 werden wir uns ausführlich mit der Frage befassen, wie man geeignete Lösungskonzepte formulieren kann. Es wird sich zeigen, daß bei der Bestimmung von *konsistenten Lösungskonzepten* für **nicht-kooperative Spiele** in strategischer Form dem sogenannten Gleichgewichtskonzept eine fundamentale Bedeutung zukommt. Eine *Strategiekombination* ist dann ein **Nash-Gleichgewicht**, wenn die entsprechende Strategie jedes Spielers seinen erwarteten Nutzen maximiert, *vorausgesetzt, daß alle anderen Spieler ihre entsprechenden Gleichgewichtsstrategien spielen*.

Welche Strategiekombination ist im Beispiel der Matrix 1.5 ein **Nash-Gleichgewicht**? Greifen wir eine beliebige Kombination heraus, z. B. (s_{11}, s_{21}). Die Strategie s_{11} ist zwar die beste Antwort auf Strategie s_{21}. Würde jedoch Spieler 1 die Strategie s_{11} spielen, dann würde Spieler 2 sich durch die Wahl von s_{23} besser stellen: Unter der Voraussetzung, daß s_{11} gespielt wird, wäre s_{21} keine nutzenmaximierende Entscheidung. Die Kombination erfüllt also nicht die Bedingung für ein Nash-Gleichgewicht. Ähnlich kann man bei fast allen anderen Kombinationen argumentieren. Einzig bei der Kombination (s_{12}, s_{22}) besteht für keinen der Spieler ein Grund, von seiner Strategie abzuweichen, vorausgesetzt der andere Spieler hält sich an den Vorschlag: (s_{12}, s_{22}) ist ein Nash-Gleichgewicht. Die betrachteten Strategien stellen **wechselseitig beste Antworten** dar. Es ist damit unmittelbar einsichtig, daß ein **Gleichgewicht in dominanten Strategien** immer auch ein **Nash-Gleichgewicht** ist.

Ein Lösungsvorschlag, der mit den Erwartungen aller Spieler in dem Sinne konsistent ist, daß er wechselseitig beste Antworten enthält, muß immer ein Nash-Gleichgewicht sein. Das liegt daran, daß bei jedem anderen Lösungsvorschlag mindestens ein Spieler einen Anreiz hätte, eine andere Strategie als vorgeschlagen zu wählen, wenn er glaubt, daß sich alle anderen an den Vorschlag halten. Folglich würden sich die Erwartungen, die vorgeschlagene Kombination sei Lösung des Spiels, nicht selbst bestätigten.

Das Nash-Gleichgewicht (s_{12}, s_{22}) ist ein plausibler Lösungsvorschlag für das Spiel der Matrix 1.5. Das Lösungskonzept ist freilich weit weniger überzeugend, sobald in einem Spiel *mehrere* Nash-Gleichgewichte existieren und damit die

Erwartungsbildung stark beeinträchtigt ist. Betrachten wir als Beispiel folgende Geschichte:

> *„Oskar und Tina treffen sich zufällig im Cafe. Sie unterhalten sich angeregt. Tina erweist sich als begeisterter Fußballfan und möchte am Abend unbedingt zum Pokalspiel ihres Vereins gehen, während Oskar überhaupt nichts mit Fußball im Sinn hat und dies auch zu verstehen gibt. Er ist ein überzeugter Kinogänger und möchte Tina überreden, gemeinsam den neuesten Woody Allen Film anzuschauen, der heute Premiere hat. Sie läßt freilich erkennen, daß sie grundsätzlich nicht gerne ins Kino geht. Mitten im Gespräch bemerkt Oskar plötzlich, daß er vor lauter Begeisterung einen wichtigen Vorstellungstermin fast vergessen hätte. Überstürzt verabschiedet er sich mit einem Kuß und meint noch: „Du bist einfach hinreißend – wir müssen uns heute abend unbedingt sehen." Tina stimmt begeistert zu. Zu spät bemerken beide, daß sie gar keinen Treffpunkt vereinbart und auch nicht ihre Adressen ausgetauscht haben. Wo sollen sie hingehen, um sich wieder zu sehen: Ins Fußballstadion oder ins Kino? Beide wissen, daß Tina lieber ins Stadion geht und Oskar lieber den Film anschaut; wenn sie sich aber verfehlten, dann würde ihnen jede Freude am Kino oder am Pokalspiel vergehen."*

Matrix 1.6. „Kampf der Geschlechter" (Battle of the Sexes)

	s_{21}	s_{22}
s_{11}	$(3,1)$	$(0,0)$
s_{12}	$(0,0)$	$(1,3)$

Die Entscheidungssituation, in der sich Oskar und Tina befinden, läßt sich durch Matrix 1.6 beschreiben mit Oskar als Spieler 1, Tina als Spieler 2 und s_{i1} *„ins Kino gehen"* und s_{i2} *„ins Stadion gehen"*. Im Fall von Tina und Oskar gibt es mehrere **Nash-Gleichgewichte**: sowohl (s_{11}, s_{21}) als auch (s_{12}, s_{22}) sind **wechselseitig beste Antworten**. Ohne irgendein Vorwissen ist nicht klar, welches der beiden Gleichgewichte realisiert wird, ja es ist fraglich, ob in dieser Situation überhaupt eines dieser Nash-Gleichgewichte realisiert wird.

Man kann sicher davon ausgehen, daß beide Spieler die gleichen Erwartungen bilden, sofern sie gemeinsame Erfahrungen haben: Wenn sie etwa in einer Gesellschaft leben, in der Männer traditionell dominieren, würden beide wohl ins Kino gehen: Dieses Nash-Gleichgewicht ist somit ein **Fokus-Punkt**, auf den sich die Erwartungen aller Spieler konzentrieren. Fehlt dagegen ein solches Vorwissen, würden wir wohl eher vermuten, daß beide, unsicher über das Verhalten des Partners, eine **Zufallsauswahl** bezüglich ihrer (reinen) Strategien träfen, d. h. gemischten Strategien wählten.

Gemischte Strategien sind dadurch charakterisiert, daß durch einen Zufallsmechanismus bestimmt wird, welche Strategie gewählt wird (vgl. Abschnitt 3.3.5). Wenn dagegen, wie etwa bei den Kombinationen (s_{11}, s_{21}) und (s_{12}, s_{22}), die Strategiewahl der Spieler eindeutig determiniert ist, dann sagt man, die Spieler wählen reine Strategien. Wir werden später (in Abschnitt 3.5) sehen, daß im Spiel **„Kampf der Geschlechter"** auch ein **Nash-Gleichgewicht in gemischten Strategien** existiert: Dann kann es sein, daß sich Tina und Oskar zufällig entweder im Kino oder im Stadion treffen, aber mit einer bestimmten Wahrscheinlichkeit werden sie sich auch ganz verfehlen.

Man könnte natürlich argumentieren, daß Tina und Oskar auf jeden Fall das Kino besuchen werden, weil im Stadion zu viele Menschen sind. Selbst wenn sie beide dorthin gingen, ist es nicht unwahrscheinlich, daß sie sich verpaßten. Zu diesem Schluß könnten bei etwas Überlegung beide kommen, und dann wäre das **Koordinationsproblem** gelöst. Die Zahl der Besucher und damit das Risiko des Nichttreffens würde als eine Art **Fokus-Punkt** wirken und die Strategien (s_{11}, s_{21}) auswählen. Aber dies setzt ein gewisse Fähigkeit zum Denken und auch ein Vertrauen in die Denkkapazität des anderen voraus. Wenn man die Geschichte von Tina und Oskar nochmals betrachtet, ist diese Annahme möglicherweise nicht erfüllt.

Im Spiel, das in Matrix 1.7 abgebildet ist, gibt es wieder zwei Nash-Gleichgewichte in reinen Strategien. Wählt Spieler 2 die Strategie s_{21}, dann ist es für Spieler 1 optimal, s_{11} zu wählen. Wenn 1 die Strategie s_{11} spielt, ist 2 indifferent zwischen s_{21} und s_{22}. Angenommen, er spielt s_{21}, dann würden sich die Erwartungen gegenseitig selbst bestätigen: (s_{11}, s_{21}) ist folglich ein Nash-Gleichgewicht. Wenn 2 dagegen s_{22} wählt, wäre s_{11} nicht mehr die optimale Antwort: 1 würde s_{12} wählen, wenn er mit s_{22} rechnet. s_{12} und s_{22} bestätigen sich dann wieder wechselseitig; die Kombination (s_{12}, s_{22}) ist also ebenfalls ein Nash-Gleichgewicht.

Matrix 1.7. Spiel mit mehreren Nash-Gleichgewichten

	s_{21}	s_{22}
s_{11}	$(0, 100)$	$(0, 100)$
s_{12}	$(-10, -10)$	$(40, 40)$

In Matrix 1.6 und 1.7 sind (s_{11}, s_{21}) und (s_{12}, s_{22}) Nash-Gleichgewichte. Häufig liefert also das Nash-Gleichgewicht keine eindeutige Lösung. Dies wirft die Frage auf, weshalb und wie die Spieler, unabhängig voneinander, Strategien wählen sollen, die zu genau einem von mehreren möglichen Gleichgewichten führen.

In Kap. 3 werden wir uns näher mit dem Konzept des **Nash-Gleichgewichts** befassen. Dabei geht es vor allem um folgende Fragen:

(a) Unter welchen Bedingungen *existiert* ein Nash-Gleichgewicht?
(b) Kommen *nur* Nash-Gleichgewichte als Lösungen in Betracht oder gibt es auch andere plausible Lösungskonzepte?
(c) Sind *alle* Nash-Gleichgewichte gleichermaßen plausibel?

Wie der folgende Abschnitt zeigt, können häufig durch die Betrachtung der dynamischen Spielstruktur manche Nash-Gleichgewichte als unplausibel ausgeschlossen werden.

1.3.2 Spielbaum und extensive Form

Die Gefangenen müssen ihre Strategien gleichzeitig wählen, ohne die Wahl des anderen zu kennen. In einer solchen Situation ist die **strategische Form** die natürliche

Darstellungsform, weil sie Gleichzeitigkeit der Entscheidungen abbildet. In vielen Spielsituationen wie in vielen ökonomischen Entscheidungssituationen machen die Spieler aber im Verlauf eines Spieles mehrere Züge, wobei sie manchmal vorausgegangene Züge ihrer Mitspieler beobachten können, zum Teil aber auch in Unkenntnis bestimmter Züge der Mitspieler handeln müssen. Im letzteren Fall spricht man von Spielen mit **imperfekter Information**.

Viele Spiele haben eine **dynamische** bzw. **sequentielle Struktur**. Eine Strategie besteht dann in der Festlegung einer bestimmten Folge von Spielzügen, wobei einzelne Züge oft in Abhängigkeit von vorausgehenden Aktionen der Mitspieler geplant werden.

Die **sequentielle Struktur** eines Spieles mit detaillierter Beschreibung aller möglichen Spielverläufe – einschließlich der zeitlichen Struktur der einzelnen Züge jedes Mitspielers sowie seines Informationsstandes zu jedem Zeitpunkt – kann man formal durch einen **Spielbaum** erfassen. Jeder Zug eines Spielers wird durch einen Knoten dargestellt, an dem der Spieler zwischen verschiedenen Ästen (seinen Handlungsalternativen) wählen kann. Man bezeichnet diese Darstellungsweise als **sequentielle** oder **extensive Form** des Spiels. Der Spielbaum gibt genau an, wer wann zum Zug kommt und über welche Informationen er dabei jeweils verfügt.

Hat ein Spieler keine Information darüber, welche Spielzüge sein Gegenspieler ausgeführt hat, so kann er nicht unterscheiden, an welchem Knoten im Spielbaum er sich befindet. Diese **imperfekte Information** wird durch eine gestrichelte Linie zwischen den für den Spieler nicht unterscheidbaren Knoten gekennzeichnet.

Auch das Gefangenendilemma läßt sich als Spielbaum darstellen. In Abb. 1.2 kann Spieler 1, beginnend im Ursprung A, zwischen den Ästen s_{11} und s_{12} wählen. Entscheidet er sich für s_{11}, dann wird Knoten B erreicht; im anderen Fall Knoten C. Wenn Spieler 2 seinen Zug wählt, weiß er nicht, welchen Ast 1 gewählt hat – er kann zwischen den Knoten B und C nicht unterscheiden. Es ist ein Spiel mit imperfekter Information. Dies erfassen wir in Abb. 1.2 durch die gestrichelte Linie: sie zeigt an, daß für Spieler 2 die Knoten B und C nicht unterscheidbar sind. Sie gehören zur gleichen **Informationsmenge**. Er muß zwischen den Ästen s_{21} und s_{22} wählen, ohne zu wissen, ob er sich am Knoten B oder C befindet.

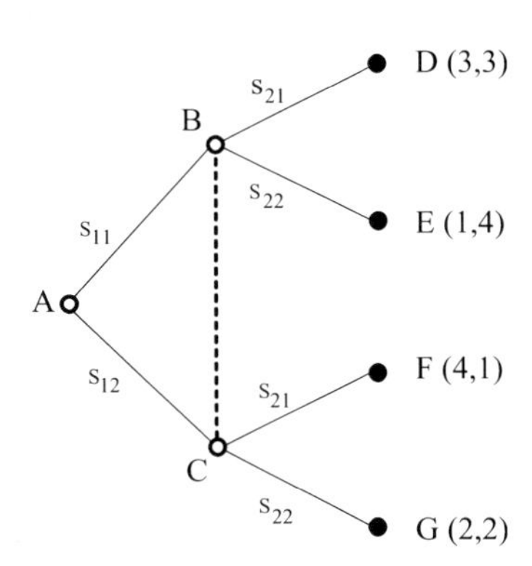

Abb. 1.2 Spielbaum bei imperfekter Information

Die Knoten D, E, F und G sind mögliche **Endpunkte** des Spiels. Die Entscheidungen beider Spieler bestimmen, welcher Endpunkt des Spiels erreicht bzw. welches Ergebnis realisiert wird. Damit ist auch die Auszahlung (das Nutzenniveau) jedes Spielers bestimmt. Eine *äquivalente Beschreibung* der Spielsituation liegt vor, wenn man die Zugfolge von 1 und 2 vertauscht (und nun 1 nicht weiß, an welchem Knoten er sich befindet). Schließlich ist Gleichzeitigkeit von Spielzügen gleichbedeutend mit einer Situation, in der die Spieler nicht wissen, welchen Zug der Mitspieler getan hat; die Reihenfolge der Züge ist dann ja irrelevant. Daraus folgt sofort, daß die **extensive Spielform** für die Analyse des Gefangenendilemmas keine neuen Erkenntnisse im Vergleich zur **strategischen Form** bringt. Weil im Gefangenendilemma jede Strategie nur einen Zug enthält, sind Strategien und Spielzüge identisch.

Von Neumann und Morgenstern (1947 [1944]) haben gezeigt, daß sich jedes dynamische Spiel formal grundsätzlich in eine strategische Form überführen läßt: Jeder intelligente Spieler ist prinzipiell in der Lage, bereits zu Beginn des Spiels eine optimale Strategie zu wählen, die exakt für jeden seiner Züge festlegt, welche Handlungen er – je nach bisherigem Spielverlauf – ergreifen wird. Verdeutlichen wir uns das an einem Beispiel: Ist Spieler 2 die Entscheidung von Spieler 1 bekannt, dann kann er seine eigene Entscheidung davon abhängig machen, was Spieler 1 gewählt hat. Wenn er zum Zug kommt, weiß er bereits, ob er sich im Spielbaum an Knoten B oder C befindet; das Spiel ist somit vollständig durch den Spielbaum in Abb. 1.3 ohne die gestrichelte Linie beschrieben. Nun liegt ein Spiel **perfekter Information** vor.

Eine zum Spielbaum 1.3 gleichwertige Darstellung besteht in einer strategischen Form wie in Matrix 1.8, in der für Spieler 2 **kontingente Spielzüge** zugelassen sind, d. h. *(bedingte)* Spielzüge mit unterschiedlichen Handlungen je nach der Wahl des ersten Spielers.

Wenn alle Spieler bereits zu Spielbeginn ihre Strategien für den gesamten Spielverlauf festlegen können, ist die **strategische Form** eine angemessene Beschreibung der Entscheidungssituation. Sie ist quasi eine kondensierte Darstellung (eine **reduzierte Form**) der **dynamischen Struktur** und bietet den Vorteil, daß sich Nash-Gleichgewichte verhältnismäßig einfach, nämlich mit der Methode statischer

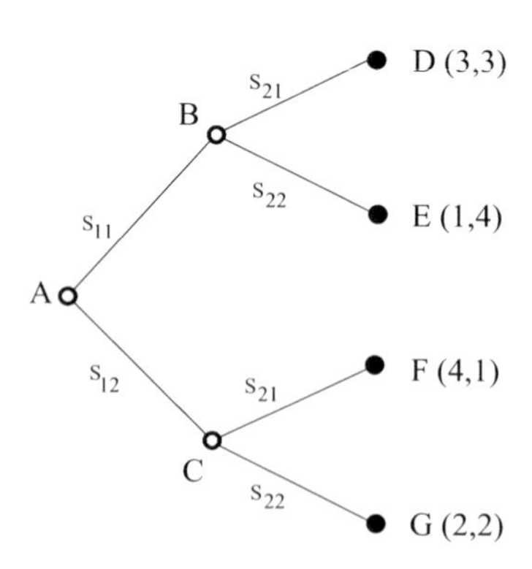

Abb. 1.3 Spielbaum bei perfekter Information

Optimierung, ermitteln lassen. Auf diesen Zusammenhang hat bereits von Neumann (1928) in seinem ersten (vielleicht sogar „dem ersten") spieltheoretischen Aufsatz hingewiesen.

Matrix 1.8. Auszahlungsmatrix für das Gefangenendilemma

	s_{2A}	s_{2B}	s_{2C}	s_{2D}
	s_{21}/s_{11} s_{21}/s_{12}	s_{21}/s_{11} s_{22}/s_{12}	s_{22}/s_{11} s_{21}/s_{12}	s_{22}/s_{11} s_{22}/s_{12}
s_{11}	$(3,3)$	$(3,3)$	$(1,4)$	$(1,4)$
s_{12}	$(4,1)$	$(2,2)$	$(4,1)$	$(2,2)$

Im betrachteten Fall besteht auch bei **perfekter Information** das einzige Nash-Gleichgewicht [mit der Auszahlung $(2,2)$] darin, daß beide Spieler gestehen. Der sequentielle Spielablauf (die Möglichkeit für Spieler 2, bedingte Handlungen auszuführen) hat im Fall des Gefangenendilemmas keinen Einfluß auf die Lösung.

Die Matrixform (und damit die Methode statischer Optimierung) genügt also im betrachteten Fall, um die Lösung zu ermitteln. Oft aber können bei einer reduzierten Form wesentliche Informationen verloren gehen. Vielfach wird die Lösung eines Spiels nämlich stark davon beeinflußt, in welcher zeitlichen Reihenfolge die Entscheidungen (Spielzüge) ablaufen und welche Spielzüge außerhalb des betrachteten Gleichgewichts erwartet werden. Machen wir uns das an einem Beispiel deutlich, dem **Markteintrittsspiel**.

Wir betrachten folgendes zweistufige Spiel zwischen einem Monopolisten (Spieler 2) und einem potentiellen Konkurrenten (Spieler 1): Im ersten Spielzug entscheidet Spieler 1, ob er in den Markt eintritt. Falls er nicht eintritt, also s_{11} wählt, erzielt er keinen Gewinn, während sich Spieler 2 den Monopolgewinn $G_M = 100$ sichert. Tritt er dagegen in den Markt ein, dann muß Spieler 2 entscheiden, ob er einen aggressiven Vernichtungskampf führt, also die Strategie s_{21} verfolgt, bei dem beide Verluste erleiden $G_V = -10$, oder ob er sich friedlich den Markt mit seinem Konkurrenten teilt. Letzterem entspricht die Strategie s_{22}. Beide erzielen dann einen Dyopolgewinn $G_D = 40$.

Die **sequentielle** Form dieses Spiels ist in Abb. 1.4 dargestellt. Die **strategische Form** dieses Spiels in Matrix 1.9 erhalten wir ähnlich wie bei Matrix 1.8.

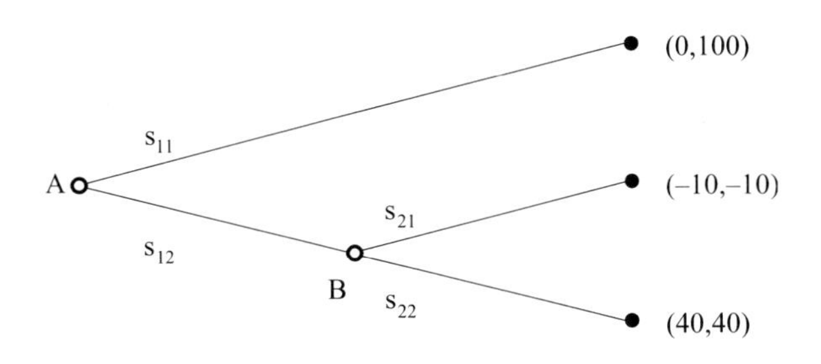

Abb. 1.4 Markteintrittsspiel

Die Strategien s_{2A} und s_{2C} führen zu identischen Auszahlungen; ebenso s_{2B} und s_{2D}. Damit aber kann man das Spiel auf die Wahl von zwei Strategien für Spieler 2 reduzieren; die Spielstruktur läßt sich somit durch die Matrix 1.7 (oben) beschreiben. (Die Darstellung, in der Strategien mit identischer Auszahlung eliminiert werden, bezeichnen wir als **reduzierte Form**.) Betrachten wir also Matrix 1.7. Wenn Spieler 1 nicht eintritt, erhält Spieler 2 den Monopolgewinn, unabhängig davon, welche Strategie er wählt.

Matrix 1.9. Auszahlungsmatrix für das Markteintrittsspiel

	s_{2A}	s_{2B}	s_{2C}	s_{2D}
	s_{21}/s_{11} s_{21}/s_{12}	s_{21}/s_{11} s_{22}/s_{12}	s_{22}/s_{11} s_{21}/s_{12}	s_{22}/s_{11} s_{22}/s_{12}
s_{11}	$(0,100)$	$(0,100)$	$(0,100)$	$(0,100)$
s_{12}	$(-10,-10)$	$(40,40)$	$(-10,-10)$	$(40,40)$

Wie im letzten Abschnitt gezeigt, existieren *zwei* **Nash-Gleichgewichte**, nämlich die Strategienkombinationen (s_{11}, s_{21}) und (s_{12}, s_{22}). Es ist leicht einzusehen, daß (s_{11}, s_{22}), also Markteintritt und Marktteilung, ein Nash-Gleichgewicht darstellt. Aber auch (s_{11}, s_{21}) ist ein Nash-Gleichgewicht: Falls der Monopolist einen Vernichtungskampf führen wird, ist es für einen potentiellen Konkurrenten optimal, *nicht* in den Markt einzutreten. Umgekehrt ist es für den Monopolisten optimal, einen Vernichtungskampf zu planen, wenn der Konkurrent davon abgeschreckt wird, weil der Kampf dann ohnehin nicht durchgeführt werden muß.

Ist das zweite Nash-Gleichgewicht eine plausible Lösung? Spieler 1 nimmt die Strategie des Monopolisten als gegeben an und hält dessen Drohung zu kämpfen für glaubwürdig, obwohl für den Monopolisten, wenn er tatsächlich handeln müßte, kein Anreiz bestünde, seine Drohung wirklich auszuführen: Eine Marktteilung wäre für ihn besser als ein Vernichtungskampf, sobald der Konkurrent in den Markt eingetreten ist. Die Strategie s_{21} ist eine **leere Drohung**, die, falls sie getestet würde, nicht ausgeführt würde: Sie ist nicht *glaubwürdig*.

Die Analyse der **sequentiellen Struktur** zeigt somit, daß das Nash-Gleichgewicht (s_{11}, s_{21}) *unplausibel* ist. Es unterstellt, der Monopolist könnte sich zu einer Strategie verpflichten, an die er sich aber ex post, käme er wirklich zum Zug, nicht hielte. Das Gleichgewicht (s_{11}, s_{21}) ist *„nicht perfekt"*.

In den letzten Jahren wurden eine ganze Reihe von **Verfeinerungen des Nash-Gleichgewichts** entwickelt, die versuchen, derartige unplausible Gleichgewichte als Lösungen auszuschließen, indem strengere Anforderungen formuliert werden. Eine sinnvolle Forderung besteht darin, ein Gleichgewicht sollte in folgendem Sinn perfekt sein: Eine *Strategiekombination s* ist nur dann ein Gleichgewicht, wenn es für keinen Spieler optimal ist, in irgendeinem **Teilspiel**, das an einem beliebigen Knoten des Spielbaumes beginnt, von seiner Strategie abzuweichen. Gleichgewichte, die diese Forderung erfüllen, bezeichnet man als **teilspielperfekte Gleichgewichte**.

Das Nash-Gleichgewicht (s_{11}, s_{21}) ist nicht *teilspielperfekt*, weil Spieler 2 niemals seinen ursprünglichen Plan (nämlich s_{21} zu spielen) ausführen würde, sobald er an seinem Entscheidungsknoten entsprechend handeln müßte. Dieser Knoten bildet ein Teilspiel des Gesamtspiels. Zwar würde er entlang des ursprünglich betrachteten **Nash-Gleichgewichtspfads** (s_{11}, s_{21}) nie erreicht, aber **Teilspielperfektheit** verlangt optimales Verhalten für alle Teilspiele, also auch solche außerhalb des betrachteten Pfads. Da aber am Knoten B, sobald einmal ein Markteintritt erfolgt ist, die Strategie s_{22} die optimale Antwort darstellt, ist es für Spieler 1 sinnvoll, s_{12} zu wählen. Das einzige teilspielperfekte Gleichgewicht ist (s_{12}, s_{22}).

Verfeinerungen des Nash-Gleichgewichts für dynamische Spiele, wie die Konzepte teilspielperfekter und sequentieller Gleichgewichte, werden wir in Abschnitt 4.1 näher kennenlernen. Auch für Spiele in der Matrixform können Verfeinerungskriterien manche unplausible Gleichgewichte ausschließen. Solche Kriterien werden in Abschnitt 3.7 diskutiert.

1.3.3 Bindende Vereinbarungen

Der Ablauf eines Spiels wird in entscheidender Weise davon beeinflußt, ob es möglich ist, **bindende Vereinbarungen** einzugehen. Wie das Markteintrittsspiel zeigt, bezieht sich dies nicht nur auf Verträge mit anderen, sondern auch auf **Selbstverpflichtungen**: Könnte der Monopolist sich vor der Entscheidung des Konkurrenten glaubwürdig binden, einen ruinösen Vernichtungskampf zu führen, änderte sich die extensive Spielform entsprechend Abb. 1.5. Das teilspielperfekte Gleichgewicht besteht nun darin, daß Spieler 2 zuerst s_{21} zieht und dann Spieler 1 darauf mit s_{11} reagiert.

Natürlich hängt es von der betrachteten Situation und von der Fähigkeit der einzelnen Spieler ab, Selbstverpflichtungen einzugehen, welche Reihenfolge der Züge die angemessene Beschreibung liefert. Im Markteintrittsspiel ist Abb. 1.4 die realistischere Darstellung, weil rein verbale Verpflichtungen, die einen selbst schädigen würden (wie die Drohung, einen ruinösen Preiskampf anzuzetteln, sobald der Konkurrent eintritt), grundsätzlich nicht glaubwürdig sind. Es ist leicht, Handlungen anzukündigen (**cheap talk**), etwas ganz anderes ist es, sie auch auszuführen.

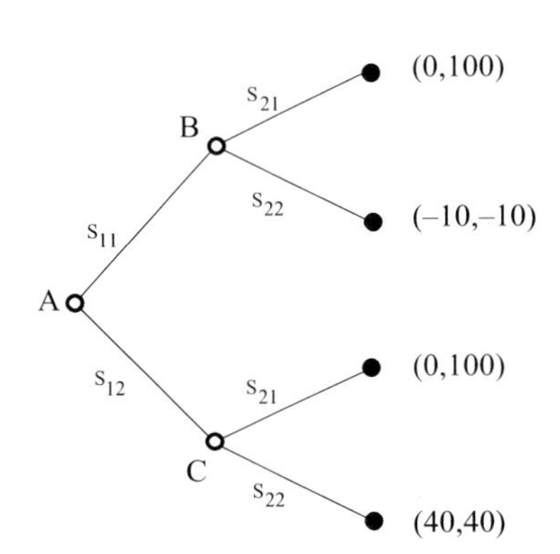

Abb. 1.5 Markteintrittsspiel bei Bindung des Monopolisten

Überlegen wir uns, ob sich der Monopolist durch einen Vertrag folgender Art zum Kampf verpflichten könnte: Er vereinbart mit einem Dritten, *in jedem Fall* zu kämpfen. Sollte er nicht kämpfen, falls jemand in den Markt eintritt, dann zahlt er eine hohe Strafe an den Dritten. Für ihn wäre es sicher vorteilhaft, einen solchen Vertrag abzuschließen, wenn dadurch potentielle Konkurrenten von vornherein abgeschreckt würden, so daß die Strafe nie wirksam würde.

Doch auch ein derartiger Vertrag ist wenig glaubwürdig: Wenn der Konkurrent einmal in den Markt eingetreten ist, hat der Monopolist kein Interesse daran, den Vertrag durchzusetzen. Er wird vielmehr **Neuverhandlungen** anstreben. Da zudem die dritte Partei weiß, daß sie überhaupt nichts bekommen würde, wenn der ursprüngliche Vertrag eingehalten würde, ist sie bei Neuverhandlungen bereit, den Vertrag gegen Zahlung eines noch so geringen Betrags zu zerreißen. Eine solche Verpflichtung ist demnach nicht glaubwürdig, weil sie nicht stabil ist gegenüber Neuverhandlungen.

Mitunter freilich besteht die Möglichkeit, physisch irreversible Verpflichtungen einzugehen. Das ist beispielsweise dann der Fall, wenn im Markteintrittsspiel der Monopolist in **Sunk Costs** bzw. **versunkene Kosten** (also Kosten, die aus einem später nicht liquidierbaren Kapital resultieren) investieren kann, ehe potentielle Konkurrenten zum Zug kommen. Wenn diese Kosten die Auszahlung im Fall eines Preiskampfs unverändert lassen, ansonsten aber die Auszahlung um den investierten Betrag C verringern, verändert sich die Spielsituation entsprechend Abb. 1.6: Nun hat, in einem ersten Zug, der Monopolist die Wahl, ob er in **Sunk Costs** investiert ($s_{2\text{I}}$) oder nicht ($s_{2\text{N}}$). Anschließend entscheidet der Konkurrent über den Markteintritt. Schließlich, in einem weiteren Zug, muß der Monopolist entscheiden, ob er einen Preiskampf unternimmt. Falls $100 - C > 40$ und $40 - C < -10$, d. h. also falls $60 > C > 50$, lohnt es sich für den Monopolisten, die Verpflichtung $s_{2\text{I}}$ einzugehen. Für den Konkurrenten ist es unter diesen Umständen rational, dem Markt fern zu bleiben. Das Gleichgewicht ergibt sich aus den Spielzügen $s_{2\text{I}}$, s_{11} und s_{21}, wobei die Züge $s_{2\text{I}}$ und s_{21} des Monopolisten Teile einer Gesamtstrategie sind.

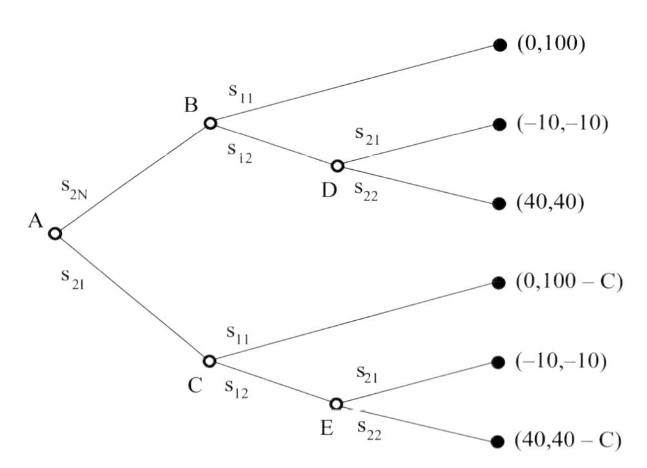

Abb. 1.6 Sunk Costs als bindende Verpflichtung

Das Ergebnis des Spiels hängt also stark davon ab, welcher Spieler den ersten Zug macht. Die Beispiele illustrieren, daß sich ein Spieler, der sich bindend dazu verpflichten kann, den ersten Schritt auszuführen, Vorteile sichern kann. Der Spieler, der sich zum ersten Zug verpflichten kann, wird oft als **Stackelberg-Führer** bezeichnet. In bestimmten Situationen ist die Spielfolge in natürlicher Weise eindeutig festgelegt. Der Spieltheoretiker hat dann keine Schwierigkeiten, die adäquate Spielform zu modellieren. Häufig freilich liegt in der Realität keine eindeutige Zugstruktur vor; es ist nicht evident, ob Spieler gleichzeitig handeln bzw. wer zuerst handelt. Für die Spieler besteht dann ein Anreiz, darum zu kämpfen, der erste zu sein.[3] Das bedeutet aber, daß die Zugfolge (d. h. die extensive Form) keineswegs vorgegeben sein muß. Die einfachen Modelle der Spieltheorie zeigen nur die Implikationen verschiedener Zugfolgen. Um das Modell realistischer zu gestalten, müssen komplexere, dynamische Ansätze verwendet werden.

In diesem Abschnitt diskutierten wir, welche Konsequenzen auftreten, wenn für einen Spieler die Möglichkeit besteht, bindende **Selbstverpflichtungen** einzugehen. Ebenso wie die Möglichkeit zur Selbstverpflichtung die Spielform beeinflußt, ändert sich aber auch die Spielsituation, wenn die Spieler sich bindend dazu verpflichten können, bestimmte Strategien zu spielen bzw. wenn sie **bindende Verträge** abschließen können – sei es, weil sie von einem Rechtssystem durchsetzbar sind oder weil die Spieler Verträge im Eigeninteresse einhalten, um ihre Reputation aufrechtzuerhalten.

Wie das Beispiel des Gefangenendilemmas zeigt, sind ganz andere Lösungen des Spiels denkbar, wenn es Mechanismen gibt, die die Einhaltung von Verträgen (eine Kooperation) durchsetzen können. In Abschnitt 1.3.5 und in den Kap. 5 und 6 werden wir Lösungen für den Fall diskutieren, daß kooperative Mechanismen existieren. Im nächsten Abschnitt aber untersuchen wir zunächst, ob Kooperation auch *ohne* bindende Verträge zustandekommen kann, wenn langfristige Beziehungen bestehen.

1.3.4 Wiederholte Spiele

Der Grund für das Gefangenendilemma liegt nicht in mangelnder Kommunikation, sondern in der fehlenden Möglichkeit, bindende Verträge einzugehen: Selbst wenn die Gefangenen sich gegenseitig verpflichtet hätten, nicht zu gestehen, würden sie sich nicht daran halten. Ebenso besteht für die Dyopolisten kein Anreiz, eine Kartellvereinbarung einzuhalten.

Eine angemessene Formalisierung von Spielsituationen verlangt genaue Angaben nicht nur darüber, welche Form von Kommunikation zwischen Mitspielern möglich ist, sondern insbesondere auch, inwieweit Spieler Verpflichtungen über zukünftige Handlungen bindend festlegen können, so daß deren Einhaltung glaubwürdig ist. Wenn für die Spieler keine Möglichkeit zum Abschluß bindender, einklag-

[3] Es gibt aber auch Situationen, in denen es von Nachteil ist, den ersten Zug zu machen.

barer Vereinbarungen besteht, muß die Lösung so gestaltet sein, daß es im Eigeninteresse aller Beteiligten liegt, sich daran zu halten. Das ist die Grundforderung an jedes Lösungskonzept für **nicht-kooperative Spiele**.

Antizipieren die Spieler, daß Verträge nicht eingehalten werden, besteht natürlich kein Anlaß, sie abzuschließen. Bei rationalem Verfolgen von Eigeninteressen dürfte somit ein **Kartell** erst gar nicht zustande kommen. Dennoch beobachten wir, daß Kartelle (etwa die OPEC) – zumindest zeitweise – aufrechterhalten bleiben, ohne daß die Verpflichtungen einklagbar wären. Eine Erklärung dafür könnte sein, daß es bei langfristiger Betrachtung durchaus im Eigeninteresse der Beteiligten ist, eingegangene Verpflichtungen einzuhalten: Erstreckt sich ein Spiel über einen längeren Zeitraum, so stehen den *kurzfristigen Vorteilen*, die man erzielen kann, wenn man sich nicht an Verpflichtungen hält, oft *langfristige Einbußen* in zukünftigen Perioden als Konsequenz aus einem solchen Verhalten gegenüber. Dann mag es individuell rational sein, auf die Wahrnehmung kurzfristiger Gewinne im Interesse einer Sicherung langfristiger Vorteile zu verzichten.

Ist das Ergebnis des **Gefangenendilemmas** also nur darauf zurückzuführen, daß die langfristigen Aspekte solcher Beziehungen bei der Modellierung der statischen Spielsituation ausgeklammert wurden? Wir wollen in diesem Abschnitt untersuchen, was sich am Spiel ändert, wenn es sich über einen längeren Zeitraum erstreckt. Solche langfristigen Spielsituationen bezeichnet man als **wiederholte Spiele**; sie setzen sich aus **Stufenspielen** zusammen. Dieser Begriff hat sich eingebürgert, obwohl das langfristige Spiel ja gerade nicht als die Abfolge von Wiederholungen eines kurzfristigen Spieles zu verstehen ist, sondern als eigene Spielsituation mit eventuell ganz anderen Ergebnissen.

Setzt sich etwa das **Dyopolspiel** über mehrere Perioden hin fort, so würde man intuitiv vermuten, daß für die Konkurrenten ein Anreiz zur **Kooperation** besteht und sie auf kurzfristige Gewinne verzichten, wenn die langfristigen Vorteile aus dem Fortbestehen des Kartells überwiegen. Kooperiert ein Spieler nicht, könnte er in der Zukunft durch die Mitspieler bestraft werden. Eine sehr plausible und in Computersimulationen äußerst erfolgreiche Mehrperiodenstrategie ist zum Beispiel die sogenannte **Tit-for-Tat-Strategie** bzw. die Maxime *„Auge um Auge, Zahn um Zahn“* (vgl. Axelrod, 1987). Man spielt zunächst die kooperative Strategie und hält sich an die Kartellvereinbarung; falls jemand abweicht, bestraft man ihn in der nächsten Periode mit nicht-kooperativem Verhalten. Sofern aber der Konkurrent in einer der nachfolgenden Perioden einlenkt und selbst kooperativ spielt, wird ihm in der darauf folgenden Periode vergeben.

Es scheint intuitiv evident, daß sich Konkurrenten in einem Spiel, das sich über mehrere Perioden fortsetzt, zu einem Kartell zusammenschließen werden, um langfristige Vorteile aus einer Kooperation zu sichern, wenn diese die kurzfristi-gen Vorteile durch Nichtkooperation übersteigen. Überraschenderweise kommt aber eine genauere spieltheoretische Analyse gerade zu dem entgegengesetzten Schluß: selbst bei beliebig langer, endlicher Wiederholung des Kartellspiels werden Konkurrenten eine Kartellvereinbarung von Anfang an niemals einhalten. Das einzige perfekte Gleichgewicht bei gegebener Endperiode T besteht darin, daß alle Spieler ihre nicht-kooperative Strategie verfolgen.

Das Argument, aus dem sich dieses Ergebnis herleitet, ist einfach und illustriert eindrucksvoll, wie **teilspielperfekte Gleichgewichte** vom Endpunkt aus, rückwärts gehend, berechnet werden müssen – entsprechend der **Backward Induction** (**Rückwärtsinduktion**) bei dynamischer Programmierung: In der Endperiode T werden die Konkurrenten auf keinen Fall kooperieren: sie könnten daraus keinen langfristigen Vorteil mehr ziehen. In der Vorperiode $T-1$ ist Kooperation nur attraktiv, wenn sie in der nächsten Periode durch Kooperation belohnt würde, während ein Fehlverhalten bestraft würde. Da sich aber in T ohnehin niemand an die Kartellvereinbarungen halten wird und demnach eine Belohnung heutiger Kooperation nicht möglich ist, besteht bereits in $T-1$ für die Konkurrenten kein Anlaß, die kooperative Strategie zu verfolgen. Diese Argumentationskette läßt sich bis zum Anfangszeitpunkt fortsetzen.

Ähnliche Ergebnisse erhält man, wenn das Markteintrittsspiel endlich oft wiederholt wird: Ein potentieller Konkurrent wird in der letzten Periode auf jeden Fall in den Markt eintreten, weil dann eine Abschreckung in der Zukunft nicht mehr möglich ist. Der Leser kann für sich selbst ableiten, daß aufgrund von **Backward Induction** bereits in der Anfangsperiode ein Markteintritt nicht verhindert werden kann (vgl. Abschnitt 4.3).

Solche Überlegungen scheinen zu suggerieren, daß die Spieltheorie weder Kooperation aus Eigeninteresse erklären kann, noch begründen kann, wieso Abschreckung von Konkurrenten häufig eine erfolgreiche Strategie zu sein scheint. Doch diese Folgerung ist voreilig. Die angeführte Argumentationsweise ist nicht mehr anwendbar, sobald der Zeithorizont unendlich lange ausgedehnt wird – man spricht dann von einem **Superspiel**. Da es nun keine Endperiode mehr gibt, in der Strafen nicht mehr möglich sind, ändern sich die Ergebnisse dramatisch. Das Einhalten von Vereinbarungen kann für alle Spieler attraktiv sein, etwa indem sie folgende sogenannte **Trigger-Strategie** verabreden: Falls alle Spieler sich in der Vorperiode an die getroffene Abmachung gehalten haben, kooperieren die Spieler auch in der nächsten Periode. Sobald aber einer davon abweicht, werden immer die Gleichgewichtsstrategien des Stufenspiels gespielt. Da eine Abweichung von der Kooperation nun durch zukünftige Einbußen drastisch bestraft wird, besteht für jeden ein Anreiz, sich an die Vereinbarungen zu halten. Die Trigger-Strategien stellen dann (auch) ein Nash-Gleichgewicht dar.

Wie wir in Kap. 4 sehen werden, existieren bei unendlichem Zeithorizont sogar beliebig viele Gleichgewichte. Wenn abweichendes Verhalten heute in der Zukunft entsprechend hart bestraft wird, kann bei unendlichem Zeithorizont nahezu jedes individuell rationale Ergebnis als (teilspielperfektes) Nash-Gleichgewicht durchgesetzt werden, zumindest dann, wenn die Auszahlungen der zukünftigen Perioden nicht allzu stark diskontiert werden und demnach die angedrohten Strafen auch wirklich greifen. Weil dieses Ergebnis unter Spieltheoretikern bereits seit Ende der 50er Jahre bekannt ist, ohne daß die Urheberschaft geklärt ist, wird es häufig als **Folk-Theorem** bezeichnet.

Bei einem unendlichen Zeithorizont bereitet es somit keine Schwierigkeit, Kooperation zu erklären, ganz im Gegenteil: Die Spieltheorie steht dann vor dem Problem, daß nahezu *jedes Ergebnis* als *Gleichgewichtsverhalten* begründbar ist. Für die meisten Entscheidungen aber ist der Zeithorizont begrenzt. Dennoch beobachten wir dauerhafte Kartellbildung ebenso wie viele andere Formen der Kooperation, obwohl Abweichungen häufig nicht einklagbar sind. Die rigorose Argumentation **teilspielperfekter Gleichgewichte** für begrenzte Spiele scheint demnach mit der Realität kaum vereinbar. In der Spieltheorie wurde deshalb intensiv geprüft, unter welchen Bedingungen sich Kooperation auch *bei endlichem Zeithorizont* als Ergebnis teilspielperfekter Gleichgewichte begründen läßt. Dies wird im Abschnitt 4.2 (Theorie der **wiederholten Spiele**) ausführlich untersucht. Es wird sich zeigen, daß dies z. B. dann der Fall sein kann, wenn in einem Spiel keine vollständige Information über die Auszahlungen des Mitspielers bestehen. Dann nämlich kann durch entsprechendes kooperatives Verhalten *Reputation* aufgebaut werden. Nehmen wir an, die konkreten Auszahlungen eines Spielers i sind dem Spieler j nicht bekannt; mit einer gewissen Wahrscheinlichkeit bringe Kooperation dem Spieler i immer Vorteile. Allein i selbst weiß, ob dies tatsächlich zutrifft. Doch selbst wenn es nicht wahr ist, macht es für i zumindest für einen gewissen Zeitraum trotzdem Sinn, sich so zu verhalten, als sei Kooperation für ihn immer vorteilhaft. Durch diese Täuschung kann er sich nämlich langfristige Vorteile aus der Kooperation sichern, weil auch sein Mitspieler zumindest für eine gewisse Zeit kooperieren wird.

In dieser Situation profitieren sogar beide Spieler davon, daß die private Information nicht enthüllt wird. Besteht im Dyopolspiel nur eine noch so kleine Wahrscheinlichkeit dafür, daß einer der Spieler immer die **Tit-for-Tat-Strategie** spielt, ist es für alle Spieler rational, in den meisten Perioden zu kooperieren. Erst in den Schlußperioden, wenn der kurzfristige Vorteil bei Abweichen höher ist als der zukünftige Ertrag aus Reputation, wird der wahre Charakter des Spielers enthüllt.

Die Modellierung unvollständiger Information werden wir in Abschnitt 2.5 kennenlernen. Abschnitt 4.3 zeigt den Aufbau von Reputation anhand eines expliziten Beispiels.

1.3.5 Kooperative Spiele

Wenn exogene Mechanismen existieren, die die Einhaltung von Verträgen bindend durchsetzen können, so ändert sich die gesamte Spielsituation. Man spricht dann von **kooperativen Spielen**. Häufig kann etwa die Existenz eines *Rechtssystems* die Einhaltung von Verträgen durchsetzen. Voraussetzung dafür ist, daß die legalen Institutionen Vertragsverletzungen überprüfen können und in der Lage sind, bei Abweichen wirksame Sanktionen zu ergreifen.

Wären etwa die Gefangenen in der Lage, einen bindenden Vertrag abzuschließen (zum Beispiel indem sie sich bereits vor dem Verbrechen einer Mafiaorganisation anschließen, die Verräter ins Jenseits befördert), dann ist das für **nicht-kooperative Spiele** entwickelte Lösungskonzept nicht mehr sinnvoll. Im Fall der Gefangenen würden sich beide wohl auf die kooperative Strategie *„Nicht gestehen"* einigen. Im allgemeinen aber gibt es keineswegs nur eine einzige denkbare kooperative Lösung, und das Resultat eines (freiwilligen) Verhandlungsprozesses ist in der Regel nicht eindeutig prognostizierbar.

Betrachten wir wieder das **Dyopolspiel** der Matrix 1.3 und gehen nun davon aus, daß Kartellabsprachen gerichtlich einklagbar sind. Bei Kooperation erzielt jedes Unternehmen einen Gewinn von 50 im Vergleich zum Nash-Gleichgewicht, das sich ohne Kooperation einstellen würde (mit der Auszahlung 10 für beide). Insgesamt ergibt sich ein Nettogewinn von 80; im Verhandlungsprozeß soll geklärt werden, wie dieser Nettogewinn aufgeteilt wird. Angenommen, die 80 seien beliebig auf beide Unternehmen aufzuteilen (d. h., ein Unternehmen kann an das andere Seitenzahlungen in Geldeinheiten leisten), so wäre jede Aufteilung pareto-optimal, solange nur die Absprache zur Kooperation eingehalten wird.

Die unterschiedlichen Aufteilungen des Nettogewinns durch die Kooperation führen natürlich zu unterschiedlichen Auszahlungen für die beiden Spieler. Diese Auszahlungen bilden die sogenannte **Nutzen-** oder **Pareto-Grenze** $H(P)$, weil sich keiner verbessern kann, ohne den anderen schlechter zu stellen. In Abb 1.7 ist die **Nutzengrenze** $H(P)$ durch die Linie AB gekennzeichnet; Punkt Z charakterisiert die Auszahlungen der Spieler bei symmetrischer Aufteilung des Nettogewinns. Zunächst spricht nichts dafür zu unterstellen, Kooperation führe zur Einigung auf Punkt Z. Häufig würde man vielmehr intuitiv argumentieren, daß das Unternehmen mit größerer Verhandlungsstärke einen höheren Anteil erhalten wird.

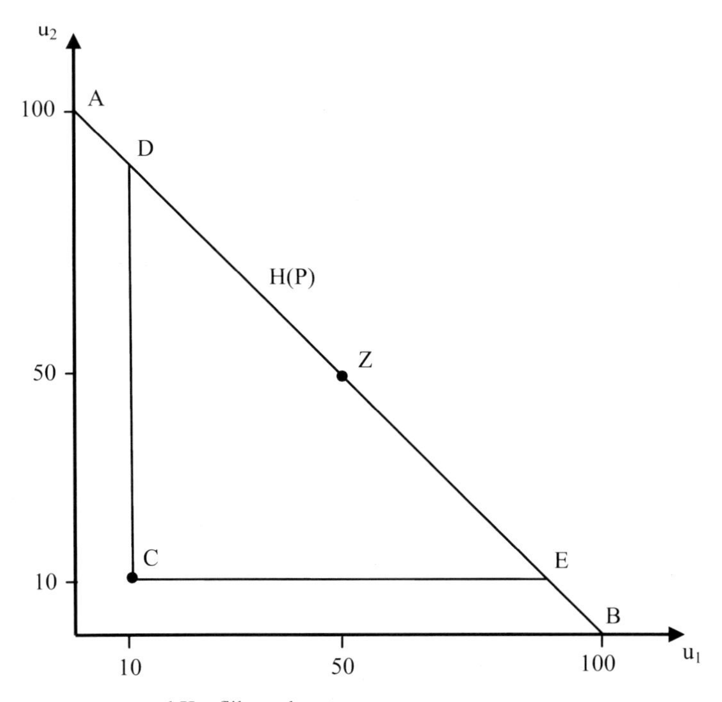

Abb. 1.7 Nutzengrenze und Konfliktpunkt

Ein **kooperatives Spiel** läßt sich oft als eine Verhandlungssituation folgender Art beschreiben: Zwei (oder mehrere) Parteien können einen bindenden Vertrag über die Aufteilung eines *„Kuchens“* von bestimmter Größe aushandeln. Er kann ohne Beschränkung der Allgemeinheit auf 1 normiert werden. Wenn sich die Parteien nicht einigen (wenn sie nicht kooperieren), dann erhält keiner etwas vom Kuchen. Dieses Ergebnis, bei dem die Spieler Auszahlungen erhalten, die wir auf 0 normieren, bezeichnet man als **Konflikt- oder Drohpunkt** oder auch als Status quo. In Abb. 1.7 ist dies der Punkt C.

Auch das wohl bekannteste Verhandlungsproblem der ökonomischen Theorie, die **Edgeworth-Box** mit dem Tausch von zwei Gütern zwischen zwei Personen bei gegebener Anfangsausstattung, läßt sich formal auf die geschilderte Fragestellung zurückführen: Die Ausgangssituation ist der Konfliktpunkt C; die Nutzengrenze wird durch die Punkte auf der Kontraktkurve im Bereich der Tauschlinse beschrieben.

Lösungskonzepte von **kooperativen Spielen** versuchen, detailliertere Aussagen über mögliche Verhandlungslösungen zu treffen. Verschiedene Ansätze werden in den Kap. 5 und 6 diskutiert. Dabei gibt es grundsätzlich zwei verschiedene Vorgehensweisen: den axiomatischen Ansatz und die Modellierung eines konkreten Verhandlungsprozesses.

1.3.5.1 Axiomatischer Ansatz

Im Rahmen eines **axiomatischen Ansatzes** werden bestimmte (mehr oder weniger) *plausible Anforderungen* als System von *Axiomen* formuliert, die jede Verhandlungslösung, unabhängig von konkreten institutionellen Details, erfüllen sollte. Als eine Minimalforderung an eine Lösung für das Verhandlungsproblem im Kartell könnte man etwa folgende Bedingungen formulieren: Als mögliche Lösungen kommen Auszahlungsvektoren (Aufteilungen) in Betracht, die

(a) **individuell rational** sind: Jeder einzelne Spieler erhält mindestens so viel, wie er für sich allein ohne Kooperation erreichen kann; keiner wird Verhandlungsergebnissen zustimmen, die ihn schlechter stellen als im Status quo Punkt C. Mögliche Lösungen müssen demnach nordöstlich von Punkt C liegen.
(b) **effizient** bzw. **pareto-optimal** sind: Keiner der Spieler kann sich besser stellen, ohne daß sich ein anderer Spieler verschlechtert. Alle Aufteilungen, die diese Bedingung erfüllen, liegen auf der **Pareto-Grenze** $H(P)$.

Auszahlungsvektoren, die beiden Forderungen genügen, bezeichnen wir als **Imputationen**. Ein Lösungskonzept, das aus der ökonomischen Analyse des reinen Tauschs (der Kontraktkurve von Edgeworth) bekannt ist, verlangt zusätzlich zu den beiden genannten Bedingungen, daß ein Auszahlungsvektor, der der Lösung entspricht, so gestaltet sein sollte, daß er von keiner *Koalition* aus mehreren Spielern blockiert werden kann. Ist das der Fall, dann stellt sich keine Teilmenge von Spielern besser, wenn eine alternative Nutzenaufteilung realisiert wird. Dann ist der

Auszahlungsvektor im **Kern** des Spiels. Das so beschriebene Lösungskonzept wird entsprechend als Kern bezeichnet.

Im Beispiel mit den zwei Unternehmen kann sich die Koalition aus beiden Spielern als Auszahlung den Wert 100 ($= 50 + 50$) garantieren, der beliebig zwischen beiden aufgeteilt werden kann. Jedes einzelne Unternehmen aber kann sich mindestens 10 sichern, indem es nicht kooperiert. Der **Kern** schränkt die Zahl möglicher Ergebnisse von Verhandlungen demnach auf die Kurve DE in Abb. 1.7 ein, macht aber keine Aussage darüber, welche der (unendlich vielen) Aufteilungen des Nettogewinns von 80 aus der Kooperation letztlich Ergebnis des Verhandlungsprozesses sein wird.

Andere axiomatische Lösungskonzepte, wie die **Nash-Lösung** oder der **Shapley-Wert**, prognostizieren ein eindeutiges Ergebnis, indem sie stärkere Anforderungen an die Lösung stellen – etwa durch den Versuch, die Idee einer fairen Lösung zu formalisieren. Charakteristisch für das axiomatische Vorgehen ist, daß es von spezifischen Regeln und Institutionen abstrahiert; deshalb werden das konkrete Verhalten der einzelnen Spieler während des Verhandlungsprozesses und die Mechanismen, die zur Bildung von Koalitionen führen, nicht analysiert. Die Rechtfertigung für ein solches Vorgehen liegt in dem Bemühen, allgemeine Prinzipien herauszuarbeiten, die auf möglichst viele Situationen zutreffen und als Norm für das Ergebnis von realen, aber auch hypothetischen Verhandlungsprozessen dienen können.

Verschiedene axiomatische Lösungskonzepte werden wir in Kap. 5 untersuchen. Bei einem Spiel mit mehr als zwei Spielern wird die Analyse durch die Möglichkeit zur *Koalitionsbildung* verkompliziert, und es ergeben sich zum Teil qualitativ unterschiedliche Ergebnisse. So wäre der Kern des Kuchenspiels bei mehr als zwei Spielern leer, denn kein Auszahlungsvektor könnte alle drei genannten Bedingungen gleichzeitig erfüllen. Lösungen für Koalitionsspiele werden in Kap. 6 besprochen.

1.3.5.2 Nash-Programm, Verhandlungen und das Ultimatumspiel

Zwar gelingt es einer ganzen Reihe von axiomatischen Konzepten, durch die Formulierung entsprechender Axiome jeweils ein eindeutiges Ergebnis als Lösung zu isolieren, doch ergeben sich dabei je nach Axiomensystem ganz unterschiedliche Lösungen. Da kein System für sich beanspruchen kann, das einzig plausible oder auch nur das am wenigsten kontroverse zu sein, liegt es nahe, nach Richtlinien für die Formulierung wesentlicher Prinzipien zu suchen. Bereits von Nash (1953) wurde vorgeschlagen, zu diesem Zweck konkrete Verhandlungsprozeduren zu analysieren. Dieser Vorschlag wurde lange Zeit nicht weiter verfolgt, erfreut sich seit einigen Jahren aber als sogenanntes **Nash-Programm** zunehmender Beliebtheit und hat zu sehr interessanten, zum Teil verblüffenden Einsichten geführt.

Es wäre gewiß paradox zu unterstellen, Spieler verfolgten nicht mehr ihr Eigeninteresse, sobald die Möglichkeit zum Abschluß bindender Verträge besteht. Im Gegenteil bietet es sich geradezu an, die Methodik der nicht-kooperativen Spieltheorie auch für die Untersuchung von Verhandlungsprozessen anzuwenden. Bei gegebenen Spielregeln (dem institutionellen Rahmen, der festlegt, welcher Spieler wann zum

Zug kommt) ist es möglich, für jeden Spieler seine optimale, individuell rationale Verhandlungsstrategie zu berechnen.

Nun ist prinzipiell natürlich eine unendliche Vielfalt möglicher Verhandlungsabläufe denkbar, und die Spielregeln sind keineswegs eindeutig festgelegt, sondern werden auch vom individuellen Verhalten mitbestimmt. Eine systematische Analyse aller denkbaren Prozeduren wäre ein hoffnungsloses Unterfangen. Die Idee des Nash-Programms besteht darin, anhand bestimmter konkreter Verhandlungsprozesse zu kontrollieren, welches Ergebnis vernünftigerweise erwartet werden kann: Das Vorgehen soll dann Anhaltspunkte liefern für die Neuformulierung allgemeingültiger Prinzipien bzw. Axiome (vgl. Binmore, 1998, S. 42–49). In diesem Sinne ergänzen sich die beiden skizzierten Vorgehensweisen gegenseitig; wir werden sie in den Kap. 5 und 6 eingehender kennenlernen.

Eine zweifellos etwas extreme und ungerechte Verhandlungssituation ist durch folgendes **Ultimatumspiel** gekennzeichnet: Der erste Spieler schlägt vor, daß er den Anteil x vom gesamten Kuchen erhält, und der zweite Spieler kann dann entweder zustimmen (und erhält dann den Anteil $1-x$) oder ablehnen; in letzterem Fall bekommt keiner etwas (der Status quo bleibt bestehen). Dieses Spiel besitzt sehr viele, ja unendlich viele Nash-Gleichgewichte. Nehmen wir z. B. an, Spieler 2 schlägt folgende Strategie ein: er willigt in den Vorschlag seines Gegenspielers nur dann ein, wenn sein Anteil mindestens so hoch ist wie $1-x$. Dann besteht die optimale Strategie von Spieler 1 darin, gerade den Anteil x für sich zu beanspruchen. Für jedes beliebige x $(0 \leq x \leq 1)$ sind die beschriebenen Strategien wechselseitig beste Antworten.

Die *totale Indeterminiertheit* liegt freilich nur daran, daß die meisten Nash-Gleichgewichte auf völlig unglaubwürdigen Drohungen basieren: Wenn Spieler 2 am Zug ist und Spieler 1 im Widerspruch zum betrachteten Gleichgewicht $(x, 1-x)$ einen Vorschlag $x+\varepsilon$ unterbreitet hat, macht es für Spieler 2 keinen Sinn, den Vorschlag abzulehnen, weil er durch seine Weigerung nichts gewinnt, sondern höchstens (solange $x+\varepsilon < 1$) verlieren kann: Seine Drohung, nur Vorschläge zu akzeptieren, die kleiner oder gleich x sind, ist nicht teilspielperfekt.

Das einzige **teilspielperfekte Gleichgewicht** des **Ultimatumspiels** besteht darin, daß Spieler 1 sich den gesamten Kuchen $(x = 1)$ sichert und Spieler 2 diesen Vorschlag akzeptiert. Weil das Spiel sofort nach der Zustimmung bzw. Ablehnung von Spieler 2 abgebrochen wird, hat Spieler 1 *vollständige Verhandlungsmacht.* Dies gilt nicht mehr, falls Spieler 2 einen Gegenvorschlag machen kann. Aber auch für das ursprüngliche Ultimatumspiel zeigen experimentelle Ergebnisse, daß das Angebot des Spielers 1 an den Spieler 2 in der Regel „substantiell" ist und manchmal sogar die Hälfte des zu verteilenden Kuchens umfaßt.[4] Dies ist auch sinnvoll, denn die Entscheider in der Rolle von Spieler 2 lehnen oft Angebote, die unter 25% Prozent liegen, generell ab. Letzteres gilt zumindest für Studenten in westlich orientierten Industriestaaten. Ist dies Ausdruck eines ausgeprägten Fairneß-Gefühls oder das Resultat davon, daß Spieler 1 mit dem Neidgefühl des Mitspielers rechnet und diese Erwartung in sein Angebot umsetzt. Für letztere Interpretation spräche, daß die Ma-

[4] Die experimentelle Überprüfung des Ultimatumspiels begann mit Güth et al. (1982).

chiguengas, die am Oberlauf des Amazonas leben, geringe Angebote machen, aber diese fast ausschließlich angenommen werden, wie die experimentelle Studie von Henrich (2000) zeigt. Allerdings zeigen weiterführende experimentelle Studien, die auf Henrichs Arbeit und dem **Ultimatumspiel** aufbauen, daß kaum empirische Regelmäßigkeiten auszumachen sind. (In Henrich et al. (2001) sind Ergebnisse aus 15 Kleingesellschaften zusammengefaßt, und die Beiträge in Henrich et al. (2004) kommentieren zum Teil diese Ergebnisse.)

Die Experimente von Stahl und Haruvy (2008) zeigen, daß die in Experimenten gewonnen Ergebnisse näher am Resultat liegen, wenn das **Ultimatumspiel** nicht als Verteilungsspiel formuliert, sondern in der Form eines **Spielbaums** präsentiert wird. Der erste Spieler wählt dann sehr häufig den Ast, der ihm die höchste Auszahlung verspricht, und der Spieler 2 entscheidet sich dann für die entsprechende Ja-Strategie, auch wenn die daraus für ihn resultierende Auszahlung relativ klein ist. Auch wenn die Auszahlung für Spieler 2 relativ gering ist, dann ist sie doch bei der Spielbaum-Darstellung deutlich „sichtbar" größer als jener Wert, der einem Nein entspricht, nämlich 0. Entscheidend für dieses Ergebnis könnte sein, daß Spieler 1 in der Spielbaum-Darstellung nicht als mehr oder weniger unfairer Teiler agiert, sondern nur als Entscheider über alternative Strategien, die vom der Spiel selbst vorgegeben sind.

Das Ultimatumspiel wird in seiner ursprünglichen Fassung nur einmal gespielt; die Zeit spielt hier keine Rolle. Aber Verhandlungen brauchen oft Zeit. Aber jede den Verhandlungen exogen auferlegte Zeitbeschränkung ist in gewisser Weise natürlich willkürlich. Ein berühmtes Verhandlungsspiel, das von Rubinstein (1982) analysiert wurde, untersucht eine Situation, in der die Spieler beliebig lange miteinander verhandeln können und abwechselnd Vorschläge machen. Der Wert des Kuchens nimmt aber im Zeitablauf ab, weil die Spieler eine Gegenwartspräferenz besitzen und späteren Konsum weniger stark schätzen („Der Kuchen schrumpft über die Zeit"). Bemerkenswerterweise gibt es trotz des unendlichen Zeithorizonts unter solchen Bedingungen ein eindeutiges, teilspielperfektes Verhandlungsergebnis. Die Parteien werden sich gleich zu Beginn der Verhandlungen auf das Ergebnis einigen, wenn sie die Bewertung des Kuchens durch den Gegenspieler kennen.

Die Aufteilung des Kuchens konvergiert gegen halb-und-halb, wenn die Spieler gleiche Zeitpräferenz haben und der Diskontfaktor gegen 1 strebt. Damit wird, ganz im Sinne des **Nash-Programms**, die **Nash-Lösung**, die wir im Zusammenhang der kooperativen Spieltheorie diskutieren werden, aus einem nicht-kooperativen Spiel, dem **Rubinstein-Spiel**, als teilspielperfektes Gleichgewicht generiert. Wir werden das Rubinstein-Spiel und andere Verhandlungsspiele in Abschnitt 5.5.4 ausführlich betrachten.

1.3.6 Spielregeln und Mechanismusdesign

Bisher sind wir davon ausgegangen, daß die Spielregeln exogen vorgegeben sind, und haben uns mit der Frage beschäftigt, wie wir bei gegebenen Regeln die Lösung eines Spiels definieren können. Dabei hat sich gezeigt, daß das Ergebnis wesentlich von den jeweiligen Spielregeln mitbestimmt wird (so von der Reihenfolge der Züge oder davon, ob bindende Verträge zugelassen sind). Ein Vergleich der Lösungen bei unterschiedlichen institutionellen Regelungen hilft, die Implikationen alternativer institutioneller Mechanismen zu verstehen. Das ermöglicht es zu analysieren, welche Gestaltung der Regeln optimal ist im Sinne von bestimmten, zu definierenden *Wohlfahrtskriterien*, die die **axiomatische Theorie** aufbereitet.

Der Staatsanwalt etwa hat durch die Festlegung der strategischen Form das Gefangenendilemma-Spiel so gestaltet, daß das Ergebnis seinen Kriterien entsprechend optimal ist. (Seine Präferenzordnung ist denen der Gefangenen völlig entgegengerichtet.) Ähnlich verhindert im Beispiel der Dyopolisten der Gesetzgeber, daß das Einhalten von Kartellvereinbarungen eingeklagt werden kann, weil sein Interesse dem der Dyopolisten entgegengerichtet ist.

Anders verhält es sich im **Free-Rider-Fall**. Hier wird ein wohlwollender Gesetzgeber versuchen, Regeln zu formulieren, die helfen, die Bereitstellung des öffentlichen Gutes zu sichern und damit die Wohlfahrt der Spieler zu verbessern. Besteht das Wohlfahrtskriterium in der Maximierung der (gewichteten) Auszahlungen aller Spieler, sind **nicht-kooperative Spiele** in der Regel nicht effizient. Das bedeutet aber, daß die Gestaltung von Institutionen, die Verträge bindend durchsetzen (also die bewußte Veränderung der Spielregeln), eine Wohlfahrtsverbesserung im Interesse aller Beteiligten bringen kann.

Spieltheoretisch formuliert, ist diese Überlegung auch Ausgangspunkt des **Coase-Theorems**: Erst die Schaffung entsprechender Institutionen (etwa von rechtlichen Rahmenbedingungen, die genaue Spielregeln für die Zugfolge festlegen), ermöglicht effiziente Lösungen. So reicht es nach Coase aus, daß staatliche Institutionen kooperative Vereinbarungen bindend durchsetzen, um zu gewährleisten, daß wechselseitig vorteilhafte Kontrakte abgeschlossen werden. Inwieweit bzw. unter welchen institutionellen Bedingungen allerdings Verhandlungen auch tatsächlich zu einer effizienten Lösung führen, werden wir noch eingehender untersuchen.

Die Frage, wie sich Gleichgewichte bei alternativen institutionellen Bedingungen (Spielregeln) verändern, ermöglicht eine Analyse des *optimalen Designs von Institutionen*: Man bezeichnet dies als **Mechanismusdesign** (vgl. Myerson, 1989). Unter dieses Gebiet fallen eine Vielzahl von Fragestellungen, z. B. die drei folgenden:

1. Welche Regeln ermöglichen effiziente politische bzw. soziale Entscheidungsprozesse?
2. Als konkrete Anwendung: welche Mechanismen ermöglichen die optimale Allokation von öffentlichen Gütern?
3. Wie sollte ein effizienter Kontrakt gestaltet sein, der den Gewinn maximiert, wenn die Anteilseigner die Handlungen des Managements nicht direkt beobachten können?

Welchen Mechanismus bzw. welche Institutionen die einzelnen Spieler als optimal ansehen, wird naturgemäß davon beeinflußt, wie stark sie dabei ihre eigenen Interessen durchsetzen können. So wäre jeder damit einverstanden, den Verhandlungsprozeß wie in dem im vorhergehenden Abschnitt beschriebenen Ultimatum-Spiel ablaufen zu lassen, wenn er sicher sein kann, selber das Vorschlagsrecht zu besitzen. Wesentlich interessanter ist die Frage, welche Mechanismen die Spieler befürworten würden, bevor sie selbst wissen, in welcher konkreten Position sie sich dann befänden. Ausgehend von einem solchen *„Schleier des Nichtwissens"* läßt sich, dem Rawls'schen Ansatz folgend (Rawls, 1972), die Gestaltung von fairen Regeln analysieren.

Literaturhinweise zu Kapitel 1

Als Ergänzung und Weiterführung sind folgende Bücher zu empfehlen: Luce und Raiffa (1957) bietet als klassisches Einführungsbuch in die Spieltheorie eine gut verständliche, auch heute noch lesenswerte Darstellung der Grundideen. Eine gute, formal anspruchsvolle Einführung insbesondere in die kooperative Spieltheorie findet man in Owen (1995).

In dem Lehrbuch von Friedman (1986) sind bereits viele neuere Entwicklungen der Spieltheorie enthalten; allerdings ist die Darstellung recht formal. Im Gegensatz dazu ist Rasmusen (1989) unterhaltsam geschrieben, wobei der lockere Stil manchmal zu Lasten der Präzision geht. Die zweite Auflage des Lehrbuchs von Güth (1999) enthält eine sehr gehaltvolle und formal anspruchsvolle Einführung in die Spieltheorie, wobei der Schwerpunkt bei der nicht-kooperativen Theorie liegt. Eine umfangreichere Sicht auf die Spieltheorie bietet das Lehrbuch von Berninghaus et al. (2002). Trotz des Titels „Strategische Spiele" enthält es auch einen Abschnitt über kooperative Verhandlungsspiele.

„Fun and Games" verspricht das etwas unkonventionelle Einführungsbuch von Binmore (1992), aber es enthält trotz dieses Titels eine sehr gut strukturierte Einführung in die Grundmodelle der Spieltheorie. Viele ökonomische Anwendungen finden sich in Gibbons (1992). Hervorragende Einführungen in die mathematischen Methoden der Spieltheorie liefern die Lehrbücher von Myerson (1991) und Fudenberg und Tirole (1991). Einen umfassenden Überblick bietet das *Handbook of Game Theory*, herausgegeben von Aumann und Hart (vol. 1, 1992, und vol. 2, 1994).

Eine gehaltvolle Diskussion über die *Grundlagen* der Spieltheorie bieten Aumann (1985), Binmore und Dasgupta (1986) und Binmore (1990). Rubinstein (2000) vertritt eine reflektierend-kritische Sicht. Holler (2002) thematisiert die historische Entwicklung der Prinzipien und Perspektiven der Spieltheorie. Tirole (1988) gibt eine umfassende Einführung in die *Anwendung* spieltheoretischer Konzepte in der Industrieökonomie, Kuhn (2004) diskutiert ihre Anwendung in der Philosophie. Ein eindrucksvolles Beispiel dafür, wie die Spieltheorie den modernen mikroökonomischen Lehrstoff verändert hat, liefert Kreps (1990).

Wer eine Bettlektüre zur Spieltheorie sucht, die Bücher von Nalebuff und Brandenburger (1996) und Dixit und Nalebuff (1995), beides Übersetzungen aus dem Amerikanischen, liegen bereit. Eine etwas systematischere, aber durchaus auch unterhaltsame Einführung in die Spieltheorie bietet das Buch von Holler und Klose-Ullmann (2007). Wer Lust hat, sich wesentliche Teile der Spieltheorie in Form von Aufgaben und Lösungen zu erarbeiten, dem sei „Spieltheorie *Lite*“ (Holler, Leroch und Maaser, 2008) empfohlen.

Kapitel 2
Grundkonzepte

In diesem Kapitel werden wir eine Reihe von Grundbegriffen der Spieltheorie, die wir im Einführungskapitel informell kennengelernt haben, in einer allgemeinen, abstrakten Form definieren. Dies tun wir nicht deshalb, um dem Image der Spieltheorie als mathematischer Disziplin gerecht zu werden, die sie zweifellos ist, sondern um über ein wohldefiniertes Grundvokabular zu verfügen.

Wir haben verschiedene Formen kennengelernt, mit denen man Spielsituationen beschreiben kann. Sie sind mit einer Auswahl von Lösungskonzepten in Abb. 2.1 zusammengefaßt. Jede Spielsituation läßt sich abstrakt beschreiben durch eine **Spielform** $\Gamma' = (N,S,E)$. Wenn die Präferenzen der Spieler spezifiziert sind, liegt ein konkretes **Spiel** $\Gamma = (N,S,u)$ vor. Die Komponenten dieser Formulierung werden im folgenden näher erläutert.

Ein Vorteil, den der Umgang mit Spieltheorie bietet, ist, daß man sich ein Instrument erarbeitet, mit dem man systematisch mit strategischen Entscheidungssituationen und deren Komplexität umgehen kann. Diese Systematik beruht zum einen in der Formulierung adäquater Spielmodelle und setzt sich zum anderen in der Wahl passender Lösungskonzepte fort.

2.1 Menge der Spieler N

Wir gehen davon aus, daß am Spiel eine endliche Anzahl von n Spielern teilnimmt. Jeder Spieler i ist ein Element der **Spielermenge** $N = \{1,\ldots,n\}$. Als Spieler bezeichnen wir in der Regel einzelne Individuen, Entscheider bzw. Agenten. Ein Spieler kann aber auch aus einem Team (einer Gruppe von Individuen, etwa einem Haushalt, einem Unternehmen, einer Regierung) bestehen, sofern die Gruppe sich wie ein einzelnes Individuum verhält, d. h., sofern sie eine Präferenzordnung besitzt, und die Entscheidungsprozesse, die innerhalb der Gruppe ablaufen, nicht interessieren.

Ein Spieler i wählt zwischen verschiedenen Strategien aus seiner Strategiemenge S_i aus. Er hat eine Präferenzordnung $u_i(e)$ über alle möglichen Ereignisse e, die in der Ereignismenge E enthalten sind.

Nicht-kooperative Spiele:		**Kooperative Spiele:**	
strategische Form, Normalform, Matrixform	extensive Form, dynamische Form, Spielbaum	individualistisch-kooperative Spiele	Koalitions-spiele, charakteristische Funktion
(Kapitel 3)	**(Kapitel 4)**	**(Kapitel 5)**	**(Kapitel 6)**
Entsprechende Lösungskonzepte:			
dominante Strategie (3.1)	**Verfeinerungen des Nash-Gleichgewichts:**	Nash-Lösung (5.3.1)	starkes Nash-Gleichgewicht (6.2.1)
Maximinlösung (3.2)	teilspielperfektes Gleichgewicht (4.1.1)	Kalai-Smorodinsky-Lösung (5.3.2)	stabile Mengen (6.2.3)
Nash-Gleichgewicht (3.3)	sequentielles Gleichgew. (4.1.2)	proportional Lösung (5.3.3)	Verhandlungs-mengen (6.2.4)
Bayes'sches Gleichgewicht (3.4)	trembling-hand-perfektes Gleichgewicht (4.1.3)	endogene Drohstrategie (5.3.4)	Kernel (6.2.5)
korrelierte Strategien (3.5)	intuitives Kriterium (4.1.4)		Nucleolus (6.2.6)
rationalisierbare Strategien (3.6)			Shapley-Wert (6.3.1)
			Banzhaf-Index (6.3.2)
			Deegan-Packel-Index (6.3.3)
			Public-Good-Index (6.3.4)

Abb. 2.1 Überblick

In viele strategische Entscheidungssituationen nicht es trivial festzustellen, wer ein Spieler ist. Eine Fehlspezifikation von N führt im allgemeinen zu unbrauchbaren Ergebnissen, wie Güth (1991) sowie Holler und Klose-Ullmann (2007, S. 36ff) ausführen. Nalebuff und Brandenburger (1996) zeigen anhand zahlreicher empirischer Beispiele, daß es eine strategisch wirkungsvolle Variante ist, zusätzliche Spieler in eine Entscheidungssituation einzubeziehen – beispielsweise dadurch, daß man deren Kosten übernimmt, die mit der Teilnahme am Spiel anfallen. Vielfach ist es sogar sinnvoll, erhebliche Zahlungen an Akteure zu entrichten, deren Leistung allein darin besteht, am Spiel teilzunehmen. Zum Beispiel: Unternehmen 1 will von Unternehmen 2 eine Lizenz kaufen. Unternehmen 2 fordert aber vier Millionen D-Mark. Unternehmen 1 bietet zwei Millionen D-Mark, obwohl seine Zahlungsbereitschaft höher als vier Millionen ist.

Bei dieser Verhandlungssituation ist zu erwarten, daß sich die beiden Unternehmen in Nähe von drei Millionen D-Mark treffen. Gelingt es aber Unternehmen 2 einen weiteren Interessenten zu mobilisieren, der seine Bereitschaft erklärt, einen Preis nahe vier Millionen zu bezahlen, dann wird auch das Angebot von Unternehmen 1 auf dieses Niveau steigen. Verkauft nunmehr Unternehmen 2 die Lizenz an Unternehmen 1 für vier Million, so erzielt Unternehmen 2 einen relativen Überschuß von einer Million, der allein auf das Interesse eines weiteren Käufers zurückzuführen ist. In einer derartigen Situation wird oft der potentielle Käufer, der nicht zum Zug kommt, aus dem Überschuß für die Abgabe seines Angebots entschädigt. Die Abgabe eines Angebots ist nämlich oft mit erheblichen Transaktionskosten verbunden.

2.2 Strategieraum S

Spieler i kann zwischen m alternativen Strategien $s_i \in S_i$ aus seiner Strategiemenge $S_i \subset R^m$ wählen. In den bisher betrachteten Beispielen war die Strategiemenge S_i jeweils endlich und diskret; in vielen ökonomischen Situationen ist es jedoch einfacher, sie als eine stetige Menge zu betrachten. (Bei vollkommener Teilbarkeit kann z. B. ein Unternehmen jede beliebige Menge zwischen der minimalen und maximalen Ausbringung als Strategie wählen.)

Wir unterstellen von nun an immer (falls nicht anders angegeben), daß die Strategiemenge jedes Spielers **kompakt** und **konvex** ist. Eine Menge ist konvex, wenn jede Verbindungslinie zwischen zwei Elementen („*Punkten*") der Menge auch in der Menge enthalten ist. Eine Menge ist kompakt, wenn sie sowohl beschränkt und abgeschlossen ist. Eine Menge ist abgeschlossen, wenn auch ihre Begrenzungspunkte zur Menge gehören; sie ist beschränkt, wenn sie eine obere und untere Schranke hat.

Beispiel. Ein Unternehmen kann als Output jede Menge zwischen 0 und 100 produzieren: $0 \leq s_1 \leq 100$. Die Strategiemenge $S_1 = [0,100]$ ist konvex, weil jede konvexe Kombination zwischen 0 und 100, d. h. $p \cdot 100 + (1-p) \cdot 0 = p \cdot 100$ mit $0 \leq p \leq 1$, produziert werden kann. Damit ist sie auch stetig, denn jede konvexe Menge ist stetig. Die Menge ist nach oben und unten beschränkt mit 100 als kleinste obere Schranke (Supremum) und 0 als größte untere Schranke (Infimum). Sie ist abgeschlossen, weil auch die Begrenzungspunkte 0 und 100 zulässige Outputmengen sind. Könnte das Unternehmen jede beliebige positive Outputmenge (bis unendlich) produzieren, wäre S_1 nach oben unbeschränkt; könnte das Unternehmen jeden Output kleiner als 100, aber nicht 100 produzieren, wäre die Menge nicht abgeschlossen.

In der Regel wird ein Spieler im Spielverlauf mehrere **Züge** machen (Handlungen ausführen). Entlang eines Spielbaums muß er an verschiedenen **Entscheidungsknoten** eine Wahl treffen. Betrachten wir als Beispiel die Abb. 1.6 in Abschnitt 1.3.3. Dort muß Spieler 2 an Knoten A und dann wieder, je nach Spielverlauf, entweder an Knoten D oder E handeln. Zu Beginn des Spieles überlegt er sich, welche Wahl er in allen denkbaren Situationen treffen sollte. In gleicher Weise überlegt sich Spieler 1, welchen Zug er an den Knoten B und C machen wird.

Eine **Strategie** besteht aus der Planung einer bestimmten Folge von Spielzügen (von Handlungen). In diesem Plan wird für jeden Entscheidungsknoten spezifiziert, welche Handlung je nach den vorausgegangenen Zügen der Mitspieler und den eigenen Zügen ausgeführt werden soll. Die Strategie liefert also eine vollständige Beschreibung, welche Handlungen der Spieler auszuführen plant, und zwar für jedes Entscheidungsproblem, vor dem er im Verlauf des Spiels (vom Anfang bis zum Ende) steht. Dabei wird unterstellt, daß der Spieler für alle Eventualitäten Pläne macht, also auch für Situationen, von denen er gar nicht erwarten kann, daß sie im Spielverlauf eintreten werden, also auch für Entscheidungsknoten, die bei rationalem Verhalten der Mitspieler gar nicht erreicht werden. Wenn etwa Spieler 2 im betrachteten Beispiel am Knoten A investiert (s_{2i} wählt), dann rechnet er damit, daß sein Gegenspieler nicht in den Markt eintritt. Dennoch spezifiziert seine Strategie auch, welchen Schritt er am Knoten E unternehmen würde.

Falls ein Spieler von den zulässigen Strategien genau eine auswählt, sagt man, er wählt eine **reine Strategie**. Benutzt der Spieler einen Zufallsmechanimus, um zwischen verschiedenen reinen Strategien zu wählen, dann **randomisiert** er bzw. wählt eine **gemischte Strategie**. Der Spieler wählt in diesem Fall eine *Wahrscheinlichkeitsverteilung* über die reinen Strategien, indem er einen bestimmten Zufallsmechanismus (etwa eine Münze oder einen Würfel) verwendet, von dessen konkreter Realisation es abhängt, welche Züge er schließlich ausführt.

Wählt Spieler i eine gemischte Strategie s_i, so ordnet er jeder seiner m reinen Strategien eine bestimmte Wahrscheinlichkeit zu, wobei sich die Summe aller Wahrscheinlichkeiten auf 1 addiert. Die Strategiemenge S_i, also die Menge aller zugelassenen randomisierten Strategien, entspricht dann dem **Einheitssimplex** $S_i = \{s_i \in R^m; \sum_k s_{ik} = 1\}$.

Falls Spieler 1 z. B. durch einen Münzwurf zwischen zwei **reinen Strategien** s_{11} und s_{12} wählt, können wir seine **gemischte Strategie** als $s_1 = (1/2, 1/2)$ darstellen. Wählt er dagegen die **reine Strategie** s_{11}, so schreiben wir $s_1 = (1,0)$. Die Wahl einer **reinen Strategie** ist somit nur ein Spezialfall von **gemischten Strategien**. (Vgl. dazu Abb. 2.2.)

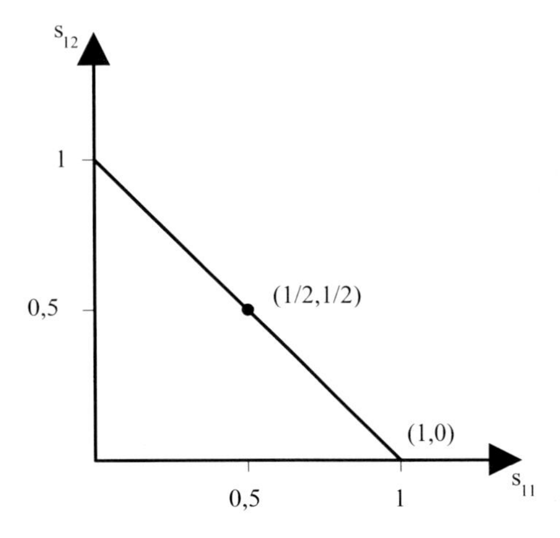

Abb. 2.2 Gemischte Strategien

Unbeschränkte Randomisierung macht die Strategiemenge konvex und damit stetig: Jeder Punkt auf der Verbindungslinie zwischen zwei Strategien ist ebenfalls eine zulässige Strategie.

Beispiel. Wenn ein Unternehmen aufgrund von Unteilbarkeiten entweder 100 Einheiten ($s_{12} = 100$) oder gar nichts ($s_{12} = 0$) produzieren kann, so ist die Strategiemenge kompakt (abgeschlossen und beschränkt), aber nicht konvex. Durch Randomisierung wird die Strategiemenge konvexifiziert: Das Unternehmen produziert mit *Wahrscheinlichkeit* p ($0 \leq p \leq 1$) einen Output von 100.

Der Strategieraum S ist das *kartesische Produkt* aus den Strategiemengen der einzelnen Spieler: $S = S_1 \times S_2 \times \ldots \times S_n$. Hierbei ist S die Menge aller möglichen Strategiekombinationen $s = (s_1, s_2, \ldots, s_n)$, mit $s_i \in S_i$ als einer zulässigen Strategie von Spieler i für alle $i = 1, \ldots, n$.

Häufig sind wir daran interessiert, den Effekt einer Änderung der Strategie s_i eines bestimmten Spielers i bei gegebenen Strategien aller restlichen Spieler zu analysieren. Um zu diesem Zweck die Notation zu vereinfachen, schreiben wir die Strategiekombination aller restlichen Spieler kurz als $s_{-i} = (s_1, \ldots, s_{i-1}, s_{i+1}, \ldots, s_n)$, so daß s sich zusammensetzt als $s = (s_i, s_{-i})$.

Anmerkung zum Strategienraum wiederholter Spiele: Wird ein Gefangenendilemma zehnmal wiederholt und wird jede Runde simultan gespielt, so daß in jedem der zehn **Stufenspiele** jeder Spieler eine Informationsmenge mit genau zwei reinen Strategien hat, so hat jeder Spieler in dem wiederholten (Gesamt-)Spiel 2^{10} reine Strategien.

Definition. Eine **Strategie** des Spielers i ist eine Funktion, die bezüglich der Menge der **Informationsmengen** des i definiert ist und die jeder Informationsmenge eine Zahl zwischen 1 und k zuordnet, wobei k die Anzahl der Züge (Entscheidungen) ist, die die Informationsmenge charakterisieren. Hat also ein Spieler t Informationsmengen und entsprechen jeder Informationsmenge genau k-viele Züge, dann hat der Spieler k^t **reine Strategien**.

2.3 Erwartungsnutzenfunktion u_i

Entscheidungen in Spielsituationen werden meist unter Unsicherheit getroffen. Betrachten wir zunächst den einfachsten Fall einer Entscheidung bei Unsicherheit – ein *Spiel gegen die Natur*: Ein Unternehmen hat folgende Wahl: es kann in ein (riskantes) Projekt A investieren mit der Chance, bei guter Konjunktur einen hohen Gewinn Y_{A1} zu erzielen; bei schlechter Konjunktur würde es damit aber nur einen sehr niedrigen Gewinn $Y_{A2} \ll Y_{A1}$ realisieren. Als Alternative bietet sich ihm eine relativ sichere Anlage B an. Hier schwankt der Gewinn im Konjunkturverlauf nur wenig: er sei bei schlechten Konjunkturverlauf sogar geringfügig höher als bei guter Konjunktur ($Y_{B1} < Y_{B2}$). Die *Natur* wählt den Konjunkturverlauf (den Zustand der Welt), und diese Wahl ist dem Unternehmen zum Zeitpunkt seiner Investition nicht bekannt.

Die Entscheidungssituation läßt sich in einem Spielbaum wie in Abb. 2.3a oder b darstellen mit den vier möglichen Ereignissen Y_{A1}, Y_{A2}, Y_{B1} und Y_{B2} mit G als „Wahl" eines guten Konjunkturverlaufs (Zustand 1) und V als „Wahl" eines schlechten (Zustand 2). Natürlich ist es für den Spieler irrelevant, ob die Natur den Zustand der Welt (h) bereits von Anfang an festgelegt hat, ihre Wahl aber vom Spieler nicht beobachtet werden kann oder ob ein Zufallsmechanismus erst nach der Entscheidung des Spielers den Zustand der Welt h festlegt.

Man kann generell alle Züge der Natur so modellieren, als hätte sie ihre Zufallsauswahl bereits zu Beginn der Welt getroffen, während die verschiedenen Spieler ihre Spielzüge nicht beobachten können bzw. darüber im Verlauf des Spiels nur teilweise informiert werden. Zur Vereinfachung werden wir deshalb immer davon ausgehen, daß die Natur als erste handelt.

Die Investitionsentscheidung kann man als die Wahl zwischen zwei Einkommenslotterien A und B interpretieren, die, je nach dem Zustand der Welt, der von der Natur bestimmt wird, unterschiedliche Erträge bringen. Sie läßt sich graphisch

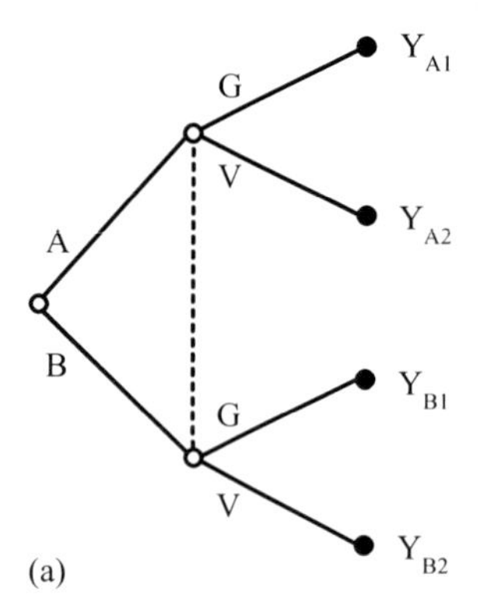

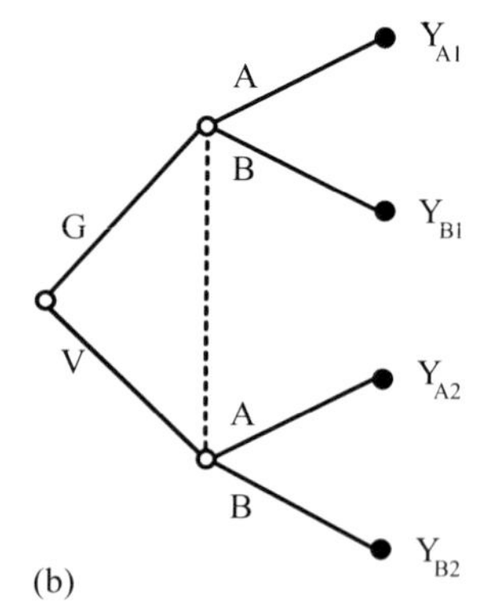

Abb. 2.3a,b Spiel gegen die Natur

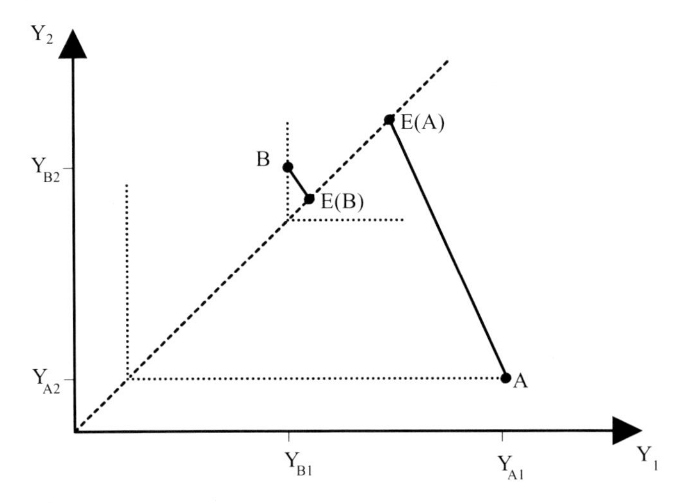

Abb. 2.4 Lotterie

in einem sogenannten **Zustandspräferenz-Diagramm** darstellen. In Abb. 2.4 ist das Einkommen im guten Zustand, Y_1, an der horizontalen Achse abgetragen und das Einkommen im schlechten Zustand, Y_2, an der vertikalen.

Die **Lotterie**[1] (das riskante Projekt) A gibt bei gutem Konjunkturverlauf (Zustand 1) ein hohes Einkommen $Y_{\mathrm{A}1}$, andernfalls aber (Zustand 2) ein sehr niedriges Einkommen $Y_{\mathrm{A}2}$. Entsprechend sind die Auszahlungen der Lotterie B zu interpretieren. Um zwischen den beiden Alternativen wählen zu können, muß das Unternehmen sie ordnen können, d. h., es muß in der Lage sein, eine Präferenzordnung über kontingente (zustandsbedingte) Einkommen zu formulieren. Wir gehen davon aus, daß alle möglichen Einkommenslotterien (alle denkbaren Kombinationen von Einkommen bei gutem und schlechtem Konjunkturverlauf) geordnet werden können. Eine solche Bewertung erfordert in der Regel Einschätzungen darüber, wie wahrscheinlich die verschiedenen Zustände sind. Wir unterstellen, daß das Unternehmen mit Wahrscheinlichkeit p einen guten Konjunkturverlauf erwartet. Der Erwartungswert des riskanten Projekts A sei höher als der von B. Somit gilt:

$$E(Y_{\mathrm{A}}) = pY_{\mathrm{A}1} + (1-p)Y_{\mathrm{A}2} > pY_{\mathrm{B}1} + (1-p)Y_{\mathrm{B}2} = E(Y_{\mathrm{B}}) \, .$$

Ein denkbares Verhalten besteht in extremer Risikoscheu. Man wählt die Lotterie, die es ermöglicht, das im ungünstigsten Zustand maximal erreichbare Einkommen zu erreichen. Dann wird das Unternehmen die Anlage B gegenüber A vorziehen, weil das niedrigste Einkommen aus B das niedrigste aus A übersteigt. Es gilt: $\min_{(h)} Y_{\mathrm{B}h} > \min(h)Y_{\mathrm{A}h}$, also $Y_{\mathrm{B}1} > Y_{\mathrm{A}2}$ mit $Y_{\mathrm{A}h}$ als Einkommen der Lotterie A in Zustand h usw. Eine solche extrem pessimistische Verhaltensnorm wird häufig als **Maximinkriterium** bezeichnet. Dieses Verhalten impliziert in Abb. 2.4 L-förmige

[1] Insbesondere in der älteren Literatur findet sich für Lotterie auch die Bezeichnung **Prospekt**. Sie betont das *Erwartungselement*, das einer Lotterie innewohnt.

Indifferenzkurven. Sie knicken jeweils auf der (gestrichelt gezeichneten) 45° Linie ab, die vom Ursprung ausgeht (das ist die Sicherheitslinie, entlang derer das Einkommen in beiden Zuständen gleich hoch ist): ein niedriges sicheres Einkommen in Höhe von Y_{A2} ist für einen extrem risikoscheuen Spieler gleich gut wie die Lotterie A.

Anders verhält sich ein Unternehmen, das an der Maximierung des Erwartungswertes der Erträge interessiert ist, unabhängig vom damit verbundenen Risiko. Man bezeichnet ein derartiges Verhalten als risikoneutral. Alle Einkommenskombinationen mit gleichem Erwartungswert $E(Y) = pY_1 + (1-p)Y_2$ sind dann gleich gut. Indifferenzkurven verlaufen demnach als Geraden mit der Steigung $\mathrm{d}Y_2/\mathrm{d}Y_1 = -p/(1-p)$. Der Erwartungswert der Lotterie A ist $E(Y_A)$; er ist abzulesen am Schnittpunkt der Indifferenzkurve durch A mit der Sicherheitslinie (analog für B). Lotterie A wird B gegenüber vorgezogen, weil ihr Erwartungswert höher ist: $E(Y_A) > E(Y_B)$. Die meisten Spieler verhalten sich weder extrem risikoscheu noch risikoneutral.

Eine allgemeinere Theorie mit einem einfachen Instrumentarium zur Analyse von Entscheidungen bei **Risiko** liefert die **Erwartungsnutzentheorie**. Ihr liegt die **Erwartungsnutzenhypothese** (ENH) zugrunde, die grundsätzlich besagt, daß ein Spieler die Lotterie wählt, die ihm den höchsten *erwarteten* Nutzen bringt. Der **Erwartungsnutzen** ist die Summe der Nutzen $u_i(Y_h)$ aus dem Einkommen in den verschiedenen möglichen Zuständen h, wobei $u_i(Y_h)$ jeweils mit der Wahrscheinlichkeit p_h gewichtet wird, mit der der entsprechende Zustand h eintritt. Der Nutzen der Lotterie Y läßt sich also entsprechend der **Erwartungsnutzenhypothese** folgendermaßen formulieren:

$$u_i(Y) - \sum_h p_h u_i(Y_h)\,. \qquad \text{(ENH)}$$

Ist die **Präferenzordnung** als **Erwartungsnutzen** darstellbar, so ergibt sich beispielsweise der Nutzen $u_i(Y_A)$ eines Individuums i aus der Lotterie A, die beinhaltet, daß die Ereignisse Y_{A1} mit der Wahrscheinlichkeit p und Y_{A2} mit der Wahrscheinlichkeit $1-p$ realisiert werden, als $u_i(y_A) = pu_i(Y_{A1}) + (1-p)u_i(Y_{A2})$.

Grundsätzlich gilt: Jede Nutzenfunktion, die (ENH) erfüllt, ist eine **von Neumann-Morgensternsche Nutzenfunktion** (vgl. Harsanyi, 1977, S. 32).

Aus (ENH) ist zu ersehen, daß der Erwartungsnutzen linear in den Wahrscheinlichkeiten. Die **Nutzenfunktion** u_i ist *eindeutig* bis auf eine *ordnungserhaltende lineare Transformation*. Also beschreibt $v_i(y) = a_i u_i(y) + b_i$ mit $a_i > 0$, die gleiche Präferenzordnung über unsichere Einkommensströme wie $u_i(y)$.

Ein Spieler verhält sich risikoavers, wenn er ein sicheres Einkommen einer unsicheren Lotterie mit gleichem Erwartungswert vorzieht. Dann weisen seine Indifferenzkurven einen streng konvexen Verlauf auf. In Abb. 2.5 bewertet der Spieler die Lotterie A als gleich gut wie das sichere Einkommen $y_D < E(y_A)$: Er würde ein sicheres Einkommen $E(y_A)$, das dem Erwartungswert der Lotterie A entspricht, vorziehen. Der risikoaverse Spieler wäre bereit, eine **Risikoprämie** $E(y_A) - y_D$ zu zahlen, um statt der Lotterie A ein sicheres Einkommen zu besitzen. Deshalb bezeichnet man y_D auch als **Sicherheitsäquivalent** der Lotterie A für den Spieler.

Abb. 2.5 Risikoaversion

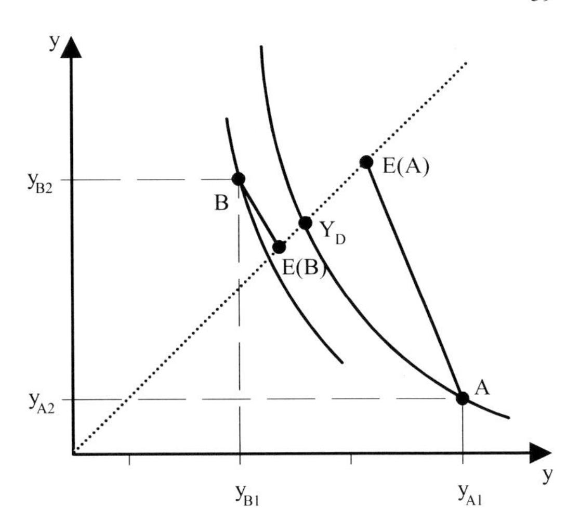

Je stärker die **Risikoaversion** eines Spieler ist, desto stärker gekrümmt (desto konvexer) verlaufen seine Indifferenzkurven und desto höher ist die Risikoprämie, die er zu zahlen bereit wäre. Wie aus Abb. 2.6 ersichtlich, impliziert Risikoaversion Konkavität der Nutzenfunktion $u_i(y)$. Es gilt also: $u''(y) < 0$. Als Maß für den **Grad der Risikoaversion** bietet sich daher die Konkavität der Nutzenfunktion an.

Die **Arrow-Pratt-Maße** erfassen diese Konkavität unabhängig von der Normierung der Nutzenfunktion – sie bleiben bei einer beliebigen linearen Transformation unverändert. Das Arrow-Pratt-Maß der **absoluten Risikoaversion** ist definiert als: $A = -u''/u'$, wobei u' und u'' die erste bzw. zweite Ableitung der Nutzenfunktion $u(y)$ nach dem Einkommen sind. Auch die **relative Risikoaversion** $R = -u''y/u'$ erweist sich bei vielen Fragestellungen als wichtiges Maß für Risikoaversion. Sie mißt die Elastizität des Grenznutzens. Ist ein Spieler i risikoaverser als ein Spieler j, dann ist seine Nutzenfunktion konkaver (die Indifferenzkurven verlaufen konvexer) und seine Arrow-Pratt-Maße sind höher: $A_i > A_j$ und $R_i > R_j$. Bei extremer Risikoaversion, wenn also die Indifferenzkurven geknickt sind, sind die Arrow-Pratt-Maße unendlich groß. Bei Risikoneutralität ist ihr Wert gleich Null.

Die Nutzenfunktion ist im Fall der *Risikoneutralität* linear und kann damit durch $u_i(y) = y$ ausgedrückt werden. Somit gilt $u_i''(y) = 0$. Wie aus Abb. 2.4 ersichtlich, sind die Indifferenzkurven im Zustandspräferenz-Diagramm bei **Risikoneutralität** Parallelen, deren Steigung von den relativen Wahrscheinlichkeiten bestimmt wird. Die Lotterie A mit einem Erwartungswert $E(y_A) = py_{A1} + (1-p)y_{A2} = E(A)$ ist für einen risikoneutralen Spieler gleich gut wie der sichere Erwartungswert $E(y_A)$. Da $E(y_B) = E(B)$ niedriger ist, wird die Lotterie A vorgezogen.

Von Neumann und Morgenstern (1947) zeigten, daß man eine Präferenzordnung, die sich als Erwartungsnutzen beschreiben läßt, aus bestimmten Grundaxiomen ableiten kann. Empirische Tests haben aber gezeigt, daß individuelles Verhalten in experimentellen Situationen häufig nicht mit den Implikationen der **Erwartungsnutzentheorie** vereinbar ist, wie beispielsweise Kahneman und Tversky (1979) zeigten. Eine berühmte Falsifikation beinhaltet das sogenannte **Allais-Paradox**

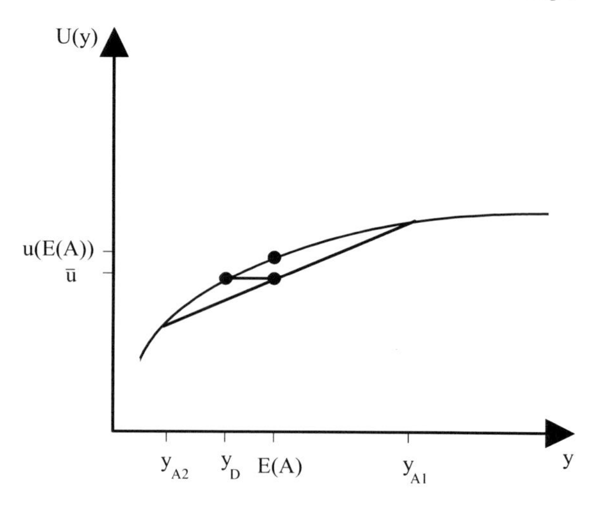

Abb. 2.6 Konkave Nutzenfunktion

(Allais 1953). Als Alternative zur Erwartungsnutzentheorie schlugen Kahneman und Tversky (1979) ihre „**Prospect Theory**" vor. Andere Vorschläge folgten.

Einen Überblick über die Diskussion der Erwartungsnutzentheorie geben Schoemaker (1982) und Machina (1982). Die empirischen Ergebnisse deuten darauf hin, daß diese Theorie und damit die **von Neumann-Morgensternsche Nutzenfunktion** ökonomisches Verhalten unter Unsicherheit vielfach nicht adäquat beschreibt (vgl. Eichberger, 1995). Verschiedene Ansätze verallgemeinern deshalb die Erwartungsnutzentheorie (vgl. etwa Machina, 1982). Solche Verallgemeinerungen erfordern im allgemeinen einen erheblich größeren mathematischen Aufwand. Meist zeigt sich, daß wesentliche Aussagen der Erwartungsnutzentheorie weiterhin gültig bleiben (vgl. Buschena und Zilberman, 1995, oder Leland, 1994).

Viele Ergebnisse der Spieltheorie lassen sich auch ohne die Erwartungsnutzentheorie ableiten, insbesondere wenn nur die ordinale Ordnung der Präferenzen über die Ereignisse für das Ergebnis des Spiels relevant ist. In diesem Buch werden wir jedoch diese Theorie durchgehend voraussetzen, weil sie eine einfache Analyse des Verhaltens unter Unsicherheit ermöglicht.

Zur Einführung in die Analyse von Entscheidungen bei Unsicherheit haben wir in diesem Abschnitt das Spiel eines Individuums gegen die Natur untersucht. Stochastische Ereignisse modellieren wir ganz allgemein immer als Spielzüge der Natur (als einem Dummy-Spieler), die von den („anderen") Spielern nicht beeinflußt werden können und zum Zeitpunkt der Entscheidung nicht beobachtbar sind.

Die Wahrscheinlichkeitseinschätzungen über das Eintreten stochastischer Ereignisse können für die verschiedenen Spieler im Prinzip natürlich unterschiedlich ausfallen. In diesem Buch unterstellen wir aber in der Regel, daß alle Spieler zunächst – vor dem Erhalt privater Informationen – gemeinsame Wahrscheinlichkeitsvorstellungen über das Verhalten der Natur haben (sie besitzen **Common Priors**). Abweichende Einschätzungen beruhen nur auf unterschiedlicher Information, die die einzelnen Spieler im Spielverlauf erhalten.

In einer strategischen Entscheidungssituation ist sich ein Spieler nicht nur über das Eintreten bestimmter Zufallsereignisse unsicher; häufig besteht auch Unsicherheit über die Handlungen der Mitspieler. Auch die Einschätzung über das Verhalten der Mitspieler kann im Prinzip wieder rein subjektiv sein. Wir fordern aber meist, daß individuelle Wahrscheinlichkeitseinschätzungen über die Strategiewahl von Mitspielern mit dem Spielverlauf und dem gemeinsamen Wissen aller Spieler konsistent sein müssen.

2.4 Auszahlungsraum *P*

Die Elemente des Auszahlungsraums P sind Nutzenvektoren u, die jedem Spieler $i \in N$ eine Auszahlung u_i zuordnen. **Auszahlungen** sind also **Nutzen**, insbesondere wenn die Nutzen der Erwartungsnutzenhypothese (ENH) genügen und somit vom von Neumann-Morgenstern-Typ sind.

Grundsätzlicher besteht folgender Zusammenhang: Ein Ereignis $e \in E$ bringt für jeden Spieler i eine bestimmte Auszahlung entsprechend seiner Nutzenfunktion $u_i(e)$. Mit $u(e) = (u_1(e), \ldots, u_n(e))$ bezeichnen wir den **Auszahlungsvektor**, der den Nutzen aller Spieler für ein bestimmtes Ereignis e angibt. Die Menge aller möglichen Auszahlungsvektoren, die einem Spiel Γ entsprechen, wird durch den **Nutzen**- bzw. **Auszahlungsraum** $P = \{u(e)$ für alle $e \in E\}$ charakterisiert. Weil aus jeder Kombination s genau ein Ereignis $e(s)$ folgt, gilt $P = \{u(s)$ für alle $s \in S\}$.

In Abb. 2.7 ist der Auszahlungsraum P für zwei Spieler abgebildet. An den Achsen sind die Nutzenwerte der beiden Spieler abgetragen. Die **Nutzengrenze** $H(P)$ gibt für beliebige Auszahlungen eines Spielers die maximal erreichbare Auszahlung des anderen Spielers an. Sie wird auch als **Pareto-Grenze** bezeichnet, denn Punkte

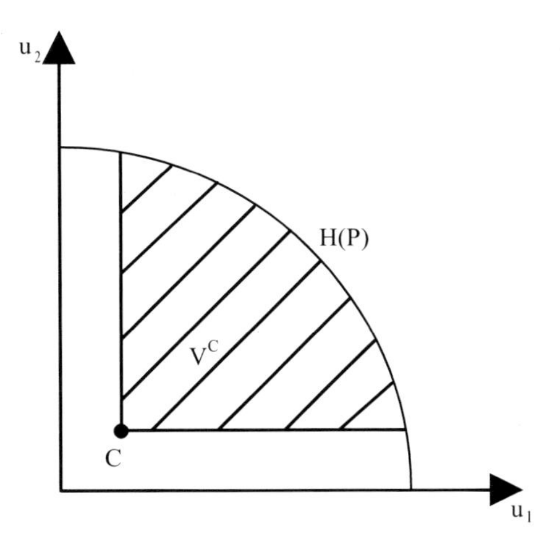

Abb. 2.7 Auszahlungsraum

an der Nutzengrenze sind pareto-optimal: Entlang $H(P)$ ist es nicht möglich, einen Spieler besser zu stellen, ohne gleichzeitig den anderen Spieler schlechter zu stellen.

Wenn der Punkt C die Auszahlungen $c = (c_1, \ldots, c_n)$ kennzeichnet, die sich jeder Spieler mindestens sichern kann, und damit den **Konfliktpunkt** c repräsentiert, gibt der schraffierte Raum

$$V^C = \{u(s) \mid s \in S; u_i \geq c_i \text{ für alle } i \in N\} \subset P$$

die Menge aller individuell rationalen Auszahlungen an, also alle Auszahlungen, die mindestens so gut sind wie der Konfliktpunkt c.

2.5 Informationen

Im allgemeinen bestimmt die Information der Spieler die Strategien, über die sie verfügen. Sie wird deshalb im Prinzip durch den Strategienraum S abgebildet. Insbesondere die **extensive** bzw. **sequentielle Form** des Spiels erlaubt uns, den Zusammenhang von Information und Strategie zu veranschaulichen (s. Abschnitt 1.3.2 oben). Oft aber wird die Information der Spieler davon unabhängig formuliert, um die Strategien möglichst einfach gestalten zu können.

Im folgenden gehen wir auf einige der üblichen Informationsannahmen ein, die für Spielsituation gemacht werden. Insbesondere werden dabei die aus der Informationsökonomie bekannten Probleme des „Moral Hazard" und der „adversen Selektion" aufgegriffen.[2]

2.5.1 Gemeinsames Wissen

Bei der Analyse eines Spieles ist es wichtig zu definieren, was als **gemeinsames Wissen** (**Common Knowledge**) allen Spielern gleichermaßen bekannt ist. Gemeinsames Wissen sind Dinge, die jeder Spieler weiß, und von denen jeder auch weiß, daß sie allen anderen bekannt sind, und zudem, daß auch alle anderen wiederum wissen, daß sie allen bekannt sind etc. Das Konzept gemeinsamen Wissens hat Aumann (1976) formalisiert.

Wir unterstellen immer, daß die Spielregeln Teil des gemeinsamen Wissens sind. Außerdem unterstellen wir im allgemeinen, daß jeder weiß, daß alle Mitspieler sich rational verhalten und daß jeder weiß, daß alle anderen wissen, daß sich alle rational verhalten usw.

Wenn zudem jedem Spieler die Strategiemengen S_i und die Auszahlungsfunktionen $u_i(s)$ aller Spieler bekannt sind (wenn dies gemeinsames Wissen ist), sprechen wir von einem Spiel mit **vollständiger Information**. $\Gamma = (N, S, u)$ ist dann gemeinsames Wissen.

---

[2] Zur Beziehung von Informationsökonomie und Spieltheorie siehe Illing (1995).

Offensichtlich legen die Spielregeln nicht nur die zeitliche Reihenfolge fest, in der die verschiedenen Spieler zum Zug kommen, sondern auch, welche Information für sie dabei jeweils verfügbar ist. Die Lösung eines Spiels hängt stark davon ab, welche Informationen den einzelnen Spielern zur Verfügung stehen.

Die **Informationsmenge** I_i eines Spielers zu einem bestimmten Zeitpunkt kann man formal als eine Zerlegung des Ereignisraumes E in diejenigen Teilmengen (Ereignisse), deren Elemente nicht unterscheidbar sind, beschreiben. In der extensiven Form ist die Informationszerlegung zu jedem Zeitpunkt durch die Elemente der Knoten gekennzeichnet, die der Spieler unterscheiden kann. Eine gestrichelte Linie deutet an, daß verschiedene Knoten zur gleichen Informationsmenge (zum gleichen Ereignis) gehören, somit nicht unterscheidbar sind (vgl. Abb. 2.8 unten).

2.5.2 Perfektes Erinnerungsvermögen

Im Spielverlauf erhalten die Spieler neue Informationen über die Handlungen der Mitspieler und die Wahl der Natur. Falls ein Spieler frühere Information nicht vergißt, wird seine Information immer genauer. Die Zerlegung der Informationsmenge I_i wird dann im Lauf des Spiels immer feiner, die beobachtbaren Ereignisse immer detaillierter, bis er schließlich, am Ende des Spielbaums, genau weiß, welcher Zustand der Welt (welches Elementarereignis) eingetreten ist. Kann sich ein Spieler an jedem seiner Entscheidungsknoten an alle Informationen, über die er früher verfügte (also insbesondere auch an seine eigenen Spielzüge) erinnern, so zeichnet er sich durch ein perfektes Erinnerungsvermögen (**Perfect Recall**) aus.

Wir werden im Lauf des Buches fast immer davon ausgehen, daß sich die Spieler an alle früheren Informationen erinnern. Verfügt ein Spieler über ein perfektes Erinnerungsvermögen, so reicht es aus, wie Kuhn (1953) gezeigt hat, sich auf sogenannte Verhaltensstrategien (**Behavioral Strategies**) zu beschränken: An jedem seiner Entscheidungsknoten (bzw. Informationsmengen) bestimmt der Spieler eine Wahrscheinlichkeitsverteilung über die ihm dort zur Verfügung stehenden Handlungsalternativen.

2.5.3 Nicht beobachtbare Handlungen der Mitspieler

Sind im Spielverlauf einem Spieler alle vorausgehenden Züge der Mitspieler bekannt, wie etwa in der Abb. 1.3, dann verfügt er über perfekte Information. Gilt dies für alle Spieler, dann liegt ein Spiel mit **perfekter Information** vor. – Bereits in Abschnitt 1.3.2 haben wir Situationen betrachtet, in denen manche Spieler bestimmte Handlungen (Spielzüge) ihrer Mitspieler nicht beobachten können. Dann liegt **imperfekte Information** vor.

Zur Illustration imperfekter Information betrachten wir den Spielbaum in Abb. 2.8a. Hier kann Spieler 2 nicht unterscheiden, ob Spieler 1 den Zug s_{11} oder

s_{12} gewählt hat bzw. er weiß nicht, ob er sich im Knoten B oder C befindet. In der extensiven Form erfassen wir **imperfekte Information** dadurch, daß der Spieler nicht unterscheiden kann, an welchem von mehreren denkbaren Knoten er sich befindet; die Knoten B und C gehören zur selben Informationsmenge. Dies setzt voraus, daß er an allen Knoten, die zur selben Informationsmenge gehören, über die gleichen Handlungsalternativen verfügt. Andernfalls könnte er ja aus der Art der Alternativen, die ihm jeweils zur Verfügung stehen, Rückschlüsse über die Handlungen seines Mitspielers ziehen. In Spielbaum 2.8b z. B. weiß Spieler 2, wenn er nicht zum Zug kommt, daß 1 s_{13} gewählt hat. Das heißt aber auch, daß er, wenn er zum Zug kommt, weiß, daß 1 nicht s_{13} gewählt hat.

Situationen mit **imperfekter Information** über die Handlungen der Mitspieler werden in der ökonomischen Theorie häufig auch als **„Hidden Action"** bezeichnet. Der Versuch, Informationsvorteile auszunutzen (d. h. man will die Tatsache, daß andere die eigene Handlung nicht beobachten können, zum eigenen Vorteil verwenden), führt in der Regel dazu, daß das Ergebnis für die Beteiligten schlechter ist als es bei **perfekter Information** wäre. Für solche Situationen verwendet man oft auch den Begriff **Moral Hazard** bzw. **moralisches Risiko**. In Spielbaum 2.8a ist z. B. für Spieler 1 die Strategie s_{12} dominant. Das **Nash-Gleichgewicht** dieses Spiels **imperfekter Information**, die Kombination (s_{12}, s_{22}), erbringt die Auszahlungen $(1,1)$. Könnte dagegen Spieler 2 seine Wahl davon abhängig machen, wie Spieler 1 sich verhalten hat, hätte er also **perfekte Information** in bezug auf dessen Handlungen, so wäre die Kombination (s_{11}, s_{21}) mit einer Auszahlung von 3 für jeden Spieler realisierbar. Die Versuchung von Spieler 1, die Nicht-Beobachtbarkeit seiner Handlung auszunutzen, führt für beide Spieler zu niedrigeren Auszahlungen.

In Spiel 2.8a erhalten die Spieler im Spielverlauf keine neuen Informationen. Läuft dagegen ein Spiel mit **imperfekter Information** über mehrere Stufen (sequentiell) ab, dann ergeben sich zusätzliche strategische Aspekte: wenn ein Spieler

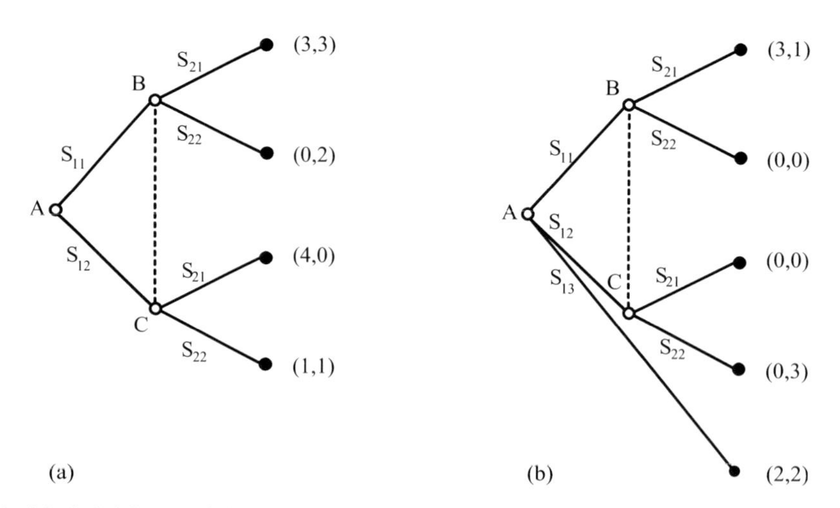

Abb. 2.8a,b Spielbaum mit imperfekter Information

bestimmte Handlungen seines Gegenspielers beobachtet, kann er daraus oft auch Rückschlüsse auf andere, von ihm nicht beobachtbare Handlungen ziehen. Das Ergebnis des Spiels hängt dann stark davon ab, wie bestimmte Handlungen von den Spielern interpretiert werden. Dies macht die Analyse solcher Spiele besonders schwierig.

Untersuchen wir beispielsweise den Spielbaum 2.8b: Dieses Spiel hat zwei **Nash-Gleichgewichte**: (s_{13}, s_{22}) und (s_{11}, s_{21}). Das Gleichgewicht (s_{13}, s_{22}) ist aber nicht plausibel. Man kann nämlich gegen die Wahl von s_{22} folgendes einwenden: wenn der zweite Spieler zum Zug kommt, sollte er aus seinem Wissen, daß Spieler 1 nicht s_{13} gewählt hat, darauf schließen, daß s_{11} gewählt wurde – denn allein durch diesen Zug könnte Spieler 1 sich eine höhere Auszahlung als durch s_{13} versprechen. Dann aber ist für Spieler 2 s_{21} das einzig sinnvolle Verhalten. Wir werden in Abschnitt 4.1 analysieren, wie das unplausible Gleichgewicht (s_{13}, s_{22}) ausgeschlossen werden kann.[3]

2.5.4 Nicht beobachtbare Charakteristika der Mitspieler

In den Beispielen des vorhergehenden Abschnitts mit **imperfekter Information** sind zwar bestimmte Handlungen der Mitspieler nicht beobachtbar, aber jeder kennt die Spielstruktur und alle Eigenschaften der Mitspieler. Es ist bekannt, über welche Handlungsalternativen sie verfügen und wie sie die Alternativen bewerten. Derartige Spielsituationen, in denen die Spieler über alle relevanten Charakteristika ihrer Mitspieler vollständig informiert sind und keiner private Information über bestimmte individuelle Eigenschaften besitzt, bezeichnen wir als Spiele mit **vollständiger Information**. Unter solchen Bedingungen ist im Prinzip jeder Spieler in der Lage, die optimalen Strategien seiner Mitspieler zu berechnen, auch wenn er deren Spielzüge nicht beobachten kann. Dies gilt also selbst dann, wenn nur **imperfekte Information** über die Handlungen anderer Spieler besteht: Da jeder alle Auszahlungsfunktionen kennt und keinerlei Unsicherheit über die relevanten Daten besteht, kann keiner getäuscht werden.

Spiele mit **vollständiger Information** haben den Vorzug, daß man sie verhältnismäßig einfach analysieren kann, doch im Grunde sind sie nur von begrenztem Interesse, weil sie viele Aspekte von Spielsituationen nicht erfassen. Jeder Kartenspieler weiß, daß die Möglichkeit, private Kenntnisse (Information über eigene Charakteristika, die keinem anderen zur Verfügung stehen – etwa über die Karten, die man in der Hand hält) auszunutzen (etwa durch den Aufbau von Reputation, durch geschickte Täuschungsversuche etc.), ein Spiel erst spannend macht. Bei vielen ökonomischen Problemen handelt es sich gerade um Situationen, in denen gewisse Eigenschaften eines Spielers i (wie seine Präferenzen, seine Erstausstattung, soweit sie von anderen nicht beobachtbar ist, aber auch seine Vermutungen über andere Spieler) den Mitspielern nicht bekannt sind. Dann sprechen wir von einem Spiel

[3] Da sich das Spiel nicht in einzelne Teilspiele zerlegen läßt, sind beide Nash-Gleichgewichte teilspielperfekt.

mit **unvollständiger Information**. Situationen mit **unvollständiger Information** werden in der ökonomischen Theorie oft auch als **Hidden Information** bezeichnet. Das Ausnutzen solcher Informationsunterschiede kann zu dem Phänomen der **Adverse Selection** bzw. **negative Auslese**[4] führen.

Unter solchen Bedingungen scheinen die Lösungskonzepte, die für ein Spiel **vollständiger Information** entwickelt wurden, nicht mehr anwendbar zu sein, weil die Grundannahme *gemeinsamen Wissens* nicht mehr erfüllt ist. (Wir unterstellten bisher, daß $\Gamma = (N, S, u)$ gemeinsames Wissen aller Spieler ist. Jeder Spieler kann sich dann in die Situation seiner Mitspieler hineindenken, um zu ergründen, wie sie sich verhalten werden. Sind die Auszahlungen u_i aber private Informationen des Spielers i, so ist dies nicht mehr möglich). Ein Spiel **unvollständiger Information** kann jedoch, wie Harsanyi (1967/68), angeregt durch Reinhard Selten, gezeigt hat, ohne Schwierigkeiten formal wie ein Spiel mit **vollständiger**, aber **imperfekter Information** behandelt werden. So gesehen, ist die Unterscheidung in Spiele mit **imperfekter** und solche mit **unvollständiger Information** heute unwesentlich: Spiele mit **unvollständiger Information** sind Spiele, in denen die Spieler **imperfekte Information** über die Spielzüge der Natur (als einem Dummy-Spieler) besitzen: Die Natur „wählt" für jeden einzelnen Spieler i gewisse Eigenschaften, die seine Mitspieler nicht beobachten können. Sie sind unsicher darüber, welche konkreten Eigenschaften Spieler i aufweist.

Harsanyi (1967/68) folgend, erfassen wir diese Unsicherheit durch folgenden Kunstgriff. Wir nehmen an, daß die Natur als Spieler 0 zu Beginn des Spiels eine Strategie wählt, die von den einzelnen Spielern nur unvollständig beobachtet werden kann. Mit ihrer Wahl legt die Natur für jeden Spieler i einen konkreten Typ $t_i \in T_i$ fest, der nur von i, nicht aber von den anderen Spielern beobachtet werden kann. Die Spielform muß dann Variable (den Typ t_i des Spielers i) enthalten, die beschreiben, welche privaten Informationen jeder Spieler i haben könnte, die den anderen nicht verfügbar sind.

Den Typ eines Spielers i kann man als Zufallsvariable auffassen, deren Realisation nur von i selbst beobachtbar ist. Die Menge aller für Spieler i denkbaren Charakteristika (die Menge aller für ihn möglichen Typen) bezeichnen wir mit T_i. Die Mitspieler sind unsicher darüber, welche konkreten Eigenschaften t_i der Spieler i aufweist, d. h. welcher Typ t_i aus der Menge T_i er tatsächlich ist. Darüber bilden sie sich nur bestimmte Wahrscheinlichkeitsvorstellungen, während i selbst weiß, von welchem Typ er ist. t_i beschreibt also einen möglichen Zustand der privaten Information des Spielers i. Diese private Information kann aus der Kenntnis der eigenen Präferenzen und Fähigkeiten bestehen, sie kann aber auch seine subjektive Wahrscheinlichkeitseinschätzung über unsichere Ereignisse einschließen (etwa über die Präferenzen der Mitspieler).

---

[4] Dieser Begriff stammt, ebenso wie **Moral Hazard**, letztlich aus der Versicherungstheorie. Er bezeichnet dort folgenden Sachverhalt: Wenn eine Versicherungsgesellschaft eine Durchschnittsprämie anbietet, weil sie zwischen guten und schlechten Risiken nicht unterscheiden kann, mag die angebotene Police für „gute Risiken" unattraktiv sein. Dann fragen nur mehr jene eine Versicherung nach, deren Schadenserwartung sehr hoch ist. Im Extremfall bricht der Markt zusammen. Die gleiche Überlegung hat Akerlof (1970) auf den Gebrauchtwagenmarkt angewandt.

Jeder Spieler i hat gewisse Vorstellungen darüber, mit welcher Wahrscheinlichkeit die Natur eine bestimmte Kombination t_{-i} der Typen aller Gegenspieler wählt. Ein Spieler vom Typ t_i rechnet damit, daß mit der Wahrscheinlichkeit $p(t_{-i}|t_i)$ gerade die Kombination t_{-i} von Gegenspielern festgelegt wurde. Jeder Spieler hat eine Wahrscheinlichkeitsverteilung über die Menge der Typen seiner Gegenspieler $T_{-i} = (T_1, \ldots, T_{i-1}, T_{i+1}, \ldots, T_n)$. Dabei liefert die Kenntnis des eigenen Typs oft auch gewisse Informationen über die Mitspieler. Natürlich kann auch die Wahrscheinlichkeitseinschätzung ein Teil der privaten Information sein.

Die Beschreibung eines Spiels **unvollständiger Information** erfordert also sowohl eine exakte Angabe aller denkbaren Kombinationen von Typen der Spieler als auch die Spezifizierung der subjektiven Wahrscheinlichkeitseinschätzungen aller Spieler. Ein solches Spiel wird seit Harsanyi (1967/8) als **Bayes'sches Spiel** bezeichnet. Zur Illustration betrachten wir ein Spiel, bei dem nur über einen Spieler **unvollständige Information** besteht. Es ist eine Modifikation des **Markteintrittsspiels**: Die Kostenfunktion des Monopolisten M (Spieler 2) sei allein ihm selbst, nicht aber seinem Konkurrenten K (Spieler 1) bekannt. Bei einem normalen Kostenverlauf entsprechen die Auszahlungen dem Spielbaum von M_{w} in Abb. 2.9a. Unter diesen Umständen würde der Monopolist nicht kämpfen; er würde s_{22} wählen. Wir bezeichnen ihn dann als schwachen Monopolisten (M_{w}).

Mit einer bestimmten Wahrscheinlichkeit θ hat der Monopolist aber, etwa aufgrund von Skalenerträgen, eine Kostenstruktur, bei der es für ihn günstiger ist, große Mengen zu produzieren. Dann ist sein Gewinn höher, wenn er kämpft, statt sich friedlich den Markt mit dem Konkurrenten zu teilen: Er ist ein starker Monopolist (M_{s}). Der Spielbaum entspräche in diesem Fall M_{s} in Abb. 2.9b). Die strategische Form der beiden Spiele ist in Matrix 2.1 dargestellt.

Würde der Konkurrent K die Kosten von M kennen, würde er genau dann in den Markt eintreten, wenn M schwach ist. Weil ihm diese Information aber nicht zur Verfügung steht, weiß er nicht, welcher Spielbaum der wahre ist (ob er das Spiel M_{w} oder M_{s} spielt). Für ihn besteht **unvollständige Information**, und die Spieltheorie gibt zunächst keine Antwort darauf, welche Strategie er wählen sollte.

Durch den Kunstgriff von Harsanyi (1967/68) wird es aber möglich, die Entscheidungssituation **unvollständiger Information** wie ein Spiel mit **vollständiger**,

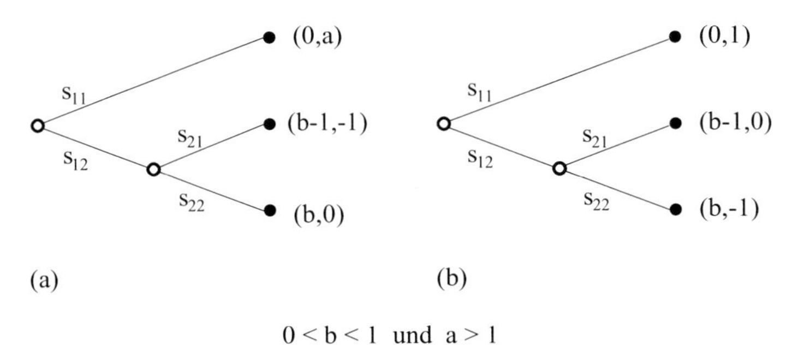

Abb. 2.9a,b Markteintrittsspiel mit unvollständiger Information

aber **imperfekter Information** zu behandeln. Man stelle sich vor, daß zu Beginn der Welt die Natur als ihren Spielzug den Typ des Monopolisten festlegt: Mit Wahrscheinlichkeit $1-\theta$ wählt sie den schwachen Monopolisten M_w mit der Gegenwahrscheinlichkeit θ den starken Monopolisten M_s. Diesen Spielzug kann freilich nur der Monopolist, nicht jedoch sein Konkurrent beobachten. Dieser weiß also nicht, welchen Spielzug die Natur gemacht hat, welchen „Zustand der Welt" sie gewählt hat. Er hat aber eine Wahrscheinlichkeitseinschätzung p darüber, daß der Monopolist stark ist. Wenn keine weitere Information verfügbar ist, entspricht diese Einschätzung gerade der Wahrscheinlichkeit, mit der die Natur einen starken Monopolisten wählt: $p=\theta$.

Matrix 2.1. Strategische Form

Schwacher Monopolist M_w			Starker Monopolist M_s		
	Kampf	Teile		Kampf	Teile
Eintritt	$(b-1,-1)$	$(b,0)$	Eintritt	$(b-1,0)$	$(b,-1)$
Nicht-Eintritt	$(0,a)$	$(0,a)$	Nicht-Eintritt	$(0,a)$	$(0,a)$

$0<b<1$ und $a>1$

Damit haben wir das Spiel **unvollständiger Information** in ein Spiel **vollständiger**, aber **imperfekter Information** mit vier Spielern uminterpretiert: der Natur, die den Zustand der Welt wählt, dem Konkurrenten K sowie dem schwachen (M_w) und dem starken (M_s) Monopolisten. In diesem Spiel besteht T_2 also aus der Menge $T_2=\{M_w,M_s\}$. Der Spielbaum ist durch Abb. 2.10 beschrieben: Zunächst wählt die Natur durch einen Zufallsmechanismus mit den Wahrscheinlichkeiten θ bzw. $1-\theta M_w$ oder M_s. Dann muß K wählen, ohne zu wissen, ob er sich in M_w oder M_s befindet. Schließlich wählt M_w bzw. M_s seine Strategie.

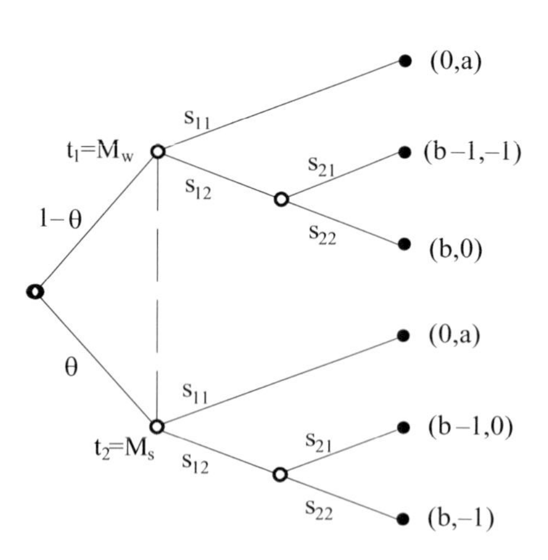

Abb. 2.10 Markteintrittsspiel mit imperfekter Information

Das Spiel läßt sich nun mit den üblichen Methoden lösen. Ein Gleichgewicht besteht in folgenden Strategien: M_w wählt s_{22}, M_s wählt s_{21} und K tritt in den Markt ein, falls sein erwarteter Gewinn bei Markteintritt (s_{12}) größer ist, als wenn er dem Markt fern bleibt (s_{11}), d. h. falls $b(1-\theta)+(b-1)\theta \geq 0$ oder $\theta \leq b$ gilt.

Nach Harsanyi (1967/68) bezeichnet man ein Gleichgewicht bei **unvollständiger Information** als **Bayes'sches Gleichgewicht** oder auch als **Bayes-Nash-Gleichgewicht** (vgl. dazu ausführlicher Abschnitt 3.4).

Erstreckt sich das Spiel **unvollständiger Information** über mehrere Perioden, dann kann es auch für einen schwachen Monopolisten von Vorteil sein zu kämpfen, um damit den Eindruck zu erwecken, er sei stark, und auf diese Weise Konkurrenten in zukünftigen Perioden abzuschrecken. Konkurrenten lernen ja im Zeitablauf aus dem Verhalten des Monopolisten in vergangenen Perioden und sie revidieren ihre Wahrscheinlichkeitseinschätzung dafür, daß der Monopolist stark ist, wenn sie einen Preiskampf beobachten. Dieser Lernprozeß läuft nach der Bayes'schen Regel ab, die wir im nächsten Abschnitt kennenlernen werden.

2.5.5 Lernen und Bayes'sche Regel

Die Verfeinerung der Informationsstruktur entlang eines Spielbaumes bedeutet, daß ein Spieler im Zeitablauf aus Informationen lernen kann. Betrachten wir zunächst wieder ein Spiel gegen die Natur.

Beispiel 2.5.5a (Lernen durch Stichproben). Ein Unternehmen i kann in ein Grundstück investieren, das möglicherweise (mit Wahrscheinlichkeit $p=0{,}5$) ein wertvolles Ölvorkommen mit einem hohen Gewinn y_1 enthält. Das Ölvorkommen kann aber andererseits (mit Wahrscheinlichkeit $1-p=0{,}5$) von minderer Qualität mit einem niedrigen Gewinn y_2 sein. Wieviel soll i für das Grundstück bieten? Sein Risiko läßt sich als Spiel gegen die Natur interpretieren, das durch folgenden Spielbaum dargestellt werden kann: die Natur wählt zunächst (mit den Wahrscheinlichkeiten p bzw. $1-p$) die Qualität des Ölvorkommens; wenn i sein Gebot abgibt, ist aber die Wahl der Natur nicht bekannt. Es besteht die Möglichkeit, durch eine Probebohrung genauere Informationen Ω_m über die Qualität des Ölvorkommens einzuholen. Die Bohrung kann erfolgreich sein (Signal Ω_1) oder ein Mißerfolg (Signal Ω_2). Erfolg oder Mißerfolg läßt allerdings keine eindeutigen Schlüsse auf die Qualität des Ölfelds zu. Ist die Qualität des Vorkommens hoch, besteht freilich eine größere Wahrscheinlichkeit $p(\Omega_1|y_1)=0{,}6$ für eine erfolgreiche Bohrung; immerhin kann mit $p(\Omega_2|y_1)=0{,}4$ trotz hoher Qualität die Bohrung erfolglos bleiben. Bei niedriger Qualität ist die Wahrscheinlichkeit für einen Erfolg der Bohrung dagegen sehr gering: $p(\Omega_1|y_2)=0{,}2$ und $p(\Omega_2|y_2)=0{,}8$.

Wie kann Unternehmen i aus der Probebohrung lernen? Sie interessiert die Wahrscheinlichkeit dafür, daß das Ölvorkommen qualitativ hochwertig ist, wenn die Bohrung erfolgreich verläuft bzw. wenn sie ohne Erfolg bleibt, also $p(y_1|\Omega_1)$ und $p(y_1|\Omega_2)$, wobei $p(y_2|\Omega_1)=1-p(y_1|\Omega_1)$ und $p(y_2|\Omega_2)=1-p(y_1|\Omega_2)$ gilt.

Die bedingten A-posteriori-Wahrscheinlichkeiten $p(y_h|\Omega_m)$ lassen sich aus den A-priori-Wahrscheinlichkeiten $p(y_h)$ und den vorgegebenen bedingten Wahrscheinlichkeiten $p(\Omega_m|y_h)$ mit Hilfe der Stichproben entsprechend der **Bayes'schen Regel** berechnen ($m = 1$ oder 2 und $h = 1$ oder 2):

$$p(y_h|\Omega_m) = p(y_h)p(\Omega_m|y_h)/p(\Omega_m)$$

mit

$$p(\Omega_m) = p(y_1)p(\Omega_m|y_1) + p(y_2)p(\Omega_m|y_2) \ .$$

Im konkreten Beispiel berechnet sich daraus:

$$p(y_1|\Omega_1) = 0{,}75, \ \ p(y_2|\Omega_1) = 0{,}25, \ \ p(y_1|\Omega_2) = 0{,}33 \ \text{und} \ p(y_2|\Omega_2) = 0{,}67 \, .$$

Fassen wir die **Bayes'sche Regel** *in allgemeiner Form* zusammen: Bevor ein Spieler zusätzliche Information erhält, hat er eine A-priori-Wahrscheinlichkeitsverteilung $p(e_h)$ über die für ihn nicht unterscheidbaren Ereignisse e_h mit $h = 1,\ldots,H$. Nun beobachtet er das Signal Ω_m mit $m = 1,\ldots,M$. Daraufhin revidiert er seine Wahrscheinlichkeitseinschätzungen für e_h. Ihm ist bekannt, daß das Signal Ω_m mit der Wahrscheinlichkeit $p(\Omega_m|e_h)$ gesendet wird, falls e_h wahr wäre. Wenn er Ω_m beobachtet, berechnet sich die Wahrscheinlichkeit für e_h nunmehr aus $p(e_h)p(\Omega_m|e_h)$, korrigiert durch die Gesamtwahrscheinlichkeit $p(\Omega_m)$, mit der das Signal Ω_m überhaupt erwartet wurde.

Die bedingten Posteriori-Wahrscheinlichkeiten berechnen sich entsprechend der **Bayes'schen Formel**:

$$p(e_h|\Omega_m) = \frac{p(e_h)p(\Omega_m|e_h)}{p(\Omega_m)} = \frac{p(e_h)p(\Omega_m|e_h)}{\sum_h p(e_h)p(\Omega_m|e_h)} \ .$$

Diese Wahrscheinlichkeiten sind bedingt, weil sie davon abhängen, welche Information Ω_m er konkret erhalten hat.

Lernen aus Beobachtungen bedeutet ein Revidieren von Wahrscheinlichkeitseinschätzungen. Bei Spielen gegen die Natur kann man mit Hilfe der **Bayes'schen Regel** aus bekannten A-priori-Wahrscheinlichkeiten und den Stichprobenwahrscheinlichkeiten die bedingten Posteriori-Wahrscheinlichkeiten berechnen. Das gleiche Prinzip läßt sich natürlich grundsätzlich auch anwenden, wenn bei asymmetrischer Information Beobachtungen über Handlungen von Mitspielern Rückschlüsse auf deren Eigenschaften ermöglichen. Das Vorhandensein strategischer Unsicherheit setzt freilich voraus, daß dabei auch Einschätzungen über das strategische Verhalten der Mitspieler (*„Beliefs"* über deren Strategien) gebildet werden.

Beispiel 2.5.5b (Markteintrittsspiel mit zwei Perioden). Verdeutlichen wir uns das **Lernen aus Verhalten** am Beispiel des Markteintrittsspiels über zwei Perioden mit **unvollständiger Information** über den Monopolisten: Der Monopolist kann schwach (M_w) oder stark (M_s) sein. In jeder Periode sind die Auszahlungen für den

Konkurrenten K_n ($n = 1, 2$) und den Monopolisten wie in Abb. 2.9a bzw. 2.9b. Mit Periode 2 bezeichnen wir die Anfangsperiode; Periode 1 sei die Endperiode. Die A-priori-Wahrscheinlichkeit dafür, daß die Natur einen starken Monopolisten bestimmt, betrage $p_2 = \theta < b$. Wenn in der Anfangsperiode 2 Konkurrent K_2 nicht eintritt, muß der Monopolist nicht handeln. Der potentielle Konkurrent K_1 der nächsten Periode verfügt dann über keine zusätzlichen Informationen und seine Posteriori-Wahrscheinlichkeit p_1 entspricht unverändert der ursprünglichen: Dann gilt auch $p_1 = \theta$.

Lernen kann K_1 nur, wenn K_2 den Monopolisten in der Vorperiode herausgefordert hat. Unterstellen wir also im folgenden, daß K_2 in den Markt eingetreten ist. Ein starker Monopolist wird in jedem Fall kämpfen. Für einen schwachen Monopolisten wäre dies nur lohnend, wenn damit die Wahrscheinlichkeit für einen Markteintritt in der nächsten Periode verringert werden kann und der erwartete Gewinn daraus die Kosten des Kampfes übersteigt. Kämpft er nicht, weiß K_1 sicher, daß der Monopolist schwach ist, und wird mit Sicherheit eintreten: Nicht zu kämpfen ist ein eindeutiges Signal, das exakte Rückschlüsse erlaubt. Daher empfiehlt es sich auch für M_w, mit einer gewissen Wahrscheinlichkeit (y) zu kämpfen. Die Wahrscheinlichkeit, daß überhaupt gekämpft wird, beträgt dann $p_2 + (1 - p_2)y$. Wenn gekämpft wird, steigt die bedingte (posteriori) Wahrscheinlichkeit dafür, daß der Monopolist stark ist, entsprechend der **Bayes'schen Regel** auf $p_1 = p_2/(p_2 + (1 - p_2)y) > p_2$ (wenn $y < 1$).

Der Spieler K_1 revidiert also seine A-priori-Wahrscheinlichkeit p_2, einem starken Monopolisten gegenüberzustehen, auf p_1, wenn in der Vorperiode gekämpft wurde. Da M_w in der Endperiode nie kämpfen wird ($y_1 = 0$), tritt K_1 in den Markt ein, falls $p_1 < b$. Die Einschätzung p_1 von K_1 darüber, wie stark der Monopolist ist, und damit die Wahrscheinlichkeit für einen Markteintritt in der letzten Periode, wird entscheidend von der **Wahrscheinlichkeitseinschätzung** über y mitbestimmt. Grundsätzlich ist diese Einschätzung allein von den subjektiven Vermutungen des Konkurrenten K_1 abhängig. **Konsistenz** von Wahrscheinlichkeitseinschätzungen über Handlungen anderer Spieler erfordert jedoch, daß diese in Einklang stehen mit den optimalen Strategien der jeweiligen Spieler.

Was aber ist die optimale Strategie y für einen schwachen Monopolisten? Dies hängt davon ab, wie er K_1 am besten abschrecken kann. Weil die Spielsituation gemeinsames Wissen aller Spieler ist und sich M_w somit in die Situation von K_1 versetzen kann, kann M_w das Verhalten von K_1 prognostizieren. Er kann sich überlegen, wie K_1 reagieren wird, wenn K_1 in der Vorperiode einen Kampf bzw. keinen Kampf beobachtet hat. Die Intuition liefert uns dafür Hinweise: Nicht zu kämpfen bedeutete, daß K_1 sicher darauf schließen kann, daß der Monopolist schwach ist. Entsprechend wäre die Posteriori-Wahrscheinlichkeit in diesem Fall $p(M_s|\text{kein Kampf}) = 0$. Dann würde K_1 auf jeden Fall eintreten.

Will M_w den Konkurrenten K_1 abschrecken, wäre es für ihn besser, in der Ausgangsperiode 2 mit möglichst hoher Wahrscheinlichkeit zu kämpfen. Gilt freilich $y = 1$, könnte K_1 gar nichts aus der Tatsache lernen, daß gekämpft wird, denn er revidiert in diesem seine A-priori-Wahrscheinlichkeit p_2 nicht. Also würde $p_1 = p_2 = \theta$

gelten. Weil dann $p_1 = \theta < b$, träte er aber auf jeden Fall ein. Nur wenn M_w randomisiert ($y < 1$), kann p_1 entsprechend der **Bayes'schen Regel** steigen. Es muß also auch eine gewisse Wahrscheinlichkeit dafür bestehen, daß M_w nicht kämpft.

Im Gleichgewicht muß y so gewählt werden, daß K_1 gerade indifferent zwischen Eintritt und Nicht-Eintritt ist, daß also p_1 auf $p_1 = b$ steigt. Dies ist dann der Fall, wenn

$$y = \frac{p_2}{1 - p_2} \frac{1 - b}{b} .$$

Die angeführte Argumentation ist natürlich nur dann korrekt, wenn einerseits in der Anfangsperiode tatsächlich ein Markteintritt erfolgt und sich andererseits Kämpfen für M_w wirklich lohnt. Dies wiederum hängt von den optimalen Strategien von K_2 und K_1 ab. Eine genauere Charakterisierung des Gleichgewichts erfolgt in Abschnitt 4.3.

Literaturhinweise zu Kapitel 2

Die **Erwartungsnutzentheorie** wird zusammen mit einer Diskussion der **Risikoneigung** in den meisten mikroökonomischen Lehrbüchern ausführlich dargestellt (vgl. beispielsweise Varian (1994), Kap. 11, oder Kreps (1990), Kap. 3). Einen guten Überblick über Entscheidungen unter Unsicherheit und entsprechende Nutzentheorien enthalten zwei Aufsätze von Machina (1987, 1989). Selten (1982) gibt eine Einführung in die Theorie der Spiele bei **unvollständiger Information**.

Kapitel 3
Lösungskonzepte für nicht-kooperative Spiele in strategischer Form

Strategische Unsicherheit über das Verhalten der Mitspieler ist ein wesentliches Kennzeichen von Spielsituationen. Die Lösung eines Spiels hängt davon ab, welche Erwartungen die Spieler über die Strategiewahl ihrer Mitspieler besitzen. Alternative Lösungskonzepte unterscheiden sich gerade dadurch, wie diese Erwartungsbildung modelliert wird. Eine einheitlich akzeptierte Theorie darüber kann es nicht geben.

Lösungen, die sich dadurch auszeichnen, daß die Spieler ihre Strategieentscheidungen nicht revidieren wollen, wenn ihnen die Lösung empfohlen wird, heißen *Gleichgewichte*. In Kapitel 1 machten wir uns bereits mit dem **Nash-Gleichgewicht** vertraut. Dieses Lösungskonzept ist allgemein für nicht-kooperative Spiele akzeptiert und wird häufig einfach als „*Gleichgewicht*" bezeichnet. Bevor wir dieses Konzept ausführlich diskutieren, gehen wir noch kurz auf zwei andere Ansätze ein: das **Gleichgewicht in dominanten Strategien** und die Lösung in Maximinstrategien, die **Maximinlösung**.

3.1 Gleichgewicht in dominanten Strategien

Eine Strategie für Spieler i ist eine *dominante Strategie*, wenn sie ihm unter allen verfügbaren Strategien den höchsten Nutzen ermöglicht, und zwar unabhängig davon, was die anderen Spieler tun. Daß ein Spieler seine dominante Strategie wählt, ist ein überzeugendes Verhaltenspostulat: Verfügt der Spieler über eine dominante Strategie, so besteht für ihn ja gar keine strategische Unsicherheit, denn um die eigene optimale Strategie zu finden, muß er sich nicht überlegen, welche Strategien seine Mitspieler verfolgen könnten.

Eine Strategiekombination s^* ist ein **Gleichgewicht in dominanten Strategien**, wenn alle Spieler ihre dominante Strategie wählen. Formal:

$$u_i(s_i^*, s_{-i}) \geq u_i(s_i, s_{-i}) \quad \text{für alle } i,\ s_i \in S_i \text{ und } s_{-i} \in S_{-i}\,. \tag{3.1}$$

M.J. Holler, G. Illing, *Einführung in die Spieltheorie*

Ein Beispiel für ein **Gleichgewicht in dominanten Strategien** ist das Strategiepaar *„Gestehen“* im Gefangenendilemma.

So ansprechend dieses Lösungskonzept ist, so wenig hilfreich ist es in vielen Spielsituationen, weil es in der Regel keine dominante Strategie gibt. Im allgemeinen hängt die optimale Strategie eines Spielers davon ab, was die anderen Spieler wählen. Dann muß sich jeder Spieler Gedanken darüber machen, was seine Mitspieler tun.

Matrix 3.1. Spiel ohne dominante Strategie

	s_{21}	s_{22}	s_{23}
s_{11}	$(0,0)$	$(6,6)$	$(2,2)$
s_{12}	$(6,6)$	$(8,8)$	$(0,2)$
s_{13}	$(2,2)$	$(2,0)$	$(1,1)$

In Matrix 3.1 ist für Spieler 1 die Strategie s_{12} die optimale Antwort auf s_{21} und s_{22}, aber s_{11} ist die optimale Reaktion auf s_{23} (ähnlich für Spieler 2). Die optimale Strategie hängt nun vom Verhalten des anderen Spielers ab. Die Spieler müssen deshalb zwangsläufig Erwartungen über das Verhalten ihres Mitspielers bilden, um eine rationale Entscheidung treffen zu können. Weil keine dominanten Strategien verfügbar sind, wird die strategische Unsicherheit über die Entscheidungen des Mitspielers relevant.

Eine interessante Frage ist, ob es immer möglich ist, Spielregeln bzw. soziale Entscheidungsregeln so zu konzipieren, daß alle Spieler über dominante Strategien verfügen und die Lösung zudem bestimmte wünschenswerte Eigenschaften wie etwa Pareto-Optimalität aufweist. Das **Gibbard-Sattherthwaite-Theorem** zeigt, daß dies nicht möglich ist (vgl. Green und Laffont, 1979).

3.2 Die Maximinlösung

In der durch Matrix 3.1 beschriebenen Situation sind verschiedene Verhaltensweisen denkbar. Ein extrem risikoscheuer Spieler etwa könnte sehr pessimistische Erwartungen folgender Art haben: Mein Mitspieler wird versuchen, mir das Schlimmste anzutun; deshalb muß ich die Strategie wählen, bei der ich mir auch im ungünstigsten Fall noch einen relativ hohen Nutzen sichern kann. Für Spieler 1 beträgt das minimale Nutzenniveau 0, wenn er die Strategien s_{11} oder s_{12} wählt und 1, wenn er Strategie s_{13} wählt. Nach dem beschriebenen Kriterium (es wird als **Maximinstrategie** bezeichnet) ist deshalb s_{13} optimal: Die ungünstigste Konsequenz der Strategie s_{13} ist besser als die ungünstigste Konsequenz der beiden anderen Strategien. Spieler 2 wird sich diesem Kriterium entsprechend für s_{23} entscheiden.

Wenn alle Spieler eine **Maximinstrategie** verfolgen, ist eine Lösung durch folgende Bedingung charakterisiert: Eine Strategiekombination s^* ist eine **Maximin-**

lösung, wenn für alle Spieler gilt:

$$\min_{s_{-i}\in S_{-i}} u_i(s_i^*, s_{-i}) \geq \min_{s_{-i}\in S_{-i}} u_i(s_i, s_{-i}) \quad \text{für alle } i \text{ und alle } s_i \in S_i \tag{3.2}$$

bzw.

$$\max_{s_i\in S_i}\left[\min_{s_{-i}\in S_{-i}} u_i(s_i, s_{-i})\right] \quad \text{für alle } i\,.$$

Das Maximinkriterium macht vor allem dann Sinn, wenn in einem Zwei-Personen-Spiel der Gewinn eines Spielers immer auf Kosten des anderen geht. Man bezeichnet solche Spiele als **strikt kompetitive Spiele**; dazu zählen insbesondere die sogenannten **Nullsummenspiele**.

Ein Zwei-Personen-Nullsummenspiel liegt dann vor, wenn sich die Auszahlungen beider Spieler immer auf Null summieren und somit $u_i(s) = -u_j(s)$ gilt. Bei diesem Spiel genügt es deshalb, die Auszahlungen eines Spielers anzugeben. Ein Beispiel ist in Matrix 3.2 dargestellt.

Matrix 3.2. Nullsummenspiel

	s_{21}	s_{22}	s_{23}
s_{11}	$(8,-8)$	$(3,-3)$	$(-6,6)$
s_{12}	$(2,-2)$	$(-1,1)$	$(3,-3)$
s_{13}	$(-6,6)$	$(4,-4)$	$(8,-8)$

Obwohl ökonomische Probleme sich in der Regel nicht durch ein Nullsummenspiel beschreiben lassen, waren solche Spiele lange Zeit unter Spieltheoretikern sehr beliebt – nicht zuletzt wohl deshalb, weil sie mathematisch einfach zu analysieren sind. Wenn der Gegenspieler versucht, sich selbst eine möglichst hohe Auszahlung zu sichern, bedeutet dies zwangsläufig, daß er damit dem anderen Spieler schadet. Deshalb kann es in diesem Fall sinnvoll sein, sich nach dem Maximinkriterium zu verhalten. In Matrix 3.2 bedeutet das, daß jeder Spieler die zweite Strategie wählt: Die Kombination (s_{12}, s_{22}) ist eine Lösung in Maximinstrategien, d. h. eine **Maximinlösung** (in reinen Strategien).

Ellsberg (1956) zeigte, daß selbst für Nullsummenspiele erhebliche Einwände gegen die Maximinlösung als Lösungskonzept vorgebracht werden können, wenn man sie, wie in von Neumann und Morgenstern (1947), als *einziges* Lösungskonzept für diese Spiele gelten lassen will. Im allgemeinen gibt es keinen Grund, vom Gegenspieler ein Maximinverhalten zu erwarten. Wir wissen, daß er sein Eigeninteresse verfolgt, und wir können uns in seine Position hineindenken, um zu überlegen, wie er sich verhalten würde. Dieses im eigentlichen Sinn strategische Denken wird in der Regel zu einem anderen Resultat führen als die Maximinlösung erwarten läßt. In Matrix 3.1 etwa weiß Spieler 1, daß s_{23} nie eine optimale Antwort des zweiten Spielers wäre, was immer er selbst wählt. Es ist somit ziemlich unplausibel, davon auszugehen, daß der zweite Spieler dennoch s_{23} wählt, allein um seinem Gegenspieler zu schaden. Die Maximinlösung ergibt zudem oft *keine eindeutige Auswahl* unter den Strategien. Im Extremfall ist sogar jede beliebige Strategie im Sinne dieses Lösungskonzeptes optimal.

3.3 Das Nash-Gleichgewicht

John Nash (1951) formalisierte ein Lösungskonzept, das sich als grundlegend für die Diskussion *konsistenter Lösungen* von nicht-kooperativen Spielen erwiesen hat. Es ist eine Verallgemeinerung des Gleichgewichtskonzepts, das bereits Cournot (1838) für die **Oligopoltheorie** entwickelt hat.

In der ökonomischen Theorie finden sich zahlreiche Anwendungen des Nash-Gleichgewichts, von denen hier nur einige wenige angeführt werden sollen:

- *Marktgleichgewicht bei vollkommener Konkurrenz und beim Monopol*
- *Gleichgewichte bei rationalen Erwartungen*
- *Cournot-Nash-Gleichgewicht in der Oligopoltheorie*
- *Gleichgewichte bei monopolistischer Konkurrenz*
- *Marktgleichgewichte bei externen Effekten und asymmetrischer Information*
- *Gleichgewichte bei Auktionsmechanismen*

3.3.1 Definition

Ein **Nash-Gleichgewicht** ist eine Strategiekombination s^*, bei der jeder Spieler eine optimale Strategie s_i^* wählt, *gegeben die optimalen Strategien aller anderen Spieler.* Es gilt also:

$$u_i(s_i^*, s_{-i}^*) \geq u_i(s_i, s_{-i}^*) \quad \text{für alle } i, \text{ für alle } s_i \in S_i \,. \tag{3.3}$$

Ausgehend von einem Nash-Gleichgewicht, besteht für keinen Spieler ein Anreiz, von seiner **Gleichgewichtsstrategie** abzuweichen. Damit werden die Erwartungen über das Verhalten der Mitspieler bestätigt. Die Strategiewahl für Spieler i erweist sich in der Tat als optimal, Spieler i kann bei den gegebenen Entscheidungen der anderen Spieler keine höhere Auszahlung erzielen.

Ausgangspunkt ist folgende Überlegung: Jeder Spieler i muß bestimmte Erwartungen darüber formulieren, welche Strategien s_{-i} seine Mitspieler wählen; er überlegt sich, was für ihn eine **beste Antwort** *(„Reaktion")* darauf ist. Dabei kann es durchaus mehrere (gleich gute) beste Antworten geben. Die Abbildung $r_i(s_{-i})$ beschreibt die Menge der besten Antworten. Wenn die anderen die Kombination s_{-i} wählen, sei $\hat{s}_i$ für Spieler i eine beste Antwort. Kurz: $\hat{s}_i \in r_i(s_{-i})$.

Die Abbildung $r_i(s_{-i})$, die für beliebige Strategiekombinationen der Mitspieler jeweils die besten Antworten von Spieler i angibt, bezeichnen wir als **Reaktionsabbildung**. Für den Fall, daß es sich bei der Abbildung um eine Funktion handelt, sprechen wir von einer **Reaktionsfunktion**. Es gilt:

$$r_i(s_{-i}) = \{\hat{s}_i \in S_i \,|\, u_i(\hat{s}_i, s_{-i}) \geq u_i(s_i, s_{-i}) \quad \text{für alle } \; s_i \in S_i\} \,. \tag{3.4}$$

Für jede beliebige Strategiekombination s kann man für alle Spieler die besten Antworten $r_i(s_{-i})$ ermitteln. Die Abbildung $r(s) = (r_1(s_{-1}), \ldots, r_n(s_{-n}))$ gibt als Vektor der Reaktionsabbildungen die besten Antworten aller Spieler auf jede beliebige Kombination s an. Im **Nash-Gleichgewicht** müssen die Erwartungen der Spieler über die Strategiewahl der Mitspieler übereinstimmen. Gehen wir von einer beliebigen Strategiekombination s aus und unterstellen, daß jeder Spieler i erwartet, seine Mitspieler würden jeweils die entsprechende Kombination s_i spielen. Im allgemeinen stimmen die besten Antworten $r(s)$ nicht mit der ursprünglich unterstellten Kombination s überein: $s \notin r(s)$ und die Erwartungen über s sind *nicht konsistent* mit dem tatsächlichen Verhalten $r(s)$.

Die Erwartungen aller Spieler werden sich nur dann erfüllen, wenn die den Mitspielern unterstellten Strategien s_{-i} ihrerseits wiederum *beste Antworten* auf die Strategien der anderen Spieler sind: $s^* \in r(s^*)$. Es liegen dann **wechselseitig beste Antworten** vor. Das ist gleichbedeutend mit der Bedingung, daß jeder Spieler seine optimale Strategie spielt, gegeben die optimalen Strategien der anderen Spieler. Mit Hilfe der Abbildung $r(s)$ haben wir somit eine äquivalente Formulierung des Nash-Gleichgewichtes erhalten: Eine Kombination s^* ist ein Nash-Gleichgewicht, wenn $s^* \in r(s^*)$.

Matrix 3.3. Nash-Gleichgewicht

	s_{21}	s_{22}	s_{23}
s_{11}	$(8,0)$	$(0,0)$	$(0,8)$
s_{12}	$(0,0)$	$(2,2)$	$(0,0)$
s_{13}	$(0,8)$	$(0,0)$	$(8,0)$

In Matrix 3.1 und Matrix 3.3 ist jeweils die Strategiekombination $s^* = (s_{12}, s_{22})$ ein **Nash-Gleichgewicht**. Diese Strategien sind **wechselseitig beste Antworten**: $s^* = r(s^*)$, weil $s_{12} = r_1(s_{22})$ und $s_{22} = r_2(s_{12})$.

Die Strategiekombination $s^* = (s_{12}, s_{22})$ stellt ein **striktes Nash-Gleichgewicht** dar, denn ein Spieler würde sich durch die Wahl einer anderen Strategie, gegeben die Gleichgewichtsstrategie des anderen, schlechter stellen. Wenn sich dagegen ein Spieler durch Abweichen von der Gleichgewichtsstrategie nicht verschlechtert, aber natürlich nicht verbessert, dann handelt es sich um **ein schwaches Nash-Gleichgewicht**.

3.3.2 Nash-Gleichgewicht bei stetigem Strategieraum

Statt wie in den bisherigen Beispielen nur eine endliche, diskrete Menge an Strategien zu betrachten, ist es bei ökonomischen Fragestellungen oft sinnvoll, davon auszugehen, die Spieler könnten aus einem Kontinuum von Alternativen auswählen. Die Strategiemengen S_i (etwa die Wahl des Produktionsniveaus oder die Festlegung der Preise) sind dann stetig.

Als Beispiel betrachten wir unten einen Markt mit wenigen Anbietern, die miteinander um die Nachfrage konkurrieren und sich dabei um ihre wechselseitige

Beziehung bewußt sind, also ein **Oligopol**. Die optimale Entscheidung jedes Anbieters hängt von den Erwartungen über seine Konkurrenten ab. Je nach den Erwartungen sind unterschiedliche Verhaltensweisen optimal. Für diese Situation hat Cournot (1838) ein Gleichgewichtskonzept formuliert, das sogenannte **Cournot-Gleichgewicht**. Dies soll am folgenden Beispiel eines **Dyopols** veranschaulicht werden.

Beispiel (zu 3.3.2). Zwei Erdbeerfarmer $i = 1,2$ ernten auf ihrem Feld das gleiche homogene Gut x (Kilo Erdbeeren), jeweils mit den Arbeitskosten $K_i = x_i^2$. Die potentielle Gesamternte ist beschränkt ($x_i \leq x_i^{\max}$). Ihre Ernte verkaufen sie auf dem Marktplatz in der Stadt; dort sind sie die einzigen Anbieter von Erdbeeren. Der Marktpreis richtet sich nach Angebot und Nachfrage. Die Gesamtnachfrage beträgt $x = 60 - 0{,}5p$. Jeder Farmer muß entscheiden, wie viele Kilo Erdbeeren er auf seinem Feld erntet, ohne dabei die Menge seines Konkurrenten zu kennen. Er will seinen Gewinn $G_i(x_i,x_{-i}) = p(x_i + x_{-i}) \cdot x_i - K(x_i)$ maximieren.

Weil der Marktpreis von der gesamten angebotenen Menge abhängt, muß jeder Erdbeerfarmer bestimmte Erwartungen (**conjectures**) über das Verhalten seines Konkurrenten bilden. Die eigene Mengenentscheidung kann unter den geschilderten Bedingungen nicht die Angebotsmenge des anderen verändern, weil dieser ja nicht darauf reagieren kann (er kann sie ja nicht beobachten). Umgekehrt muß auch i die Menge des Konkurrenten x_{-i} als gegeben annehmen. Jeder Farmer i entscheidet also über die eigene Angebotsmenge x_i als Strategievariable s_i und nimmt dabei die Produktionsmenge des Konkurrenten x_{-i} als gegeben an. Er maximiert demnach $G_i(x_i,x_{-i})$ mit der Bedingung 1. Ordnung $\delta G_i(x_i,x_{-i})/\delta x_i = 0$. Dieses Verhalten bezeichnen wir als **Cournot-Verhalten**.

Was ist eine rationale *Prognose* für das Niveau x_{-i}? Für jede Menge x_{-i} gibt es eine beste Erntemenge $x_i = r_i(x_{-i})$. Hierbei ist $r_i(x_{-i})$ die **Reaktionsfunktion** von Farmer i. Die Erwartungen erfüllen sich nur dann, wenn das unterstellte Produktionsniveau x_{-i} seinerseits wiederum die beste Antwort des Konkurrenten auf die Menge x_i darstellt: $x_{-i} = r_{-i}(x_i)$. Das **Cournot-Gleichgewicht** ist ein Produktionsvektor $x^* = (x_1^*,x_2^*)$ so, daß $x_1^* = r_1(x_2^*)$ und $x_2^* = r_2(x_1^*)$ bzw. in Vektorschreibweise $x^* = r(x^*)$ gilt. Wir sehen, daß dies ein **Nash-Gleichgewicht** ist. (Man spricht deshalb oft von einem **Cournot-Nash-Gleichgewicht**.)

Berechnen wir zunächst die Reaktionsfunktionen der Farmer. Sie maximieren ihren Gewinn

$$G_i = [120 - 2(x_i + x_{-i})]x_i - x_i^2 \tag{3.5}$$

mit der Bedingung 1. Ordnung $\delta G_i(x_i,x_{-i})/\delta x_i = 120 - 6x_i - 2x_{-i} = 0$. Also erhalten wir als Reaktionsfunktion $r(x)$ das Gleichungssystem (3.7):

$$\begin{aligned} x_1 &= \begin{cases} 0 & x_2 \geq 60 \\ 20 - \frac{1}{3}x_2 & x_2 \leq 60 \end{cases} \\ x_2 &= \begin{cases} 0 & x_1 \geq 60 \\ 20 - \frac{1}{3}x_1 & x_1 \leq 60 \end{cases} \end{aligned} \tag{3.6}$$

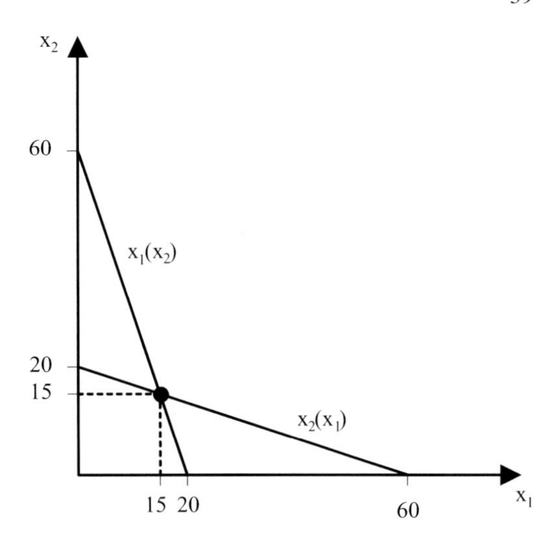

Abb. 3.1 Cournot-Nash-Gleichgewicht im Dyopol

Man beachte: Falls die Beschränkung $x_i^{\max}$ bei der Lösung von (3.7) bindend wird, ist $x_i^{\max}$ die optimale Erntemenge.

Das Gleichgewicht ist dadurch charakterisiert, daß sich die Reaktionsfunktionen der beiden Spieler „schneiden“. Wir können dies auch so formulieren: Ein Gleichgewicht besteht dann, wenn die Abbildung $r(x)$ (als Vektor der Reaktionsfunktionen $r_1(x_2)$, $r_2(x_1)$) einen **Fixpunkt** $x^* = r(x^*)$ hat. Die Gleichgewichtsmengen im konkreten Beispiel betragen somit $x_1^* = x_2^* = 15$ mit $p^* = 60$ (vgl. Abb. 3.1); jedes Unternehmen erzielt einen Gewinn $G_i = 60 \cdot 15 - 15 \cdot 15 = 675$.

3.3.3 Das Nash-Gleichgewicht als Lösungskonzept

Es gibt zwei wesentliche Begründungen, warum Spieler **Nash-Gleichgewichtsstrategien** wählen sollten:

(1) Jeder Spieler verhält sich im Nash-Gleichgewicht rational und
(2) Nash-Gleichgewichte sind die Endpunkte dynamischer Anpassungsprozesse, in deren Verlauf die Spieler aus enttäuschten Erwartungen lernen.

Kommen wir zum ersten Argument. Ein Spieler weiß, daß sich seine Mitspieler sich ebenfalls rational verhalten und diese auch wiederum wissen, daß er sich rational verhält. Dies ist ebenso Teil des gemeinsamen Wissens wie die Spielregeln, die Menge der Strategien S_i und der Auszahlungsfunktionen U_i usw. (vgl. Abschnitt 2.4). Jeder Spieler, der über dieses Wissen verfügt, ist in der Lage auszurechnen, welche Strategien für die Mitspieler optimal sind (vgl. Tan und Werlang, 1988).

Betrachten wir zunächst das Spiel in Matrix 3.3. Spieler 1 kann folgendermaßen argumentieren: Für mich ist es nur optimal, s_{13} zu wählen, wenn 2 die Strategie s_{23}

wählt. Rechnet er aber damit, daß ich s_{13} spiele, würde er s_{21} spielen. Er würde nur dann s_{23} spielen, wenn er damit rechnen könnte, daß ich s_{11} spiele. Für mindestens einen der Spieler kann die Strategiekombination, die ich ursprünglich unterstellt habe, nicht optimal sein. Ich weiß, daß meine Erwartungen nicht erfüllt werden, weil das unterstellte Strategiepaar keine **wechselseitig besten Antworten** sind. Da ich weiß, daß mein Mitspieler ebenso argumentiert, bleibt als rationales Verhalten allein die Wahl der **Nash-Gleichgewichtsstrategien**.

Analog können wir im Dyopolbeispiel argumentieren. Die Erwartungen beider Erdbeerfarmer erfüllen sich nur dann, wenn die jeweils dem Konkurrenten unterstellte Erntemenge dessen Gewinn auch tatsächlich maximiert. Bei rationalen Erwartungen beider Farmer wird sich das **Cournot-Nash-Gleichgewicht** als der Schnittpunkt der beiden Reaktionsfunktionen $x_1^* = x_2^* = 15$ ergeben: Jeder kennt (als gemeinsames Wissen) die Nachfragefunktion sowie den Verlauf beider Kostenfunktionen und ist somit in der Lage, auch die Reaktionsfunktion des Konkurrenten zu berechnen. Falls Farmer 1 erwartet, daß 2 die Menge $x_2 = x_2' \neq x_2^*$ anbietet, und deshalb selbst $x_1'(x_2') \neq x_1^*$ erntet, dann weiß er, daß x_2' nicht gewinnmaximierend für seinen Konkurrenten sein kann. Er kann nicht erwarten, daß dieser x_2' gewählt hat. Die Farmer wissen, daß jede Mengenkombination, die nicht dem Gleichgewicht entspricht, mindestens für einen nicht optimal wäre, gegeben die Menge des anderen.

Das Spielen von Gleichgewichtsstrategien wäre in diesen Fällen eine zwingende logische Konsequenz rationalen Verhaltens.[1] Der Gleichgewichtsprozeß, der zum Gleichgewicht hinführt, vollzieht sich dabei als Kalkulation *im Kopf der Spieler*. Die Begründung ist überzeugend, wenn, wie in den betrachteten Beispielen, das Nash-Gleichgewicht *eindeutig* ist. Wir werden in den Abschnitten 3.3.3 und 3.6 aber sehen, daß die skizzierte Argumentation auf erhebliche Schwierigkeiten stößt, wenn ein Spiel nur ein **Nash-Gleichgewicht in gemischten Strategien** oder aber mehrere Nash-Gleichgewichte besitzt. Voraussetzung für die oben angeführte Argumentation ist dann nicht nur, daß die Spieler über unbeschränkte Rationalität verfügen, sondern auch, daß die Wahrscheinlichkeitseinschätzungen der Spieler bezüglich der Strategiewahl ihrer Mitspieler konsistent sind.

Kommen wir jetzt zur zweiten wesentlichen Begründung für **Nash-Gleichgewichte**. Sie liegt darin, daß sie Endpunkte eines dynamischen Anpassungsprozesses sind, in dessen Verlauf die Spieler aus enttäuschten Erwartungen lernen. Verdeutlichen wir uns das anhand von Matrix 3.3. Das gleiche Spiel wird mehrere Perioden wiederholt. Wir unterstellen nun, daß die Erwartungen über die Handlungen des Mitspielers nicht rational, sondern statisch sind: Es wird erwartet, daß der Mitspieler in der nächsten Periode die gleiche Strategie spielt wie in der laufenden. In der Ausgangsperiode seien s_{12} und s_{23} gewählt. Die optimalen Antworten der Spieler in der zweiten Periode sind somit $r_1(s_{23}) = s_{13}$ und $r_2(s_{12}) = s_{22}$. Das Spiel entwickelt sich dann im Zeitablauf entsprechend der Matrix 3.4.

---

[1] In diesem Sinne argumentieren viele Spieltheoretiker – beispielsweise Myerson (1984), Binmore und Dasgupta (1986) und van Damme (1987).

Matrix 3.4. Zyklus bei statischen Erwartungen

Periode	1	2	3	4	5
Spieler 1	s_{12}	s_{13}	s_{12}	s_{11}	s_{12}
Spieler 2	s_{23}	s_{22}	s_{21}	s_{22}	s_{23}

Das Spiel führt zu einem Zyklus von Strategiekombinationen, der sich alle fünf Perioden wiederholt. Dies gilt, solange die Spieler aus der Erfahrung nicht lernen, daß ihre Erwartungen über den anderen Spieler jedesmal aufs Neue enttäuscht werden. Erst wenn sie die Reaktionen des Gegenspielers zumindest teilweise antizipieren, konvergiert das Spiel gegen das Nash-Gleichgewicht.

Das Dyopolbeispiel zeigt, daß ein Spiel selbst bei völlig statischen Erwartungen zum Nash-Gleichgewicht konvergieren kann. Gehen wir wieder davon aus, die Dyopolsituation wiederhole sich mehrere Tage, und die Erntemenge der beiden Farmer entspreche zunächst nicht den Gleichgewichtsmengen x^*. Wenn ein Farmer erwartet, daß sein Konkurrent am nächsten Tag t die gleiche Menge wie am Vortag $t-1$ anbieten wird, errechnet sich seine optimale Erntemenge aus der verzögerten Reaktionsfunktion $x_{it} = r_i(x_{-i,t-1})$. Anhand von Abb. 3.1 läßt sich überprüfen, daß die Erntemengen bei beliebigem Ausgangsniveau x_{10}, x_{20} zum **Nash-Gleichgewicht** konvergieren.

Gegen diese Art der Begründung von Nash-Gleichgewichten lassen sich zwei Einwände erheben:

(a) Wenn die Spieler sich nur am aktuellen Verhalten der Mitspieler orientieren, verhalten sie sich extrem kurzsichtig und mechanistisch. Warum berücksichtigen sie nicht, daß ihre Strategieänderungen Rückwirkungen auf die Wahl der Mitspieler haben? Die Farmer müßten sich im Zeitablauf bewußt werden, daß ihre statische Verhaltensannahme nicht zutrifft: Der Konkurrent produziert ja in jeder Periode etwas anderes als erwartet. Dies dürfte rational handelnde Wirtschaftssubjekte zu einem **Lernprozeß** anregen. Es ist freilich schwierig, einen solchen Lernprozeß (eine rationale Theorie des Lernens) zu modellieren. Angesichts der damit verbundenen Probleme werden wir uns im Rahmen dieses Buches nur mit der Analyse von Gleichgewichtszuständen beschäftigen, nicht aber mit der Dynamik hin zum Gleichgewicht.

(b) Selbst wenn ein Lernprozeß formuliert werden könnte, dem eine intelligentere Erwartungsbildung zugrunde liegt, bleibt als grundsätzlicher Einwand, daß ein über mehrere Perioden hin wiederholtes Spiel nicht wie eine Folge von statischen Spielen analysiert werden sollte, sondern als ein eigenes, dynamisches Spiel betrachtet werden müßte. Die angemessene Zielfunktion der Spieler besteht dann nicht mehr darin, die Auszahlung je Periode zu maximieren, sondern in der *Maximierung einer intertemporalen Zielfunktion*, wobei spätere Auszahlungen eventuell abgezinst werden.[2]

---

[2] Wird ein Spiel mit einem eindeutigen Gleichgewicht s^* endlich oft wiederholt, dann besteht das einzige Gleichgewicht des wiederholten Spiels allerdings auch nur in einer Wiederholung der Kombination s^* in jeder Periode (vgl. Abschnitt 4.2).

3.3.4 Existenz eines Nash-Gleichgewichts

Ein Lösungskonzept ist wenig hilfreich, wenn es für die meisten Spiele keine Lösung angeben kann, wie das beispielsweise beim Konzept dominanter Strategien der Fall war. Es ist daher wichtig, zu prüfen, ob ein **Nash-Gleichgewicht** unter möglichst allgemeinen Bedingungen existiert.[3] Die bisher betrachteten Spiele mit konkreten Auszahlungsfunktionen hatten mindestens ein Nash-Gleichgewicht. Im folgenden wollen wir hinreichende allgemeine Bedingungen formulieren, die die Existenz eines Nash-Gleichgewichtes gewährleisten.

Die Bedingungen sind in folgendem fundamentalem **Existenztheorem** zusammengefaßt.

Theorem 3.1 (Existenz eines Nash-Gleichgewichts). *Sei $\Gamma(N,S,u)$ ein Spiel mit folgenden Eigenschaften:*

- *der Strategieraum $S_i \subset R^m$ ist kompakt und konvex für alle Spieler $i \in N$;*
- *für alle $i \in N$ gilt: $u_i(s)$ ist stetig und begrenzt in $s \in S$ und quasi-konkav in s_i.*

Dann existiert ein ***Nash-Gleichgewicht*** *für das Spiel Γ.*

Ein Beweis von Theorem 3.1 findet sich z. B. in Nikaido (1970) oder Friedman (1986). Hier beschränken wir uns darauf, die Grundidee eines Existenzbeweises zu skizzieren. Zu diesem Zweck verschärfen wir eine Annahme von Theorem 3.1: Wir betrachten nur solche Spiele, in denen die Auszahlungsfunktionen $u_i(s)$ **strikt quasi-konkav in s_i** sind, wie das im Beispiel des Dyopolmodells der Fall war. Damit ist sichergestellt, daß es für jeden Spieler immer genau eine eindeutige beste Antwort auf die gewählten Strategien der Mitspieler gibt: $r(s)$ ist dann eine eindeutige Funktion.

Wie in Abschnitt 3.3.2 gezeigt, ist ein **Nash-Gleichgewicht** dadurch charakterisiert, daß sich die Reaktionsfunktionen der Spieler „schneiden". Es muß gelten: $s^* = r(s^*)$. Also muß s^* ein *Fixpunkt der Abbildung* $r(s) = (r_1(s_{-1}), \ldots, r_n(s_{-n}))$ sein. Wenn man zeigen kann, daß unter den Bedingungen von Theorem 3.1 die Abbildung $r(s)$ einen Fixpunkt hat, ist folglich die Existenz eines Gleichgewichts gesichert.

Um den Beweis zu skizzieren, gehen wir in zwei Schritten vor. Zunächst formulieren wir bestimmte mathematische Eigenschaften, die garantieren, daß eine Abbildung $r(s)$ einen Fixpunkt hat. Dann zeigen wir, daß diese Eigenschaften erfüllt sind, wenn die Bedingungen von Theorem 3.1 gelten und $u_i(s)$ strikt quasi-konkav ist.

Bedingungen an den Verlauf von $r(s)$, die die Existenz eines Fixpunktes garantieren, werden in Fixpunkttheoremen formuliert. Das folgende **Fixpunkttheorem**, eine Modifikation des **Brouwerschen Fixpunkttheorems**[4], ist intuitiv einsichtig:

---

[3] Andererseits ist ein Lösungskonzept natürlich ebensowenig brauchbar, wenn es zu viele Lösungen zuläßt. Mit der Frage der *Eindeutigkeit* beschäftigen wir uns in Abschnitt 3.3.6.

[4] Das Fixpunkttheorem von Brouwer verlangt eigentlich, daß r eine stetige Funktion von S auf sich selbst ist, daß also nicht nur der Definitionsbereich, sondern auch der Wertebereich alle Elemente der Menge S enthält. Eine einfache Überlegung zeigt, daß dies eine unnötig strenge Forderung ist. Theorem 3.2 ist eine Verallgemeinerung von Brouwers Fixpunkttheorem.

Theorem 3.2. *Die Menge S sei kompakt und konvex. Wenn $r : S \to R$ eine eindeutige, stetige Funktion von S auf eine Teilmenge $R \subseteq S$ ist, dann gibt es ein $s^* \in S$ derart, daß $s^* = r(s^*)$.*

Um das Fixpunkttheorem anwenden zu können, muß also gelten: (a) Die Menge S muß kompakt und konvex sein und (b) die Reaktionsabbildung $r(s)$ muß eine stetige, eindeutige Funktion sein, die auf ganz S definiert ist und deren Werte wieder Elemente von S sind. Zur Illustration ist Abb. 3.2 hilfreich. Die Funktionen $r_1(s_2)$ und $r_2(s_1)$ sind auf der gesamten kompakten und konvexen Menge S_2 bzw. S_1 definiert. Damit ist die Vektorabbildung $r(s)$ auf ganz S definiert. Da die Wertebereiche R_1 und R_2 der beiden Funktionen jeweils eine Teilmenge von S_1 bzw. S_2 ist, liegt der Wertebereich R von $r(s)$ wiederum in $S : R \subset S$. Weil die Funktionen in Abb. 3.2a–c stetig sind, muß es (mindestens) einen Schnittpunkt der entsprechenden Kurven, d. h. einen *Fixpunkt der Abbildung*, geben.

Die Eigenschaften der Reaktionsabbildung $r(s)$ leiten sich aus dem Optimierungsverhalten der Spieler ab. Wenn wir zeigen können, daß die in Theorem 3.1 vorausgesetzten Bedingungen an Spielstruktur und Auszahlungsfunktionen die gewünschten Eigenschaften von $r(s)$ garantieren, haben wir die Existenz eines Gleichgewichts gezeigt.

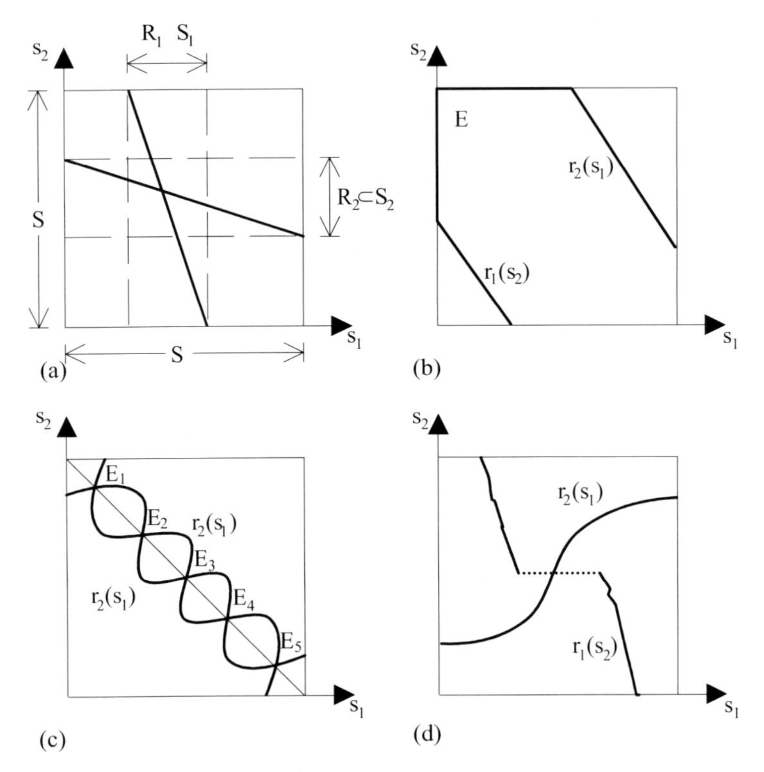

Abb. 3.2a–d Fixpunkte bei stetigen Funktionen

Die Strategiemengen S_1 der einzelnen Spieler wurden als kompakt und konvex unterstellt. Weil der Strategieraum $S = S_1 \times \ldots \times S_n$ das kartesische Produkt der Mengen S_i ist, ist auch S kompakt und konvex. $r(s)$ ist auf dem gesamten Raum S definiert, weil jeder Spieler i für alle s_{-i} immer einen maximalen Wert $r_i(s_{-i})$ bestimmen kann: Die stetige, begrenzte Funktion $u_i(s_i, s_{-i})$ besitzt für alle s_{-i} ein Maximum bezüglich s_i. Weil $u_i(s_i, s_{-i})$ strikt quasi-konkav in s_i ist, gibt es für alle s_{-i} genau eine eindeutige optimale Strategie $\hat{s}_i$ aus der kompakten Menge S_i, die die Auszahlung $u_i(s_i, s_{-i})$ maximiert.

Weil u_i stetig und quasi-konkav ist, verändert sich das Maximum bei einer stetigen Variation von s_{-i} nur „leicht". Damit ist $r_i(s)$ auch stetig. Die Vektorabbildung $r(s)$ ist also eine eindeutige, stetige Funktion. Jede optimale Antwort $r_i(s_{-i})$ für Spieler i ist naturgemäß ein Element seiner Strategiemenge S_i. $r(s)$ liegt somit immer in S und $r(s)$ ist folglich eine Abbildung von S in (einen Teilbereich von) S.

Damit ist gezeigt, daß für alle Spiele ein **Nash-Gleichgewicht** in reinen Strategien existiert, in denen die geschilderten Bedingungen erfüllt sind. Die strikte Quasikonkavität von u_i ermöglichte es, zum Existenzbeweis das Fixpunkttheorem 3.2 zu benutzen. Häufig freilich ist $u_i(s_i, s_{-i})$ nur quasi-konkav, aber nicht strikt quasikonkav in s_i (vgl. als Beispiel Abschnitt 3.3.5.1). Dann ist nicht mehr gewährleistet, daß die Reaktionsabbildung $r(s)$ eine eindeutige Funktion ist. Man bezeichnet $r(s)$ als eine **Korrespondenz**, wenn die Abbildung nicht eindeutig ist. Für Korrespondenzen reicht Theorem 3.2 zum Beweis nicht mehr aus: Man benötigt als Verallgemeinerung **Kakutanis Fixpunkttheorem**.[5] Mit diesem Theorem kann gezeigt werden, daß für alle Spiele, in denen die Bedingungen von Theorem 3.1 erfüllt sind, also auch dann, wenn die Abbildung $r(s)$ keine eindeutige Funktion ist, ein Gleichgewicht in reinen Strategien existiert. Der Gang des Beweises entspricht im Prinzip dem Beweis, den wir oben skizzierten. Der allgemeine Beweis erfordert aber eine Erweiterung des Stetigkeitsbegriffs auf Korrespondenzen. Dies übersteigt das formale Niveau dieses Buches.[6]

Eine besonders einfache Charakterisierung des Nash-Gleichgewichts erhalten wir, wenn die Auszahlungsfunktionen stetig differenzierbar und streng konkav sind und der Strategieraum für jeden Spieler eindimensional ist. S_i ist dann ein kompaktes, konvexes Intervall im R^1. Dies gilt z. B. im Dyopolmodell mit linearer Nachfragefunktion. Sofern eine innere Lösung in S existiert, ist ein Nash-Gleichgewicht die Lösung des n-dimensionalen simultanen Gleichungssystems:

$$\delta u_i(s_i, s_{-i}) / \delta s_i = 0 \quad \text{für alle } i = 1, \ldots, n \,. \tag{3.7}$$

Das Gleichungssystem (3.7) liefert unmittelbar die **Reaktionsfunktionen** $s_i = r_i(s_{-i})$. Zur Übung kann der Leser für das Dyopolmodell mit dem zweidimensio-

[5] Eine Verallgemeinerung dieses Theorems bietet Podszuweit (1998).

[6] Der Beweis für die Existenz eines allgemeinen Marktgleichgewichts von Arrow und Debreu ist eine direkte Anwendung dieses Existenzbeweises auf verallgemeinerte Spielsituationen: Ein Spieler (der Auktionator) legt als endogene Variable die Preise so fest, daß die Handlungen der anderen Spieler miteinander kompatibel sind. Der Strategieraum der Spieler ist hier nicht exogen vorgegeben, sondern hängt von der Strategiewahl des Auktionators ab. Zur Geschichte der Existenzbeweise siehe Duffie und Sonnenschein (1989).

nalen Gleichungssystem (3.7) nachvollziehen, daß die Bedingungen des Existenztheorems erfüllt sind. S_i (und damit S) ist kompakt und konvex, weil die Spieler jede reelle Zahl $x_i \in [0, x_i^{\max}]$ wählen können. $r_i(x_{-i})$ ist eindeutig, stetig und für jedes x_{-i} definiert. Damit ist $r(s)$ eine eindeutige stetige Abbildung von $S \to S$ und besitzt einen Fixpunkt.

Theorem 3.1 garantiert unter verhältnismäßig allgemeinen Bedingungen die Existenz eines Nash-Gleichgewichts. Auf den ersten Blick scheint es für Matrixspiele nicht anwendbar zu sein: dort können die Spieler ja nur zwischen einer diskreten Menge von Alternativen wählen; der Strategieraum S_i ist also nicht konvex.[7] Wie das Beispiel von Matrix 3.5 zeigt, ist in diesem Fall die Existenz eines Gleichgewichts in reinen Strategien in der Tat auch keineswegs garantiert. Im nächsten Abschnitt werden wir freilich sehen, daß in solchen Fällen S_i durch Randomisierung konvexifiziert werden kann und damit das Existenztheorem wieder anwendbar ist: *Es existiert immer ein Gleichgewicht, möglicherweise aber nur eines in gemischten Strategien.*

3.3.5 Nash-Gleichgewicht in gemischten Strategien

In einer ganzen Reihe von ökonomischen Modellen sind nicht alle der Bedingungen von Theorem 3.1 erfüllt: In vielen Modellen sind die Nutzenfunktionen der Spieler i nicht stetig in s und auch nicht unbedingt quasi-konkav in s_i. Im Dyopolspiel kann dies der Fall sein, wenn die Nachfragefunktion konvex ist. In solchen Fällen existiert trotz stetigem Strategieraum kein Gleichgewicht in reinen Strategien. Wie Dasgupta und Maskin (1986) zeigten, existiert in diesen Fällen aber ein Gleichgewicht in gemischten Strategien.

3.3.5.1 Existenz und Berechnung

Das folgende Beispiel zeigt, daß Spiele mit einer diskreten Menge von Strategiealternativen nicht immer ein Gleichgewicht in reinen Strategien aufweisen.

Matrix 3.5. Spiel ohne Gleichgewicht in reinen Strategien

	s_{21}	s_{22}
s_{11}	$(1,1)$	$(1,0)$
s_{12}	$(2,1)$	$(0,4)$

[7] Wenn dagegen, wie etwa im Dyopolbeispiel, der Strategieraum S_i stetig ist, ist er auch konvex: Jede konvexe Kombination zweier Strategien s_i' und s_i'' ist dann ja ebenfalls eine zulässige Strategie (vgl. Abschnitt 2.4).

Für Spieler 1 und 2 lauten die besten Antworten jeweils:

$$r_1(s_{21}) = s_{12} \text{ und } r_1(s_{22}) = s_{11}$$
$$r_2(s_{11}) = s_{21} \text{ und } r_2(s_{12}) = s_{22} \,.$$

Offensichtlich gibt es im Spiel der Matrix 3.5 keine wechselseitig beste Antworten, d. h. keine sich bestätigende optimale Strategiekombination s^*. Es existiert aber ein Nash-Gleichgewicht, wenn wir den Strategieraum der einzelnen Spieler *„konvexifizieren“*, d. h., wenn wir gemischte Strategien **(Randomisierung)** zulassen. Dann bestimmen die Spieler Wahrscheinlichkeiten, mit denen reine Strategien durch einen Zufallsmechanismus ausgewählt werden. Von dessen konkreter Realisation hängt es dann ab, welche der reinen Strategien gespielt wird.

Sei s_i die Wahrscheinlichkeit dafür, daß Spieler i seine Strategie s_{i1} wählt. Jede zulässige gemischte Strategie für Spieler i läßt sich durch die Wahl einer bestimmten Wahrscheinlichkeit s_i $(0 \le s_i \le 1)$ beschreiben.

Bei einem Strategiepaar (s_1, s_2) beträgt der Erwartungsnutzen der Spieler:

$$\begin{aligned} u_1 &= 1s_1s_2 + 1s_1(1-s_2) + 2(1-s_1)s_2 + 0(1-s_1)(1-s_2) \\ &= s_1 + 2(1-s_1)s_2 \\ u_2 &= 1s_1s_2 + 0s_1(1-s_2) + 1(1-s_1)s_2 + 4(1-s_1)(1-s_2) \\ &= s_2 + 4(1-s_1)(1-s_2)\,. \end{aligned}$$

Verhalten sich die Spieler im Sinne eines Nash-Gleichgewichts, dann wählen sie bei gegebenen Erwartungen über das Verhalten des Mitspielers s_{-i} ihre beste Antwort. Die Spieler maximieren ihren erwarteten Nutzen $u_i(s_i, s_{-i})$. Falls eine innere Lösung existiert, sind die besten Antworten durch die Marginalbedingungen bestimmt:

$$\begin{aligned} &\delta u_1/\delta s_1 = 0 \text{ oder } 1 - 2s_2 = 0 \qquad \text{bzw. } s_2 = 0{,}5 \\ &\delta u_2/\delta s_2 = 0 \text{ oder } 1 - 4(1-s_1) = 0 \text{ bzw. } s_1 = 0{,}75\,. \end{aligned} \tag{3.8}$$

Man beachte, daß Spieler 1 die Strategie s_1 nicht so wählen kann, daß *seine* Bedingung 1. Ordnung erfüllt ist. Da u_1 linear in s_1 ist, hängt die erste Ableitung nicht von s_1, aber von s_2 ab.

Die Begründung dafür, daß (3.8) ein Gleichgewicht beschreibt ist eine andere als die Maximierung der Erwartungsnutzen: Keiner der beiden Spieler kann sich verbessern, wenn $s_2 = 0{,}5$ und $s_1 = 0{,}75$ gewählt werden. Wenn $s_2 = 0{,}5$, ist Spieler 1 zwischen beiden reinen Strategien s_{11} und s_{12} indifferent; damit ist für ihn natürlich auch jede Mischung dieser beiden Strategien gleich gut, d. h., jede beliebige Strategie $s_1 \in [0,1]$ ist optimal. Also kann sich der Spieler 1 nicht verbessern (aber auch nicht verschlechtern), gegeben $s_2 = 0{,}5$. Beispielsweise gehen Frey und Holler (1998) direkt von diesem *Indifferenzergebnis* aus, um das Gleichgewicht in gemischten Strategien für 2-mal-2-Matrixspiele allgemein darzustellen.

Für $s_2 > 0{,}5$ ist die reine Strategie s_{12} optimal (ihr Erwartungswert ist höher als s_{11}), also gilt $s_1 = 0$. Entsprechend gilt $s_1 = 1$ für $s_2 < 0{,}5$. Die Kalkulation für Spieler 2 verläuft analog, und wir erhalten (3.9) als Beschreibung der Reaktionskurven

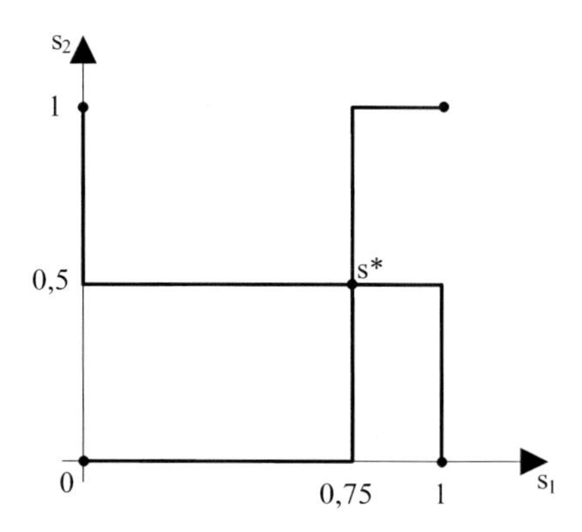

Abb. 3.3 Gleichgewicht in gemischten Strategien

beider Spieler. Diese haben den in Abb. 3.3 gezeigten Verlauf.

$$s_1 = \begin{cases} 0 & \text{für } s_2 > 0,5 \\ [0,1] & \text{für } s_2 = 0,5 \\ 1 & \text{für } s_2 < 0,5 \end{cases} \qquad s_2 = \begin{cases} 1 & \text{für } s_1 > 0,75 \\ [0,1] & \text{für } s_1 = 0,75 \\ 0 & \text{für } s_1 < 0,75 \end{cases} \tag{3.9}$$

In s^* mit $s_1^* = 0{,}75$ und $s_2^* = 0{,}5$ schneiden sich die Reaktionskurven der beiden Spieler. Genau dann sind die Strategien $s_1^* = 0{,}75$ und $s_2^* = 0{,}5$ *wechselseitig beste Antworten.* Die Strategiekombination s^* ist folglich ein **Gleichgewicht in gemischten Strategien**: Werden die *Gleichgewichtswahrscheinlichkeiten* gewählt, so kann sich kein Spieler durch die Wahl einer anderen Strategie besserstellen.

Übung. Überlegen Sie, wie die Reaktionsabbildung bei einer dominierenden Strategie verläuft. Zeichnen Sie die Reaktionsabbildungen für die Matrix 1.2 (Gefangenendilemma), Matrix 1.6 (Battle of the Sexes) sowie Matrix 1.7. Zeigen Sie, daß für das Spiel in Matrix 1.6 insgesamt drei **Nash-Gleichgewichte** existieren, nämlich $(s_1 = 1, s_2 = 1)$, $(s_1 = 3/4, s_2 = 1/4)$ und $(s_1 = 0, s_2 = 0)$.

Eine ausführliche einführende Darstellung zum **Gleichgewicht in gemischten Strategien** enthält Kap. 10 in Holler und Klose-Ullmann (2007). Die Existenz eines Gleichgewichtes in gemischten Strategien kann mit Hilfe von *Theorem 3.1* unter allgemeinen Bedingungen gezeigt werden. Bei Matrixspielen wird der Strategieraum durch die Randomisierung konvexifiziert: S_i ist dann kompakt und konvex. Wenn $u_i(s)$ zudem *konkav* in den reinen Strategien s_i ist, dann ist der Erwartungsnutzen $u_i(s)$ der randomisierten Strategien *quasi-konkav* (vgl. Abschnitt 2.2). Ist $u_i(s)$ stetig und begrenzt in s, so sind alle Bedingungen für *Theorem 3.1* erfüllt. Das bedeutet: Wir können *Theorem 3.1* anwenden, um die Existenz eines Gleichgewichts in gemischten Strategien für alle Matrixspiele mit konkaver Auszahlungsfunktion zu beweisen.

Es wird deutlich, daß das **Fixpunkttheorem** 3.2 in diesem Fall nicht genügt, um die Existenz eines Gleichgewichts zu zeigen. Wie das Beispiel illustriert, erfolgt Randomisierung ja gerade dann, wenn ein Spieler zwischen verschiedenen Strategien indifferent ist. (Für $s_1 = 0{,}75$ etwa ist ja jede beliebige Reaktion von Spieler 2 optimal.) Die Eindeutigkeit der Reaktionsabbildungen ist nicht gewährleistet und man muß auf **Kakutanis Fixpunkttheorem** zurückgreifen.

3.3.5.2 Interpretation und Diskussion

Das **Gleichgewicht in gemischten Strategien** wirft verschiedene Interpretationsprobleme auf:

(1) Ist es sinnvoll, davon auszugehen, daß rationale Spieler ihre Wahl mit Hilfe eines *Zufallsmechanismus* treffen? Gerade in ökonomischen Entscheidungssituationen, wie etwa bei der Entscheidung, in einen Markt einzutreten, dürfte es nur wenige geben, die ihre Handlungen vom Ergebnis eines Münzwurfs oder einer Roulettekugel abhängig machen. Sichern wir uns die Existenz eines Gleichgewichts also nur durch einen technischen Trick, der mit dem tatsächlichen Verhalten von rationalen Spielern nichts gemeinsam hat?

(2) Selbst wenn wir Randomisierung als Verhaltenshypothese akzeptieren, ist nicht unbedingt einzusehen, warum die Spieler gerade die Nash-Strategien spielen sollten. Falls alle anderen ihre Nash-Gleichgewichtsstrategien spielen, ist ein Spieler völlig indifferent zwischen all den reinen Strategien, die im Nash-Gleichgewicht mit positiver Wahrscheinlichkeit gewählt werden; nur deshalb ist auch jede Mischung zwischen diesen Strategien optimal. Warum aber sollte er gerade dann die Wahrscheinlichkeiten wählen, die dem Nash-Gleichgewicht entsprechen?

Wenden wir uns zuerst dem zweiten Punkt zu. In Matrix 3.5 sind die Spieler im Nash-Gleichgewicht zwischen beiden Strategien *indifferent*, wie wir gesehen haben. Ebenso ist natürlich jede Mischung zwischen den beiden Strategien gleich gut. Die Auszahlungen der Spieler sind somit unabhängig vom eigenen Verhalten. Was also sollte einen Spieler veranlassen, gerade die Gleichgewichtsstrategie zu spielen?

Ein Grund, entsprechend der Nash-Strategie zu randomisieren, könnte darin bestehen, dem anderen keine Chance zu geben, sich zu verbessern. Der Gegenspieler kann ohnehin nur das Ergebnis der Strategiewahl beobachten, er kann in der Regel nicht kontrollieren, welcher **Zufallsmechanismus** bei der Auswahl benutzt wurde. Die Wahl von Nash-Strategien ist in diesem Fall folglich keineswegs zwingend. Ein Abweichen davon stellte den Spieler nicht schlechter. Dies wird besonders deutlich anhand von Matrix 3.6, bei der im Spiel von Matrix 3.5 für beide Spieler zusätzlich (als eigene dritte Strategie s_i^*) die *gemischten Gleichgewichtsstrategie* s_i^* ergänzt wurde. Gegeben daß Spieler 2 seine Gleichgewichtsstrategie spielt, ist es für Spieler 1 völlig gleichgültig, welche Strategie er selbst ausführt (und umgekehrt).[8]

[8] Mit den damit verbundenen **Anreizproblemen** setzen sich u. a. Andreozzi (2004), Brams (1992), Frey und Holler (1998), Hirshleifer und Rasmusen (1992), Holler (1990, 1993), Tsebelis (1989) und Wittman (1985, 1993) auseinander.

Matrix 3.6. Spiel mit gemischter Strategie s_i^*

	s_{21}	s_{22}	s_2^*
S_{11}	(1,1)	(1,0)	(1,0,5)
S_{12}	(2,1)	(0,4)	(1,2,5)
s_1^*	(1,25,1)	(0,75,1)	(1,1)

Cheng und Zhu (1995) zeigen, daß das skizzierte Problem auf der linearen Beziehung von Wahrscheinlichkeiten und Nutzen, die die Grundlage der **Erwartungsnutzenhypothese** und jeder Nutzenfunktion vom **von Neumann-Morgenstern-Typ** ist, beruht. Sie zeigen, daß bei einem anderen Typ von Nutzenfunktion (z. B. einer quadratischen Nutzenfunktion) ein **striktes Nash-Gleichgewicht** resultiert und sich damit das Anreizproblem nicht stellt, da sich ein Spieler durch Abweichen von der Gleichgewichtsstrategie *verschlechtert*.

Wenn wir aber bei der Annahme von Nutzenfunktion vom von Neumann-Morgenstern-Typ bleiben, so zeigt sich für das Spiel in Matrix 3.5 folgender Zusammenhang: Wenn die Spieler ihre Nash-Strategien spielen, ist ihr erwarteter Nutzen (in diesem Beispiel beträgt er für beide 1) nicht größer als beim Spielen der **Maximinstrategien**, denen $s_1 = 1$ und $s_2 = 1$ entsprechen. (Siehe dazu auch Holler und Klose-Ullmann (2007, S. 152–160).) Beim Spielen der Maximinstrategie kann sich ein Spieler hier auf jeden Fall einen erwarteten Nutzen von 1 sichern, und zwar unabhängig davon, was der andere spielt. Die Nash-Strategie könnte jedoch einen niedrigeren Nutzen bringen, wenn sich der Mitspieler nicht an seine Nash-Strategie hält. Spielt Spieler 2 beispielsweise immer s_{22}, beträgt der erwartete Nutzen aus der Nash-Strategie für 1 nur 0,75.

Im Nash-Gleichgewicht erreichen die Spieler also keinen höheren Nutzen als bei der Maximinlösung. Sie müssen aber damit rechnen, daß der andere Spieler von seiner Gleichgewichtsstrategie abweicht. Da sie in einem solchen Fall eventuell schlechter gestellt wären als im Nash-Gleichgewicht, ist die Maximinlösung für beide Spieler attraktiv (vgl. Aumann und Maschler, 1972).

Für alle 2-Personen-Spiele, in denen jeder Spieler jeweils zwei reine Strategien besitzt, ist der Nutzen des Nash-Gleichgewichts in gemischten Strategien immer gleich dem Nutzen der Maximinlösung, wenn diese auch gemischte Strategien beinhaltet (vgl. Moulin, 1982, und Holler, 1990). Das skizzierte Anreizproblem ist also in solchen Spielen gravierend. Als Beispiel betrachten wir für das Spiel *„Kampf der Geschlechter“* (Matrix 1.6 bzw. 3.12) das Nash-Gleichgewicht in gemischten Strategien $(s_1 = 3/4; s_2 = 1/4)$. Die erwarteten Auszahlungen für jeden Spieler betragen im Gleichgewicht 0,75. Rechnet 1 aber damit, daß Spieler 2 von seiner Gleichgewichtsstrategie abweichen könnte, kann sein Nutzen niedriger ausfallen. Es gilt: $u_1(s_1 = 3/4; s_2) = 3/4 \cdot 3 \cdot s_2 + 1/4 \cdot 1 \cdot (1 - s_2) = 1/4 + 2 \cdot s_2$. Würde Spieler 1 dagegen $s_1 = 1/4$ wählen, könnte er sich – unabhängig davon, wie sein Gegenspieler sich verhält – die erwartete Auszahlung 0,75 sichern. Für jedes s_2 gilt nämlich $u_1(s_1 = 1/4; s_2) = 1/4 \cdot 3 \cdot s_2 + 3/4 \cdot 1 \cdot (1 - s_2) = 0{,}75$. Umgekehrt kann sich Spieler 2 mit $s_2 = 3/4$ die Auszahlung 0,75 sichern: $(s_1 = 1/4; s_2 = 3/4)$ ist die Maximinlösung in gemischten Strategien.

Das Beispiel illustriert, daß das Konzept des **Nash-Gleichgewichts** sehr starke Forderungen bezüglich der Kenntnisse über die Auszahlungen der Gegenspieler stellt: Es setzt voraus, daß die Auszahlungsfunktionen u_i **gemeinsames Wissen** aller Spieler ist. Die Wahrscheinlichkeiten, nach denen ein Spieler seine gemischten Strategien bestimmt, hängen im Nash-Gleichgewicht allein von den Auszahlungen des Gegenspielers ab: Wenn sich die eigenen Auszahlungen ändern, ändert sich nicht die eigene Gleichgewichtsstrategie, vielmehr nur die des Gegenspielers (vgl. Holler, 1990). Dagegen ist die **Maximinlösung** robust gegenüber jeder Art von Unkenntnis über die Auszahlungen der Gegenspieler; die Wahrscheinlichkeiten für die gemischten Strategien hängen allein von den eigenen Auszahlungen ab. Hier geht es ja gerade darum, sich vom Verhalten des Gegners unabhängig zu machen.

Die Empfehlung, Maximinstrategien zu spielen, wenn die Auszahlung gleich hoch ist wie bei Nash-Strategien, beinhaltet freilich das folgende Problem: Wenn ein Spieler antizipiert, daß der andere seine Maximinstrategie wählt, kann er sich in der Regel durch die Wahl einer anderen Strategie verbessern. Das ist keineswegs überraschend, vielmehr eine logische Konsequenz daraus, daß das Spielen der Maximinstrategien kein Nash-Gleichgewicht ergibt. Bei Gleichgewichten in gemischten Strategien kann somit kein stabiles Verhalten begründet werden.

Andreozzi (2002a) wies für das **Inspection Game**[9] nach, das im wesentlichen die Struktur des Spiels in Matrix 3.5 hat, dessen Maximinlösung aber ebenfalls gemischt ist (siehe Matrix 3.7), daß diejenigen Spieler, die eine Maximinstrategie wählen, im dynamischen Anpassungsprozeß nicht verdrängt werden. Er zeigte dies mit Hilfe eines evolutorischen Spielmodells (vgl. Kap. 8), das sich durch Spielsituationen auszeichnet, in denen Nash-Spieler und Maximin-Spieler koexistieren.

Matrix 3.7. Das Inspection Game

	s_{21}	s_{22}
s_{11}	$(-1,1)$	$(0,0)$
s_{12}	$(0,0)$	$(-6,1)$

Das geschilderte Dilemma bereitet ebenso wie die Frage, ob gemischte Strategien überhaupt ein sinnvolles Verhaltenspostulat sein können, kein Problem, sobald wir gemischte Strategien anders interpretieren, nämlich als **strategische Unsicherheit** über das Verhalten des Mitspielers. Selbst wenn alle Spieler eine *deterministische Wahl* treffen, entscheiden sie ja unter Unsicherheit darüber, welche Strategien ihre Mitspieler wählen. Gemischte Strategien kann man als die *Formalisierung dieser Unsicherheit* interpretieren.

Bereits Harsanyi (1973) hat folgendes gezeigt: Wenn die Auszahlungen der Spieler sehr kleinen Zufallsschwankungen unterliegen, die von den Mitspielern nicht beobachtet werden können, so entspricht das Gleichgewicht in reinen Strategien dieses Spiels unvollständiger Information dem Gleichgewicht des ursprünglichen

[9] Das **Inspection Game** ist in Holler und Klose-Ullmann (2007) detailliert analysiert und interpretiert.

Spiels in gemischten Strategien. Jeder Spieler i wählt eine *deterministische Strategie*; welche er wählt, hängt aber von seinen durch den Zufall bestimmten Auszahlungen ab. Weil die anderen Spieler diese konkrete Auszahlung nicht kennen, ist dagegen für sie das Verhalten von i unsicher: In ihren Augen ist es so, als ob i randomisierte. Das **Gleichgewicht in gemischten Strategien** erhält man als Grenzfall von Spielen, bei denen die Unsicherheit über die Auszahlungen der Gegenspieler verschwindend gering wird. Allerdings ließe sich durch entsprechende Annahmen bezüglich der unvollständigen Information über die Mitspieler jede beliebige gemischte Strategie rechtfertigen. Es müßte jeweils exakt spezifiziert werden, mit welcher Art von Unsicherheit die Spieler konfrontiert sind (vgl. auch Rubinstein, 1991). Das Verhalten in Situationen mit unvollständiger Information werden wir im nächsten Abschnitt näher analysieren (vgl. insbesondere Abschnitt 3.4.4).

Selbst wenn die Auszahlungen aller Spieler bekannt sind, wissen sie nicht, welche Strategien ihre Mitspieler wählen. Sie müssen darüber bestimmte *Wahrscheinlichkeitseinschätzungen* bilden. Wenn diese auf *gemeinsamen Ausgangswahrscheinlichkeiten* basieren und die Spieler unabhängig voneinander entscheiden, kann, wie Aumann (1987) zeigt, die *strategische Unsicherheit* durch das **Gleichgewicht in gemischten Strategien** modelliert werden. (Vgl. dazu die Diskussion im Abschnitt über das Gleichgewicht in **korrelierten Strategien**.)

Matrix 3.8. Matching Pennies

	s_{21}	s_{22}
s_{11}	$(1,0)$	$(0,1)$
s_{12}	$(0,1)$	$(1,0)$

Ein Lieblingsbeispiel Aumanns ist das Spiel „**Matching Pennies**“: Zwei Spieler sagen gleichzeitig Kopf (s_{i1}) oder Zahl (s_{i2}). Stimmen die Angaben überein, gewinnt Spieler 1 – anderenfalls gewinnt Spieler 2. Die Auszahlungen sind in Matrix 3.8 abgebildet. Jeder Spieler weiß zwar in diesem Spiel genau, was er selbst tut; die Wahrscheinlichkeit dafür, daß sein Kontrahent Kopf oder Zahl sagt, beträgt in seinen Augen aber jeweils 0,5. Wenn er darüber hinaus annimmt, daß sein Kontrahent umgekehrt analoge Überlegungen über ihn anstellt, dann ist das randomisierte **Nash-Gleichgewicht** $s_1 = s_2 = 0{,}5$ die einzig sinnvolle Lösung für diese Spielsituation.

In einer neueren Arbeit weisen Engelmann und Steiner (2007) nach, daß es im **Gleichgewicht in gemischten Strategien** eines 2-mal-2 Spiels für einen Spieler von Vorteil sein kann, wenn sich seine Risikoaversion erhöht. Zu diesem Zweck interpretieren sie die Auszahlungen der entsprechenden Matrix als „materielle Auszahlungen“ (beispielweise Geld) und unterwerfen dann diese einer konkave Nutzenfunktion mit variabler Krümmung. (Je „stärker konkav“ die Nutzenfunktion ist, um so höher ist die Risikoaversion.) Der Vorteil, den ein Spieler aus der höheren Risikoaversion zieht, bemißt sich in seinen „materiellen Auszahlungen“.

3.3.6 Eindeutigkeit von Nash-Gleichgewichten

Eindeutigkeit eines Gleichgewichtes wäre zweifellos eine höchst wünschenswerte Eigenschaft, weil andernfalls nur schwer zu rechtfertigen ist, wie alle Spieler unabhängig voneinander genau eines von mehreren denkbaren Gleichgewichten realisieren sollten. Gibt es mehrere Gleichgewichte, so ist das **Nash-Gleichgewicht** als Lösungskonzept weitaus weniger überzeugend (vgl. dazu die Diskussion in Abschnitt 3.6). Viele Beispiele aber zeigen, daß selbst in einfachen Spielsituationen häufig mehrere Nash-Gleichgewichte als Lösung in Frage kommen. Das Existenztheorem 3.1 garantiert zwar, daß unter relativ allgemeinen Bedingungen mindestens ein Gleichgewicht existiert. Die Forderung nach *Eindeutigkeit* ist jedoch wesentlich stärker als die nach der Existenz eines Gleichgewichts. Eindeutigkeit kann nur unter weit restriktiveren und zudem meist ökonomisch wenig sinnvollen Bedingungen sichergestellt werden.

Wir verzichten auf die exakte Formulierung derartiger Bedingungen und beschränken uns auf einfache Aussagen für den Fall zweier Spieler mit stetigen, differenzierbaren **Reaktionsfunktionen**. Es ist intuitiv einsichtig, daß ein eindeutiges Gleichgewicht dann existiert, wenn die Steigung einer Reaktionsfunktion im Gleichgewicht immer steiler ist als die Steigung der anderen Reaktionsfunktion. Wenn nämlich die Steigung einer stetigen Funktion A in zwei Gleichgewichten steiler als die der stetigen Funktion B ist (wie etwa in Abb. 3.4a), dann muß es bei Stetigkeit der Funktionen noch mindestens ein weiteres Gleichgewicht geben, in dem B steiler als A ist. D. h. aber, die hier formulierte Bedingung garantiert die Eindeutigkeit des Gleichgewichts. Außerhalb des Gleichgewichts können die Steigungen (wie etwa in 3.4b) durchaus variieren.

Diese Bedingung läßt sich leicht auf mehr als zwei Spieler verallgemeinern; sie kann mathematisch als Bedingung an die 1. Ableitungen der Reaktionsfunktionen, also an die zweiten Ableitungen der Auszahlungsfunktionen formuliert werden: Die **Jakobi-Matrix** der ersten Ableitungen, also die **Hesse-Matrix** der Auszahlungs-

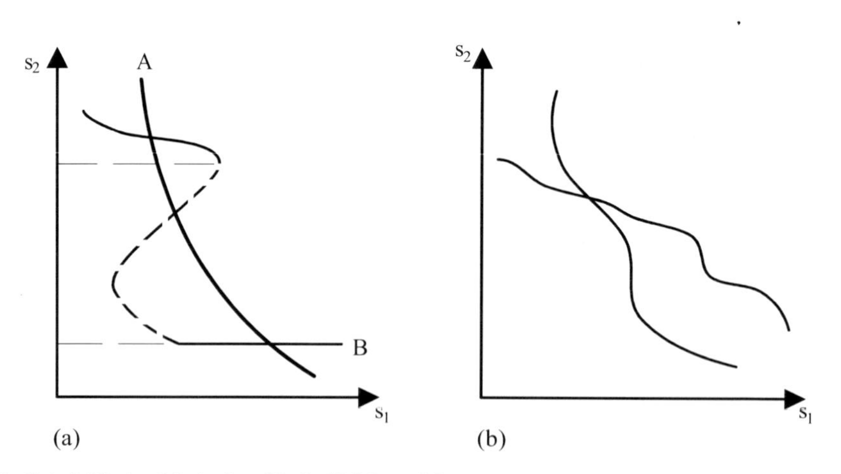

Abb. 3.4a,b Eindeutigkeit eines Nash-Gleichgewichts

funktionen, muß *negativ semi-definit* sein (vgl. Varian, 1994, Abschnitt 27.2). Im Dyopolbeispiel mit linearen Reaktionsfunktionen ist die Bedingung erfüllt, und es gibt dort ein eindeutiges Nash-Gleichgewicht.

Häufig kann die Existenz mehrerer **Nash-Gleichgewichte** jedoch nicht ausgeschlossen werden, weil es keine sinnvollen ökonomischen Kriterien gibt, die den Verlauf der Reaktionsfunktionen einschränken könnten. Falls mehrere Gleichgewichte bestehen, kann man versuchen, durch eine Verfeinerung des Lösungskonzeptes einige davon auszuschließen. Dies ist dann möglich, wenn manche Gleichgewichte nicht plausibel erscheinen, wie etwa das Gleichgewicht im Markteintrittsspiel mit der wenig glaubwürdigen Drohung des Monopolisten, in jedem Fall zu kämpfen.

Verfeinerungen des Nash-Gleichgewichtskonzeptes, die gewisse Nash-Gleichgewichte als plausible Lösungen auswählen, behandeln wir in den Abschnitten 3.7 und 4.1. Weitere Eigenschaften dieses Konzepts folgen aus seiner Axiomatisierung (vgl. Salonen, 1992; Tan und Werlang, 1988). Im nächsten Abschnitt setzen wir uns speziell mit seiner Beziehung zur Effizienz auseinander.

3.3.7 Effizienz von Nash-Gleichgewichten

Wir haben anhand von Beispielen gesehen, daß ein Nash-Gleichgewicht *nicht notwendigerweise* effizient ist. Alle Spieler gemeinsam könnten sich dann besserstellen, wenn sie eine andere Strategiekombination wählen würden. Man kann zeigen, daß bei differenzierbaren Nutzenfunktionen die **Nash-Gleichgewichte** im allgemeinen nicht pareto-optimal sind: Durch die Wahl einer anderen Strategienkombination ist es möglich, mindestens einen Spieler besser zu stellen, ohne die anderen Spieler schlechter zu stellen. Einen Beweis gibt Dubey (1980).

Die Grundidee läßt sich anhand des folgenden Spezialfalls, der häufig bei ökonomischen Anwendungen relevant ist, illustrieren: Der Strategieraum für jeden Spieler ist eindimensional ($S_i \subset R^1$). Die Auszahlungsfunktionen $u_i(s)$ sind stetig und differenzierbar, und die Lösungen liegen im Inneren des Strategieraums S. Wie bereits erwähnt wurde, ist unter diesen Bedingungen ein Nash-Gleichgewicht s^* eine Lösung des n-dimensionalen simultanen Gleichungssystems

$$\delta u_i/\delta s_i = 0 \quad \text{für alle } i = 1,\ldots,n\,. \tag{3.10}$$

Pareto-Optimalität erfordert, daß ein Spieler für jedes vorgegebene Nutzenniveau aller anderen Spieler sein maximal erreichbares Nutzenniveau erhält. Mathematisch lassen sich alle pareto-optimalen Strategiekombinationen ermitteln, indem die Summe der (mit τ_i gewichteten) Auszahlungsfunktionen der einzelnen Spieler maximiert wird: $\max \sum \tau_i u_i(s)$, wobei $\sum \tau_i = 1$ gilt. Ein **Pareto-Optimum** $\hat{s}$ ist somit eine Lösung des n-dimensionalen simultanen Gleichungssystems

$$\tau_i \delta u_i/\delta s_i + \sum_{j \neq i} \tau_j \delta u_j/\delta s_i = 0\,. \tag{3.11}$$

Im allgemeinen gilt $s^* = \hat{s}$ nur dann, wenn $\delta u_j/\delta s_i = 0$ für alle i und j, d. h. also nur, falls keine externen Effekte auftreten. Natürlich ist nicht ausgeschlossen, daß zufällig gilt $\sum \tau_j \delta u_j/\delta s_i = 0$, obwohl für alle j gilt: $\delta u_j/\delta s_i \neq 0$. Bei einer leichten Änderung der Auszahlungsfunktionen wäre dann aber diese Gleichung nicht mehr erfüllt; man sagt dann, sie ist *generisch nicht erfüllt.*

Aus dem Vergleich der Bedingungen (3.10) und (3.11) folgt, daß das Aktivitätsniveau zu niedrig ist ($s^* < \hat{s}$), wenn ein höheres Aktivitätsniveau immer einen positiven Einfluß auf die Nutzenfunktion der Mitspieler hat und also $\delta u_j/\delta s_i > 0$ für alle i und j gilt (und somit durchwegs positive externe Effekte auftreten). Im Pareto-Optimum muß dann $\delta u_i/\delta \hat{s} < 0$ gelten. Wegen der Konkavität der Auszahlungsfunktion folgt daraus: $s_i^* < \hat{s}$. Umgekehrt ist das Aktivitätsniveau bei negativen externen Effekten zu hoch. Bei negativen externen Effekten etwa gilt im Pareto-Optimum: $\delta u_i(\hat{s})/\delta s_i > 0$; Spieler i möchte sein Aktivitätsniveau erhöhen.

Weil in den geschilderten Fällen die Interessen der verschiedenen Spieler divergieren, kann bei individuell rationalem Verhalten ein Pareto-Optimum nicht durchgesetzt werden: Würden die Spieler vereinbaren, eine pareto-optimale Strategiekombination zu spielen, so hätte jeder einzelne Spieler einen Anreiz, davon abzuweichen; er könnte sich durch eine Änderung der eigenen Strategie individuell besser stellen, weil $\delta u_i(\hat{s})/\delta s_i \neq 0$ wegen (3.11) gilt. Individuelle und kollektive Rationalität fallen dann im **Nash-Gleichgewicht** auseinander. Das Nash-Gleichgewicht liegt im Inneren des Auszahlungsraumes.

Verdeutlichen wir uns dies am Beispiel des **Dyopolmodells**: Hier hat eine Ausdehnung der Produktionsmenge x_j negative externe Effekte auf den Gewinn von Konkurrent i: $\delta G_i/\delta x_j = -2x_i < 0$. Beide Unternehmen könnten einen höheren Gewinn erzielen, wenn sie gemeinsam ihr Produktionsniveau verringern. Die Gewinngrenze,[10] die für jeden Gewinn G_i den maximal erreichbaren Gewinn von j angibt, können wir ermitteln, indem wir die mit τ bzw. $1-\tau$ gewichteten Gewinne maximieren.

Wenn wir so vorgehen, schließen wir **Seitenzahlungen**, d. h. die Möglichkeit von Gewinntransfers bzw. transferierbarer Nutzen (vgl. Abschnitt 6.1.1) aus. Andernfalls wäre es optimal, den insgesamt erreichbaren Gewinn zu maximieren. Im betrachteten Beispiel ist der Gesamtgewinn im Punkt Z auf der Gewinngrenze maximal.

Ließen wir Seitenzahlungen zu, so wäre jede Aufteilung des Maximalgewinns $G = 2 \cdot 720 = 1440$ auf beide Spieler optimal. Die Nutzengrenze wäre eine Gerade mit Steigung -1 durch den Punkt Z. Schließen wir dagegen Seitenzahlungen aus,

[10] Das ist die Nutzengrenze, auf der alle Pareto-Optima liegen, wenn man als „Wohlfahrt" die Gewinne der beiden Unternehmen betrachtet. Optimalität ist eben immer definiert relativ zur Wohlfahrt aller betrachteten Spieler. Wenn bei einer gesamtwirtschaftlichen Analyse eine pareto-optimale Allokation verwirklicht werden soll, so muß die Zahl der Spieler entsprechend modifiziert werden. Wir wissen, daß in einer allgemeinen Gleichgewichtsanalyse weder das Nash-Gleichgewicht noch die Maximierung des Gesamtgewinns der Produzenten pareto-optimal ist. Vielmehr ist ein allgemeines Marktgleichgewicht dann pareto-optimal, wenn der Preis den Grenzkosten entspricht (hier: $p = 40$ mit $x_1 = x_2 = 20$).

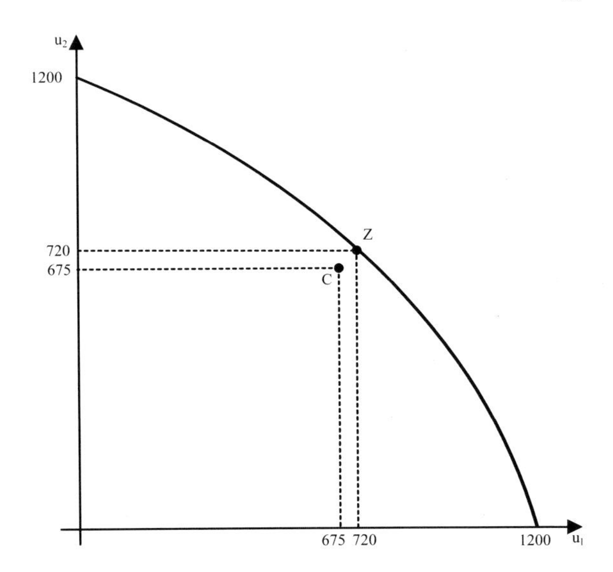

Abb. 3.5 Pareto-Grenze im Dyopolmodell

so erhalten wir durch Maximierung von

$$\tau G_1 + (1-\tau)G_2 = \tau\left\{[120-2(x_1+x_2)]x_1 - x_1^2\right\} + (1-\tau)\left\{[120-2(x_1+x_2)]x_2 - x_2^2\right\}$$

für jedes τ die optimalen Produktionsmengen und können den entsprechenden Gewinn ermitteln. Für $\tau \geq 2/3$ etwa ist $x_1 = 20$; $x_2 = 0$ mit $G_1 = 1200$; $G_2 = 0$. Auf diese Weise erhält man als Gewinngrenze die Linie in Abb. 3.5.

Werden die Interessen beider Farmer gleich gewichtet ($\tau = \frac{1}{2}$), so ergeben sich folgende Erntemengen:

$\max G = [120 - 2(x_1 + x_2)](x_1 + x_2) - x_1^2 - x_2^2$ mit der Lösung $\hat{x}_1 = \hat{x}_2 = 12$; $p = 72$; $G_1 = G_2 = 720$. (Vgl. dazu Punkt Z in Abbildung 3.6; er entspricht der Maximimierung des Gesamtgewinns in einem Kartell bzw. einer Monopollösung mit zwei Betrieben.)

Ohne die Möglichkeit, bindende Verträge abzuschließen, wird dieses Kartell allerdings zusammenbrechen. Wenn sich der zweite Spieler an die Vereinbarung hält, kann der erste seinen eigenen Gewinn steigern, indem er mehr anbietet. Aus seiner Reaktionsfunktion ergibt sich als Optimum: $x_1 = 20 - 1/3 \cdot 12 = 16$. Würde der zweite die Absprache einhalten, würde der Preis auf $p = 64$ fallen und $G_1 = 768$ und $G_2 = 624$ resultierten.

Antizipiert jeder, daß auch sein Konkurrent den Anreiz hat, den Vertrag zu brechen, stellt sich aber wieder das **Cournot-Nash-Gleichgewicht** (Punkt C in Abb. 3.5) ein. Die Auszahlungen im Gleichgewicht liegen unterhalb der Pareto-Grenze.

Matrix 3.9. Kartellabsprachen im Dyopol

	s_{21}	s_{22}
s_{11}	(720,720)	(624,768)
s_{12}	(768,624)	(675,675)

Wenn man das stetige Dyopolspiel verkürzt auf die Alternativen *„Kartellabsprache einhalten"* (s_{i1}) und *„Kartellabsprache brechen"* (s_{i2}), kann man es als **Gefangenendilemma** darstellen (siehe Matrix 3.8): Die zweite Strategie jedes Spielers ist **dominant**, und das Auszahlungspaar, das dem **Gleichgewicht in dominanten Strategien** (s_{12}, s_{22}) entspricht, ist pareto-inferior im Vergleich zu dem Auszahlungspaar, das bei Wahl der ersten Strategien resultierte.

Die Auszahlung für die Kombination (s_{12}, s_{22}) ergibt sich aufgrund folgender Überlegung: Ginge jeder Spieler davon aus, daß sich sein Kontrahent an die Absprache hält, würden beide 16 Einheiten produzieren und dann jeweils nur einen Gewinn von 640 erzielen. Weil aber beide antizipieren, daß auch der andere betrügt, kann 16 nicht die individuell optimale Produktionsentscheidung sein: Rechnet man etwa damit, daß der Gegenspieler 16 produziert, so ist 14,66 optimal usw. Die einzig sich selbst bestätigende Prognose ist natürlich das Nash-Gleichgewicht mit 15 Einheiten für jeden und einem Gewinn von 675. Vgl. Abb. 3.1 im Abschn. 3.3.2 oben. Bei Mengenvariation gibt es keine strikt dominanten Strategien. Die Interpretation von Matrix 3.8 als Gefangenendilemma ist aber unabhängig von diesen Überlegungen. Hier werden nur die Möglichkeiten „Kartellabsprachen einhalten" und „Kartellabsprachen brechen" betrachtet.

3.4 Bayes'sches Gleichgewicht bei unvollständiger Information

Wenn Spieler private Informationen besitzen, die den Mitspielern nicht verfügbar sind, kann ein Spiel durch die strategische Form $\Gamma = (N, S, u)$ nicht vollständig beschrieben werden; man muß mit einer allgemeineren Klasse von Spielen arbeiten, die, ausgehend von Harsanyi (1967/68), als **Bayes'sche Spiele** bezeichnet werden (vgl. dazu Abschnitt 2.5.4).

3.4.1 Spielform bei unvollständiger Information

Um ein Spiel unvollständiger Information analysieren zu können, muß man zusätzlich zu N, S und u für jeden Spieler die Menge T_i der für ihn denkbaren Typen (oder auch: Informationszustände) t_i beschreiben. t_i bezeichnet dabei jeweils einen möglichen Zustand der privaten Information des Spielers i (etwa seine allein ihm selbst bekannten Präferenzen). Für jeden möglichen Typ t_i muß zudem eine Wahrscheinlichkeitsverteilung $p(t_{-i}|t_i)$ spezifiziert sein, die angibt, welche subjektive Wahrscheinlichkeit er dem Ereignis zumißt, daß die Kombination der Typen seiner Mitspieler t_{-i} ist, wenn er selber vom Typ t_i ist. Die Wahrscheinlichkeitseinschätzungen fassen wir unter der Menge π zusammen. Ein **Bayes'sches Spiel** hat dann die Form $\Gamma = (N, S, T, \pi, u)$.

Harsanyi (1967/68) hat gezeigt, daß ein Spiel unvollständiger Information formal wie ein Spiel in **strategischer Form** (also mit vollständiger Information) analysiert werden kann, indem man jeden möglichen Typ eines Spielers als einen eigenen Spieler behandelt. Die Auszahlungsfunktion eines solchen Spielers ist dann die Nutzenfunktion von Spieler i, gegeben, daß i die Information t_i besitzt:[11]

$$u_i(t_i) = \sum_{t_{-i}} p(t_{-i}) \, | t_i) u_i(s_1(t_1), \ldots, s_n(t_n), t_1, \ldots, t_n) \ . \tag{3.12}$$

Wir nehmen an, daß $\Gamma = (N, S, T, \pi, u)$ gemeinsames Wissen aller Spieler ist. Spieler i kennt zusätzlich noch seinen eigenen Typ t_i. Die Annahme, daß auch π, also die subjektiven Wahrscheinlichkeitseinschätzungen der Typen t_i über die Menge an Typen aller anderen Spieler, gemeinsames Wissen ist, erscheint zunächst wenig plausibel: Sie unterstellt, daß jeder Spieler, obwohl er nicht weiß, von welchem Typ die anderen Spieler sind, dennoch vollständig darüber informiert ist, welche subjektive Wahrscheinlichkeitseinschätzung alle denkbaren Typen von Spielern über alle Spieler besitzen.

Ist man unsicher über die Eigenschaften anderer Spieler, dann doch nur um so mehr über deren subjektive Wahrscheinlichkeitseinschätzungen! Doch bei näherer Betrachtung erweist sich das formal als problemlos: Unsicherheit über Charakteristika anderer Spieler kann ja sehr wohl Unsicherheit über deren Wahrscheinlichkeitseinschätzungen einschließen: Je nach seinen spezifischen subjektiven Einschätzungen (gewählt aus allen für ihn denkbaren) ist Spieler i eben ein anderer Typ.

Die Menge an betrachteten Typen muß nur entsprechend erweitert werden, um jede denkbare Ungewißheit von Spielern über Wahrscheinlichkeitseinschätzungen anderer Spieler einzuschließen. Jede Art unvollständiger Information kann somit im Prinzip als Bayes'sches Spiel modelliert werden – und die Annahme gemeinsamen Wissens über die Wahrscheinlichkeitseinschätzungen ist, so gesehen, sogar tautologisch.

3.4.2 Bayes'sches Gleichgewicht

Die Strategie eines Spielers hängt von seinen privaten Informationen ab, d. h. von t_i. Spielt ein Spieler i vom Typ t_i die Strategie $s_i(t_i)$ und erwartet er, daß seine potentiellen Gegenspieler die Kombination $s_{-i}(t_{-i})$ spielen, dann berechnet sich i's Auszahlung als:

$$u_i(s_i(t_i), s_{-i}(t_{-i}), t_i) = \sum_{t_{-i}} p(t_{-i} | t_i) u_i(s_1(t_i), s_{-1}(t_{-1}), t_1, \ldots, t_n) \ . \tag{3.13}$$

[11] In allen Zuständen, in denen Spieler i von einem anderen Typ t_i' ist, ist die Auszahlung für Spieler t_i natürlich gleich Null.

Eine Strategiekombination $s^* = (s_1^*(t_1), \ldots, s_n^*(t_n))$ ist ein **Bayes'sches Gleichgewicht** (oder auch **Bayes-Nash-Gleichgewicht**), wenn gilt: Gegeben, daß alle potentiellen Typen von Gegenspielern ihre Gleichgewichtsstrategie spielen, ist es auch für den Spieler t_i optimal, die Gleichgewichtsstrategie $s_i^*(t_i)$ zu spielen. Dies muß für alle Typen von Spielern gelten. Formal:

$$u_i(s_i^*(t_i), s_{-i}^*(t_{-i}), t_i) \geq u_i(s_i(t_i), s_{-i}^*(t_{-i}), t_i) \quad \text{für alle } i, s_i \text{ und } t_i\,. \tag{3.14}$$

Das Bayes'sche Gleichgewicht mit **unvollständiger Information** ist demnach äquivalent zu einem Nash-Gleichgewicht eines entsprechend modifizierten Spiels vollständiger Information. Damit kann Theorem 3.1 direkt angewendet werden, um die *Existenz* eines Bayes'schen Gleichgewichts zu beweisen. Der formale Unterschied zum Nash-Gleichgewicht bei vollständiger Information besteht darin, daß das Bayes'sche Gleichgewicht explizit bezüglich der *Wahrscheinlichkeitseinschätzungen* über die Mitspieler $p(t_{-i}|t_i)$ definiert ist. Die Strategiewahl $s_i^*(t_i)$ ist optimal, gegeben die optimalen Strategien der Mitspieler und gegeben die Einschätzung $p(t_{-i}|t_i)$ über die Typen der Mitspieler.

Das **Nash-Gleichgewicht** motivierten wir damit, daß jeder Spieler in der Lage ist, auch die optimalen Strategien seiner Mitspieler zu berechnen, weil die Spielform Γ gemeinsames Wissen ist. In einem Bayes'schen Spiel muß ein Spieler, wenn er die optimalen Strategien seiner Mitspieler berechnen will, nicht nur Wahrscheinlichkeitseinschätzungen über die Charakteristika t seiner Mitspieler bilden, sondern auch Einschätzungen über die Wahrscheinlichkeitseinschätzungen, die die Mitspieler wiederum über t besitzen etc. $p(t_{-i}|t_i)$ muß gemeinsames Wissen aller Spieler sein.

Je nach Spezifizierung der Wahrscheinlichkeitseinschätzungen $p(t_{-i}|t_i)$ könnte man freilich fast alles als Bayes'sches Gleichgewicht rechtfertigen. Die eigentliche Aufgabe bei der Modellierung unvollständiger Information besteht deshalb in der Wahl geeigneter Restriktionen an die Wahrscheinlichkeitseinschätzungen. Wie wir im folgenden Abschnitt sehen werden, lassen sich die $p(t_{-i}|t_i)$ einfach als bedingte Wahrscheinlichkeiten berechnen, wenn wir eine gemeinsame Ausgangsverteilung $p(t)$ über alle Züge der Natur (**Common Priors**) unterstellen.

3.4.3 Common Priors

Wenn die Menge der zulässigen Wahrscheinlichkeitseinschätzungen entsprechend groß ist, dann kann die Menge aller denkbaren Typen sehr schnell unendlich groß werden. Das Spiel wird dann so komplex, daß es kaum mehr zu analysieren ist (vgl. Myerson, 1985). Es empfiehlt sich daher, die Menge zulässiger Einschätzungen (damit auch aller denkbaren Typen) zu beschränken, z. B., indem man annimmt, daß die Wahrscheinlichkeitseinschätzungen der verschiedenen Spieler auf gemeinsamen, objektiven Grundlagen basieren. Die sogenannte **Common Prior**-Annahme spielt eine wesentliche Rolle bei der Analyse **Bayes'scher Spiele** und determiniert sehr stark mögliche Lösungen. Häufig wird sie als eine zwingende Konsistenzbedingung gefordert, andererseits ist sie aber auch sehr umstritten, weil nicht begründet wird, wieso (etwa: aufgrund welcher gemeinsamen Erfahrungen) Spieler solche gemeinsame Ausgangswahrscheinlichkeiten besitzen.

Es gibt eine *gemeinsame a priori Wahrscheinlichkeitsverteilung* p, **Common Prior** genannt, wenn die bedingten Wahrscheinlichkeitseinschätzungen $p(t_{-i}|t_i)$ aller Spieler *nach Kenntnis des eigenen Typs* t_i aus einer Wahrscheinlichkeitsverteilung p über die Menge T abgeleitet werden können, wobei $p(t_{-i}|t_i)$ sich als bedingte Wahrscheinlichkeiten aus p nach Erhalt der Information t_i ableiten läßt und $p(t_i|t_{-i})$ die Wahrscheinlichkeit ausdrückt, daß t_i und t_{-i} zusammen auftreten.

$$p(t_{-i}|t_i) = p(t_i,t_{-i})/p(t_i) \quad \text{für alle } t_i \in T_i, \text{ für alle } t_{-i} \in T_{-i} \tag{3.15}$$
$$\text{mit } p(t_i) = \sum_{t_{-i} \in T_{-i}} p(t_i,t_{-i})$$

Dem *Postulat* eines Common Prior liegt die Überlegung zugrunde, daß für alle Spieler eine gemeinsame, „objektive" Vorstellung über die Wahrscheinlichkeiten besteht, mit der die Natur ihre Spielzüge wählt, und zwar in dem (hypothetischen) Anfangsstadium, bevor die Spieler ihre private Information erhalten. Unterschiedliche Wahrscheinlichkeitseinschätzungen sind dann allein auf unterschiedliche Information über die Spielzüge der Natur zurückzuführen.

Verdeutlichen wir uns das an unserem Dyopolbeispiel, in das wir unvollständige Information einführen: Der genaue Verlauf der Kostenfunktion sei nur dem jeweiligen Unternehmen bekannt – als private Information, die dem Konkurrenten nicht verfügbar ist. Zur Vereinfachung nehmen wir an, daß für alle Unternehmen nur zwei mögliche Kostenverläufe denkbar sind: Produzent i kann hohe Kosten haben: $K_{i1} = 2x_{i1}^2$ (wir sagen, i ist dann vom Typ t_{i1}) oder er kann niedrige Kosten haben: $K_{i2} = x_{i2}^2$ (dann sagen wir, er ist vom Typ t_{i2}).

Insgesamt gibt es vier verschiedene mögliche Zustände der Welt. Sie sind in Matrix 3.10 zusammengefaßt. Spieler 1 kann die Zustände A und B sowie C und D nicht unterscheiden; seine Informationszerlegung besteht aus den Teilmengen {A,B} und {C,D}. Die Informationszerlegung für Spieler 2 ist {A,C} und {B,D}.

Matrix 3.10. Informationszerlegung der Spieler

		Typ von Spieler 2	
		t_{21}	t_{22}
Typ von	t_{11}	A	B
Spieler 1	t_{12}	C	D

Jeder Produzent i hat bestimmte Vorstellungen darüber, wie wahrscheinlich es ist, daß die Kosten seines Konkurrenten j hoch sind: i's Wahrscheinlichkeitseinschätzung dafür, daß Konkurrent j hohe Kosten hat, bezeichnen wir mit $p(t_{j1}|t_i)$. Mit Wahrscheinlichkeit $p(t_{j2}|t_i) = 1 - p(t_{j1}|t_i)$ rechnet i damit, daß j's Kosten niedrig sind. Geben die eigenen Kosten keine Hinweise auf die Kosten des Konkurrenten, dann ist die Wahrscheinlichkeitseinschätzung unabhängig vom eigenen Typ. Es ist aber nicht auszuschließen, daß der eigene Kostenverlauf gewisse Rückschlüsse auf den Kostenverlauf des Konkurrenten erlaubt: Wenn die eigenen Kosten hoch sind, könnte es z. B. wahrscheinlicher sein, daß auch dessen Kosten hoch sind. Dann sind die Informationen korreliert und, $p(t_j)$ hängt vom eigenen Typ ab: $p(t_j|t_i)$. Die bedingten subjektiven Einschätzungen der Wahrscheinlichkeiten sind in Matrix 3.11 abgebildet:

Matrix 3.11. Bedingte Wahrscheinlichkeitseinschätzungen $p(t_j|t_i)$ im Dyopol

	Spieler 1 über Spieler 2	
falls	t_{21}	t_{22}
$t_1 = t_{11}$	$p(t_{21}\|t_{11})$	$1 - p(t_{21}\|t_{11})$
$t_1 = t_{12}$	$p(t_{21}\|t_{12})$	$1 - p(t_{21}\|t_{12})$

	Spieler 2 über Spieler 1	
falls	t_{11}	t_{12}
$t_2 = t_{21}$	$p(t_{11}\|t_{21})$	$1 - p(t_{11}\|t_{21})$
$t_2 = t_{22}$	$p(t_{11}\|t_{22})$	$1 - p(t_{11}\|t_{22})$

Die Annahme einer gemeinsamen Ausgangswahrscheinlichkeit (**Common Prior**) unterstellt, daß die bedingten subjektiven Wahrscheinlichkeiten aus gemeinsamen Wahrscheinlichkeitsvorstellungen $p(t_1, t_2)$ über die möglichen Zustände der Welt abgeleitet werden können, die beide Spieler zugrunde legen würden, wenn sie ihre private Information noch nicht erhalten hätten. Betrachten wir das Beispiel der Matrix 3.12. Es ist gemeinsames Wissen, daß in der hypothetischen Situation, in der die Spieler ihre eigenen Kosten (ihren Typ) nicht kennen, die *(prior)* Wahrscheinlichkeiten für das Eintreten der verschiedenen Zustände durch Matrix 3.12 beschrieben sind.

Matrix 3.12. Common Prior

	t_{21}	t_{22}
t_{11}	0,4	0,2
t_{12}	0,1	0,3

Unterstellen wir nun, daß die Kosten beider Unternehmen niedrig sind, und D der wahre Zustand der Welt sei. Entsprechend den Common Priors beträgt (vor Kenntnis des eigenen Typs) die Wahrscheinlichkeit für Zustand D (also dafür, daß beide niedrige Kosten haben) $p(t_{12}, t_{22}) = 0{,}3$. Keiner kann beobachten, daß D der wahre Zustand ist. Spieler 1 weiß jedoch, daß seine eigenen Kosten niedrig sind. Aus dieser Information und den Common Priors kann er die bedingte *(posteriori)* Wahrscheinlichkeit dafür, daß auch die Kosten seines Konkurrenten niedrig sind, berechnen: $p(t_{22}|t_{12}) = p(t_{12}, t_{22})/p(t_{12}) = 0{,}3/0{,}4 = 3/4$. Daraus leiten sich die folgenden bedingten Wahrscheinlichkeitseinschätzungen für alle denkbaren Zustände ab.

	Spieler 1 über Spieler 2	
falls	t_{21}	t_{22}
$t_1 = t_{11}$	2/3	1/3
$t_1 = t_{12}$	1/4	3/4

	Spieler 2 über Spieler 1	
falls	t_{11}	t_{12}
$t_2 = t_{21}$	0,8	0,2
$t_2 = t_{22}$	0,4	0,6

Im betrachteten Fall liefert der eigene Kostenverlauf gewisse Rückschlüsse auf die Situation des Konkurrenten. Würden dagegen die Kosten für jedes Unternehmen von einem Zufallsmechanismus unabhängig voneinander bestimmt, der jeweils mit Wahrscheinlichkeit p hohe Kosten wählt, so ist p natürlich die angemessene (posteriori) Wahrscheinlichkeitseinschätzung über die Kosten des Konkurrenten. Die zugrundeliegende Common Prior Verteilung wäre dann

$$p(\mathrm{A}) = p^2; \quad p(\mathrm{B}) = p(\mathrm{C}) = p(1-p); \quad p(\mathrm{D}) = (1-p)^2 .$$

Wir wollen nun illustrieren, wie das **Bayes'sche Gleichgewicht** für ein Dyopol berechnet wird, wenn die Unternehmen nur unvollständig über die Kosten ihres Konkurrenten informiert sind. Die Gesamtnachfrage auf dem Markt betrage $x = 60 - 0{,}5p$. Sie sei beiden Unternehmen bekannt. Die Kosten von Unternehmen i können hoch ($K_{i1} = 2x_{i1}^2$, Typ t_{i1}) oder niedrig sein ($K_{i2} = x_{i2}^2$; Typ t_{i2}). Das Beispiel läßt sich leicht auf mehr als zwei Typen verallgemeinern.

Jedes Unternehmen kennt seine eigenen Kosten, nicht aber die des Konkurrenten. Die eigenen Produktionsentscheidungen hängen von den Einschätzungen der Posteriori-Wahrscheinlichkeit $p(t_j|t_i)$ über die Kosten des Konkurrenten und der Prognose über dessen Outputmenge ab. Wir unterstellen, die Unternehmen verhalten sich risikoneutral und maximieren ihren erwarteten Gewinn:

$$\begin{aligned} G_i &= \sum_{t_{-i}} p(t_{-i}|t_i)[120 - 2(x_i + x_{-i}(t_{-i}))]x_i - K(x_i) \\ &= [120 - 2(x_i + E(x_{-i}|t_i))]x_i - K(x_i) \end{aligned} \tag{3.16}$$

mit $E(x_{-i}|t_i) = \sum_{t_{-i}} p(t_{-i}|t_i)x_{-i}(t_{-i})$.

Als Reaktionsfunktion für die verschiedenen Typen der Unternehmen erhalten wir aus den Bedingungen erster Ordnung vier Gleichungen:

$$\begin{aligned} x_{11} &= 15 - \tfrac{1}{4}E(x_2|t_{11}) = 15 - \tfrac{1}{4}[p(t_{21}|t_{11}) \cdot x_{21} + (1 - p(t_{21}|t_{11})) \cdot x_{22}] \\ x_{12} &= 20 - \tfrac{1}{3}E(x_2|t_{12}) = 20 - \tfrac{1}{3}[p(t_{21}|t_{12}) \cdot x_{21} + (1 - p(t_{21}|t_{12})) \cdot x_{22}] \\ x_{21} &= 15 - \tfrac{1}{4}E(x_1|t_{21}) = 15 - \tfrac{1}{4}[p(t_{11}|t_{21}) \cdot x_{11} + (1 - p(t_{11}|t_{21})) \cdot x_{12}] \\ x_{22} &= 20 - \tfrac{1}{3}E(x_1|t_{22}) = 20 - \tfrac{1}{3}[p(t_{11}|t_{22}) \cdot x_{11} + (1 - p(t_{11}|t_{22})) \cdot x_{12}] . \end{aligned} \tag{3.17}$$

Die Lösung dieses Gleichungssystems ergibt die gleichgewichtigen Produktionsmengen für alle vier Typen von Unternehmen. Da die Zielfunktionen der Unternehmen die Annahmen von Theorem 3.1 erfüllen, existiert ein Nash-Gleichgewicht des modifizierten Spiels imperfekter Information mit vier Spielern und demnach ein **Bayes'sches Gleichgewicht** des Spiels unvollständiger Information mit zwei Spielern. Wegen der linearen Funktionen existiert sogar ein eindeutiges Gleichgewicht. Die Lösung wird freilich stark von den Wahrscheinlichkeitseinschätzungen der Spieler bestimmt.

Um die Logik des Bayes'schen Gleichgewichtskonzepts besser zu verstehen, analysieren wir den einfacheren Fall, daß *nur über die Kosten von Spieler 1* unvollständige Information besteht, d. h. beide Spieler wissen, daß Spieler 2 niedrige

Kosten hat, aber Spieler 2 kennt die Kosten seines Gegenspielers nicht. Seine Wahrscheinlichkeitseinschätzung für hohe Kosten von Spieler 1 sei p. Die Reaktionsfunktion von Spieler 2 lautet dann:

$$x_2[E(x_1)] = 20 - \tfrac{1}{3}E(x_1) = 20 - \tfrac{1}{3}[px_{11} + (1-p)x_{12}] \,. \qquad (3.17a)$$

Spieler 1 kennt seine Kosten. Nehmen wir an, er habe ebenfalls niedrige Kosten (Typ t_{12}) und somit die Reaktionsfunktion:

$$x_{12} = 20 - \tfrac{1}{3}x_2 \,. \qquad (3.17b)$$

Um eine optimale Produktionsentscheidung treffen zu können, muß Spieler 1 eine Prognose über das Verhalten seines Gegenspielers, d. h. über x_2 bilden. Dabei wird 1 berücksichtigen, daß 2 seine Kosten nicht kennt und demnach nur mit einer durchschnittlich erwarteten Outputmenge $E(x_1)$ kalkuliert. Eine **rationale Prognose** über x_2 verlangt also eine Prognose bezüglich $E(x_1)$. Obwohl Spieler 1 weiß, daß er niedrige Kosten hat, sieht er sich aufgrund dieser Überlegung gezwungen zu fragen, welche Menge er selbst bei hohen Kosten produzieren würde: Er muß sich in die Lage des Typs t_{11} versetzen, obwohl er selbst weiß, daß dieser Typ gar nicht existiert. Daran wird deutlich, daß der Trick von Harsanyi, mit verschiedenen Typen des gleichen Spielers zu arbeiten, kein formaler Kunstgriff ist, sondern durchaus realistische strategische Überlegungen in einer Situation modelliert, in der der Spieler seinen eigenen Typ kennt.

Die Reaktionsfunktion von t_{11} lautet in unserem Beispiel:

$$x_{11} = 15 - \tfrac{1}{4}x_2 \,. \qquad (3.17c)$$

Demnach erhält man für ein gegebenes Outputniveau x_2 den folgenden erwarteten durchschnittlichen Output des Unternehmens 1:

$$E(x_1[x_2]) = px_{11} + (1-p)x_{12} = p\left[15 - \tfrac{1}{4}x_2\right] + (1-p)\left[20 - \tfrac{1}{3}x_2\right] \,. \qquad (3.17d)$$

Produziert Unternehmen 2 die Menge x_2, so ergibt sich bei optimaler Reaktion der beiden Typen von Unternehmen 1 als durchschnittlich erwartete Produktionsmenge $E(x_1[x_2])$. Diese Linie liegt in Abb. 3.6 zwischen den Reaktionsfunktionen[12] $x_{11}(x_2)$ und $x_{12}(x_2)$, wobei die genaue Lage von p abhängt. Im Gleichgewicht schneiden sich die zwei Kurven $E(x_1[x_2])$ und $x_2[E(x_1)]$.

Als Beispiel sei $p = 0{,}4$ angenommen. Dann gilt $x_2 = 15{,}55$; $x_{11} = 11{,}11$ und $x_{12} = 14{,}81$. Produziert Unternehmen 2 die Menge $x_2 = 15{,}55$, dann wird das Unternehmen 1 mit niedrigen Kosten $x_{12} = 14{,}81$ produzieren. Unternehmen 2 rechnet freilich mit Wahrscheinlichkeit $p = 0{,}4$ damit, daß 1 hohe Kosten hat. Es erwartet deshalb im Durchschnitt nur $E(x_1[x_2 = 15{,}55]) = 13{,}33$. Gegeben diese Erwartungen, ist es für 2 optimal, $x_2 = 15{,}55$ zu wählen. Als Vergleich dazu die Lösungen bei vollständiger Information:

---

[12] Aufgrund der höheren Grenzkosten liegt die Reaktionsfunktion $x_{11}(x_2)$ links von $x_{12}(x_2)$: Für jedes x_2 wird bei höheren Grenzkosten weniger produziert.

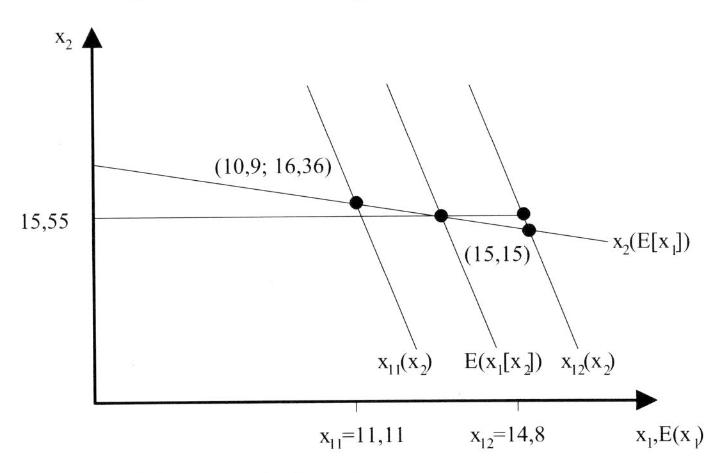

Abb. 3.6 Bayes'sches Gleichgewicht im Dyopol

(a) niedrige Kosten von 1: $x_1 = 15; x_2 = 15;$
(b) hohe Kosten von 1: $x_1 = 10{,}9; x_2 = 16{,}36.$

Weil das Unternehmen 1 mit niedrigen Kosten weiß, daß 2 seine Kosten nicht kennt und deshalb mehr produzieren wird als bei vollständiger Information, schränkt 1 seine Produktion entsprechend ein. Unternehmen 1 würde sich besser stellen, wenn es den Konkurrenten glaubhaft über seine niedrigen Kosten informieren könnte. Andererseits würde ein Unternehmen mit hohen Kosten im Vergleich zur Situation unvollständiger Information verlieren. Dieses Ergebnis zeigt, daß die Analyse von strategischer Informationsübermittlung in diesem Zusammenhang erhebliche Bedeutung besitzt. Entsprechendes gilt auch bei unvollständiger Information über die Nachfrage. Die Ergebnisse hängen aber sehr stark von den jeweiligen Bedingungen ab. Wir verweisen auf entsprechende Arbeiten von Ockenfels (1989) und Vives (1984).

3.4.4 Bayes'sches Gleichgewicht und gemischte Strategien

In Abschnitt 3.3.5.2 deuteten wir an, daß ein **Nash-Gleichgewicht in gemischten Strategien** als Modellierung strategischer Unsicherheit über das Verhalten des Gegenspielers interpretiert werden kann. Wenn über dessen Auszahlungen unvollständige Information besteht, ist sein Verhalten nicht berechenbar; diese Unsicherheit spiegelt sich in den randomisierten Wahrscheinlichkeiten wider. Für den Fall, daß die Unsicherheit der Spieler über die Auszahlungen sehr gering ist, entspricht das Gleichgewicht des **Bayes'schen Spiels** unvollständiger Information dem Gleichgewicht in randomisierten Strategien des Spiels vollständiger Information (vgl. Harsanyi, 1973).

Matrix 3.13.

	s_{21}	s_{22}
s_{11}	$(1+\varepsilon\alpha, 1+\varepsilon\beta)$	$(1+\varepsilon\alpha, 0)$
s_{12}	$(2, 1+\varepsilon\beta)$	$(0,4)$

Wir modifizieren im Beispiel von Matrix 3.5 die Auszahlungen derart, daß ein Spiel mit unvollständiger Information wie in Matrix 3.13 vorliegt. α und β seien unabhängige Zufallsvariable, die über das Intervall $[0,1]$ gleichverteilt sind. α ist private Information für Spieler 1, während β nur Spieler 2 bekannt ist. Spieler 2 sieht sich einem Kontinuum von möglichen Typen des Gegenspielers 1 gegenüber, die sich durch den Parameter α unterscheiden. Spieler 1 kennt seinen eigenen Typ, während dem Spieler 2 nur die Verteilung von α bekannt ist. Die Wahrscheinlichkeit dafür, daß Spieler 1 zu den Typen $\alpha \leq \hat{\alpha}$ gehört, beträgt somit $p(\alpha \leq \hat{\alpha}) = \hat{\alpha}$.

Entsprechendes gilt für Spieler 2. Der Parameter $\varepsilon > 0$ ist beiden Spielern bekannt. Mit dessen Hilfe können wir die Unsicherheiten der Spieler beliebig klein machen. Wäre $\varepsilon = 0$, dann entspräche das Spiel der Matrix 3.5. $\varepsilon > 0$ sei eine sehr kleine Zahl, so daß α bzw. β nur einen geringen Einfluß auf die Auszahlungen der Spieler haben. Wie können wir unter dieser Voraussetzung das Bayes'sche Gleichgewicht berechnen? Die Spieler kennen die Auszahlungen ihres Gegenspielers nicht genau; sie müssen deshalb Erwartungswerte darüber bilden, welche Strategie er verfolgt. Spieler 1 wird seine erste Strategie (s_{11}) wählen, wenn

$$1+\varepsilon\alpha \geq 2E(s_{21}) + 0[1-E(s_{21})] \; . \tag{3.18a}$$

Spieler 2 wiederum wählt seine erste Strategie (s_{21}), falls

$$1+\varepsilon\beta \geq 0E(s_{11}) + 4[1-E(s_{11})] \; . \tag{3.18b}$$

Die erste Strategie wird um so eher gespielt, je höher α (β) ist. Es gibt folglich für beide Spieler eine kritische Grenze $\hat{\alpha}$ ($\hat{\beta}$) derart, daß für $\alpha > \hat{\alpha}$ ($\beta > \hat{\beta}$) immer s_{i1} gespielt wird, während für $\alpha < \hat{\alpha}$ ($\beta < \hat{\beta}$) s_{i2} optimal ist. Betrachten wir alle möglichen Typen von Spieler 1.

Der Prozentsatz an Typen mit einem Wert $\alpha > \hat{\alpha}$ entspricht im Gleichgewicht dem erwarteten Anteil $E(s_{11})$ derer, die die Strategie s_{11} wählen. Aufgrund der Gleichverteilung entspricht der erwartete Anteil gerade der Wahrscheinlichkeit $p(\alpha \geq \hat{\alpha}) = 1-\hat{\alpha}$. Es muß demnach gelten: $E(s_{11}) = 1-\hat{\alpha}$ bzw. $E(s_{12}) = \hat{\alpha}$. Analog gilt $E(s_{21}) = 1-\hat{\beta}$. Nur für Spieler, die zufällig vom Typ $\hat{\alpha}$ ($\hat{\beta}$) sind, werden die Ungleichungen gerade bindend. Für diesen Typ muß folglich gelten: $1+\varepsilon\cdot\hat{\alpha} = 2(1-\hat{\beta})$ und $1+\varepsilon\cdot\hat{\beta} = 4\hat{\alpha}$. Daraus erhalten wir als kritische Grenzen:

$$\hat{\alpha} = (2+\varepsilon)/(8+\varepsilon^2) \quad \text{und} \quad \hat{\beta} = (4-\varepsilon)/(8+\varepsilon^2) \; . \tag{3.19}$$

Spieler 1 wählt seine erste Strategie dann, wenn er einen Wert größer als $\hat{\alpha}$ beobachtet. Abhängig von seinem eigenen Typ (der Realisation von α) wählt er eine eindeutig bestimmte reine Strategie. (Nur in dem unwahrscheinlichen Fall, daß er gerade vom Typ $\hat{\alpha}$ ist, ist er indifferent zwischen beiden Strategien.) In den Augen seines Gegenspielers aber, der ja den konkreten Wert von α nicht kennt, verhält sich 1 so, als ob er randomisiert. Wenn der Parameter ε nahe bei Null liegt (d. h., wenn die Unsicherheit sehr klein ist), dann gilt $\hat{\alpha} = 1/4$ oder $E(s_{11}) = 1 - \hat{\alpha} = 3/4$. Entsprechend gilt dann für Spieler 2: $E(s_{21}) = 1 - \hat{\beta} = 1/2$. Bei sehr kleinen Unsicherheiten ε entspricht das **Bayes'sche Gleichgewicht** folglich dem Gleichgewicht in gemischten Strategien des ursprünglichen Spiels vollständiger Information.

3.5 Gleichgewicht in korrelierten Strategien

Das Nash-Gleichgewicht (bzw. das Bayes'sche Gleichgewicht) ist ein Lösungskonzept für Situationen, in denen die Spieler nicht nur keine *bindende Verträge* abschließen können, sondern zudem keinerlei *Kommunikation* möglich ist, bevor sie ihre Entscheidungen treffen. Die eigene Strategiewahl kann deshalb nicht von der Wahl der Mitspieler abhängig gemacht werden. Benutzen die Spieler bei ihrer Entscheidung Zufallsmechanismen, d. h. spielen sie gemischte Strategien, dann sind natürlich auch die Zufallsvariablen der einzelnen Spieler voneinander unabhängig.

Falls die Spieler miteinander Kontakt aufnehmen können, sind aber oft andere, für alle Spieler bessere Lösungen denkbar, selbst wenn keine Möglichkeit besteht, bindende Verträge abzuschließen. Es kann durchaus im Eigeninteresse aller Spieler liegen, ihre Strategien gegenseitig abzustimmen (zu *korrelieren*). Aumann (1987) entwickelte ein Gleichgewichtskonzept, das eine Abstimmung der Strategien erlaubt: das **Gleichgewicht in korrelierten Strategien**. Jeder Spieler macht seine Strategiewahl von der Beobachtung einer Zufallsvariable abhängig; die Zufallsvariablen der Spieler können miteinander korreliert sein.

Illustrieren wir die Idee anhand des Spiels **„Kampf der Geschlechter“** (Matrix 3.14), in dem Tina und Oskar über ihre Freizeitaktivitäten entscheiden sollen. Wir haben das verliebte Paar bereits in Abschnitt 1.3.1 kennengelernt.

Matrix 3.14. „Kampf der Geschlechter“ (Battle of the Sexes)

	s_{21}	s_{22}
s_{11}	(3,1)	(0,0)
s_{12}	(0,0)	(1,3)

Wir wissen bereits, daß dieses Spiel zwei Nash-Gleichgewichte in reinen Strategien besitzt. Ohne **Kommunikation** ist es freilich unwahrscheinlich, daß ein Spieler richtig antizipiert, welches Nash-Gleichgewicht der andere erwartet – es sei denn, eines der beiden Nash-Gleichgewichte zeichnet sich durch irgendeine Eigenschaft aus, so daß sich die Aufmerksamkeit beider Spieler von vornherein darauf konzentriert. Schelling (1960) bezeichnet diesen Fall als **Fokus-Punkt-Effekt**. Wenn die beiden Spieler beispielsweise in einer Kultur leben, in der Männer traditionell dominieren, liegt es nahe, zu vermuten, daß sie ihre Erwartungen auf das Gleichgewicht

(s_{11}, s_{21}) konzentrieren, in dem Oskar seine präferierte Wahl verwirklichen kann. Beide gehen dann ins Kino. Dies setzt gemeinsame Erfahrungen als eine Art *impliziter Kommunikation* voraus. Besteht dagegen keinerlei explizite oder implizite Kommunikationsmöglichkeit, dann herrscht völlige Unsicherheit über die Wahl des Partners.

Eine angemessene Modellierung solcher **strategischen Unsicherheit** wäre unter diesen Bedingungen wohl die Betrachtung gemischter Strategien. Ein **Nash-Gleichgewicht in gemischten Strategien** besteht in $s_1 = 3/4$; $s_2 = 1/4$ mit einer erwarteten Auszahlung für jeden Spieler von 0,75 – das ist weniger, als jeder in einem der beiden Nash-Gleichgewichte in reinen Strategien erhalten könnte.

Unter solchen Bedingungen wäre Kommunikation für beide vorteilhaft. Die Absprache, eines der beiden reinen Nash-Gleichgewichte zu spielen, würde dann auch ohne bindende Vereinbarungen von selbst eingehalten. Statt dessen könnten die Spieler aber natürlich auch vom Ergebnis eines Münzwurfes abhängig machen, welches der beiden Nash-Gleichgewichte gespielt wird. Die korrelierte Strategie kann zum Beispiel durch die Einschaltung eines Vermittlers realisiert werden, der in Abhängigkeit vom Ergebnis eines Zufallsmechanismus (etwa eines Münzwurfs) entweder empfiehlt, (s_{11}, s_{21}) zu spielen oder aber (s_{12}, s_{22}). Man beachte: Vor Realisation der Zufallsvariable sind beide Empfehlungen gleich wahrscheinlich ($w = 0{,}5$).

Dieses Spiel bringt für beide Spieler einen erwarteten Nutzen von 2. Jeder Spieler hat auch ex post ein Eigeninteresse daran, den Empfehlungen des Vermittlers zu folgen, denn beide Empfehlungen sind Nash-Gleichgewichte.

Eine **korrelierte Strategie** ist, allgemein formuliert, eine *Wahrscheinlichkeitsverteilung* $w(s)$ über die Menge S aller reinen Strategienkombinationen, d. h. eine Verteilung über S, für die gilt: $\sum w(s) = 1$ und $w(s) \geq 0$ für alle $s \in S$. Die Verteilung $w(s)$ ist gemeinsames Wissen aller Spieler.

Matrix 3.15(a) zeigt **Wahrscheinlichkeitsverteilungen**, bei denen die Strategien vollkommen korreliert sind: Die Spieler spielen mit Wahrscheinlichkeit w die Kombination (s_{11}, s_{21}) – etwa weil sie gemeinsam eine Zufallsgröße beobachten, von deren Realisation abhängt, welches Nash-Gleichgewicht gespielt wird, und die Zufallsgröße mit Wahrscheinlichkeit w die Kombination (s_{11}, s_{21}) empfiehlt. Die beiden Nash-Gleichgewichte in reinen Strategien (Matrix 3.15(b) und (c)) sind Spezialfälle. Das gleiche gilt für das Nash-Gleichgewicht in gemischten Strategien. Matrix 3.15(d) gibt die entsprechende Verteilung $w(s)$ an. Ebenso wie in 3.15(b) und (c) sind auch hier die Wahrscheinlichkeiten, mit denen die Spieler ihre Strategien wählen, unabhängig voneinander.

Matrix 3.15a–d. Korrelierte Strategien für Battle of the Sexes

w	0
0	$1-w$

(a)

1	0
0	0

(b)

0	0
0	1

(c)

3/16	9/16
1/16	3/16

(d)

Ein Gleichgewicht in korrelierten Strategien besteht dann, wenn keiner der Spieler einen Anreiz hat, von den Empfehlungen des Vermittlers abzuweichen. Es muß gelten:

$$\sum_{s^*_{-i} \in S^*_{-i}} w(s^*) u_i(s^*_i, s^*_{-i}) \geq \sum_{s^*_{-i} \in S^*_{-i}} w(s^*) u_i(s_i, s^*_{-i}) \quad \text{für alle } i \text{ und alle } s_i \in S_i \,. \quad (3.20)$$

Jedes **Nash-Gleichgewicht** ist ein Spezialfall eines **Gleichgewichts in korrelierten Strategien**, bei dem die Wahrscheinlichkeiten, mit denen die verschiedenen Spieler ihre Strategien wählen, unabhängig, folglich nicht korreliert sind. In diesem Fall gilt: $w(s) = w(s_1) \cdot w(s_2)$; vgl. die Gleichgewichte in reinen Strategien 3.15(b) und 3.15(c) sowie in gemischten Strategien 3.15(d).

In 3.15(d) sind die bedingten (posteriori) Wahrscheinlichkeiten $w(s_{-i}, s_i)$ gleich der Randverteilung

$$w(s_{-i}) = \sum_{s_i \in S_i} w(s_i, s_{-i}) \,. \quad (3.20a)$$

Für Spieler 1 etwa ergerben sich als Randverteilung für Strategie s_{11}: $w(s_i, s_{-i})$,

$$w(s_{11}) = \tfrac{3}{16} + \tfrac{9}{16} = \tfrac{3}{4} \,;$$

sowie als bedingte Verteilung $w(s_{11}, s_2)$:

$$w(s_{11}, s_{21}) = \tfrac{3}{16} / \tfrac{4}{16} = \tfrac{3}{4} \quad \text{und} \quad w(s_{11}, s_{22}) = \tfrac{9}{16} / \tfrac{12}{16} = \tfrac{3}{4} \,,$$

und entsprechend $1/4$ für $w(s_{12}, s_2)$.

Die Menge der Gleichgewichte in korrelierten Strategien ist freilich weit größer als die Menge aller Nash-Gleichgewichte. Denn auch jede konvexe Kombination von reinen Nash-Gleichgewichten, wie in Beispiel 3.15(a), bei dem (s_{11}, s_{21}) mit Wahrscheinlichkeit w $(0 \leq w \leq 1)$ gewählt wird, stellt ein Gleichgewicht in korrelierten Strategien dar. Angenommen, die Spieler erwarten, daß sich je nach Realisation einer gemeinsam beobachtbaren Zufallsvariablen ein anderes Nash-Gleichgewicht einstellen wird, dann erfüllen sich die Erwartungen von selbst, weil keiner einen Anlaß sieht, davon abzuweichen.

Eine Korrelation kann mit Hilfe von unterschiedlichen Mechanismen erfolgen. Eine Möglichkeit wäre das Auftreten eines Vermittlers, doch gibt es auch andere Mechanismen – wenn etwa alle Spieler erwarten, daß beim Beobachten von Sonnenflecken ein anderes Nash-Gleichgewicht realisiert wird als ohne Sonnenflecken, werden die Erwartungen von selbst bestätigt. Korrelierte Gleichgewichte sind mit den **Sunspot-Gleichgewichten** verwandt, die in der **Theorie rationaler Erwartungen** eine wichtige Rolle spielen (vgl. Azariadis und Guesnerie, 1986).

Wenn ein Spiel mehrere reine Nash-Gleichgewichte besitzt, so existiert demnach immer ein Kontinuum von korrelierten Gleichgewichten, das mindestens aus der **konvexen Hülle** aller reinen Nash-Gleichgewichte besteht. Wie das Beispiel zeigt, ermöglicht Korrelation dabei Auszahlungen, die bei unabhängigen Strategien nicht erreichbar sind; der Auszahlungsraum wird durch die Korrelation der Strategien *konvexifiziert*[13].

Die Korrelation der Strategien kann den Spielern u. U. Auszahlungen ermöglichen, die sogar höher sind als bei jeder konvexen Kombination von Nash-Gleichgewichten. Wir betrachten ein **Chicken Game**. Dieses Spiel bezieht sich auf das Verhalten Jugendlicher in den USA in den fünfziger Jahren, das im Film „Denn sie wissen nicht, was sie tun" mit James Dean überzeugend dargestellt wurde. In einer Gruppe streiten sich zwei Jugendliche um die Position des Anführers. Der Streit soll durch folgende Mutprobe entschieden werden: Die beiden fahren in ihren Autos mit hoher Geschwindigkeit aufeinander zu.[14] Wer ausweicht, hat verloren; er gilt als Feigling (amerikanisch: *chicken*) und wird von der Gruppe verachtet. Wenn keiner ausweicht, endet das Spiel für beide tödlich. Weichen beide aus, so endet der Kampf unentschieden. Die Auszahlungen sind in Matrix 3.16 beschrieben (mit s_{i1} als „ausweichen").

Matrix 3.16. Chicken Game

	s_{21}	s_{22}
s_{11}	$(6,6)$	$(2,8)$
s_{12}	$(8,2)$	$(0,0)$

Jede korrelierte Strategie ist eine Wahrscheinlichkeitsverteilung $w(s)$ auf der Menge aller Strategiekombinationen, wie in Matrix 3.17(a) mit den Wahrscheinlichkeiten a, b, c und d mit $a+b+c+d=1$ ausgedrückt ist. Das Spiel besitzt zwei **Nash-Gleichgewichte** in reinen Strategien: (s_{11}, s_{22}) und (s_{12}, s_{21}). Ihnen entsprechen Matrix 3.17(b) mit $b=1$ bzw. 3.17(c) mit $c=1$. Im **Gleichgewicht in gemischten Strategien** (3.17(d)) wählen beide unabhängig voneinander jede reine Strategie mit der Wahrscheinlichkeit 0,5. Die erwarteten Auszahlungen dieses Gleichgewichts betragen $(4,4)$.

Matrix 3.17a–i. Korrelierte Strategien für das Chicken Game

(a)

a	b
c	d

(b)

0	1
0	0

(c)

0	0
1	0

(d)

$\frac{1}{4}$	$\frac{1}{4}$
$\frac{1}{4}$	$\frac{1}{4}$

(e)

0	$\frac{1}{2}$
$\frac{1}{2}$	0

(f)

0,2	0,4
0,4	0

(g)

0	$\frac{1}{3}$
$\frac{1}{3}$	0

(h)

$\frac{1}{2}$	$\frac{1}{4}$
$\frac{1}{4}$	0

(i)

1	0
0	0

[13] Korrelation von Strategien setzt voraus, daß – explizit oder implizit – Absprachen vor Beginn des Spiels möglich sind. Wir haben offen gelassen, durch welche Koordinationsmechanismen ein bestimmtes korreliertes Gleichgewicht ausgewählt wird. Der Kommunikationsprozeß, der vor Beginn des betrachteten Spiels abläuft, wird nicht untersucht. Dieser müßte als eigenes Spiel analysiert werden.

[14] Dies ist eine spieltheoretische Aufbereitung der Originalgeschichte, die komplexer, vielleicht dramatischer, aber leider weniger illustrativ ist.

Die Nash-Gleichgewichte sind nicht sehr hilfreich bei der Bildung von Erwartungen über das Verhalten der Mitspieler. Das **Chicken-Spiel** veranschaulicht sehr gut, das **Koordinationsproblem**, das sich aus strategischer Interaktion ergeben kann. Es ist ein Fall von „anti-coordination" (vgl. Bramoullé, 2007).

Würden die beiden Spieler vor dem Rennen eine Münze werfen (vgl. Matrix 3.17(e)) mit der Regel, daß bei Kopf Spieler 2 aufgibt (s_{12}, s_{21}) und bei Zahl Spieler 1 (s_{11}, s_{22}), dann könnte jeder durch die korrelierte Strategie einen erwarteten Nutzen von 5 erreichen. Doch im *Chicken Game* kann noch ein höherer erwarteter Nutzen für beide erreicht werden. Jeder kann zum Beispiel einen erwarteten Nutzen von 5,2 erreichen, wenn ein Vermittler korrelierte Strategien mit den Wahrscheinlichkeiten in Matrix 3.17(f) wählt und jedem Spieler dann getrennt nur mitteilt, welche Strategie er spielen soll.

Wenn der Vermittler Spieler 1 empfiehlt, Strategie s_{12} zu wählen, weiß dieser, daß Spieler 2 die Empfehlung bekam, s_{21} zu spielen. Die bedingte Wahrscheinlichkeit ist $w(s^*_{21}, s^*_{12}) = 1$! Für Spieler 1 ist es dann optimal, sich an die Empfehlung zu halten. Umgekehrt ist es auch für Spieler 2 optimal, sich an die Empfehlung s^*_{21} zu halten: er weiß ja nicht, welche Empfehlung der Vermittler seinem Mitspieler gegeben hat, sondern kennt nur seine eigene Empfehlung. Die bedingte Wahrscheinlichkeit dafür, daß 1 empfohlen wurde, ebenfalls auszuweichen, beträgt nur $0{,}2/(0{,}2+0{,}4) = 1/3$. Spieler 2 muß aber damit rechnen, daß 1 immerhin mit einer Wahrscheinlichkeit von $2/3$ nicht ausweicht. Sein erwarteter Nutzen beträgt somit $1/3 \cdot 6 + 2/3 \cdot 2 = 10/3$, wenn er ausweicht. Weicht er nicht aus, erhält Spieler 2 nur $1/3 \cdot 8 + 2/3 \cdot 0 < 10/3$. Gegeben die Empfehlungen des Vermittlers, besteht für keinen Spieler ein Anreiz, davon abzuweichen.

Die korrelierte Strategie 3.17(h) dagegen kann kein Gleichgewicht sein. Wird Spieler 2 empfohlen, auszuweichen, so rechnet er damit, daß mit einer Wahrscheinlichkeit $0{,}5/0{,}75 = 2/3$ Spieler 1 ebenfalls ausweicht. Dann aber würde sich 2 nicht mehr an die Empfehlung halten. Aus dem gleichen Grund werden sich die Spieler nicht darauf einigen, gleichzeitig aufzugeben (Matrix 3.17(i)). Die Strategiekombination (s_{11}, s_{21}) mit der erwarteten Auszahlung $(6,6)$ könnte nie als korreliertes Gleichgewicht verwirklicht werden: eine entsprechende Absprache würde nicht eingehalten, weil keiner einlenkt, wenn er erwartet, daß der andere aufgibt.

Das Ungleichungssystem (3.20) gibt die Bedingungen für ein Gleichgewicht in korrelierten Strategien an. Der Vermittler bedient sich eines Zufallsmechanismus, um entsprechend der Verteilungsfunktion $w(s^*)$ eine der Strategiekombinationen auszuwählen. Nachdem der Vermittler die Realisation s^* der Zufallsgröße beobachtet hat, teilt er jedem Spieler mit, daß für ihn s^*_i bestimmt wurde. $w(s^*)$ ist ein Gleichgewicht, wenn für jeden Spieler i die Empfehlung s^*_i tatsächlich eine optimale Wahl ist, sofern sich alle anderen Spieler an die Empfehlungen des Vermittlers halten. Gegeben daß der Vermittler s^*_i empfiehlt, muß der bedingte erwartete Nutzen maximal sein, wenn sich i tatsächlich an die Empfehlung hält. Dividiert man beide Seiten der Ungleichung (3.1) durch die Randverteilung

$$w(s^*_i) = \sum_{s_{-i} \in S_{-i}} w(s^*) \,,$$

so erhält man (3.21):[15]

$$\sum_{s^*_{-i} \in S^*_{-i}} w(s^*_{-i} | s^*_i) u_i(s^*_i, s^*_{-i}) \geq \sum_{s^*_{-i} \in S^*_{-i}} w(s^*_{-i} | s_i) u_i(s_i, s^*_{-i}) \quad \text{für alle } i,\ s_i \in S_i\,. \quad (3.21)$$

Dieses Ungleichungssystem ist für die korrelierten Strategien 3.17(f) erfüllt, nicht dagegen für 3.17(h) und 3.17(i). Bei den korrelierten Strategien 3.17(g) werden zwei Ungleichungen gerade bindend. Falls sich die Spieler bei Indifferenz jeweils an die Empfehlungen des Vermittlers halten, ist 3.17(g) ebenfalls ein Gleichgewicht. Matrix 3.17(g) bezeichnet **effiziente korrelierte Strategien**, weil sie beiden Spielern einen erwarteten Nutzen von $16/3$ ermöglichen. Alle anderen korrelierten Strategiekombinationen, die beiden Spielern einen höheren erwarteten Nutzen bringen würden – etwa die Strategien der Matrizen 3.17(h) und 3.17(i) –, verletzen die Anreizbedingungen (3.20) und stellen demnach kein Gleichgewicht dar.

Effiziente korrelierte Strategien (*effiziente Wahrscheinlichkeiten* $w(s^*)$) kann man ermitteln, indem man den gewichteten Nutzen aller Spieler unter Berücksichtigung des Ungleichungssystems 3.20 maximiert. Da sowohl die Zielfunktion als auch die Beschränkungen linear in w sind, liegt ein einfaches konvexes lineares Optimierungsproblem vor.

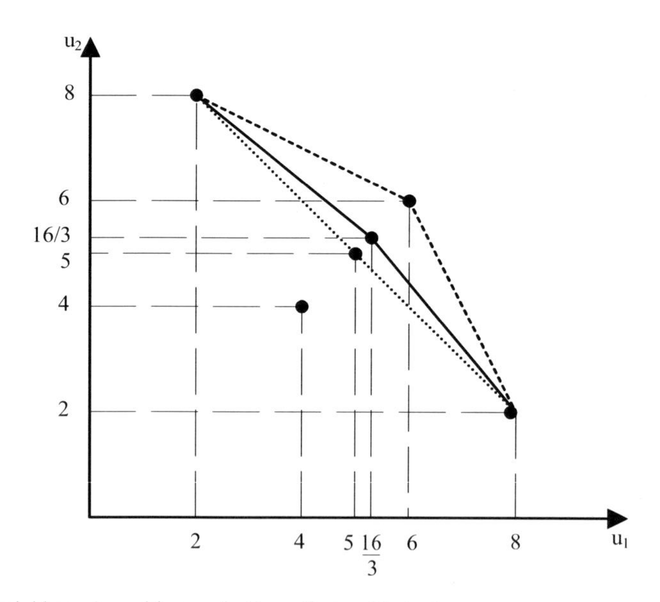

Abb. 3.7 Erreichbare Auszahlungen bei korrelierten Strategien

[15] Das Ungleichungssystem (3.20) bezieht sich auf den erwarteten Nutzen der Spieler, nachdem sie ihre private Information s^*_i erhalten haben. Wir bezeichnen $\mu(s^*_{-i}|s^*_i)$ als posteriori Wahrscheinlichkeiten. (3.21) ist äquivalent zum Ungleichungssystem (3.20) mit den ex ante Wahrscheinlichkeiten $\mu(s^*)$, falls $\mu(s^*_i) \neq 0$, eine Bedingung, die bei gemeinsamen Prior-Wahrscheinlichkeiten immer erfüllt ist.

Im Beispiel des **Chicken Game** geht es darum, zur Maximierung der gewichteten erwarteten Nutzen $\tau(6a+2b+8c)+(1-\tau)(6a+8b+2c)$ die optimalen Wahrscheinlichkeiten $a \geq 0$, $b \geq 0$, $c \geq 0$, $d \geq 0$ in Matrix 3.17(a) mit $a+b+c+d=1$ zu bestimmen unter den Nebenbedingungen (3.20):

$$6a+2b \geq 8a; \quad 8c \geq 6c+2d; \quad 6a+2c \geq 8a; \quad 8b \geq 6b+2d\,.$$

Für $\tau = 1-\tau = 1/2$ lautet die Lösung $a = b = c = 1/3$. Denn $d > 0$ zu spielen, bringt keinen Nutzen; also gilt im Optimum $d = 0$. Dann reduzieren sich die Anreizbedingungen zu $b \geq a$ und $c \geq a$. Damit der erwartete Nutzen $6a+5b+5c$ möglichst groß wird, sollte a so hoch wie möglich gewählt werden. Gegeben die Anreizbedingungen, folgt daraus $a = b = c$. Aus $a+b+c+d=1$ erhält man dann die Lösung.

Die durchgezogene Linie in Abb. 3.7 kennzeichnet alle Auszahlungen, die als Ergebnis effizienter korrelierter Strategien erreichbar sind. Die Strategie 3.17(g) $(a = b = c = 1/3)$ gibt beiden Spielern einen höheren erwarteten Nutzen, nämlich $16/3$, als eine symmetrische Korrelation zwischen beiden reinen Nash-Gleichgewichten entsprechend 3.17(e), dem ein erwarteter Nutzen von 5 zugeordnet ist.

Das Konzept des Gleichgewichts in korrelierten Strategien kann auch auf **Bayes'sche Spiele** mit unvollständiger Information angewendet werden. Obwohl es erst in den letzten Jahren entwickelt wurde, kommt ihm in der Spieltheorie und in ökonomischen Anwendungen eine große Bedeutung zu. Aumann (1987) hat gezeigt, daß Gleichgewichte in korrelierten Strategien das Ergebnis **Bayes'schen rationalen Verhaltens** sein müssen, wenn alle Spieler gemeinsame Ausgangswahrscheinlichkeiten (**Common Prior**) über die möglichen Typen und die mögliche Strategiewahl der Mitspieler haben. Unsicherheit über das Verhalten der Mitspieler wird dabei analog behandelt wie Unsicherheit über Spielzüge der Natur. Dies greifen wir im nächsten Abschnitt auf.

Bramoullé (2007) analysierte **Anti-Koordinationsspiele**, also Spiele mit „erheblichen" Koordinationsbedarf wie das Chicken-Spiel, und zeigte die Bedeutung von Netzwerken, die derartige Entscheidungssituationen einschlossen, für die Lösung des Koordinationsproblems. Diese Ergebnisse sind natürlich in erster Linie aus sozialwissenschaftlicher Sicht interessant, aber mit der Entwicklung der Netzökonomie rücken sie auch sowohl für den Wirtschaftswissenschaftler als auch den Praktiker ins Rampenlicht.

In der Informationsökonomie spielen Gleichgewichte in korrelierten Strategien in Situationen mit **Moral Hazard** oder **adverser Selektion** eine grundlegende Rolle. Wenn die Handlungen bzw. Eigenschaften bestimmter Spieler nicht beobachtbar sind, müssen Verträge so gestaltet sein, daß jeder von sich aus einen Anreiz hat, sie einzuhalten. Da ihre Ausführung mangels Beobachtbarkeit nicht einklagbar ist, ist es nicht möglich, bindende Verpflichtungen einzugehen, d. h., falls sie nicht anreizverträglich sind, werden sie nicht ausgeführt. Verträge, die solche Anreizbeschränkungen berücksichtigen, sind nichts anderes als Gleichgewichte in korrelierten Strategien.

In Situationen mit Moral Hazard lassen sich die Ungleichungen (3.20) als Anreizbeschränkungen interpretieren. Analog erhält man in Situationen mit unvollständiger Information entsprechende Beschränkungen für **Bayes'sche Gleichgewichte in korrelierten Strategien**. Die Bestimmung optimaler anreizverträglicher Mechanismen ist somit äquivalent mit der Bestimmung *effizienter* Bayes'scher Gleichgewichte in korrelierten Strategien.

Betrachten wir ein Beispiel. Zwei Produktionsteams können unabhängig voneinander zwischen hohem (s_{i1}) und niedrigem (s_{i2}) Arbeitseinsatz wählen. Der tatsächliche Arbeitseinsatz ist weder vom anderen Team noch von einer koordinierenden Stelle (dem Manager) beobachtbar. Die Auszahlungen eines Teams hängen aber auch vom Einsatz des anderen ab, und zwar derart, daß eine Chicken-Game-Situation wie in Matrix 3.16 vorliegt: Wenn das andere Team viel arbeitet, ist es für das eigene vorteilhaft, wenig zu arbeiten. Wenn dies aber beide tun, erhält jedes nur eine Auszahlung von 0. Eine Verpflichtung beider Teams, hart zu arbeiten, ist nicht glaubwürdig. Da die Strategiewahl der beiden Spieler ex post nicht beobachtbar bzw. einklagbar ist, würden entsprechende Vereinbarungen nicht eingehalten, denn sie würden die Anreizbedingungen verletzen. Für alle Auszahlungen in Abb. 3.8 entlang der gestrichelten Linie, wie etwa $(6,6)$, gilt: Strategien, die solche Auszahlungen ermöglichen, wären nur dann durchsetzbar, wenn die Spieler bindende Vereinbarungen treffen könnten. (Mit derartigen Entscheidungssituationen befassen sich die Kap. 5 und 6 dieses Buches.)

Sind jedoch die Handlungen der Spieler nicht beobachtbar, so müssen die in Gleichung (3.20) formulierten Anreizbedingungen beachtet werden. Nur Auszahlungen, die als Gleichgewichte in korrelierten Strategien erreichbar sind, berücksichtigen diese Restriktionen. So könnten sich beide Teams eine erwartete Auszahlung in Höhe von $16/3$ sichern, indem sie einer koordinierenden Instanz auftragen, wie in 3.17(g) mit Hilfe eines Zufallsmechanismus eines der Strategiepaare a, b oder c (jeweils mit Wahrscheinlichkeit $1/3$) auszuwählen und dann jedem einzelnen Team einen hohen bzw. niedrigen Arbeitseinsatz zu empfehlen. Der Vermittler teilt den einzelnen Teams aber nicht mit, welche Empfehlung er dem jeweils anderen gibt. Wie oben gezeigt wurde, ist diese Empfehlung anreizverträglich.

3.6 Rationalisierbare Strategien

Um in der Lage zu sein, seinen erwarteten Nutzen zu maximieren, muß ein Spieler in strategischen Entscheidungssituationen Erwartungen darüber formen, wie sich seine Mitspieler verhalten. Er bildet (im Sinne von Bayes) bestimmte *Wahrscheinlichkeitseinschätzungen* über das Verhalten der Mitspieler. Diese Einschätzungen können nicht völlig beliebig sein; sie sollten mit dem gemeinsamen Wissen über die Spielstruktur konsistent sein.

Häufig wird nun argumentiert, bei rationaler Erwartungsbildung kämen nur **Nash-Gleichgewichte** als Lösungen in Frage. Das Nash-Gleichgewicht verlangt als Konsistenzbedingung, daß die Erwartungen der Spieler ex post auch tatsächlich erfüllt werden. Dies ist freilich eine stärkere Forderung als die Bedingung, ex ante, d.h. zum Zeitpunkt der Entscheidung, sollte jede Wahl durch konsistente Wahrscheinlichkeitseinschätzungen gerechtfertigt sein. Bernheim (1984) und Pearce (1984) stellten die Frage, welche Restriktionen den individuellen Erwartungen an das Verhalten von Spielern allein durch die Forderung nach Rationalität auferlegt werden. Sie untersuchen, welche Strategien **rationalisierbar** sind, wenn die Spielstruktur Γ sowie die Tatsache, daß alle Spieler rational sind, gemeinsames Wissen der Spieler sind. Die Restriktion an das Verhalten der Spieler besteht darin, daß jedes Verhalten mit diesem gemeinsamen Wissen *konsistent* sein muß.

Die zentralen Ergebnisse in bezug auf **rationalisierbare Strategien** sind:

(a) Eine Strategie ist rationalisierbar, wenn sie **beste Antwort** in bezug auf eine andere rationalisierbare Strategie ist. Daraus folgt:
(b) Jede Strategie, die Bestandteil eines **Nash-Gleichgewichts** ist, ist demnach rationalisierbar.

Betrachten wir das Spiel **Battle of the Sexes**. Es gibt in diesem Spiel zwei **Nash-Gleichgewichte** in reinen Strategien. Die Erwartungen von Oskar über Tinas Verhalten müssen konsistent sein mit dem Wissen, daß beide rational handeln. Oskar sollte also nicht erwarten, daß Tina eine irrationale Wahl trifft. Wir wissen aber, daß für Tina *jede* Strategie optimal sein kann – je nachdem, welche Erwartungen sie über Oskars Entscheidung hat. Um die Wahl von Tina zu prognostizieren, muß Oskar Vermutungen darüber anstellen, welche Einschätzungen Tina wiederum über sein eigenes Verhalten bildet. Rechnet Oskar damit, Tina vermute, er werde aus Liebe zu ihr das Fußballspiel besuchen, so ist es für ihn rational, zum Fußballspiel zu gehen. Umgekehrt wird Tina das Kino als Treffpunkt wählen, wenn sie davon ausgeht, Oskar rechne damit, sie werde aus Liebe zu ihm zum Kino kommen. Beide Prognosen machen Sinn, weil sie durch rationale Prognosen über das Verhalten des Mitspielers gerechtfertigt werden können – und doch werden sich Oskar und Tina verfehlen. Dies liegt daran, daß die *Wahrscheinlichkeitseinschätzungen* der Spieler *nicht gemeinsames Wissen* sind.

Die Wahrscheinlichkeitseinschätzungen der beiden Spieler sind in Matrix 3.17 abgebildet: Für Oskar jeweils in der unteren linken Ecke eines Kastens, für Tina in der oberen rechten Ecke. Oskar erwartet also mit Wahrscheinlichkeit 1, daß die Strategiekombination (s_{12}, s_{22}) realisiert wird, falls er s_{12} wählt; er unterstellt also, daß Tina ins Stadion gehen wird. Es ist leicht einzusehen, daß die Erwartungen für die Strategiepaare (s_{12}, s_{21}) und (s_{11}, s_{22}) für keinen der beiden Spieler 1 sein können, denn diese Erwartungen führten zu Verhalten, das dieser Erwartung entgegengesetzt wäre: Erwartete Oskar z. B., daß (s_{12}, s_{21}) resultiert, also daß Tina die Strategie s_{21} wählt, dann entschiede er sich für s_{11} und (s_{12}, s_{21}) würde mit Wahrscheinlichkeit 0 resultieren. Die Umsetzung eines **Nash-Gleichgewichts** in Entscheidungen setzt also übereinstimmende Erwartungen voraus.

Matrix 3.18a. Unterschiedliche Wahrscheinlichkeitseinschätzungen

	s_{21}	s_{22}
s_{11}	1 0	0 0
s_{12}	0 0	0 1

Im Beispiel der **Battle of the Sexes** sind also alle Strategiekombinationen als Ergebnis der Wahl rationalisierbarer Strategien denkbar; die Forderung nach Rationalität der Erwartungen legt hier keinerlei Restriktionen bezüglich der Strategiewahl auf. Wie leicht nachzuvollziehen ist, gilt gleiches für das **Chicken Game**.

Für Matrix 3.16 (oben) erhält man die Auszahlung $(6,6)$ für subjektive Priors, bei denen jeder fest damit rechnet, daß der andere nicht ausweicht. Dies ist in Matrix 3.18b dargestellt. Die Auszahlung $(0,0)$ erhält man dann, wenn jeder subjektiv fest damit rechnet, daß der andere bestimmt ausweichen wird. Matrix 3.18c illustriert diesen Fall.

Matrix 3.18b. Ergebnis (6,6)

	s_{21}		s_{22}	
s_{11}	0	0	1	0
s_{12}	0	1	0	0

Matrix 3.18c. Ergebnis (0,0)

	s_{21}		s_{22}	
s_{11}	0	0	0	1
s_{12}	1	0	0	0

Bernheim (1984) und Pearce (1984) zeigen, daß für Spiele mit zwei Spielern alle Strategien rationalisierbar sind, die nach wiederholter Eliminierung strikt dominierter Strategien übrigbleiben. Da damit oft nur wenige Strategien ausgeschlossen werden können, nützt das Lösungskonzept rationalisierbarer Strategien zur Diskriminierung plausibler Lösungen nur beschränkt.

Matrix 3.19. Rationalisierbare Strategien

	b_1	b_2	b_3	b_4
a_1	$(0,7)$	$(2,5)$	$(7,0)$	$(0,1)$
a_2	$(5,2)$	$(3,3)$	$(5,2)$	$(0,1)$
a_3	$(7,0)$	$(2,5)$	$(0,7)$	$(0,1)$
a_4	$(0,0)$	$(0,-2)$	$(0,0)$	$(10,-1)$

Das Beispiel in Matrix 3.19 ist dem Aufsatz von Bernheim (1984) entnommen. Spieler 1 verfügt über die a-Strategien und Spieler 2 über die b-Strategien. Wir sehen, daß die Strategienkombination (a_2,b_2) ein Nash-Gleichgewicht. Ferner ist festzustellen, daß Spieler 2 niemals die Strategie b_4 wählen wird, denn sie ist für keine Strategie des Spielers 1 eine beste Antwort. Dann aber ist es für den Spieler 1 nie vorteilhaft, a_4 zu wählen, da diese Strategie nur in bezug auf b_4 für 1 profitabel ist. Betrachten wir die verbliebenen Strategien a_1, b_3, a_3 und b_1, so sehen wir, daß diese einen **Zyklus bester Antworten** bilden, wobei allerdings kein Paar von

Strategien wechselseitig beste Antworten darstellt. D. h., a_1, b_3, a_3 und b_1 sind rationalisierbare Strategien, implizieren aber kein Gleichgewicht.

Brandenburger und Dekel (1987) weisen nach, daß jedes rationalisierbare Strategiepaar äquivalent mit einem **subjektiven korrelierten Gleichgewicht** ist. Letzteres ist ein korreliertes Gleichgewicht, in dem die ex ante Wahrscheinlichkeitseinschätzungen $w(s^*)$ der Spieler nicht übereinstimmen müssen. In Matrix 3.18a gilt beispielsweise $w_i(s^*) \neq w_j(s^*)$. Die Äquivalenz rationalisierbare Strategiepaar mit einem subjektiven korrelierten Gleichgewicht gilt für Zwei-Personen Spiele. Bei Mehr-Personen-Spielen gilt eine analoge Äquivalenz; es macht dann aber einen Unterschied, ob die Spieler glauben, daß alle anderen Spieler ihre Strategien unabhängig voneinander wählen müssen oder ihre Wahl untereinander korrelieren können.

Nach Aumann (1987) weist eine spieltheoretische Analyse, die den Spielern unterschiedliche Prior-Wahrscheinlichkeitseinschätzungen erlaubt, eine konzeptionelle Inkonsistenz auf. Er plädiert dafür, davon auszugehen, daß die Spieler **Common Priors** nicht nur über die Spielzüge der Natur, sondern auch über das Verhalten aller Spieler besitzen. Akzeptiert man diese strenge Common-Prior-Annahme, dann bleiben nur die rationalisierbaren Strategien solche, die ein Gleichgewicht in korrelierten Strategien ergeben. Unter dieser Voraussetzung sind korrelierte Gleichgewichte das Resultat Bayes'schen rationalen Verhaltens. Wenn jeder Spieler seinen erwarteten Nutzen bei gegebener Information maximiert, muß die Lösung ein korreliertes Gleichgewicht sein. Akzeptiert man die Common-Prior-Annahme, ist diese Aussage trivial: Wenn bei **Common Priors** jeder seinen erwarteten Nutzen maximiert, folgt daraus direkt das oben formulierte Ungleichungssystem (3.20).

Fassen wir zusammen: Das **Nash-Gleichgewicht** ist ein sinnvolles *Lösungskonzept*, wenn

(1) das Spiel Γ und die *Rationalität* aller Spieler *gemeinsames Wissen* ist,
(2) die Spieler *Common Priors* haben,
(3) die Spieler ihre *Strategien unabhängig* wählen.

Die Bedingung (3) besagt, daß die **Common Priors** nicht miteinander korreliert sind. Ob die Priors korreliert sind, hängt davon ab, welche Koordinationsmechanismen verfügbar sind. In Matrix 3.17(a) bis 3.17(d) und 3.17(i) sind die Priors der Spieler nicht korreliert und die Einschätzung über das Verhalten des Mitspielers ist damit unabhängig vom eigenen Verhalten. In Matrix 3.17(e) bis 3.17(h) sind die Priors korreliert. In diesen Fällen ist das (objektive) korrelierte Gleichgewicht das adäquate Lösungskonzept. Es ist eine sinnvolle Erweiterung und Verallgemeinerung des Nash-Konzepts, um auch Koordinationsmechanismen im Lösungskonzept zu erfassen.

Gegen diese Argumentation kann man einwenden, daß die Wahl des Koordinationsmechanismus ebenfalls einen Teil des Spiels darstellt und daher bei der Modellierung entsprechend berücksichtigt werden sollte. Das Konzept korrelierter Strategien ist demnach keine korrekte Repräsentation des wahren Spiels. Auch dann gilt aber, daß die Lösung des wahren Spiels ein Element aus der Menge aller Gleichgewichte in korrelierten Strategien sein wird. Dieses Konzept trifft demnach eine Vorauswahl. Welches der Gleichgewichte gespielt wird, wird von Faktoren bestimmt, die nicht betrachtet werden. Auch die Frage, welches von verschiedenen Nash-Gleichgewichten realisiert wird, hängt ja von den nicht modellierten gemeinsamen Erfahrungen aller Spieler ab.

Der Rahmen der traditionellen Spieltheorie wird verlassen, wenn man für die Spieler unterschiedliche Priors zuläßt. Dann sind nahezu alle Strategien als subjektives korreliertes Gleichgewicht rationalisierbar. Die Spieltheorie kann dann bei der Diskriminierung zwischen plausiblen und weniger plausiblen Lösungen nur selten weiterhelfen.

Die Diskussion rationalisierbarer Strategien zeigt, wie entscheidend die Frage ist, ob man die Annahme von **Common Priors** ablehnt oder nicht. Die meisten Aussagen der traditionellen Spieltheorie sind nur gültig, wenn man den Spielern Common Priors unterstellt. In vielen Fällen, etwa wenn die Spieler gemeinsame Erfahrungen haben und die Umweltbedingungen sich nur wenig verändern, macht dies durchaus Sinn. In anderen Situationen ist es *absurd*, von Common Priors auszugehen. Unter solchen Bedingungen helfen die Gleichgewichtskonzepte der traditionellen Spieltheorie kaum weiter. Dagegen wäre die Maximinlösung auch in solchen Fällen anwendbar, denn sie erfordert keinerlei Informationen über die Auszahlungen der Gegenspieler. Da sie andererseits aber alle verfügbaren Informationen, die ein Spieler über die Mitspieler hat, unberücksichtigt läßt, vernachlässigt sie die strategischen Interaktionen, die Gegenstand der Spieltheorie sind.

Es ist sicher eine notwendige, aber bis jetzt nicht überzeugend gelöste Herausforderung, für allgemeinere Fälle mit weniger extremen Informationsannahmen geeignete Lösungskonzepte zu entwickeln. Das Konzept rationalisierbarer Strategien liefert dazu erste Ansätze, ähnlich wie verschiedene Versuche, beschränkte Rationalität von Spielern zu modellieren. Vielfach nämlich macht es ebensowenig Sinn, zu starke Forderungen bezüglich des gemeinsamen Wissens über die Spielstruktur und über die Rationalität der Spieler zu stellen. Die Schwierigkeit liegt darin, daß nahezu alles als Ergebnis möglich wird, sobald man auf die **Common Prior**-Annahme verzichtet[16].

3.7 Verfeinerungen des Nash-Gleichgewichts

In den Abschnitten 3.5 und 3.6 haben wir Ansätze kennengelernt, die das Lösungskonzept des **Nash-Gleichgewichts** bzw. des **Bayes'schen Gleichgewichts** als zu restriktiv ansehen und eine größere Menge von Strategiekombinationen als Lösungen zulassen: Das Konzept des Gleichgewichts in korrelierten Strategien läßt alle Kombinationen als Lösungen zu, die durch Koordinationsmechanismen (einen Ver-

---

[16] Eine interessante Grundsatzdiskussion liefert der Aufsatz „Common Knowledge and Game Theory" von Binmore und Brandenburger (1990). Sie schreiben zur Kritik Bernheims (1984) am Nash-Gleichgewicht: „However, our feeling is that more is implicitly assumed by traditional game theory than Bernheim is willing to grant. One should therefore not be too surprised if, having thrown out the baby, one is left only with the bathwater."

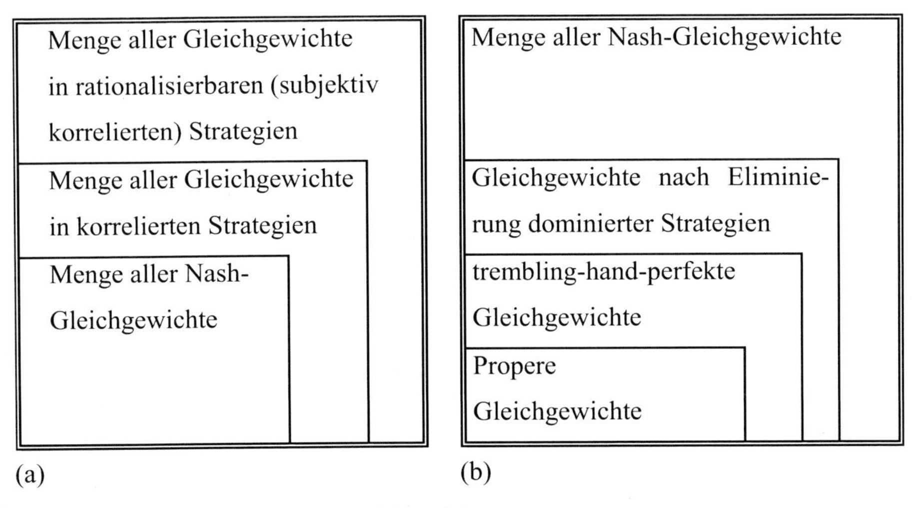

Abb. 3.8a,b Verfeinerung des Nash-Gleichgewichts

mittler) erreichbar sind; das Konzept rationalisierbarer Strategien läßt alle Kombinationen zu, die bei unterschiedlichen Priors als Gleichgewichte denkbar sind. Beide Konzepte enthalten als Teilmenge der Lösungen eines Spiels Γ jeweils alle **Nash-Gleichgewichte** dieses Spiels Γ (vgl. Abb. 3.8a).

Vielfach freilich wird das Konzept des **Nash-Gleichgewichts** nicht als zu restriktiv angesehen, sondern man betrachtet es gerade als einen Nachteil, daß dieses Konzept zu viele Kombinationen als Lösungen zuläßt. Für viele Spiele existieren mehrere Nash-Gleichgewichte, während es doch – so könnte man argumentieren – wünschenswert wäre, eine eindeutige Lösung des Spiels anzugeben. Im folgenden Abschnitt und in Abschnitt 4.1 werden wir verschiedene Ansätze kennenlernen, die durch Verfeinerungen des Nash-Konzepts die Menge der Spielergebnisse einzuengen versuchen. Einige Nash-Gleichgewichte werden als unplausibel verworfen, so daß nur eine Teilmenge als Lösungsmenge verbleibt (vgl. Abb. 3.8b). Verschiedene Konzepte der Verfeinerungen schließen allerdings mitunter unterschiedliche Lösungen aus; es gilt nicht immer, daß ein Konzept jeweils stärker ist als ein anderes.

Wenn ein Spiel *mehrere* Nash-Gleichgewichte besitzt, stellt sich das Problem, welches von diesen als Spielergebnis in Frage kommt. Häufig sind mehrere Gleichgewichte gleichermaßen plausibel. Dann muß der Spieltheoretiker sich damit zufrieden geben, daß keine definitive Aussage über das Verhalten der Spieler möglich ist. Oft aber erscheinen manche Nash-Gleichgewichte bei näherer Betrachtung weniger plausibel als andere. Dann ist es sinnvoll, erstere durch Verfeinerungen des Nash-Gleichgewichts auszuschließen.

Für Spiele in strategischer Form wurden verschiedene Verfeinerungen vorgeschlagen, die wir nun diskutieren wollen. Für den Ausschluß bestimmter Gleichgewichte gibt es dabei grundsätzlich zwei Vorgehensweisen: (1) Man kann **unplausible Strategien** liminieren oder (2) man kann Gleichgewichte, die schon bei geringfügigen Änderungen der Spielstruktur nicht mehr erhalten bleiben, als **insta-**

bile Lösungen ausschließen. In Abschnitt 3.7.1 diskutieren wir zunächst die *Eliminierung schwach dominierter Strategien*, dann untersuchen wir, welche Gleichgewichte *robust* sind

(a) gegenüber *Unsicherheiten bezüglich der Strategiewahl* d. h. der Gefahr, daß die Mitspieler Fehler machen bzw. irrational handeln (Abschnitt 3.7.2) und
(b) gegenüber *Unsicherheiten bezüglich der Auszahlungsmatrix* der Mitspieler (Abschnitt 3.7.3).

Wir werden sehen, daß mit der Eliminierung nicht-robuster Gleichgewichte auch schwach dominante Strategien ausgeschlossen werden.

Ein wichtiges Kriterium ist schließlich die Forderung nach **sequentieller Rationalität**. Sie bezieht sich auf *dynamische Spiele* (Spiele in extensiver Form) und wird im Abschnitt 4.1 ausführlich diskutiert. In einem dynamischen Spielverlauf sind viele **Nash-Gleichgewichtspfad** unglaubwürdig, weil sie auf rohungen beruhen, außerhalb des betrachteten Gleichgewichtspfads irrationale Handlungen auszuführen. Die Konzepte des teilspielperfekten und sequentiellen Gleichgewichts liefern eine überzeugende Verfeinerung des Nash-Gleichgewichts, weil sie solche dynamisch inkonsistenten Lösungen ausschließen.

Die Verfeinerungskriterien setzen sich nicht zum Ziel, nur eine eindeutige Strategiekombination als Spielergebnis auszuweisen; sie schließen vielmehr nur manche, wenig überzeugende Gleichgewichte aus. Der wesentlich anspruchsvollere Ansatz, für jedes Spiel immer genau eine Lösung angeben zu können, wird von Harsanyi und Selten (1988) in ihrer **Theorie der Gleichgewichtsauswahl** verfolgt. Auf diesen Ansatz geht Abschnitt 4.1.6 ein.

3.7.1 Gleichgewichte in schwach dominierten Strategien

Das Spiel von Matrix 3.20 hat zwei **Nash-Gleichgewichte**: (s_{11}, s_{21}) und (s_{12}, s_{22}). Aber wird Spieler 2 jemals die Strategie s_{21} wählen? Wenn er s_{22} spielt, kann er sich ja nie schlechter stellen; er kann gegenüber s_{21} höchstens gewinnen. Man sagt, s_{21} wird von s_{22} schwach dominiert.

Matrix 3.20. Spiel mit zwei Gleichgewichten

	s_{21}	s_{22}
s_{11}	$(0,100)$	$(0,100)$
s_{12}	$(-10,-10)$	$(40,40)$

Eine Strategie s_i', die – gleichgültig, wie die Mitspieler handeln – immer einen niedrigeren erwarteten Nutzen bringt als eine Strategie s_i'', wird von s_i'' **strikt** (stark) **dominiert**. s_i' ist also *strikt dominiert*, falls es eine Strategie s_i'' gibt so daß: $u_i(s_i', s_{-i}) < u_i(s_i'', s_{-i})$ für alle s_{-i}. Dabei kann s_i'' auch eine gemischte Strategie sein. Eine Strategie s_i' ist schwach dominiert, falls es eine Strategie s_i'' gibt, die dem

Spieler i nie eine niedrigere Auszahlung bringt und ihm bei mindestens einer Strategiekombination der übrigen Spieler s_{-i} eine höhere Auszahlung ermöglicht.

Es ist offenkundig, daß ein rationaler Spieler *niemals* **strikt dominierte Strategien** wählen wird. Solche Strategien können auf jeden Fall als Spielergebnis ausgeschlossen werden. Sie sind *niemals* Bestandteil eines Nash-Gleichgewichts. (Im Gefangenendilemma ist beispielsweise „Nicht Gestehen" eine strikt dominierte Strategie.) Aber es ist auch wenig plausibel, daß schwach dominierte Strategien gewählt werden. In Matrix 3.20 etwa ist s_{21} zwar optimal, falls Spieler 1 s_{11} wählt. Die gleiche Auszahlung kann sich Spieler 2 aber auch sichern, indem er s_{22} spielt. Wenn Spieler 2 sich nicht sicher sein kann, daß Spieler 1 tatsächlich s_{11} wählt, wäre es für ihn immer besser, s_{22} zu spielen. Damit bleibt als einzig plausibles **Nash-Gleichgewicht** die Kombination (s_{12}, s_{22}).

Wie das Beispiel von Matrix 3.21 zeigt, ist es durchaus möglich, daß die **Eliminierung schwach dominierter Strategien** zu einem für alle Spieler schlechteren Ergebnis führt: Die Strategien des Nash-Gleichgewichts (s_{11}, s_{21}) sind schwach dominiert. Nach ihrer Eliminierung bleibt nur das **ineffiziente Gleichgewicht** (s_{12}, s_{22}).

Matrix 3.21.

	s_{21}	s_{22}
s_{11}	$(5,5)$	$(0,5)$
s_{12}	$(5,0)$	$(1,1)$

Matrix 3.22.

	s_{21}	s_{22}	s_{23}
s_{11}	$(3,3)$	$(0,3)$	$(0,0)$
s_{12}	$(3,0)$	$(2,2)$	$(0,2)$
s_{13}	$(0,0)$	$(2,0)$	$(1,1)$

Die wiederholte Eliminierung von dominierten Strategien kann in manchen Fällen zu einer eindeutigen Lösung führen, auch wenn das ursprüngliche Spiel mehrere Gleichgewichte besitzt. Betrachten wir das Spiel der Matrix 3.22 mit den drei Nash-Gleichgewichten (s_{11}, s_{21}), (s_{12}, s_{22}) und (s_{13}, s_{23}). Die Strategien des Nash-Gleichgewichts (s_{11}, s_{21}) sind schwach dominiert.

Nach der Eliminierung von s_{11} und s_{21} werden nun wiederum die Strategien s_{12} bzw. s_{22} schwach dominiert, obwohl sie ursprünglich nicht dominiert waren. Bei der wiederholten Anwendung des Kriteriums bleibt schließlich nur das Gleichgewicht (s_{13}, s_{23}) übrig.

Matrix 3.23. Wiederholte Eliminierung schwach dominierter Strategien

	s_{21}	s_{22}
s_{11}	$(3,2)$	$(2,2)$
s_{12}	$(1,1)$	$(0,0)$
s_{13}	$(0,0)$	$(1,1)$

Matrix 3.23 zeigt, daß bei wiederholter Eliminierung die Reihenfolge, in der verschiedene dominierte Strategien ausgeschlossen werden, das Ergebnis mitbestimmen kann. Das Spiel hat (s_{11}, s_{21}) und (s_{11}, s_{22}) als Nash-Gleichgewichte. Die Strategie s_{13} wird von s_{11} dominiert; nach ihrer Eliminierung wird nun s_{22} von s_{21} schwach dominiert, so daß als Gleichgewicht (s_{11}, s_{21}) übrigbleibt. Wird aber zunächst s_{12} eliminiert, dann ist nun umgekehrt s_{21} von s_{22} schwach dominiert, und (s_{11}, s_{22}) bleibt als Lösung übrig. Für Matrix 3.23 kann man vernünftigerweise weder (s_{11}, s_{21}) noch (s_{11}, s_{22}) als Lösung ausschließen.

3.7.2 Robustheit bei fehlerhafter Strategiewahl

In Selten (1975) wird als Kriterium zum Ausschluß unplausibler Gleichgewichte gefordert, daß ein Gleichgewicht gegenüber folgender geringfügiger Änderung des Spiels stabil sein sollte: Angenommen, Spieler können Fehler machen; sie wählen mit *„zitternder Hand“* nicht immer die beabsichtigte Strategie, sondern machen möglicherweise – wenn auch mit kleiner Wahrscheinlichkeit – einen Fehler und wählen irgendeine andere Strategie. Wenn selbst bei einer extrem geringen Wahrscheinlichkeit dafür, daß die Spieler Fehler machen, ein Gleichgewicht nicht mehr erhalten bleibt, sagen wir in Anschluß an Selten (1975), daß es ist nicht **trembling-hand-perfekt** ist.

3.7.2.1 Trembling-Hand-Perfektheit

In Matrix 3.20 ist (s_{11}, s_{21}) ein **Nash-Gleichgewicht**. Ist Spieler 2 sicher, daß sein Gegenspieler s_{11} spielt, dann ist s_{21} für ihn eine optimale Antwort. Umgekehrt hat er ein starkes Interesse daran, daß Spieler 1 glaubt, er werde s_{21} spielen, weil ihm dies eine Auszahlung von 100 ermöglicht. Aber dieses Nash-Gleichgewicht ist nicht perfekt. Wenn nur eine minimale Wahrscheinlichkeit ε dafür besteht, daß Spieler 1 irrtümlich seine zweite Alternative wählt, dann ist es für Spieler 2 immer besser, s_{22} zu spielen:

$$\begin{aligned} u_2(s_{21}) &= (1-\varepsilon)100 - \varepsilon 10 = 100 - \varepsilon 110 \\ &< u_2(s_{22}) = (1-\varepsilon)100 + \varepsilon 40 = 100 - \varepsilon 60\,. \end{aligned}$$

Für alle $0 < \varepsilon \leq k$ mit beliebig kleinem k gilt die strikte Ungleichung; nur an der Grenze $\varepsilon = 0$ gilt das Gleichheitszeichen. Da (s_{11}, s_{21}) nicht Gleichgewicht eines Spiels $\Gamma(\varepsilon)$ mit beliebiger Irrtumswahrscheinlichkeit ε ist, kann es kein Grenzpunkt einer Folge von Spielen sein, bei denen die Irrtumswahrscheinlichkeit ε gegen Null geht.

Zur Einübung in das Konzept sei empfohlen, zu zeigen, daß in Matrix 3.21 nur die Kombination (s_{12}, s_{22}) perfekt ist. Die Forderung nach Perfektheit ist eng verwandt mit der Eliminierung von Gleichgewichte mit dominierten Strategien. Es läßt sich zeigen, daß jede Strategie, die in einem perfekten Gleichgewicht gespielt wird, nicht dominiert ist. Umgekehrt gilt aber für Mehr-Personen-Spiele: Ein nicht dominiertes Gleichgewicht ist nicht notwendigerweise perfekt. Perfektheit ist somit eine strengere Forderung.

Freilich müssen nicht alle perfekten Gleichgewichte gleichermaßen plausibel sein. Betrachten wir dazu das Beispiel in Matrix 3.24.

Matrix 3.24. Trembling-Hand-Perfektheit

	s_{21}	s_{22}	s_{23}
s_{11}	$(1,1)$	$(0,0)$	$(-6,-4)$
s_{12}	$(0,0)$	$(0,0)$	$(-4,-4)$
s_{13}	$(-4,-6)$	$(-4,-4)$	$(-4,-4)$

Das Spiel hat drei **Nash-Gleichgewichte**: (s_{11},s_{21}), (s_{12},s_{22}) und (s_{13},s_{23}). (s_{13},s_{23}) ist freilich nicht perfekt: Betrachten wir eine **Perturbation**, bei der Spieler 2 mit Fehlerwahrscheinlichkeit ε_1 bzw. ε_2 seine Strategien s_{21} und s_{22} spielt, also s_{23} nur mit der Wahrscheinlichkeit $1-\varepsilon_1-\varepsilon_2$. Dann gilt $u_1(s_{12}) = -4(1-\varepsilon_1-\varepsilon_2) > -4 = u_1(s_{13})$.

Für beliebige positive ε_1, ε_2 würde 1 also immer die Strategie s_{12} vorziehen. Entsprechendes gilt wegen der Symmetrie des Spiels umgekehrt für Spieler 2.

Ist nun (s_{12},s_{22}) ein perfektes Gleichgewicht? Es ist perfekt, wenn es kleine Irrtumswahrscheinlichkeiten ε_{i1}, ε_{i3} nahe Null gibt so, daß (s_{12},s_{22}) auch bei diesen Irrtumswahrscheinlichkeiten ein Gleichgewicht bleibt. Als Bedingung erhalten wir bezüglich des Nutzens von Spieler 1, wenn sein Gegenspieler irrtümlich s_{21} mit Wahrscheinlichkeit ε_1 und s_{23} mit Wahrscheinlichkeit ε_3 wählt:

$$u_1(s_{11}) = \varepsilon_1 - 6\cdot\varepsilon_3 \leq 0 - 4\cdot\varepsilon_3 = u_1(s_{12}) \quad \text{oder} \quad \varepsilon_1 \leq 2\cdot\varepsilon_3\,.$$

Für Spieler 2 gilt wieder die gleiche Argumentation. Die Kombination (s_{12},s_{22}) ist also ein **perfektes Gleichgewicht**: Falls die Spieler davon ausgehen, daß der Fehler s_{21} nicht mindestens doppelt so häufig gemacht wird wie s_{23}, ist es rational, s_{12} zu spielen. Es finden sich immer Irrtumswahrscheinlichkeiten $\varepsilon_3 = a\varepsilon_1$ mit $a > 1/2$, die beliebig klein werden können und trotzdem die Bedingung erfüllen.

Eine sinnvolle Hypothese, die mit der Vorstellung der zitternden Hand vielleicht am besten vereinbar ist, ist die Annahme, alle Strategien außerhalb des betrachteten Gleichgewichts werden *mit der gleichen Fehlerwahrscheinlichkeit* gespielt. Man spricht dann von **uniformer Perturbation**. Im betrachteten Beispiel bedeutet dies: Für die Fehler s_{21} und s_{23} gilt $\varepsilon_1 = \varepsilon_3 = \varepsilon$ (d. h. $a = 1$). Für jede Folge $\varepsilon_1 = 1/k$ und $\varepsilon_3 = 1/k$ mit $k \to \infty$ ist selbstverständlich immer die Ungleichung $\varepsilon_1 < 2\varepsilon_3$ erfüllt.

Die Strategiekombination (s_{12},s_{22}) ist somit auch dann ein perfektes Gleichgewicht, wenn nur **uniforme Perturbationen** betrachtet werden. Dieses Gleichgewicht erscheint aber nicht unbedingt als plausibel. Man könnte einwenden, daß für die Spieler hier ein starker Anreiz besteht, Fehler in Richtung Strategie s_{i3} wesentlich seltener zu begehen. Durch eine weitere Verfeinerung, dem von Myerson

(1978) entwickelten Konzept des **properen Gleichgewichts**, kann man (s_{12}, s_{22}) ausschließen.

3.7.2.2 Properes Gleichgewicht

In Matrix 3.24 ist s_{i3} für die Spieler eine schwach dominierte und damit wenig attraktive Strategie. Myerson (1978) argumentiert, daß die Spieler kostspielige Fehler möglichst zu vermeiden suchen. Als weitere Verfeinerung des Gleichgewichtskonzepts schlägt er entsprechend das **propere Gleichgewicht** vor. Die Grundidee ist folgende: Ein Spieler wird versuchen, kostspielige Fehler viel eher zu vermeiden als Fehler, die ihn weniger kosten. Der Gegenspieler wird deshalb weit geringere Wahrscheinlichkeiten dafür ansetzen, daß kostspielige Fehler gemacht werden.

Der Strategienvektor s^* ist ein **ε-properes Gleichgewicht**, wenn für alle Spieler i gilt: Falls für zwei Strategien s_i, s_i' gilt: $U_i(s_i, s_{-i}^*) > U_i(s_i', s_{-i}^*)$, dann ist die Wahrscheinlichkeit dafür, daß s_i gespielt wird, mindestens $1/\varepsilon$-mal so hoch wie für s_i'; sie ist also unendlich mal höher für ε nahe Null. Die Wahrscheinlichkeit für eine schlechtere Strategie ist also ε-mal kleiner. Ein properes Gleichgewicht ist der Grenzfall eines ε-properen Gleichgewichts, wenn ε gegen Null geht.

Das Nash-Gleichgewicht (s_{12}, s_{22}) in Matrix 3.24 ist nicht proper. Weil $U_i(s_{i1}, s_{j2}) > U_i(s_{i3}, s_{j2})$, ist ein Fehler s_{i3} für Spieler i kostspieliger als ein Fehler s_{i1}. Wenn der Fehler s_{i1} ε-mal vorkommt, dann kommt der Fehler s_{i3} also höchstens $\varepsilon \cdot \varepsilon = \varepsilon^2$-mal vor. j rechnet folglich damit, daß sich der Gegenspieler i so verhält, daß $s_{i1} = \varepsilon$, $s_{i2} = 1 - \varepsilon - \varepsilon^2$ und $s_{i3} = \varepsilon^2$. Weil es sich dann für j immer lohnt, von der zweiten auf die erste Strategie zu wechseln, denn $U_j(s_{j1}) = \varepsilon - 6\varepsilon^2 > 0 - 4\varepsilon^2 = U_j(s_{j2})$, ist das Gleichgewicht nicht proper.

Jedes propere Gleichgewicht ist perfekt. Das Konzept des properen Gleichgewichts ist aber strenger: Es schließt auch manche perfekten Gleichgewichte als unplausibel aus (es macht stärkere Forderungen an die Fehlerwahrscheinlichkeiten ε). Man beachte auch, daß (s_{12}, s_{22}) kein perfektes Gleichgewicht wäre, wenn man die dominierten Strategien s_{i3} eliminierte.

Gegen das Konzept des properen Gleichgewichts läßt sich einwenden, daß wenig für die Hypothese spricht, daß Spieler versuchen, ihre Fehler auf eine rationale Weise zu begehen. Eine sinnvolle Modellierung müßte die Kontrollkosten für Fehlerwahrscheinlichkeiten berücksichtigen. Wie van Damme (1987) zeigt, lassen sich nur bei sehr speziellen Annahmen an den Verlauf der **Kontrollkosten** die properen Gleichgewichte als Lösungen ableiten. Die Berücksichtigung kleiner Formen von Irrationalität dient zudem allein dazu, gewisse Gleichgewichte als unplausibel auszuschließen. Im Gleichgewicht macht ja keiner der Spieler einen Fehler.

3.7.3 *Robustheit bei Unsicherheit über die Auszahlungen*

Während wir in den vorhergehenden Abschnitten untersuchten, welche Konsequenzen sich ergeben, wenn Spieler unsicher darüber sind, ob ihre Gegenspieler kleine Fehler begehen, betrachten wir nun Situationen, in denen die Spieler über die Auszahlungen der Mitspieler unsicher sind. Wir gehen nun davon aus, daß die Spieler zwar eine konkrete Vorstellung von der Struktur des Spiels besitzen, daß sie sich aber nicht völlig sicher sind, wie hoch Auszahlungen ihrer Mitspieler sind. Wen-Tsün und Jia-He (1962) haben dafür das Konzept des **essentiellen Gleichgewichts** entwickelt.

Ein Gleichgewicht s^* eines Spiels Γ ist **essentiell**, wenn es für jedes Spiel mit Auszahlungen, die nahe bei den Auszahlungen des Spiels Γ liegen (also bei beliebigen kleinen Perturbationen der Auszahlungen) ein Gleichgewicht gibt, das nahe beim ursprünglich betrachteten Gleichgewicht s^* liegt.

In Matrix 3.20 (oben) ist das **Nash-Gleichgewicht** (s_{11}, s_{21}) nicht essentiell, weil Spieler 2 nie s_{21} spielen würde, wenn bei (s_{11}, s_{21}) seine Auszahlung geringfügig kleiner als 100 wäre. Es trifft demnach nicht zu, daß bei beliebigen kleinen Perturbationen der Auszahlungen dieses Nash-Gleichgewicht erhalten bleibt. *Nicht für jedes Spiel ist die Existenz eines essentiellen Gleichgewichts garantiert.*

Auch das Konzept des **essentiellen Gleichgewichts** ist eine **Verfeinerung** des Konzepts des Nash-Gleichgewichts: Es schließt verschiedene Gleichgewichte aus, weil sie keine Gleichgewichte mehr sind, wenn kleine Perturbationen der Auszahlungen in beliebiger Richtung erfolgen. Doch ist es wirklich sinnvoll, eine solche *„Stabilitätsbedingung"* aufzustellen? Wenn ein Spieler unsicher ist über die Auszahlung seines Gegenspielers, muß er damit rechnen, daß beim „wahren" Spiel dessen Auszahlungen gerade in einer Weise perturbiert sind, die es für ihn attraktiv machen, die betreffende Nash-Gleichgewichtsstrategie zu spielen. Es ist dann schwer zu rechtfertigen, wieso man es als unplausibel verwerfen sollte.

Die Forderung nach Robustheit gegenüber Unsicherheiten bezüglich der Auszahlungsmatrix rechtfertigt gerade, wie Fudenberg et al. (1988) argumentieren, genau die entgegengesetzte Schlußfolgerung: *Keines der Nash-Gleichgewichte sollte als unplausibel ausgeschlossen werden, wenn sich die Spieler nicht absolut sicher über die Auszahlungen ihrer Mitspieler sein können.*

Betrachten wir als Beispiel wieder Matrix 3.20. Werden die Auszahlungen dieses Spiels in einer bestimmten Weise geringfügig perturbiert (vgl. Matrix 3.25 mit $E(\varepsilon) = 0$), dann kann es im perturbierten Spiel für Spieler 2 durchaus optimal sein, s_{21} zu spielen, nämlich immer dann, wenn $\varepsilon > 0$. Ist sich aber Spieler 1 unsicher über die Auszahlungen von Spieler 2, so besteht für ihn kein Anlaß, s_{21} als unplausibel auszuschließen. Demnach kann das Gleichgewicht (s_{11}, s_{21}) nicht verworfen werden.

Matrix 3.25. Perturbationen

	s_{21}	s_{22}
s_{11}	$(0, 100 + \varepsilon)$	$(0, 100)$
s_{12}	$(-10, -10)$	$(40, 40)$

Die Verfeinerungen kommen ja immer dann zum Tragen, wenn für einen Spieler die Auszahlungen verschiedener Strategien in bestimmten Fällen gleich hoch sind. Nun kann man aber für jedes Nash-Gleichgewicht immer leichte Perturbationen der Auszahlungen in bestimmte Richtungen finden, so daß dieses Nash-Gleichgewicht ein *stabiles* Gleichgewicht des *geringfügig perturbierten* Spiels darstellt: Es genügt, die Auszahlung des betreffenden Spielers gerade bei der in Frage kommenden Strategiekombination geringfügig zu erhöhen. Es finden sich also immer Spiele, die dem ursprünglichen Spiel beliebig nahe sind und für die das betrachtete Nash-Gleichgewicht *robust* gegenüber **Verfeinerungen** ist.

Alle Versuche, Verfeinerungen der strategischen Form zu formulieren, sind allein schon deshalb nicht besonders überzeugend, weil die Wahrscheinlichkeit dafür, daß verschiedene Strategien für einen Spieler gleiche Auszahlungen liefern, nahezu Null ist, wenn man alle möglichen Auszahlungskombinationen betrachtet. Man sagt: Generisch ist die Menge aller Spiele in *strategischer Form*, für die die Auszahlungen verschiedener Strategien gleich sind, vom Maß Null relativ zur Menge aller Spiele mit ungleichen Auszahlungen (vgl. van Damme, 1987).

Diese Aussage gilt nicht für Spiele in *extensiver Form* („dynamische Spiele“). Hier können Verfeinerungen sehr wohl eine Vielzahl unplausibler Gleichgewichte ausschließen, weil die Reduktion zur strategischen Form fast durchwegs zu einer nicht-generischen Auszahlungsmatrix führt. Das Markteintrittsspiel von Abschnitt 1.3.2 ergibt die Matrix 3.20, und Perturbationen wie in Matrix 3.25 sind sinnlos: Der Monopolist erhält bei Nichteintritt von Spieler 1 immer die Auszahlung 100, gleichgültig wie er sich bei einem Markteintritt verhalten hätte. Im nächsten Kapitel werden wir Verfeinerungen für Spiele in extensiver Form diskutieren.

Literaturhinweise zu Kapitel 3

Das **Nash-Gleichgewicht** als zentrales Konzept der Spieltheorie wird in allen erwähnten Einführungsbüchern ausführlich diskutiert. Eine gute Darstellung des **Bayes'schen Gleichgewichts** findet sich in Myerson (1985). Binmore und Brandenburger (1990) geben einen wertvollen Überblick über die Annahmen bezüglich *gemeinsamen Wissens*, die verschiedenen Gleichgewichtskonzepten zugrunde liegen. Als formalere Darstellungen sind zur Vertiefung Aumann (1987) für das **korrelierte Gleichgewicht** sowie allgemein Tan und Werlang (1988) zu empfehlen. Einen ausgezeichneten Überblick über die **Verfeinerungen des Nash-Gleichgewichts** bietet van Damme (1987). Zur **Gleichgewichtsauswahl** siehe auch Berninghaus et al. (2002, S. 73ff).

Kapitel 4
Dynamische Spiele

Dynamische Entscheidungssituationen, in denen die Spieler ihre Handlungen von Informationen abhängig machen können, die sie in der Vergangenheit erhalten haben, lassen sich am einfachsten mit Hilfe eines Spielbaums (der extensiven Form eines Spieles) analysieren. Häufig läßt sich das Gesamtspiel in einzelne Teilspiele zerlegen. An einem bestimmten Entscheidungsknoten X fängt ein **Teilspiel** Γ_X an, wenn der Teil des Baums, der in X beginnt, mit dem Rest des Spiels ausschließlich über diesen Knoten X verknüpft ist. Alle Informationsmengen des Spiels Γ sind also entweder vollständig in dem Teilspiel Γ_X, das in X beginnt, enthalten, oder sie sind mit dem Teilspiel Γ_X nur über den Knoten X verbunden.

Wird der Knoten X mit Sicherheit erreicht, genügt es, die optimalen Strategien für das Teilspiel Γ_X, das in X beginnt, zu untersuchen. Zum Beispiel geht in Abb. 4.1a von Knoten D ein eigenes Teilspiel aus, während sich Knoten B und C nicht in Teilspiele zerlegen lassen.

In Abb. 4.1b beginnt weder am Knoten B noch am Knoten C ein eigenes Teilspiel. Wenn Spieler 2 am Knoten C entscheiden muß, wird er berücksichtigen, wie er in B handeln würde, weil Spieler 3 ja nicht weiß, ob B oder C eingetreten ist.

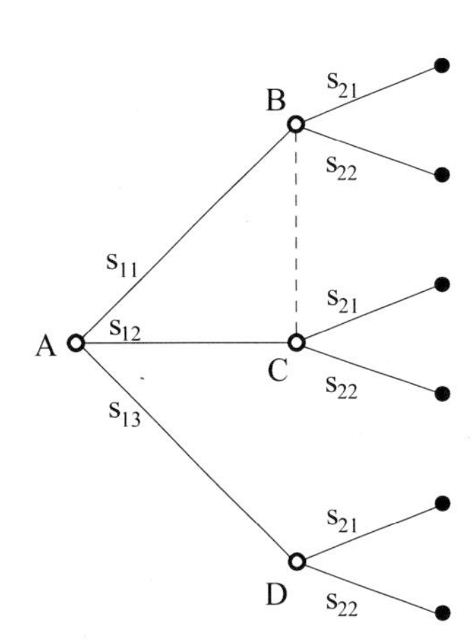

Abb. 4.1 a Spielbaum und Teilspiel I

Abb. 4.1 b Spielbaum und Teilspiel II

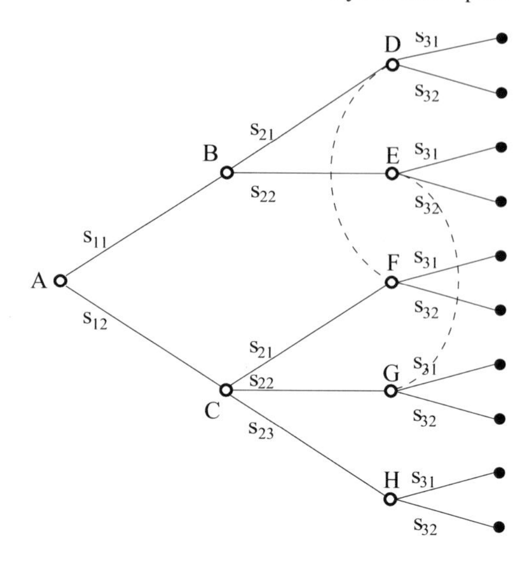

Dagegen beginnt am Knoten H ein eigenes Teilspiel Γ_H, das unabhängig davon ist, wie 2 sich in B entschieden hätte. Im übrigen: Wären Spieler 1 und 3 identisch, so beschriebe Abb. 4.1b den Fall eines *nicht-perfekten* **Erinnerungsvermögens.** (Vgl. Abschnitt 2.5.2 zu **Perfect Recall.**)

4.1 Verfeinerungen des Nash-Gleichgewichts für Spiele in extensiver Form

Durch die Analyse von optimalem Verhalten in Teilspielen ist es oft möglich, unglaubwürdige Drohungen auszuschließen. Betrachten wir zur Illustration wieder das Markteintrittsspiel eines Monopolisten (Spieler 2), der einen potentiellen Konkurrenten (Spieler 1) abschrecken will. Die extensive Spielform (Abb. 1.4) kennen wir bereits aus dem Einführungskapitel.

4.1.1 Teilspielperfektes Gleichgewicht

Das Spiel besitzt zwei Nash-Gleichgewichte: (s_{11}, s_{21}) und (s_{12}, s_{22}). Bei dem dynamischen Spielverlauf ist freilich die Strategiekombination (s_{11}, s_{21}) wenig plausibel: Am Entscheidungsknoten B beginnt ein eigenes Teilspiel. Wenn Spieler 1 abweicht und doch in den Markt eintritt, besteht für den Monopolisten kein Anreiz, seine Drohung auszuführen und sich in einen ruinösen Preiskampf zu stürzen. Da der Monopolist sich nicht verpflichten kann, die angedrohte Strategie auch tatsächlich auszuführen, wird er ex post seine Pläne revidieren. Sobald er wirklich handeln muß, wird er sich für eine Marktteilung entscheiden. Seine Drohung ist folglich nicht glaubwürdig. Nash-Gleichgewichte wie (s_{11}, s_{21}) schließen wir aus, indem wir fordern: Eine Strategiekombination s ist nur dann eine Gleichgewichtslösung, wenn es für keinen Spieler optimal ist, bei irgendeinem Teilspiel, das an einem beliebigen Knoten des Spielbaumes beginnt, von seiner Strategie abzuweichen. Gleichgewichte, die diese Forderung (als Verfeinerung des Nash-Konzeptes für dynamische Spiele) erfüllen, bezeichnet man als **teilspielperfekte Gleichgewichte**.

Dieses Konzept, das manche Nash-Gleichgewichte als Lösungen ausschließt, weil sie im dynamischen Spielverlauf irrationales Verhalten unterstellen, wurde von Selten (1965) eingeführt. Für jedes Spiel gilt: Es existiert immer mindestens ein teilspielperfektes Gleichgewicht.

Um zu bestimmen, ob ein Nash-Gleichgewicht teilspielperfekt ist, müssen wir *für jeden einzelnen Entscheidungsknoten* untersuchen, ob die Spieler sich an die vorgeschlagenen Nash-Strategien s halten würden – unabhängig davon, ob dieser Knoten im Spielverlauf, der s folgt, tatsächlich erreicht wird oder nicht. Dies stellt eine strengere Forderung als das Konzept des Nash-Gleichgewichts dar: Letzteres verlangte nur, ein Spieler sollte keinen Anreiz haben, von seiner Gleichgewichtsstrategie abzuweichen, wenn die anderen Spieler ihre Gleichgewichtsstrategien spielen.

Die Forderung nach **Teilspielperfektheit** legt somit auch *Restriktionen* an das Verhalten *außerhalb des betrachteten Gleichgewichts* auf: Die Strategien sollen optimal sein auch an allen Entscheidungsknoten, die im Verlauf des betrachteten Spielpfades gar nicht erreicht werden. Es geht darum zu prüfen, wie die später zum Zug kommenden Mitspieler reagieren werden, wenn ein Spieler von seiner Nash-Strategie abweicht. Falls sie sich dann anders verhalten als entlang des betrachteten Nash-Pfades, kann es für den besagten Spieler attraktiv sein, von der vorgeschriebenen Strategie abzuweichen. Die ursprünglich unterstellte Nash-Strategiekombination ist dann *kein* teilspielperfektes Gleichgewicht.

Machen wir uns das anhand des Spiels in Abb. 4.2a klar. (s_{11}, s_{21}) ist *nicht* teilspielperfekt, weil für das Teilspiel, das im Knoten B beginnt, s_{22} die optimale Antwort des Monopolisten ist. Da Spieler 1 dies weiß, wird er in den Markt eintreten. Er wird von der ursprünglich unterstellten Strategie abweichen, da er das Verhalten von Spieler 2 im Knoten B antizipiert. Als einziges teilspielperfektes Gleichgewicht verbleibt somit (s_{12}, s_{22}). Damit ist bereits angedeutet, wie teilspielperfekte Gleichgewichte ermittelt werden können: Das Spiel wird nicht vom Anfangspunkt A ausgehend analysiert, sondern man beginnt bei den letzten Entscheidungsknoten und untersucht dann *rückwärts gehend* für jeden Knoten jeweils, ob die Strategiekombi-

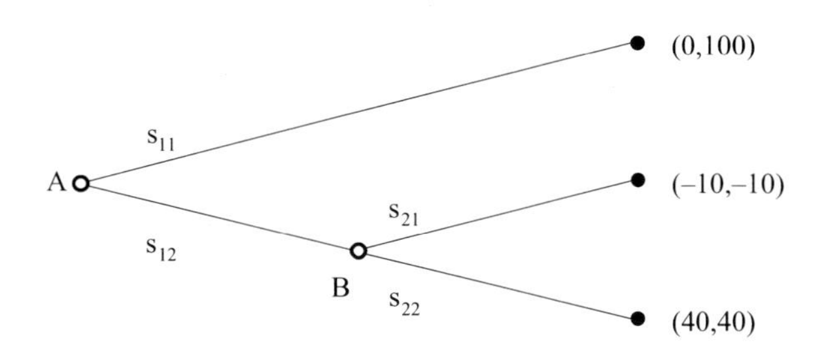

Abb. 4.2 a Markteintrittsspiel

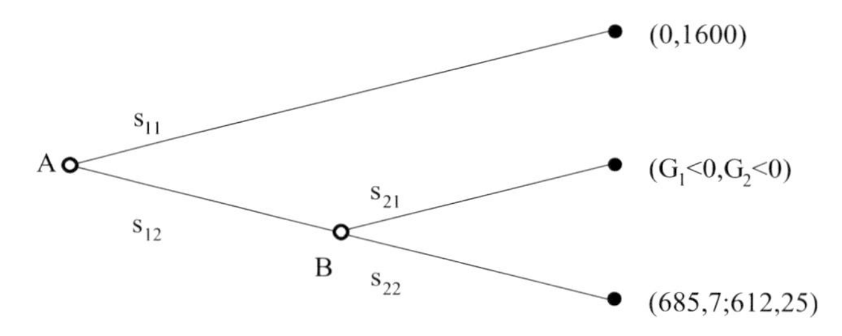

Abb. 4.2 b Stackelberg-Gleichgewicht

nation auch für das Teilspiel, das hier beginnt, optimal ist. Teilspielperfekte Gleichgewichte werden also mit der Methode **dynamischer Optimierung** (dem **Bellman-Prinzip** der **Backward-Induction** bzw. **Rückwärtsinduktion**) ermittelt.

Anmerkung: Spielbäume lassen sich nur für eine *diskrete* Menge an Strategien zeichnen, denn ein Kontinuum von Ästen ist schwer darzustellen. In diesem Kapitel betrachten wir im allgemeinen Spiele mit diskreten Alternativen. Das folgende Beispiel soll aber zeigen, daß in einem dynamischen Spiel mit *stetigem* Strategieraum die gleichen Überlegungen gelten.

Betrachten wir eine Variante des Dyopolspiels aus Abschnitt 3.3.2 (die Erdbeerfarmer) mit folgender Modifikation: Spieler 1 setzt seine Produktionsmenge x_1 *bindend fest*, bevor sein Konkurrent 2 überhaupt zum Zug kommt. Das Spiel läuft nun also *zweistufig* ab. 2 hätte natürlich ein Interesse daran, Spieler 1 davon abzuschrecken, überhaupt etwas zu produzieren. Er könnte etwa damit drohen, selbst immer so viel zu produzieren, daß 1 in jedem Fall einen Verlust macht, falls er eine Produktion wagen sollte. Wenn 1 der **Drohung** Glauben schenkt, könnte 2 sich damit den Monopolgewinn ($x_1 = 0, x_2 = 20$ mit $G_1 = 0$ und $G_2 = 1600$) sichern. Diese Drohung ist jedoch unglaubwürdig. Sobald 1 sich für eine Menge x_1 entschieden hat, muß sich 2 an die Entscheidung anpassen. Für gegebenes x_1 besteht seine gewinnmaximale Menge entsprechend der Reaktionsfunktion in $x_2 = 20 - 1/3x_1$. Spieler 1, diese Reaktion antizipierend, maximiert seinen Gewinn unter der Nebenbedingung, daß 2 sich optimal verhält. D. h., er bezieht die Reaktion des Konkurrenten in sein Kalkül ein:

$$G_1 = [120 - 2(x_1 + x_2)]x_1 - x_1^2 = \left[120 - 2\left(x_1 + 20 - \frac{1}{3}x_1\right)\right]x_1 - x_1^2$$

mit der Lösung $x_1 = 120/7$ und $x_2 = 100/7$ mit $G_1 = 685{,}7$ und $G_2 = 612{,}25$. Das Spiel kann damit auf einen Spielbaum wie in Abb. 4.2b reduziert werden mit

- s_{11}: „Bindung auf $x_1 = 0$";
- s_{12}: „Bindung auf $x_1 = 120/7$";
- s_{21}: „Vergeltung mit $x_1 > 240/7$";
- s_{22}: „$x_2 = 100/7$".

Da die Vergeltung zwangsläufig auch Spieler 2 selbst schädigt, ist die Drohung dynamisch nicht konsistent. *Hinweis*: Berechne die Gewinne für ($x_1 = 120/7$;

$x_2 > 240/7$). Das Mengenpaar ($x_1 = 120/7; x_2 = 100/7$) ist die einzige teilspielperfekte Lösung.

Stackelberg (1934) hat das Lösungsprinzip, das hier verwendet wird, für das Dyopolspiel vorgeschlagen. Man spricht deshalb von der **Stackelberg-Lösung**, und der Spieler, der sich bindend verpflichten kann, wird als **Stackelberg-Führer** (im Original als **Unabhängigkeitsposition**) bezeichnet.

4.1.2 Sequentielles Gleichgewicht

Die intuitiv überzeugende Forderung nach Perfektheit an ein Lösungskonzept dynamischer Spiele bildet den Ausgangspunkt für eine Vielzahl interessanter Erweiterungen. Zur Bestimmung teilspielperfekter Strategien müssen die Spieler freilich in der Lage sein, an jedem Entscheidungsknoten ihre optimale Strategie zu berechnen. Voraussetzung dafür ist, daß sie wissen, an welchem Knoten sie sich jeweils befinden; sie müssen also über den bisherigen Spielverlauf informiert sein. Anders formuliert: Ihre Informationsmenge muß an jedem Knoten jeweils aus *genau einem Ereignis* bestehen.

Wenn aber die Spieler vorausgegangene Züge der Mitspieler nicht beobachten können oder wenn sie nur unvollständige Information über die Typen ihrer Mitspieler besitzen, wissen sie nicht, an welchem Knoten sie sich befinden. Das einfache Konzept teilspielperfekter Gleichgewichte hilft dann nicht weiter. Die Spieler müssen in einer solchen Situation eine **Einschätzung** darüber formen, mit welcher Wahrscheinlichkeit sie sich an einem bestimmten Knoten befinden. Entlang eines Gleichgewichtspfads werden die Wahrscheinlichkeiten entsprechend der Bayes'schen Regel berechnet. Falls aber unerwarteterweise ein Ereignis (eine Informationsmenge) *außerhalb des betrachteten Nash-Gleichgewichtspfads* eintritt, ist die **Bayes'sche Regel** nicht anwendbar: Für ein Ereignis, das mit Wahrscheinlichkeit Null eintritt, sind keine bedingten Wahrscheinlichkeiten definiert.

Sofern alle anderen Spieler ihre Gleichgewichtsstrategien spielen, könnte ein Ereignis außerhalb des betrachteten Gleichgewichtspfads eigentlich nicht vorkommen. Weil ein Ereignis, das die Wahrscheinlichkeit Null besitzt, ohnehin nie eintreten sollte, scheint hier auf den ersten Blick kein Problem zu bestehen. Doch in einer Spielsituation bestimmt sich *endogen* durch die Strategiewahl der Spieler, welche Ereignisse die Wahrscheinlichkeit Null besitzen. Ein Ereignis, das aufgrund der entsprechenden Strategien in einem Gleichgewicht die Wahrscheinlichkeit Null hat, kann in einem anderen mit positiver Wahrscheinlichkeit auftreten. Daher die Forderung, als Lösung nur Gleichgewichtspfade zu akzeptieren, wenn sie **sequentiell perfekt** in dem Sinne sind, daß sich die Spieler bei allen Ereignissen (an allen Informationsmengen) optimal verhalten, *nicht nur bei den Ereignissen, die entlang des betrachteten Spielverlaufs zugelassen sind.*

Machen wir uns diese Forderung anhand einer leicht modifizierten Version des Markteintrittspiels klar. Nehmen wir an, der potentielle Konkurrent kann, sofern er in den Markt eintritt, zwischen zwei Alternativen (etwa zwei verschiedenen Techniken A und B) wählen, die Spieler 2 (der „Monopolist") nicht beobachten kann. Die Auszahlungen sind in der Abb. 4.3 dargestellt.

Wieder besitzt das Spiel zwei Nash-Gleichgewichte: (s_{11}, s_{21}) und (s_{12}, s_{22}). Man prüfe dies anhand der strategischen Form des Spiels, die in Matrix 4.1 dargestellt ist. Ist (s_{11}, s_{21}) ein teilspielperfektes Gleichgewicht? Wenn Spieler 1 eintritt, weiß der zweite Spieler nicht, welche Technik Spieler 1 gewählt hat; er weiß also nicht, ob er sich am Knoten A oder am Knoten B befindet. Daher ist es nicht möglich, das Spiel in Teilspiele aufzuspalten.

Das einzige Teilspiel ist hier das gesamte Spiel, und somit sind trivialerweise beide Nash-Gleichgewichte teilspielperfekt. Die Kombination (s_{11}, s_{21}) ist teilspielperfekt, obwohl nicht einzusehen ist, weshalb Spieler 2 jemals s_{21} wählen sollte. Wenn er zum Zuge käme, wäre es für ihn ja immer besser, s_{22} zu wählen – gleichgültig, ob er sich in A oder B befindet.

Matrix 4.1. Strategische Form der Abb. 4.3

	s_{21}	s_{22}
s_{11}	$(0, 100)$	$(0, 100)$
s_{12}	$(-10, -10)$	$(40, 40)$
s_{13}	$(-5, -5)$	$(-20, 10)$

Das Kriterium für teilspielperfekte Gleichgewichte kann hier aus einem rein technischen Grund nicht fruchtbar angewendet werden: Wenn sich alle Spieler an den betrachteten **Nash-Gleichgewichtspfad** (s_{11}, s_{21}) hielten, würden die Knoten A und B nie (d. h. nur mit Wahrscheinlichkeit Null) erreicht. Spieler 2 hat somit keine Kalkulationsbasis, um seinen erwarteten Nutzen zu berechnen, wenn er trotzdem zum Zug käme. Wollte er seinen erwarteten Nutzen berechnen, dann müßte er eine Wahrscheinlichkeitseinschätzung darüber bilden, an welchem Knoten er sich befindet.

Weil aber bei der betrachteten Kombination sowohl A wie B nicht erreicht würden, ist zunächst jede beliebige Wahrscheinlichkeitseinschätzung über A und B mit seinem Wissen vereinbar, daß unerwarteterweise doch der Konkurrent in den Markt eingetreten ist. Die bedingten Wahrscheinlichkeiten „Wahrscheinlichkeit

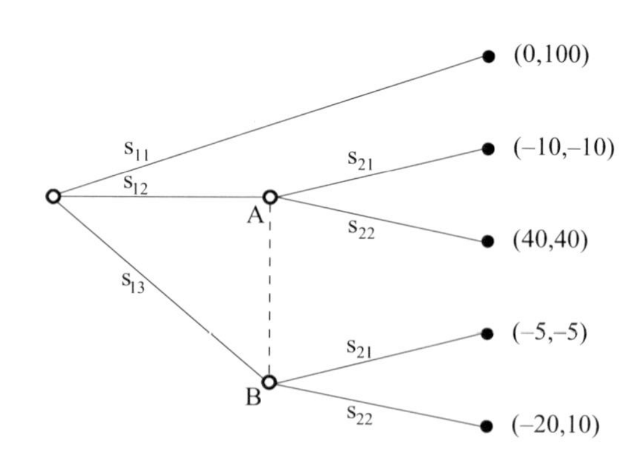

Abb. 4.3 Ein unplausibles teilspielperfektes Gleichgewicht

$(A|A$ oder B)" $= \mu_A$ und „Wahrscheinlichkeit $(B|A$ oder B)" $= \mu_B = 1 - \mu_A$ sind, da sie *außerhalb* des betrachteten „*Nash-Pfades*" liegen, nicht eindeutig definiert.[1]

Diese Überlegungen führten Kreps und Wilson (1982a) zu einer **Verfeinerung** der Idee der Perfektheit: dem Konzept des sequentiellen Gleichgewichts. Es bezieht explizit Wahrscheinlichkeitseinschätzungen der Spieler ein. Ein **sequentielles Gleichgewicht** ist *ein Paar* (s,μ) mit der Strategiekombination s und der Wahrscheinlichkeitseinschätzung μ, falls gilt:

(a) Jede Handlung eines Spielers ist an jeder Informationsmenge eine *optimale Wahl*, gegeben das Paar (s,μ), d. h., gegeben die Strategien s_{-i} der anderen Spieler und gegeben die Wahrscheinlichkeitseinschätzung μ.
(b) Die *Wahrscheinlichkeitseinschätzungen* über das Verhalten der anderen Spieler sind *konsistent* mit den im weiteren Spielverlauf optimalen Strategien dieser Spieler.

Die Forderung nach **Konsistenz** beinhaltet zwei Aspekte:

1. Die Wahrscheinlichkeitseinschätzungen sollten beim Auftreten neuer Informationen entsprechend der **Bayes'schen Regel** auf den neuesten Stand gebracht werden, sofern diese anwendbar ist. Solange im Spielverlauf Entscheidungen nur an Informationsmengen getroffen werden müssen, die entlang des Gleichgewichtspfads mit positiver Wahrscheinlichkeit erreicht werden, lassen sich die bedingten Wahrscheinlichkeiten entsprechend der Bayes'schen Regel problemlos berechnen. Die Wahrscheinlichkeiten wären freilich nur dann an jeder Informationsmenge eindeutig definiert, wenn im Gleichgewicht ausschließlich vollständig gemischte Strategien gespielt würden.
2. In der Regel würden jedoch entlang eines Gleichgewichtspfads manche Informationsmengen gar nicht erreicht. Wenn sich ein Spieler aber unerwarteterweise doch an einem Punkt befindet, der außerhalb des betrachteten Gleichgewichtspfads liegt, so kann die Bayes'sche Regel nicht mehr angewendet werden: Die Wahrscheinlichkeit für ein solches Ereignis war ja ursprünglich gleich Null. Das Nash-Gleichgewichtskonzept erlegt für diesen Fall keinerlei Verhaltensrestriktionen auf. Aber selbst wenn ein Punkt außerhalb des betrachteten Gleichgewichtspfads erreicht wird, können die Einschätzungen und das daraus folgende Verhalten *nicht völlig arbiträr* sein; sie müssen *mit der Struktur des Spiels konsistent* sein.

Kreps und Wilson formulieren als **Konsistenzforderung**: Eine Kombination (s,μ) ist konsistent, wenn eine Folge $(s^\varepsilon,\mu^\varepsilon)$ existiert so daß $\lim_{\varepsilon\to 0}(s^\varepsilon,\mu^\varepsilon) = (s,\mu)$. Dabei ist s^ε eine vollständig gemischte Strategiekombination, bei der jede reine Strategie mindestens mit Wahrscheinlichkeit ε gespielt wird. μ^ε sind die daraus entsprechend der Bayes'schen Regel berechneten Wahrscheinlichkeitseinschätzungen.

[1] Im Beispiel der Abb. 4.2a war das anders: Wenn Spieler 2 bei der Kombination (s_{11}, s_{21}), entgegen allen Erwartungen, doch zum Zug kommt, so weiß er mit Wahrscheinlichkeit 1, daß er sich nur an einem bestimmten Knoten befinden kann – und wählt dann s_{22}.

Hinter dieser Formulierung steht folgende Intuition: Sobald eine Abweichung vom **Gleichgewichtspfad** erfolgt (ein beabsichtigter oder unbeabsichtigter Fehler), dann muß von diesem Punkt an der weitere Spielverlauf wieder ein sequentielles Gleichgewicht darstellen – *gegeben irgendwelche Einschätzungen darüber, wieso der Fehler passierte.* D. h., ausgehend von den Wahrscheinlichkeitseinschätzungen μ, spielen die Spieler wieder bei jedem Ereignis optimale Strategien; sie revidieren dabei ihre Wahrscheinlichkeiten entsprechend der Bayes'schen Regel, wobei nun die Einschätzungen μ als Kalkulationsbasis dienen – es sei denn, ein weiteres Ereignis mit Null-Wahrscheinlichkeit tritt ein. In letzterem Fall muß der handelnde Spieler wieder konsistente Einschätzungen bilden.[2]

Stellt im Spiel der Abb. 4.3 das Paar (s_{11}, s_{21}) die Strategiekombination eines sequentiellen Gleichgewicht dar? Für jede Wahrscheinlichkeitseinschätzung μ_A, die Spieler 2 sich bilden könnte, ist sein erwarteter Nutzen für s_{22} immer höher als für s_{21}, denn es gilt $40\mu_A + 10(1-\mu_A) > -10\mu_A - 5(1-\mu_A)$ für alle μ_A. Das bedeutet aber, daß er, egal welches μ_A er unterstellt, immer die Strategie s_{22} vorzieht. Da Spieler 1 dies weiß, wird er in den Markt eintreten und s_{12} wählen. Die Strategiekombination (s_{11}, s_{21}) kann demnach niemals einem sequentiellen Gleichgewicht entsprechen. Das einzige sequentielle Gleichgewicht ist in diesem Beispiel durch die Kombination (s_{12}, s_{22}) charakterisiert, und die einzige mit diesem Spielverlauf konsistente Wahrscheinlichkeitseinschätzung für Spieler 2 beträgt $\mu_A = 1$.

Im betrachteten Fall kann (s_{11}, s_{21}) niemals ein sequentielles Gleichgewicht unterstützen, unabhängig davon, welches μ_A unterstellt wird. Wie aber das Beispiel in Abb. 4.4 zeigt, sind die *Wahrscheinlichkeitseinschätzungen* μ über Ereignisse außerhalb eines Spielpfades durch die Forderung nach Konsistenz *nicht notwendigerweise eindeutig bestimmt.* Bei der Wahl von μ besteht im allgemeinen ein gewisser *Freiheitsgrad.* Die Frage, ob eine Kombination ein sequentielles Gleichgewicht ist, hängt oft entscheidend davon ab, *welche* Wahrscheinlichkeitseinschätzung sich die

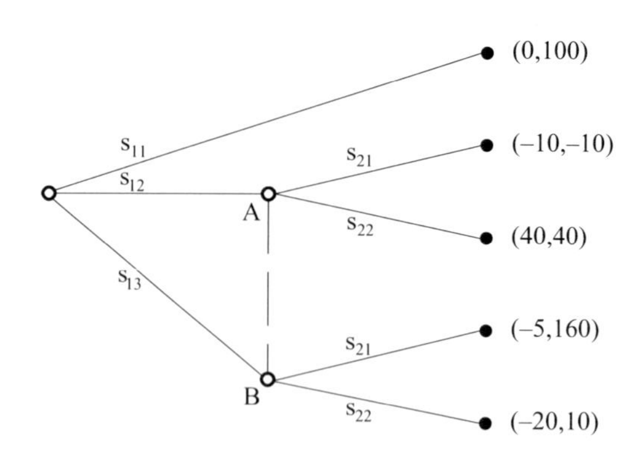

Abb. 4.4 Ein unplausibles sequentielles Gleichgewicht

[2] Kreps und Wilson (1982) waren der Meinung, ihre Konsistenzforderung könne folgendermaßen interpretiert werden: Wenn sich ein Spieler unerwarteterweise an einer Informationsmenge außerhalb des Gleichgewichtspfads befindet, dann hat er eine zweitbeste alternative Hypothese, welcher Gleichgewichtspfad gespielt wird und seine Wahrscheinlichkeitseinschätzung läßt sich durch diese alternative Hypothese rechtfertigen. Kreps und Ramey (1987) zeigen, daß diese Interpretation nicht mit der oben formulierten Konsistenzbedingung vereinbar ist.

Spieler bilden. Zudem sind manche Wahrscheinlichkeitseinschätzungen (und damit manche sequentielle Gleichgewichte) höchst *unplausibel*.

Ein **Nash-Gleichgewicht** ist ja immer dann ein **sequentielles Gleichgewicht,** falls es *irgendeine* konsistente Wahrscheinlichkeitseinschätzung gibt, bezüglich derer die betrachteten Strategien optimal sind. Das Konzept fordert nicht, die Strategien sollten optimal bezüglich *aller möglichen* konsistenten Wahrscheinlichkeitseinschätzungen sein.

Die Reihenfolge der Züge und damit die Struktur des Spiels in Abb. 4.4 entsprechen dem vorherigen Beispiel in Abb. 4.3, nur eine Auszahlung ist geändert. Kann die Kombination (s_{11}, s_{21}) nun ein sequentielles Gleichgewicht sein? Wieder würde bei dieser Kombination Spieler 2 eigentlich nicht zu einer Entscheidung aufgerufen. Tritt Spieler 1 aber doch ein, dann hängt die optimale Wahl (s_{21} oder s_{22}) für Spieler 2 nun davon ab, ob er es für wahrscheinlicher hält, daß er sich in A oder in B befindet. Falls er etwa sicher glaubt, daß er sich in Knoten B befindet ($\mu_{\mathrm{A}} = 0, \mu_{\mathrm{B}} = 1$), ist s_{21} für ihn die optimale Antwort. Weil unter diesen Umständen Spieler 1 den Nichteintritt vorzieht, ist (s_{11}, s_{21}) bei der unterstellten Wahrscheinlichkeitseinschätzung ein sequentielles Gleichgewicht. Dies gilt für alle Wahrscheinlichkeitseinschätzungen μ_{A}, solange der erwartete Nutzen aus Strategie s_{21} größer ist als aus s_{22}, d. h., falls

$$-10\mu_{\mathrm{A}} + 160(1-\mu_{\mathrm{A}}) > 40\mu_{\mathrm{A}} + 10(1-\mu_{\mathrm{A}}) \quad \text{oder} \quad \mu_{\mathrm{A}} < 0{,}75$$

gilt. Weil die Einschätzung μ_{A} *außerhalb des Gleichgewichtspfads* nicht entsprechend der **Bayes'schen Regel** berechnet werden kann, besteht ein *Freiheitsgrad* in der Spezifizierung von μ_{A}. Solange $\mu_{\mathrm{A}} < 0{,}75$, wird jeweils das Strategiepaar (s_{11}, s_{21}) gespielt. Für $\mu_{\mathrm{A}} = 0{,}75$ wiederum ist unbestimmt, mit welcher Wahrscheinlichkeit $p(s_{21})$ Spieler 2 seine Strategie s_{21} spielt; denn er ist indifferent zwischen seinen beiden Strategien. Weil er im Gleichgewicht ohnehin nie zum Zug kommen würde, ist jede Randomisierung zulässig, sofern für Spieler 1 tatsächlich kein Anreiz besteht, in den Markt einzutreten. Dies ist der Fall, solange sein erwarteter Gewinn bei einem Markteintritt (Strategie s_{12}) nicht positiv ist, d. h., solange die Wahrscheinlichkeit $p(s_{21})$ für einen Kampf größer/gleich 0,8 ist und damit $-10p(s_{21}) + 40(1-p(s_{21})) \leq 0$. Die Kombination (s_{11}, s_{21}) bleibt in diesem Fall auch bei $\mu_{\mathrm{A}} = 0{,}75$ ein sequentielles Gleichgewicht. Wenn Spieler 2 dagegen s_{21} mit einer Wahrscheinlichkeit $p(s_{21}) < 0{,}8$ spielt, wäre es für den ersten Spieler rational, in den Markt einzutreten; (s_{11}, s_{21}) wäre dann kein sequentielles Gleichgewicht mehr.

Falls schließlich Spieler 2 eine Einschätzung $\mu_{\mathrm{A}} > 0{,}75$ hat, wäre s_{22} seine optimale Antwort. In diesem Fall wird Spieler 1 in den Markt eintreten, und die mit diesem Spielverlauf einzig konsistente Wahrscheinlichkeitseinschätzung ist nunmehr $\mu_{\mathrm{A}} = 1$. Gegeben das Gleichgewicht, bei dem Spieler 1 eintritt und s_{12} wählt, ist die bedingte Wahrscheinlichkeit μ_{A} ($A|A$ oder B) eindeutig definiert als $\mu_{\mathrm{A}} = 1$.

Es gibt also *zwei Auszahlungen*, die als Ergebnis von sequentiellen Gleichgewichtsstrategien möglich sind: (40,40) mit der Strategie $(s_{12}, s_{22};\ \mu_{\mathrm{A}} = 1)$ und $(0, 100)$. Die Auszahlung $(0, 100)$ kann sich durch ein *Kontinuum* von verschiedenen sequentiellen Gleichgewichten ergeben, die sich jeweils allein durch die Wahrscheinlichkeitseinschätzung von Spieler 2 außerhalb des Gleichgewichtspfads unterscheiden ($0 \leq \mu_A \leq 0{,}75$).

Da entlang des betrachteten Gleichgewichtspfads Spieler 1 nicht in den Markt eintritt und folglich Spieler 2 nie zum Zuge kommt, gibt es einen Freiheitsgrad dafür, wie das Verhalten von 2 spezifiziert werden kann. Weil es nicht eindeutig definiert ist, erhalten wir ein Kontinuum von Gleichgewichten, die sich freilich jeweils nur durch „*(irrelevante)*“ *Parameter außerhalb des Gleichgewichtspfads* unterscheiden. Die verschiedenen Gleichgewichte führen aber alle zum selben Ergebnis (kein Markteintritt); ihre Auszahlungen $(0, 100)$ sind identisch. Alle Gleichgewichte mit derselben Auszahlung bilden eine *abgeschlossene, zusammenhängende Teilmenge* aller sequentiellen Gleichgewichte. In Abb. 4.5 sind die Gleichgewichtsstrategien in Abhängigkeit von der Wahrscheinlichkeitseinschätzung μ_A und der Wahrscheinlichkeit $p(s_{21})$ dafür, daß Spieler 2 s_{21} spielt, charakterisiert.

Das betrachtete Beispiel zeichnet sich durch folgende Eigenschaften aus:

(a) Es existiert eine endliche Menge an **Gleichgewichtsauszahlungen** (hier ist es die Menge, die aus den Elementen $(0, 100)$ und $(40, 40)$ besteht).

(b) Die Menge aller **Gleichgewichtsstrategien** ist durch eine endliche Anzahl von zusammenhängenden Mengen charakterisiert [hier einmal der Menge, die durch die verbundene Linie von ($\mu_A = 0$, $p(s_{21}) = 1$) bis ($\mu_A = 0{,}75$, $p(s_{21}) = 0{,}8$) dargestellt ist und zum andern durch den Punkt ($\mu_A = 1$, $p(s_{21}) = 0$)].

(c) Schließlich entspricht jeder zusammenhängenden Teilmenge von Gleichgewichtsstrategien jeweils ein Ergebnis mit *derselben* Gleichgewichtsauszahlung.

Kohlberg und Mertens (1986) und Cho und Kreps (1987) zeigen, daß Nash-Gleichgewichte in endlichen extensiven Spielen im allgemeinen immer diese drei beschriebenen Eigenschaften aufweisen: Es sind **generische Eigenschaften** aller Spiele. Nur in speziell konstruierten Beispielen kann es sein, daß eine oder mehrere die-

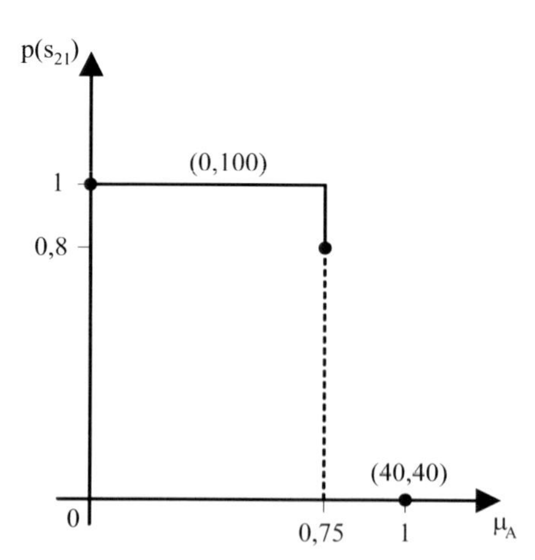

Abb. 4.5 Menge aller Gleichgewichte

ser drei Aussagen nicht zutreffen. Aber sobald man bei derartigen Ausnahmefällen die Auszahlungen des Spiels nur ein wenig verändert (*perturbiert*), dann treffen die beschriebenen Eigenschaften wieder auf alle sequentiellen Gleichgewichte des perturbierten Spiels zu.

Offensichtlich sind *nicht* alle **sequentiellen Gleichgewichte** gleichermaßen plausibel: Es wäre für Spieler 1 nie rational, s_{13} zu wählen, denn durch die Wahl von s_{11} kann er sich in jedem Fall eine höhere Auszahlung sichern als er bei der Wahl von s_{13} erwarten könnte – gleich wie Spieler 2 reagiert. s_{13} wird von s_{11} strikt dominiert. Eine Wahrscheinlichkeitseinschätzung $\mu_{\mathrm{A}} \leq 0{,}75$ erscheint somit deplaciert. Das Konzept sequentieller Gleichgewichte von Kreps und Wilson schließt solche Wahrscheinlichkeitseinschätzungen aber nicht aus. Sequentielle Gleichgewichte $(s_{11}, s_{21}, \mu_{\mathrm{A}})$ mit $\mu_{\mathrm{A}} \leq 0{,}75$ kann man dann rechtfertigen, wenn man davon ausgeht, daß Spieler nur bei zufälligen Fehlern von ihren Gleichgewichtsstrategien abweichen.

Den unerwarteten Markteintritt von Spieler 1 nimmt Spieler 2 dann nur als Indiz dafür, daß 1 unbeabsichtigt ein Fehler unterlaufen ist – wobei offen ist, ob der Fehler in der Wahl von s_{12} oder von s_{13} liegt. Geht Spieler 2 etwa davon aus, daß seinem Mitspieler Fehler in Richtung s_{12} oder s_{13} mit geringer, aber gleich hoher Wahrscheinlichkeit unterlaufen, wäre $\mu_{\mathrm{A}} = 0{,}5$ adäquat. Wenn er die Situation so einschätzt, würde er s_{21} wählen. Da Spieler 1 diese Einschätzung antizipiert, wird der wiederum s_{11} wählen, und das sequentielle Gleichgewicht schiene unter diesen Umständen einigermaßen plausibel.

Andererseits ist es wohl intuitiv überzeugender, folgendermaßen zu argumentieren: Den Markteintritt, also die Abweichung des Spielers 1 vom unterstellten Gleichgewichtsverhalten, muß Spieler 2 als *bewußtes* **Signal** von 1 interpretieren. Zwar können die Spieler nicht miteinander sprechen, doch mit seiner Handlung will 1 seinem Mitspieler folgendes mitteilen: „*Entgegen deinen Erwartungen bin ich in den Markt eingetreten. Zwar kannst du nicht beobachten, ob ich s_{12} oder s_{13} gewählt habe; Du weißt aber, daß für mich s_{13} von s_{11} strikt dominiert wird. Wenn ich nun in den Markt eingetreten bin, dann ist das doch ein Signal dafür, daß ich s_{12} gewählt habe, denn als rationaler Spieler werde ich keine strikt dominierte Strategie ausführen. Also handle entsprechend*".

So interpretiert, sind Erwartungen von $\mu_A \leq 0{,}75$ und damit das unterstellte sequentielle Gleichgewicht höchst *unplausibel*. Die Drohung, s_{21} zu spielen, ist zwar glaubwürdig, wenn Spieler 2 Erwartungen von $\mu_{\mathrm{A}} \leq 0{,}75$ hat. Spieler 2 hat natürlich ein Interesse daran, seinem Mitspieler diesen Eindruck zu vermitteln. Solche Erwartungen sind aber nicht sehr glaubwürdig: Die sequentiellen Gleichgewichte (s_{11}, s_{21}, μ_A) mit $\mu_{\mathrm{A}} \leq 0{,}75$ können folglich nur mit Hilfe von *unglaubwürdigen Erwartungen* glaubwürdig gemacht werden.

Man beachte, daß die skizzierten **sequentiellen Gleichgewichte** auch **trembling-hand-perfekt**, ja sogar **proper** sind: Wenn wir die strategische Form des Spieles analysieren und, ausgehend von der Kombination (s_{11}, s_{21}), **ε-Perturbationen** der Strategiewahl von Spieler 2 zulassen, betragen die erwarteten Auszahlungen von 1:

$$u(s_{11}) = 0; \quad u(s_{12}) = -10(1-\varepsilon) + 40\varepsilon = -10 + 50\varepsilon\,;$$
$$u(s_{13}) = -5(1-\varepsilon) - 20\varepsilon = -5 - 15\varepsilon\,.$$

Bei der Kombination (s_{11}, s_{21}) ist für Spieler 1 also der Fehler s_{12} kostspieliger als s_{13}. In einem properen Gleichgewicht ist damit die Wahrscheinlichkeit für einen Fehler s_{12} ε-mal höher als für einen Fehler s_{13}. Gegeben daß Spieler 1 mit Wahrscheinlichkeit ε^2 einen Fehler in Richtung s_{12} und mit ε einen Fehler in Richtung s_{13} begeht, ist es für Spieler 2 optimal, s_{21} zu spielen. Denn dann betragen seine erwarteten Auszahlungen:

$$u(s_{21}) = 100(1-\varepsilon-\varepsilon^2) - 10\varepsilon^2 + 160\varepsilon = 100 + 60\varepsilon - 110\varepsilon^2$$
$$> u(s_{22}) = 100(1-\varepsilon-\varepsilon^2) + 40\varepsilon^2 + 10\varepsilon = 100 - 90\varepsilon - 60\varepsilon^2\,.$$

Selbst das Konzept des **properen Gleichgewichts** kann somit (s_{11}, s_{21}) nicht ausschließen.

Durch weitere Verfeinerungen des Gleichgewichtsbegriffes wird versucht, solche unplausiblen sequentiellen Gleichgewichte auszuschließen. Dabei geht es darum, bestimmte, intuitiv überzeugende Anforderungen an die Wahrscheinlichkeitseinschätzungen außerhalb der sequentiellen Gleichgewichtspfade zu formulieren. Im betrachteten Beispiel etwa reicht es aus zu fordern, die Spieler sollten nicht damit rechnen, daß ihre Mitspieler dominierte Strategien spielen. Weil, unabhängig davon, wie sich Spieler 2 verhält, s_{13} von s_{11} strikt dominiert wird, kann Spieler 2 vernünftigerweise nicht erwarten, daß jemals s_{13} gewählt wird. Damit aber werden alle Gleichgewichtspfade mit der Auszahlung (0,100) als Lösung ausgeschlossen. In komplexeren Spielsituationen hilft freilich auch dieses einfache Kriterium nicht viel weiter; strengere Konzepte sind erforderlich. Wir werden einige im Abschnitt 4.1.4 kennenlernen.

4.1.3 Trembling-hand-perfektes Gleichgewicht

Die Forderung nach **Trembling-hand-Perfektheit**, die wir bereits in Abschnitt 3.7 für Spiele in Normalform kennengelernt haben, läßt sich natürlich auch auf Spiele in extensiver Form anwenden. Obwohl von der Idee her das Konzept völlig anders ist als das des **sequentiellen Gleichgewichts**, führen beide Ansätze fast immer zu den gleichen Lösungen. Überlegen wir uns, aus welchem Grund. Die Einführung der zitternden Hand soll garantieren, daß *jede* Strategie mit positiver, wenn auch noch so kleiner Wahrscheinlichkeit gespielt wird. Das aber bedeutet in Spielen mit extensiver Form: jeder Entscheidungsknoten wird mit gewisser Wahrscheinlichkeit erreicht. Die Forderung nach Perfektheit verlangt, daß sich die Spieler *an jedem Knoten optimal verhalten*. Es gibt keine Ereignisse außerhalb des Gleichgewichspfads; die Wahrscheinlichkeitseinschätzungen sind also für jede Informationsmenge nach der **Bayes'schen Regel** wohldefiniert.

Allerdings: *Perfektheit ist strenger als das sequentielle Gleichgewicht*, d. h., mitunter werden bei Perfektheit mehr Lösungen als unzulässig ausgeschlossen als bei Anwendung des sequentiellen Gleichgewichts. Das liegt daran, daß Perfektheit für jedes ε-Gleichgewicht optimales Verhalten verlangt: *Ein perfektes Gleichgewicht ist der Grenzfall von ε-Gleichgewichten*. Dagegen fordert das sequentielle Gleichgewicht optimales Verhalten nur für den Grenzfall, wenn also ε gegen Null geht (vgl. die Definition der Konsistenzbedingung).

Der Unterschied hat folgende Bedeutung: Perfektheit läßt auch die Möglichkeit zu, daß in der Zukunft Fehler passieren können und die Spieler dies bei ihrer Planung berücksichtigen. Das Konzept ist daher genau in den Fällen stärker, in denen mögliche Fehler in der Zukunft einen Spieler veranlassen, heute bereits eine sichere Handlung zu wählen. Dies wird immer dann relevant, wenn die Auszahlungen verschiedener Strategiekombinationen gleich hoch sind, d. h. bei nicht-generischen Spielen. **Für generische Spiele sind trembling-hand-perfekte und sequentielle Gleichgewichte identisch**.

Der Vorteil des sequentiellen Gleichgewichtsansatzes bei ökonomischen Analysen besteht darin, daß er die Rolle der Wahrscheinlichkeitseinschätzungen explizit verdeutlicht. Damit ergibt sich die Möglichkeit, Gleichgewichte, die auf unplausiblen Einschätzungen beruhen, als ökonomisch irrelevant auszuschließen (vgl. für Beispiele den Abschnitt 4.1.4).

Als Illustration für ein **nicht-generisches Spiel** und den damit verbundenen Gleichgewichtsproblemen variieren wir Abb. 4.4 geringfügig.

Es gelte $x = 40$ (s. Abb. 4.6). Dann sind sowohl (s_{11}, s_{22}) wie (s_{12}, s_{22}) Nash-Gleichgewichte. Beide ergeben für Spieler 1 die gleiche Auszahlung von 40. Im sequentiellen Gleichgewicht kann der Spieler 1 jede beliebige gemischte Kombination zwischen s_{11} und s_{12} spielen. Im Trembling-hand-Konzept berücksichtigt 1 aber die Möglichkeit, daß Spieler 2 mit Wahrscheinlichkeit ε einen Fehler macht, also s_{21} spielt. Dies befürchtend, zieht Spieler 1 es vor, s_{11} zu spielen, um sich so die Auszahlung 40 in jedem Fall zu sichern. Im Gegensatz dazu unterstellt das sequentielle Gleichgewichtskonzept, daß sich in der Zukunft immer alle Spieler optimal verhalten werden; nur in der Vergangenheit können Fehler passiert sein.

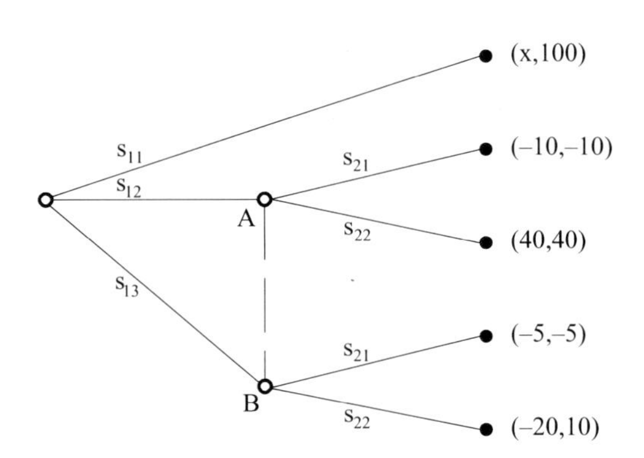

Abb. 4.6 Sequentielles versus trembling-hand-perfektes Gleichgewicht

Wie das Beispiel zeigt, erhalten wir nur in dem nicht-generischen Spezialfall $x = 40$ unterschiedliche Ergebnisse. Für $x > 40$ ist (s_{11}, s_{22}) das einzige sequentielle und perfekte Gleichgewicht, umgekehrt ist (s_{12}, s_{22}) für $x < 40$ das einzige Gleichgewicht mit diesen Eigenschaften.

Das in Abschnitt 3.7 diskutierte Konzept der Perfektheit reicht allerdings in der extensiven Form nicht aus, um plausible Ergebnisse zu erhalten, sobald Spieler mehrmals zum Zuge kommen. Betrachten wir das Spiel in Abb. 4.7(a): In diesem Spiel kommt Spieler 1 zweimal (in der ersten (s_1) und dritten (s_3) Stufe) zum Zug. Das einzige teilspielperfekte Gleichgewicht wäre die Kombination (s_{11}, s_{21}, s_{31}). Aber auch das Nash-Gleichgewicht (s_{12}, s_{22}, s_{32}) kann der Grenzfall von Gleichgewichten mit „zitternder Hand" sein. Gehen wir von diesem Gleichgewicht aus und unterstellen, daß Spieler 1 einen Fehler (s_{11}, s_{31}) nur mit der Wahrscheinlichkeit ε^2 macht, den Fehler (s_{11}, s_{32}) aber mit Wahrscheinlichkeit ε. Wir lassen also zu, daß Spieler 1 korrelierte Fehler begeht: Sobald er einmal einen Fehler gemacht hat, wird es wahrscheinlicher, daß er ein zweites Mal falsch handelt. Dann geht für ε nahe Null die bedingte Wahrscheinlichkeit für s_{32}: $\varepsilon/\varepsilon + \varepsilon^2$ gegen 1. Die optimale Reaktion von 2 wäre deshalb s_{22}; daher wählt 1 die Strategie s_{12}.

Um solche Fälle auszuschließen, führte Selten die **Agenten-Normal-Form** ein.[3] Sie ist ein technischer Kunstgriff, der sicherstellt, daß keine *korrelierten Trembles* erfolgen: An jedem Knoten, an dem der gleiche Spieler handeln muß, entscheiden jeweils unabhängige „*Agenten*" des Spielers. Die (generische) Äquivalenz von sequentiellen und perfekten Gleichgewichten bezieht sich auf Perfektheit der Agenten-Normal-Form. (s_{12}, s_{22}, s_{32}) ist kein sequentielles Gleichgewicht: Sollte

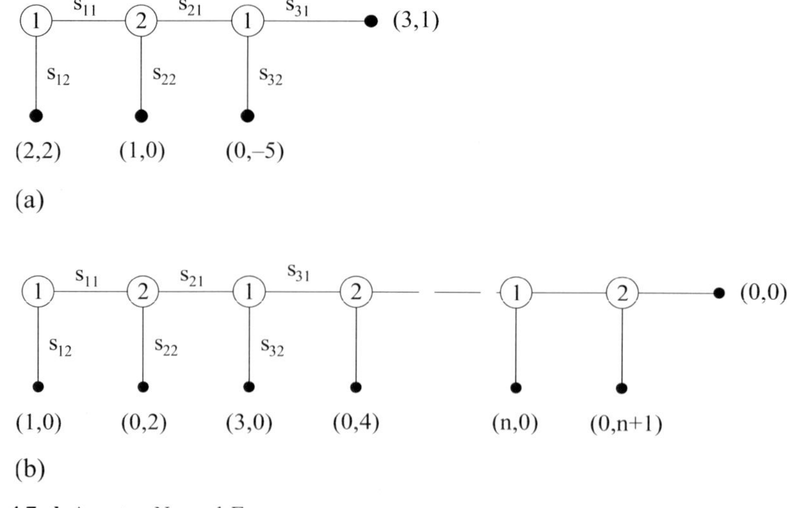

Abb. 4.7a,b Agenten-Normal-Form

[3] Güth und Kliemt (1995) argumentieren, daß in vielen Fällen die Agenten-Normal-Form die adäquate Form der Darstellung eines Spiels ist und daß eine Reduktion auf die Normalform u. U. zu Fehlinterpretationen führen kann. Die von ihnen gewählten Beispiele belegen das.

ein Fehler s_{11} passiert sein, dann rechnet 2 damit, daß in der Zukunft Fehler rein zufällig, unabhängig von vergangenen Fehlern, erfolgen, 1 also ein Fehler s_{32} nur mit Wahrscheinlichkeit ε unterläuft. Somit ist es für ihn immer optimal, s_{21} zu spielen; damit spielt 1 zu Beginn s_{11}.

Ein kurzer *Exkurs* soll auf eine Problematik eingehen, die allen betrachteten Konzepten gemeinsam ist. In der traditionellen Spieltheorie wird eine Korrelation von Trembles aus folgendem Grund ausgeschlossen: Es wird dort durchwegs unterstellt, daß alle Spieler sich *rational* verhalten. Fehler können dann nur bei kurzfristigen *Bewußtseinsstörungen* auftreten. Wenn sich ein Spieler jedoch wiederholt irrational verhält, wird diese Grundannahme immer weniger plausibel. Im Spiel 4.7(b), dem **Centipede-Spiel**, besteht das einzige teilspielperfekte Gleichgewicht darin, daß Spieler 1 sofort s_{12} wählt, um sich eine Auszahlung von 1 zu sichern. Was aber, wenn er statt dessen s_{11} spielt? Warum sollte Spieler 2 die Möglichkeit ausschließen, daß 1 sich irrational verhält und deshalb von ihm weitere Fehler zu erwarten sind? Dann nämlich wäre es für 2 vorteilhaft, für eine gewisse Zeit ebenfalls die erste Strategie zu spielen.

Natürlich hat ein rationaler Spieler 1, der diese Gedanken antizipiert, einen starken Anreiz, sich als irrational zu *tarnen,* um sich so letztendlich eine höhere Auszahlung zu verschaffen. Eine optimale Strategie von Spieler 2 müßte darin bestehen, durch Randomisierung eine solche Tarnung für einen rationalen Spieler 1 unattraktiv zu machen.

Das Beispiel verdeutlicht Schwierigkeiten mit dem **Rationalitätsbegriff**, die sich bei der Interpretation von Abweichungen vom Gleichgewichtspfad ergeben. Vgl. dazu Binmore und Brandenburger (1990) und Basu (1990). Im Rahmen des Buches untersuchen wir fast durchwegs optimale Strategien für den Fall, daß sich alle Spieler rational verhalten. Das Beispiel illustriert, daß das Spielen anderer Strategien gegen einen irrationalen Spieler höhere Auszahlungen ermöglichen kann.

Ehe wir uns weiteren Verfeinerungen des Gleichgewichts zuwenden, fassen wir folgendes *Zwischenergebnis* zusammen: Die Menge der trembling-hand-perfekten Gleichgewichte ist eine Teilmenge der sequentiellen Gleichgewichte und diese sind eine Teilmenge der teilspielperfekten Gleichgewichte, also

$$\begin{aligned}&\{\textbf{teilspielperfekte Gleichgewichte}\}\\ &\supset \{\textbf{sequentielle Gleichgewichte}\}\\ &\supset \{\textbf{trembling-hand-perfekte Gleichgewichte}\}\end{aligned}$$

4.1.4 Weitere Verfeinerungen für Signalspiele

Betrachten wir folgendes Spiel: Ein Monopolist ist unsicher, wie stark ein potentieller Konkurrent ist. Ist der Konkurrent stark (t_s), wie in Abb. 4.8(a) unterstellt, so entsprechen die Auszahlungen denen der Abb. 4.2(a). Ist er aber schwach (t_w), dann gibt Abb. 4.8(b) seine Auszahlungen wieder.

Abb. 4.8a,b Signalspiel mit unvollständiger Information: (a) starker Konkurrent t_s, (b) schwacher Konkurrent t_w

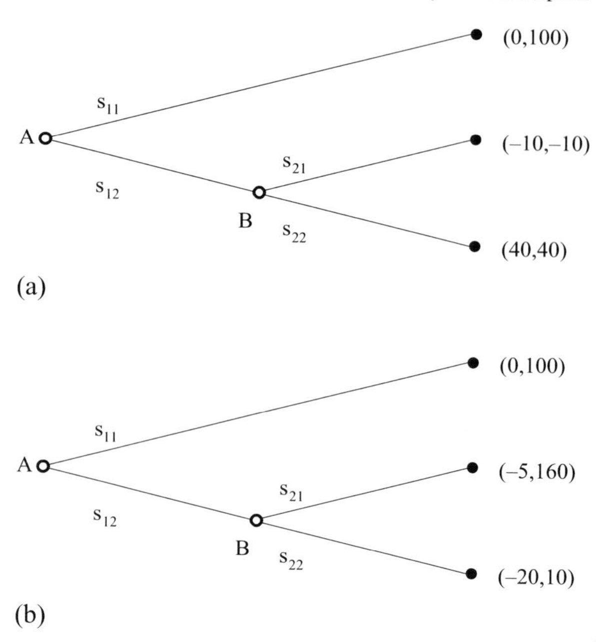

Spieler 1 hat zwei Strategien: „nicht in den Markt eintreten" (s_{11}) oder „eintreten" (s_{12}). Bei seiner Strategiewahl weiß er, ob er sich am Knoten t_s oder t_w befindet. Spieler 2 kommt zum Zug, wenn s_{12} gewählt wurde. Spieler 2 weiß aber nicht, an welchem Knoten er sich befindet. Dieses Spiel unvollständiger Information kann man als **Signalspiel** interpretieren: Durch seine Handlungen s_1 gibt Spieler 1 dem Mitspieler Signale über seine nicht direkt beobachtbaren Charakteristika, und Spieler 2 kann aus den Handlungen des informierten Spielers Rückschlüsse ziehen.

Das Ergebnis des Spiels hängt wesentlich davon ab, in welcher Weise der nicht informierte Spieler die Signale interpretiert, und welche Erwartungen der Spieler 1 darüber hat, wie der Gegenspieler seine Signale deutet und darauf reagiert. Im konkreten Beispiel geht es darum, wie hoch Spieler 2 die Wahrscheinlichkeit dafür einschätzt, daß 1 vom Typ t_s ist, wenn dieser das Signal s_{12} (Markteintritt) sendet. Es ist einfach zu sehen, daß die sequentiellen Gleichgewichte im Spiel 4.9 dem Spiel 4.4

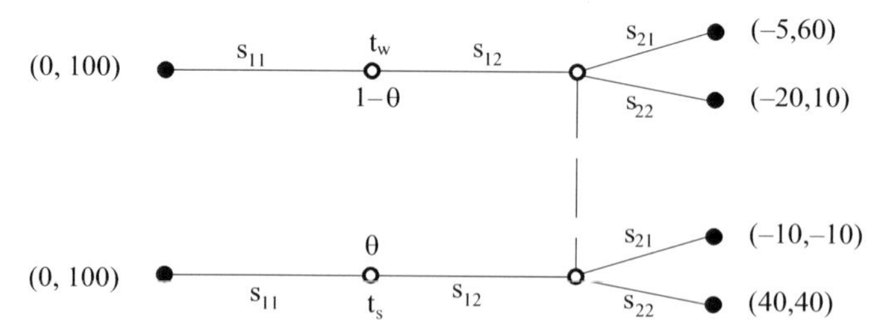

Abb. 4.9 Signalspiel mit imperfekter Information

entsprechen und durch Abb. 4.5 beschrieben werden können. μ_A ist nun die Einschätzung dafür, daß Spieler 1 vom Typ t_s ist, wenn er das Signal s_{12} gesendet hat: $\mu(t_s|s_{12})$. Die in der Abbildung beschriebenen Auszahlungen geben nun die Auszahlung des starken Typs t_s sowie von Spieler 2 für den Fall t_s an.

Auch hier sind zwei unterschiedliche Auszahlungsvektoren als Ergebnis sequentieller Gleichgewichte erreichbar. Betrachten wir zunächst die Auszahlung $(40,40)$ bei Typ t_s bzw. $(0,100)$ bei Typ t_w. Dies ist das Ergebnis eines sequentiellen Gleichgewichts, in dem Typ t_s s_{12} wählt und eine Marktteilung erfolgt, während Typ t_w dem Markt fern bleibt. In diesem Gleichgewicht lassen die gewählten Signale einen *eindeutigen Rückschluß* auf die nicht beobachtbare Charakteristik des Spielers 1 zu. Wenn ein Markteintritt erfolgt, ist der Monopolist sicher, daß ihn der starke Konkurrent t_s herausgefordert hat - unabhängig davon, wie hoch die a-priori Wahrscheinlichkeit θ dafür ist, daß der Konkurrent stark ist. Nichteintritt wiederum ist ein eindeutiges Signal für einen schwachen Konkurrenten. Wir sprechen hier von einem **Trenngleichgewicht**, weil das Gleichgewicht zu einer Differenzierung der möglichen Typen führt.

Im **Pooling-Gleichgewicht** dagegen erhält Spieler 1 immer die Auszahlung 0 (gleichgültig, ob er vom Typ t_s oder t_w ist) und Spieler 2 erhält immer 100. Dies ist das Ergebnis von sequentiellen Gleichgewichten, in denen beide Typen von Spieler 1 s_{11} wählen und Spieler 2 immer kämpfen würde. Beide Typen des Spielers 1 wählen im Pooling-Gleichgewicht die gleiche Strategie; sie senden das *gleiche Signal*. Für diesen Fall existiert wieder ein Kontinuum von sequentiellen Gleichgewichten, die sich nur durch Parameter außerhalb des Gleichgewichtspfads voneinander unterscheiden, nämlich in der Einschätzung $\mu(t_s|s_{12}) \leq 0{,}75$, d. h. für die Einschätzung von Spieler 2 dafür, daß Spieler 1 stark ist, falls ein Markteintritt erfolgt.

Das Pooling-Gleichgewicht wird dadurch aufrechterhalten, daß der Monopolist einen Markteintritt nicht als sicheres Indiz für einen starken Konkurrenten t_s ansieht, also durch *unplausible Einschätzungen* außerhalb des betrachteten Pfads. Er rechnet höchstens mit einer Wahrscheinlichkeit von 0,75 damit, daß der Konkurrent stark ist; deshalb würde er immer kämpfen, und somit lohnt es sich auch für einen starken Konkurrenten nicht, einzutreten. Eine solche Wahrscheinlichkeitseinschätzung läßt sich jedoch kaum rechtfertigen. Der Monopolist weiß, daß Nichteintreten eine strikt dominierende Strategie für den schwachen Konkurrenten ist. Folglich sollte Markteintritt ein untrügliches Signal für t_s sein, selbst dann, wenn die A-priori-Wahrscheinlichkeit θ für t_s extrem niedrig wäre.

Mit verschiedenen Verfeinerungen des Konzepts des sequentiellen Gleichgewichts wird versucht, unplausibel erscheinende Einschätzungen und damit auch die darauf basierenden Gleichgewichte als Lösungen auszuschließen. Im Idealfall gelingt es auf diese Weise, eines der sequentiellen Gleichgewichte eindeutig als einzig plausible Lösung auszuwählen. Im folgenden beschränken wir uns darauf, die Grundideen einiger dieser Konzepte anhand von einfachen Signalspielen zu illustrieren. Auf eine detaillierte formale Analyse und eine umfassende Darstellung der verschiedenen Konzepte wird im Rahmen dieser Einführung allerdings verzichtet. Eine gute Einführung in die verschiedenen Konzepte liefert Kreps (1989). Der interessierte Leser sei zudem auf einen Überblick in Kap. 10 von van Damme (1987) verwiesen.

Zu **Signalspielen**, die den Zusammenhang von Bildung und Job Matching thematisieren, siehe auch Langenberg (2006).

4.1.4.1 Eliminierung dominierter Strategien

Offensichtlich können im Spiel der Abb. 4.9 alle **Pooling-Gleichgewichte** dadurch ausgeschlossen werden, daß wir fordern, der nicht-informierte Spieler sollte nie damit rechnen, sein Gegenspieler würde jemals eine *dominierte Strategie* spielen; das **Trenngleichgewicht** bleibt damit als einzige Lösung übrig. Wenn wir fordern, daß das Spielen von strikt dominierten Strategien als nicht zulässig erachtet wird, hat dies folgende Implikation: Bei der Bildung seiner Wahrscheinlichkeitseinschätzungen muß der nicht-informierte Spieler berücksichtigen, daß auch außerhalb des betrachteten Gleichgewichts *kein* Typ des informierten Spielers eine für ihn strikt dominierte Strategie einschlagen wird. Im Beispiel der Abb. 4.9 bedeutet dies, daß jede andere Einschätzung als $\mu(t_s|s_{12}) = 1$ nicht zulässig ist. Damit aber kann Pooling kein Gleichgewicht mehr sein. – Die Überlegung dazu ist natürlich trivial: Eine Einschätzung $\mu(t_s|s_{12}) < 1$ erscheint deplaciert. Dies zeigt deutlich die Schwäche des sequentiellen Gleichgewichtskonzepts, das auch offensichtlich unplausible Einschätzungen zuläßt.

Man beachte, daß die *Plausibilität des Gleichgewichts* stark von der unterstellten Reihenfolge der Spielzüge abhängt: Wenn der Monopolist (als nicht-informierter Spieler) den ersten Zug machen könnte (wenn er sich also vor der Entscheidung des Konkurrenten verpflichten könnte zu kämpfen), dann würden beide Typen nicht eintreten; das einzige sequentielle Gleichgewicht wäre dann das **Pooling-Gleichgewicht**, und zwar unabhängig von der Wahrscheinlichkeit θ.

Im Spiel von Abb. 4.9 erhält man durch die Anwendung des **Dominanz-Kriteriums** eine eindeutige Lösung.[4] Dies ist jedoch keineswegs die Regel. Vielfach hilft die Eliminierung dominierter Strategien überhaupt nicht weiter – ganz einfach deshalb, weil die meisten Strategien nicht dominiert werden. Anhand des berühmten **Bier-Quiche-Beispiels**[5] von David Kreps (1989) diskutieren wir im nächsten Abschnitt ein stärkeres Konzept, das **intuitive Kriterium**.

4.1.4.2 Das Bier-Quiche-Spiel

Betrachten wir Abb. 4.10. Spieler 2 würde sich gerne mit Spieler 1 duellieren (D), sofern dieser ein Schwächling (Typ t_w) ist. Dies würde 2 eine Auszahlung $u_2(D|t_w) = b > 0 = u_2(N|t_w)$ mit $0 < b < 1$ verschaffen. Er muß aber damit rechnen, daß 1 ein gut trainierter Schläger (t_s) ist, gegen den er bei einem Duell verlieren würde. In diesem Fall wäre es für ihn besser, nicht zu duellieren (N), denn es gilt: $u_2(D|t_s) = b - 1 < 0 = u_2(N|t_s)$. Die A-priori-Wahrscheinlichkeit dafür, daß der

[4] Zeigen Sie, daß mit Hilfe dieses Kriteriums auch das unplausible Gleichgewicht von Abb. 2.9(b) in Abschnitt 2.5.3 ausgeschlossen werden kann.

[5] Siehe dazu auch die Lehrbuchdarstellung in Carmichael (2005, S. 178ff).

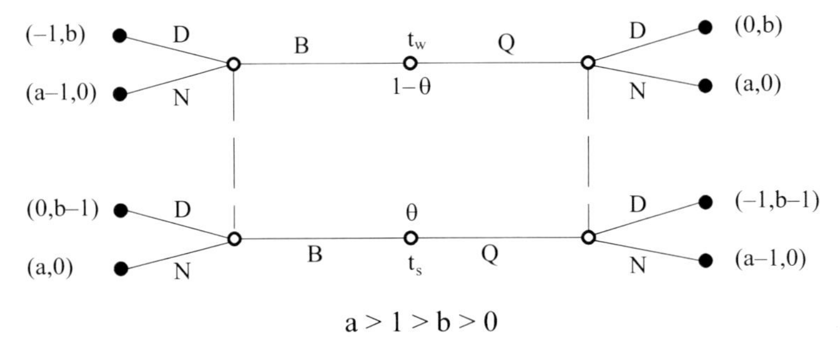

Abb. 4.10 Das Bier-Quiche-Spiel. $a > 1 > b > 0$. D: Duellieren; N: Nicht duellieren; B: Bier; Q: Quiche

Gegner ein Schläger ist, sei θ. Spieler 2 kann 1 in der Bar beim Frühstück beobachten. Er weiß, daß der Schläger (t_s) bereits zum Frühstück am liebsten Bier (B) konsumiert, während der Schwächling (t_w) ein Stück Quiche (Q) bevorzugt. Der Verzehr des bevorzugten Frühstücks bringt jeweils einen Nettovorteil von 1.

Aus der Wahl des Frühstücks könnte 2 demnach im Prinzip Rückschlüsse auf die Stärke seines Gegners ziehen. Sowohl t_w wie t_s würden freilich lieber ein Duell vermeiden; ein Duell bedeutet jeweils einen Verlust von $a > 1$. Sie würden zu diesem Zweck sogar in Kauf nehmen, auf ihr Lieblingsfrühstück zu verzichten (weil $a - 1 > 0$), um sich als der andere Typ zu tarnen, sofern dadurch 2 vom Duell abgehalten werden könnte. Wenn beide Typen das gleiche Frühstück einnehmen, verändert sich die Wahrscheinlichkeitseinschätzung von Spieler 2 nicht; sie bleibt dann gleich den A-priori-Wahrscheinlichkeiten θ bzw. $1 - \theta$.

Im Fall $(1-\theta)b + \theta(b-1) > 0$ bzw. $b > \theta$ liefert das Konzept des sequentiellen Gleichgewichts eine eindeutige Lösung. Sie hat folgende Eigenschaften: Der Schläger t_s trinkt immer Bier. Spieler 2 kämpft immer, wenn er ein Quiche-Frühstück beobachtet, denn $(1-\theta)b + \theta(b-1) > 0$. Wenn der Gegner dagegen Bier trinkt, randomisiert 2 so, daß der Schwächling t_w indifferent zwischen dem Quiche- und dem Bier-Frühstück ist, wobei nach einem Quiche-Frühstück ein Duell folgt. Umgekehrt randomisiert t_w so, daß Spieler 2 dann indifferent ist, ob er sich duellieren soll, wenn Spieler 1 Bier zum Frühstück bestellt.[6]

Anders dagegen im Fall $b < \theta$. Hier gibt es zwei Mengen von sequentiellen Gleichgewichten, von denen die eine unplausibel ist. Sofern $b < \theta$, würde Spieler 2 nie kämpfen, wenn beide Typen des Gegenspielers jeweils das gleiche Frühstück einnehmen: $u_2(\mathrm{D}) = (1-\theta)b + \theta(b-1) = b - \theta < 0 = u_2(\mathrm{N})$. Das bedeutet aber, für $b < \theta$ existieren *zwei Pooling-Gleichgewichte*: Die beiden Mengen $[\mathrm{B}, \mathrm{N}, \mu(t_w|\mathrm{Q}) \geq 1 - b]$ und $[\mathrm{Q}, \mathrm{N}, \mu(t_w|\mathrm{B}) \geq 1 - b]$ sind **sequentielle Gleichgewichte**.

---

[6] Zeigen Sie zur Übung, daß für $b > \theta$ kein Gleichgewicht in reinen Strategien existiert und berechne die gemischten Gleichgewichtsstrategien. *Hinweis*: Im Gleichgewicht lautet die Wahrscheinlichkeit s, daß Spieler 2 nach einem Bier-Frühstück nicht duelliert, $s = 1/a$. Die Wahrscheinlichkeit dafür, daß t_w Bier bestellt, beträgt $p = (1-b) \cdot \theta / [b \cdot (1-\theta)]$. Die Berechnung erfolgt mit Hilfe der Bayes'schen Regel analog zum Reputationsspiel in Abschnitt 4.3. Wichtige Lösungsschritte sind: $u_2(\mathrm{D}) = \theta(b-1) + (1-\theta)[pb + (1-b)0]$; $u_2(\mathrm{N}) = 0$; $u_2(\mathrm{D}) = u_2(\mathrm{N})$.

Intuitiv würde man vermuten, daß Spieler 2 nur dann kämpfen sollte, wenn er ein *Quiche-Frühstück* beobachtet. Als Konsequenz werden beide Typen von Spieler 1 Bier trinken; im Gleichgewicht erfolgt niemals ein Duell. Der Schwächling tarnt sich also durch den Verzehr des weniger geschätzten Frühstücks als Schläger. Diese Strategien stellen ein sequentielles Gleichgewicht dar, wenn Spieler 2 ein *Quiche-Frühstück* (einen Zug des informierten Spielers außerhalb des Gleichgewichtspfads) folgendermaßen interpretiert: Seine Wahrscheinlichkeitseinschätzung dafür, daß dieser unerwartete Zug vom Schwächling gemacht wurde, beträgt mindestens $\mu(t_{\text{w}}|\text{Quiche}) \geq 1-b$. Dann würde sich für 2 als Antwort auf Q immer ein Duell lohnen: $u_2(\text{D}|\text{Q}) = \mu \cdot b + (1-\mu)(b-1) \geq 0 = u_2(\text{N}|\text{Q})$. Für $\mu = 1-b$ ist für Spieler 2 auch eine Randomisierung zwischen D und N optimal. Dies antizipierend, bestellt der Schwächling Bier. Sind $\mu(t_{\text{w}}|\text{Q}) \geq 1-b$ und die Gleichgewichtsstrategien (B,N) gegeben, dann kann sich kein Spieler verbessern.

Aber auch folgende Strategien sind ein sequentielles Gleichgewicht: Spieler 2 würde nur nach einem *Bier-Frühstück* kämpfen. Deshalb bestellen beide Typen von Spieler 1 Quiche; wieder findet kein Duell statt. Die Strategien (Q,N) sind dann ein Gleichgewicht, wenn $\mu(t_{\text{w}}|\text{Bier}) \geq 1-b$. D. h., Spieler 2 interpretiert nun das *Bier-Frühstück* als ein Indiz dafür, daß sein Gegenspieler mit hoher Wahrscheinlichkeit ein Schwächling (t_{w}) ist, so daß es sich lohnt, zum Duell aufzufordern. Derartige Einschätzungen außerhalb des Gleichgewichtspfads werden vom Konzept des sequentiellen Gleichgewichts nicht ausgeschlossen. Auch die Eliminierung von dominierten Strategien würde hier nicht weiterhelfen, weil keine Strategie dominiert wird. Dennoch erscheint das Gleichgewicht wenig überzeugend: Welcher Grund bestünde für den Schwächling, vom Gleichgewicht, das ihm eine Auszahlung in Höhe von a garantiert, abzuweichen und dadurch eine niedrigere Auszahlung (bestenfalls $a-1$) in Kauf zu nehmen? Umgekehrt hätte der Schlägertyp sehr wohl ein Interesse, zum Bier-Frühstück zu wechseln, wenn er dadurch seine Stärke signalisieren könnte: Falls Bier als sicheres Indiz für einen Schläger interpretiert wird $[\mu(t_{\text{w}}|\text{Bier}) = 0]$, könnte dieser sich durch den Wechsel zu seinem präferierten Frühstück eindeutig verbessern.

Kreps (1989) argumentiert, ausgehend vom Gleichgewicht (Q,N), müsse das Signal „Bier" vom Spieler 2 als folgende implizite Rede des informierten Spielers interpretiert werden: „*Unerwarteterweise habe ich Bier bestellt. Wäre ich ein Schwächling, könnte ich mich damit relativ zum Gleichgewicht nur verschlechtern. Kann ich Dich durch meine Wahl davon überzeugen, daß ich stark bin, dann kann ich mich damit ja nur verbessern, wenn ich tatsächlich stark bin. Dieses Signal (meine Abweichung) liegt also nur dann in meinem Interesse, wenn ich stark bin – das sollte Dich davon überzeugen, daß ich es wirklich bin. Du solltest entsprechend handeln!*"

Das bedeutet: Der nicht-informierte Spieler sollte in seinen Überlegungen die Möglichkeit ausschließen, daß ein Typ eine abweichende Handlung ausführt, sofern diese für ihn selbst im günstigsten Fall von der betrachteten Gleichgewichtsauszahlung dominiert wird. Ausgehend vom Gleichgewicht (Q,N), ist die Handlung B für den Schwächling dominiert; sie muß dementsprechend aus den Überlegungen eliminiert werden. Dies antizipierend, rentiert es sich nun für t_{s}, Bier zu trinken, weil

Bier von 2 nunmehr als eindeutiges Signal für Stärke interpretiert werden muß. Ein solches Verhalten schließt das ursprünglich unterstellte Quiche-Gleichgewicht als Ergebnis aus.

4.1.5 Das intuitives Kriterium und stabile Gleichgewichte

Cho und Kreps (1987) bezeichnen das skizzierte Vorgehen als **intuitives Kriterium**. Es ist stärker (es schließt mehr Gleichgewichte als unplausibel aus) als die Forderung nach Eliminierung dominierter Strategien, allerdings ist es weniger überzeugend: Seine Anwendung setzt *zunächst* zwingend die Gültigkeit des betrachteten Gleichgewichts voraus, doch dann wird es gerade dazu benutzt, um eben dieses Gleichgewicht zu *diskreditieren*. In unserem Beispiel: Für den Schwächling wird Bier von Quiche nur im betrachteten Gleichgewicht dominiert, nämlich nur dann, wenn Spieler 2 bei Quiche nicht duelliert. Antizipiert t_W die Überlegungen von Spieler 2, lohnt es sich aber auch für ihn, Bier zu trinken. Denn Quiche wäre nun ein sicheres Indiz für einen Schwächling und müßte ein Duell auslösen. Damit jedoch sind die anfangs angestellten Überlegungen wirkungslos geworden. Andrerseits kann man gegen diese Kritik einwenden, daß auch diese Argumentation wiederum nur deutlich macht, daß das Verspeisen von Quiche kein überzeugendes Gleichgewicht sein kann.

Das Gleichgewicht, in dem beide Typen von Spieler 1 Bier trinken, ist dagegen *immun* gegen das intuitive Kriterium: Der starke Spieler hat keinen Anreiz, Quiche zu bestellen (für ihn ist es eine im Gleichgewicht dominierte Strategie). Allein der Schwächling könnte im günstigsten Fall von einem Wechsel profitieren. Demnach muß aber Spieler 2 Quiche als eindeutiges Signal für t_W interpretieren und würde kämpfen; dies macht es auch für den Schwächling unattraktiv, Quiche zu essen.

Die Anwendung des intuitiven Kriteriums führt also im Bier/Quiche-Spiel zu einem eindeutigen Gleichgewicht: $[B,N,\mu(t_W|Q) = 1]$.[7] Wieder gibt es freilich viele Fälle, in denen selbst dieses Kriterium nicht weiterhilft. Ein beliebtes Vorgehen im Rahmen der Theorie der Verfeinerungen besteht darin, ausgehend von konkreten Beispielen jeweils schärfere Kriterien zu formulieren, die unplausible Lösungen ausschließen. Schärfer als das intuitive Kriterium ist z. B. das von Banks und Sobel (1987) vorgeschlagene **Kriterium der Divinity:** Es unterstellt den Spielern die „Gabe, die Absichten des Mitspielers zu erahnen". Diese Weiterentwicklung vermittelt allerdings den Eindruck eines Ad-hoc-Vorgehens.

Die meisten bisher besprochenen Ansätze entstanden jeweils aus dem konkreten Versuch, bestimmte unplausible Lösungen auszuschließen. Dabei wird auf mögliches Verhalten abgestellt, das die Gegenspieler von einem Spieler erwarten (können). Ein ganz anderes Verfahren besteht darin, gewisse *mathematische Axiome* zu formulieren, die jedes Lösungskonzept erfüllen sollte. Kohlberg und Mertens (1986)

[7] Wie Cho und Kreps (1987) zeigen, liefert die Anwendung des intuitiven Kriteriums in Spielen mit kostspieligen Signalen ein eindeutiges Trenngleichgewicht. Dieses Ergebnis gilt freilich nur, wenn die Zugfolge so festgelegt ist, daß der informierte Spieler zuerst handelt (vgl. Hellwig, 1987).

haben ein Lösungskonzept, das Konzept **strategischer Stabilität,** entwickelt, das versucht, bestimmte *axiomatische Forderungen* zu erfüllen. Alle bisher betrachteten Verfeinerungen beruhen auf einer oder mehreren der drei folgenden Forderungen:

(a) **Backward-Induktion:** Wenn das Spiel an irgendeinem Entscheidungsknoten entlang des Spielpfads neu beginnen würde (die verbleibenden Spieläste also ein eigenes Spiel definieren würden), dann sollten die verbleibenden Strategien (bzw. Züge) des ursprünglich betrachteten Gleichgewichts auch ein Gleichgewicht des neuen Spiels darstellen.
(b) **Zulässigkeit (Admissibility)**: Kein Spieler wird eine schwach dominierte Strategie wählen.
(c) **Wiederholte Dominanz:** Ein Gleichgewicht sollte nicht davon abhängen, daß ein Spieler glaubt, ein anderer Spieler würde eine dominierte Strategie wählen; deshalb sollte ein Gleichgewicht ein Gleichgewicht bleiben, auch wenn eine dominierte Strategie vom Spiel eliminiert wird (und konsequenterweise auch, wenn dieser Eliminationsprozeß mehrmals wiederholt wird).
Zusätzlich zu diesen Forderungen verlangen Kohlberg und Mertens:
(d) **Invarianz:** Alle Spiele sollten als äquivalent behandelt werden, sofern sie sich in die gleiche reduzierte Normalform überführen lassen. Wenn sich verschiedene Spiele nur in der extensiven Form unterscheiden, wird dies von ihnen als irrelevant angesehen. Sie fordern, Spiele mit gleicher reduzierter Normalform sollten identische Lösungen haben.

Das Konzept **strategischer Stabilität** läßt nur solche Lösungen zu, die die genannten Kriterien erfüllen und in einem wohldefinierten Sinn stabil gegenüber Perturbationen sind. Eine ausführliche Darstellung des mathematisch anspruchsvollen Stabilitätskonzepts übersteigt den Rahmen dieses Buches [vgl. dazu neben Kohlberg und Mertens (1986) auch Hillas (1990)]. Interessanterweise sind alle Lösungen, die von den bisher diskutierten Konzepten (etwa dem intuitiven Kriterium) als unplausibel verworfen werden, auch nicht strategisch stabil im Sinne von Kohlberg und Mertens. Dieses mathematische Konzept scheint somit eine vielversprechende Fundierung der Verfeinerungskonzepte liefern zu können, wobei die ökonomischen Implikationen bisher jedoch noch nicht vollständig geklärt sind [vgl. dazu Cho und Kreps (1987) und van Damme (1989b)].

4.1.6 Gleichgewichtsauswahl von Harsanyi und Selten

Die verschiedenen Verfeinerungskonzepte versuchen, solche Gleichgewichte als mögliche Lösungen auszuschließen, die nach mehr oder weniger überzeugenden Kriterien *als nicht plausibel* erscheinen. Damit ist freilich keineswegs garantiert, daß durch Anwendung der Verfeinerungen für jedes Spiel letztlich genau eine Lösung übrigbleibt, die von allen Spielern als einzig plausible angesehen wird. Auch das Konzept strategischer Stabilität kann nicht für alle Spiele eine eindeutige Lösung angeben.

Wenn aber keine eindeutige Lösung existiert, dann stößt, wie im Abschnitt 3.6 besprochen, das Gleichgewichtskonzept auf erhebliche konzeptionelle Schwierigkeiten. So helfen zum Beispiel alle betrachteten Konzepte nicht bei der Frage weiter, welche der drei Nash-Gleichgewichte im „Kampf der Geschlechter" oder im Chicken Game die „vernünftigste" Lösung darstellt. Das anspruchsvolle Ziel, Kriterien zu entwickeln, die für jedes Spiel jeweils eine eindeutige Lösung liefern, verfolgen Harsanyi und Selten (1988) mit ihrer **Theorie der Gleichgewichtsauswahl**. Sie formulieren bestimmte wünschenswerte Eigenschaften, die ein Lösungskonzept erfüllen sollte und entwickeln dann *Lösungsalgorithmen*, mit deren Hilfe für jedes Spiel eine eindeutige Lösung angegeben werden kann. Hier soll nur die Grundidee und die damit verbundene Problematik anhand von einfachen Beispielen für Spiele in strategischer Form illustriert werden. Eine Einführung findet sich dazu in Güth (1999).

Die Autoren sehen u. a. folgende Eigenschaften als wünschenswert für jede Lösung an:

(1) **Isomorphe Spiele** (Spiele mit gleicher Struktur) sollten die gleiche Lösung haben. Dies bedeutet insbesondere:

   (a) Spiele, die sich nur durch *lineare Transformationen der Nutzenfunktion* eines Spielers unterscheiden, sind äquivalent. Dies folgt zwingend daraus, daß lineare Transformationen für die von Neumann/Morgensternsche Nutzenfunktion irrelevant sind.
   (b) Eine bloße Umbenennung der Spieler sollte keinen Einfluß auf die Lösung haben: es muß gleichgültig sein, welcher Spieler als Nummer 1 bezeichnet wird. Das bedeutet, daß für *symmetrische* Spiele (mit symmetrischen Auszahlungen) nur symmetrische Lösungen zulässig sind.

(2) **Payoff-Dominanz:** Wenn in einem Gleichgewicht alle Spieler strikt höhere Auszahlungen als in einem anderen erhalten, sollte letzteres als Lösung ausgeschlossen werden.
(3) **Risiko-Dominanz:** Wenn man in einem Spiel mit mehreren Gleichgewichten nicht weiß, wie sich der Gegenspieler verhält, aber ein Gleichgewicht weniger riskant ist als ein anderes, sollte letzteres ausgeschlossen werden.
(4) **Perfektheit gegenüber uniformen Perturbationen** (vgl. Abschnitt 3.7.2.1).

Harsanyi und Selten (1988) formulieren noch weitere Kriterien (die insbesondere die extensive Form betreffen), auf die hier nicht näher eingegangen werden soll. Ein Beispiel soll illustrieren, wie durch Anwendung der Kriterien eine eindeutige Lösung ausgewählt wird: (1a) impliziert, daß die Spiele in Matrix 4.2(a) und 4.2(b) eine identische Lösung haben müssen, weil sie isomorph sind, denn es gilt für die Auszahlungen $u_{1b} = 1 + 1/4u_{1a}$ und $u_{2b} = 100u_{2a}$. Das Spiel **Kampf der Geschlechter** (bzw. **Battle of the Sexes**) in 4.2(b) ist symmetrisch. Als Lösung für (b) und damit auch für (a) kommt nach (1b) nur das symmetrische Gleichgewicht in gemischten Strategien ($s_1 = 3/4$; $s_2 = 1/4$) in Frage.

Matrix 4.2a,b. Isomorphe Spiele

	s_{21}	s_{22}
s_{11}	(8,0,01)	(−4,0)
s_{12}	(−4,0)	(0,0,03)

(a)

	s_{21}	s_{22}
s_{11}	(3,1)	(0,0)
s_{12}	(0,0)	(1,3)

(b)

Die verschiedenen Kriterien können zu widersprüchlichen Resultaten führen: Die beiden asymmetrischen Gleichgewichte im Kampf der Geschlechter sind beispielsweise payoff-dominant gegenüber dem symmetrischen Gleichgewicht in gemischten Strategien. Deshalb arbeiten Harsanyi und Selten mit einer *strengen Hierarchie der Kriterien*: Bei ihnen erhält das erste Kriterium den Vorzug vor dem zweiten; das zweite den Vorzug vor dem dritten. Die Symmetrieforderung scheint in der Tat ein unverzichtbares Prinzip: jede Ungleichbehandlung wäre eigentlich nur durch eine asymmetrische Spielstruktur zu rechtfertigen und müßte entsprechend modelliert werden. Deshalb erscheint es durchaus sinnvoll, die asymmetrischen Gleichgewichte im „Kampf der Geschlechter" (und auch im **Chicken-Spiel**) als Lösung auszuschließen.

Im Gegensatz dazu ist die Priorität des **Payoff-Dominanz-**Kriteriums gegenüber der **Risiko-Dominanz** weit fragwürdiger, wie Matrix 4.3 klar macht: Das Nash-Gleichgewicht (s_{11}, s_{21}) ist payoff-dominant gegenüber (s_{12}, s_{22}). Aber ein Spieler, der sich über die Wahl des Gegenspielers unsicher ist, würde mit Hilfe der zweiten Strategie einen weit geringeren Verlust riskieren als mit der ersten: Die Kombination (s_{12}, s_{22}) ist risiko-dominant. Das Payoff-Dominanz-Kriterium setzt *kollektive Rationalität* der Spieler voraus und ignoriert damit von vorneherein die Möglichkeit von *Koordinationsproblemen*. Dagegen entspricht es individuell rationalem Verhalten, Risiken zu vermeiden.

Matrix 4.3. Payoff-Dominanz

	s_{21}	s_{22}
s_{11}	(3,3)	(−10,0)
s_{12}	(0,−10)	(1,1)

In experimentellen Spielsituationen bestätigt sich, daß eher risiko-dominante als payoff-dominante Gleichgewichtsstrategien gespielt werden (vgl. Huyck et al., 1990, und Cooper et al., 1990). Zu vergleichbaren Ergebnissen kommt die **evolutorische Spieltheorie**, auf die wir in Kap. 8 ausführlicher eingehen werden. So zeigten Kandori et al. (1993) für symmetrische 2-mal-2-Spiele mit mehreren **strikten Nash-Gleichgewichten**, daß das langfristige Gleichgewicht durch eine risiko-dominantes Nash-Gleichgewicht charakterisiert ist. Von extremen Fällen abgesehen, gilt das für alle evolutorischen Prozesse. Wenn jedoch beiden reinen Strategien, über die die Spieler verfügen, identische **Sicherheitsniveaus** (bzw. Maximinwerte) entsprechen und die Risko-Dominanz somit nicht zwischen den Gleichgewichten unterscheidet, dann wird das pareto-dominante Nash-Gleich-gewicht vom evolutorischen Prozeß ausgewählt.

Diese Resultate legen nahe, daß der Ansatz von Harsanyi und Selten (1988) mit einigen teilweise recht umstrittenen Ad-hoc-Hypothesen arbeitet. (Vgl. Güth und Kalkofen (1989) für eine modifizierte Theorie.) Dieses Vorgehen scheint nur dann sinnvoll, wenn man davon ausgehen kann, alle rationalen Spieler seien in der Lage, in einer Art *mentalen Tatonnement-Prozesses* in jeder Spielsituation korrekt die Lösung des Spiels vorherzusagen. Das setzt aber voraus, daß alle Spieler anhand der gleichen Überlegungen vorgehen, daß ihr Handeln also auf einheitlichen, allgemein akzeptierten Kriterien basiert.[8]

Der gegenwärtige Forschungsstand der Gleichgewichtsauswahl ist ebenso unbefriedigend wie der Stand der Verfeinerungskriterien. Ein Indiz dafür ist auch, daß die von Harsanyi und Selten vorgeschlagene Lösung oft nicht mit den stabilen Lösungen nach dem **Kohlberg-Mertens-Kriterium**

übereinstimmt. (Ein einschlägiges Beispiel findet sich Güth und van Damme (1989)). Gegenwärtig ist offen, welcher Ansatz sich in der Spieltheorie durchsetzen wird.

4.2 Wiederholte Spiele

Nahezu alle interessanten ökonomischen Fragestellungen haben eine dynamische Struktur. Spiele über mehrere Perioden eröffnen neue strategische Möglichkeiten, die von einem statischen Modell nicht erfaßt werden können. Die Ergebnisse von statischen Analysen, wie wir sie in Kap. 3 kennengelernt haben, führen deshalb häufig in die Irre. In einem Spiel, das sich über einen längeren Zeitraum hinzieht, müssen viele Grundaussagen der statischen Spieltheorie revidiert werden. Beispielsweise erwarten wir, daß in einer Oligopolsituation Kooperationsmöglichkeiten entstehen, auch wenn Vereinbarungen nicht bindend sind, daß sich in Markteintrittsspielen Chancen zur Abschreckung potentieller Konkurrenten eröffnen, daß sich in langfristigen **Principal-Agent-Beziehungen** effiziente implizite Kontrakte durchsetzen, selbst wenn Vertragsabweichungen nicht von Dritten (etwa von unabhängigen Gerichten) überprüft werden können.

4.2.1 Struktur wiederholter Spiele

Dynamische Spiele sind technisch anspruchsvoll. Zwar kann man mit Hilfe der extensiven Spielform grundsätzlich beliebig komplexe dynamische Entscheidungssituationen erfassen, doch mit zunehmender Verästelung des Spielbaums wird eine explizite Lösung immer schwieriger. Um zu prüfen, welche strategischen Interaktionen (welche Form von **Kooperation**, von **Drohungen** und **Vergeltungen**) in einem dynamischen Zusammenhang denkbar sind, beschränkt man sich deshalb auf

[8] Crawford und Haller (1990) modellieren in einem wiederholten Koordinationsspiel einen Lernprozeß, der zur Auswahl eines Gleichgewichts führt.

den einfachsten Fall eines dynamischen Spiels, nämlich den Fall einer **stationären Struktur**. In jeder einzelnen Periode spielen dieselben Spieler immer wieder das gleiche **Stufenspiel**[9] $\Gamma = (N,S,u)$; das Gesamtspiel $\Gamma(T)$ besteht aus der Wiederholung des Stufenspiels Γ über mehrere Perioden T hin. Im Extremfall wird das Spiel unendlich oft wiederholt: $\Gamma(\infty)$. Dann sprechen wir von einem **Superspiel**.

Die Terminologie ist in der Literatur nicht einheitlich. Manche Autoren (wie etwa Friedman, 1986) bezeichnen jedes wiederholte Spiel mit einer **stationären Struktur** als Superspiel.

Die Auszahlungen u_t der Spieler in einer Periode hängen nur von den in der jeweiligen Periode gewählten Handlungen s_t ab. Das wiederholte Spiel hat eine **zeitinvariante stationäre Struktur**: Der funktionale Zusammenhang $u_t(s_t)$ bleibt für alle Perioden t unverändert: $u_t(s_t) = u(s_t)$. Wir schließen also Situationen aus, in denen beispielsweise heute investiertes Kapital zukünftige Kosten, heute investierte Werbeausgaben zukünftige Nachfrage verändern. Heute getroffene Entscheidungen verändern die Auszahlungsmatrix der zukünftigen Perioden nicht. Würden die Spieler immer die gleichen Handlungen wählen, wären ihre Auszahlungen in jeder Periode gleich hoch. Im wiederholten Spiel aber können heute getroffene Entscheidungen sehr wohl indirekt – über den Einfluß auf die künftigen Handlungen der Mitspieler – auf die konkreten Auszahlungen der zukünftigen Perioden einwirken. Die Strategie σ_i eines Spielers besteht aus einer Folge von Handlungen $\{s_{i0}, s_{i1}, \ldots, s_{iT}\}$ für jede Periode. Wir bezeichnen in diesem Teil des Buchs die Strategie des Gesamtspiels mit σ, um sie von den Handlungen s im Stufenspiel zu unterscheiden.

Die Spieler haben im wiederholten Spiel die Möglichkeit, ihre Handlungen s_{it} in Periode t vom bisherigen Spielverlauf abhängig zu machen. Die stationäre Spielstruktur erlaubt es gerade, sich auf diese strategische intertemporale Komponente zu konzentrieren: Weil das Spiel sich wiederholt, können die Spieler ihre Handlungen zu jedem Zeitpunkt davon abhängig machen, wie sich die anderen Spieler in der Vergangenheit (im bisher beobachtbaren Spielverlauf h_t, der „Geschichte" des Spiels bis zum Zeitpunkt t) verhalten haben. Somit gilt: $s_{it}(h_t)$. Eine Strategie σ_i legt für alle denkbaren Spielverläufe h_t (für alle t) fest, welche Handlungen ausgeführt werden. Entscheidungen heute wirken sich demnach in dem Maße auch auf spätere Perioden aus, wie sie zukünftige Handlungen der Mitspieler beeinflussen. Es kann daher für einen Spieler attraktiv sein, auf die Wahrnehmung kurzfristiger Gewinne zu verzichten, wenn ein derartiges Verhalten Vergeltungsmaßnahmen der Mitspieler herausforderte und damit in späteren Perioden Verluste brächte.

Die Wirksamkeit von Vergeltungsmaßnahmen hängt davon ab, wie stark die Spieler spätere Auszahlungen gewichten. Es wird unterstellt, daß die Spieler ihre mit einem Diskontfaktor δ gewichteten Auszahlungen über alle Perioden hin maximieren wollen: max $\sum_t \delta^t u_{it}(s_{it}(h_t))$.[10] Wenn die **Zeitpräferenz** sehr hoch ist und damit der Diskontfaktor δ nahe bei Null liegt, dann spielt die Zukunft keine Rolle.

[9] Englisch: *stage game* oder auch *constituent game*; deutsch auch *Basisspiel*.

[10] Es besteht folgende Beziehung zwischen dem Diskontfaktor δ und der Diskontrate (dem Zinssatz) i: $\delta = 1/(1+i)$. Bei einem Zins von $i = 0$ beträgt $\delta = 1$; für $i = 1$ (also 100% Zins) ist $\delta = 0{,}5$. Wenn der Zins unendlich hoch wird, sind zukünftige Auszahlungen irrelevant; dann geht δ gegen 0.

Das wiederholte Spiel unterscheidet sich dann nicht vom Ein-Perioden-Spiel. Wird andrerseits die Zukunft stark gewichtet, so haben Erwägungen, ob die gegenwärtigen Handlungen in der Zukunft von den Mitspielern bestraft werden, eine große Bedeutung.

Im Extremfall ist $\delta = 1$. Dann ist es gleichgültig, wann die Auszahlungen anfallen. Für $\delta = 1$ ist freilich die Maximierung der Summe der erwarteten Nutzen bei einem Spiel mit unendlichem Zeithorizont nicht mehr definiert, weil die Summe dann unendlich groß wird. Als Entscheidungskriterium wählt man deshalb häufig die Maximierung der durchschnittlichen Auszahlung je Periode. Auch wir werden dieses Kriterium später verwenden (vgl. Folk-Theorem 1 und 2).

In einem wiederholten Modell handeln die Spieler in jeder Periode gleichzeitig ohne Kenntnis der Wahl der Mitspieler. Sie können ihre Handlungen s_t aber vom bisherigen Spielverlauf h_t abhängig machen: $s_t(h_t)$. Dies gelingt freilich nur, wenn ihnen Rückschlüsse auf die vorausgegangenen Handlungen der Mitspieler möglich sind. Mit Ausnahme von Abschnitt 4.2.4 machen wir folgende Annahme: Alle Spielzüge der vergangenen Perioden sind für alle Spieler beobachtbar: Zum Zeitpunkt t sind die Spielzüge $s_z(z = 0, \ldots, t-1)$ gemeinsames Wissen aller Spieler: $h_t = (s_0, s_1, \ldots, s_{t-1})$. Es liegt also ein Spiel mit nahezu perfekter Information vor: Nur die Handlungen, die die Mitspieler in der jeweiligen Periode treffen, sind zum Entscheidungszeitpunkt nicht bekannt. Wir unterstellen in der Regel, daß in der Folgeperiode nicht nur das Ergebnis von Randomisierungen (die dann jeweils ausgeführte reine Handlung) beobachtbar ist, sondern auch die Durchführung des Zufallsmechanismus selbst (der Randomisierungsprozeß).

Angenommen, s^c ist ein Nash-Gleichgewicht des Stufenspiels Γ. Ein mögliches Gleichgewicht des wiederholten Spiels $\Gamma(T)$ besteht immer darin, daß in jeder Periode t das Nash-Gleichgewicht s^c des Stufenspiels gespielt wird. Sofern nämlich alle Mitspieler zu jedem Zeitpunkt s^c spielen, kann sich ein einzelner Spieler durch abweichendes Verhalten nicht besser stellen. In einem wiederholten Spiel werden aber durch die Möglichkeit, Handlungen zum Zeitpunkt t vom Spielverlauf h_t abhängig zu machen, die strategischen Möglichkeiten stark erhöht, und man würde intuitiv vermuten, daß dadurch auch Gleichgewichte möglich werden, die den Spielern (etwa durch Kooperation) höhere Auszahlungen sichern. Die Chance, abweichendes Verhalten in der Zukunft bestrafen zu können, macht **Kooperation ohne bindende Vereinbarungen** möglich.

Wenn das Stufenspiel Γ nur *ein* eindeutiges Nash-Gleichgewicht s^c besitzt, wird diese Intuition aber für ein wiederholtes Spiel $\Gamma(T)$ mit **vollständiger Information** nicht bestätigt, falls der Zeithorizont endlich ist. Das einzig teilspielperfekte Gleichgewicht des wiederholten Spiels $\Gamma(T)$ besteht darin, in jeder Periode das Nash-Gleichgewicht s^c des Stufenspiels zu spielen. Diese Überlegung kann man in folgendem Theorem zusammenfassen:

Theorem 4.1. *Sei s^c das einzige Nash-Gleichgewicht des Stufenspiels $\Gamma(N,S,u)$. Dann besteht das einzige teilspielperfekte Gleichgewicht des endlich wiederholten Spiels $\Gamma(T)$ in der ständigen Wiederholung des Ein-Perioden-Nash-Gleichgewichts s^c.*

Die Begründung dieses Ergebnisses liegt im **Backward-Induction-Argument**: In der letzten Periode muß zweifellos s^c gespielt werden, unabhängig davon, ob vorher irgendwelche Abweichungen erfolgten oder nicht. Das bedeutet, daß Abweichungen der vorletzten Periode in der letzten Periode nicht mehr bestraft werden können. Demnach wird auch in der vorletzten Periode jeder Spieler s^c spielen. So setzt sich die Argumentation bis zur Anfangsperiode fort. Da in der Endperiode keine Bestrafung möglich ist, bleibt in einer dynamischen Lösung, vom Endpunkt rückwärtsgehend, die Drohung mit Bestrafung bereits von Anfang an unglaubwürdig. Wie wir im folgenden Abschnitt sehen werden, nimmt aber die Zahl möglicher Gleichgewichte in einem Superspiel ($\Gamma(\infty)$) mit unendlicher Wiederholung erheblich zu, sofern Auszahlungen in späteren Perioden genügend stark gewichtet werden.

4.2.2 Trigger-Strategien

Betrachten wir zunächst wieder den Fall, daß das Stufenspiel nur ein einziges Nash-Gleichgewicht s^c besitzt. Bei *unendlichen* Zeithorizont kann das Einhalten kooperativer Lösungen durch folgende Vergeltungsstrategie attraktiv gemacht werden: Die Spieler vereinbaren explizit oder implizit, in jeder Periode bestimmte Handlungen s^* zu spielen, die ihnen eine höhere Auszahlung als in s^c ermöglichen: $u_i(s^*) > u_i(s^c)$. Sobald sich einer der Spieler nicht an die Vereinbarung hält (um sich durch Abweichung einen kurzfristigen Vorteil zu verschaffen), spielen alle anderen Spieler von der nächsten Periode an für immer die Nash-Strategien s^c des Stufenspiels.

Wer versucht, durch ein Abweichen von den Vereinbarungen einen kurzfristigen Gewinn auf Kosten der anderen zu erzielen, wird also bestraft, indem von der Folgeperiode an nur mehr die Auszahlung $u_i(s^c)$ resultiert. Jeder wird sich an die Vereinbarung s^* halten, wenn für alle Spieler die angedrohten Verluste der Vergeltungsstrategie den bei einer Abweichung maximal erreichbaren Ein-Perioden-Gewinn übersteigen. Diese Bedingung ist um so eher erfüllt, je geringer zukünftige Auszahlungen diskontiert werden. Weil sich beim Spielen von s^c keiner durch eine Abweichung verbessern könnte, ist die Drohung s^c glaubwürdig.

Die beschriebene Vergeltungsstrategie ist relativ simpel. Man bezeichnet sie als **Trigger-Strategie** (also „Auslöser-Strategie"), weil bei einem von der Vereinbarung abweichenden Verhalten sofort und dauerhaft die Rückkehr zum Nash-Gleichgewicht s^c des Stufenspiels „ausgelöst" wird. Formal können wir die Trigger-Strategie für Spieler i folgendermaßen beschreiben: i verfolgt eine Trigger-Strategie $\sigma_i = (\{s_i^*\}, \{s_i^c\})$, um in jeder Periode die gleiche Kombination s^* durchzusetzen, wenn gilt:

$$\text{Für} \quad t = 0: \quad s_{i0} = s_i^* \,.$$

$$\text{Für} \quad t \geq 1: \quad s_{it}(h_t) = \begin{cases} s_i^* & \text{falls} \quad h_t = (s_o^*, \ldots, s_{t-1}^*) \\ s_i^c & \text{andernfalls} \,. \end{cases}$$

Unter welchen Bedingungen kann σ^* ein Gleichgewicht sein? Wenn sich alle Spieler an die Vereinbarungen halten, erzielt Spieler i insgesamt eine Auszahlung von

$$u_i(\sigma^*) = u_i(s^*)\left[1+\delta_i+\delta_i^2+\ldots\right] = u_i(s^*)\sum_{t=0}^{\infty}\delta_i^t = \frac{u_i(s^*)}{(1-\delta_i)}\,.$$

Halten sich alle anderen Spieler an die Vereinbarungen, kann sich Spieler i kurzfristig durch eine Abweichung auf $r_i(s^*)$ maximal die Auszahlung $u_i(r_i(s^*)) = \max u_i(s_i, s^*_{-i}) > u_i(s^*)$ sichern, wenn er heute von s^* abweicht. $r_i(s^*)$ ist die (kurzsichtig) beste Antwort auf die Handlungen s^*_{-i} im Stufen-Spiel. Wenn $\delta < 1$, ist es wegen der **Stationarität** des Spiels immer sinnvoll, sofort abzuweichen, sofern sich ein Abweichen überhaupt lohnt: Spätere kurzfristige Gewinne werden ja weniger stark gewichtet. Von der Folgeperiode an aber wird dann das Nash-Gleichgewicht s^c gespielt mit der Auszahlung $u_i(s^c) < u_i(s^*)$. Der diskontierte Nutzen aus einer Abweichung ist $u_i(r_i(s^*)) + u_i(s^c)\delta_i/(1-\delta_i)$. Eine Abweichung auf $r_i(s^*)$ ist folglich nicht vorteilhaft, falls gilt:

$$u_i(r_i(s^*)) + u_i(s^c)\frac{\delta_i}{1-\delta_i} < \frac{u_i(s^*)}{1-\delta_i} \quad \text{bzw.} \tag{4.1}$$

$$u_i(r_i(s^*)) - u_i(s^*) < \left[u_i(s^*) - u_i(s^c)\right]\frac{\delta_i}{1-\delta_i}\,. \tag{4.2}$$

Der kurzfristige Gewinn aus einem Bruch der Vereinbarung (die linke Seite der Ungleichung) darf den diskontierten zukünftigen Verlust durch die dann folgende Bestrafung (ihr entspricht die rechte Seite der Ungleichung) nicht übersteigen. Die Bedingung läßt sich umformen, so daß

$$\delta_i > \frac{u_i(r_i(s^*)) - u_i(s^*)}{u_i(r_i(s^*)) - u_i(s^c)}\,. \tag{4.3}$$

Ist die Bedingung (4.3) für alle Perioden und alle Spieler i erfüllt, so ist das ständige Spielen von s^* ein **teilspielperfektes Nash-Gleichgewicht**: Zu keinem Zeitpunkt besteht ein Anreiz, von der vorgeschlagenen **Trigger-Strategie** abzuweichen.

Es gilt also folgende Aussage: Sei $\Gamma = (N,S,u)$ ein Stufenspiel mit dem Gleichgewicht s^c und $\Gamma(\infty)$ das unendlich wiederholte Spiel von Γ. Sei (s^*, s^c) eine Trigger-Strategie. Falls

$$\delta_i > \frac{u_i(r_i(s^*)) - u_i(s^*)}{u_i(r_i(s^*)) - u_i(s^c)} \quad \text{für alle Spieler } i\,,$$

so ist (s^*, s^c) ein **teilspielperfektes Gleichgewicht** von $\Gamma(\infty)$.

Abbildung 4.11 beschreibt mit V^c die Menge aller zulässigen Auszahlungsvektoren, die besser sind als die Auszahlungen C des Nash-Gleichgewichts s^c des Stufenspiels:

$$V^c = \{u(s) | u_i(s) \geq u_i(s^c) \text{ für alle } i = 1,\ldots,n,\ s \in S\}\,. \tag{4.4}$$

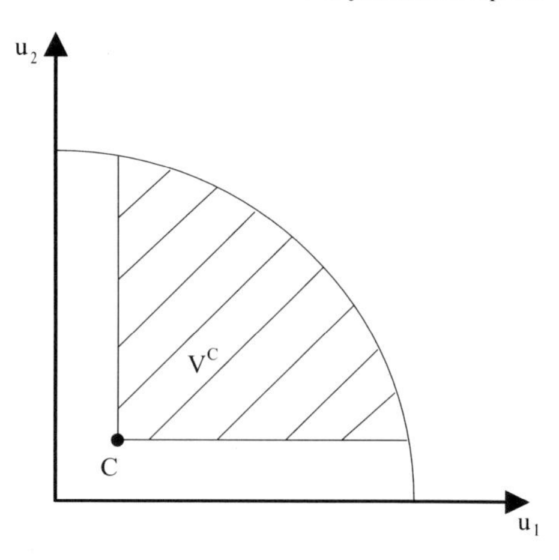

Abb. 4.11 Menge aller Auszahlungsvektoren bei Trigger-Strategien

Wenn δ_i für alle Spieler nahe bei 1 liegt, d. h., die Zukunft also kaum diskontiert wird, können durch die einfache Trigger-Strategie alle Auszahlungen in V^c als Nash-Gleichgewichte des Superspiels $\Gamma(\infty)$ erreicht werden (vgl. Abb. 4.11). Denn für jedes $u_i(s^*) > u_i(s^c)$ kann man immer ein $\delta_i < 1$ finden, für welches die Bedingung 4.3) erfüllt ist. Es gilt: $u_i(r_i(s^*)) \geq u_i(s^*) > u_i(s^c)$. – Damit ist folgendes Theorem bewiesen:

Theorem 4.2. *Jeder zulässige Auszahlungsvektor $u \in V^c$ kann durch ein teilspielperfektes Gleichgewicht des unendlich wiederholten Spiels $\Gamma(\infty, \delta)$ erreicht werden, sofern die Spieler zukünftige Auszahlungen entsprechend stark gewichten (sofern also δ gegen 1 geht). (Vgl. dazu Friedman, 1986).*

Theorem 4.2 besagt, daß eine Vielzahl von möglichen Gleichgewichtsauszahlungen existiert, wenn zukünftige Auszahlungen kaum abgezinst werden. Welche Auszahlungen in einem Spiel letztlich realisiert werden, wird im nächsten Abschnitt diskutiert.

Betrachten wir als Beispiel die unendliche Wiederholung des Gefangenendilemmas der Matrix 4.4 für das $(2,2)$ die Auszahlungskombination des Nash-Gleichgewichts $s^c = (s_{12}, s_{22})$ ist. In Abb. 4.12 ist die Menge V^c schraffiert dargestellt. V^c ergibt sich als die konvexe Menge, die durch die Punkte $(2,2)$, $(2, 3{,}5)$, $(3,3)$ und $(3{,}5, 2)$ erzeugt wird. Alle u in V^c lassen sich mit Hilfe einer **teilspielperfekten Trigger-Strategie** durchsetzen. Mit Hilfe der Trigger-Strategie kann z. B. in jeder Periode die kooperative Lösung (mit der Auszahlung $(3,3)$) realisiert werden, sofern der Diskontsatz 100% nicht übersteigt ($\delta > 0{,}5$).

Matrix 4.4. Auszahlungsmatrix für das Gefangenendilemma

	s_{21}	s_{22}
s_{11}	(3,3)	(1,4)
s_{12}	(4,1)	(2,2)

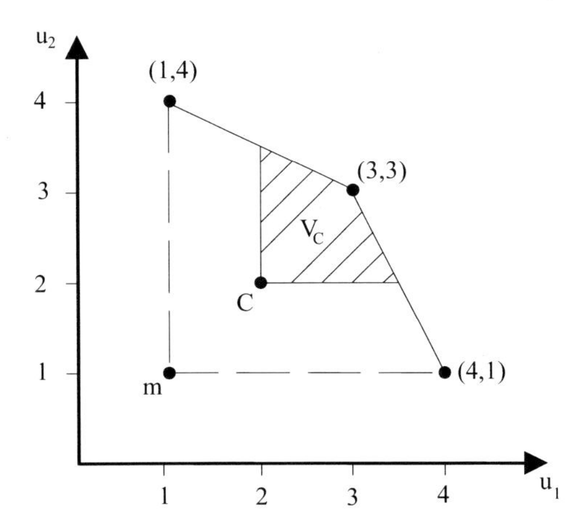

Abb. 4.12 Menge V^c für das Gefangenendilemma

Die Auszahlung $u = (2{,}5, 2{,}5)$, die nicht an der Nutzengrenze liegt, läßt sich durch folgende Trigger-Strategie (s^*, s^c) realisieren: Die Kombination s^* fordert, daß alle Spieler in jeder Periode unabhängig voneinander durch einen Münzwurf entscheiden, welche der beiden Strategien sie spielen. Jeder randomisiert mit der Wahrscheinlichkeit $1/2$ zwischen den reinen Handlungen. Sobald einer von dem durch s^* beschriebenen Pfad abweicht, wird für immer s^c gespielt. Weil sich bei s^* jedes der Auszahlungspaare $(3,3)$, $(1,4)$, $(4,1)$ und $(2,2)$ mit der gleichen Wahrscheinlichkeit von $1/4$ realisiert, beträgt der Erwartungswert $u_i(s^*) = 2{,}5$. In einem Stufenspiel kann man sich durch das Spielen der dominanten Handlung zweifellos im Vergleich zu s^* besser stellen. In dem Stufenspiel ist ja „*Nicht Kooperieren*" immer die beste Antwort $r_i(s^*)$ von Spieler *i*. Der erwartete Vorteil aus einer Abweichung beträgt $u_i(r_i(s^*)) = 1/2 \cdot 4 + 1/2 \cdot 2 = 3$, sofern der Gegenspieler sich an s^* hält. Ein Abweichen löst dann in der Zukunft die Vergeltungsstrategie mit der Auszahlung $u_i(s^c) = 2$ aus. Entsprechend Bedingung (4.3) wird sich jeder an die Vorschrift halten, wenn $\delta > (3-2{,}5)/(3-2) = 0{,}5$. Eine Abweichung kann ihn dann nie besser, höchstens schlechter stellen.

Zur Übung betrachten wir noch einen Auszahlungsvektor $\hat{u}$ an der Nutzengrenze, die Spieler 1 kaum besser stellt als im Nash-Gleichgewicht, dagegen den Spieler 2 sehr gut stellt: $(2 + 2/n; 3{,}5 - 1/n)$. Hier sei n eine natürliche Zahl, die beliebig hoch werden kann (d. h., der Nutzen von Spieler 1 wird fast auf den Wert, den er im Nash-Gleichgewicht s^c des Stufenspiels erhalten würde, gedrückt). Wir betrachten eine einfache Strategiekombination s^*. Die Vorschrift für Spieler 1 laute: Spiele immer s_{11}. Spieler 2 soll mit einer Wahrscheinlichkeit p, die etwas größer ist als $1/2$, seine erste Strategie $[s_{21}]$ spielen und mit der Gegenwahrscheinlichkeit $1-p$ die Strategie s_{22}. Sobald einer sich nicht an die Vereinbarung s^* hält, wird in allen Folgeperioden s^c gespielt.

Der Erwartungswert von s^* beträgt $u_1(s^*) = 3p + 1 - p = 1 + 2p$ für Spieler 1 und $u_2(s^*) = 3p + 4(1-p) = 4 - p$ für Spieler 2. Eine Abweichung zur nicht-kooperativen Strategie würde Spieler 1 einen Erwartungswert $u_1(r_1(s^*)) = p4 + (1-p)2 = 2 + 2p$ erbringen. Für Spieler 2 gilt $u_2(r_2(s^*)) = 4$. Die Auszahlung der **Trigger-Strategie** ist für beide $u_1(s^c) = u_2(s^c) = 2$. Gemäß Bedingung (4.3) muß für s^* also gelten:

$$\delta_1 > \frac{2+2p-1-2p}{2+2p-2} = \frac{1}{2}p \quad \text{und} \quad \delta_2 > \frac{4-(4-p)}{4-2} = \frac{1}{2}p\,.$$

Ist nun $p = 1/2 + 1/n$, wobei n beliebig hoch ist, mit den Auszahlungen $u_1(s^*) = 2 + 1/n$ und $u_2(s^*) = 3{,}5 - 1/n$, dann erhalten wir $\delta_1 > n/(n+2)$ und $\delta_2 > 1/4 + 1/21/n$. Der Auszahlungsvektor läßt sich also durch die skizzierte einfache Kombination s^* immer als perfektes Gleichgewicht durchsetzen, wenn δ nahe bei 1 liegt. Nun existieren freilich auch andere Strategiepfade σ^*, die zu denselben Auszahlungen führen. Man kann zeigen, daß es eine etwas raffiniertere Strategiekombination gibt, die die Auszahlung für alle Diskontfaktoren $\delta > 0{,}5$ als teilspielperfektes Gleichgewicht durchsetzen kann.

Im **Gefangenendilemma** gilt allgemein: Falls $\delta < 0{,}5$, besteht das einzige teilspielperfekte Gleichgewicht in der ständigen Wiederholung des Nash-Gleichgewichts s^c. Für $\delta > 0{,}5$ aber sind alle zulässigen Auszahlungskombinationen, die besser als das Nash-Gleichgewicht $(2,2)$ sind, durch Gleichgewichtsstrategien σ^* erreichbar. Sofern wir unterstellen, daß sich die Spieler bei Indifferenz an die vorgeschlagenen Strategien halten, gilt dies auch für $\delta = 0{,}5$. Im Gefangenendilemma nimmt also die Zahl erreichbarer Auszahlungen mit abnehmendem δ nicht stetig ab; vielmehr gibt es einen abrupten Wechsel beim Wert $\delta = 0{,}5$ (vgl. van Damme, 1987, S. 180).

Wenn das Stufenspiel Γ *mehrere Nash-Gleichgewichte* besitzt, dann gibt es für jeden Spieler ein Gleichgewicht, das für ihn am ungünstigsten ist – wir bezeichnen es mit ${}_is^c$. Weicht Spieler i von einer vorgeschriebenen Strategie σ ab, so besteht die wirksamste **Trigger-Strategie** darin, als Vergeltung das für ihn ungünstigste Nash-Gleichgewicht ${}_is^c$ zu spielen. Da der Vergeltungspfad in der Regel davon abhängt, wer abgewichen ist, bezeichnet man ein solches Verhalten als **diskriminierende Trigger-Strategie**.

Analog zu der Argumentation oben lassen sich für $\delta \to 1$ alle Auszahlungskombinationen in

$$V^c = \{u(s) | u_i(s) \geq u_i({}_is^c) \quad \text{für alle } i \text{ und } s \in S\} \tag{4.5}$$

durch diskriminierende Trigger-Strategien verwirklichen.

4.2.3 Folk-Theoreme

Im Gegensatz zu den bisher untersuchten einfachen **Trigger-Strategien** müssen sich Vergeltungsmaßnahmen im allgemeinen nicht darauf beschränken, bei Abweichungen für immer ein **Nash-Gleichgewicht** des Stufenspiels s_c zu spielen. Häufig besteht die Möglichkeit, Abweichungen stärker zu bestrafen und zugleich die Strafenden besser zu stellen als in einem Nash-Gleichgewicht.

4.2.3.1 Nash-Gleichgewichte für $\delta = 1$

Das Spiel der Matrix 4.5 hat ein eindeutiges Nash-Gleichgewicht, nämlich (s_{12}, s_{22}), mit den Auszahlungen (2,2). Die Strategie s_{i3} wird schwach dominiert und scheint deshalb auf den ersten Blick irrelevant. Indem ein Spieler s_{i3} spielt, verfügt er nun aber über die Möglichkeit, seinen Gegner im Vergleich zum Spiel von Matrix 4.4 stärker zu bestrafen: Er kann ihn im Prinzip auf die Auszahlung von $m_i = 1$ drücken. m_i ist der Wert, den der Spieler i sich auch im ungünstigsten Fall sichern kann: der **Maximinwert (das Sicherheitsniveau)**. In diesem Spiel ist der Maximinwert für die Spieler niedriger als die Auszahlung, die sie im Nash-Gleichgewicht erzielen.

Matrix 4.5.

	s_{21}	s_{22}	s_{23}
s_{11}	(3,3)	(1,4)	(1,1)
s_{12}	(4,1)	(2,2)	(1,1)
s_{13}	(1,1)	(1,1)	(1,1)

Jede Auszahlung, die m_i übersteigt, ist für Spieler i individuell rational: Er wird nur einer Kombination zustimmen, die ihm mehr bringt als das, was er sich selbst garantieren kann, nämlich seinen Maximinwert m_i. $m = (m_1, \ldots, m_n)$ bezeichnen wir als **Maximinpunkt** des Spiels. Das ist die Kombination der Auszahlungen, die sich die einzelnen Spieler jeweils selbst garantieren können. Wir bezeichnen mit V^* die Menge aller zulässigen Auszahlungskombinationen, die für alle Spieler besser sind als ihr Maximinwert m_i:

$$V^* = \{u(s) \mid u_i(s) > m_i \text{ für alle } i = 1, \ldots, n;\ s \in S\} \tag{4.6}$$

Auszahlungen in V^* dominieren den Maximinpunkt m.

In Matrix 4.5 ist $m = (1,1)$. V^* ist charakterisiert durch alle Kombinationen in der konvexen Menge, die durch die Punkte (1,1), (1,4), (3,3) und (4,1) erzeugt wird, und die besser sind als der Punkt $m = (1,1)$. (Vgl. dazu Abb. 4.12.)

Im vorherigen Abschnitt wurde gezeigt, daß bei einem unendlich wiederholten Spiel durch **Trigger-Strategien** (die Drohung, das Nash-Gleichgewicht zu spielen) von dieser Menge jede Auszahlung, die besser ist als $c = (2,2)$, als teilspielperfektes Nash-Gleichgewicht erreicht werden kann. In Spielen, in denen der **Maximinpunkt** m und die Auszahlung c im Nash-Gleichgewicht differieren (z. B. in Matrix 4.5), ist aber eine noch größere Zahl von Auszahlungen (nämlich die ganze Menge V^* entsprechend Gleichung 4.6) als Gleichgewicht erreichbar, wenn man komplexere Vergeltungsstrategien zuläßt.

Das folgende Theorem ist seit langem in der Spieltheorie bekannt, ohne daß man es einem bestimmten Autor zuschreiben könnte. Deshalb der Name **Folk-Theorem**.

Theorem 4.3 (Folk-Theorem 1). *Angenommen, die Spieler diskontieren zukünftige Auszahlungen nicht ab* ($\delta = 1$). *Zu jeder zulässigen, individuell rationalen Auszahlungskombination (d. h. für alle* $u \in V^*$*) eines Stufenspiels* Γ *gibt es ein Nash-*

Gleichgewicht des unendlich wiederholten Spiels $\Gamma(\infty)$, in dem Spieler i im Durchschnitt je Periode die Auszahlung u_i erhält.

Der Beweis ist relativ einfach: Angenommen s ist eine bestimmte Kombination von Handlungen, die den Spielern die Auszahlung $u(s)$ liefert. Folgende Vergeltungsstrategie macht das ständige Spielen von s zu einem Gleichgewicht des wiederholten Spiels $\Gamma(\infty)$: Alle Spieler spielen die Kombination s, solange keiner davon abweicht. Sobald ein Spieler i abweicht, spielen alle anderen eine Kombination, die diesen Spieler i auf seinen Maximinwert m_i drückt. Jeder kurzfristige Gewinn durch Abweichung wird durch die Aussicht, von da an für immer auf den niedrigsten Wert beschränkt zu sein, unattraktiv.

Als Beispiel untersuchen wir, wie in Matrix 4.5 eine Auszahlung auf der Nutzengrenze als Nash-Gleichgewicht erreicht werden kann, in der Spieler 1 eine Auszahlung nahe $m_1 = 1$ erhält, während Spieler 2 fast das Maximum von 4 erreicht. Die durchschnittliche Auszahlung sei $1 + 2/n$ für Spieler 1 und $4 - 1/n$ für Spieler 2 ($u = (1 + 2/n; 4 - 1/n)$). Betrachten wir folgende Spielanweisung: Spieler 1 spiele immer seine erste Handlung. Spieler 2 spiele je Periode eine Mischung, bei der er mit Wahrscheinlichkeit $1/n$ s_{21} und mit $(n-1)/n$ s_{22} wählt. Weicht einer der Spieler von s ab, so spiele der andere für immer als Vergeltung s_{i3} (mit einer durchschnittlichen Auszahlung von 1).

Da für beliebig große n immer $1 < 1 + 1/n$ gilt, ist es auch für Spieler 1 optimal, sich an die vereinbarte Strategie σ zu halten. σ wäre selbst dann durchsetzbar, wenn Spieler 1 nicht die Durchführung des Randomisierungsmechanismus, sondern nur die ex post tatsächlich gewählten reinen Handlungen beobachten könnte. Bei einer genügend langen Zeitperiode T wird ja der Zufallsmechanismus aufgrund des Gesetzes der großen Zahlen dem Spieler 2 mit Sicherheit T/n mal s_{21} bestimmen. Ein Abweichen vom vorgeschriebenen Verhalten könnte folglich nach einer entsprechenden Zeitdauer mit Sicherheit entdeckt werden.

Der beschriebene Randomisierungsmechanismus ist nicht die einzige Strategiekombination mit der Auszahlung ($u = (1 + 2/n; 4 - 1/n)$) als Nash-Gleichgewicht. Eine Alternative lautet: Spieler 1 wählt immer s_{11}. Spieler 2 wählt in einem n-Perioden-Zyklus abwechselnd $(n-1)$-mal s_{22} und einmal s_{21}.

4.2.3.2 Teilspielperfekte Strategien ohne Diskontierung

Die in **Folk-Theorem 1** skizzierten Vergeltungsstrategien sind nicht teilspielperfekt: Sobald ein Spieler abweicht, ist es für mindestens einen Spieler nicht mehr rational, die angekündigten Vergeltungen tatsächlich auszuführen. Weil $m_i < u_i({}_is^c)$, kann es kein Nash-Gleichgewicht sein, einen Spieler für immer auf seinen Maximinwert m_i zu drücken. Die im vorigen Abschnitt betrachteten Vergeltungsstrategien beruhen damit auf **unglaubwürdigen Drohungen**; sie sind nicht teilspielperfekt. **Teilspielperfektheit** verlangt, daß das im Gleichgewicht unterstellte Verhalten für jeden denkbaren Spielverlauf h_t, also auch für alle Teilspiele außerhalb des betrachteten Gleichgewichtspfades optimal ist. Erstaunlicherweise ist aber jeder Punkt in V^* auch durch ein teilspielperfektes Gleichgewicht erreichbar, wie das nächste, von Aumann, Shapley und Rubinstein 1976 bewiesene (aber nie publizierte) Folk-Theorem aussagt:

Theorem 4.4 (Folk-Theorem 2). *Falls zukünftige Auszahlungen nicht diskontiert werden (also $\delta = 1$), ist die Menge aller Auszahlungsvektoren für teilspielperfekte Gleichgewichte eines Spieles $\Gamma(\infty)$ gleich der Menge der Nash-Gleichgewichte von $\Gamma(\infty)$; sie stimmen also mit V^* überein (vgl. Aumann 1981).*

Ein **teilspielperfektes Gleichgewicht** σ^{p} wird durch eine unendliche Sequenz von Strafandrohungen folgender Art durchgesetzt: Sobald ein Spieler von σ^{p} abweicht, wird er, wie bei den oben skizzierten Nash-Gleichgewichten, auf seinen Maximinwert gedrückt – und zwar so lange, bis der mögliche Gewinn, den er durch die Abweichung erhalten hat, zunichte gemacht ist. Danach spielt man wieder den ursprünglichen Gleichgewichtspfad σ^{p}. Damit ein Strafender wiederum einen Anreiz hat, die Maximinstrategien gegen den Abweichenden auch tatsächlich auszuführen, droht ihm, daß er selbst bestraft würde, wenn er die Strafe nicht ausführte. Auch er würde dann solange auf seinen Maximinwert gedrückt werden, bis eine Abweichung nicht mehr attraktiv ist. Um auch dessen Bestrafung glaubwürdig zu machen, müssen die Ausführenden der Strafe wiederum mit entsprechenden Strafen rechnen. Das Einhalten eines Gleichgewichts wird also durch eine Hierarchie von Strafen höherer Ordnung teilspielperfekt gemacht.

Aumann (1981) gibt folgendes Beispiel: Ein Autofahrer, der bei einer Geschwindigkeitskontrolle erwischt wird, versucht deshalb nicht, den Polizisten zu bestechen, weil er befürchten muß, daß dieser ihn wegen des Bestechungsversuchs anzeigt. Der Polizist würde ihn anzeigen, weil er seinerseits befürchten müßte, (vielleicht sogar von dem Autofahrer) wegen Bestechlichkeit angezeigt zu werden.

4.2.3.3 Teilspielperfekte Vergeltungsstrategien bei Diskontierung

Die Annahme, daß die Spieler zukünftige Auszahlungen nicht diskontieren, bedeutet im Grund, daß Zeit keine Rolle spielt („*Zeit kostet kein Geld*"). Auszahlungen in den ersten T Perioden haben selbst für beliebig hohes T eigentlich keine Bedeutung für das Spiel, weil nach Ablauf von T noch eine unendlich lange Zeit folgt, deren Auszahlungen die bisherigen Auszahlungen dominieren. Es gibt immer genügend Zeit, um alle Bestrafungen durchzuführen. Wenn dagegen spätere Auszahlungen weniger stark gewichtet werden, greifen naturgemäß die Strafdrohungen nicht mehr so stark. Insbesondere ist die im vorangehenden Abschnitt diskutierte zunehmende Sequenz von Strafen höherer Ordnung, die auch garantiert, daß die Strafenden ihre Strafen wirklich ausführen, nicht mehr ohne weiteres durchführbar. Alle in ferner Zukunft wirksamen Strafen haben selbst bei einem hohen Diskontfaktor wenig Bedeutung.

Sei $\sigma^{\mathrm{p}}(\delta)$ die Menge aller möglichen *teilspielperfekten Strategiekombinationen* σ^{p} und $V^{\mathrm{p}}(\delta)$ die Menge aller durch teilspielperfekte Strategien erreichbaren durchschnittlichen *Auszahlungskombinationen* je Periode für ein Superspiel $\Gamma(\infty, \delta)$ mit dem Diskontfaktor δ. Ebenso wie in einem Spiel ohne Zeitpräferenz ($\delta = 1$) können auch bei Abzinsung ($\delta < 1$) in der Regel sehr viele Auszahlungskombinationen $v \in V^p(\delta)$ durch teilspielperfekte Gleichgewichtspfade $\sigma^p \in \Sigma^p(\delta)$ verwirklicht werden. In Abschnitt 1 (Theorem 4.2) wurde bereits gezeigt, daß *diskriminierende Trigger-Strategien* teilspielperfekt sind: Es ist eine glaubwürdige Drohung, bei einer Abweichung des Spielers i zur Vergeltung für immer das Nash-Gleichgewicht ${}_is^c$ zu spielen, das für diesen am ungünstigsten ist. Wenn δ gegen 1 geht, lassen sich mit Hilfe von teilspielperfekten Pfaden alle Auszahlungen $V^c(\delta) = \{u(s)|s \in S; u_i \geq u_i({}_is^c)\} \subset V^p(\delta)$ durchsetzen.

Entspricht der Maximinwert m_i für jeden Spieler i der Auszahlung $u_i({}_is^c)$, die er in dem für ihn ungünstigsten Nash-Gleichgewicht erhält ($m_i = u_i({}_is^c)$), dann ist die diskriminierende Trigger-Strategie die härteste denkbare Strafe: Ein Spieler kann sich m_i ja auf jeden Fall sichern. Ist m_i dagegen niedriger als der Wert des ungünstigsten Gleichgewichts, so sind schärfere Strafen möglich. In der Menge $\Sigma^p(\delta)$ gibt es mindestens einen Pfad (wir nennen ihn ${}_i\sigma^p$), der dem Spieler i die *niedrigste mit einem teilspielperfekten Gleichgewichtspfad vereinbare Auszahlung* $u_i^{\min}(\delta, s^p)$ bringt. Diese Auszahlung[11] bezeichnen wir mit $u_i(\delta, {}_i\sigma^p) = \{u_i^{\min}(\delta, \sigma^p)$ für alle $\sigma^p \in \sum^p\}$. **Folk-Theorem 2** zeigte, daß bei $\delta = 1$ jeder Spieler i durch eine teilspielperfekte Strategie auf seinen Maximinwert m_i gedrückt werden kann: $u_i(1, {}_i\sigma^p) = m_i$. Das bedeutet: $V^* \equiv V^p(1)$. Für $\delta < 1$ liegt $u_i(\delta, {}_i\sigma^p)$ in der Regel strikt zwischen m_i und dem Wert $u_i({}_is^c)$ des Nash-Gleichgewichts ${}_is^c$, das für i die niedrigste Auszahlung bringt: $m_i < u_i(\delta, {}_i\sigma^p) < u_i({}_is^c)$. Es wäre dann keine glaubwürdige (d. h. teilspielperfekte) Strategie, den Spieler für immer auf seinem Maximinwert zu drücken. Für $m_i < u_i(\delta, {}_i\sigma^p) < u_i({}_is^c)$ sind aber drastischere Strafen als die Rückkehr zu einem Nash-Gleichgewicht möglich.

Weil schärfere Strafen glaubwürdig sind, können auch für $\delta < 1$ höhere Auszahlungen durchgesetzt werden als mit Hilfe von **Trigger-Strategien**: $V^c(\delta) \subset V^p(\delta) \subset V^*$ (vgl. Abb. 4.13). Dies ist insbesondere dann von Bedeutung, wenn extreme Auszahlungen als teilspielperfekte Gleichgewichte verwirklicht werden sollen, seien es die maximal mögliche **Kollusion** in **Oligopolspielen** (Punkt K in Abb. 4.13) oder *effiziente Kontrakte* in **Principal-Agent-Beziehungen:** Wenn der Principal (als Spieler 1) für sich eine maximale Auszahlung sichern möchte, ist für ihn in Abb. 4.13 Punkt X erreichbar.

Während Trigger-Strategien sehr einfach berechnet werden können, haben schärfere (optimale) teilspielperfekte Vergeltungsstrategien eine wesentlich komplexere Struktur. Um die Teilspielperfektheit von σ zu prüfen, müßte im Prinzip *für jeden denkbaren Spielverlauf* h_t gezeigt werden, daß die Kombination σ auch ein Nash-Gleichgewicht des entsprechenden *Teilspiels* darstellt. Wie Abreu (1988) nachweist, genügt es aber zur Charakterisierung aller teilspielperfekten Gleichgewichtsauszahlungen $V^p(\delta)$ für $\delta < 1$, sich auf Drohstrategien mit **zeitunabhängigen Vergeltungspfaden** zu beschränken.

Der Beweis beruht auf der Anwendung der Methoden **dynamischer Programmierung** auf ein Optimierungsproblem mit mehr als einem Akteur (Sabourian, 1989, S. 70f). Ohne Diskontierung ist die Existenz von solchen einfachen optimalen

[11] Abreu (1988) zeigt, daß $u_i(\delta, {}_i\sigma^p)$ immer existiert, wenn die Auszahlungsfunktion u_i stetig ist.

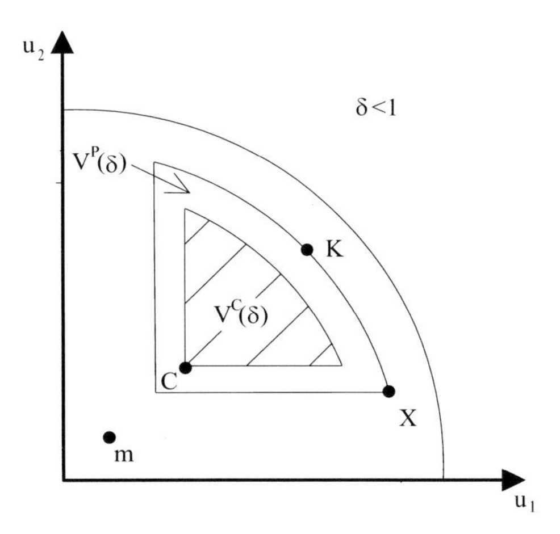

Abb. 4.13 Menge aller Auszahlungsvektoren bei teilspielperfekten Vergeltungsstrategien

Vergeltungspfaden nicht gesichert: Für $\delta = 1$ wäre eine komplexe Hierarchie von Strafen erforderlich, deren Schärfe möglichweise davon abhängt, wie drastisch die vorangegangenen Abweichungen waren.

Abreu (1988) bezeichnet solche Pfade als *„einfache" Strategieprofile* $\sigma = \{\sigma_{0},{}_1\sigma^{\mathrm{p}}, \ldots, {}_i\sigma^{\mathrm{p}}, \ldots, {}_n\sigma^{\mathrm{p}}\}$. Sie lassen sich wie folgt beschreiben: Solange keine Abweichung erfolgt, halten sich alle Spieler an den ursprünglich vereinbarten Pfad σ_0 mit der Auszahlung $u(\sigma_0) > m$. Falls Spieler i abweicht, wechseln alle zu dem Vergeltungspfad ${}_i\sigma^{\mathrm{p}}$, der für den abweichenden Spieler i am ungünstigsten ist, der ihm also nur die niedrigste mit teilspielperfekten Strategien vereinbare Auszahlung $u_i(\delta, {}_i\sigma^{\mathrm{p}})$ zugesteht. Die Strafe ist unabhängig davon, wie stark i von der Vereinbarung σ_0 abgewichen ist. Hält sich Spieler i nicht an den vorgeschriebenen Vergeltungspfad, dann beginnt die Strafaktion ${}_i\sigma^{\mathrm{p}}$ von neuem. Sobald sich ein anderer Spieler j nicht an den Strafpfad ${}_i\sigma^{\mathrm{p}}$ hält, wechseln alle auf den Vergeltungspfad ${}_j\sigma^{\mathrm{p}}$ gegen den Spieler j.

Abreu (1986, 1988) hat bewiesen, daß der optimale Vergeltungspfad ${}_i\sigma^{\mathrm{p}}$ gegen Spieler i folgende Eigenschaften aufweist: Zunächst wird Spieler i sehr hart bestraft; er kann unter Umständen sogar weniger als seinen Maximinwert erhalten. Im Vergleich zu der unangenehmen Anfangsphase steigt seine durchschnittliche Auszahlung in den späteren Perioden: Der Spieler wird dann dafür belohnt, daß er anfangs die bittere Medizin eingenommen hat. Die Strafe hat also den Charakter von Zuckerbrot und Peitsche (*stick and carrot*). Dies veranlaßt den Bestraften, bei seiner Bestrafung zu kooperieren (also entlang des Strafpfads nicht nochmals abzuweichen): Andernfalls nämlich startet die ganze Strafaktion wieder von neuem; er müßte die harte Bestrafung nochmals von vorne durchlaufen und noch länger auf die Zeit der „Belohnung" warten. Auch für die Bestrafenden ihrerseits besteht ein Anreiz, diese Bestrafung tatsächlich durchzuführen. Weicht nämlich einer von ihnen, Spieler j, vom Vergeltungspfad ab, wird nun die oben beschriebene Strafaktion ${}_j\sigma^{\mathrm{p}}$ gegen ihn gerichtet: nun wird j so bestraft, daß er nur sein Mindestauszahlungsniveau $u_j(\delta, {}_j\sigma^{\mathrm{p}})$ erhält.

Obwohl man einfach zeigen kann, daß ein optimaler Vergeltungspfad immer existiert und den beschriebenen Charakter von Zuckerbrot und Peitsche aufweist, ist die explizite Berechnung des Pfads im allgemeinen sehr kompliziert. Für das **Oligopolspiel** mit symmetrischen Produzenten hat Abreu (1986) gezeigt, daß für bestimmte Parameterwerte ein **symmetrischer Vergeltungspfad**, in dem alle Spieler (sowohl der Bestrafte wie die Strafenden) jeweils die gleiche Outputmenge produzieren, optimal sein kann (die Strafenden erhalten also entlang des Strafpfads die gleiche Auszahlung wie der Bestrafte).

Der symmetrische Pfad besteht aus *zwei Phasen*: In der ersten Strafphase wird ein Output produziert, der den des **Cournot-Nash-Gleichgewichts** übersteigt; in einer zweiten Phase wird dann aber das Outputniveau produziert, das für alle Spieler die *maximale* mit einem glaubwürdigen Strafpfad gerade noch vereinbare *Auszahlung* ermöglicht. Dieser Strafpfad erlaubt eine härtere Bestrafung als die Trigger-Strategie, die die Rückkehr zum Cournot-Nash-Gleichgewicht vorsieht. In der Regel sind freilich die optimalen Strafpfade nicht symmetrisch, sondern jeweils spezifisch auf den „Täter" zugeschnitten.

Welche Auszahlungen sind durch optimale Drohstrategien als teilspielperfekte Gleichgewichte erreichbar, wenn die Spieler zukünftige Auszahlungen diskontieren? Es ist klar, daß die Menge aller als Gleichgewicht von $\Gamma(\infty, \delta)$ erreichbaren Auszahlungen bei **Diskontierung** kleiner als V^* werden kann. Im Extremfall etwa, bei einer Diskontrate $\delta = 0$, fällt das Spiel $\Gamma(\infty, \delta)$ mit dem Stufenspiel Γ zusammen. Man kann aber folgendes *Konvergenzresultat* zeigen:

Theorem 4.5 (Folk-Theorem 3). *Die Menge aller Auszahlungen, die als teilspielperfektes Gleichgewicht eines unendlich oft wiederholten Spiels $\Gamma(\infty, \delta)$ erreichbar sind, konvergiert für fast alle*[12] *Spiele Γ gegen die Menge aller zulässigen, individuell rationalen Auszahlungen V^*, wenn der Diskontfaktor gegen 1 geht. Für $\delta \to 1$ gilt also $V^p(\delta) \to V^*$ (Fudenberg und Maskin, 1986).*

Die Folk-Theoreme sagen aus, daß bei unendlich wiederholten Spielen eine extrem große Zahl von Gleichgewichten möglich ist. Auch die Forderung nach **Perfektheit** bringt keine Einschränkung der Vielzahl von Gleichgewichten. Vielfach wird dieses Ergebnis als enttäuschend gewertet, weil die Theorie wiederholter Spiele damit im Grunde keinerlei Prognosen über mögliche Gleichgewichtslösungen machen kann. Die Zahl teilspielperfekter Gleichgewichte ist *unendlich groß,* und jede Auszahlungskombination, die besser ist als die individuell rationalen Auszahlungen, ist als Lösung denkbar. Häufig wird zumindest gefordert, daß die realisierten Lösungen *auf der Nutzengrenze $H(P)$* aller möglichen Lösungen liegen sollten. Freilich kann das wiederholte Spielen eines Nash-Gleichgewichts s^c des Stufenspiels als mögliche Lösung von $\Gamma(\infty, \delta)$ nicht ausgeschlossen werden.

[12] Die Einschränkung bezieht sich auf Spiele mit mehr als zwei Spielern. Entlang eines Strafpfads muß es möglich sein, einen strafenden Spieler dafür zu belohnen, daß er sich an der Bestrafung beteiligt, ohne den Bestraften in gleicher Weise belohnen zu müssen. Dies ist nicht möglich, wenn die Auszahlungen aller Spieler bei den verschiedenen Strategiekombinationen stark miteinander korreliert sein. Wenn die Dimension der Menge aller zulässigen Auszahlungskombinationen mindestens so groß ist wie die Zahl der Spieler, ist ein solcher degenerierter Fall ausgeschlossen.

Unserer Meinung nach ist die Vielzahl von möglichen Lösungen jedoch kein Defekt der Theorie der Superspiele. Was die Ergebnisse zeigen, ist folgendes: Bei unendlich langer Spieldauer bedarf es zur Durchsetzung von (expliziten oder impliziten) Vereinbarungen keiner „*kooperativen Infrastruktur*", d. h., auch wenn Vereinbarungen nicht durch exogene Instanzen bindend durchgesetzt werden, können sie bei unendlichem Zeithorizont durch geeignete Drohstrategien von den Mitspielern selbst durchgesetzt werden. Die Theorie der **Superspiele** zeigt an, welche Vereinbarungen unter solchen Bedingungen möglich sind. Sie kann aber nicht angeben, welche Vereinbarung dann konkret getroffen wird. Dies ist freilich nicht weiter verwunderlich, weil ja der Mechanismus, durch den die Mitspieler sich auf ein bestimmtes σ^* einigen, gar nicht modelliert wurde. Um bestimmen zu können, welche unter den vielen möglichen Lösungen realisiert wird, müßte der **Kommunikationsprozeß,** der dem Spiel $\Gamma(\infty,\delta)$ vorangeht, untersucht werden.

Häufig wird die Auswahl durch **Verhandlungen** bestimmt. Es liegt nahe anzunehmen, daß rationale Spieler bei Verhandlungen einen Punkt auf der Nutzengrenze wählen werden. Die Aufteilung wird dann von der Verhandlungsstärke abhängen. Ansätze dazu lernen wir bei der Behandlung kooperativer Spiele kennen. Es sind aber auch Situationen denkbar, in denen ein Spieler in der Lage ist, den Strategiepfad σ^* allein auszuwählen – etwa weil für ihn die Möglichkeit besteht, *glaubhaft selbstbindende Verpflichtungen* einzugehen. Er ist dann ein **Stackelberg-Führer** und wird den für ihn günstigsten Pfad wählen, z. B. in Principal-Agent-Beziehungen oder im **Handelskettenparadox** (**Chain Store Paradox**). Welcher der zulässigen Pfade letztlich gewählt wird, hängt also von den konkreten Bedingungen ab, die in der betrachteten Situation vorliegen.

Verschiedene Aspekte der bisher skizzierten Vergeltungsstrategien sind unbefriedigend. Wir werden in den nächsten Abschnitten auf folgende Probleme eingehen:

(a) In allen bisher betrachteten Gleichgewichten sind die angedrohten Vergeltungen so wirksam, daß niemals versucht wird, vom Gleichgewichtspfad abzuweichen. Die Strafen müssen deshalb *nie ausgeführt* werden. Der Grund liegt darin, daß jedes Abweichen in der folgenden Periode mit Sicherheit erkannt wird und somit unmittelbar sanktioniert werden kann. In der Regel freilich können Abweichungen nur mit einer gewissen Wahrscheinlichkeit erkannt werden. Unter solchen Bedingungen kann es optimal sein, bei bestimmten Ereignissen Strafen auszuführen. Als ein Beispiel werden wir im Abschnitt 4.2.4 ein **Cournot-Nash-Oligopol** diskutieren.

(b) Sobald ein Spieler von den Vereinbarungen abweicht, schreiben die Strategien allen Mitspielern vor, Vergeltungsmaßnahmen zu ergreifen. Damit bestrafen sie zwar den Übeltäter, gleichzeitig aber bestrafen sie sich in der Regel auch selbst: Auch ihre eigenen Auszahlungen werden dadurch ja reduziert. Damit aber besteht ein Anreiz, neue Verhandlungen aufzunehmen und die vereinbarten Drohstrategien zu verwerfen. Die Möglichkeit zu **Neuverhandlungen** untergräbt freilich die Glaubwürdigkeit der ursprünglichen Drohung. Im Abschnitt 4.2.5 werden wir untersuchen, welche Vergeltungsstrategien Kooperation auch gegen Neuverhandlungen absichern können.

(c) Die starke *Diskontinuität* zwischen den Ergebnissen bei beschränktem (wenn auch noch so langem) und bei unendlichem Zeithorizont ist mit der Intuition nicht unbedingt vereinbar. Die Möglichkeit, **Kooperation aus Eigeninteresse** begründen zu können, macht das Spiel $\Gamma(\infty, \delta)$ attraktiv; andrerseits gibt es gute Argumente dafür, daß die Welt endlich ist. In Abschnitt 4.2.6 werden wir auf verschiedene Auswege aus diesem Dilemma eingehen:

- Wenn das Stufenspiel *mehrere* Nash-Gleichgewichte besitzt, läßt sich auch bei begrenztem Zeithorizont Kooperation begründen (Abschnitt 4.2.6.1).
- *Unvollständige Information über die Auszahlungsmatrix* der Mitspieler kann Kooperation auch bei endlichem Zeithorizont attraktiv machen (Abschnitt 4.2.6.2).
- Eine andere Möglichkeit besteht darin, *beschränkte Rationalität* (etwa einen begrenzten Planungshorizont) in die Modelle einzubeziehen (Abschnitt 4.2.6.3).

4.2.4 Stochastische Spiele: Oligopol mit Nachfrageschwankungen

In den bisher betrachteten Modellen wurde unterstellt, daß alle Spieler exakt beobachten können, wie ihre Mitspieler in den vergangenen Perioden gehandelt haben. Dies impliziert, daß Vergeltungsdrohungen eine vollkommene Abschreckung ermöglichen: Entlang eines Gleichgewichtspfads hat kein Spieler ein Interesse abzuweichen. Häufig gibt es freilich über die vergangenen Züge der Mitspieler keine perfekte Information. Betrachten wir folgendes Beispiel: In einem **Oligopol** vereinbaren die Spieler, über mehrere Periode zu kooperieren, indem sie ihre Produktion beschränken. Ob sich die Konkurrenten an die Vereinbarung halten, ist aber nicht direkt überprüfbar, weil nicht beobachtet werden kann, wieviel Output sie in der Vergangenheit produzierten. Das gemeinsame Wissen besteht also ausschließlich aus den Preisen der Vorperioden. Bei gegebener Nachfrage ließe sich zwar aus der Kenntnis des realisierten Preises indirekt auf den Gesamtoutput schließen. Im allgemeinen aber unterliegt die Gesamtnachfrage Zufallsschwankungen. Dann kann der Preis der Vorperiode niedrig sein, weil die Gesamtnachfrage niedrig war, oder aber weil ein Konkurrent mehr als vereinbart produziert hat. Nur in dem Maße, in dem die beobachtbaren Variablen (wenn auch unvollkommene) Rückschlüsse auf die Strategiewahl (die Produktionsmengen) der Konkurrenten zulassen, sind Vergeltungsmaßnahmen möglich.

In diesem Abschnitt wollen wir untersuchen, welche Lösung sich bei imperfekter Information ergibt. Wir beschränken uns dabei auf ein symmetrisches **Oligopolmodell**, das von Green und Porter (1984) entwickelt wurde: In diesem Modell können die N Produzenten nur die Preise der Vorperioden, nicht aber die Outputmengen ihrer Konkurrenten beobachten. Der Marktpreis hängt sowohl von der aggregierten Produktionsmenge als auch von (nicht beobachtbaren) Zufallsschwankungen der Nachfrage ab. Die Nachfrageschwankungen in jeder Periode sind stochastisch voneinander unabhängig; vor Realisation der Zufallsvariablen liegt in jeder Periode das gleiche stochastische Stufenspiel $\Gamma(N,S,u,\Omega)$ mit dem Störterm Ω vor. Aufgrund der Störungen kann aus dem Marktpreis nicht präzise auf die Gesamtproduktion geschlossen werden. Abweichungen von (impliziten oder expliziten) Vereinbarungen können daher nicht direkt beobachtet werden. Der Marktpreis kann deshalb niedrig sein, weil mehr als vereinbart produziert wurde; er kann aber auch deshalb niedrig sein, weil die Gesamtnachfrage zufällig besonders gering war. Die Beobachtung des Marktpreises kann freilich zumindest indirekt mit Hilfe eines statistischen Tests gewisse Rückschlüsse darauf erlauben, ob die Spieler sich an die Vereinbarungen gehalten haben.

Green und Porter (1984) untersuchen gewinnmaximierende Strategien, wenn die Produzenten als Vergeltungsstrategie zur **Cournot-Nash-Menge** s^c zurückkehren, sobald der Marktpreis unter einen bestimmten Trigger-Preis fällt. Sie nehmen dabei an, daß die Zufallsschwankungen sich als multiplikativer Störterm Ω der Preis-Absatzfunktion auswirken: $p_t = \Omega_t p(S_t)$, wobei $S_t = \sum_i s_{it}$ die Gesamtproduktion und s_{it} die Produktionsmenge von Produzent i in Periode t bezeichnet. Die Nachfrageschocks der verschiedenen Perioden sind identisch, unabhängig voneinander verteilt mit dem Erwartungswert $E(\Omega_t) = 1$. Die Realisation des Störterms kann von den Produzenten nicht beobachtet werden.

Die Kooperationsstrategie besteht darin, solange die **Kollusionsmengen** $s_i^k < s_i^c$ zu produzieren, bis der beobachtete Preis unter den Trigger-Preis $\hat{p}$ fällt ($p_t < \hat{p}$). Von da an produzieren alle für T Perioden die Menge s_i^c und kehren erst dann wieder zur Kollusionsmenge s_i^k zurück. Die Kollusion wird nun von neuem solange aufrechterhalten, bis der Marktpreis wiederum unter $\hat{p}$ fällt. Jedes Unternehmen steht vor folgendem Problem: Es hat individuell einen Anreiz, mehr als vereinbart zu produzieren, weil dadurch sein Gewinn, gegeben die Mengen der anderen Anbieter, in der jeweiligen Periode steigt. Andrerseits erhöht sich damit die Wahrscheinlichkeit, daß der Preis unter die kritische Schwelle $\hat{p}$ fällt und somit für T Perioden die Vergeltungsphase ausgelöst wird.

Als Kollusionsmenge s_i^k ist die Menge durchsetzbar, für die gilt: Bei der Menge s_i^k entspricht für jedes Unternehmen der marginale zusätzliche Ertrag einer Produktionssteigerung gerade den marginalen zusätzlichen Kosten (das sind die erwarteten zukünftigen Verluste durch die höhere Wahrscheinlichkeit, daß die Vergeltungsphase mit dem niedrigen Cournot-Nash-Gewinn ausgelöst wird). Im allgemeinen ist die Monopollösung nicht durchsetzbar, d. h., $\sum_i s_i^k$ ist höher als die Menge, die im Monopol mit N koordinierten Betrieben produziert würde.

Im Gleichgewicht wird sich jeder an die vereinbarten Strategien halten. Aufgrund der stochastischen Nachfrageschwankungen ist es aber unvermeidlich, daß ab und zu der Marktpreis unter den Trigger-Preis fällt. Dies löst automatisch für T Perioden Vergeltungsmaßnahmen aus. Obwohl alle Spieler wissen, daß im Gleichgewicht keiner mogelt und deshalb nur Zufallsschwankungen für das Abweichen verantwortlich sein können[13], wird sich jeder an den Vergeltungsmaßnahmen beteiligen: Würden sie nicht ausgeführt, dann würden sich die Anreize verändern und Kollusion wäre

[13] Im Gleichgewicht kann man also perfekt auf die jeweils vorliegende Zufallsschwankung rückschließen.

nicht länger individuell rational. Die Vergeltungsstrategien stellen ein sequentielles Gleichgewicht dar: Wenn alle anderen die Strategien ausführen, so ist es für keinen möglich, sich durch Abweichen besser zu stellen.

Das Modell von Green und Porter (1984) ist restriktiv, weil es von vorneherein nur eine kleine Menge von Vergeltungsstrategien zuläßt. Härtere Strafen könnten vielleicht eine bessere **Kollusionslösung** (mit niedrigerer Produktion) durchsetzen. Green und Porter analysieren nur Vergeltungsmaßnahmen mit folgenden Eigenschaften:

- Vergeltungen werden dann ausgelöst, wenn der Preis unterhalb des Trigger-Preises $\hat{p}$ (also im Intervall $[0,\hat{p}]$) liegt. Es wird also nur ein einseitiger Test zugelassen.
- Schärfere Strafen als die Rückkehr zur Cournot-Nash-Strategie s^c werden nicht analysiert.
- Der Trigger-Preis ist in jeder Periode gleich, unabhängig von den in früheren Perioden beobachteten Preisen.
- Jedes Unternehmen produziert nur zwei Outputmengen: entweder s_i^k oder s_i^c
- Nur eine Form von Vergeltung (die Cournot-Nash-Menge) wird zugelassen; es wird nicht untersucht, ob es nicht besser ist, verschieden starke Vergeltung zu üben, je nachdem, wie niedrig der Preis der Vorperiode ausgefallen ist.

Abreu et al. (1986) haben den Ansatz von Green und Porter (1984) weiterentwickelt und global optimale **Kollusionslösungen** untersucht – ohne dem Verlauf möglicher Vergeltungspfade die beschriebenen Restriktionen aufzuerlegen. Ihr Ansatz hat zudem den Vorteil, daß nur sehr schwache Annahmen bezüglich des stochastischen Störterms der Nachfrage benötigt werden. Die Analyse beschränkt sich nicht auf den Fall eines multiplikativen Störterms. Ein allgemeinerer Ansatz steht allerdings vor folgender Schwierigkeit: Wenn sich bestimmte Preise nur ergeben könnten, falls Spieler vom Gleichgewichtspfad abweichen, wäre relativ einfach eine wirkungsvolle Abschreckung möglich. Die Bestrafung müßte nur entsprechend hart sein, sobald solche Preise beobachtet werden. Es wird daher sinnvollerweise angenommen, daß bei den zufälligen Nachfrageschwankungen immer alle zulässigen Preise in einem Intervall $[p_-,p_+]$ realisiert werden können, unabhängig von der Höhe des aggregierten Produktionsniveaus $S_t = \sum s_{it}$.

Damit ein einfacher Test möglich ist, sei zudem angenommen, daß niedrigere Preise mit größerer Wahrscheinlichkeit auftreten, falls die Gesamtproduktion S hoch ist. Man nennt diese Forderung an die Verteilungsfunktion des Preises die Bedingung eines „*monotonen Likelihood-Quotienten*“.

Ein höheres aggregiertes Outputniveau ($S_2 > S_1$) verschiebt dann in Abb. 4.14 die Dichtefunktion über alle zulässigen Preise im Intervall $[p_-,p_+]$ nach links: Die Wahrscheinlichkeit dafür, daß niedrigere Preise auftreten, steigt. Beim Rückschluß vom beobachten Preis auf die vermutete Produktionsmenge S gilt deshalb umgekehrt: Ein niedriger Preis ist ein Indiz dafür, daß mehr als vereinbart produziert wurde.

Abreu et al. (1986) kommen zu dem Ergebnis, daß optimale symmetrische Strategien eine einfache Struktur aufweisen, die ähnliche Eigenschaften hat wie das

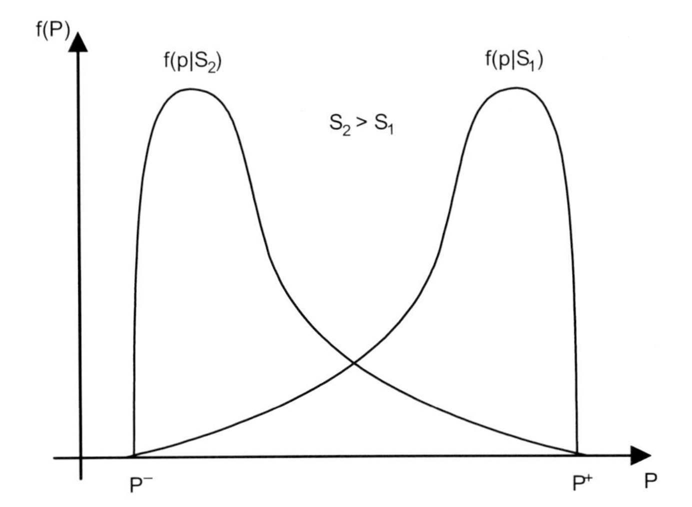

Abb. 4.14 Monotoner Likelihood-Quotient

Modell von Green und Porter (1984). Die Autoren zeigen, daß **optimale Kollusionslösungen** folgende Struktur haben: Pro Periode gibt es nur zwei Outputregimes: $s_{\max}$ und $s_{\min}$. $s_{\min}$ ermöglicht die maximal erreichbare Auszahlung der Unternehmen bei Kollusion; $s_{\max}$ ist die schärfste teilspielperfekte Vergeltungsstrategie. Sie besteht in der Regel in einer Produktionsmenge, die größer ist als die Cournot-Nash-Menge: $s_{\max} > s^c$. Das Spiel wechselt zwischen Kooperationsphasen (Regime 1 mit $s_{\min}$) und Vergeltungsphasen (Regime 2 mit $s_{\max}$).

Das Spiel beginnt mit Kooperation: Alle produzieren die Menge $s_{\min}$. Abhängig von der produzierten Gesamtmenge und der Realisation der Zufallsvariable stellt sich ein Marktpreis p ein. Ist die Bedingung des monotonen Likelihood-Quotienten erfüllt, so kann ein hoher Preis als Indiz für Vertragstreue aller Unternehmen interpretiert werden. Übersteigt der Preis einen kritischen Wert $p_1 (p > p_1)$, wird deshalb in der nächsten Periode die Kooperation (Regime 1) fortgesetzt.

Fällt der Preis dagegen unter den kritischen Wert $p_1 (p < p_1)$, wird dies als Vertragsbruch (eine zu hohe Produktionsmenge S) gewertet, und in der nächsten Periode wechseln alle zur Vergeltungsphase (Regime 2 mit hoher Produktion $s_{\max}$).

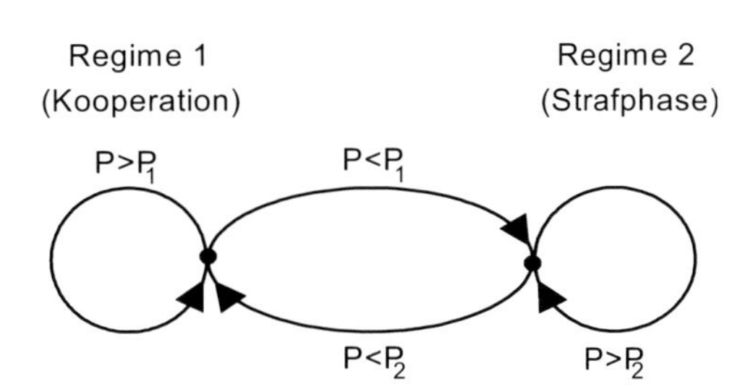

Abb. 4.15 Kooperations- und Vergeltungsphase

Die Vergeltungsphase hat aber *keine feste Zeitdauer*; vielmehr wechseln die Unternehmer zur kooperativen Produktionsmenge s_{min}, sobald der Preis unter einen kritischen Wert p_2 fällt. Andernfalls, d. h. für $p > p_2$, wird Regime 2 mit der Vergeltungsstrategie fortgesetzt. Während der Vergeltungsphase sollen alle ja ein hohes Outputniveau produzieren; ein niedriger Preis ist dann ein Indiz für korrektes Verhalten, während es im Regime 1 ein Indiz für Abweichungen ist.

Das Spiel folgt damit einem **Markov-Prozeß**: Die Regime 1 und 2 wechseln einander mit bestimmten Übergangswahrscheinlichkeiten ab; in welchem Regime man sich in der nächsten Periode befindet, hängt allein vom heutigen Regime und dem zufällig realisierten Preis ab (vgl. Abb. 4.15).

Die skizzierte Vergeltungsstrategie ermöglicht im Durchschnitt höhere Gewinne als die einfache **Trigger-Strategie** im Modell von Green und Porter (1984). Allerdings kann das Kartell selbst bei Verwendung der optimalen Vergeltungsstrategie nicht die Monopollösung mit N koordinierten Betrieben durchsetzen: Eine Vereinbarung, immer die Monopolmenge zu produzieren, würde die Anreizbeschränkungen verletzen. Zur Durchsetzung der **Kollusion** muß die Strafmenge s_{max} auch tatsächlich produziert werden, sobald der Preis unter den kritischen Wert fällt. Das bedeutet, daß es auch bei optimalen Vergeltungsstrategien nicht möglich ist, in dem stochastischen Spiel Auszahlungen an der Nutzengrenze zu erreichen, denn optimale teilspielperfekte Vergeltungsstrategien wie in Abschnitt 4.2.3 verlangen, daß der Abweichende entsprechend hart bestraft wird. In der betrachteten Situation aber ist es nie möglich, zu unterscheiden, wer von den Kartellmitgliedern abgewichen ist; Strafpfade, die jeweils nur den Abweichenden diskriminieren, sind somit nicht möglich.

4.2.5 Neuverhandlungsstabile Gleichgewichte

Eine Strategiekombination ist ein **teilspielperfektes Gleichgewicht**, wenn die Drohung glaubwürdig ist, einen Abweichenden durch das Wechseln zu einem anderen, für ihn weniger attraktiven Gleichgewichtspfad zu strafen. In der Regel werden durch den Wechsel nicht allein der Abweichende, sondern auch die Bestrafenden schlechter gestellt. Beim **Gefangenendilemma** etwa würde die Drohung, zum Nash-Gleichgewicht des Stufenspiels zurückzukehren, natürlich auch den Strafenden selbst bestrafen. Mitunter haben die Drohungen sogar folgenden Charakter: Wenn du dich nicht an die Vereinbarungen hältst, dann erschießen wir uns gegenseitig.

Nehmen wir an, es erfolgt eine Abweichung vom Gleichgewichtspfad. Ein einzelner Spieler kann sich dann natürlich nicht besser stellen, wenn er etwas anderes als die Vergeltungsstrategie spielt; der vorgezeichnete Strafpfad ist ja wiederum teilspielperfekt. Sofern für die Spieler im Spielverlauf keine Möglichkeit zur **Kommunikation** besteht, können auch alle Spieler gemeinsam kein besseres Ergebnis erreichen. Andererseits aber bestand ja zu Beginn des Spiels die Möglichkeit, sich (zumindest implizit) auf eine bestimmte kooperative Strategie zu einigen. Nach einem Abweichen sieht die Welt aber genauso aus wie zu Beginn des Spiels (insbesondere aufgrund der unterstellten stationären Struktur). Es besteht folglich ein Anreiz, neue Verhandlungen aufzunehmen und die früher einmal vereinbarten Drohstrategien zu verwerfen: Diese wären zwar dynamisch konsistent (teilspielperfekt), sofern keine Kommunikation zwischen den Spielern mehr stattfinden kann; dies gilt aber im allgemeinen nicht, falls **Neuverhandlungen** möglich sind.

Besteht die Möglichkeit, jederzeit neu zu verhandeln, um nicht-bindende Verträge abzuschließen, könnten die Spieler sich nach einer Abweichung verbessern, wenn sie sich darauf einigten, den ursprünglichen Pfad wieder von vorne zu spielen, statt den unattraktiven Strafpfad auszuführen. Die Möglichkeit zu Neuverhandlungen untergräbt freilich die Glaubwürdigkeit der ursprünglichen Drohungen und stellt so die Durchführbarkeit des Ausgangsgleichgewichts in Frage. Viele teilspielperfekte Gleichgewichte würden bei Neuverhandlungen verworfen; damit reduzieren sich die Möglichkeiten zur Kooperation.

Als einer der ersten hat Joseph Farrell ein Konzept **neuverhandlungsstabiler Gleichgewichte** entwickelt. Es fordert, Gleichgewichte auszuschließen, in denen die geplanten Strafpfade auch die Strafenden bestrafen. Farrell vermutete, daß im wiederholten Gefangenendilemma als einziges Gleichgewicht nur mehr das Nash-Gleichgewicht des Stufenspiels übrigbleibt. Beschränkt man sich auf **Trigger-Strategien**, dann würde in der Tat die Möglichkeit zu Neuverhandlungen jede Kooperation zunichte machen: Da alle antizipieren, daß ein Abweichen nicht, wie vorgesehen, bestraft würde, wäre ein Abweichen mit keinen Kosten verbunden. Als einziges konsistentes Gleichgewicht bliebe dann wieder nur das Nash-Gleichgewicht s^c. Dies trifft jedoch bei komplexeren Strategien nicht mehr zu. Wir wollen in diesem Abschnitt analysieren, welche Gleichgewichtspfade robust sind gegenüber der Möglichkeit, neu zu verhandeln.

Das von Farrell entwickelte Konzept wird von Farrell und Maskin (1989) als **schwach neuverhandlungsstabiles Gleichgewicht** bezeichnet. Es beruht auf folgender Idee: Gleichgewichtsstrategien σ^* bestehen immer aus einer Menge Φ von verschiedenen Pfaden. Einer davon wird gespielt, je nach dem, was sich in der Vergangenheit ereignet hat: entweder die ursprünglich vereinbarte Kombination σ_0^* oder, falls ein Spieler i abweicht, der Vergeltungspfad σ^i, der ihn bestrafen soll. Eine Strategie mit einer Menge Φ von Pfaden ist *schwach neuverhandlungsstabil*, wenn gilt:

(1) Alle Pfade in Φ sind teilspielperfekt.
(2) Für keinen Pfad in Φ gibt es einen anderen Pfad in Φ, der für alle Spieler eine höhere Auszahlung bringt. D. h. für jeden Pfad in Φ gibt es keinen Zeitpunkt, zu dem alle Spieler zu einem anderen Pfad in Φ überwechseln wollen.

Betrachten wir im Gefangenendilemma von Matrix 4.4 das Gleichgewicht $\sigma^* = (\{s^*\}, \{s^c\})$ mit der **Trigger-Strategie:** *Kooperiere am Anfang und dann solange, wie auch der Gegenspieler kooperiert. Falls er abweicht, spiele die Strategie* s_{i2}.

Formal lautet diese Strategie:

$$s_{it} = \begin{cases} s_{i1} & \text{(Kooperation), falls } t = 0 \text{ oder } h_t = (s_1^*, \ldots, s_1^*) \\ s_{i2} & \text{andernfalls} . \end{cases}$$

Offensichtlich ist diese Strategie nicht neuverhandlungsstabil. Eine Rückkehr zu dem Ausgangspfad nach einer Abweichung würde für alle eine Auszahlung in Höhe von 3 ermöglichen, während der Vergeltungspfad nur die Auszahlung 2 liefert. Es besteht deshalb ein starker Anreiz, die Vergangenheit zu vergessen und aufs neue mit dem Ausgangspfad zu beginnen. Weil dann aber eine Abweichung ohne Folge bleiben müßte, würde Kooperation nie nicht zustande kommen.

Wie van Damme (1989a) zeigt, ist es dennoch möglich, die **kooperative Lösung** mit Hilfe von **neuverhandlungsstabilen Strategien** durchzusetzen: Sobald i von der Kooperation abweicht, spielt j als Vergeltung seine zweite Strategie. Er tut dies aber nur solange, wie der Abweichende i keine Reue zeigt. i kann sein Vergehen bereuen, indem er selbst die kooperative Strategie spielt, um damit dem Gegner j einen einmaligen Vorteil zuzugestehen und sich selbst an der eigenen Strafe zu beteiligen. Sobald i sein Abweichen bereut (indem er selbst reumütig seine kooperative Strategie spielt), kehrt auch der Strafende zur Kooperation zurück.

Der Vergeltungspfad dieser Strategie ermöglicht dem Strafenden eine höhere Auszahlung als für den Fall, daß er durch Neuverhandlungen zur Ausgangsstrategie zurückkehren würde. Nach einer Abweichung verliert nur derjenige, der bestraft wird, während der andere gewinnt. Es besteht daher kein Anreiz zu Neuverhandlungen!

Van Damme zeigt, daß beim **Gefangenendilemma** alle Auszahlungen, die besser sind als das Nash-Gleichgewicht, durch schwach neuverhandlungsstabile Strategien erreicht werden können, sofern die Wahl **gemischter Strategien** beobachtbar ist. Zur Illustration sei gezeigt, daß auch das ständige Spielen des Nash-Gleichgewichts entsprechend der gewählten Definition neuverhandlungsstabil ist: Hier gibt es nur einen Strategiepfad (spiele immer s_{i2}). Die Menge Φ besteht demnach nur aus einem Element. Damit kann es natürlich keinen Pfad in Φ geben, der den Spielern eine höhere Auszahlung ermöglicht.

Im Fall des Gefangenendilemmas schränkt das Konzept also die Zahl möglicher Gleichgewichte nicht ein. Im Oligopolmodell mit stochastischen Schwankungen aber ist außer der Cournot-Nash-Lösung kein Gleichgewicht schwach neuverhandlungsstabil. Weil dort nur das Gesamtproduktionsniveau beobachtet werden kann, müssen Strafstrategien alle Unternehmen in gleicher Weise treffen. Es ist unmöglich, nur den jeweils Abweichenden zu bestrafen.

Das Beispiel des Gefangenendilemmas zeigt bereits die Problematik des schwachen Konzepts auf. Es garantiert zwar interne Stabilität: Kein Pfad in der Menge Φ der betrachteten Gleichgewichtsstrategie ist für alle besser als ein anderer; demnach besteht kein Anreiz, zwischen den verschiedenen Pfaden innerhalb dieser Menge zu wechseln. Wie die beiden betrachteten Beispiele zeigen, kann andrerseits aber sehr wohl eine schwach neuverhandlungsstabile Gleichgewichtslösung Φ' eine andere (Φ) dominieren, d. h. Φ' ist für alle Spieler besser als Φ. Damit ist das Konzept nicht stabil gegen Alternativen von außen: Es erklärt nicht, weshalb sich die Spieler bei Neuverhandlungen nicht auf Strategien einigen sollten, die außerhalb der ursprünglich betrachteten Menge Φ liegen.

Farrell und Maskin (1989) entwickelten deshalb ein strengeres Konzept, das stark neuverhandlungsstabile Gleichgewicht. Ein Gleichgewicht ist unter folgenden Bedingungen *stark neuverhandlungsstabil:*

1. Es ist schwach neuverhandlungsstabil.
2. Kein Pfad in Φ ist für alle Spieler schlechter als irgendein anderer Pfad in der Menge aller schwach neuverhandlungsstabilen Gleichgewichtspfade.

Bei der Durchsetzung der kooperativen Lösung im Gefangenendilemma ist offensichtlich die Trigger-Strategie, die mit der Rückkehr zum Nash-Gleichgewicht des Stufenspiels droht, *nicht* stark neuverhandlungsstabil. Dagegen erfüllt die Strafstrategie von van Damme das geforderte Kriterium. Das Konzept sondert eine Vielzahl von teilspielperfekten Gleichgewichten als nicht stark neuverhandlungsstabil aus und ist demnach eine Verfeinerung der Forderung nach Teilspielperfektheit. Allerdings ist die Existenz von stark neuverhandlungsstabilen Gleichgewichten nicht garantiert.

Die Idee neuverhandlungsstabiler Gleichgewichte wurde erst in den letzten Jahren entwickelt; die Forschung ist keineswegs abgeschlossen. Diese Eigenschaft ist sicher eine unverzichtbare Forderung an ein überzeugendes Lösungskonzept. Welche Strategien als verhandlungsstabil zu betrachten sind, hängt freilich von den Kriterien ab, die man an die Glaubwürdigkeit der Vergeltungspfade stellt. Die bereits vorgestellten Konzepte von Farell und Maskin (1989) gehen davon aus, daß Vergeltungspfade dann unglaubwürdig sind, wenn sie von einem Gleichgewichtspfad pareto-dominiert werden. (Für ein anderes Konzept vgl. Asheim, 1988.)

Man könnte dagegen einwenden, daß auch Vergeltungspfade, die für alle schlechter sind als der Gleichgewichtspfad, als glaubwürdige Drohung dienen können. Dahinter steht folgende Überlegung: Zu Beginn des Spiels einigen sich die Spieler (explizit oder implizit) auf einen bestimmten Gleichgewichtspfad. Dabei gehen sie davon aus, daß alle Spieler zur Kooperation tatsächlich bereit sind und sich an die Vereinbarung halten. Sie sind sich bewußt, daß durch Neuverhandlungen die Kooperationsmöglichkeit zerstört wird. Wenn einer der Spieler aber später dennoch abweicht, signalisiert er damit, daß er nicht die ursprünglichen Voraussetzungen erfüllt. Damit hat sich trotz der **Stationarität** des Superspiels die Spielsituation verändert: Der Spieler hat sich selbst diskreditiert, und es macht keinen Sinn, mit ihm neu zu verhandeln. So betrachtet, mag es durchaus glaubwürdig sein, daß die Spieler nicht mehr zum ursprünglichen Pfad zurückkehren, sondern den Vergeltungspfad ausführen, auch wenn er für alle niedrigere Auszahlungen bringt.

Ausgehend von solchen Überlegungen entwickeln Abreu und Pearce (1989) ein alternatives Konzept: Die Spieler akzeptieren, daß Vergeltungspfade (nach dem Bruch sozialer Konventionen) ihnen allen möglicherweise eine niedrigere Auszahlung als im Gleichgewicht bringen; sie akzeptieren dies aber nur unter der Voraussetzung, daß nicht eine andere, weniger harte Vergeltungsstrategie die gleiche

Abschreckungswirkung erzielen könnte. Weil dieses Konzept weniger strenge Forderungen an die Glaubwürdigkeit von Vergeltungen stellt, läßt es mehr Lösungen zu als das Konzept von Farell und Maskin. (Einen Überblick über die verschiedenen Konzepte enthält Bergin und MacLeod (1989).)

Im Gegensatz dazu fordern Güth et al. (1988), alle Lösungen sollten *teilspielkonsistent* sein. Dies schränkt die Zahl zulässiger Lösungen in Superspielen drastisch ein. **Teilspiel-Konsistenz** verlangt, daß das Verhalten rationaler Spieler bei zwei Teilspielen identisch sein sollte, die die gleiche Struktur aufweisen und damit **isomorph** im Sinne von Harsanyi und Selten (1988) sind. Sie argumentieren, daß Teilspiel-Konsistenz ein unverzichtbares Postulat rationalen Verhaltens darstellt. Damit aber ist in Superspielen jede Kooperation prinzipiell ausgeschlossen. Denn ein Teilspiel, das in einer beliebigen späteren Periode beginnt, hat wegen der Stationarität die gleiche Struktur wie das Spiel, das in $t = 1$ beginnt. Die in $t = 1$ erfolgten Handlungen sollten deshalb die Lösung eines Teilspiels in späteren Perioden nicht beeinflussen; sie sind bereits in der nächsten Periode irrelevante Geschichte. Weil alle Teilspiele eines unendlich oft wiederholten Spiels die gleiche Struktur haben, bestehen die einzigen teilspiel-konsistenten Lösungen im Spielen von Nash-Gleichgewichten des Stufenspiels.

Die Forderung nach **Teilspiel-Konsistenz** schließt in **Superspielen** alle Vergeltungspfade aus, weil diese naturgemäß immer vom Spielverlauf in der Vergangenheit abhängen, nämlich davon, wer im Verlauf der Geschichte h_t abgewichen ist. Es scheint freilich fraglich, ob diese Forderung als zwingendes Rationalitätspostulat betrachtet werden sollte.

4.2.6 *Endlich wiederholte Spiele*

Wir haben bereits mehrfach darauf hingewiesen, daß bei endlicher Wiederholung des Gefangenendilemma-Spiels keine Kooperation erfolgen kann, wenn das Stufenspiel nur ein einziges Nash-Gleichgewicht besitzt (vgl. Theorem 4.1). In diesem Abschnitt werden verschiedene Bedingungen diskutiert, unter denen trotz endlichem Zeithorizont Kooperation aufrechterhalten werden kann.

4.2.6.1 Multiple Gleichgewichte des Stufenspiels

Wie Friedman (1985) und Benoit und Krishna (1985) zeigen, ist **Kooperation** durchsetzbar, sobald das Stufenspiel mehrere Gleichgewichte besitzt. Eine Wiederholung des Spiels über mehrere Perioden kann dann eine Vielzahl neuer Gleichgewichte ermöglichen.

Matrix 4.6. Kartellabsprachen im Dyopol

	s_{21}	s_{22}	s_{23}
s_{11}	(100,100)	(0,110)	(0,0)
s_{12}	(110,0)	(50,50)	(0,0)
s_{13}	(0,0)	(0,0)	**(20,20)**

Betrachten wir zur Illustration das modifizierte Dyopolspiel von Matrix 4.6 mit zwei Nash-Gleichgewichten. Das Stufenspiel besitzt die beiden Nash-Gleich-gewichte (s_{12}, s_{22}) und (s_{13}, s_{23}). Bei einer Wiederholung über mehrere Perioden lassen sich aber viele andere Auszahlungen als teilspielperfektes Gleichgewicht realisieren. Läuft das Spiel über T Perioden, dann ist etwa folgende **Trigger-Strategie** s^* teilspielperfekt: Spiele in der Anfangsperiode die erste Strategie und setze sie solange fort, wie der Gegenspieler in der Vorperiode seine erste Strategie spielt. In der letzten Periode spiele die zweite Strategie. Sobald der Gegenspieler abweicht, spiele von der nächsten Periode an immer die dritte Strategie.

Die **Drohstrategie** ist glaubwürdig, weil (s_{13}, s_{23}) ein **Nash-Gleichgewicht** ist. Strategie s^* bringt eine Auszahlung von $(T-1)100+50$. Ein Abweichen in der vorletzten Periode würde einen kurzfristigen Gewinn von 110–100 bringen, aber in der letzten Periode zu einem Verlust von 50–20 führen. Das Abweichen zu einem früheren Zeitpunkt ist noch weniger vorteilhaft, weil der angedrohte Verlust immer höher wird. Läuft das Spiel hinreichend lange, dann kann mit Hilfe der beschriebenen Strategie die durchschnittliche Auszahlung je Spieler beliebig nahe an 100 approximiert werden. Natürlich können auch alle anderen Auszahlungskombinationen, die für beide Spieler besser sind als $(20,20)$, durch Gleichgewichtsstrategien verwirklicht werden.

In der letzten Periode kann abweichendes Verhalten der Vorperiode deshalb bestraft werden, weil eines der Nash-Gleichgewichte für beide Spieler besser als das andere ist. Allgemeiner gilt: Sei S^c die Menge aller Nash-Gleichgewichte des Stufenspiels $\Gamma(N,S,u)$, und ${}_0s^c \in S^c$ ein Nash-Gleichgewicht derart, daß $u_i({}_0s^c)$ für jeden Spieler i besser ist als das für ihn jeweils schlimmste Nash-Gleichgewicht mit der niedrigsten Auszahlung ${}_is^c \in S^c$, d. h. $u_i({}_0s^c) > u_i({}_is^c)$. ${}_is^c$ kann für jeden Spieler ein anderes Nash-Gleichgewicht beinhalten. In diesem Fall kann die folgende **diskriminierende Trigger-Strategie** $\sigma = (\{s^*\}, \{{}_0s^c\}, \{{}_is^c\})$ vereinbart werden: Alle Spieler wählen in der Endperiode T die Kombination s_0 und in allen vorhergehenden $T-1$ Perioden eine beliebige Kombination s^*. Sobald aber ein Spieler i abweicht, werden alle Spieler für immer jenes Nash-Gleichgewicht ${}_is^c$ spielen, das für den Abweichenden die niedrigste Auszahlung bringt.

Friedman zeigt, daß mit Hilfe diskriminierender Trigger-Strategien alle Auszahlungsvektoren der Menge $V = \{u(s) | s \in S; u_i(s) > u_i({}_is^c)$ für alle $i\}$ als durchschnittliche Auszahlungsvektoren eines teilspielperfekten Gleichgewichts erreicht werden können, wenn die Spieldauer T entsprechend lang wird. Ebenso wie bei Spielen mit unendlichem Zeithorizont gilt, daß diskriminierende Trigger-Strategien nicht die optimalen Vergeltungsstrategien darstellen. Benoit und Krishna (1985) zeigen, daß oft teilspielperfekte Strategiepfade existieren, die einen abweichenden Spieler härter bestrafen.

Wie bei einem unendlichen Zeithorizont hat der optimale Strafpfad den Charakter von Zuckerbrot und Peitsche; der genaue Pfad ist aber schwierig zu charakterisieren. Benoit und Krishna beschränken sich auf die Analyse von Drei-Phasen-Strafen: In der ersten Phase wird der abweichende Spieler auf seinem Maximin-wert gehalten. Dies bedeutet im allgemeinen, daß die Strafenden Aktionen durchführen müssen, die eigentlich nicht in ihrem Interesse liegen. In einer zweiten Phase werden die Strafenden für die vorherigen Verluste kompensiert. In der dritten Phase schließlich wird das Nash-Gleichgewicht gespielt, das für den Abweichenden am unangenehmsten ist. Die Länge der gesamten Strafaktion wird so festgelegt, daß der Abweichende möglichst hart bestraft wird.

Durch optimale Vergeltungsstrategien sind im Vergleich zu Trigger-Strategien in der Regel mehr Auszahlungsvektoren als teilspielperfekte Gleichgewichte erreichbar. Die Idee ist die gleiche wie bei unendlich wiederholten Spielen, und es ist auch hier wieder möglich, ein entsprechendes Grenztheorem („Folk-Theorem") abzuleiten:

Theorem 4.6 (Folk-Theorem 4). *Sei Γ ein Stufenspiel mit mehreren Gleichgewichten. Die als teilspielperfektes Gleichgewicht erreichbaren Auszahlungsvektoren des T-mal wiederholten Spiels konvergieren für $T \to \infty$ gegen die Menge aller individuell rationalen Auszahlungsvektoren V^* (vgl. Benoit und Krishna, 1985, und van Damme, 1987).*

Die Argumente des letzten Abschnitts hinsichtlich der Anreize zu Neuverhandlungen lassen sich auch gegen die hier beschriebenen Vergeltungsstrategien anwenden, soweit sie nicht neuverhandlungsstabil sind. Wenn das Stufenspiel $\Gamma(N,S,u)$ ein eindeutiges Nash-Gleichgewicht besitzt, kann sich gemäß Theorem 4.1 bei endlicher Wiederholung (einem begrenzten Zeithorizont T) bei rationalem Verhalten der Spieler keine Kooperation durchsetzen. Das einzige teilspielperfekte Gleichgewicht besteht in der ständigen Wiederholung des Nash-Gleichgewichts des Stufenspiels. Dieses Ergebnis der Spieltheorie ist in mancher Hinsicht unbefriedigend: In Situationen, die den Charakter des Gefangenendilemmas aufweisen, dürften wir demnach niemals kooperatives Verhalten beobachten, sofern keine verbindlichen Abmachungen möglich sind.

Verschiedene Experimente haben diese Prognose jedoch nicht bestätigt. Das berühmteste Beispiel ist der Erfolg der **Tit-for-Tat-Strategie** in Axelrods (1987) Computersimulationen. Die Tit-for-Tat-Strategie besteht darin, mit Kooperation zu beginnen und dann in den folgenden Spielzügen jeweils mit der Strategie zu antworten, die der Gegenspieler in der Vorperiode eingeschlagen hat.

Axelrod (1987) veranstaltete einen Wettbewerb zwischen Spieltheoretikern. Jeder Teilnehmer sollte ein Computerprogramm einsenden, das er als die optimale Strategie in einer Situation des **wiederholten Gefangenendilemmas** ansah. In Simulationen wurden alle Programme *paarweise* gegeneinander getestet. Es zeigte sich, daß die **Tit-for-Tat-Strategie**, die Anatol Rapoport vorschlug, im Durchschnitt höhere Auszahlungen als alle konkurrierenden Strategien erzielen konnte.

4.2.6.2 Unvollständige Information

Kooperation kann Ausdruck rationalen Verhaltens sein, sofern beispielsweise unvollständige Information über die Mitspieler vorliegt. Betrachten wir eine Variante des **Dyopolspiels** der Matrix 4.7: Spieler 1 ist sich nicht sicher, ob die Auszahlungen von Spieler 2 tatsächlich denen von Matrix 4.7 entsprechen (wir sagen dann, Spieler 2 ist vom Typ t_{2A}) oder ob Spieler 2 statt dessen eine Auszahlungsmatrix hat, gemäß der für ihn folgende Strategie optimal ist (Typ t_{2B}): In der Anfangsperiode kooperiert t_{2B}, indem er s_{21} spielt. Dies macht t_{2B} solange, wie sein Gegenspieler 1 das gleiche tut. Sobald Spieler 1 aber von der kooperativen Haltung abweicht und s_{12} wählt, spielt t_{2B} für immer seine nicht-kooperative Cournot-Strategie.

Matrix 4.7. Kartellabsprachen im Dyopol

	s_{21}	s_{22}
s_{11}	(100,110)	(0,110)
s_{12}	(110,0)	(50,50)

Was ist das optimale Verhalten von Spieler 1? $u_i^k = 100$ ist die Auszahlung bei Kooperation. Wenn Spieler 1 von Anfang an nicht kooperiert, würde er in allen Folgeperioden mit Sicherheit nur die **Cournot-Auszahlung** $u_i^c = 50$ erzielen, weil der Gegner von der nächsten Periode ab für immer zur nicht-kooperativen Strategie wechseln wird. Der potentielle Erfolg aus Nicht-Kooperation ist also nur auf den Gewinn der Anfangsperiode begrenzt. Im ungünstigsten Fall (wenn von Anfang an nur Typ t_{2B} kooperiert) beträgt er $p(110-100)+(1-p)50 < 50$. Dabei ist p die Wahrscheinlichkeit dafür, daß Spieler 2 vom Typ t_{2B} ist. Dagegen kann der erwartete zukünftige Gewinn durch Kooperation bei entsprechend langer Zeitdauer T beliebig groß werden: Selbst wenn der Spieler vom Typ t_{2A} niemals kooperieren würde, beträgt der Erwartungswert: $Tp(u_i^k - u_i^c) = Tp(100-50)$. Übersteigt die Spieldauer einen bestimmten Mindestzeitpunkt t_0, dann ist Kooperation in der Anfangsperiode auf jeden Fall vorteilhaft, auch wenn p sehr klein ist.

Versetzen wir uns nun aber in die Position des rationalen Spielers vom Typ 2A: Er weiß, daß Spieler 1 in den ersten Perioden $T - t_0$ kooperieren wird, wenn er damit rechnet, daß 2 mit einer bestimmten Wahrscheinlichkeit vom Typ t_{2B} ist. Für ihn selbst ist es dann aber ebenfalls rational, für die meiste Zeit so zu tun, als wäre er vom Typ t_{2B}. Er tarnt sich also lange als Typ t_{2B}. Erst kurz vor Spielende wäre es für ihn besser, sich den Vorteil aus Nicht-Kooperation zu sichern, auch wenn er sich dabei zu erkennen geben muß. Umgekehrt wird Spieler 1 dies antizipieren und in den Endperioden versuchen, sich nicht übervorteilen zu lassen. Für eine mit wachsender Spieldauer T beliebig langen Anfangsphase wird Kooperation für alle Spieler um so rentabler. Da die Endperiode relativ zur Gesamtdauer T des Spiels mit steigendem T beliebig klein wird, konvergiert der erwartete Nutzen je Periode mit steigendem T gegen u^K.

Die Einführung von Unsicherheit über den Typ eines Mitspielers kann die Struktur eines endlich wiederholten Spiels also drastisch verändern: Unvollständige Information macht kooperatives Verhalten für alle attraktiv, wenn eine (beliebig geringe) Wahrscheinlichkeit dafür besteht, daß ein Gegenspieler zunächst kooperiert. Durch entsprechendes Verhalten besteht dann die Möglichkeit, sich eine Reputation als kooperativer Spieler aufzubauen.

Die Berechnung eines Gleichgewichts mit unvollständiger Information ist äußerst kompliziert. In Abschnitt 4.3 werden wir das sequentielle Gleichgewicht für ein Beispiel (das **Handelskettenparadoxon** bzw. **Chain Store Paradox**) explizit berechnen, das eine ähnliche Struktur aufweist wie die oben geschilderte Version des Gefangenendilemmas.

Wenn in **Reputationsspielen** nur über einen Spieler unvollständige Information vorliegt, dann gibt es häufig ein eindeutiges teilspielperfektes Gleichgewicht. Die Tatsache, daß die Menge an Gleichgewichten im Vergleich zu unendlich wiederholten Spielen mit vollständiger Information erheblich kleiner sein kann, läßt solche Spiele attraktiver erscheinen.

Fudenberg und Maskin (1986) zeigen jedoch, daß dieser Vorteil nur scheinbar existiert: Die Gleichgewichte hängen stark von der jeweils gewählten, spezifischen Form des Verhaltens des unkonventionellen Typs ab. Bei entsprechender Variation dieses Verhaltens kann die gesamte Menge der Gleichgewichte des unendlich wiederholten Spiels vollständiger Information simuliert werden. Dabei kann die Wahrscheinlichkeit für diesen Typen konstant und beliebig klein gehalten werden. Nur dann, wenn in der konkreten Situation, die analysiert werden soll, eindeutig eine bestimmte Form von unvollständiger Information vorliegt, können Reputationsmodelle die Zahl möglicher Gleichgewichte entsprechend einschränken.

Theorem 4.7 (Folk-Theorem 5). *Für jede Auszahlungskombination u^*, die die Auszahlungen $u(s^c)$ eines Nash-Gleichgewichts s^c des Stufenspiels Γ dominiert, gibt es in einem abgewandelten Spiel Γ', in dem mit einer beliebig kleinen, aber positiven Wahrscheinlichkeit p ein Spieler andere Auszahlungen hat, für jedes $p > 0$ (p beliebig klein) eine Zeitperiode T derart, daß die durchschnittlichen Auszahlungen des Spiels $\Gamma'(T)$ in jeder Periode nahe bei u^* liegen (Fudenberg und Maskin 1986).*

Der Beweis sei hier nur kurz skizziert: Wir betrachten eine Auszahlung $u^* > u(s^c)$. Die Auszahlungen des „verrückten" Typs seien so gestaltet, daß er so lange s_i^* spielt, wie der andere Spieler das gleiche tut, aber er spielt s_i^c, sobald der andere von s^* abgewichen ist. Der Gewinn durch Nicht-Kooperation ist wieder auf eine Periode begrenzt; der daraus in den späteren Perioden resultierende Verlust aber übersteigt diesen Gewinn ab einem bestimmten Zeitpunkt T_0 und kann mit zunehmendem T beliebig hoch werden. Erst in den Endperioden T_0 kann Abweichen demnach rentabel sein. In einer ersten Spielphase dagegen ist das Spielen von s^* besser als abweichendes Verhalten.

Mit zunehmender Gesamtspieldauer T wird die erste Spielphase beliebig lange und die Endphase T_0 vernachlässigbar klein. Der durchschnittliche Gewinn konvergiert dann gegen $u(s^*)$.

Fudenberg und Maskin (1986) verallgemeinerten das Folk-Theorem 5 für Situationen, in denen der Maximinwert der Spieler kleiner ist als der Wert des Nash-

Gleichgewichts. Die Argumentation wird dann komplizierter, doch an der Grundaussage ändert sich nichts.

4.2.6.3 Beschränkte Rationalität

Die Berechnung von teilspielperfekten Strategien erfordert ein hohes Maß an Rechenkapazität und an Fähigkeit, sich in die komplexen Denkprozesse möglicher Mitspieler hinein zu versetzen. Am deutlichsten wurde dies bei der Diskussion optimaler Vergeltungsstrategien und bei der Analyse selbst einfachster Modelle mit unvollständiger Information. Wenn Spieltheorie Handlungsanweisungen an rationale Spieler geben will, mag es durchaus angemessen sein, optimale Strategien exakt zu charakterisieren. Doch bereits beim Schachspiel reichen die Fähigkeiten selbst des besten Spieltheoretikers nicht aus, auch nur angeben zu können, ob der Spieler mit den weißen oder mit den schwarzen Figuren bei rationalem Verhalten gewinnen wird. Hier wird deutlich, daß neben der Forderung, ein rationaler Spieler sollte seine optimale Strategie berechnen, gleichberechtigt der Aspekt steht, daß auch das Suchen nach der optimalen Strategie Kosten verursacht und ein rationaler Spieler diese Kosten bei der Maximierung seines erwarteten Nutzens zu minimieren sucht.

Simon (1957) hat die Bedeutung von **beschränkter Rationalität** betont. Allerdings hat sich eine präzise Modellierung dieser Idee als extrem schwierige Aufgabe erwiesen. Es ist bemerkenswert, daß sich Spieltheoretiker in den letzten Jahren zunehmend mit Modellen beschränkter Rationalität beschäftigen. Dies gilt insbesondere im Bereich der **evolutorischen Spieltheorie** (vgl. Kap. 8). In diesem Abschnitt wollen wir uns kurz mit verschiedenen Ansätzen befassen, die Kooperation im Gefangenendilemma bei endlichem Zeithorizont zu modellieren versuchen.

Radner (1980, 1986) hat beschränkte Rationalität folgendermaßen modelliert: Alle Spieler unterliegen einer gewissen Trägheit; sie sind nicht darauf versessen, jeden Vorteil auszunutzen, selbst wenn er noch so klein ist. Deshalb begnügen sie sich durchaus auch mit einer Strategiewahl, die nur annähernd optimal ist. Diese „Genügsamkeit" spiegelt sich in dem Ausdruck „*Satisficing Behavior*" wider. Radners Ansatz führt zum Konzept des ε-Gleichgewichts: Eine Strategie s^* ist ein **ε-Gleichgewicht**, wenn für alle Spieler i und alle $s_i \in s_i$ gilt:

$$u_i(s_i, s^*_{-i}) \leq u_i(s^*) - \varepsilon \tag{4.7}$$

Die Spieler wollen die durchschnittliche Auszahlung über alle Perioden maximieren. Jeder Spieler gibt sich aber bereits mit einer Auszahlung zufrieden, die nur um den Betrag ε geringer ist als die für den Spieler maximal mögliche Auszahlung. s^* ist also eine Strategiekombination, die für alle Spieler annähernd optimale Antworten auf die Strategien der Mitspieler darstellen. Für $\varepsilon = 0$ ist das Konzept identisch mit dem traditionellen Gleichgewichtskonzept.

Radner hat gezeigt, daß trotz begrenzten Zeithorizonts T im **Gefangenendilemma** (für beliebig kleine ε; $\varepsilon > 0$) die Auszahlungen von ε-Gleichgewichtsstrategien mit zunehmendem T beliebig an die der kooperativen Strategie angenähert werden können. Zwar ist es in den Endperioden des Spiels optimal, von der Kooperation abzuweichen; doch je länger der Zeithorizont, desto weniger fallen die Verluste ins Gewicht, die durch ein Abweichen vom optimalen Verhalten entstehen. Die möglichen Gewinne, die beim Spielen der optimalen im Vergleich zur kooperativen Strategie erreicht werden könnten, sind demnach bei entsprechend langem Zeithorizont so gering (kleiner als ε), daß es sich dafür nicht lohnen würde, auf die optimale Strategie überzuwechseln. Damit ist Kooperation ein ε-Gleichgewicht. Man kann als Konvergenzresultat zeigen, daß jedes Gleichgewicht eines Spiels mit unendlichem Zeithorizont durch ein ε-Gleichgewicht eines Spiels mit endlichem Zeithorizont T approximiert werden kann, wenn T gegen unendlich geht (vgl. Fudenberg und Levine 1983). D. h., man kann ein Folk-Theorem-Resultat für ε-Gleichgewichte auch bei Spielen ableiten, die ein eindeutiges Ein-Perioden-Nash-Gleichgewicht besitzen. Demnach besteht für ε-Gleichgewichte keine Diskontinuität zwischen Spielen mit endlichen und unendlichem Zeithorizont.

Radners Ansatz zeigt, daß bereits geringfügige Abweichungen von der Annahme optimalen Verhaltens zu anderen Ergebnissen führen können. Der gewählte Modellansatz erfaßt jedoch nicht unbedingt die Vorstellung von **beschränkter Rationalität**: Die Spieler wissen ja, daß sie mit ihren Strategien höchstens um ε weniger bekommen als bei optimalem Verhalten; das setzt freilich voraus, daß ihnen auch die optimalen Strategien bekannt sind. Es ist nicht ganz einzusehen, weshalb sie dann trotzdem davon abweichen.

In jüngeren Arbeiten (Neymann, 1985, Rubinstein, 1986, und Abreu und Rubinstein, 1988) wird **beschränkte Rationalität** in folgender Form modelliert: Ähnlich wie versucht wird, die Gehirntätigkeit durch endliche Automaten zu simulieren, wird unterstellt, daß die Spieler bei der Durchführung ihrer sequentiellen Strategien **endliche Automaten** mit beschränkter Größe benutzen. Einen Automaten bestimmter endlicher Komplexität kann man interpretieren als ein mechanisches Instrument, das die Ausführung einer entsprechend komplexen Strategie modellieren soll.

Neymann (1985) weist nach, daß bei einer endlichen Wiederholung T des Gefangenendilemmas Kooperation ein Nash-Gleichgewicht ist, wenn die Spieler nur Automaten verwenden können, die zwar mindestens zwei verschiedene Zustände besitzen, deren Komplexität aber geringer ist als T. Wenn also die Größe des Automaten relativ zur gesamten Spieldauer entsprechend klein ist, läßt sich Kooperation bei endlichen Spielen durch beschränkte Komplexität der Strategien begründen (vgl. auch Aumann und Sorin, 1989).

Während bei Neyman die Zahl der Zustände einer Maschine (ihre Komplexität) gegeben ist, versuchen Rubinstein (1986) und Abreu und Rubinstein (1988) die Idee zu erfassen, daß Spieler möglichst einfache Strategien wählen möchten. Die Spieler haben die Wahl zwischen Maschinen (Strategien) mit verschieden hohen **Komplexitätsgraden**, wobei Maschinen mit zunehmender Komplexität kostspieliger sind. Je mehr Zustände ein Automat besitzt, desto komplexere Regeln kann er ausführen, aber desto kostspieliger ist er (die Wartungskosten steigen mit zunehmender Anzahl der Zustände). Die Spieler bevorzugen daher einfache, weniger komplexe Maschinen (Verhaltensregeln).

Für das unendlich wiederholte **Gefangenendilemma**, bei dem die Spieler ihre durchschnittliche Auszahlung (ohne Abzinsung) maximieren, haben Abreu und Rubinstein gezeigt, daß bei der von ihnen gewählten Modellierung beschränkter Rationalität die Menge aller Auszahlungen, die als Gleichgewichtsstrategien erreichbar sind, im Vergleich zum Folk-Theorem reduziert wird. In ihrem Ansatz wird die Komplexität einer Strategie durch die Zahl der internen Zustände einer Maschine repräsentiert.

Der Versuch von Abreu und Rubinstein beschränkt rationales Verhalten als die bewußte Minimierung der Komplexität von Strategien zu modellieren, ist sicher ein erfolgversprechender Ansatzpunkt. Allerdings ist fraglich, ob die Zahl der internen Zustände einer Maschine das geeignete Maß für die Komplexität einer Strategie darstellt. Komplexität beschränkt sich ja nicht auf die Anzahl der zu speichernden Information. Die Komplexität der Übergangsfunktionen und der Outputfunktionen wird dabei nicht adäquat berücksichtigt. Die endliche Zahl von Zuständen läßt sich vielleicht eher als die Modellierung eines endlichen Gedächtnisses interpretieren. Die bisherigen Arbeiten müssen daher mehr als ein erster Schritt auf dem Weg zu einer angemessenen Modellierung dieser wichtigen Fragestellung betrachtet werden.

Eine zusammenfassende Darstellung dieser Arbeiten findet sich in Kalai (1990). Napel (2003) wendet **beschränkte Rationalität** auf ein wiederholt gespieltes **Ultimatumspiel** an.

4.2.7 Anmerkung zu Differentialspielen

Die bisher in diesem Kapitel behandelten dynamischen Spiele zeichneten sich dadurch aus, daß sie als Zusammensetzungen von Stufenspielen darstellbar waren. Jedes **Stufenspiel** war sozusagen ein diskreter Schritt im Ablauf des Gesamtspiels. Für den überwiegenden Teil der Spiele wurde hierbei unterstellt, daß die Stufenspiele identisch sind und sich weder die Auszahlungen noch die Strategienmengen noch die Spieler im Zeitablauf ändern und das Gesamtspiel somit **stationär** ist. Die Verbindung zwischen den Stufenspielen wird „nur" durch die Entscheidungen der Spieler hergestellt, die sich am Erfolg im Gesamtspiel orientieren. Gibt man die **diskrete Struktur** des Spiels auf und unterstellt eine stetige (bzw. kontinuierliche) Struktur, so erhält man eine andere Klasse von Spielen, die Differentialspiele.[14]

Ein **Differentialspiel** ist ein dynamisches Spiel, bei dem die Zeitintervalle infinitesimal klein sind, so daß „an der Grenze" jeder Spieler zu jedem Zeitpunkt t einen Zug macht. In der einfachsten Form wird ein Differentialspiel durch (1) einen Vektor der Zustandsvariablen $x = (x_1, \ldots, x_r)$, der reelle Zahlen repräsentiert, und (2) die Entscheidungen der Spieler 1 und 2 repräsentiert. Spieler 1 wählt in jedem Zeitpunkt t einen Vektor von Kontrollvariablen $\alpha = \alpha_1, \ldots, \alpha_P)$, die möglicherweise durch Bedingungen wie die folgende beschränkt sind: $a_j \leq \alpha_j \leq b_j$. Ent-

[14] Die folgende Kurzdarstellung beruht auf Feichtinger und Hartl (1986, S. 533–554) und Owen (1995, S. 103ff.).

sprechend wählt Spieler 2 in jedem Zeitpunkt t einen Vektor von Kontrollvariablen $\beta = (\beta_1, \ldots, \beta_m)$, die möglicherweise den Bedingungen $a_j \leq \beta_j \leq b_j$ gehorchen. Die Kontrollvariablen bestimmen die Veränderung („Bewegung") der Zustandsvariablen in x.

Das System der **Bewegungsgleichungen** bzw. **Zustandstransformationsgleichungen**, die diese Veränderung beschreiben, ist im Fall von zwei Spielern durch folgende allgemeine Form von Differentialgleichungen gegeben:

$$\frac{\mathrm{d}x_i}{\mathrm{d}t} = f_i(x, \alpha, \beta), \quad \text{mit } i = 1, \ldots, r\,.$$

Das Differentialspiel entwickelt sich entsprechend dieser obigen **Bewegungsgleichung**, bis die Zustandsvariablen in einen stabilen Bereich einmünden, der eine geschlossene Teilmenge der Menge aller x darstellt. Allerdings wurden aus spieltheoretischer Sicht für die Darstellung dieser Teilmenge noch keine allgemeinen Lösungskonzepte entwickelt. Im wesentlichen wird mit dynamischen Formen des Nash-Gleichgewichts (bzw. des Stackelberg-Gleichgewichts) argumentiert (vgl. Feichtinger und Hartl (1986, S. 535–540). Die mathematische Analyse kann im konkreten Fall sehr aufwendig sein. Das gilt auch bereits für die Zielfunktionen der Spieler, die sich auf die gesamte Spieldauer erstrecken und deren Kern ein Integral über diesen Zeitraum, bezogen auf die jeweiligen Zustände x in t und ihre Bewertung durch die Spieler, ist. Der Nutzen eines Spielers wird durch ein Zeitintegral über die Momentannutzen ermittelt und stellt somit einen zeit-aggregierten Nutzenstrom dar.

Als entscheidend für das Ergebnis erweist sich die unterstellte **Informationsstruktur**. Je nach Informationsverarbeitung unterscheidet man drei Arten von Strategien:

(1) **Open-loop-Strategien** hängen nur von der Zeit t und dem Anfangszustand x_0 ab; sie verarbeiten also *keine* Information, die im Laufe des Spiels abfällt.
(2) **Closed-loop-Strategien** hängen, von der Zeit t, dem Anfangszustand x_0 und dem gegenwärtigen Zustand $x(t)$ ab, wobei $x(t)$ alle Information aus vorausgegangen Entscheidungen in impliziter Form zusammenfaßt.
(3) **Feedback-Strategien** zeichnen sich dadurch aus, daß von der Zeit t und dem gegenwärtigen Zustand $x(t)$ abhängen, nicht aber vom Anfangszustand x_0.

Ein Spieler kann sich aus der Analyse der Zustandsvariablen bzw. deren aktuellen Werte ein Bild über die Entscheidungen der Mitspieler machen, wenn **Closed-loop-Strategien** oder **Feedback-Strategien** gespielt werden, da dann zum einen die Strategien den Zustand beeinflussen und zum anderen von den erreichten Zuständen auf die Strategien geschlossen werden kann.

Oft werden die Differentialspiele auch als eine Verallgemeinerung von Kontrollproblemen betrachtet, in denen statt eines einzigen mehrere Entscheider agieren, die in einem wechselseitigen (strategischen) Zusammenhang stehen, der durch den Einfluß jedes einzelnen Akteurs auf die Zustandsvariablen gegeben ist.

4.3 Kreps-Wilson-Reputationsspiel

Kreps und Wilson (1982b) formulierten ein Modell, das Alternativen zu den empirisch nicht sehr überzeugenden Ergebnissen des Markteintrittsspiels mit endlichem Zeithorizont, die Selten (1978) mit der Bezeichnung **Chain Store Paradox** (bzw. **Handelskettenparadoxon**) zusammenfaßte, aufzeigt. Weder erleben wir in derartigen Entscheidungssituationen, daß der etablierte Akteur *immer* sein Terrain verteidigt, noch erleben wir, daß er es *immer* kampflos mit dem Neuling teilt.

4.3.1 Das Handelskettenparadoxon

Wir haben bereits verschiedene Aspekte des **Markteintrittsspiel**s einer Handelskette, die eine Monopolstellung verteidigen möchte, diskutiert. Das Beispiel eignet sich dazu, das Konzept des sequentiellen Gleichgewichts zu illustrieren, und zeigt insbesondere, wie damit Reputation modelliert werden kann. Wir erweitern das Markteintrittsspiel auf mehrere Perioden und betrachten folgendes Problem einer Handelskette M: An N verschiedenen Orten, an denen M als Monopolist etabliert ist, gibt es lokale Konkurrenten $K_n(n = N, \ldots, 1)$, die der Reihe nach versuchen, in den jeweiligen lokalen Markt einzudringen.

Das sequentielle Gleichgewicht wird, von der Endperiode aus rückwärtsgehend, berechnet. Es erweist sich deshalb als zweckmäßig, mit $n = 1$ den letzten Konkurrenten zu bezeichnen, mit $n = 2$ den vorletzte, usw. Der erste Konkurrenten ist durch N benannt (vgl. Abb. 4.16).

Die Zugfolge an einem einzelnen Ort ist mit den entsprechenden Auszahlungen in Abb. 4.17 dargestellt mit y_n als Wahrscheinlichkeit, daß der Monopolist kämpft und s_n als Wahrscheinlichkeit, daß Konkurrent K_n vom Markt fern bleibt (y_n und s_n repräsentieren hier gemischte Strategien; $s_n = 1$ bedeutet z. B., daß der Konkurrent nicht in den Markt eintritt). Die Normalform an einem Ort n wird durch die Matrix 4.8 beschrieben.

Matrix 4.8. Schwacher Monopolist M_w

	Monopolist	M_w
Konkurrent K_n	Kampf ($y_n = 1$)	Teile ($y_n = 0$)
Eintritt ($s_n = 0$)	$(b-1,-1)$	$(b,0)$
Nicht E. ($s_n = 1$)	$(0,a)$	$(0,a)$

$0 < b < 1$ und $a > 1$

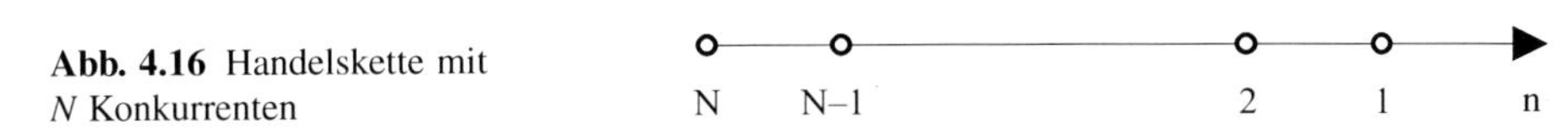

Abb. 4.16 Handelskette mit N Konkurrenten

Abb. 4.17 Markteintrittsspiel am Ort n

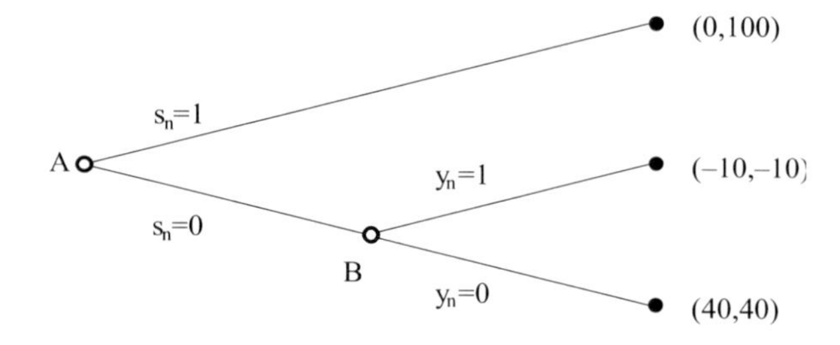

Die Leistung der Handelskette M_w muß sich überlegen, ob sie in den ersten Perioden aggressive, für beide Seiten kostspielige Preiskämpfe durchführen soll, um damit später eintretende potentielle Konkurrenten abzuschrecken. M_w maximiert den erwarteten Gewinn über alle Perioden N. Zur Vereinfachung sei unterstellt, daß zukünftiger Gewinn nicht abgezinst wird.

Beginnen wir damit, das sequentielle Gleichgewicht für das Stufenspiel zwischen einem Konkurrenten K_1 und dem Monopolisten M zu ermitteln. Wir prüfen, welches von den beiden **Nash-Gleichgewichten** $(y_1 = 0, s_1 = 0)$ und $(y_1 = 1, s_1 = 1)$ auch ein sequentielles Gleichgewicht ist. In diesem einfachen Fall würde es ausreichen, Teilspielperfektheit zu untersuchen. Wir wissen bereits aus früheren Kapiteln, daß das Nash-Gleichgewicht $(y_1 = 1, s_1 = 1)$ nicht teilspielperfekt ist. Damit kann es natürlich auch kein sequentielles Gleichgewicht sein, weil jedes sequentielle Gleichgewicht immer teilspielperfekt ist. Zur Einübung der Argumentationsweise wollen wir nun aber explizit zeigen, daß $(y_1 = 1, s_1 = 1)$ kein sequentielles Gleichgewicht sein kann.

Ein sequentielles Gleichgewicht ist ein Strategienpaar (y_1, s_1), bei dem jeder an seinem Entscheidungsknoten eine optimale Wahl trifft, basierend auf Wahrscheinlichkeitseinschätzungen über die Strategiewahl des Gegenspielers, die konsistent sein müssen mit dem optimalen Verhalten des Gegners sowie mit Beobachtungen über vergangene Züge. Entlang des betrachteten **Nash-Pfads** $(y_1 = 1, s_1 = 1)$ würde M_w nie zum Zug kommen. Ein sequentielles Gleichgewicht verlangt jedoch, daß das den Spielern unterstellte Verhalten an jedem Entscheidungsknoten optimal ist, selbst wenn der Knoten entlang des betrachteten Spielverlaufs nicht erreicht würde. Sobald M_w handeln muß, weiß er aber mit Sicherheit, daß K_1 eingetreten ist, d. h., daß $s_1 = 0$. M_w wird dann auf keinen Fall kämpfen $(y_1 = 0)$. K_1 tritt in den Markt ein, falls $y_1(b-1) + (1-y_1)b \geq 0$. Die einzige mit einem sequentiellen Gleichgewicht konsistente Einschätzung, die K_1 über Verhalten von M_w bilden kann, ist aber $y_1 = 0$; also tritt er in den Markt ein $(s_1 = 0)$. Somit kann $(y_1 = 1, s_1 = 1)$ kein sequentielles Gleichgewicht sein, während $(y_1 = 0, s_1 = 0)$ ein sequentielles Gleichgewicht ist.

Dieses Ergebnis bei nur einem Konkurrenten ist nicht überraschend: Eine Abschreckungsstrategie besteht ja darin, verlustreiche Kämpfe in Kauf zu nehmen, um spätere Konkurrenten vom Markt fern zu halten. Die ursprünglichen Verluste würden dann durch Gewinne in der Zukunft mehr als wettgemacht. Deshalb könnte man erwarten, daß sich ein anderes Ergebnis einstellt, wenn das Modell auf ein Spiel gegen mehrere Konkurrenten erweitert wird. Wäre es dann für M_w nicht sinnvoll, eine gewisse Zeit lang einen ruinösen Preiskampf durchzuführen, bis ein aggressiver Ruf aufgebaut ist, so daß keiner der verbliebenen Konkurrenten einen Eintritt wagt?

Selten (1978) hat gezeigt, daß diese Argumentation bei endlichem Zeithorizont nicht stichhaltig ist: Es ist der Handelskette M_w nicht möglich, potentielle Konkurrenten glaubwürdig abzuschrecken. Tritt der Konkurrent 1 am letzten Ort in den Markt ein, lohnt es sich für M_w nicht mehr zu kämpfen, denn er kann damit niemanden mehr abschrecken. Am vorletzten Ort ($n = 2$) wäre ein Kampf nur sinnvoll, falls dadurch der Markteintritt am letzten Ort verhindert werden könnte. Die Spieler wissen aber, daß M_w im Ort 1 auf keinen Fall kämpfen wird, weil er K_1 niemals abschrecken kann. Es rentiert sich für M_w demnach auch nicht, in $n = 2$ zu kämpfen, und auch K_2 wird in den Markt eintreten. Die Argumentationskette läßt sich bis zum Anfangsort $n = N$ fortsetzen. Das einzige sequentielle Gleichgewicht besteht folglich darin, daß M_w an allen Orten in eine Marktteilung einwilligt. Rational handelnde potentielle Konkurrenten lassen sich also nicht durch aggressives Verhalten abschrecken.

Intuitiv ist das Ergebnis nur schwer mit der Alltagserfahrung zu vereinbaren. Selten (1978) bezeichnet es deshalb als **Handelskettenparadoxon**. Wir beobachten häufig, daß durch aggressive Preiskämpfe Konkurrenten ausgeschaltet werden. Doch aus den angeführten Überlegungen ergibt sich scheinbar eine eindeutige wirtschaftspolitische Schlußfolgerung: Wenn wir Preiskämpfe beobachten, die vermeintlich der Wahrung langfristiger Monopolstellungen dienen, dann kann dies nur ein Indiz dafür sein, daß das Monopol auf dem Markt effizienter anbieten kann als die Konkurrenten, andernfalls würden sie sich ja nicht abschrecken lassen. Es muß also ein **natürliches Monopol** vorliegen.

Die Folgerung, Marktabschreckung müsse effizient sein, ist freilich ebenso voreilig wie die Folgerung, Marktabschreckung lasse sich nur durch ein Abgehen vom Postulat rationalen Verhaltens erklären. Die oben angeführten Überlegungen sind beispielsweise nicht mehr anwendbar, wenn die betrachtete Zahl von Orten N potentiell unendlich groß ist (das entspricht einem *unendlichen Zeithorizont*). Da es dann keine letzte Periode mehr gibt, in der sich ein Kampf nicht mehr lohnt, ist ein mögliches Gleichgewicht dadurch charakterisiert, daß die Handelskette immer zum Kampf bereit ist, und aus diesem Grund Konkurrenten von vornherein niemals versuchen werden, in den Markt einzudringen. In diesem Fall freilich würden wir nie einen Preiskampf beobachten.

4.3.2 Reputation und unvollständige Konkurrenz

Doch ist es keineswegs erforderlich, von einem unendlichen Zeithorizont auszugehen, um wirksame Marktabschreckung erklären zu können. Marktabschreckung macht dann Sinn, wenn man sich damit einen Ruf als aggressiver Monopolist aufbauen kann. Das setzt aber voraus, daß sich die Konkurrenten nicht sicher sein können, wie sich M verhält. In der beschriebenen Situation, in der die Auszahlungen von M genau bekannt sind, können sie aber sein optimales Verhalten genau berechnen.

Bei **vollständiger Information** besteht somit gar keine Chance, irgendeine Art von **Reputation** aufzubauen. Sobald wir jedoch von der Annahme abgehen, alle Spieler besitzen vollständige Information über die Auszahlungen der Mitspieler, erhalten wir auch bei endlicher Zahl N andere, recht plausible Ergebnisse. Die Spielsituation kann sich dann nämlich drastisch ändern. Unterstellen wir nun, es bestehe eine (geringe) Wahrscheinlichkeit ρ dafür, daß es für den Monopolisten immer vorteilhafter ist, zu kämpfen, als den Markt mit anderen zu teilen – wir bezeichnen ihn dann als **starken Monopolisten** M_s. Mit der A-priori-Wahrscheinlichkeit θ wählt die Natur einen starken Monopolisten mit Auszahlungen wie in Matrix 4.9b. Mit der Gegenwahrscheinlichkeit $1-\theta$ wählt sie dagegen die Auszahlungen in Matrix 4.9a – der Monopolist ist dann schwach (M_w). θ sei gemeinsames Wissen aller Spieler.

Matrix 4.9a,b.

(a)	schwach	M_w
K_n	Kampf ($y_n = 1$)	Teile ($y_n = 0$)
Eintritt ($s_n = 0$)	$(b-1,-1)$	$(b,0)$
Nicht E. ($s_n = 1$)	$(0,a)$	$(0,a)$

(b)	stark	M_s
K_n	Kampf	Teile
Eintritt ($s_n = 0$)	$(b-1,0)$	$(b,-1)$
Nicht E. ($s_n = 1$)	$(0,a)$	$(0,a)$

$$0 < b < 1 \text{ und } a > 1$$

Sollte ein Konkurrent versuchen, in den Markt einzutreten, kann es auch für einen schwachen Monopolisten sinnvoll sein zu kämpfen, um sich so den Ruf eines starken Monopolisten aufzubauen und dadurch spätere Konkurrenten abzuschrecken. Wenn der Monopolist kämpft, dann steigt, entsprechend der Bayes'schen Regel, die Wahrscheinlichkeitseinschätzung dafür, daß M stark ist. Deshalb genügt bei entsprechend langem Horizont N unter Umständen bereits eine sehr kleine A-priori-Wahrscheinlichkeit θ, um Konkurrenten, zumindest anfänglich, wirksam abzuschrecken.

Ein sequentielles Gleichgewicht besteht aus optimalen Strategien an jedem Entscheidungsknoten und einem damit konsistenten System von Einschätzungen des Monopolisten darüber, daß am Markt n K_n nicht eintritt (s_n), und Einschätzungen der Konkurrenten K_n darüber, daß bei ihrem Eintritt der schwache Monopolist M_w kämpft (y_n) sowie daß M stark ist (p_n) und kämpft. Für einen starken Monopolisten M_s ist bei Markteintritt Kampf immer besser als Marktteilung. Daher nehmen wir an, alle Konkurrenten rechnen damit, daß M_s immer kämpft. Dann beträgt in Periode n die Gesamtwahrscheinlichkeit für einen Kampf $p_n + (1-p_n)y_n$.

Beginnen wir zunächst mit einem einmaligen Spiel ($n = 1$). Das sequentielle Gleichgewicht dieses Spiels bei unvollständiger Information ist einfach zu beschreiben: Konkurrent K_1 tritt dann in den Markt ein, wenn sein erwarteter Nutzen größer als Null (seinen Opportunitätskosten) ist. Seine Wahrscheinlichkeitseinschätzung dafür, daß der Monopolist stark ist, bezeichnen wir mit p_1. Hier ist y_1 wieder die

Wahrscheinlichkeit dafür, daß der schwache Monopolist kämpft. Die Bedingung für einen Markteintritt lautet also:

$$p_1(b-1)+(1-p_1)[y_1(b-1)+(1-y_1)b] \geq 0\,. \tag{4.8}$$

Durch Vereinfachung erhält man die Bedingung:

$$b-p_1-y_1(1-p_1) \geq 0\,. \tag{4.9}$$

Weil M_s immer kämpft, werden wir im folgenden nur die Strategie des *schwachen* Monopolisten M_w analysieren. Bei einem einmaligen Spiel rentiert es sich nie für M_w zu kämpfen. Also ist $y_1 = 0$ die einzig konsistente Einschätzung. Damit vereinfacht sich (4.8) zu: $p_1 \leq b$. Hierbei ist $p_1^* = b$ die **Grenzeinschätzung**, bei der K_1 gerade indifferent ist zwischen Eintreten und Nicht-Eintreten. Bei einmaligem Spiel kann K_1 nichts aus dem Verhalten des Monopolisten in der Vergangenheit lernen. Daher gilt: $p_1 = \theta$. Nur wenn die A-priori-Wahrscheinlichkeit θ größer ist als die Grenzeinschätzung $p_1^* = b$, wird K_1 abgeschreckt: Dann wäre es nie lohnend, in den Markt einzutreten. Falls dagegen $\theta < p_1^* = b$, wird K_1 immer eintreten.

Erweitern wir nun das Spiel auf mehrere Perioden. Wir unterstellen $\theta < b$, denn sonst wäre M_w mit Ausnahme der letzten Periode immer bereit zu kämpfen, und kein Konkurrent würde es je wagen, in den Markt einzudringen. Bei einem Spiel, das sich über mehrere Perioden erstreckt, kann sich M_w einen Ruf als starker Monopolist aufbauen, wenn durch Kämpfen die Wahrscheinlichkeitseinschätzung p_n im Spielverlauf steigt. p_n kann somit als die Reputation des Monopolisten – als der Ruf, stark zu sein – interpretiert werden.

Betrachten wir zwei Perioden. K_2 tritt in den Markt ein, wenn

$$b-p_2-y_2(1-p_2) \geq 0\,. \tag{4.10}$$

Wie hoch ist y_2? M_w kämpft in der Vorperiode (am Ort $n = 2$), wenn es ihm dadurch gelingt, sich in der Endperiode $n = 1$ einen Ruf als starker Monopolist aufzubauen, d. h., die posteriori Wahrscheinlichkeitseinschätzung p_1 zu erhöhen, und so die Wahrscheinlichkeit s_1 für einen Markteintritt von K_1 zu verringern. Sein Verlust aus dem Kampf (-1) muß durch den erwarteten Abschreckungsgewinn kompensiert werden. Wenn K_1 in der Endperiode eintritt, würde M_w nicht kämpfen, sondern eine Marktteilung mit der Auszahlung 0 vorziehen. Der erwartete Abschreckungsgewinn beträgt also: $as_1 + 0(1-s_1)$. Damit muß gelten:

$$-1+as_1 \geq 0 \quad \text{oder} \quad s_1 \geq 1/a\,. \tag{4.11}$$

Wenn M_w am Ort 2 nicht kämpft, weiß K_1 mit Sicherheit, daß M schwach ist, denn ein starker Monopolist kämpft ja immer. Er würde dann in jedem Fall eintreten ($s_1 = 0$). M_w kann folglich K_1 nur abschrecken, indem er K_2 bekämpft. Kämpft M_w mit Wahrscheinlichkeit y_2, so revidiert K_1 seine Wahrscheinlichkeitseinschätzung gemäß der **Bayes'schen Regel**: $p(M_s|\text{Kampf}) = p(M_s \text{ und Kampf})/p(\text{Kampf})$. Somit gilt:

$$p_1 = \frac{p_2}{p_2+(1-p_2)y_2}\,. \tag{4.12}$$

Kämpft M_w immer ($y_2 = 1$), würde K_1 nichts aus der Tatsache lernen, daß gekämpft wurde ($p_1 = p_2 = \rho$). Da wir davon ausgingen, daß $\rho < b = p_1^*$, würde in der Endperiode der Konkurrent K_1 unter solchen Bedingungen auf jeden Fall eintreten. Es muß also eine gewisse Wahrscheinlichkeit dafür bestehen, daß M_w nicht kämpft.

Solange $y_2 > [p_2/(1-p_2)] \cdot [(1-b)/b]$ und damit gemäß (4.12) p_1 niedriger als die Grenzeinschätzung $p_1^* = b$ bliebe, würde K_1 in Periode 1 sicher in den Markt eintreten, obwohl er in $n = 2$ einen Kampf beobachtete. Dann aber würde es sich *im Widerspruch zum unterstellten Verhalten* für M_w überhaupt nicht rentieren, in der Vorperiode zu kämpfen.

Wenn umgekehrt $y_2 < [p_2/(1-p_2)] \cdot [(1-b)/b]$, träte K_1 nie in den Markt ein, denn dann gilt nach (4.12): $p_1 > b$. In diesem Fall sähe K_1 einen Kampf als ein deutliches Indiz dafür an, daß der Monopolist stark ist. Unter solchen Umständen wäre es natürlich auch für M_w auf jeden Fall sinnvoll zu kämpfen ($y_2 = 1$); das freilich widerspräche ebenfalls der Ausgangsbedingung. Beides kann kein Gleichgewicht sein. M_w muß folglich genau so randomisieren (ein $0 < y_2 < 1$ wählen), daß K_1 gerade indifferent zwischen Eintritt und Nicht-Eintritt ist, d. h., y_2 muß gerade so hoch sein, daß $p_1 = p_1^* = b$. Demnach muß bei gegebenem p_2 für die Randomisierungswahrscheinlichkeit gelten:

$$y_2 = \frac{p_2}{1-p_2} \cdot \frac{1-b}{b}. \tag{4.13}$$

Falls in $n = 2$ gekämpft wird, erhöht sich in der Endperiode entsprechend (4.12) die Wahrscheinlichkeitseinschätzung dafür, daß der Monopolist stark ist. Seine **Reputation** steigt. Spielt M_w die Strategie (4.13), dann ist K_1 indifferent. K_1 wiederum muß im Gleichgewicht gerade so randomisieren, daß M_w in der Vorperiode indifferent zwischen Kampf und Nicht-Kampf ist. Entsprechend Gleichung (4.11) muß $K_1 s_1 = 1/a$ als Wahrscheinlichkeit dafür wählen, nicht in den Markt einzudringen.[15] Natürlich stellt sich hier wieder das im Abschnitt 3.3.5 diskutierte Anreizproblem: Warum sollte K_1 gerade mit der Wahrscheinlichkeit $s_1 = 1/a$ randomisieren? Gleiches gilt für die Randomisierungsstrategie y_n von M_w. Dieses Anreizproblem ist um so gravierender, als die Mitspieler immer nur die tatsächliche Realisation der jeweiligen Zufallsvariablen beobachten können, d. h., ob K_n in den Markt eintritt oder nicht und ob M kämpft oder den Markt mit dem Konkurrenten teilt, nie aber die Ausführung des Zufallsmechanismus.

Die bisherigen Überlegungen gingen davon aus, daß K_2 in der Periode $n = 2$ in den Markt eingetreten ist. Wann aber wird, bei der gegebenen Strategie des Monopolisten M_w, K_2 überhaupt versuchen, in den Markt einzudringen? y_2 in (4.10) eingesetzt, ergibt $p_2 \leq b^2$. Dabei ist $p_2^* = b^2$ die Grenzeinschätzung, bei der K_2 gerade indifferent zwischen Eintritt und Nicht-Eintritt ist. Weil man in der Anfangsperiode ($N = 2$) aus der Vergangenheit nichts lernen kann, gilt $p_2 = \rho$. Wenn $\rho > p_2^* = b^2$, wird K_2 nicht in den Markt eintreten. Die Wahrscheinlichkeit, daß gekämpft wird ($p_2 + y_2(1-p_2)$), ist dann zu hoch, um das Risiko eines Kampfes einzugehen. Liegt

[15] Wäre $s_1 > 1/a$, würde M_w in der Vorperiode immer kämpfen. Dann aber würde K_1 sicher eintreten, weil dann ja $p_1 = \theta < p_1^*$. Wäre $s_1 < 1/a$, wäre es für M_w nicht rentabel zu kämpfen. Kampf wäre dann ein untrügliches Indiz dafür, daß der Monopolist stark ist ($p_1 = 1$). Beide Fälle sind mit dem jeweils unterstellten Verhalten nicht konsistent.

ρ zwischen b^2 und b ($b^2 < \rho < b$), so wird im Zwei-Perioden-Spiel K_2 erfolgreich abgeschreckt, obwohl dann in der Folgeperiode K_1 in den Markt eintritt. Da K_1 keinen Kampf beobachtet, gilt nämlich $p_1 = p_2 = \rho < p_1^*$.

Für $\rho < b^2$ ist dagegen ein Markteintritt für K_2 immer attraktiv; M_w wird dann entsprechend der Wahrscheinlichkeit (4.13) kämpfen, um K_1 davon zu überzeugen, daß er stark ist. Je nachdem, ob ρ kleiner oder größer als die Grenzeinschätzung p_2^* ist, erfolgt in der Anfangsperiode ein Markteintritt oder nicht. Da $p_2^* < p_1^*$, macht eine Ausdehnung auf zwei Perioden eine erfolgreiche Abschreckung wahrscheinlicher.

Die Überlegungen lassen sich problemlos auf ein Spiel mit N Konkurrenten ausdehnen. Betrachten wir eine beliebige Periode n und berechnen zunächst die Grenzeinschätzung p_n^*, bei der K_n gerade indifferent ist. Sie errechnet sich aus folgenden Überlegungen:

(A) K_{n-1} berechnet seine Wahrscheinlichkeitseinschätzung bezüglich M_s entsprechend der Bayes'schen Formel aus:

$$p_{n-1} = \frac{p_n}{p_n + (1-p_n)y_n} . \tag{4.14}$$

(B) M_w bestimmt y_n gerade so, daß für K_{n-1} Eintritt und Nicht-Eintritt gleich gut sind - also so, daß p_{n-1} gerade der Grenzwahrscheinlichkeit entspricht: $p_{n-1} = p_{n-1}^*$. Damit errechnet sich y_n aus (4.14) als:

$$y_n = \frac{p_n}{1-p_n} \cdot \frac{1-p_{n-1}^*}{p_{n-1}^*} . \tag{4.15}$$

(C) K_n seinerseits ist indifferent zwischen Eintritt und Nicht-Eintritt, falls

$$b - p_n - y_n(1-p_n) = 0 . \tag{4.16}$$

Durch Lösen von (4.16) nach y_n und Einsetzen in (4.14) erhält man die Differenzengleichung $p_n^* = bp_{n-1}^*$. Die Grenzeinschätzung errechnet sich rekursiv, ausgehend von Ort 1 mit $p_1^* = b$ als Anfangsbedingung. Daraus folgt:

$$p_n^* = b^n . \tag{4.17}$$

Die optimale Strategie von M_w bei Markteintritt besteht somit darin, in Periode n mit der Wahrscheinlichkeit

$$y_n = \frac{p_n}{1-p_n} \cdot \frac{1-b^{n-1}}{b^{n-1}}$$

zu kämpfen. Man beachte, daß in der Endperiode $n = 1$ gilt: $y_n = 0$.

In der Anfangsperiode N ist die Wahrscheinlichkeitseinschätzung p_N gleich der A-priori-Wahrscheinlichkeit θ. Wenn N hinreichend groß ist, wird selbst bei sehr kleinem θ gelten: $\theta = p_N > p_N^*$. Das bedeutet, daß am Anfang niemand versucht, in den Markt einzutreten, weil die Kampfbereitschaft eines schwachen Monopolisten sehr groß ist. Bei großem N ist ja der zukünftige Vorteil aus Reputation entsprechend hoch, so daß es sich besonders stark lohnen würde, in den Anfangsperioden zu kämpfen. Da dies von potentiellen Konkurrenten antizipiert wird, versuchen sie erst gar nicht, in den Markt einzudringen.

Solange nicht gekämpft wird (solange $\theta > p_n^*$), bleibt die Wahrscheinlichkeitseinschätzung p_n unverändert (gleich θ). Erst wenn zum ersten Mal

$$\theta \leq p_{\hat{n}}^* = b^{\hat{n}}$$

gilt, wird Konkurrent K in den Markt eintreten. Diesen Zeitpunkt bezeichnen wir als $\hat{n}(\theta)$. Man beachte, daß der Zeitpunkt $\hat{n}(\theta)$ nur von θ und b abhängt, von der Gesamtzahl N aber unabhängig ist.

Von $\hat{n}(\theta)$ an läuft das Spiel nach folgendem Schema ab: M_{w} randomisiert zwischen Kämpfen und Nicht-Kämpfen mit Wahrscheinlichkeit $y_{\hat{n}}$. Falls der Zufallsmechanismus für ihn bestimmt, nicht zu kämpfen, wird für alle offenbar, daß er schwach ist – von da an treten alle Konkurrenten in den Markt ein. Kämpft er, revidiert $K_{\hat{n}-1}$ seine Wahrscheinlichkeitseinschätzung. $y_{\hat{n}}$ war gerade so gewählt worden, daß

$$p_{\hat{n}-1} = p_{\hat{n}-1}^* = b^{\hat{n}-1} .$$

Also ist $K_{\hat{n}-1}$ indifferent zwischen Eintritt und Nicht-Eintritt; er randomisiert so, daß M_{w} gerade indifferent zwischen Kampf und Marktteilung ist. Bei Marktteilung erhält M_{w} in allen folgenden Perioden die Auszahlung 0. Der erwartete Ertrag für M_{w} aus einem Kampf in Periode $n+1$ beträgt:

$$-1+as_n+(1-s_n)\{-1+as_{n-1}+(1-s_{n-1})[-1+as_{n-2}+\ldots+(1-s_2)(-1+as_1)]\} .$$

Einem sicheren Verlust in Höhe von 1 durch den Kampf steht der erwartete Abschreckungsgewinn in den zukünftigen Perioden gegenüber. M_{w} ist indifferent zwischen beiden Strategien, wenn

$$-1+as_n+(1-s_n)\{-1+as_{n-1}+(1-s_{n-1})[-1+as_{n-2}+\ldots]\} = 0 . \qquad (4.18)$$

Für s_1 galt: $s_1 = 1/a$. Daraus errechnet sich rekursiv: $s_n = 1/a$. Im Gleichgewicht hält sich K_n mit Wahrscheinlichkeit $1/a$ aus dem Markt. Tritt er in den Markt, randomisiert M_{w} mit Wahrscheinlichkeit $y_{\hat{n}-1}$, und so setzt sich das Spiel fort.

Das Spiel mit einem schwachen Monopolisten hat also *drei Phasen*: In der *ersten Phase* (zwischen N und $\hat{n}(\theta)$ wird nicht versucht, in den Markt einzudringen. In einer *zweiten Phase* (ab $\hat{n}(\theta)$ dringen Konkurrenten ein und M_{w} kämpft mit einer gewissen (im Zeitablauf abnehmenden) Wahrscheinlichkeit. Solange er kämpft, steigt seine Reputation (die Wahrscheinlichkeitseinschätzung p_n) als starker Monopolist. In der *Endphase* (sobald der Zufallsmechanismus für M_{w} bestimmt, nicht zu kämpfen), teilt sich M den Markt mit den Konkurrenten.

4.3.3 Das sequentielle Gleichgewicht

Ein **sequentielles Gleichgewicht** für das **Reputationsspiel** ist durch folgende Gleichgewichtsstrategien charakterisiert:

1. M_s kämpft immer.
2. M_w kämpft immer, falls $p_n \geq p^*_{n-1}$, denn dann gilt bei Kampf stets $p_{n-1} \geq p^*_{n-1}$, und K_{n-1} würde abgeschreckt. Falls $p_n < p^*_{n-1}$, kämpft M_w mit der Wahrscheinlichkeit

$$y_n = \frac{p_n}{1-p_n} \frac{1-b^{n-1}}{b^{n-1}},$$

die den nächsten Konkurrenten K_{n-1} gerade indifferent macht zwischen Eintritt und Nicht-Eintritt: p_{n-1} soll so ansteigen, daß $p_{n-1} = p^*_{n-1}$.
3. Falls $p_n > p^*_n$, tritt K_n nicht in den Markt ein. Falls $p_n < p^*_n$, tritt er immer ein. Falls $p_n = p^*_n$, dann randomisiert er und bleibt mit Wahrscheinlichkeit $1/a$ aus dem Markt draußen.

Das Modell von Kreps und Wilson (1982b) zeigt, daß die Einführung asymmetrischer Information mit Unsicherheit über die Auszahlung des Monopolisten die Spielsituation dramatisch ändert: Selbst wenn die A-priori-Wahrscheinlichkeit θ extrem niedrig ist, wird es in der Regel zu einem Kampf bei Markteintritt kommen.

Ist die Zahl der Konkurrenten N genügend groß, so wird in einer ersten Phase kein Konkurrent in den Markt eindringen. (Die erste Phase kann für gegebenes θ beliebig lang sein, wenn N entsprechend groß ist – $\hat{n}(\theta)$ hängt ja nicht von N ab). Diese Resultate gelten auch, wenn θ gegen Null geht. Gilt jedoch $\theta = 0$, ändert sich die Situation vollkommen: Dann liegt die Situation des **Handelskettenparadoxes** vor, und alle Konkurrenten treten in den Markt ein.

Im **Reputationsspiel** von Kreps und Wilson (1982b) wird nur während der zweiten Phase gekämpft. Weil in der ersten Phase die Konkurrenten durch die Drohung mit einem Kampf erfolgreich abgeschreckt werden, versuchen sie erst gar nicht, in den Markt einzudringen. Das Modell erfaßt somit nicht Situationen, in denen zunächst Markteintritt versucht wird und die erfolgreiche Abwehr dann weitere Versuche abschreckt; der **Reputationsmechanismus** wirkt hier vielmehr gerade umgekehrt: bereits die Kampfdrohung verhindert anfangs jeden Markteintritt; erst in den Endperioden (von $\hat{n}(\theta)$ an) wird überhaupt getestet, ob M schwach ist. Da der Zeitpunkt $\hat{n}(\theta)$ unabhängig von N ist, kann die erste Phase sehr lange dauern.

Ein Modell, in dem bereits in der Anfangsphase versucht wird, den Monopolisten zu testen, wurde von Milgrom und Roberts (1982) entwickelt.

4.4 Strategische Informationsübermittlung

Die im Abschnitt 4.1 dargestellten Methoden zur Verfeinerung des Nash-Gleichgewichts haben erhebliche Fortschritte bei der Analyse strategischer Informationsübermittlung ermöglicht, die in erster Linie in Fällen asymmetrischer Information relevant ist. Die einfachste Klasse solcher Spiele sind **Signal- und Screening-Spiele**. In diesem Abschnitt sollen die Grundideen dieser Spiele intuitiv dargestellt werden. (Siehe dazu auch Illing, 1995.) Eine ausführliche Darstellung findet sich in Kap. 13 von Mas-Colell et al. (1995).

In den entsprechenden Modellen wird in der Regel unterstellt, daß wesentliche Eigenschaften eines oder mehrerer Mitspieler nicht bekannt sind. Besonders prekär aber kann die Entscheidungssituation sein, so zeigt Bolle (2004), wenn die Mitspieler Informationen über einen Spieler haben, die der Spieler selbst nicht hat. Auch das ist ein Fall asymmetrischer Information. Wenn sich zum Beispiel eine junge Frau auf die Suche nach einen ansehnlichen Partner begibt, selbst aber nicht weiß, ob sie attraktiv ist oder nicht. Findet sie Anklang bei einem möglichen Partner, dann schließt sie daraus, daß sie attraktiv ist, und lehnt dessen Avancen ab, sofern der Kandidat nicht über jeden Zweifel hinweg attraktiv ist. Aber sie hätte sich über dessen Interesse gefreut, wenn sie zu dem Schluß gekommen wäre, daß sie unattraktiv ist. Das aber wiederum setzte voraus, daß sie keine Beachtung gefunden hätte. Dann aber wäre sie (auch) ohne Partner geblieben.

Glücklicherweise gibt es viele Kandidaten, die zumindest für einen mehr oder weniger längeren Zeitraum hinweg über jeden Zweifel hinweg attraktiv sind. Die Zweifel kommen erst später, oft zu spät.

4.4.1 Signalspiele mit Trenn- und Pooling-Gleichgewicht

Im Standardmodell asymmetrischer Information wird unterstellt, daß die Spieler sich selbst kennen, aber nicht die Mitspieler. Es beispielsweise um folgendes Problem: Wirtschaftssubjekte auf einer Marktseite (die Anbieter) haben private Information über die Produktivität (Qualität) θ_i des von Ihnen angebotenen Gutes. Je besser die Qualität, desto höher die Zahlungsbereitschaft der Nachfrager. Solange die Nachfrager die Qualität aber nicht beurteilen können, sind sie bestenfalls bereit, einen Preis in Höhe der erwarteten Durchschnittsqualität zu zahlen. Für Anbieter hoher Qualität besteht deshalb ein starker Anreiz, in Signale y zu investieren, die der anderen Marktseite Aufschlüsse über die wahre Produktivität liefern. Weil aber auch Anbieter niedriger Qualität der Versuchung unterliegen, dieses Signal zu imitieren und auf diese Weise hohe Qualität vorzutäuschen, ergibt sich ein komplexes Problem strategischer Informationsübermittlung.

Spence (1973) hat als erster ein **Signalling-Modell** für den Arbeitsmarkt entwickelt (die Qualität θ ist hier die Arbeitsproduktivität; das Signal y ist das Erziehungsniveau). Durch eine geeignete Interpretation kann dieses Grundmodell nahezu alle industrieökonomischen Anwendungen erfassen, bei denen eine Marktseite der anderen Informationen zu übermitteln versucht. Rothschild und Stiglitz (1976) analysieren den Versicherungsmarkt (mit y als Selbstbehalt des Versicherungsnehmers und θ als dessen Risikoklasse). In anderen Anwendungen ist etwa θ die Qualität eines Produktes; y die Werbeaufwendungen für das Produkt; oder θ entspricht den

Produktionskosten und y dem Preis eines Monopolisten, der potentielle Konkurrenten durch eine geeignete Preisstrategie abschrecken will.

Im folgenden betrachten wir das einfachste Modell: Es gebe nur zwei Typen von Arbeitern: Solche mit niedriger Produktivität θ_1 und solche mit hoher $\theta_2 > \theta_1$. Zur Vereinfachung identifizieren wir also jeden Typen mit seiner Produktivität: Der Typ θ_2 hat also die Produktivität θ_2. Der Anteil der produktiveren Typen θ_2 betrage λ.

Die Investition in das Signal y (Erziehung) verursacht je nach Typ Kosten in Höhe von $C_i(y)$ mit $C_i(0) = 0$ (zur Vereinfachung wird unterstellt, daß Investitionen in das Signal die Produktivität nicht erhöhen). Wir gehen davon aus, daß es produktiveren Arbeitern geringere Kosten verursacht, in bessere Erziehung zu investieren. Dies ist eine *notwendige Voraussetzung* dafür, daß das Signal überhaupt wirksam sein kann.

Die maximale Zahlungsbereitschaft auf seiten der Nachfrager bestimmt sich aus der erwarteten Produktivität. Konkurrenz zwischen verschiedenen Nachfragern (etwa in Form eines **Bertrand-Wettbewerbs**) führt dazu, daß der Marktpreis der jeweils erwarteten Produktivität entspricht. Wenn die Nachfrager die tatsächliche Produktivität nicht kennen, dann muß der markträumende Preis gerade der erwarteten Durchschnittsproduktivität $x = \bar{\theta} = \lambda\theta_2 + (1-\lambda)\theta_1$ entsprechen. (Die A-priori-Erwartung für einen produktiven Typ ergibt sich aus dessen Anteil λ.) Dies ist immer dann der Fall, wenn beide Typen das gleiche Signal senden, wenn also: $y_1 = y_2$. Investieren die beiden Typen dagegen in unterschiedliche Signale, so beträgt der Marktpreis bei rationalen Erwartungen je nach Signal entweder $x(y_1) = \theta_1$ oder $x(y_2) = \theta_2$.

Grundsätzlich kann es nur zwei mögliche Arten von Gleichgewichten geben:

(a) **Das Trenngleichgewicht:** In diesem Fall investieren die verschiedenen Typen in unterschiedlich hohe Signale. Durch Beobachtung von $y(\theta_i)$, d. h. der Investitionshöhe der einzelnen Typen, wird auf indirekte Weise der anderen Marktseite die tatsächliche Produktivität enthüllt. In einem Trenngleichgewicht stimmt der Preis demnach mit der tatsächlichen Produktivität überein: $x(y(\theta_1)) = \theta_1$ bzw. $x(y(\theta_2)) = \theta_2$. Der Nettoertrag der Anbieter fällt freilich wegen der Investitionskosten niedriger aus.

(b) **Das Pooling-Gleichgewicht:** In diesem Fall senden beide Typen das gleiche Signal $\bar{y}$. Weil die andere Marktseite dann keinerlei Informationen über die wahre Produktivität hat, muß der Preis der Durchschnittsproduktivität $x(\bar{y}) = \bar{\theta}$ entsprechen. Typen mit niedrigerer Produktivität erzielen dann einen höheren, Typen mit hoher Produktivität dagegen einen niedrigeren Preis als bei vollständiger Information.

4.4.2 Die Single-Crossing-Bedingung

Produktivere Typen haben einen starken Anreiz, sich durch entsprechend hohe Investitionen von den weniger produktiven abzusetzen, und sich damit den höheren Preis θ_2 zu sichern. Eine solche Strategie ist freilich nur dann möglich, wenn es den produktiveren Typ weniger kostet, ein bißchen mehr in das Signal zu investieren, um so die Imitation durch weniger produktivere Typen zu verhindern. Damit y als Signal überhaupt in Frage kommt, müssen folglich die marginalen Investitionskosten für produktivere Typen niedriger sein. Dies bezeichnet man als **Single-Crossing-Bedingung**:[16]

$$\frac{\delta C_1}{\delta y} > \frac{\delta C_2}{\delta y} . \tag{4.19}$$

Nur falls es für den produktiveren Typ billiger ist, ein wenig mehr in das Signal zu investieren, kann er sich vom anderen Typen differenzieren – anderenfalls könnte dieser das Signal ja immer problemlos kopieren. In Abb. 4.18 sind die **Signalkosten** für produktive Anbieter, ausgehend vom Punkt A, durch die gestrichelte Linie AE gekennzeichnet. Sie haben eine flachere Steigung als die Signalkosten der unproduktiveren Typen (die durchgehend gezeichnete Linie AB). Die beiden Kurven stellen alle Kombinationen zwischen Signalkosten und Bruttoertrag dar, die aus Sicht der jeweiligen Typen den gleichen Nettoertrag erbringen. Sie lassen sich somit als Indifferenzkurven interpretieren. Höhere Nettoauszahlungen sind durch parallel nach oben verschobene Indifferenzkurven charakterisiert.

4.4.3 Die Anreizverträglichkeitsbedingung

Bedingung (4.19) ist nur eine notwendige, keine hinreichende Bedingung. Könnte es durch erfolgreiche Tarnung gelingen, einen höheren Preis zu erzielen, wäre es selbst für unproduktive Typen lohnend, in hohe Signalkosten zu investieren, solange der Ertrag die Kosten übersteigt.

Ein **Trenngleichgewicht** kann nur dann zustande kommen, wenn es für keinen Typen θ_i lohnend ist, sich durch Imitation des Signals $y(\theta_j)(j \neq i)$ als anderer Typ zu tarnen. Im betrachteten Beispiel besteht nur für den Typen mit niedriger Produktivität ein Anreiz, sich als hochproduktiver Typ zu tarnen. Durch Imitation des Signals y_2 könnte er den Preis $\theta_2 > \theta_1$ erzielen. Diese Strategie verursacht ihm freilich Kosten in Höhe von $C_1(y_2)$. Im Gleichgewicht darf sich eine solche Täuschungsstrategie nicht lohnen. Es muß also folgende **Anreizverträglichkeitsbedingung** (AV) gelten:

$$(AV) \quad x(y_1) - C_1(y_1) \geq x(y_2) - C_1(y_2) . \tag{4.20}$$

Welche Bedeutung hat diese Bedingung für ein **Trenngleichgewicht**? Gehen wir davon aus, daß die Nachfrager auf einen unproduktiven Typ schließen, wenn überhaupt nicht in das Signal investiert wird ($y_1 = 0$) und daß sie für diesen Fall den Preis $x(0) = \theta_1$ zahlen (Punkt A in Abb. 4.18). Schließen die Nachfrager aus einem positiven Signal, also $y > 0$, auf den produktiveren Typen und zahlen $x(y > 0) = \theta_2$, so würden die unproduktiven Typen dieses Signal kopieren, solange ihnen dies einen

[16] In Abb. 4.18 (unten) bedeutet diese Bedingung, daß die Kurve gleichen Nettoertrages für produktivere Typen (gestrichelte Linien) flacher verlaufen muß, als die für unproduktive Typen (durchgehend gezeichnete Linien).

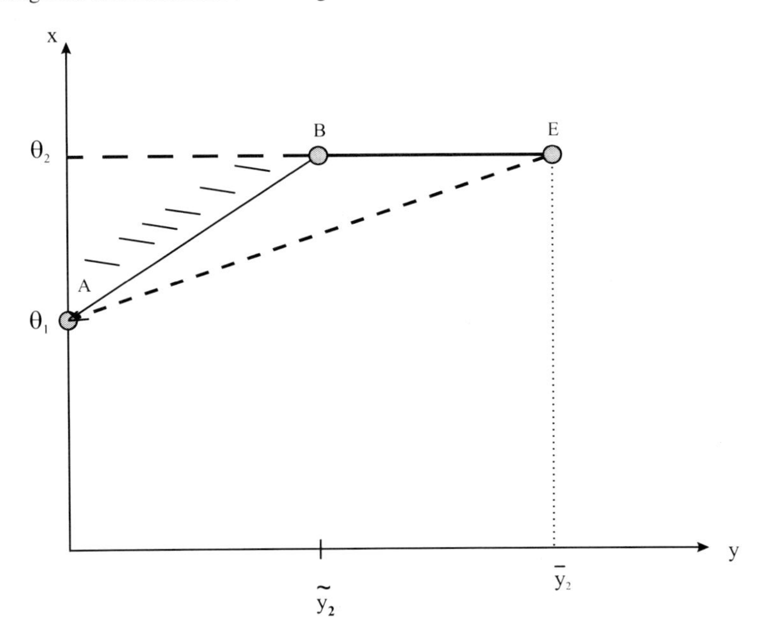

Abb. 4.18 Trenngleichgewicht

höheren Nettoertrag bringt, d. h., falls $\theta_2 - C_1(y_2) > \theta_1$. (Es sei unterstellt, daß die unproduktiven Typen bei Indifferenz den Kontrakt A wählen.)

Ein solcher Anreiz zur Täuschung wäre also in Abb. 4.18 für alle Signale $y < \tilde{y}_2$ gegeben: Alle Punkte im schraffierten Bereich oberhalb von AB verletzen die Bedingung AV. Entlang der Geraden AB ist die **Anreizverträglichkeitsbedingung** $\theta_1 \geq x(y_2) - C_1(y_2)$ gerade als Gleichung erfüllt. Nur wenn die produktiven Typen ein Signal $y \geq \tilde{y}_2$ senden, können sie sich glaubhaft von den anderen Typen absetzen.

Das Kontraktpaar A, B mit $y_1 = 0, x(y_1 = 0) = \theta_1$; $y_2 = \tilde{y}_2, x(y_2 = \tilde{y}_2) = \theta_2$ ist das **Trenngleichgewicht** mit den niedrigsten Investitionskosten für die produktiven Anbieter. Sie erzielen dabei den Nettoertrag D (vgl. Abb. 4.19).

4.4.4 Kontinuum von Nash-Gleichgewichten in Signalspielen

Wie Spence (1973) zeigt, existieren bei dem hier skizzierten Problem asymmetrischer Informationen in der Regel eine Vielzahl (ein Kontinuum) von Gleichgewichten. Spence betrachtet ein **Signalling-Modell**. Das bedeutet, zunächst investiert die informierte Seite in ein bestimmtes Signal; die nicht-informierte Seite entscheidet dann anschließend über den Kaufpreis. Wenn etwa alle Marktteilnehmer erwarten, daß hoch produktive Typen mindestens ein Signal $\bar{y}_2 \geq y_2 > \tilde{y}_2$ senden, ist es auch ein Nash-Gleichgewicht, dieses Signal zu senden. Folglich sind alle Kombinationen (A,?), bei denen die produktiven Typen eine Auszahlung entlang der Linie *BE* erhalten, Gleichgewichte.

Zur Illustration betrachten wir das Gleichgewicht *AE* mit $y_2 = \bar{y}_2$. Solange die Nachfrageseite für jedes Signal $y_2 < \bar{y}_2$ (einem Zug außerhalb des betrachteten Gleichgewichts) davon ausgeht, daß es von Anbietern schlechter Qualität stammt, besteht für Anbieter guter Qualität kein Anreiz, ein entsprechendes Signal zu senden. Der Grund für die Vielzahl von Nash-Gleichgewichten liegt darin, daß die Wahrscheinlichkeitseinschätzungen für Spielzüge außerhalb des betrachteten Nash-Gleichgewichtes arbiträr sind: Es ist unbestimmt, wie die nicht-informierte Seite solche Ereignisse interpretiert.

Im betrachteten Fall sind die der nicht informierten Seite unterstellten Wahrscheinlichkeitseinschätzungen jedoch extrem unplausibel: Jedes Signal $y_2 > \tilde{y}_2$ wird ja für Anbieter schlechter Qualität von der Auszahlung im Punkt A eindeutig dominiert – gleichgültig, welche Wahrscheinlichkeitseinschätzungen die Nachfrager bilden. Die Forderung, Strategien als Lösung auszuschließen, die strikt dominiert werden, kann solche unplausiblen Nash-Gleichgewichte ausschließen. Das einzige Trenngleichgewicht, das robust gegenüber der *Eliminierung dominierter Strategien* ist, besteht in dem Paar (A,B).

Abgesehen von diesem Trenngleichgewicht existiert aber auch ein **Pooling-Gleichgewicht:** Im Punkt C in Abb. 4.19 mit $y_1 = y_2 = 0$ (keiner investiert in das Signal) erhalten alle Anbieter eine Auszahlung in Höhe der Durchschnittsproduktivität $\bar{\theta}$ (Punkt C). Gegeben daß die Nachfrager bei jedem Signal $y > 0$ davon ausgehen, daß es von beiden Typen gesendet wird (und somit die Produktivität $\bar{\theta}$ unverändert bleibt), ist es für alle Anbieter optimal, gar kein Signal zu senden. Eliminierung dominierter Strategien kann hier nicht weiterhelfen, weil die Auszahlung C mit $y = 0$ für keinen Typen die Auszahlung $\bar{\theta}$ mit $y = 0$ dominiert wird.

Im Trenngleichgewicht werden die hochproduktiven Typen entsprechend ihrer wahren Produktivität θ_2 entlohnt. Ihr Nettoertrag abzüglich der investierten Signalkosten (Punkt D) fällt aber weit niedriger aus. Wie in Abb. 4.19 skizziert, kann dieser Nettoertrag durchaus niedriger sein als die Auszahlung $\bar{\theta}$ im **Pooling-Gleichgewicht** C. Dies gilt immer dann, wenn der Anteil der produktiveren Typen λ besonders hoch ist. (Mit steigendem λ nimmt die Durchschnittsproduktivität $\bar{\theta}$ zu; Punkt C verschiebt sich nach oben). Für hohe Werte von λ ist das **Pooling-Gleichgewicht** C mit $y(\theta_1) = y(\theta_2) = \bar{y} = 0$ und $x(0) = \bar{\theta}$ pareto-dominant gegenüber dem Trenngleichgewicht (A,B). Das ist der Fall, den wir im folgenden immer betrachten.

4.4.5 Screening-Modelle ohne Nash-Gleichgewichte

Während Spence (1973) in seinem Arbeitsmarktmodell eine Vielzahl von Nash-Gleichgewichten ableitete, argumentieren Rothschild und Stiglitz (1976), daß auf dem Versicherungsmarkt gar kein Gleichgewicht existiert, wenn die Versicherungsnehmer private Information über ihre Risikoklasse besitzen. Der Unterschied zum

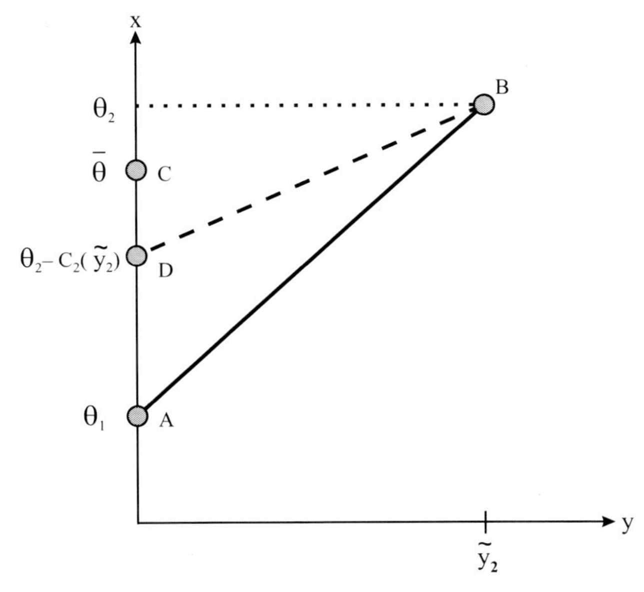

Abb. 4.19 Ein Vergleich von Trenn- und Pooling-Gleichgewicht

Spence-Modell besteht darin, daß zunächst die nicht-informierte Seite (die Versicherung) bestimmte Kontrakte anbietet, aus denen dann die Informierten (die Versicherungsnehmer) auswählen. Man bezeichnet diese Modellklasse als **Screening-Modell**.

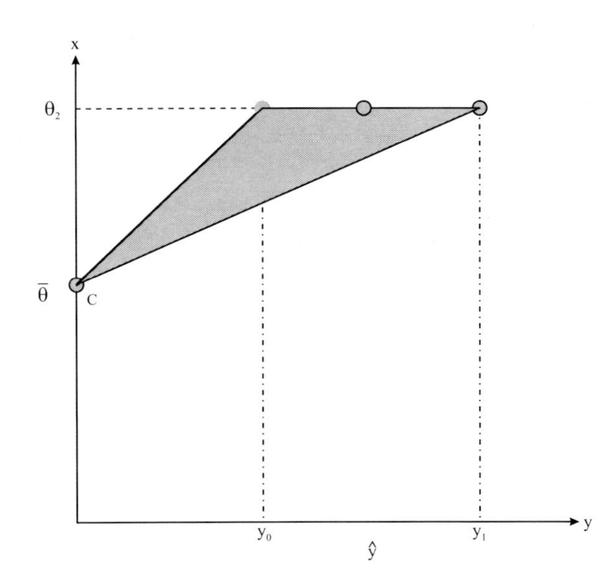

Abb. 4.20 Robustheit des Pooling-Gleichgewichts

Die Variable θ sei nun die Inverse des erwarteten Schadens. Das Signal y besteht im Selbstbehalt des Versicherungsnehmers. Die weniger riskante Risikoklasse hat bei gleicher Risikoaversion eine höhere Bereitschaft, einen entsprechenden Selbstbehalt zu tragen.

Ausgehend von einem Pooling-Kontrakt, der eine Prämie entsprechend dem durchschnittlichen erwarteten Schaden berechnet (wie in Punkt C), sind alle Kombinationen im schraffierten Bereich der Abb. 4.20 nur für den wenig riskanten Typ attraktiv. Eine Versicherung, die einen Kontrakt in diesem Bereich anbietet, zieht somit nur gute Risiken an und kann dabei noch einen Gewinn erzielen, wenn die Prämie über dem erwarteten Schaden $(1/\theta_2)$ liegt. Ein Pooling-Kontrakt kann deshalb nie ein Nash-Gleichgewicht sein. Das Kontraktpaar (A,B) stellt aber hier ebenfalls kein Gleichgewicht dar: Ausgehend von (A,B), würde eine Versicherungsgesellschaft, die einen Kontrakt mit der Durchschnittsprämie $1/\bar{\theta}$ (Punkt C) anbietet, alle Versicherungsnehmer an sich ziehen. Der Pooling-Kontrakt C aber kann wiederum kein Gleichgewicht sein.

4.4.6 Intuitives Kriterium und eindeutige Gleichgewichte

Die dargestellte Nichtexistenz eines Nash-Gleichgewichtes ist ein theoretisches Kuriosum, das auf eine Fehlspezifikation des Gleichgewichtsbegriffs hindeutet, nicht aber auf ein dahinter verborgenes ökonomisches Problem. Entsprechend wurden eine ganze Reihe von Ad-hoc-Konzepten entwickelt, die versuchen, unter Beibehaltung des statischen Rahmens dynamische Wettbewerbsprozesse zu erfassen. Sie führten jedoch zu konträren Aussagen: Während das **antizipatorische Gleichgewicht** von Wilson (1977) das **Pooling-Gleichgewicht** C auswählt, entspricht das **reaktive Gleichgewicht** von Riley (1979) dem **Trenngleichgewicht** (A,B).

Erst die explizite dynamische Modellierung der Spielstruktur in einem mehrstufigen Spiel kann – in Verbindung mit der Entwicklung von Verfeinerungen des Nash-Gleichgewichts – die entscheidenden ökonomischen Faktoren herausarbeiten, von denen es abhängt, welches Gleichgewicht erreicht wird. Damit klärte sie auch die widersprüchlichen Aussagen der unterschiedlichen Modellansätze von Spence (1973) und Rothschild und Stiglitz (1976). Dabei zeigt sich, daß die Frage von grundlegender Bedeutung ist, welche Marktseite als erste handelt.

Abschnitt 4.1 behandelte eine ganze Reihe von Konzepten zur Verfeinerung des Nash-Gleichgewichtsbegriffs, mit deren Hilfe unplausible Gleichgewichte ausgeschlossen werden sollen. Cho und Kreps (1987) haben gezeigt, daß bei Signalspielen vom Spence-Typ das **Trenngleichgewicht** (A,B) das einzige Gleichgewicht ist, das dem intuitiven Kriterium entspricht. Sie betrachten folgendes Dreistufenspiel, das der Fragestellung des **Spence-Modells** entspricht:

1. In der ersten Stufe investiert die *informierte Marktseite* in ein bestimmtes Signal.
2. In der zweiten Stufe bietet dann die nicht-informierte Marktseite bestimmte Kontrakte an, je nachdem, welche Signale beobachtet wurden.

3. In Stufe drei wählen dann die Informierten aus den offerierten Kontraktangeboten das für sie günstigste aus.

Gegeben diese Zugfolge, wird das **Pooling-Gleichgewicht** C vom intuitiven Kriterium als unplausibel verworfen. Untersuchen wir kurz anhand von Abb. 4.20, warum das so ist: Das intuitive Kriterium geht davon aus, daß unerwartete Spielzüge nie von solchen Anbietern gewählt werden, die dabei *im Vergleich zu der Auszahlung des betrachteten Gleichgewichts* nur verlieren könnten. Ein Signal $\hat{y}$ mit $y_0 < \hat{y} \leq y_1$ würde die wenig produktiven Anbieter schlechter stellen als bei der Auszahlung, die sie im Punkt C erhalten. Wenn nun die Nachfrager ein solches Signal beobachten, dann, so die Logik des intuitiven Kriteriums, sollten sie deshalb davon ausgehen, daß es nur von den hochqualitativen Anbietern gesendet wurde. Gemäß dem intuitiven Kriterium besteht damit das einzig robuste Gleichgewicht im Paar (A,B).

Wie in Abschnitt 4.4.4 erläutert, kann die Pooling-Lösung durch die Eliminierung dominierter Strategien allein nicht verworfen werden. Es wird eben ein weit schärferes Kriterium benötigt – die Forderung, daß die Spieler keine Strategien wählen, die relativ zum betrachteten Gleichgewicht dominiert werden. Diese Forderung erscheint auf den ersten Blick intuitiv einleuchtend. Sie bedeutet freilich, daß die ursprüngliche unterstellte Auszahlung C gar kein Gleichgewicht sein kann. Signale $\hat{y}$ mit $y_0 < \hat{y} \leq y_1$ werden für die unproduktiven Typen eben nur *relativ zum Ausgangsgleichgewicht*, nicht aber generell dominiert (vgl. dazu Abschnitt 4.1.4).

Bei einer Umkehrung der Zugfolge ergibt sich nach dem intuitiven Kriterium, wie Hellwig (1987) nachweist, genau die umgekehrte Schlußfolgerung. Er betrachtet folgende Situation, die den Bedingungen des **Rothschild-Stiglitz-Modells** entspricht:

1. Zunächst, in der ersten Stufe, bietet die *nicht informierte* Seite Kontrakte an.
2. In der nächsten Stufe wählt die informierte Seite aus diesen Kontraktangeboten aus.
3. In der letzten Stufe schließlich ist es der nicht-informierten Marktseite möglich, Bewerber für ihre Kontraktangebote abzulehnen.

Bei dieser Zugfolge bleibt einzig das **Pooling-Gleichgewicht** C übrig. Ähnlich wie die dynamische Modellierung der statischen Oligopol-Modelle macht die explizite Modellierung der sequentiellen Entscheidungsstruktur bei Spielen mit unvollständiger Information deutlich, wie stark das Ergebnis von den institutionellen Details abhängt. Der Zwang zur genauen Spezifikation der Entscheidungsstruktur ermöglicht erst eine exakte Analyse. Die starke Sensitivität des Ergebnisses in bezug auf die Modellstruktur scheint freilich das Entscheidungsproblem, welche der verschiedenen Lösungen letztlich zutrifft, nur eine Stufe zurück zu verlagern. Schließlich ist in der Realität die Reihenfolge der Züge in der Regel keineswegs eindeutig vorgegeben.

Ein solcher Vorwurf ist jedoch nur zum Teil gerechtfertigt. Letztlich macht die spieltheoretische Analyse ja nur die Tatsache explizit, daß keine allgemein gültigen Schlußfolgerungen erwartet werden können, sondern daß vielmehr jeweils die konkreten Bedingungen untersucht werden müssen, unter denen sich ein bestimmtes

Wettbewerbsverhalten abspielt. Darüber hinaus gelingt es der Spieltheorie, entscheidende Faktoren herauszuarbeiten, von denen das Ergebnis maßgeblich abhängt: Im Fall unvollständiger Information ist dies die Frage, ob die informierte oder aber die nicht-informierte Marktseite den ersten Zug macht.

4.5 Neuere Entwicklungen

In den Kap. 3 und 4 haben wir eine Reihe von Verfeinerungen des Nash-Gleichgewichts kennengelernt. Ihr Ziel war, eine Teilmenge von Gleichgewichten auszuwählen, falls mehr als ein Nash-Gleichgewicht existiert, und zwar jene, die „intuitiv" plausibel erscheinen. Die Intuition ist aber nicht immer ein verläßliches Kriterium: Vor allem haben unterschiedliche Personen sehr divergierende Vorstellungen, was „intuitiv" einsichtig ist und was nicht. Verschiedene moderne Entwicklungen der Spieltheorie haben in letzter Zeit ein besseres Verständnis zur Auswahl plausibler Lösungen bei multiplen Gleichgewichten ermöglicht.

Die Theorie globaler Spiele, angestoßen von Carlsson und van Damme (1993) und weiterentwickelt von Morris und Shin (2003), zeigt, daß sich unter bestimmten Bedingungen ein eindeutiges Gleichgewicht ergibt, wenn die Spieler nur unvollständige Information über die Payoff-Funktion haben. Dies verdeutlicht, daß die Unbestimmtheit der Gleichgewichte in vielen Spielen darauf basiert, daß – als vereinfachende Modellannahme – gemeinsames Wissen aller Spieler über die Fundamentaldaten angenommen wird und für alle Spielern im Gleichgewicht sichere Erwartungen über das Verhalten ihrer Mitspieler unterstellt werden.

Die Theorie globaler Spiele liefert interessante Anwendungen auf eine Vielzahl zentraler ökonomischer Fragestellungen. So charakterisiert sie etwa plausible Bedingungen, unter denen es zu spekulativen Attacken in einem Regime fixer Wechselkurse kommt (vgl. Morris und Shin, 1998, sowie Heinemann und Illing, 2002).

Eine andere neuere Entwicklung setzt bei der Gleichgewichtsauswahl auf die Evolution des Spiels. Sie untersucht, welches Ergebnis sich einstellt bzw. welche Strategien sich durchsetzen werden, wenn die Anfangssituation durch ein Ungleichgewicht charakterisiert ist und sich die Zusammensetzung der Strategien (bzw. Spieler) verändert und dynamisch anpaßt. Konvergiert der Anpassungsprozeß zu einem Gleichgewicht, so zeichnet sich dieses – kraft seiner evolutorischen Eigenschaften – in besonderer Weise aus (siehe z. B. Mailath, 1998). In Kap. 8 werden wir auf diesen Zusammenhang ausführlicher eingehen.

Eine weitere Entwicklung schließlich sieht das Nash-Gleichgewicht und seine Verfeinerungen nur als Kürzel für das Ergebnis eines epistemischen Spiels. Dieses Spiel besteht darin, daß sich die Spieler Erwartungen über das Wissen, die Erwartungen und die Rationalität anderer Spieler im Bewußtsein bilden, daß diese Erwartungen strategisch interdependent sind, d. h. wechselseitig voneinander abhängen.

Entsprechend lassen sich „Hierarchien bedingter Erwartungen" formulieren und in bezug auf Konsistenz untersuchen.[17]

Der Ansatz interaktiver Epistemologie eröffnet die Möglichkeit, die Annahmen über die Erwartungen, die das Nash-Gleichgewicht und die entsprechenden Verfeinerungen auszeichnen, zu analysieren (s. Aumann und Brandenburger, 1995, und Polak, 1999). Der formale Apparat ist allerdings sehr aufwendig, so daß hier ein Verweis auf die einschlägige Literatur genügen muß (Aumann, 1999a,b; Battigalli, 1997, und Battigalli und Siniscalchi, 1999).

Literaturhinweise zu Kapitel 4

Van Damme (1987) ist die beste Quelle für den, der sich ausführlicher mit Konzepten zur **Verfeinerung des Nash-Gleichgewichts** beschäftigen will. Die Lektüre des Originalaufsatzes von Kreps und Wilson (1982a) ist für ein detaillierteres Studium des **sequentiellen Gleichgewichts** unverzichtbar, allerdings ist er nicht leicht zu lesen. Der Aufsatz von Cho und Kreps (1987) ist ein guter Ausgangspunkt, um Verfeinerungen für **Signalspiele** intensiver zu studieren. Eine stimulierende Lektüre zur **Theorie der Gleichgewichtsauswahl** ist die Monographie von Harsanyi und Selten (1988).

Die **Theorie wiederholter Spiele** verzeichnete in den letzten fünfzehn Jahren enorme Fortschritte. Dies wird deutlich, wenn man den Überblicksaufsatz von Aumann (1981) mit den neueren Surveys von Van Damme (1987) und Sabourian (1989) vergleicht. Bergin und MacLeod (1989) geben einen Überblick über verschiedene Konzepte **neuverhandlungsstabiler Gleichgewichte**. Kalai (1990) faßt Arbeiten über **beschränkte Rationalität** zusammen. Wilson (1985) ist ein guter Survey zur Anwendung von Reputationsmodellen in der ökonomischen Theorie. Für zahlreiche Beispiele der Anwendung wiederholter Spiele in der **Industrieökonomie** sei auf Roberts (1987) und Tirole (1988) verwiesen. Eine Anwendung des **Bier-Quiche-Spiels** von David Kreps (1989) und des **intuitive Kriteriums** auf einen Fall der Mediation enthält Holler und Lindner (2004). Zum Bier-Quiche-Spiel vgl. auch Carmichael (2005, S. 178).

[17] Leider wird hier oft von Gleichgewichten in Erwartungen gesprochen (vgl. Aumann und Brandenburger, 1995). Das Nash-Gleichgewicht aber setzt wechselseitig beste *Strategien* voraus. *Erwartungen* sind allenfalls richtig bzw. widerspruchsfrei.

Kapitel 5
Individualistisch-kooperative Spiele und Verhandlungsspiele

In diesem Kapitel betrachten wir kooperative Spiele und nicht-kooperative Verhandlungsspiele zwischen zwei Spielern. Die Spieler werden stets als individuelle Entscheidungseinheiten gesehen. Die Ergebnisse dieses Kapitels, die für zwei Spieler abgeleitet werden, lassen sich im allgemeinen auf Verhandlungssituationen mit mehr als zwei Spielern übertragen, sofern wir annehmen, daß jeder Spieler isoliert für sich allein handelt, falls keine Vereinbarung zwischen allen Spielern zustande kommt und sich *keine* Koalition bilden. Wir werden uns deshalb hier weitgehend auf den Zwei-Spieler-Fall beschränken und Erweiterungen auf mehr als zwei Spieler nur andeuten.

Der erste Abschnitt dieses Kapitels enthält eine Klassifikation von *kooperativen* Spielen und Verhandlungsspielen. Im Anschluß an die allgemeine Darstellung des Verhandlungsproblems im zweiten Abschnitt folgt eine Einführung in die axiomatische Theorie der Verhandlungsspiele. Im Mittelpunkt stehen die **Nash-Lösung**, die **Kalai-Smorodinsky-Lösung** und die **proportionale Lösung**. Eine Darstellung des **Zeuthen-Harsanyi-Verhandlungsspiels** sowie *nicht-kooperativer*, strategischer Verhandlungsmodelle (z. B. **Rubinstein-Spiel**) schließt sich an.

5.1 Definition und Klassifikation

Kooperative Spiele zeichnen sich dadurch aus, daß die Spieler **verbindliche Abmachungen** treffen können. Dies ist eine besondere Spezifikation der Spielregeln (vgl. Abschnitt 1.2.2). Der Abschluß verbindlicher Abmachungen setzt zunächst voraus, daß zwischen den Spielern Kommunikation möglich ist. Wenn das Spiel wie in Matrix 5.1 ein reines Koordinationsproblem ohne Interessenkonflikte beinhaltet, würde Kommunikation ausreichen, eine effiziente Vereinbarung durchzusetzen. Auch beim „Kampf der Geschlechter“ (Matrix 1.6) genügt Kommunikation, um das ineffiziente Ergebnis $(0,0)$ auszuschließen.

Matrix 5.1. Koordinationsspiel

	s_{21}	s_{22}
s_{11}	(2,2)	(0,0)
s_{12}	(0,0)	(2,2)

Im allgemeinen muß es eine außenstehende Instanz geben, der gegenüber sich die Spieler zu einer bestimmten Handlung (d. h. Strategiewahl) verpflichten können. Am Beispiel des Gefangenendilemmas (vgl. Abschnitt 1.2) wird diese Forderung unmittelbar einsichtig: Die Spieler können sich nicht gegenseitig, sondern nur über einen außenstehenden Dritten verpflichten, die dominierte Strategie *nicht-gestehen* zu wählen und so das kooperative Ergebnis sicherzustellen. Dies impliziert, daß der Dritte im Falle der Nicht-Einhaltung einer Abmachung den abweichenden Spieler so bestrafen kann, daß es für jenen ohne jede Einschränkung besser ist, die Abmachung einzuhalten.

Die außenstehende Instanz muß in der Lage sein, die Spieler zu zwingen, sich entsprechend den Abmachungen zu verhalten. So könnte das ursprüngliche **Gefangenendilemma** durch das Auftreten einer Verbrecher-Dachorganisation, die jedes Geständnis unnachsichtig mit dem Tod bestraft und diese Strafe auch durchsetzen kann, in ein kooperatives Spiel umgewandelt werden. Statt der Matrix 1.2 gilt dann die Matrix 5.2. Letztere hat ein Gleichgewicht in den dominierenden Strategien für die Strategien *nicht-gestehen*, d. h. (s_{11}, s_{21}), **die Mafia-Lösung**.

Matrix 5.2. Die Mafia-Lösung des Gefangenendilemmas

	s_{21}	s_{22}
s_{11}	(3,3)	(1,0)
s_{12}	(0,1)	(0,0)

Im Mafia-Beispiel wird die Wirkung der Abmachung über die Gestaltung der Auszahlungen modelliert. Der Abschluß verbindlicher Abmachungen beinhaltet, daß Strategien nicht mehr gespielt werden, die der Abmachung widersprechen.

Jedes kooperative Spiel läßt sich grundsätzlich als ein *sequentielles nicht-kooperatives* Spiel darstellen, in dem die Spieler den Abschluß **verbindlicher Abmachungen** als mögliche Strategie wählen können. Diese sequentielle Form wird bei kooperativen Spielen in der Regel nicht explizit modelliert (vgl. Harsanyi und Selten, 1988, S. 4). Wenn Abmachungen exogen über einen außenstehenden Dritten durchsetzbar sind, konzentriert sich die Entscheidung der Spieler und damit das Spielmodell auf die Gestaltung der Abmachung, und nicht auf die Bedingungen ihrer Durchsetzung. Die Abmachung läßt sich als Nutzenvektor formulieren. Die Analyse kann sich somit auf die *Auswahl*von Nutzenvektoren beschränken. Auf die Strategiewahl selbst, die hinter der Abmachung steht, braucht im allgemeinen nicht eingegangen zu werden.

Fassen wir zusammen: **Kooperative Spiele** zeichnen sich durch die Möglichkeit **verbindlicher Abmachungen**, d. h. **Kommunikation** und **exogene Durchsetzung** aus.

Im weiteren Sinne werden kooperative Spiele auch als **Verhandlungsspiele** bezeichnet. Im engeren Sinne aber versteht man unter Verhandlungsspielen Spielmodelle, die den Verhandlungsprozeß darstellen und untersuchen bzw. auf das Verhandlungsverhalten selbst eingehen. Diese Analyse beruht im allgemeinen entweder auf einer ad hoc Annahme über das Verhalten der Verhandlungsteilnehmer oder auf einem grundsätzlich *nicht-kooperativen Spiel*, dessen Rahmenbedingungen (Institutionen) aber so gewählt sind, daß es das Ergebnis eines kooperativen Spiels hervorbringt (z. B. einen Kontrakt).

Die Verwendung der Bezeichnungen kooperatives Spiel und Verhandlungsspiel ist nicht immer eindeutig differenziert. Diese begriffliche Unschärfe entspricht auch einem inhaltlichen Übergang von kooperativen zu nicht-kooperativen Entscheidungssituationen, wie wir noch sehen werden. Dies gilt auch für die im folgenden angewandte Klassifikation in **axiomatische**, **behavioristische** und **strategische Verhandlungsspiele**, wobei hier Verhandlungsspiel im weiteren Sinne verstanden wird und kooperative Spiele miteinschließt.

5.2 Verhandlungsproblem, Lösungsproblem und Lösung

Ein **Verhandlungsspiel** B ist durch die Menge der Spieler N und durch das Paar (P,c) gegeben: P ist die Menge aller möglichen Auszahlungsvektoren $u = (u_1, \ldots, u_n)$ des Spiels (auch **Auszahlungsraum** genannt). Der **Konfliktpunkt** $c = (c_1, \ldots, c_n)$ ist jener Auszahlungsvektor in P, der realisiert wird, wenn sich die Spieler nicht einigen; c enthält die Konfliktauszahlungen des Spieles. Ist c gegeben, so liegt ein **einfaches Verhandlungsspiel** vor. In einem **allgemeinen Verhandlungsspiel** ist die Entscheidung über die Konfliktauszahlungen selbst Gegenstand des Spiels, und dieses Spiel ist u. U. nicht-kooperativ. Ein Beispiel mit **variablem Drohpunkt** folgt in Abschnitt 5.3.4.

Ein **Verhandlungsproblem** ist dadurch gekennzeichnet, daß P mindestens ein Element u enthält, das für alle Spieler eine höhere Auszahlung als c beinhaltet, d. h., es gibt ein $u \in P$, so daß für alle Spieler i in N gilt: $u_i > c_i$. Somit können sich die Spieler durch Einigung auf u besserstellen als im Konfliktfall. Ein **Lösungsproblem** besteht dann, wenn es mehr als einen Vektor u gibt, der alle Spieler in N besserstellt als c. In diesem Fall gilt es bei der Formulierung der verbindlichen Abmachung zu wählen.

Es gibt zahlreiche ökonomische Entscheidungssituationen, in denen das Verhandlungsproblem und das Lösungsproblem auftreten. Die wohl bekannteste ist das Standardmodell des reinen Tauschs in der Edgeworth-Box. In Abb. 5.1 sind x und y die gesamte verfügbare Menge der Güter X und Y, die auf zwei Individuen aufgeteilt werden kann. x und y werden durch die Länge und Breite des Rechtecks wiedergegeben, das die Box in Abb. 5.1 repräsentiert. Der Punkt I kennzeichnet die Anfangsverteilung der Güter X und Y auf die Individuen 1 und 2. Er ist durch den Vektor $I = (x_{1I}, y_{1I})$ bzw. $I = (x_{2I}, y_{2I})$ gekennzeichnet. Es gilt $x = x_{1I} + x_{2I}$ und $y = y_{1I} + y_{2I}$. Die Indifferenzkurven beider Spieler, die durch I verlaufen (indexiert

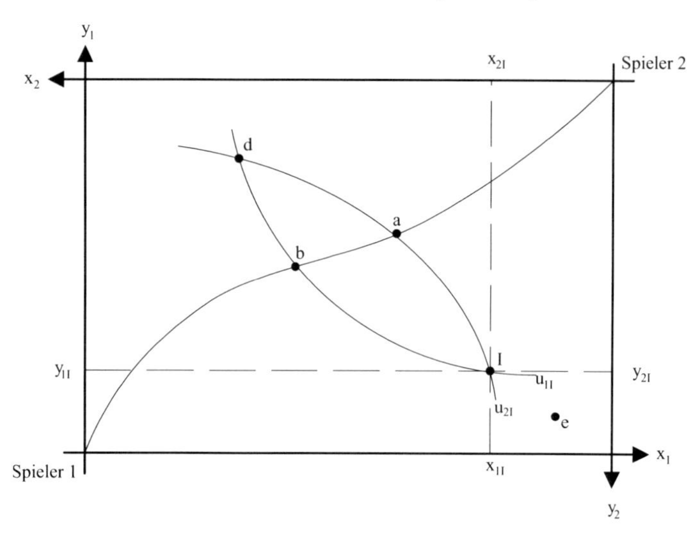

Abb. 5.1 Das Edgeworth-Box-Spiel

mit den Nutzenniveaus u_{1I} und u_{2I}), bilden die Bewertung dieser Ausgangsverteilung durch die Spieler 1 und 2 ab.

Es ist unmittelbar einsichtig, daß beide Spieler durch Tausch ein höheres Nutzenniveau erreichen und sich damit besser stellen können als in der Ausgangsverteilung I, sofern es ihnen gelingt, sich auf eine Verteilung der Güter zu einigen, die durch einen Punkt in der durch die Punkte I und d sowie durch die Indifferenzkurven u_{1I} und u_{2I} gekennzeichneten *Linse* beschrieben wird. Es liegt also ein Verhandlungsproblem vor, sofern man davon ausgeht, daß bei Nichteinigung der Status quo, d. h. die Verteilung I erhalten bleibt. Das Nutzenpaar (u_{1I}, u_{2I}) läßt sich dann gleich (c_1, c_2) setzen und als Konfliktpunkt c interpretieren. Da die Linse mehr als ein Element in ihrem Innern enthält, liegt auch ein **Lösungsproblem** vor.

Die Linse gibt die Menge der individuell rationalen Verteilungen an, bezogen auf die Anfangsverteilung I. Das Innere der Linse enthält die strikt individuell rationalen Verteilungen, d. h. jene Verteilungen, die beide Tauschpartner besserstellen als die Verteilung I. Die **Kontraktkurve** zeichnet sich dadurch aus, daß sich die Indifferenzkurven der beiden Tauschpartner tangieren. Entlang der Kontraktkurve kann sich somit keiner der beiden verbessern, ohne daß sich der andere verschlechtert. Die Kontraktkurve gibt also alle *effizienten (pareto-optimalen)* Verteilungen wieder. Seit Edgeworth (1881) prognostiziert die ökonomische Theorie, daß das Tauschergebnis individuell rational und effizient sein wird. D.h., die Tauschpartner werden sich auf eine Güterallokation einigen, die auf jenem Teil der Kontraktkurve liegt, der in der Linse ist. Die Standardtheorie sagt aber nicht, auf welchem Punkt zwischen a und b sich die Tauschpartner letztlich einigen und damit welche Allokation resultiert. Selbst a und b sind unter der Annahme (schwach) individuell rationalen Verhaltens nicht ausgeschlossen.

Zur Veranschaulichung von Verhandlungs- und Lösungsproblem übertragen wir die Nutzen, die den unterschiedlichen Güterverteilungen in der Edgeworth-Box zu-

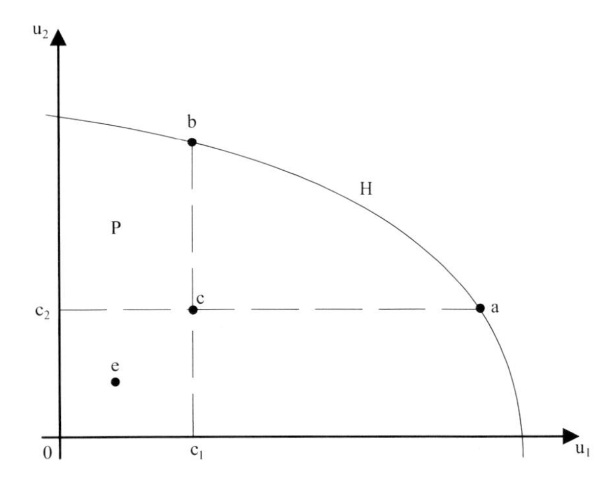

Abb. 5.2 Auszahlungsraum und Nutzengrenze

geordnet sind, in einen zweidimensionalen Nutzenraum P. In Abb. 5.2 gibt c die der Anfangsverteilung I entsprechenden Nutzen wieder. Die Nutzen in den Punkten a, b, c und e entsprechen den Güterverteilungen a, b, I, d und e in Abb. 5.1. Punkt d in Abb. 5.1 ist gleichwertig mit I und fällt deshalb in Abb. 5.2 mit c zusammen. P ist der Auszahlungsraum des Verhandlungsspiels, und $H = H(P)$ ist die Nutzengrenze von P, also die Menge aller pareto-optimalen Auszahlungspaare in P.

Das **Lösungsproblem** besteht nun darin, aus der Menge der strikt individuell rationalen Auszahlungspaare $P' = \{u_i|u_i > c_i\}$ ein Paar u als Verhandlungsergebnis zu bestimmen. Fordern wir von der Lösung, daß sie effizient ist, also pareto-optimale Paare u auswählt, so reduzieren sich die zur Wahl stehenden Alternativen auf die strikt individuell rationalen Elemente der Nutzengrenze H. Diese Überlegungen deuten bereits an, wie man den im nächsten Abschnitt näher definierten Lösungsbegriff axiomatischer Verhandlungsspiele inhaltlich ausfüllt.

Allgemeiner: Die **Lösung** eines Verhandlungsspiels f ist eine Regel bzw. eine Funktion, die jedem denkbaren Verhandlungsspiel (P,c) einen eindeutig bestimmten Auszahlungsvektor zuordnet. Der Vektor $f(P,c) = (u_1,\ldots,u_n)$ stellt das **Verhandlungsergebnis** dar. Umgangssprachlich wird das **Verhandlungsergebnis** auch oft als **Lösung** bezeichnet; soweit es den Sinn nicht verstellt, wollen wir im folgenden diesen Gebrauch auch zulassen.

Eine wichtige Implikation des Konzepts eines Verhandlungsspiels ist, daß der Auszahlungsraum P konvex ist. P ist eine **konvexe Menge**, wenn jeder Punkt auf der Verbindungslinie zweier Elemente von P in P liegt. Sind den Vektoren reiner Strategien Auszahlungspaare zugeordnet, die einem nicht-konvexen Auszahlungsraum T entsprechen, so können die Spieler durch Vereinbarung gemischter Strategien alle Punkte in der Menge $P-T$ realisieren und somit insgesamt den konvexen Auszahlungsraum P sicherstellen (vgl. Abb. 5.3). Die Konvexität von P resultiert also aus der Möglichkeit der Spieler, verbindliche Abmachungen zu treffen.

Die Berücksichtigung aller denkbaren gemischten Strategien beinhaltet ferner, daß P auch stetig ist. Sofern die gemischten Strategien sich auf eine endliche Menge von reinen Strategien beziehen, ist P kompakt, d. h. abgeschlossen und beschränkt. Daraus folgt u. a., daß P eine Nutzengrenze H hat und alle Elemente von H auch

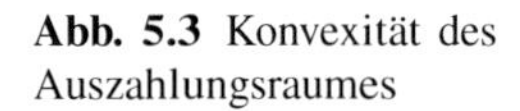

Abb. 5.3 Konvexität des Auszahlungsraumes

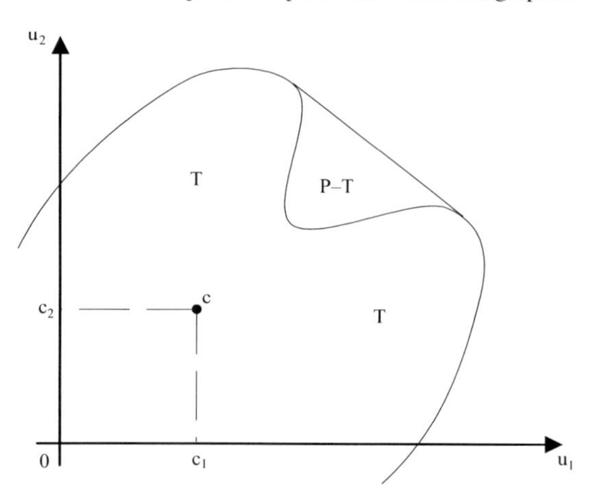

Elemente von P sind – ferner, daß die Nutzengrenze durch eine stetige Funktion beschreibbar ist. Diese Eigenschaften sind von Bedeutung, wenn eine Funktion bezüglich P maximiert werden soll. Wir kommen auf die Stetigkeit und Kompaktheit von P noch zurück.

5.3 Axiomatische Verhandlungsspiele

Die Lösung f eines **axiomatischen Verhandlungsspiels** ist dadurch gekennzeichnet, daß sie jedem Verhandlungsspiel (P, c) einen Auszahlungsvektor u zuordnet und bestimmte, vorgegebene „wünschenswerte" Eigenschaften erfüllt, die als Axiome formuliert sind. Die Vielfalt der Axiome spiegelt zum einen die Tatsache wider, daß solche Eigenschaften, die sich aus Alltagsvorstellungen (z. B. über Fairneß, Gerechtigkeit und Effizienz) ableiten, im allgemeinen unterschiedliche Definitionen zulassen. Zum andern ist sie auch eine Konsequenz daraus, daß unterschiedliche Vorstellungen über die Relevanz bestimmter Eigenschaften für Verhandlungsergebnisse bestehen. Zum Beispiel ist die Annahme, daß das Verhandlungsergebnis unabhängig von irrelevanten Alternativen ist (vgl. (N3) unten), aufgrund empirischer Untersuchungen umstritten (vgl. Nydegger und Owen, 1975).

5.3.1 Die Nash-Lösung

Im Jahr 1950 publizierte John F. Nash einen Aufsatz, in dem er die nachfolgende Spezifikation der (Lösungs-)Funktion f vorschlug. Sie wurde als **Nash-Lösung** bekannt. Nach Nashs Vorstellung beinhaltet sie eine *faire* Verhandlungslösung, die *rationale* Spieler akzeptieren werden. **Fairneß** und **Effizienz** sind somit wesentliche Bezugspunkte der Nash-Lösung.

5.3.1.1 Funktion und Axiomatik

Das Ergebnis u^* eines Verhandlungsspiels (P,c) sei im Zwei-Personen-Fall durch jenen Auszahlungsvektor u aus der Menge P bestimmt, für den $u_i > c_i$ für alle i gilt und der das (Nash-)Produkt $\text{NP} = (u_1 - c_1)(u_2 - c_2)$ maximiert. Für das maximale Nash-Produkt NP* gilt dann

$$\text{NP}^* = (u_1^* - c_1)(u_2^* - c_2), \quad \text{so daß} \quad u^* = (u_1^*, u_2^*) \in P \text{ und } u_i^* > c_i \text{ für } i = 1,2\,. \tag{5.1}$$

Die durch diese Regel definierte Funktion f – im folgenden wird sie mit F bezeichnet – ordnet jedem Verhandlungsspiel (P,c) genau *einen* Vektor u, das Nash-Ergebnis u^*, zu und erfüllt die folgenden vier Axiome:[1]

(N1) **Unabhängigkeit von äquivalenter Nutzentransformation**: Für jedes Verhandlungsspiel (P,c) und für beliebige reelle Zahlen $a_i > 0$ und b_i, wobei $i = 1,2$, ist $f_i(P',c') = a_i f_i(P,c) + b_i$, falls (P',c') ein Verhandlungsspiel ist, das sich aus einer linearen **ordnungserhaltenden Transformation** aller Elemente u und c in P ergibt, so daß $y_i = a_i x_i + b_i$ und $c_i' = a_i c_i + b_i$ gilt und y und c' Elemente von P' sind.

Das Axiom (N1), das auch oft mit der Eigenschaft der **Skaleninvarianz** gleichgesetzt wird, fordert, daß die Eigenschaften der von Neumann-Morgensternschen Nutzenfunktion auch für die Lösung f gilt: Das transformierte Auszahlungspaar $(a_1 f_1(P,c) + b_1, a_2 f_2(P,c) + b_2)$ soll das gleiche Ergebnis beschreiben und damit das gleiche Ereignis aus E auswählen wie das ursprüngliche Auszahlungspaar $(f_1(P,c), f_2(P,c))$, das als Ergebnis von (P,c) durch f bestimmt wurde. Das Verhandlungsergebnis soll nicht von der willkürlichen Standardisierung der Nutzenfunktion durch die beliebige Wahl von $a_i > 0$ und b_i substantiell beeinflußt werden.

(N2) **Symmetrie**: Ist (P,c) ein symmetrisches Verhandlungsspiel, dann soll $f_1(P,c) = f_2(P,c)$ gelten.

(P,c) ist ein **symmetrisches** Verhandlungsspiel, wenn (a) $c_1 = c_2$ und (b) falls (u_1,u_2) in P ist, auch das Auszahlungspaar (u_2,u_1) in P ist, das durch Austauschen der Werte für den ersten und zweiten Spieler resultiert. Für ein Zwei-Personen-Spiel beinhalten (a) und (b), daß c ein Punkt auf der 45°-Linie durch den Ursprung des zweidimensionalen Koordinatensystems ist und daß P symmetrisch in bezug auf diese Linie ist. Die nachfolgenden Abb. 5.4 und 5.5 geben symmetrische Verhandlungsspiele wieder. (N2) besagt, daß die Lösung f nicht zwischen den Spielern unterscheiden soll, wenn dies das Spiel (P,c) selbst nicht tut. Letzteres ist der Fall, wenn (P,c) symmetrisch ist. Als Konsequenz liegt im Zwei-Personen-Spiel das Verhandlungsergebnis für symmetrische Spiele auf der 45°-Achse des positiven (bzw. negativen) Quadranten.

---

[1] Die Formulierung der Axiome basiert auf Luce und Raiffa (1957) und folgt Roth (1979, S. 8ff.) sowie Thomson (1981). Die Axiomatik in Nash (1950) ist weniger anschaulich, da Nash die Axiome der Erwartungsnutzenfunktion im Sinne von von Neumann und Morgenstern (1947 [1944]) in seine Axiomatisierung einbezieht.

Aus der Formulierung von (N2) und der Definition eines symmetrischen Verhandlungsspiels wird deutlich, daß hier interpersoneller Nutzenvergleich unterstellt wird. Aber die Berücksichtigung von **Fairneß** erfordert einen interpersonellen Nutzenvergleich.

(N3) **Unabhängigkeit von irrelevanten Alternativen**: $f(P,c) = f(Q,c)$, falls (P,c) und (Q,c) Verhandlungsspiele (mit identischem Konfliktpunkt c) sind, P eine Teilmenge von Q und $f(Q,c)$ ein Element in P ist.

Dieses Axiom beinhaltet, daß nur der Konfliktpunkt c und das Verhandlungsergebnis selbst relevant sind. Damit lassen sich im allgemeinen Möglichkeiten finden, den Auszahlungsraum eines Spieles auf eine Obermenge zu erweitern oder auf eine Teilmenge zu verringern, ohne daß sich der durch die Lösung ausgewählte Auszahlungsvektor ändert. Mariotti (1994) weist nach, daß dieses Axiom durch ein *schwächeres* ersetzt werden kann: der *Unabhängigkeit von offenbarten (bekundeten) irrelevanter Alternativen.*

(N4) **Pareto-Optimalität**: Ist (P,c) ein Verhandlungsspiel, so gibt es kein $x \neq f(P,c)$ in P, so daß $x_1 \geq f_1(P,c)$ und $x_2 \geq f_2(P,c)$.

Die in (N4) definierte (strikte) Pareto-Optimalität repräsentiert ein Konzept sozialer Rationalität. Ein Verhandlungsergebnis ist unter diesem Gesichtspunkt nur dann akzeptabel, wenn sich kein Spieler besserstellen kann, ohne daß sich ein anderer verschlechtert. Dies beinhaltet, daß $f(P,c)$ ein Element der Nutzengrenze H von P ist.

Entscheidungstheoretisch und unter dem Aspekt der Wohlfahrtstheorie wird Pareto-Optimalität oft mit **Einstimmigkeit** gleichgesetzt (vgl. Moulin, 1988, S. 14).

5.3.1.2 Bestimmtheit und Eindeutigkeit

Nash (1950) zeigte, daß die in der **Nash-Lösung** enthaltene Vorschrift F die einzige ist, die diese vier Axiome erfüllt. Um den Beweis skizzieren zu können und diese Vorschrift besser zu verstehen, machen wir uns klar, daß (a) jedes Nash-Produkt NP im Zwei-Spieler-Fall durch eine gleichseitige Hyperbel im positiven Quadranten R^2_+ abgebildet wird, die asymptotisch zu den Achsen c_1 und c_2 ist, und (b) das maximierende Nash-Produkt NP*, das das Nash-Ergebnis $u^* = F(P,c)$ auswählt, durch eine gleichseitige Hyperbel abgebildet wird, die die Nutzengrenze H von P tangiert.

Zur Illustration des Beweises gehen wir zunächst von zwei symmetrischen Spielen aus, wie sie in den Abb. 5.4 und 5.5 skizziert sind. Es genügt, die Axiome (N2) und (N4) anzuwenden, um für diese Spiele $u^* = F(P,c)$ zu bestimmen: Das Nash-Ergebnis u^* ergibt sich als Schnittpunkt der Symmetrieachse mit der Nutzengrenze. Dieser Schnittpunkt ist eindeutig, d. h., er enthält stets nur ein Element. Wir sehen, daß u^* auch durch die gleichseitige Hyperbel, die dem Nash-Produkt NP* entspricht, ausgewählt wird. Die Hyperbel NP^0 in Abb. 5.4 erfüllt nicht die Maximierungsbedingung der Nash-Lösung, während NP* sie erfüllt und damit u^* bestimmt. NP^1 enthält nur Auszahlungen, die nicht in P liegen und damit nicht erreichbar sind.

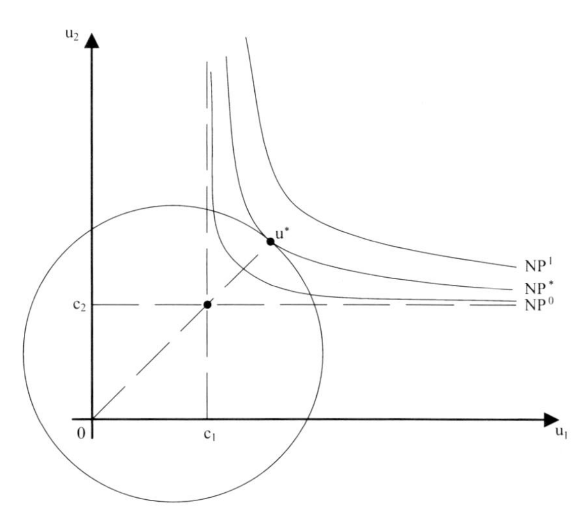

Abb. 5.4 Nash-Lösung im symmetrischen Spiel

Aufgrund der Eindeutigkeit von u^* können wir auf folgendes Ergebnis schließen:

(E1) *Jede Lösung f, die (N2) und (N4) erfüllt, ist für symmetrische Spiele mit der Nash-Lösung F identisch.*

Aufgrund von (N3) und (E1) folgt ferner:

(E2) *Jede Lösung f, die (N2), (N3) und (N4) erfüllt, ist für jedes Spiel (P,c), dessen Auszahlungsraum P eine Teilmenge des Auszahlungsraums Q eines symmetrischen Spiels (Q,c) mit identischem Konfliktpunkt c ist, gleich der Nash-Lösung $F(Q,c)$, falls $f(Q,c)$ ein Element von P ist.*

Da die Nutzentransformation (N1) erlaubt, jedes Spiel (R,c) so zu transformieren, daß ein Spiel (P,d) resultiert, auf das (E2) angewendet werden kann, gilt:

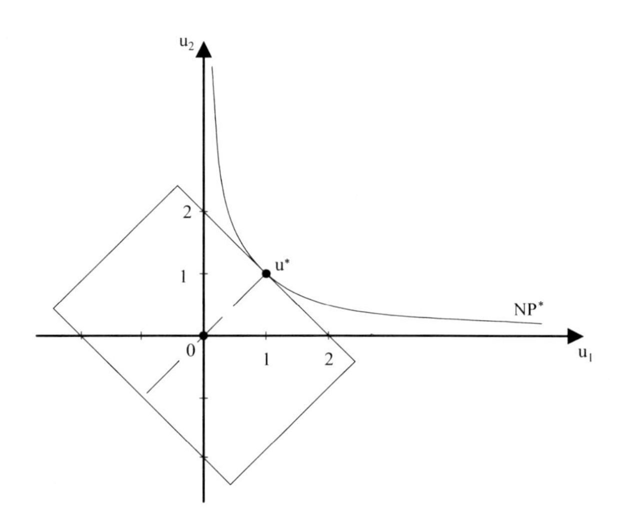

Abb. 5.5 Nash-Lösung im symmetrischen Spiel

(E3) *Jede Lösung f, die (N1), (N2), (N3) und (N4) erfüllt, ist mit der Nash-Lösung F identisch.*

Fassen wir (E1), (E2) und (E3) zusammen, so sehen wir, daß zum einen Symmetrie (N2) und Pareto-Optimalität (N4) das Ergebnis für symmetrische Spiele eindeutig festlegen und daß zum anderen die Unabhängigkeitsaxiome (N1) und (N3) erlauben, jedes beliebige Verhandlungsspiel durch ein korrespondierendes symmetrisches Spiel eindeutig zu *lösen*. Deshalb müssen alle Lösungen f, die (N1) mit (N4) erfüllen, identisch mit der Nash-Lösung F sein.

Diese Überlegungen skizzieren den Beweisgang. Um die Ausarbeitung des Beweises zu erleichtern, wird eine spezielle Nutzentransformation im Sinne von (N1) angewandt: Sie transformiert den Konfliktpunkt c und den durch die Nash-Lösung bestimmten Auszahlungsvektor u^* des ursprünglichen Spiels (P,c) in $d = (0,\ldots,0)$ und $v^* = (1,\ldots,1)$. Damit erhalten wir das **kanonische Spiel** (R,d) in Abb. 5.6.

Ein Verhandlungsspiel ist kanonisch, wenn für den Konfliktpunkt $(0,\ldots,0)$ und für die Nutzengrenze $u_1 + \ldots + u_n = n$. Im Zwei-Personen-Fall ergibt sich diese Standardisierung aus der Lösung der folgenden Bedingungen nach den **Transformationsparametern** a_1, b_1, a_2 und b_2:

$$1 = a_1 u_1^* + b_1 \quad \text{und} \quad 0 = a_1 c_1 + b_1$$
$$1 = a_2 u_2^* + b_2 \quad \text{und} \quad 0 = a_2 c_2 + b_2 .$$

Allgemein ergeben sich die **Transformationsparameter**, die $d = (0,\ldots,0)$ und $v^* = (1,\ldots,1)$ sicherstellen, aus $a_i = 1/(u_i - c_i)$ und $b_i = -c_i/(u_i - c_i)$. Die **Transformation** des Spiels (P,c) zu (R,d) ermöglicht es, das Spiel (P,c) durch das symmetrische Spiel (Q,d) zu analysieren, dessen Nutzengrenze $H(Q)$ durch die

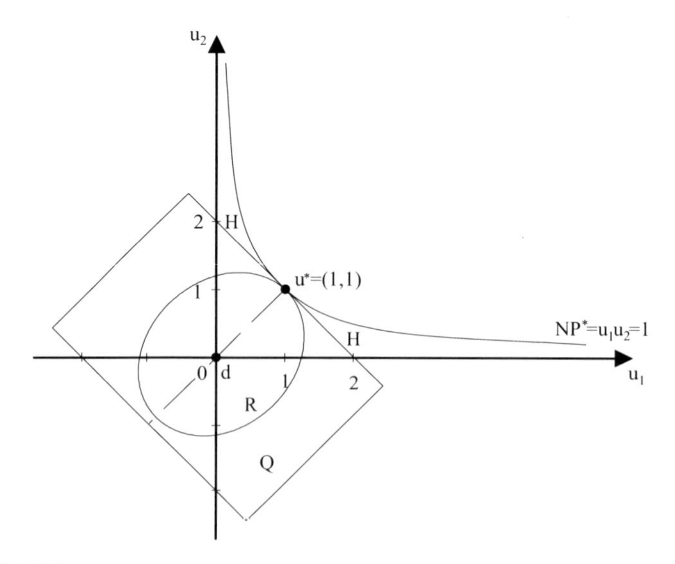

Abb. 5.6 Nash-Lösung

Bedingung $v_1 + v_2 = 2$ bestimmt ist und die im Punkt $v^* = (1,1)$ tangential zur Nutzengrenze $H(R)$ des Spiels (R,d) ist. Letzteres gilt, da v^* als Tangentialpunkt von $H(Q)$ mit NP* als Ergebnis des Spiels (Q,d) bestimmt ist und damit aufgrund des Axioms (N3) auch die Nash-Lösung von (R,d) wiedergibt. Die Nutzengrenze $H(Q)$ ist in v^* Tangente zu $H(R)$ und NP*, und deshalb muß NP* auch tangential zu $H(R)$ sein. Das impliziert, daß v^* die Nash-Lösung für das Spiel (R,d) ist.

Aufgrund der strikten **Konvexität** von NP* und der Konvexität des Auszahlungsraums R gibt es nur *einen* derartigen Tangentialpunkt v^*: Die Nash-Lösung von (R,d) ist deshalb eindeutig. Voraussetzung für diese Tangentiallösung und damit für die Eindeutigkeit und Bestimmtheit der Nash-Lösung ist (a), daß NP* stetig ist (sonst könnte die Hyperbel gerade für v^* ein „Loch" haben, weil sie dort nicht definiert ist) und (b), daß P und damit der aus der Transformation resultierende Auszahlungsraum R kompakt, d. h. abgeschlossen und beschränkt sowie konvex und damit auch stetig ist. Die Beschränkung auf eine linear-ordnungstreue Transformation der Nutzen entsprechend Axiom (N1) stellt sicher, daß R kompakt und konvex ist. Die Erhaltung der Konvexitätseigenschaft läßt sich folgendermaßen nachweisen: Wir wählen zwei Elemente x_1 und x_2 aus P. Da P konvex ist, gilt

$$\mu x_1 + (1-\mu)x_2 \in P \quad \text{für alle} \quad \mu \in [0,1]\,. \tag{5.2}$$

Eine **lineare Transformation** L beinhaltet für beliebige Paare x_1 und x_2 in P und beliebige reelle Zahlen a_1 und a_2,

$$L(a_1x_1 + a_2x_2) = a_1x_1 + a_2x_2\,. \tag{5.3}$$

Es gilt nun zu zeigen, daß die aus der linearen Transformation $L(P)$ resultierenden Menge $R = L(P)$ konvex ist, d. h., daß für beliebige Paare y_1 und y_2, die Element von $L(P)$ sind, gilt

$$\mu y_1 + (1-\mu)y_2 \in L(P) = R \quad \text{für alle} \quad \mu \in [0,1]\,. \tag{5.4}$$

Um das zu zeigen, wählen wir x_1, x_2, x aus P, so daß $Lx_1 = y_1, Lx_2 = y_2$ und $\mu x_1 + (1-\mu)x_2 = x$ gilt. Dann können wir schreiben:

$$\mu y_1 + (1-\mu)y_2 = \mu Lx_1 + (1-\mu)Lx_2\,. \tag{5.5}$$

Wenden wir (5.4) auf (5.5) an, so folgt:

$$\mu Lx_1 + (1-\mu)Lx_2 = L(\mu x_1 + (1-\mu)x_2) = Lx\,. \tag{5.6}$$

Aus (5.5) und (5.6) folgt

$$\mu y_1 + (1-\mu)y_2 = L(\mu x_1 + (1-\mu)x_2) = Lx\,. \tag{5.7}$$

Da x_1 und x_2 bzw. y_1 und y_2 beliebig gewählt wurden, ist damit gezeigt, daß R konvex ist, falls P konvex ist.

Die **Konvexität** von NP und R stellt, wie wir gesehen haben, die Eindeutigkeit des Tangentialpunkts v^* sicher. Die Konvexität von R und P impliziert, daß die Nutzengrenze $H(P)$ bzw. $H(R)$ stetig ist. Ein derartiger Tangentialpunkt, der das Nash-Produkt NP bezüglich R maximiert, kann aber nur dann existieren, wenn die Menge R abgeschlossen ist, d. h., wenn die Elemente der Nutzengrenze $H(R)$ selbst Elemente der Menge R sind. Wäre R nicht abgeschlossen, so gäbe es für jedes NP(x), bezogen auf ein beliebiges Element x in R, mindestens ein Element y, so daß NP$(y) >$ NP(x) gelten würde und damit NP(x) nicht maximal bezüglich R wäre. Dies würde für beliebig nahe Elemente zu v^* gelten, denn es gäbe stets ein „näheres", dem ein größeres Nash-Produkt NP entspräche. Die Maximierung von NP setzt also voraus, daß R abgeschlossen ist.

Da Eindeutigkeit und Bestimmtheit der Nash-Lösung mit den Annahmen über den Auszahlungsraum und durch die Eigenschaften von NP bzw. NP* gesichert sind, wäre jetzt zu prüfen, ob NP* selbst die Eigenschaften erfüllt, die den Axiomen (N1) mit (N4) entsprechen: Axiom (N1) ist durch NP* erfüllt, denn $N' = (u'_1 - c'_1)(u'_2 - c'_2)$ ist durch u'_1 und u'_2 maximiert, falls das Nash-Produkt $N = (u_1 - c_1)(u_2 - c_2)$ durch u_1 und u_2 maximiert wird und die Bedingungen $u'_i = a_i u_i + b_i$ und $c'_i = a_i c_i + b_i$ gelten. Berücksichtigen wir diese Bedingungen in N', so folgt $N' = a_1 a_2 (u_1 - c_1)(u_2 - c_2)$ bzw. $N' = a_1 a_2 N$. Falls ein Auszahlungspaar N maximiert, wird auch N' maximiert, und vice versa. (N2) ist durch NP* erfüllt, da das Nash-Produkt *inhärent* symmetrisch ist. Das drückt sich z. B. durch die Abbildung als gleichseitige Hyperbel aus. Es macht keinen Unterschied, ob wir $(u_1 - c_1)(u_2 - c_2)$ oder $(u_2 - c_2)(u_1 - c_1)$ maximieren.

Im Falle eines symmetrischen Spiels, für das $c_1 = c_2$ gilt, ist es selbstverständlich auch gleichwertig, ob wir $(u_2 - c_1)(u_1 - c_2)$ oder $(u_2 - c_2)(u_1 - c_2)$ maximieren. (N3) ist durch NP* erfüllt, weil nur die Werte für den Konfliktpunkt c und für das Verhandlungsergebnis selbst in NP eingehen. Alle anderen Auszahlungen sind für die Nash-Lösung irrelevant und bleiben auch in NP unberücksichtigt. (N4) ist durch NP^* erfüllt, denn nur ein NP, das tangential zur Nutzengrenze eines Spiels (P,c) ist und damit ein pareto-optimales u^* auswählt, kann maximal sein und damit den Bedingungen von NP* genügen.

Damit ist gezeigt, daß die Nash-Lösung F, die durch Anwendung der Regel NP* spezifiziert ist, die Eigenschaften (N1) mit (N4) erfüllt. Als nächstes wäre nachzuweisen, daß jede Lösung f, die diese Eigenschaften erfüllt, identisch mit F ist. Der Nachweis schließt an die Diskussion der Eigenschaften (E1), (E2) und (E3) oben an und beinhaltet folgende Schritte:

1. Für symmetrische Spiele gilt $f = F$, falls f die Axiome (N2) und (N4) erfüllt. Für das Spiel (Q,d) gilt somit $f(Q,d) = F(Q,d)$.
2. Für das Spiel (R,d) gilt $f(R,d) = F(R,d)$, weil (a) R eine Teilmenge von Q ist, (b) $f(Q,d)$ in R ist, und (c) f das Axiom (N3) erfüllt.
3. Erfüllt f Axiom (N1), dann gilt $f(P,c) = F(P,c)$, da $f(R,d) = F(R,d)$.

Jede Lösung f, die (N1) mit (N4) erfüllt, ist somit mit der Nash-Lösung identisch.

Aus der Skizze des Beweises und insbesondere aus der Bedeutung des Axioms der Unabhängigkeit von irrelevanten Alternativen ist unmittelbar zu ersehen, daß

(N1), (N2) und (N3) gemeinsam mit der Annahme (schwacher) individueller Rationalität, die $f_i(P,c) \geq c_i$ für alle beteiligten Spieler i vorschreibt, nur die Auszahlungsvektoren c und $u^* = F(P,c)$ als Beschreibung eines Verhandlungsergebnisses zulassen (vgl. Roth, 1977, 1979, S. 12ff). Der Konfliktpunkt c unterliegt der Transformation und ist relevant für die Lösung. Die Pareto-Optimalität (N4) diskriminiert zwischen c und u^*. Verzichten wir auf (N4), so verzichten wir auf diese Diskriminierung.

Unterstellt man statt (N4) **starke individuelle Rationalität** für die Lösung f, so daß $f_i(P,c) > c_i$ gilt, so ist gemeinsam mit (N1), (N2) und (N3) $u^* = F(P,c)$ als einziger Auszahlungsvektor bestimmt. Dies zeigt, daß die Nash-Lösung durch (mindestens) ein alternatives Axiomensystem begründet werden kann. Die Eigenschaft starker individueller Rationalität ist nicht identisch mit der individuellen Rationalität, wie sie die Nutzenfunktion impliziert, die die Präferenzen der Spieler in bezug auf die Ereignisse beschreibt und deren Eigenschaften über die Auszahlungen auch in die Nash-Lösung eingehen. *Starke* individuelle Rationalität beinhaltet eine stärkere Forderung an das Verhandlungsergebnis; sie stellt eine „echte" zusätzliche Lösungseigenschaft dar, die die Axiome (N1), (N2) und (N3) im Hinblick auf die Nash-Lösung komplettiert.

5.3.1.3 Tangentialeigenschaft und äquivalente Konfliktpunkte

Die Berechnung des Auszahlungsvektors u^* als Ergebnis der Nash-Lösung eines Spieles (P,c) folgt unmittelbar aus der Maximierung des Nash-Produkts NP unter der Nebenbedingung, daß u^* ein Element der **Nutzengrenze** $H(P)$ ist. Diese Maximierung unter Nebenbedingung läßt sich in einem Lagrange-Ansatz zusammenfassen:

$$L = (u_1 - c_1)(u_2 - c_2) - \mu H(u_1, u_2)\,. \tag{5.8}$$

μ ist der Lagrange-Multiplikator, und für die Nebenbedingung folgt $H(u_1,u_2) = 0$, falls der ausgewählte Vektor u ein Element der Nutzengrenze $H(P)$ ist. Leiten wir die Lagrange-Funktion L nach den Variablen u_1, u_2 und μ ab, so erhalten wir für u^*, falls die Nutzengrenze $H(u_1,u_2) = 0$ an der Stelle u^* differenzierbar ist, die folgenden Bedingungen erster Ordnung für ein Maximum:

$$\partial L/\partial u_1^* = (u_2^* - c_2) - \mu(\partial H/\partial u_1^*) = 0 \tag{5.9}$$

$$\partial L/\partial u_2^* = (u_1^* - c_1) - \mu(\partial H/\partial u_2^*) = 0 \tag{5.10}$$

$$\partial L/\partial \mu = H(u_1^*, u_2^*) = 0 \tag{5.11}$$

Die partiellen Ableitungen der Nutzengrenze $\delta H/\delta u_1^*$ und $\delta H/\delta u_2^*$ sind die **Gewichte des Spieles**. Aus (5.9) und (5.10) folgt:

$$\frac{\partial H/\partial u_1^*}{\partial H/\partial u_2^*} = \frac{(u_2^* - c_2)}{(u_1^* - c_1)} \tag{5.12}$$

Andererseits folgt aus dem totalem Differential der Nutzengrenze $H(u_1, u_2) = 0$

$$\frac{\partial H/\partial u_1}{\partial H/\partial u_2} = -\frac{\mathrm{d}u_2}{\mathrm{d}u_1}\,. \tag{5.13}$$

Die Beziehung (5.13) beschreibt die Steigung der Nutzengrenze $H(P)$ in einem „Punkt“ u. Setzen wir (5.13) in (5.12) für $u = u^*$ ein, so folgt:

$$\frac{\mathrm{d}u_2^*}{\mathrm{d}u_1^*} = -\frac{(u_2^* - c_2)}{(u_1^* - c_1)}\,. \tag{5.14}$$

Die Bedingung (5.14) drückt die **Tangentialeigenschaft** der Nash-Lösung aus. Zusammen mit der Nebenbedingung (5.11) reicht sie aus, das Nash-Ergebnis u^* von (P,c) zu berechnen, falls c und $H(P)$ gegeben sind und $H(u_1, u_2) = 0$ an der Stelle u^* differenzierbar ist. Aus der Tangentialeigenschaft (5.14) leitet sich eine sehr „brauchbare“ Beziehung zwischen dem Nash-Ergebnis u^* und dem Konfliktpunkt c ab, nämlich die **Steigungsgleichheit**. Löst man die Gleichung (5.14) nach c_2 auf, so erhält man:

$$c_2 = u_2^* + (\mathrm{d}u_2^*/\,\mathrm{d}u_1^*)(u_1^* - c_1)\,. \tag{5.15}$$

Betrachten wir c_1 und c_2 als Variable, so beschreibt (5.15) eine Gerade, die durch den Konfliktpunkt c und den Punkt des Nash-Ergebnisses u^* geht und die Steigung $-\mathrm{d}u_2/\,\mathrm{d}u_1$ hat. Der Steigung dieser Geraden entspricht der absolute Wert der (negativen) Steigung der Nutzengrenze $H(P)$ bzw. der gleichseitigen Hyperbel NP* für u^*. Die Steigungswinkel α und β (siehe Abb. 5.7) sind deshalb gleich groß.

Ist $H(P)$ an der Stelle u^* nicht differenzierbar und existiert damit die Ableitung der Nutzengrenze nicht, so ist die Nash-Lösung dadurch charakterisiert, daß sie jenen Punkt u^* auswählt, für den die Gerade, die u^* mit dem Konfliktpunkt c verbindet, die Steigung eines der durch u^* bestimmten Gradienten hat. Dies folgt aus der Anwendung des **Kuhn-Tucker-Theorems** auf die Maximierung von NP bei einer nicht-differenzierbaren, aber stetigen Nebenbedingung (vgl. Varian 1994, S. 485 und S. 509f.).

Die **Tangentialeigenschaft** der Nash-Lösung beinhaltet, daß der Nutzen, der den Konfliktpunkt c „übersteigt“, im gleichen Verhältnis geteilt wird, wie der Nutzen im Tangentialpunkt u^* von einem Spieler auf den anderen transferiert werden kann. Das ist unmittelbar aus (5.14) zu ersehen, wobei $\mathrm{d}u_2^*/\,\mathrm{d}u_1^*$ die marginale Transformationsrate ausdrückt. Ist die Nutzengrenze des Spiels (P,c) linear und damit die marginale Transformationsrate konstant, so impliziert (P,c) vollkommen transferierbaren Nutzen: Aufgrund der VNM-Nutzenfunktion können wir dann (P,c) in ein Spiel verwandeln, dessen Nutzengrenze im Zwei-Personen-Fall auf einer negativ geneigten Geraden liegt, so daß die marginale Transformationsrate in jedem Punkt der Nutzengrenze gleich 1 ist; der Nutzen des Spielers 1 kann somit ohne Verlust oder Zugewinn in den Nutzen des Spielers 2 umgewandelt werden und vice versa. Spiele mit linearer Nutzengrenze zeichnen sich also durch transferierbare Nutzen aus.

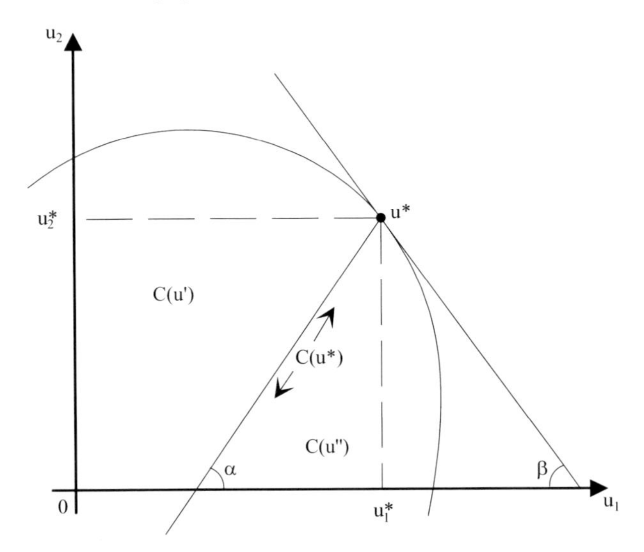

Abb. 5.7 Konfliktpunkte

Aus dem durch (5.15) bestimmten Zusammenhang von Konfliktpunkt und Nash-Ergebnis, der **Steigungsgleichheit**, folgt unmittelbar das

(E4) *Jedem Konfliktpunkt, der auf der durch (5.15) bestimmten Geraden liegt, entspricht das identische Nash-Ergebnis u^*. Dies definiert für $c_i < u_i^*$ die Menge $C(u^*)$ aller Konfliktpunkte, die mit dem Nash-Ergebnis u^* kompatibel sind; sie bildet die Menge äquivalenter Konfliktpunkte in bezug auf u^*.*

Vereinfacht ausgedrückt, teilt die Gerade (5.15) den Auszahlungsraum P in drei Mengen: eine Menge $C(u')$, die „über" der Geraden liegt; eine Menge $C(u'')$, die „unter" der Geraden liegt, und die Menge $C(u^*)$, die „auf" der Geraden liegt. Aus dem Zusammenhang der Steigung dieser Gerade und der Steigung der Nutzengrenze sowie der Tatsache, daß P konvex ist, folgt das

(E5) *(a) Jedem Konfliktpunkt, der Element der Menge $C(u')$ ist, entspricht ein Nash-Ergebnis u', das für den Spieler 2 eine höhere und für den Spieler 1 eine niedrigere Auszahlung enthält als u^* (d. h., $u_1' < u_1^*$ und $u_2' > u_2^*$). (b) Jedem Konfliktpunkt, der Element der Menge $C(u'')$ ist, entspricht ein Nash-Ergebnis u'', das für Spieler 2 eine niedrigere und für Spieler 1 eine höhere Auszahlung enthält als u^* (d. h., $u_1'' > u_1^*$ und $u_2'' < u_2^*$).*

Die Ergebnisse (5.1) und (5.8) machen deutlich, daß der Bezug zum Konfliktpunkt c den Vergleich von Nutzen ermöglicht. Durch ihn und die Nutzengrenze ist die Grenzrate der Transformation in u^*, das Austauschverhältnis der Nutzen des Spielers 1 und des Spielers 2, im Verhandlungsspiel (P, c) bestimmt. Vgl. Conley et al. (1997) und Vartiainen (2007).

5.3.1.4 Nash-Lösung für geteilte und zusammengesetzte Spiele

Aus Ergebnis (5.1)) leiten sich unmittelbar Bedingungen für die Zerlegung eines Verhandlungsspiels in Teilspiele bzw. für die Behandlung von **zusammengesetzten Spielen** ab, falls die Teilung bzw. Zusammensetzung des Spiels keinen Einfluß auf die Durchsetzung der Nash-Lösung haben soll.

Zum Beispiel können wir das Spiel (P,c) in ein Teilspiel (R,c) und ein Teilspiel (P,u') aufteilen, wobei R eine Teilmenge von P und u' das Ergebnis des Teilspiels (R,c) ist, so daß für (P,c) das Nash-Ergebnis u^* resultiert, wenn auf das Spiel (P,u') die Nash-Lösung angewandt wird (vgl. Abb. 5.8). Voraussetzung ist, daß u' auf der durch c und u^* entsprechend (5.15) bestimmten Geraden liegt. Dies beinhaltet im allgemeinen, daß auf das Spiel (R,c) nicht die Nash-Lösung angewandt werden kann, sondern eine proportionale Lösung (die wir noch in Abschnitt 5.5 näher kennenlernen werden). Für u' gilt:

$$\frac{u_2' - c_2}{u_1' - c_1} = \frac{u_2^* - c_2}{u_1^* - c_1} = -\frac{du_2^*}{du_1^*} . \tag{5.16}$$

Selbstverständlich lassen sich nach dem durch (5.16) formalisierten Prinzip beliebig viele **Teilspielzerlegungen** – auch mit mehreren Stufen – formulieren, die das Nash-Ergebnis u^* sicherstellen. Auf jeder Stufe wird eine **proportionale Lösung** angewandt, die einer (5.16) entsprechenden Bedingung gehorcht, wobei für die letzte Stufe die proportionale Lösung und die Nash-Lösung identisch sind. Weicht das Ergebnis eines Teilspiels u' von der proportionalen Lösung ab, so kann bei Anwendung der Nash-Lösung auf der nächsten Stufe das Ergebnis u^* nicht (mehr) erreicht werden, sofern u' als Drohpunkt des Restspiels fungiert, denn u' ist dann kein Element der Menge äquivalenter Drohpunkte $C(u^*)$.

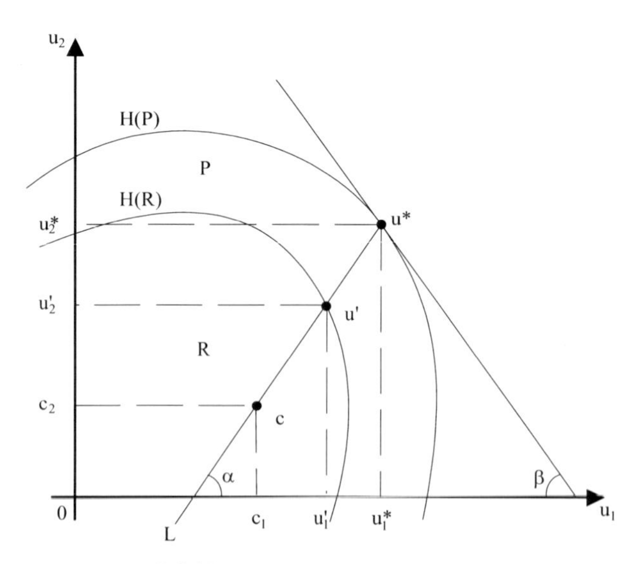

Abb. 5.8 Zusammengesetztes Spiel I

Allgemein läßt sich das Prinzip der Teilbarkeit einer Lösung f folgendermaßen formulieren:

(N5) **Teilbarkeit**: Sind (P,c) und (R,c) zwei Verhandlungsspiele (mit identischem Konfliktpunkt), so daß R eine Teilmenge von P ist, dann ist eine Lösung f *teilbar*, wenn $f(P,f(R,c)) = f(P,c)$ und $(P,f(R,c))$ ebenfalls ein Verhandlungsspiel ist.

Offensichtlich ist die Nash-Lösung F nicht teilbar im Sinne von (N5), denn u^* wird durch Anwendung von F auf (R,c) nur dann erreicht, wenn $f(R,c) = u'$ der Bedingung (5.16) genügt. Dies ist aber nur in Ausnahmefällen erfüllt. Die **Tangentialeigenschaft** (5.14) beinhaltet, daß die Steigung der **Nutzengrenze** $H(R)$ in u' identisch mit der Steigung der Nutzengrenze $H(P)$ in u^* sein müßte. In der Regel ist dies aber für Elemente der Menge $C(u^*)$ bzw. der Geraden durch c und u^* nicht der Fall.

Es wäre allerdings denkbar, daß u^* durch die Anwendung eines anderen Lösungsansatzes auf das Restspiel dennoch erreicht wird. Dies würde aber andere Instrumente bzw. Axiome voraussetzen als bisher eingeführt wurden. Es würde insbesondere (N5) widersprechen, das die Anwendung einer „einheitlichen" Lösung f auf alle Teilspiele vorsieht. Statt auf eine Zerlegung eines Gesamtspiels in Teilspiele wäre das in (5.16) enthaltene Prinzip auch auf Teilspiele anzuwenden, die so zu einem Gesamtspiel zusammengesetzt werden, daß für das Gesamtspiel das Nash-Ergebnis resultiert. Zerlegung und Zusammensetzung sind im Hinblick auf die Nash-Lösung im allgemeinen gleichwertige Spielstrukturen. Beide Anwendungsmöglichkeiten erfordern möglicherweise, daß Ergebnisse u' für Teilspiele gewählt werden, die nicht im Auszahlungsraum des entsprechenden Teilspiels liegen, damit die in (5.16) vorausgesetzte Proportionalität erhalten wird (siehe Harsanyi, 1977, S. 182–186). Das folgende Beispiel beschreibt einen derartigen Fall.

Beispiel für ein zusammengesetztes Spiel: Zwei Partner, 1 und 2 genannt, gründen ein Werbebüro. Sie vereinbaren, den Gewinn des Unternehmens so zu teilen, daß die Verteilung der Nash-Lösung entspricht. Für beide Partner sei unterstellt, daß die Nutzen linear in Geld sind. Somit ist die Nutzengrenze des entsprechenden Verhandlungsspiels auch linear. Die Nutzenfunktionen können so standardisiert werden, daß die Nutzengrenze die Steigung -1 hat und damit $45°$-Neigung aufweist. Gemessen an einem Konfliktpunkt $c = (0,0)$, der die Ausgangssituation für den Fall kennzeichnet, daß keine Zusammenarbeit zustande kommt, beinhaltet somit die Nash-Lösung eine Teilung des Gewinns in gleiche Teile. Zunächst aber fallen Kosten für die Räumlichkeiten, die Büroausstattung und das Schreib- und Zeichenpersonal an. Die Kosten werden voll von Partner 2 übernommen, da Partner 1 nicht liquide ist.

Machte man die daraus resultierenden Auszahlungen u'' zum Ausgangspunkt der Regel über die Verteilung der Gewinne, d. h. zum Konfliktpunkt, so resultierte ein Nash-Ergebnis u^{**}, das für Partner 2 einen geringeren Anteil am Gewinn implizierte als u^*, für Partner 1 aber einen entsprechend höheren. Ein größerer Gewinnanteil müßte den Kosteneinsatz, den Partner 2 erbrachte, ausgleichen. Wird auf die Gewinnverteilung auf der zweiten Stufe die Nash-Lösung angewandt, so müssen die Kosten entsprechend u' verteilt werden, damit insgesamt u^*, das Nash-Ergebnis des

Gesamtspiels, resultiert. Das beinhaltete, daß sich Partner 1 doch zur Hälfte an den Kosten beteiligen müßte. Dem entspräche ein Ergebnis u' für das Kostenverteilungsspiel. u' aber liegt nicht im Auszahlungsraum, der dadurch bestimmt ist, daß Partner 2 die Anfangskosten trägt. Diesem Auszahlungsraum entspricht die vertikale Achse im Intervall zwischen 0 und u'' (vgl. Abb. 5.9).

Das Ergebnis u' des Teilspiels gibt Antwort darauf, wie die Kosten zu verteilen wären, wenn, von der gegebenen Kostenverteilung ausgehend, auf den Erlös und damit auch auf den Gewinn die **Nash-Lösung** angewandt werden soll. Da aber Partner 1 illiquide ist, ist nicht zu erwarten, daß u' vor der Gewinnverteilung realisiert werden kann. Es liegt nahe, daß Partner 1 erst von seinem Gewinnanteil seinen Kostenanteil bezahlt. Dies bedeutete, daß die aus dem Nash- Ergebnis u^{**} resultierende Verteilung zum Nash-Ergebnis des Gesamtspiels u^* hin korrigiert würde bzw. daß, ausgehend von u'', keine reine, sondern eine **korrigierende Nash-Lösung** gewählt würde. Man beachte, daß in Abb. 5.9 die Strecke BC gleich der Strecke AO ist, d. h., Partner 2 erhält die von ihm vorgestreckten Kosten voll zurück.

Das Beispiel zeigt, unter welchen Umständen die Zerlegung bzw. Zusammensetzung eines Verhandlungsspiels relevant ist – dann nämlich, wenn das Entscheidungsproblem *zeitlich* strukturiert ist, oder allgemeiner, wenn zu einem bestimmten Zeitpunkt nur eine Teilmenge des Auszahlungsraumes des Gesamtspiels zur Disposition steht, aber eine Entscheidung über diese Teilmenge Voraussetzung für die Weiterführung des Gesamtspiels ist. Das Beispiel zeigt auch, daß für die Lösung u' des Teilspiels die Bedingung $u_i > c_i$ für alle i, die für die Nash-Lösung u^* vorausgesetzt wurde, nicht gelten muß (bzw. kann).

Ferner macht das Beispiel deutlich, daß eine Zerlegung des Gesamtspiels u. U. erfordert, daß die Spieler in dem Sinne *frei über ihre Nutzen verfügen* können, daß sie sich mit einem geringeren Nutzen zufrieden geben, als sie erreichen könnten. Liegt (u_1, u_2) in P, so impliziert **freie Verfügbarkeit**, daß auch $u_1' < u_1$ in Verbindung mit u_2 möglich ist. Unter Umständen liegt (u_1', u_2) aber nicht in P, sondern nur im erweiterten Auszahlungsraum P_D. (Vgl. dazu Abb. 5.9 oben. P ist durch das Drei-

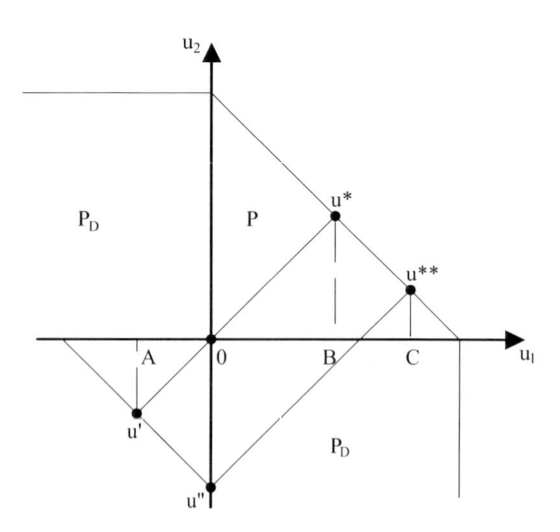

Abb. 5.9 Zusammengesetztes Spiel II

eck im positiven Quadranten beschrieben, und P_D umfaßt alle Elemente in P sowie alle Elemente die, ausgehend von P, durch freie Verfügbarkeit erreichbar sind.)

Allgemein läßt sich die Menge frei verfügbarer Auszahlungen folgendermaßen definieren:

P_D ist die *Menge frei verfügbarer Auszahlungen* von P, wenn

$$P_\mathrm{D} = \left\{ u' \,\middle|\, u'_i \leq u_i \quad \text{für alle } \; i \; \text{ und für mindestens ein } \; u \in P \right\}.$$

Wie Abb. 5.10 veranschaulicht, stellt die Annahme **freier Verfügbarkeit** sicher, daß z. B. Spieler 2 nicht dadurch leidet, daß Spieler 1 eine zu geringe Forderung erhebt. Dies wäre beispielsweise für eine Auszahlungsforderung u'_1 der Fall, der in P maximal eine Auszahlung u''_2 entspräche, während ihr in P_D die höhere maximale Auszahlung u'_2 entspricht. Spieler 1 kann also nicht allein dadurch dem Spieler 2 einen Schaden zufügen, daß er selbst auf eine höhere erreichbare Auszahlung verzichtet – ohne einen Konflikt zu riskieren.

Soll es nur durch Konflikt und damit der Realisierung der Konfliktauszahlung einem Spieler möglich sein, durch die Reduzierung des eigenen Nutzens, gemessen an einer möglichen Verhandlungslösung, den Nutzen eines anderen Spielers zu verringern, so muß freie Verfügbarkeit gewährleistet sein. Da dies eine sinnvolle Annahme für Verhandlungsspiele scheint, unterstellen wir im folgenden, wenn nicht explizit anders vermerkt, daß $P = P_\mathrm{D}$ gilt.

5.3.1.5 Abnehmender Grenznutzen und Riskoaversion

Es wird im allgemeinen unterstellt, daß eine strikt konkave Nutzenfunktion (vgl. Abschnitt 2.3.) **abnehmenden Grenznutzen** ausdrückt, wenn sie sich auf sichere Ereignisse bezieht, und **Risikoaversion** wiedergibt, wenn sie die Bewertung von Lotterien erfaßt. Man kann aber auch von einem riskoaversen Spieler sprechen,

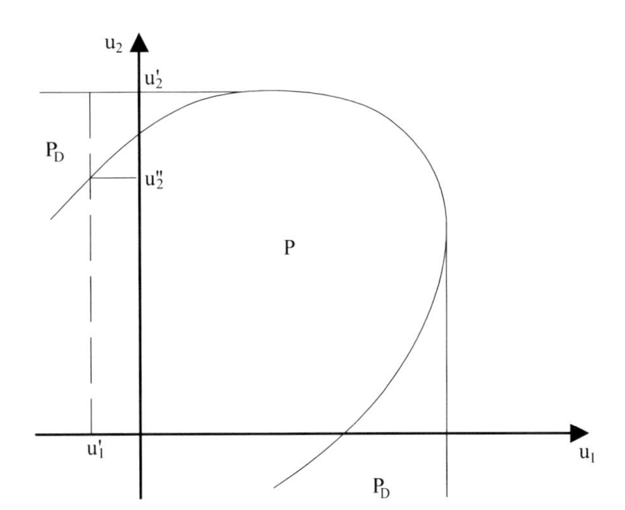

Abb. 5.10 Menge frei verfügbarer Auszahlungen

wenn seine Nutzenfunktion strikt konkav und sich seine Bewertung ausdrücklich auf *sichere* Ereignisse bezieht (vgl. Roth, 1979, S. 38–48). Zu rechtfertigen ist dies, wenn die sicheren Ereignisse m **Sicherheitsäquivalente** von Lotterien wiedergeben. Eine Erhöhung der Riskoaversion drückt sich dann für eine gegebene Lotterie L in einer Senkung des Sicherheitsäquivalentes aus, wie in Abb. 5.11 ein Vergleich von C (für die ursprüngliche Nutzenfunktion u) und C' (für die alternative Nutzenfunktion v) deutlich macht. Hierbei gibt v eine höhere Risikoaversion wieder. Entsprechend u ist C das Sicherheitsäquivalent von L, während C' gemäß v das Sicherheitsäquivalent für L ist. (Ein *sicheres* Ereignis $m = C$ ist das **Sicherheitsäquivalent** einer Lotterie $L = (A, p; B, 1-p)$, wenn $u(C) = u(L) = pu(A) + (1-p)u(B)$ gilt.)

Ein Spiel ist **deterministisch**, wenn jeder Lotterie ein Sicherheitsäquivalent zugeordnet ist. Jedem unsicheren Ereignis entspricht somit ein gleichwertiges sicheres Ereignis in der Ereignismenge E, und das Spiel kann in bezug auf die sicheren Ereignisse analysiert werden (siehe Roth und Rothblum, 1982). In diesem Abschnitt betrachten wir ausschließlich deterministische Spiele.

Im Hinblick auf den Zusammenhang zwischen Nash-Lösung und der Konkavität der Nutzenfunktion wäre es wichtig, zwischen **Sättigung** und **Risikoaversion** zu unterscheiden, da sie u. U. unterschiedliche Konsequenzen für die Lösung und das Verhandlungsergebnis beinhalten. Bei Unterstellung einer **Erwartungsnutzenfunktion** vom von-Neumann-Morgenstern-Typ (s. Abschnitt 2.3) ist diese Unterscheidung aber nicht möglich: Beide Eigenschaften drücken sich in der Konkavität der Nutzenfunktion aus (vgl. Wakker, 1994). Dies wird unterstützt durch das Argument, daß eine Risikoaversion nur dann besteht, wenn Sättigung wirkt und beispielsweise der Grenznutzen von Einkommen abnehmend ist.

Die folgende Argumentation bezieht sich auf die inhaltliche Begründung der Konkavität, und nicht auf die *Form* der Nutzenfunktion. Als Maß der Konkavität

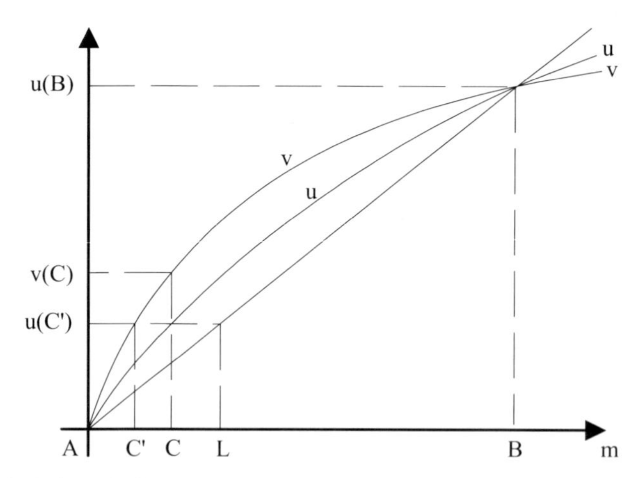

Abb. 5.11 Sicherheitsäquivalente

können wir in jedem Fall das **Arrow-Pratt-Maß** verwenden, falls die erste und zweite Ableitung der Nutzenfunktion existieren (vgl. Abschnitt 2.3):

$$r_i(m) = -\frac{\frac{\partial^2 u_i(m)}{\partial m^2}}{\frac{\partial u_i(m)}{\partial m}}$$

Hier gibt m das durch die Nutzenfunktion $u_i(\cdot)$ bewertete reale Ereignis (z. B. Geld) bzw. die bewertete Lotterie realer Ereignisse wieder. Je größer $r_i(m)$ für ein bestimmtes m ist, um so gesättigter bzw. um so riskoaverser ist i.

Als Maß der Riskoaversion ist der Vergleich alternativer $r_i(m)$ gleichwertig mit dem Vergleich der entsprechenden Akzeptanzmengen (vgl. Varian, 1994, S. 177–179). Allerdings läßt sich der Vergleich der Akzeptanzmengen auch dann anwenden, wenn die Ableitungen der Nutzenfunktion nicht existieren. Die **Akzeptanzmenge** $A_u(C)$ ist jene Menge von Lotterien L, die von einem Spieler i mindestens so hoch bewertet werden wie das sichere Ereignis C, d. h.

$$A_u(C) = \{L | u_i(L) \geq u_i(C)\} .$$

Entsprechend drückt die Nutzenfunktion v eine höhere **Risikoaversion** als u aus, falls $A_v(C)$ eine echte Teilmenge von $A_u(C)$ ist. Setzen wir in Abb. 5.11 $m = C$, dann bildet der Bereich zwischen L und B die Menge $A_u(C)$ ab, während der (kleinere) Bereich zwischen L' und B die Menge $A_v(C)$ wiedergibt. Es folgt unmittelbar, daß eine Nutzenfunktion v eine höhere Risikoaversion ausdrückt als eine Nutzenfunktion u, falls $v(m) = k(u(m))$ gilt, $k(\cdot)$ eine zunehmende, konkave Funktion ist, und m sichere Ereignisse sind, so daß $u(m)$ die **Sicherheitsäquivalente** zu gleichwertigen Lotterien ausdrückt (vgl. Roth, 1979, S. 59–60). In Analogie dazu läßt sich aus $v(m) = k(u(m))$ schließen, daß die Nutzenfunktion v eine höhere Sättigung ausdrückt als u, falls die m-Werte keine Sicherheitsäquivalente sind, sondern ausschließlich für sichere Ereignisse stehen.

Der Einfluß der Sättigung auf die Nash-Lösung läßt sich durch das bereits klassische Beispiel der Verhandlung zwischen einem Bettler und einem selbstsüchtigen Krösus illustrieren (s. Luce und Raiffa, 1957, S. 129–130).

Beispiel. Der Bettler und der Krösus verhandeln über die Verteilung einer konstanten Geldsumme von $m = 100$ Einheiten. Falls sie sich nicht einigen, erhält keiner etwas. Der selbstsüchtige Krösus beansprucht 75 Einheiten der Summe; seine Begründung ist, daß der Arme aus 25 Einheiten einen eben so hohen Nutzen bezieht wie er aus 75 Einheiten und daß es einer fairen Verteilung entspricht, das Geld so zu verteilen, daß der Nutzenzugewinn für beide gleich groß ist.

Dies ist tatsächlich die Konsequenz aus der Nash-Lösung, falls wir den Konfliktpunkt für beide mit 0 bewerten und für die beiden Verhandlungspartner Nutzenfunktionen wie in Abb. 5.12 ansetzen. Im Beispiel von Luce und Raiffa entsprechen den Geldauszahlungen $m = 0, 25, 50, 75, 100$ für den Armen die Nutzenwerte $v = 0, 73, 90, 98$ und $1,00$, während für den Reichen die Nutzen aufgrund der unterstellten linearen Nutzenfunktion z durch die m-Werte äquivalent wiedergegeben werden.

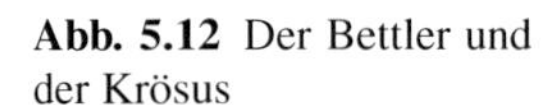
Abb. 5.12 Der Bettler und der Krösus

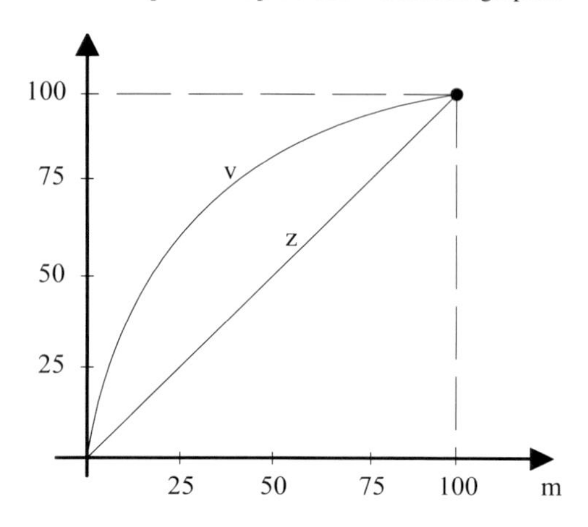

Das Maximum der Nash-Produkte liegt bei 0,548, eine Aufteilung von 75 für den Reichen und 25 für den Armen kommt der Nash-Lösung sehr nahe. Das Beispiel zeigt deutlich den Einfluß der Konkavität der Nutzenfunktion auf das reale Verhandlungsergebnis, das sich hier in Geldanteilen ausdrückt. Wäre die Nutzenfunktion des Armen ebenfalls linear, bestimmte die Nash-Lösung eine Halbierung der Geldsumme 100. – Es sei daran erinnert, daß zumindest die grafische Repräsentation der Nutzenfunktion vom **von-Neumann-Morgenstern-Type** nicht zwischen **abnehmenden Grenznutzen** und **Risikoaversion** unterscheidet (vgl. Wakker, 1994).

5.3.1.6 Kritische Würdigung der Nash-Lösung

Selbstverständlich ist die (Un-)Vergleichbarkeit der Nutzen bzw. Nutzenzuwächse in der Nash-Lösung ein erster Ansatz der Kritik an diesem Lösungskonzept. Betrachtet man das Axiom (N1) isoliert von den anderen Axiomen, so impliziert es, daß die Auszahlungswerte zweier Spieler nicht vergleichbar sind, da jede Nutzenfunktion beliebigen lineare ordnungserhaltenden Transformationen unterworfen werden kann. Wie aber soll es ein faires Ergebnis hervorbringen, wenn die Auszahlungen der Spieler nicht vergleichbar sind?

Bishop (1963) argumentiert, daß die **Symmetrieeigenschaft** (N2), die für die Lösung eines symmetrischen Spiels $u_1^* = u_2^*$ postuliert, einen **interpersonellen Nutzenvergleich** beinhaltet. (N1) erlaubt zwar, jedes symmetrische Spiel so zu transferieren, daß die Gleichheit der Auszahlungen für die Nash-Lösung nicht mehr gewährleistet ist, aber das Spiel kann so zurücktransferiert werden, daß die Gleichheit wieder hergestellt wird. In diesem Sinne besteht interpersonelle Vergleichbarkeit für symmetrische Spiele. Aber dieses Argument läßt sich nicht auf asymmetrische Spiele übertragen.

Wir haben gesehen, daß es die **Unabhängigkeitsaxiome** (N1) und (N3) ermöglichen, jedes Spiel im Hinblick auf die Nash-Lösung als symmetrisches Spiel zu analysieren. Damit kommt der in (N2) implizierten Gleichheit der Auszahlung eine generelle Bedeutung für die Nash-Lösung zu. Allerdings sind deren Implikationen für Verteilung bzw. Zuteilung des realen Verhandlungsgegenstands (z. B. Geld) sehr beschränkt, wie das folgende Argument verdeutlicht, das in Roth (1979, S. 63ff.) zu finden ist.

Beispiel. Gegeben ist ein Zwei-Personen-Spiel, dessen Ereignisraum durch die Punkte $(0,0)$, $(0,m_1)$ und $(m_2,0)$ beschrieben ist, die zu verteilende Geldbeträge wiedergeben. Ein entsprechendes Verhandlungsspiel (P,c) sei dadurch charakterisiert, daß Spieler über die Wahrscheinlichkeit p verhandeln, mit der m_1 realisiert wird bzw. über die Wahrscheinlichkeit $(1-p)$ mit der m_2 resultiert. Können sie sich nicht einigen, resultiert $(0,0)$.

Unterwerfen wir die möglichen Ereignisse dieses Spiels der Bewertung durch die Spieler, so erhalten wir das **Verhandlungsspiel** (P,c), das durch $c = (u_1(0), u_2(0))$ und P beschrieben ist, wobei P die **konvexe Hülle** der drei Punkte c, $a = (u_1(m_1,0), u_2(m_1,0))$ und $b = (u_1(0,m_2), u_2(0,m_2))$ ist. Wir wählen Ursprung und Skalierung der Nutzenfunktionen u_1 und u_2 so, daß wir $u_1(m_1,0) = u_2(0,m_2) = 2$ und $u_1(0,m_2) = u_2(m_1,0) = 0$ erhalten. Entsprechend gilt $c = (0,0)$. Der Auszahlungsraum P' des so standardisierten Spiels (P',c') ist also durch die konvexe Hülle der drei Punkte a, b und c gegeben (vgl. Abb. 5.13). Die Nash-Lösung dieses Spiels ist $F(P',d') = (1,1)$. Sie impliziert eine Wahrscheinlichkeit $p = 1/2$, mit der $(m_1,0)$ realisiert wird.

Wir erhalten ebenfalls $p = 1/2$ aus der Nash-Lösung, wenn wir die Nutzenfunktion u_2 durch eine Nutzenfunktion v_2 ersetzen, die das Spiel (P',c') in ein Spiel (P'',c') überführt, für das $c'_2 = v_2(m_1,0) = 0$ und $v_2(0,m_2) = 100$ gilt. Die Transformation $v_2 = 50u_2$ ist linear und ordnungserhaltend, und die Nash-Lösung ist, entsprechend Axiom (N1), unabhängig von einer derartigen Transformation, d. h., es gilt $F_2(P'',c') = 50F_2(P',c')$ bzw. $F(P'',c') = (1,50)$. Dem entspricht $p = 1/2$. Also sind (P',c') und (P'',c') gleichwertige Abbildungen des Verhandlungsspiels über die Geldgewinne m_1 und m_2. Die erwarteten Geldgewinne entsprechend der Nash-Lösung sind somit für beide Spiele $m_1/2$ und $m_2/2$ für Spieler 1 bzw. 2.

Wir erhöhen nun den Geldbetrag des Spielers 2 von m_2 auf einen Betrag m_2^*, so daß $u_2(0,m_2^*) = 100$ gilt. Damit ist m_2^* so groß, daß Spieler 2 indifferent ist zwischen dem sicheren Ereignis m_2 und einer Lotterie, die ihm mit Wahrscheinlichkeit $1/50$ die Summe m_2^* und mit Wahrscheinlichkeit $49/50$ „nichts" verspricht. Denn offensichtlich gilt $2 = u_2(0,m_2) = 49u_2(0)/50 + u_2(m_2^*)/50$. Bezeichnen wir das „neue"

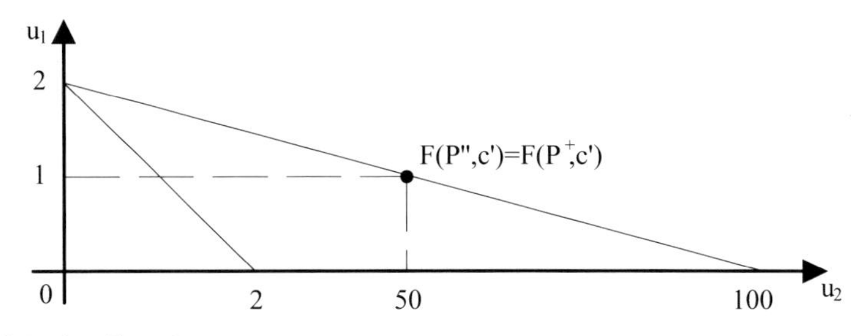

Abb. 5.13 Verhandlungslösungen

Verhandlungsspiel mit (P^*,c), so beinhaltet die Nash- Lösung $F(P^*,c) = (1,50)$ und damit wieder eine Wahrscheinlichkeit $p = 1/2$. Der erwartete Geldbetrag des Spielers 2 ist also nicht $m_2^*/50$ (für diesen wäre er indifferent zwischen m_2^* und m_2), sondern $m_2^*/2$.

Die **Nash-Lösung** differenziert also nicht zwischen der rein formalen Transformation, die im Übergang von (P',c') zu (P'',c') bzw. u_2 zu v_2 enthalten ist, und der Erhöhung der Geldsumme von m_2 auf m_2^* und damit dem Übergang von (P',c') zu (P^*,c'). Die Nash-Lösung hängt also nicht von den Geldbeträgen m_1 und m_2 bzw. m_2^* ab. Sie schreibt für jede Lotterie, wie sie hier zugrunde gelegt wurde, unabhängig von den Geldbeträgen die Lösung $p = 1/2$ vor.

Allgemeiner gilt: Wann immer die Nutzengrenze eines 2-Personen-Verhandlungsspiels linear ist und auf eine Lotterie zurückgeführt werden kann, die durch die Wahrscheinlichkeiten p und $1-p$ charakterisiert ist, impliziert die Nash-Lösung $p = 1/2$, falls die Konfliktauszahlungen der Spieler identisch sind. Für diese Klasse von Verhandlungsspielen erfüllt die Nash-Lösung die Eigenschaft der Gleichverteilung.

Experimentelle Verhandlungsspiele aber zeigten, daß das tatsächliche Verhandlungsverhalten von den zugrundeliegenden Geldbeträgen abhängt (vgl. Roth und Malouf, 1982, sowie Roth und Murnigham, 1982). Kennen die Spieler die Beträge, so ist die aus der Verhandlung resultierende Wahrscheinlichkeit für den höheren Betrag im allgemeinen geringer – wenn auch nicht um so viel geringer, daß die erwarteten Geldbeträge gleich groß sind.

Wir wollen hier nicht weiter auf die empirische Relevanz der Nash-Lösung bzw. der ihr zugrundeliegenden Axiome eingehen: Die entsprechende Literatur ist sehr umfangreich.[2] Statt dessen soll ein weiteres, zunächst theoretisches Problem angesprochen werden. Die Nash-Lösung ist *nicht* monoton, wie unmittelbar aus dem Vergleich der Auszahlungen $F_2(R,c) = 0{,}70$ und $F_2(P,c) = 0{,}75$ in Abb. 5.14 zu erkennen ist, wenn Monotonie durch das folgende Axiom definiert wird:

(N6) **Monotonie**: Eine Lösung f ist monoton, wenn für jeden Spieler i $f_i(R,c) \geq f_i(P,c)$ gilt, falls P eine Teilmenge von R ist.

Moulin (1988, S. 69f.) bezeichnet Axiom (N6) als „issue monotonicity". Inhaltlich ist es durch Vorstellungen über *Fairneß* begründet: Wenn den Spielern in einem Spiel (R,c) Auszahlungsvektoren zur Verfügung stehen, die in allen Komponenten einen höheren Wert implizieren als im ursprünglichen Auszahlungsraum P, so soll das Verhandlungsergebnis für (R,c) keinen Beteiligten schlechter stellen als das Verhandlungsergebnis von (P,c).

5.3.1.7 Asymmetrische Nash-Lösung

Als weiterer Kritikpunkt an der Nash-Lösung wurde vorgebracht, daß sie nicht Unterschieden im Verhandlungsgeschick Rechnung trägt. Man könnte gegen diese Kri

[2] Einschlägige Studien sind u. a. Crott (1971), Nydegger und Owen (1975) sowie Roth und Schoumaker (1983). Vgl. dazu auch Roth (1987, 1988).

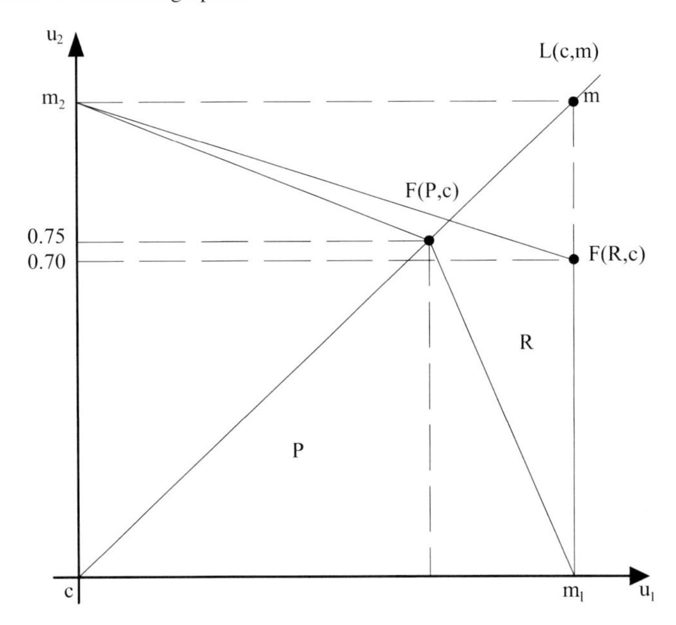

Abb. 5.14 Monotonie

tik einwenden, daß die Ungleichheit im **Verhandlungsgeschick** durch den Auszahlungsraum P erfaßt wird: Für einen ungeschickten Spieler sind für ihn vorteilhafte Auszahlungsvektoren nicht erreichbar, die für einen geschickten erreichbar sind. Da hinter den Auszahlungen Ereignisse und hinter den Ereignissen Strategiekombinationen stehen, ließe sich die Beschränkung des Auszahlungsraums darauf zurückführen, daß einem ungeschickten Spieler bei sonst gleicher Ausgangssituation eben nicht die gleiche Strategienmenge zur Verfügung steht wie einem geschickten Spieler – gerade dadurch wäre Verhandlungsgeschick zu operationalisieren.

Als Alternative bietet sich an, das Verhandlungsgeschick nicht durch Unterschiede in den Strategienmengen, sondern durch das Lösungskonzept selbst zu modellieren. Dieses muß die Eigenschaft haben, daß es bei sonst gleichen Bedingungen für die Spieler, d. h. in einem symmetrischen Spiel, dem Spieler 1 eine höhere Auszahlung zuordnet als dem Spieler 2, wenn Spieler 1 über ein größeres Verhandlungsgeschick verfügt als Spieler 2. Das bedeutet, das gesuchte Lösungskonzept erfüllt nicht das Symmetrieaxiom (N2), das in Abschnitt 5.3.1.1 für die Nash-Lösung postuliert wurde. Ein naheliegendes Lösungskonzept ist deshalb, die Nash-Lösung dahingehend zu modifizieren, daß die Lösung die Axiome (N1), (N3) und (N4), aber nicht (N2) erfüllt. Das Ergebnis ist die in Kalai (1977a) eingeführte **asymmetrische Nash-Lösung** für Zwei-Personen-Spiele. Für sie gilt: Das Ergebnis u° eines Verhandlungsspiels (P, c) ist durch einen Auszahlungsvektor u aus der Menge P bestimmt, für den $u_i > c_i$ gilt und der das gewichtete Nash-Produkt $\mathrm{NP}^\circ = (u_1 - c_1)^a (u_2 - c_2)^{1-a}$ maximiert.

Die **asymmetrische Nash-Lösung** kann somit folgendermaßen formalisiert werden:

$$\begin{gathered} \mathrm{NP}^{\circ *} = (u_1^{\circ *} - c_1)^a (u_2^{\circ *} - c_2)^{1-a}, \quad \text{so daß} \\ u^{\circ *} = (u_1^{\circ *}, u_2^{\circ *}) \in P \text{ und } u_i^{\circ *} > c_i \text{ für } i = 1,2\,. \end{gathered} \tag{5.17}$$

Die Lösung (5.17) maximiert den mit a und $1-a$ gewichteten geometrischen Durchschnitt der Nutzenzuwächse der Spieler.

Es ist unmittelbar einsichtig, daß dieses Konzept bei einer entsprechenden Definition der Gewichte

$$a_1, \ldots, a_n, \quad \text{so daß} \quad \sum_{i=1}^{n} a_i = 1 \text{ gilt}, \tag{5.18}$$

auch auf n-Personen-Spiele ausdehnbar ist. Roth (1979, S. 15–19) hat bewiesen, daß für jeden Vektor $a = (a_1, \ldots, a_n)$, der (5.18) erfüllt, eine eindeutige Lösung existiert, nämlich (5.17).

Für ein **kanonisches Spiel**, für dessen Konfliktpunkt $c = (0, \ldots, 0)$ gilt und dessen Nutzengrenze durch

$$\sum_{i=1}^{n} u_i = n$$

beschrieben ist (vgl. Abb. 5.6 oben), resultiert bei Anwendung von (5.17) der Auszahlungsvektor $u^\circ = a = (a_1, \ldots, a_n)$.

Der Vektor a kann **Verhandlungsgeschick** beschreiben; er kann aber auch als Maß interpretiert werden, das die relative **Verhandlungsmacht** der Spieler ausdrückt bzw. ihre Angst vor dem Scheitern der Verhandlung widerspiegelt. Damit wäre a ein Ausdruck für die **Unsicherheit**, die der einzelne Spieler in dem jeweiligen Verhandlungsspiel empfindet, und ein Abweichen des empirisch festgestellten Verhandlungsergebnisses von dem durch die (symmetrischen) Nash-Lösung postulierte Resultat könnte entsprechend interpretiert werden (vgl. Osborne und Rubinstein, 1990 (Kap. 4) und Svejnar, 1986).

Im Rahmen theoretischen Untersuchungen wird die **asymmetrische Nash-Lösung** häufig zur Modellierung von Verhandlungsergebnissen auf dem Arbeitsmarkt, insbesondere auf die Beziehung Gewerkschaften und Arbeitnehmer bzw. deren Verbände angewandt (vgl. Bart und Zweimüller, 1995, Goerke und Holler, 1996 (Kap. 3) und Grout, 1984).

Laruelle und Valenciano (2008) weisen nach, daß der Vektor $a = (a_1, \ldots, a_n)$ unter „bestimmten Bedingungen“ in konsistenter Weise durch den **Shapley-Wert** beziehungsweise den **Shapley-Shubik-Index** (siehe Abschnitt 6.3.1 unten) spezifiziert wird. Ausgangspunkt ist ein Komitee, in dem grundsätzlich abgestimmt wird und die Mitglieder unterschiedliche Stimmgewichte haben. Angestrebt wird aber keine Entscheidung durch Abstimmung, sondern eine Verhandlungslösung, die die Zustimmung aller Beteiligten (also Spieler) erhält. (Die Entscheidungen im **EU-Ministerrat** folgten in der Vergangenheit oft diesem Muster.) Die Verhandlungsmacht des einzelnen Spielers, die letztlich das Ergebnis bestimmt, leitet sich aus der möglichen Abstimmung, also von den Stimmgewichten und der Entscheidungs- bzw. Mehrheitsregel ab. Im Kapitel über Machtindizes werden wir sehen, daß die Stimmgewichte selbst nur bedingt die Abstimmungsmacht wiedergeben. Letztere wird letztlich von der Verteilung der Stimmgewichte und der Entscheidungsregel bestimmt, soweit nicht noch andere Einflußgrößen (beispielsweise Ideologie) maßgeblich einwirken.

Laruelle und Valenciano (2008) schlagen im Sinne des **Nash-Programms** mehrere Alternativen nicht-kooperativer Verhandlungsspiele vor, die das Ergebnis unterstützen, das der asymmetrischen Nash-Lösung entspricht, wenn der Vektor $a = (a_1, \ldots, a_n)$ durch den Shapley-Wert des Abstimmungsspiels bestimmt ist.

5.3.2 Die Kalai-Smorodinsky-Lösung

Die Tatsache, daß die Nash-Lösung nicht das Monotonie-Axiom (N6) erfüllt, war Ausgangspunkt für die Formulierung der **Kalai-Smorodinsky-Lösung** – im folgenden KS-Lösung. Dies geht eindeutig aus dem Beitrag von Kalai und Smorodinsky (1975) hervor – nur leider erfüllt auch die KS-Lösung nicht (N6), wie wir im Abschnitt 5.3.2.2 sehen werden. Kalai und Smorodinsky schließen für das Beispiel in Abb. 5.14 (oben), daß die Ergebnisse der Nash-Lösung nicht den Ansprüchen des Spielers 2 gerecht werden. Sie führen deshalb ein alternatives Lösungskonzept ein; es erfüllt das „Monotonie-Axiom" (N7), das im folgenden Abschnitt definiert ist. Roth (1979, S. 87) verwendet für (N7) die Bezeichnung **individuelle Monotonie** zur Unterscheidung von Monotonie im Sinne von Axiom (N6). Dagegen bezeichnen Kalai und Smorodinsky (1975) das Axiom (N7) ohne Spezifikation als „Axiom of Monotonicity", was zu einigen Verwirrungen und Fehleinschätzungen führte, auf die wir noch eingehen werden.

In Abschnitt 5.3.3.2 wird gezeigt, daß das Axiom (N7) nicht sicherstellt, daß eine entsprechende Lösung monoton im Sinne von Axiom (N6) ist und die KS-Lösung letztlich nicht ihrem ursprünglichen Anspruch gerecht wird. Die KS-Lösung ist aber nicht nur wegen der Diskussion der Monotonie-Eigenschaft interessant, der im Hinblick auf verschiedene Vorstellungen von Verhandlungs- und Verteilungsgerechtigkeit eine besondere Bedeutung zukommt, sondern auch, weil sie verdeutlicht, wie aus der Substitution eines Axioms der Nash-Lösung ein alternatives Lösungskonzept gewonnen werden kann.

5.3.2.1 Axiomatik und Funktion

Die KS-Lösung ist für Zwei-Personen-Spiele durch die Axiome (N1), (N2) und (N4), d. h. „Unabhängigkeit von äquivalenter Nutzentransformation", „Symmetrie" und „Pareto-Optimalität", sowie durch das folgende Axiom (N7) definiert:

(N7) **Individuelle Monotonie**: Gilt für zwei Verhandlungsspiele (P,c) und (R,c) die Gleichung $m_i(P) = m_i(R)$ für Spieler i, dann folgt für die Lösung $f_j(R,c) \geq f_j(P,c)$ für den Spieler $j \neq i$, falls P eine echte Teilmenge von R ist.

Hier sind $m_i(P,c)$ und $m_i(R,c)$ die maximalen Auszahlungen des Spielers i entsprechend den Auszahlungsräumen P und R, also gilt $m_i(P) = \max(u_i|(u_1,u_2) \in P)$ für ein Zwei-Personen-Spiel (P,c). Das Auszahlungspaar $m(P) = (m_1(P), m_2(P))$ ist der **Idealpunkt** des Spiels (P,c). Abbildung 5.15 und 5.17 (unten) veranschaulichen diesen Idealpunkt. (Ein alternativer Idealpunkt wird Abschnitt 5.3.2.2 definiert.)

Es ist unmittelbar einzusehen, daß für Zwei-Personen-Spiele jede Lösung f, die Axiom (N7) erfüllt, auch dem folgenden Axiom (N8) genügt – man braucht die Bedingung $m_i(P) = m_i(R)$ nur auf beide Spieler anzuwenden. Abb. 5.15 (unten) stellt einen derartigen Fall dar. Somit ist Axiom (N8) eine schwächere Bedingung als Axiom (N7).

(N8) **Beschränkte Monotonie**: Sind (R,c) und (P,c) Spiele, so daß P eine echte Teilmenge von R und $m(R) = m(P)$ ist, dann gilt $f_i(R,c) \geq f_i(P,c)$ für alle Spieler i.

Die Axiomatik der KS-Lösung unterscheidet sich von der Axiomatik der Nash-Lösung durch die Substitution des Axioms (N3) (*Unabhängigkeit von irrelevanten Alternativen*) durch das Axiom (N7). Neben dem Konfliktpunkt c, der für die Nash-Lösung neben dem Ereignispunkt u^* der einzig relevante Auszahlungsvektor war, ist für die KS-Lösung der **Idealpunkt** m bestimmend. Der Punkt m ist im allgemeinen nicht im Auszahlungsraum und damit nicht machbar. Die KS-Lösung ist durch die Funktion $f(P,c) = \text{KS}(P,c) = \hat{u}$ beschrieben. Im Zwei-Personen-Spiel gilt für alle $(u_1,u_2) \in P$ und $(v_1,v_2) \in P$:

$$\frac{u_2 - c_2}{u_1 - c_1} = \frac{m_2 - c_2}{m_1 - c_1}, \tag{5.19}$$
$$u_i \geq v_i \quad \text{und} \quad \frac{v_2 - c_2}{v_1 - c_1} = \frac{m_2 - c_2}{m_1 - c_1}.$$

Das Paar (u_1,u_2), das Bedingung (5.19) erfüllt, ist das Ergebnis $\hat{u}$. Die Bedingung (5.19) ist gleichbedeutend mit der Forderung, daß $\hat{u}$ jenes Element in P ist, das die Nutzengrenze $H(P)$ und die Gerade $L(c,m)$, die durch den Konfliktpunkt und den Idealpunkt bestimmt ist, gemeinsam haben: Das Verhandlungsergebnis ist also durch den *Schnittpunkt* von $L(c,m)$ und $H(P)$ bestimmt (s. Abb. 5.14 oben).

Es ist offensichtlich, daß die Funktion KS in Zwei-Personen-Spielen den Axiomen (N1), (N2), (N4) und (N7) genügt. Da die Nutzengrenze $H(P)$ entweder nur einen Punkt enthält, dann ist $\hat{u} = m(P)$, oder – soweit sie differenzierbar ist – eine negative Steigung aufweist und die Steigung der Geraden $L(c,m)$ für nichtdegenerierte Verhandlungsspiele strikt positiv ist, wie aus Bedingung (5.19) zu ersehen ist, gibt es stets nur einen Schnittpunkt der beiden Kurven. Die KS-Lösung ist damit eindeutig bestimmt. Um aber zu zeigen, daß KS die einzige Lösung ist, die die Axiome (N1), (N2), (N4) und (N7) erfüllt, wäre nachzuweisen, daß für ein beliebiges Zwei-Personen-Verhandlungsspiel (P,c) „stets" $f(P,c) = \mathrm{KS}(P,c)$ gilt.

Der Beweis läßt sich, in Anlehnung an Kalai und Smorodinsky, (1975) und insbesondere Roth, (1979, S. 101) folgendermaßen skizzieren: Wegen (N1), d. h. *Unabhängigkeit von äquivalenter Nutzentransformation*, können wir uns auf die Betrachtung eines Spiels (P,c) beschränken, für das $c = (0,0)$ und $m(P) = (1,1)$ gilt. Wir konstruieren dazu ein Spiel (R,c), so daß P eine echte Teilmenge von R ist und R außer den Elementen von P auch jene Auszahlungspaare enthält, die P bei **freier Verfügbarkeit** (vgl. Abb. 5.10 oben) entsprechen. Dies beinhaltet, daß $m(R) = m(P)$ und $H(R) = H(P)$ ist (vgl. Abb. 5.15). Wenden wir (N7) bzw. (N8) auf die (Beziehung der) beiden Spiele an, so folgt $f(R,c) \geq f(P,c)$. Da $H(R) = H(P)$ und damit die Menge der pareto-optimalen Auszahlungspaare gleich ist, gilt:

$$f(R,c) = f(P,c) = \hat{u}\,. \tag{5.20}$$

Als nächstes konstruieren wir ein Spiel (Q,c), so daß Q die konvexe Hülle der Punkte $c = (0,0), (0,1), (1,0)$ und ist. Diese Punkte sind Elemente von R und P. (Q,c) ist ein symmetrisches Spiel, denn $\hat{u}_1 = \hat{u}_2$. Da $f(Q,c)$ sowohl (N2) als auch (N4), d. h. Symmetrie und Pareto-Optimalität, erfüllen soll, folgt $f(Q,c) = \hat{u} = \mathrm{KS}(Q,c)$. Da ferner Q eine Teilmenge von R und $m(Q) = m(R)$ ist, beinhalten individuelle Monotonie (N7) bzw. beschränkte Monotonie (N8):

$$f(R,c) \geq f(Q,c) = \hat{u}\,. \tag{5.21}$$

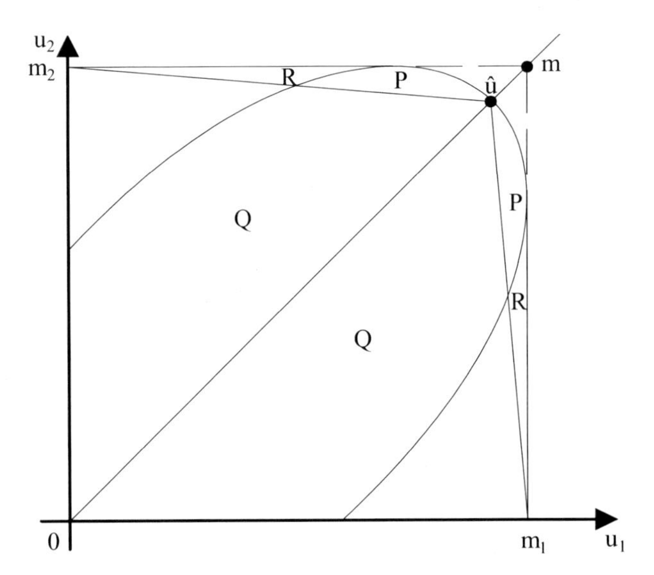

Abb. 5.15 Die Kalai-Smorodinsky-Lösung

Berücksichtigen wir, daß $\hat{u}$ strikt pareto-optimal ist, und fassen (5.20) und (5.21) zusammen, so folgt:

$$f(R,c) = f(Q,c) = f(P,c) = \hat{u} = \mathrm{KS}(P,c)\,. \tag{5.22}$$

Damit ist gezeigt, daß jede Lösung, die die Axiome (N1), (N2), (N4) und (N7) erfüllt, mit der KS-Lösung identisch ist.

5.3.2.2 Alternativer Idealpunkt

Eine *alternative Definition* der maximalen Auszahlungen und des Idealpunkts finden wir in Roth, (1979, S. 98–103 in Verbindung mit S. 16 und S. 22–23).

Roth bezieht die maximalen Auszahlungen auf den **Konfliktpunkt** c, indem er postuliert, daß nur jene Auszahlungsvektoren für die *Formulierung* der Lösung Berücksichtigung finden, die individuell rational sind, d. h. die Bedingung $u_i \geq c_i$ erfüllen. Jene Auszahlungen, die unter dieser Beschränkung für die Spieler maximal sind, bilden dann den (alternativen) **Idealpunkt** m°. Für das in Abb. 5.15 dargestellte Spiel fallen unter Berücksichtigung frei verfügbarer Auszahlungen (vgl. Abb. 5.10 oben) die Idealpunkte m und m° zusammen. Für das Spiel in Abb. 5.16 unterscheiden sich aber die Idealpunkte m und m° und die entsprechend zugeordneten Verhandlungsergebnisse $\hat{u}$ und $\hat{u}^{\circ}$.

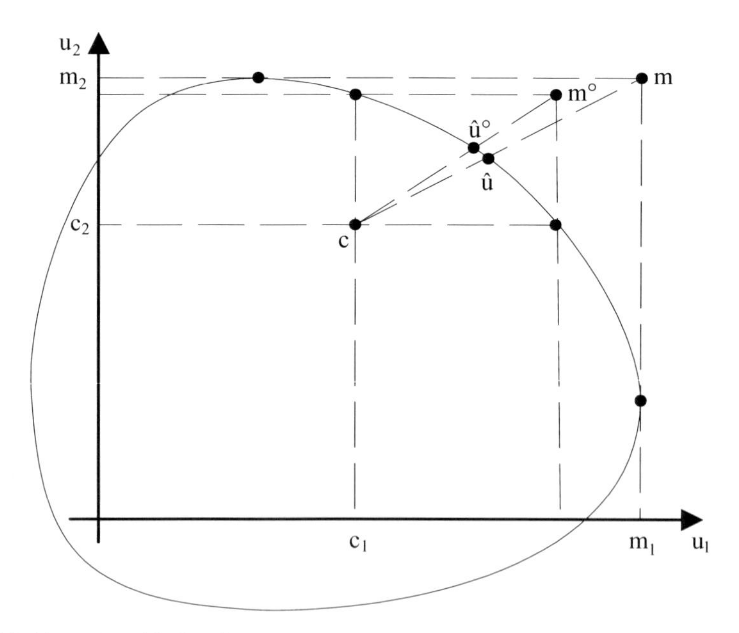

Abb. 5.16 Alternativer Idealpunkt

In zahlreichen Arbeiten wird implizit von der Rothschen Definition des Idealpunkts ausgegangen (vgl. Buchholz und Konrad, 1994; Moulin, 1984; Binmore, 1994, S. 81f.). Für viele Spiele ergibt sich daraus kein Unterschied zur Definition des Idealpunkts in Kalai und Smorodinsky, (1975). Grundsätzlich aber ist mit Berücksichtigung von m° eine alternative Lösung definiert. Sie erfüllt allerdings die gleichen Axiome wie die KS-Lösung, nur die Definition von $L(c,m)$ muß für die Darstellung des Verhandlungsergebnisses angepaßt werden.

Im folgenden wird die Definition des Idealpunkts entsprechend Kalai und Smorodinsky (1975) vorgenommen. Dahinter steht der Grundsatz, daß man plausible Annahmen über die Verhandlungslösung in der Wahl des Lösungskonzepts, und nicht in der Beschränkung des Auszahlungsraums berücksichtigen sollte.

5.3.2.3 Würdigung der Kalai-Smorodinsky-Lösung

Die KS-Lösung ist, wie schon angedeutet, *nicht monoton* im Sinne von Axiom (N6). Dies ist aus dem Beispiel in Abb. 5.17 zu ersehen. Für das Spiel (P,c), für das $c = 0$ gilt, repräsentiert der Punkt A sowohl die Nash- als auch die KS-Lösung. Wird das Spiel auf (Q,c) derart erweitert, daß (a) P eine echte Teilmenge von Q ist und (b) $m_i(Q) = m_i(P)$ für $i = 1,2$ ist, so gibt B die **KS-Lösung** wieder: Beide Spieler erhalten höhere Auszahlungen. Die **Nash-Lösung** für (Q,c) ist durch den Punkt D abgebildet; wir sehen $F_2(Q,c) < F_2(P,c)$. Dies bestätigt, daß die Nash-Lösung keine der Monotonie-Axiome (N6) mit (N8) erfüllt. Dagegen wäre in Punkt B das Ergebnis der KS-Lösung mit all diesen Axiomen vereinbar.

Erweitern wir das Spiel (Q,c) auf (R,c) derart, daß Q eine echte Teilmenge von R ist und $m_1(R) = m_1(Q)$ und $m_2(R) > m_2(Q)$ gilt, so zeigt der Punkt C, der die KS-Lösung für (R,c) wiedergibt, eine geringere Auszahlung für den Spieler 1 an als der Punkt B. Dies verletzt das Monotonie-Axiom (N6), ist aber mit individueller Monotonie entsprechend (N7) vereinbar. Die KS-Lösung stimmt also nicht mit dem üblichen Verständnis von **Monotonie** überein, das durch Axiom (N7) ausgedrückt ist. Die Nash-Lösung von (R,c) ist wie für (Q,c) durch den Punkt D abgebildet.

Von einigen Autoren wird die KS-Lösung aufgrund ihrer Monotonie-Eigenschaft der Nash-Lösung vorgezogen (vgl. beispielsweise den inzwischen klassischen Beitrag zur Theorie der **Lohnverhandlung** von McDonald und Solow (1981)). Bei Überprüfung ihrer Argumente zeigt sich, daß sie Monotonie im Sinne von (N6) meinen: Die Argumente treffen also nicht zu. Ausgangspunkt dieser „Verwirrung" dürfte wohl die Bezeichnung „Axiom of Monotonicity" sein, die Kalai und Smorodinsky (1975) für Axiom (N7) verwenden, bzw. das von ihnen gewählte Beispiel, das den Verhandlungsspielen (P,c) und (R,c) in Abb. 5.17 entspricht (vgl. Holler, 1986a).

Aus der Abb. 5.17 ist zu erkennen, daß die KS-Lösung *nicht teilbar* im Sinne von Axiom (N5) ist. Wenn sich allerdings alle Teilspiele des Spiels (P,c) durch den Idealpunkt $m(P)$ des Gesamtspiels auszeichnen, ist Teilbarkeit für (P,c) erfüllt. Teil-

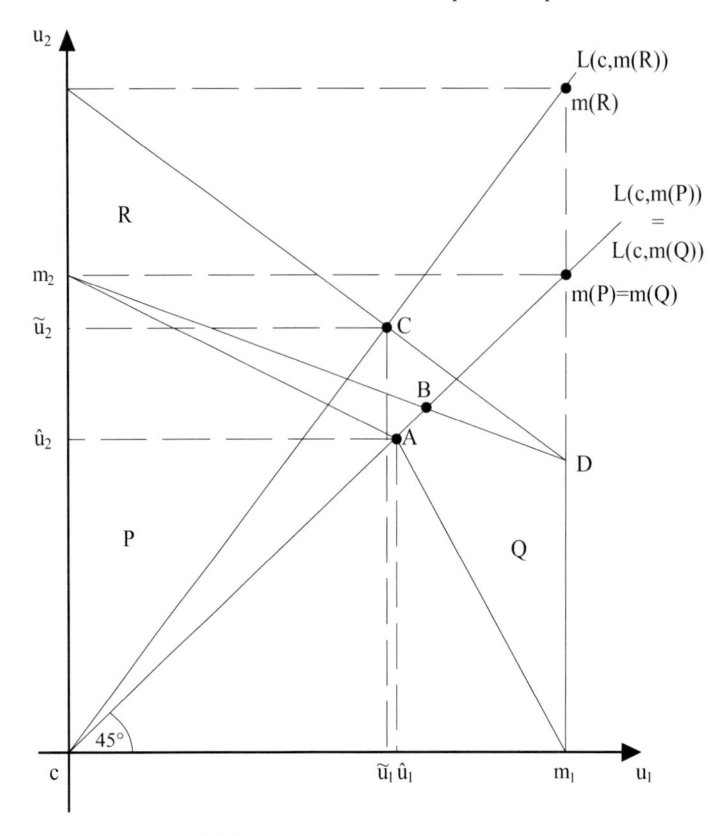

Abb. 5.17 Monotonie im Vergleich

barkeit ist auch erfüllt, wenn (P,c) symmetrisch oder symmetrisch-äquivalent ist, d. h., durch äquivalente Nutzentransformation in ein symmetrisches Spiel transformiert werden kann, und alle Teilspiele symmetrisch bzw. symmetrisch-äquivalent sind. Damit eng verbunden ist folgendes

(E6) *Für alle symmetrischen Verhandlungsspiele (P,c) und solche Verhandlungsspiele, die durch äquivalente Nutzentransformation in ein symmetrisches Verhandlungsspiel (P,c) übergeführt werden können, also symmetrisch-äquivalent sind, sind die Ergebnisse der Nash- und KS-Lösung identisch.*

Aus diesem Grunde ist die KS-Lösung für *symmetrische* bzw. für Spiele, die in symmetrische Spiele überführt werden können, nicht auf Zwei-Personen-Spiele beschränkt. Die Anwendung der in (5.19) formulierten Regel kann aber selbst für Spiele mit symmetrischen Auszahlungsraum bei drei oder mehr Entscheider zu pareto-suboptimalen Ergebnissen (Auszahlungsvektoren) führen und damit zum Widerspruch mit Axiom (N4), das für die KS-Lösung gelten soll. Das Beispiel von Roth, (1979, S. 105ff), hier in Abb. 5.18 dargestellt, illustriert dieses Problem.

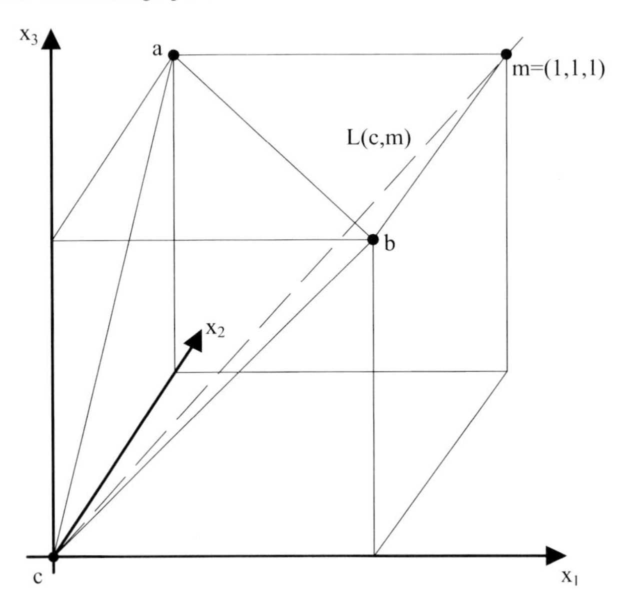

Abb. 5.18 KS-Lösung und Drei-Personen-Spiel

Beispiel. Wir betrachten ein Drei-Personen-Spiel (P, c), für dessen Konfliktpunkt $c = (0,0,0)$ gilt und dessen Auszahlungsraum P durch die **konvexe Hülle** der Punkte $a = (0,1,1)$, $b = (1,0,1)$ und c gegeben ist. Die Grenze dieser Menge von Auszahlungsvektoren ist in Abb. 5.18 durch das stark umrandete Dreieck a, b und c skizziert. Der Idealpunkt dieses Spiels ist $m = (1,1,1)$. Verbindet man m mit c, so hat die Verbindungslinie $L(m,c)$ nur einen Punkt mit dem Auszahlungsraum P gemeinsam, nämlich den Konfliktpunkt $c = (0,0,0)$; dieser ist pareto-suboptimal (sogar in bezug auf alle Elemente in P außer c).

Aus Abb. 5.18 ist zu erkennen, daß die Vektoren a, b und c, die den Auszahlungsraum P beschreiben, eine Fläche definieren. Der Vektor, der den Idealpunkt m repräsentiert, ist *linear-unabhängig* von a, b und c und liegt damit nicht in der durch a, b und c bestimmten Ebene. Dies folgt unmittelbar aus der Tatsache, daß die Skalare α, β und γ nur dann die Gleichung $\alpha(0,1,1) + \beta(1,0,1) + \gamma(1,1,1) = (0,0,0)$ erfüllen, wenn $\alpha = \beta = \gamma = 0$ gilt. Die Verbindungsline zwischen m und c, $L(c,m)$, hat nur einen Punkt mit dem Auszahlungsraum P gemeinsam, nämlich $c = (0,0,0)$.

Es ist unmittelbar einzusehen, daß das hier skizzierte Problem auch auf Spiele mit mehr als drei Spielern übertragen werden kann. Es gibt stets Spiele mit n Spielern, für die sich nach dem obigen Muster ein $n-1$-dimensionaler Auszahlungsraum P konstruieren läßt, der den Konfliktpunkt c einhält. Der Idealpunkt m ist n-dimensional und liegt nicht in dem durch die Dimensionen von P definierten Raum. Die Verbindungslinie von m und c, die, zusammen mit der Nutzengrenze, die KS-Lösung *bestimmte*, schneidet P in c.

Roth (1979, S. 105ff.) bewies, daß es für beliebige Spiele (P,c) mit mehr als zwei Spielern keine Lösung gibt, die (stets) die Bedingungen Symmetrie (N2), Pareto-Optimalität (N4) und individuelle Rationalität (N7) erfüllt.

5.3.3 Proportionale und egalitäre Lösung

Der **proportionalen Lösung (PR-Lösung)** liegt folgende Idee zugrunde: Bei einem Übergang von einem Verhandlungsspiel (P,c) zu einem anderen (R,c) mit gleichem Konfliktpunkt, aber beliebig größerem Auszahlungsraum R, so daß P eine Teilmenge von R ist, sollen alle Spieler Auszahlungszuwächse erhalten, die in einem festen Verhältnis zueinander stehen. Die Proportionen der Nutzenzuwächse sind in dieser Lösung konstant. Damit ist die Teilbarkeit der Lösung sichergestellt und Axiom (N5) erfüllt (vgl. Abschnitt 5.3.1.4). Die PR-Lösung ist symmetrisch im Sinne von Axiom (N6) und genügt damit den Vorstellungen von Fairneß, die den Hintergrund für dieses Axiom bilden. Allerdings ist die PR-Lösung nicht notwendigerweise pareto-optimal, wie wir sehen werden.

5.3.3.1 Definition der Lösungen

Die **proportionale Lösung (PR-Lösung)** ist eine Funktion $f(P,c) = \mathrm{PR}(P,c)$, definiert auf der Menge aller Verhandlungsspiele vom Typ (P,c), so daß für jeden Vektor strikt positiver reeller Zahlen $p = (p_1,\ldots,p_n), p_i > 0$, und jedes Verhandlungsspiel (P,c),

$$f(P,c) = Tp + c = \mathrm{PR}(P,c)\,,$$

wobei $T = T(P,c)$ jene reelle Zahl ist, die t für $(pt + c)$ in P maximiert. Hier bestimmt der Vektor p das Verhältnis der Nutzenzugewinne der verschiedenen Spieler, ausgehend vom Konfliktpunkt c. Die Annahme $p_i > 0$ garantiert, daß das Verhandlungsergebnis individuell rational ist, sofern $T \geq 0$ gilt (für $T > 0$ ist es strikt individuell rational). Der Faktor T spiegelt bei gegebenem p das Ausmaß des zusätzlichen Nutzens wider, der mit der PR-Lösung verbunden ist. T bewirkt dabei die Verteilung der Zugewinne im durch p vorgegebenem Verhältnis. Die Verteilung erfolgt entsprechend p, bis sich einer der Spieler nicht mehr verbessern kann und auf diese Weise der Auszahlungsraum P erschöpft ist. In Abb. 5.19 ist ein Zwei-Personen-Spiel (P,c) mit $c = (2,1)$ skizziert, das für ein vorgegebenes $p = (2,5/2)$ ein $T(P,c) = 2$ impliziert. Für dieses Spiel gilt $\mathrm{PR}(P,c) = (6,6)$.

Einen Sonderfall der PR-Lösung stellt die (absolute) **egalitäre Lösung** dar, die eine strikte Gleichverteilung der Zugewinne aus der Kooperation vorsieht und somit $p = (x_1,x_2)$ mit $x_1 = x_2$ impliziert. Selbstverständlich schließt dies nicht aus, daß ein ineffizientes Ergebnis resultiert. Abbildung 5.19 veranschaulicht einen Fall des **Gleichheit-Effizienz-Dilemmas**, das viele soziale Entscheidungssituationen kennzeichnet. Hier könnte Spieler 1 besser gestellt werden, ohne daß sich Spieler 2 verschlechtern muß.

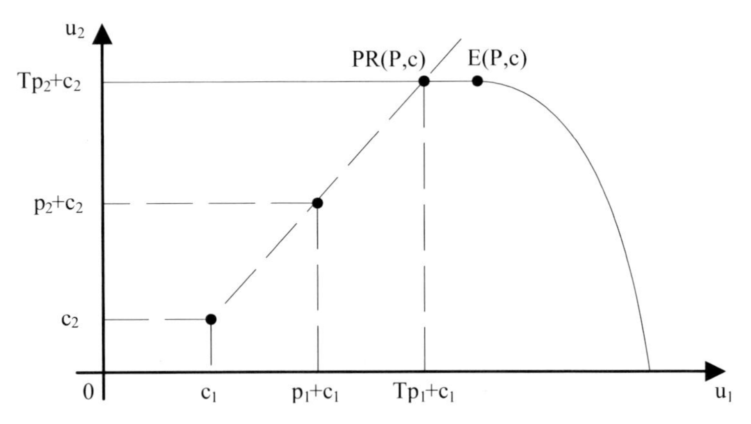

Abb. 5.19a Proportionale Lösung

Beispiel. Ein Kuchen soll zwischen den Spieler 1 und 2 aufgeteilt werden (vgl. Abschnitt 5.5.3 unten). Beide bewerten jede Einheit dieses Kuchens gleich hoch, aber 1 kann nicht mehr als $1/4$ des Kuchens essen. Ist der Kuchen verderblich und eine Lagerung ausgeschlossen, so schreibt die **egalitäre Lösung** vor, daß jeder $1/4$ des Kuchens erhält und der Rest verdirbt, obwohl 2 den ganzen Kuchen essen könnte; 2 muß sich also aus gesellschaftlichen Erwägungen mit einem kleineren Stück zufrieden geben, obwohl für ihn ein größeres Stück möglich wäre, ohne daß dadurch 1 schlechter gestellt würde. Die relevante Gesellschaft besteht aus den Individuen 1 und 2 und der egalitären Norm.

Weitere Beispiele für das Gleichheit-Effizienz-Dilemma werden beispielsweise in Moulin (1988, S. 14ff) diskutiert. – Für den in Abb. 5.19b skizzierten Fall beinhaltet die Forderung der strikten Gleichverteilung der Zugewinne aus der Kooperation, daß das Ergebnis u^* die Gleichung $u_1^* - c_1 = u_2^* - c_2$ erfüllen muß. Der Spieler 1 könnte aber eine höhere Auszahlung als in der egalitären Lösung $\text{EL}(P, c)$ erreichen, ohne daß Spieler 2, gemessen an u_2^*, eine Nutzeneinbuße hinnehmen müßte. Das Ergebnis u^* ist also ineffizient im Sinne strikter Pareto-Optimalität (vgl. Axiom (N4) in Abschnitt 5.3.1.1). Der pareto-optimale Nutzenvektor RE entspricht der **relativ-egalitären Lösung** (vgl. Moulin, 1988, S. 63–65). Die Konstruktion dieser Lösung, die Abb. 5.19b veranschaulicht, macht deutlich, daß sie mit der KS-Lösung identisch ist.

Die PR-Lösung und (absolute) egalitäre Lösung gehören zur Klasse der **homogenen Teilungsregeln**, für die Moulin, (1987) eine Axiomatisierung gibt. Das zentrale Axiom drückt die Eigenschaft der **Homogenität** für die Teilung aus, die beinhaltet, daß die individuell zugeteilten Überschüsse mit demselben Faktor δ multipliziert werden müssen, wenn sich die Kosten (Investitionen) und Überschüsse um diesen Faktor ändern.

Pfingsten (1991) argumentiert, daß **Homogenität** eine sehr starke Forderung ist und von realen Teilungsregeln oft verletzt wird, wenn es um reale Kosten und Überschüsse geht. Er weist darauf hin, daß eine Investition von US$ 10.000 in einem

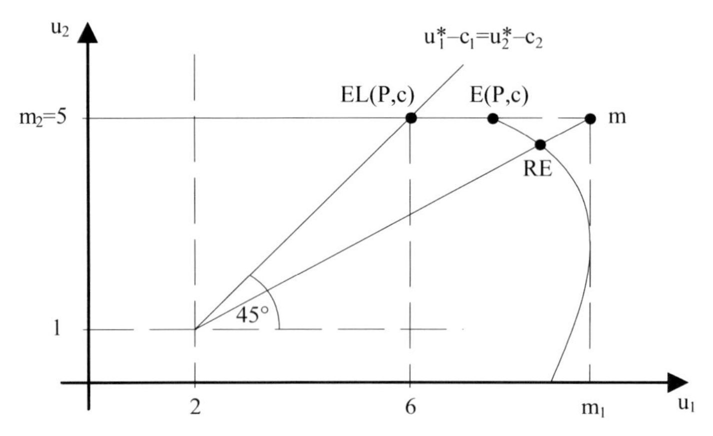

Abb. 5.19b Egalitäre Lösung und Gleichheit-Effizienz-Dilemma

Entwicklungsland einen sehr verschiedenen Wert von einer nominell gleich hohen Investition in den Vereinigten Staaten hat. Pfingsten zeigt, daß auf Homogenität verzichtet werden und damit eine größere Klasse von (brauchbaren) Teilungsregeln definiert werden kann, die nur die PR-Lösung und egalitäre Lösung als homogene Regeln enthält. Die übrigen Elemente dieser Klasse sind nicht homogen, aber vielleicht gerade dadurch bessere Vertreter jener Entscheidungsregeln, die wir in der Realität beobachten.

5.3.3.2 Eigenschaften der PR-Lösung

Die PR-Lösung erfüllt eine Reihe wünschenswerter Eigenschaften, die hier nur skizziert werden können.

PR1: Die PR-Lösung erfüllt die Monotonie-Eigenschaft (N6) und damit auch die Axiome (N7) und (N8). (Vgl. dazu Kalai, 1977.)

PR2: Die PR-Lösung ist teilbar im Sinne von (N5) und sie ist die einzige Lösung, die diese Eigenschaft erfüllt.

PR3: Die PR-Lösung ist unabhängig von irrelevanten Alternativen im Sinne von Axiom (N3).

PR4: Die PR-Lösung ist unabhängig von einer allgemeinen Veränderung des Nutzenmaßstabs. Für beliebige Verhandlungsspiele (P,c) und (P',c') und beliebige reelle Zahlen $a > 0$ und $b_i, i = 1,\ldots,n$, gilt nämlich $\text{PR}_i(P',c') = a\text{PR}_i(P,c)$, falls $c'_i = ac_i + b_i, u'_i = au_i + b_i$ und u die Elemente in P und u' die Elemente in P' charakterisiert. (Aber die PR-Lösung erfüllt nicht die Unabhängigkeit von äquivalenter Nutzentransformation entsprechend (N1).)

PR5: Die PR-Lösung ist unabhängig von ordinalen Transformationen, die interpersonelle Unterschiede bewahren, d. h., $f_i(P',c') = r_i(f(P,c))$. Hierbei sind, bezogen auf den Zwei-Personen-Fall, (P,c) und (P',c') Verhandlungsspiele, für die $c_i' = r_i(c_1, c_2)$ und $v_i = r_i(u_1, u_2)$ gilt, wobei $(v_1, v_2) \in P'$ und $_i(u_1, u_2) \in P$. r_i gibt die Transformation wieder, die auf die Auszahlungen der Spielers $i = 1, 2$ Anwendung findet. Für r_i ist hierbei unterstellt, daß

(1) $r_i(x_1, x_2) \geq r_i(y_1, y_2)$ dann und nur dann, wenn $x_i > y_i$ gilt, und
(2) $r_1(x_1, x_2) - r_1(c_1, c_2) \geq r_2(x_1, x_2) - r_2(c_1, c_2)$ dann und nur dann, wenn $x_1 - c_1 \geq x_2 - c_2$ gilt, wobei (x_1, x_2) und (y_1, y_2) Elemente in P sind.

Die Bedingung (1) in **PR5** stellt sicher, daß die Transformation die ordinale Ordnung erhält, und Bedingung (2) hält die Information darüber fest, welcher Spieler bei beliebigen Ergebnissen den größeren Nutzenzugewinn verzeichnet.

Die Eigenschaft **PR5** setzt keine kardinale Nutzenfunktion vom von-Neumann-Morgenstern-Typ voraus. Sie garantiert mit der allgemeineren Annahme einer ordinalen Transformation, wie Myerson (1977) zeigt, eine proportionale Lösung. D. h., die Vergleichbarkeit der Nutzen beruht nicht auf dem Nutzenmaß bzw. der Nutzenmessung, sondern auf den Bedingungen (1) und (2) der vorgenommenen Transformation. Allerdings ist die (unmittelbare) Anwendung dieser Bedingungen auf den Zwei-Spieler-Fall beschränkt.

5.3.3.3 Würdigung der PR-Lösung

Die **Teilbarkeit** (N5) und die **Monotonie** (N6) werden oft als wünschenswerte Eigenschaften für Verhandlungslösungen angeführt. Die Forderung nach Teilbarkeit soll die praktische Umsetzung der Lösung für reale Verhandlungsprozesse erhöhen. Monotonie (N6) dagegen scheint eine wesentliche Komponente der Fairneß zu sein, die von Verhandlungslösungen gewünscht wird. Beide Eigenschaften aber hängen eng zusammen: Die Teilbarkeit einer Lösung ist Voraussetzung dafür, daß sie monoton im Sinne von (N6) ist (vgl. Roth, 1979, S. 82–83). Dadurch, daß die PR-Lösung als einzige Verhandlungslösung sowohl (N5) wie (N6) erfüllt, ist sie vor anderen ausgewiesen.

Der explizite interpersonelle Vergleich der Nutzen verschiedener Spieler ist nicht auf den Fall symmetrischer und symmetrisch-äquivalenter Spiele beschränkt (wie bei der Nash- und KS-Lösung) und stellt insoweit eine Erweiterung der klassischen Spieltheorie dar, die die interpersonelle Vergleichbarkeit von Nutzen als unangemessen betrachtet. Myerson (1977) aber zeigt, daß es für die PR-Lösung genügt, *ordinale* inter- und intrapersonelle Vergleichbarkeit zu unterstellen. Die Verstärkung der Annahme nach Vergleichbarkeit ist also mit einer Abschwächung der Forderung an die Meßbarkeit verbunden.

Aufgrund des Verzichts auf ein *kardinales* Nutzenmaß kann die PR-Lösung allerdings nicht auf unsichere Ereignisse, also Lotterien angewandt werden. Damit ist nicht mehr sichergestellt, daß P eine konvexe Menge ist. Für die oben diskutierten Ergebnisse aber genügt es, daß der Nutzen eines Spielers in den Elementen der Nutzengrenze $H(P)$ als eine abnehmende stetige Funktion der Nutzen des anderen

Spielers formuliert werden kann; es reicht für den Zwei-Personen-Fall aus anzunehmen, daß die negativ geneigte Nutzengrenze kein „Loch“ hat. Es ist müßig, sich zu überlegen, ob sich hier Verstärkung und Abschwächung aufwiegen. Der bereits klassische Test der Nash-Axiome durch Nydegger und Owen (1975) zeigt, daß Individuen in Verhandlungssituationen Nutzenwerte bzw. Nutzenzuwächse gegenseitig vergleichen. Dies unterstützt die PR-Lösung.

Eine wesentliche Einschränkung der Anwendung der PR-Lösung ist dadurch gegeben, daß der Vektor p, der das Verhältnis der Nutzengewinne aus der Verhandlung festlegt, nicht im Rahmen der Lösung bestimmt ist. Die Lösung ist insoweit *unvollständig* und ihre Anwendung auf ein Verhandlungsspiel (P,c) setzt – im Gegensatz zur Nash- oder KS-Lösung – Informationen voraus, die nicht in der Beschreibung von (P,c) enthalten sind. Während zum Beispiel das Verhältnis der Zugewinne in der KS-Lösung über den Bezug zu den maximalen Auszahlungen der einzelnen Spieler bzw. den Idealpunkt festgelegt wird, ist für die PR-Lösung dieses Verhältnis exogen. Dies kann einerseits vom formalen Standpunkt als Nachteil gesehen werden; damit ist aber andererseits die Möglichkeit verbunden, die proportionale Lösung durch empirische Ergebnisse über interpersonellen Nutzenvergleich anzureichern.

Ein Vergleich der PR- und der KS-Lösung macht deutlich, daß die KS-Lösung eine durch $m(P)$ und c *spezifizierte proportionale* Lösung ist. Insofern sich $m(P)$ und c für Zerlegungen und Zusammensetzungen von Spielen nicht ändern, genügt die KS-Lösung den PR-Eigenschaften 1 mit 5 (oben). Dies ist zum Beispiel für symmetrische und symmetrisch-äquivalente Spiele der Fall, wenn die Zerlegung und Zusammensetzung der Spiele ebenfalls aus Spielen dieser Klasse besteht. Für diese Klasse von Spielen erfüllt auch die Nash-Lösung die Eigenschaften der PR-Lösung. Durch die direkte Anwendung der Symmetrie-Eigenschaft (N2) auf das Verhandlungsergebnis, das $F_i(P,c) = F_i(P,c)$ für jedes Paar von Spielern vorschreibt, falls P ein symmetrisches Spiel ist, ist die Nash-Lösung in diesem Fall identisch mit einer PR-Lösung, deren exogener Parameter p die Gleichverteilung postuliert. Also haben wir das

(E7) *Für symmetrische und symmetrisch-äquivalente Verhandlungsspiele sind die Nash-Lösung und die KS-Lösung identisch mit einer proportionalen Lösung, die durch gleich große Nutzenzugewinne für die Spieler spezifiziert ist.*

Allerdings kann die PR-Lösung auch für symmetrische und symmetrisch-äquivalente Spiele eine andere als die **Gleichverteilungsregel** vorschreiben. Der in Abb. 5.19 skizzierte Fall zeigt, daß die PR-Lösung bei beliebiger Spezifikation von p nicht immer zu effizienten Ergebnissen führt. Damit ist das Axiom der Pareto-Optimalität (N4) nicht erfüllt. Das ist sicher negativ zu bewerten, sofern man davon ausgeht, daß eine Verhandlungslösung *effizient* sein soll. Luce und Raiffa (1957, S. 121ff.) argumentieren, daß es die Spieler einem exogenen Schiedsrichter, oder einem **Mediator** möglicherweise nicht nachsehen, wenn er ihnen eine ineffiziente, wenn auch vielleicht faire Lösung vorschlägt.

Es gibt stets eine Spezifikation von p, die eine proportionale Lösung unterstützt, die pareto-optimal ist. Wie man aus Abb. 5.19 sieht, gibt es in diesem Fall eine unendliche Menge von p-Vektoren, die eine derartige proportionale Lösung unterstützen: Alle Punkte der Nutzengrenze beinhalten in Verbindung mit dem Konfliktpunkt ein jeweils spezifisches p.

Die in Roth (1979, S. 93–98) vorgestellte Lösung E wählt aus den Punkten der Nutzengrenze jenen als Verhandlungsergebnis aus, der $\mathrm{PR}(P,c)$ am nächsten liegt. (Vgl. Abb. 5.19 sowie Moulin (1988, S. 14ff) für den Spezialfall der **egalitären Lösung**.) Falls $\mathrm{PR}(P,c)$ für das Spiel (P,c) pareto-optimal ist, gilt selbstverständlich $E(P,c) = \mathrm{PR}(P,c)$.

5.3.3.4 Zur Anwendung der PR-Lösung

PR-Lösungen können insbesondere auf gesetzlich oder vertraglich vorgeschriebene Verteilungsprobleme Anwendung finden: zum Beispiel bei Erbengemeinschaften, Genossenschaften, Vereinen, aber auch bei Unternehmen in Gesellschaftsform (OHG, KG, GmbH, AG). Die Verteilung des Zugewinns bezieht sich auf den jeweiligen Ertrag bzw. Gewinn, der beispielsweise aus der gemeinschaftlichen Durchführung von Geschäften bzw. der ungeteilten Nutzung einer Erbschaft resultiert. Dabei wird unterstellt, daß aus der Kooperation bzw. aus der Nicht-Teilung ein *Mehrertrag* resultiert.

Können sich die Beteiligten über die Zuteilung entsprechend der vorgesehenen Norm (zum Beispiel entsprechend dem Verwandtschaftsgrad zum Erblasser oder der Kapitalanteile in der GmbH) nicht einigen, so tritt der Konfliktfall ein: Die Erbmasse wird geteilt; das Kapital der Gesellschaft wird aufgelöst. Die dabei vorgesehene Regel definiert die Auszahlungen im Konfliktfall, also den Konfliktpunkt. Es wird nicht ausgeschlossen, daß für den Konfliktfall eine andere Verteilungsregel zum tragen kommt als für die Verteilung des Zugewinns. Zum Beispiel findet die gesetzliche oder vom Erblasser vorgesehene Norm in der Regel nur auf den Bestand bzw. dessen Teilung Anwendung, während die Erben für die Verteilung des Zugewinns zum Beispiel Gleichverteilung vereinbaren können. Indem man sich auf die Verteilung des Zugewinns nach dieser Regel beschränkt, wird implizit der Konfliktpunkt als gegeben anerkannt. Ansonsten würde die Verteilungsregel des Zugewinns auf den Konflikt einwirken, und vice versa. Das schließt jedoch nicht aus, daß bei Aufstellung der Regel über die Verteilung des Zugewinns die für den Konfliktpunkt gültige Regel berücksichtigt wurde. Entscheidend ist, daß die einmal definierte Regel – das p in der PR-Lösung – *unabhängig* von der Größe (und Art) der Zugewinne zur Anwendung kommt.

Die oben skizzierten Beispiele haben vielfach einen anderen Zug der PR-Lösung gemeinsam: **Ineffizienz**. Im allgemeinen ist es den Beteiligten untersagt, in Verbindung mit ihrer Mitgliedschaft in der betrachteten Gemeinschaft Tätigkeiten auszuüben und daraus Vorteile zu erzielen, wenn diese Vorteile nicht auf die anderen Mitglieder entsprechend der Verteilungsnorm p übertragbar sind, selbst dann, wenn diese Vorteile nicht zu Lasten der anderen Mitglieder gehen. (Ein entsprechender Fall ist in Abb. 5.19 oben durch die Punkte $\mathrm{PR}(P,c)$ und $E(P,c)$ charakterisiert.)

Dieser Grundsatz und seine Überschreitung wird insbesondere im Zusammenhang mit Vereinen deutlich, in denen grundsätzlich das Gleichheitsprinzip dominiert und eine **egalitäre Lösung** angestrebt wird, die Vereinsvorstände aber durch Information, Prestige und Reputation u. U. Vorteile erzielen, die dem Gleichheitsprinzip widersprechen. Grobe Verletzungen des Gleichheitsprinzips (bzw. der Norm p) führen möglicherweise zur Abwahl des Vorstands, und zwar auch dann, wenn sich durch die Tätigkeit des Vorstands der Zugewinn der Mitglieder nicht verringert.

5.3.4 Theorie optimaler Drohstrategien

In allen bisher diskutierten Verhandlungslösungen hat der Konfliktpunkt c einen starken Einfluß auf das Verhandlungsergebnis.[3]. Bisher unterstellten wir, daß der Konfliktpunkt unabhängig von den Entscheidungen der Spieler gegeben ist. Dies wirft keine Probleme auf, sofern im Spiel eindeutig festgelegt ist, welches Ergebnis sich im Konfliktfall (bei Nicht-Einigung der Spieler) einstellt. Solche Spiele bezeichnet man als **einfache Verhandlungsspiele**.

Gibt es für ein einfaches Verhandlungsspiel nur zwei alternative Ergebnisse, entweder kooperieren alle Spieler oder es tritt der Konfliktfall ein, dann spricht man von einem **reinen Verhandlungsspiel**. Für Zwei-Personen-Spiele ist die Unterscheidung offensichtlich irrelevant, aber bei mehr als zwei Spielern ist es denkbar, daß ein Teil der Spieler kooperiert und entsprechend eine Koalition bilden, während andere nicht dazu bereit bzw. ausgeschlossen sind.

In vielen Spielsituationen ist unbestimmt, was im Fall einer Nicht-Einigung passieren sollte. Bei Lohnverhandlungen könnte man beispielsweise argumentieren, der Konfliktpunkt bestimme sich aus dem Einkommen, das die Parteien erzielen würden, falls sie die Arbeitsverhältnisse beenden sollten. Andererseits könnte der Konfliktpunkt auch danach berechnet werden, welche Einkommen beide Parteien während eines Streiks erhalten. Die Frage nach dem geeigneten Konfliktpunkt läßt sich in diesem Fall nur in einem dynamischen Verhandlungsmodell analysieren (vgl. Binmore et al., 1986, und Sutton, 1986).

Vartiainen (2007) konstatiert, daß ein Verhandlungsspiel ohne Konflikt starke Parallelen zu einem **Social Choice-Problem** aufweist (vgl. Abschnitt 7.1): Es entspricht der Aggregation individueller Präferenzen zu einer **kollektiven Entscheidung**. Allerdings gibt es keine **soziale Entscheidungsregel**, welche die Nash-Axiome (N1) mit (N4) erfüllt. Dies ist im wesentlichen darin begründet, daß die individuellen Präferenzen in **ordinaler Form** gegeben sind und soziale Entscheidungsregeln dies berücksichtigen. Hingegen setzen die Nash-Axiome **kardinale Nutzen** (Auszahlungen) vom von-Neumann-Morgenstern-Typ voraus, mit denen auch ein gewisser Grad an interpersoneller Vergleichbarkeit gesichert ist (siehe Symmetrie-Axiom (N2) und dessen Anwendung und Interpretation). Vartiainen formuliert die Nash-Axiome so um, daß sie die Anwendung einer „extended Nash solution" erlauben, aus der ein Auszahlungsvektor u^* als Verhandlungsergebnis folgt. Ausgehend von u^* läßt sich die Menge der entsprechenden Konfliktpunkte $C(u^*)$

[3] Lösungen, die *nicht* vom Konfliktpunkt abhängen, sind in Yu (1973), Freimer und Yu (1976) und Felsenthal und Diskin (1982) dargestellt.

über die **Steigungsgleichheit** bestimmen (vgl. Abschnitt 5.3.1.3). Wenn man dann noch annimmt, daß der relevante Drohpunkt c° auf dem Rand des (konvexen) Auszahlungsraums P liegen und von u^* verschieden sein soll, dann ist c° eindeutig bestimmt.

Wird im Konfliktfall ein nicht-kooperatives Spiel gespielt, so ergibt sich der Konfliktpunkt aus den Auszahlungen (möglicherweise im Gleichgewicht) dieses Spiels. Dies wird im nächsten Abschnitt diskutiert. In manchen Spielsituationen können sich die Spieler jedoch bereits vor Aufnahme der Verhandlungen verbindlich verpflichten, im Konfliktfall bestimmte Handlungen auszuführen. Sie können also den Konfliktpunkt selbst beeinflussen. Dabei werden sie berücksichtigen, wie sich ihre Konfliktstrategie auf die Verhandlungslösung auswirkt. Mit der Frage **optimaler Drohstrategien** im Fall der Nash-Lösung befassen sich die Abschnitte 5.3.4.2 bis 5.3.4.4.

Im Zusammenhang mit der asymmetrischen Nash-Lösung wurde bereits auf ein Ergebnis von Laruelle und Valenciano (2008) hingewiesen, daß zeigt, daß der Vektor der Verhandlungsmacht $a = (a_1, \ldots, a_n)$ unter „bestimmten Bedingungen" durch den **Shapley-Wert** beziehungsweise den **Shapley-Shubik-Index** spezifiziert wird. (Siehe dazu auch Abschnitt 6.3.1 unten.) Dabei stellen die Autoren einen Zusammenhang zwischen Verhandlungsspiel und einem Social Choice-Problem her. Ausgangspunkt ist ein Komitee, in dem grundsätzlich abgestimmt wird und die Mitglieder unterschiedliche Stimmgewichte haben. Angestrebt wird aber keine Entscheidung durch Abstimmung, sondern eine Verhandlungslösung, die die Zustimmung aller Beteiligten (also Spieler) erhält. Die Verhandlungsmacht des einzelnen Spielers, die letztlich das Ergebnis bestimmt, leitet sich aus der möglichen Abstimmung, also von den Stimmgewichten und der Entscheidungs- bzw. Mehrheitsregel ab. Der Status quo wird hier sowohl als Konfliktpunkt des Verhandlungsspiels als auch als mögliches Ergebnis der Abstimmung unterstellt. Letzteres impliziert, daß es keine Gewinnkoalition gibt, die eine der Alternativen unterstützt, die sich vom Konfliktpunkt unterscheiden. Aber wird dann der Status quo von einer Gewinnkoalition unterstützt? Ein Ergebnis, das nicht von einer Gewinnkoalition unterstützt wird, ist für den Shapley-Wert nicht vorgesehen.

5.3.4.1 Nicht-kooperative Konfliktpunkte

Die Frage, welcher Konfliktpunkt in eine Verhandlungslösung eingehen soll, ist eng verwandt mit der Frage nach adäquaten Drohstrategien. Drohstrategien sind *bedingte* Strategien: sie werden nur dann realisiert, wenn kein Verhandlungsergebnis erzielt wird. Das bestimmt den Konfliktpunkt. Damit aber der Konfliktpunkt auf das Verhandlungsergebnis einwirken kann, müssen die Drohstrategien glaubhaft sein. (Vgl. dazu die Diskussion über glaubhafte bzw. teilspielperfekte Drohungen in Abschnitt 4.1.1.) Dies ist aber nur dann der Fall, wenn die Drohstrategien der Lösung eines alternativen nicht-kooperativen Spiels entsprechen. Das bringt uns zurück zu der Frage nach adäquaten nicht-kooperativen Lösungen.

Wenn die Spieler sich nicht auf eine für alle Beteiligten vorteilhafte kooperative Lösung einigen können und statt dessen nicht-kooperativ spielen, muß die Lösung dieses Spiels nicht notwendigerweise ein **Nash-Gleichgewicht** darstellen. Dies gilt insbesondere dann, wenn das nicht-kooperative Spiel mehrere Nash-Gleichgewichte hat. Es gibt vielmehr Gründe, anzunehmen, daß die Spieler dann ihre **Maximinstrategien** wählen. Erfolgt nämlich keine Einigung auf ein effizientes Ergebnis, tritt also der Konfliktfall ein, so muß wohl ein Spieler annehmen, daß sein Mitspieler auch nicht genügend „Vernunft" aufbringt, die implizite Koordination im Sinne eines Nash-Gleichgewichts zu realisieren: *Wenn das Gute nicht erreicht wird, erwartet man das Schlimmste – und wählt Maximin.*

Wir haben bereits bei der Behandlung der Maximinlösung in Abschnitt 3.2 einige Argumente zu ihrer Rechtfertigung angeführt. Ein Problem ist, daß die Maximinstrategien nicht wechselseitig beste Antworten sind und damit die Wahl dieser Strategien nicht widerspruchsfrei in bezug auf die Erwartungen ist. Trotzdem verwendet z. B. Owen (1995, S. 190ff.) bei der Behandlung der Nash-Lösung generell die Maximinlösung.

Vergleichen wir **Nash-Gleichgewicht** und **Maximinlösung** und beschränken wir uns auf die Untersuchung von 2-mal-2-Matrixspielen, so können wir im wesentlichen (für Nicht-Nullsummenspiele) folgende Fälle unterscheiden:

Fall 1: Sind Nash-Gleichgewicht und Maximinlösung wie im Gefangenendilemma (in reinen Strategien) eindeutig bestimmt und identisch, dann braucht nicht zwischen beiden Konzepten unterschieden werden.

Fall 2: Beinhalten Nash-Gleichgewicht und Maximinlösung gemischte Strategien, so sind in 2-mal-2-Matrixspielen ihre Auszahlungswerte und damit die korrespondierenden Konfliktpunkte gleich. Sie sind damit für die betrachteten Verhandlungslösungen „gleichwertig". Allerdings sehen beide Lösungen im allgemeinen unterschiedliche Strategien vor, aber das tangiert die Verhandlungslösungen nicht, da sie von Auszahlungswerten und nicht von Strategien ausgehen. (Vgl. Abschnitt 3.3.5 bzw. Holler, 1990, 1993.)

Fall 3: Ist das Spiel symmetrisch im Sinne von Axiom (N2) (vgl. Abschnitt 5.3.1.1), so sind die Auszahlungen, die sich aus der Maximinlösung ergeben, für die beiden Spieler gleich. Dann existiert (mindestens) ein Nash-Gleichgewicht mit identischen Auszahlungen. Sind Nash-Gleichgewicht und Maximinlösung gemischt, dann liegt ein Beispiel im Sinne von Fall 2 vor.
Ist das symmetrische Nash-Gleichgewicht identisch mit der Maximinlösung, so ist zu erwarten, daß es im Sinne von Schellings „focal point" (**Fokus-Punkt**) das Drohverhalten koordiniert.

Ist wie im symmetrischen **Chicken-Spiel** die Maximinlösung in reinen Strategien und das symmetrische Nash-Gleichgewicht gemischt, so unterscheiden sich i.d.R. die Auszahlungen der Spieler in den beiden Lösungen. Falls aber die beiden Auszahlungspaare, wie im symmetrischen Chicken-Spiel, Elemente der identischen

Menge $C(u^*)$ sind, ist es für die Nash-Lösung unerheblich, ob wir vom Nash-Gleichgewicht oder von der Maximinlösung ausgehen; in jedem Fall resultiert u^*.

Ist das Spiel *asymmetrisch* und sind Maximinlösung und Nash-Gleichgewicht Elemente von zwei unterschiedlichen Mengen $C(u^*)$, stellt sich wieder das Problem der Eindeutigkeit und damit der Notwendigkeit, eine Entscheidung zwischen Nash und Maximin zu treffen.

Für die **KS-Lösung** ist die Unterscheidung von Maximinlösung und Nash-Gleichgewicht ebenfalls unerheblich, falls die beiden Lösungen und der Idealpunkt durch Auszahlungsvektoren repräsentiert werden, die auf (nur) einer Geraden liegen. Dies ist für symmetrische Spiele erfüllt.

Für die **proportionale Lösung** ist immer dann die Unterscheidung von Nash-Gleichgewicht und Maximinlösung relevant und eine Wahl zu treffen, falls die entsprechenden Punkte nicht auf einer Geraden mit der Steigung p liegen.

Da die Entscheidung zwischen Maximin und Nash letztlich nicht eindeutig zu treffen ist, sei im Zusammenhang mit Verhandlungsspielen folgende *Regel* vorgeschlagen: Es wird jenes Nash-Gleichgewicht als Konfliktpunkt ausgewählt, das mit der Maximinlösung *kompatibel* ist, d. h., es ist entweder identisch, oder führt zum selben Verhandlungsergebnis – falls ein derartiges Nash-Gleichgewicht existiert. In diesem Fall sprechen wir von einer **wohlfundierten Nash-Lösung**.

5.3.4.2 Grundprinzipien optimaler Drohstrategien

Bisher wurde unterstellt, daß die Wahl der Konfliktstrategien in einem eigenen, nicht-kooperativen Spiel unabhängig von der kooperativen Lösung erfolgt. In diesem Abschnitt wird nun die Wahl **optimaler Drohstrategien** für die Nash-Lösung diskutiert. Wir gehen nun davon aus, daß sich die Spieler **exogen**, zum Beispiel gegenüber einem Schiedsrichter, verpflichten können, die vorgeschlagenen Drohstrategien zu realisieren. Bei der Wahl ihrer Drohstrategien antizipieren die Spieler die Rückwirkung auf die Verhandlungslösung. Es wird unterstellt, daß im Verhandlungsprozeß die Nash-Lösung realisiert wird.

Die Überlegungen zur Formulierung optimaler Drohstrategien im Sinne der Nash-Lösung gehen von der in (5.14) formulierten Eigenschaft der **Steigungsgleichheit** aus bzw. von der Tatsache, daß ein Punkt der Nutzengrenze u^* die Nash-Lösung für jene Menge der Konfliktpunkte c in $C(u^*)$ repräsentiert, die durch eine Gerade durch u^* mit der Steigung α für die Elemente im Auszahlungsraum P definiert ist. Hierbei ist α der negative Wert der Steigung der Nutzengrenze $H(P)$ in u^*, falls $H(P)$ in u^* differenzierbar und eine solche Steigung definiert ist. Aufgrund der Konvexität des Auszahlungsraums P folgt, daß sich Geraden, deren Teilmengen alternative Konfliktpunktmengen $C(u)$ sind, nicht in P schneiden.

Die Konvexität des Auszahlungsraums P beinhaltet, daß die Nutzengrenze mit wachsenden Auszahlungen u_1 eine konstante oder zunehmende (negative) Steigung aufweist (vgl. Abb. 5.20).

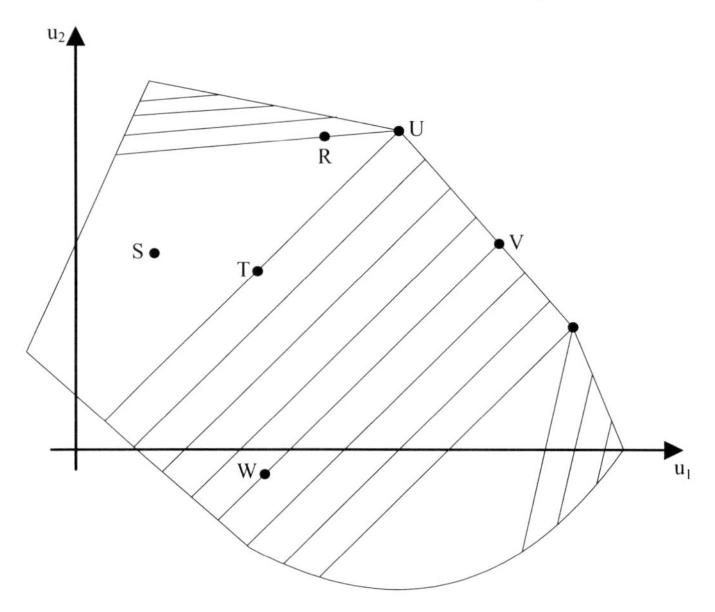

Abb. 5.20 Optimale Drohstrategien

Ist $H(P)$ in u^* nicht differenzierbar, so gibt im Zwei-Personen-Fall eine Dreiecksfläche die Menge $C(u^*)$ wieder. So sind in Abb. 5.20 die Punkte R, S und T Konfliktpunkte, die eine Nash-Lösung u^* implizieren, die durch U wiedergegeben ist.

Sieht man von Fällen der lokal nicht-differenzierbaren Nutzengrenze ab, so scheint es unmittelbar einsichtig, daß Spieler 2 einen Konfliktpunkt anstrebt, der in einer Menge $C(u)$ ist, die durch eine möglichst „hochgelegene" Gerade charakterisiert ist, während Spieler 1 ein Element in einer Menge $C(u)$ favorisiert, die Teilmenge einer möglichst „tief" gelegenen Geraden ist. So zieht in Abb. 5.20 Spieler 1 den Konfliktpunkt W dem Konfliktpunkt T oder R vor, während die Präferenzen des Spielers 2 bezüglich dieser Punkte strikt entgegengerichtet sind. (Man beachte, daß nicht das Niveau der Konfliktauszahlung eines Spielers relevant ist: Spieler 1 zieht den W dem Konfliktpunkt R vor, obwohl R im Konfliktfall eine höhere Auszahlung u_1 impliziert als W.)

Die Interessen der Spieler sind streng antagonistisch und die Wahl einer optimalen Drohstrategie impliziert ein **strikt konkurrierendes Spiel** bzw. den Sonderfall eines Nullsummenspiels bezüglich der Konfliktauszahlungen. Dies ist die Grundlage der in Nash (1953) axiomatisierten Verhandlungslösung mit **optimalen Drohstrategien**, die in Raiffa (1953) als Lösung J_1 skizziert ist. Im folgenden beschränken wir uns, wie in Raiffa (1953) und Nash (1953), auf zwei Spieler, denn der Stellenwert optimaler Drohstrategien in Mehr-Personen-Spielen ist nicht eindeutig: Bedroht Spieler 1 alle übrigen Spieler oder nur eine Teilmenge, oder gar nur den Spieler 2?

5.3.4.3 Das Nash-Modell optimaler Drohstrategien

Das von Nash (1953) vorgeschlagene Verhandlungsspiel hat vier Stufen:

1. Die Spieler wählen Strategien $t = (t_1, t_2)$, die sie realisieren *müssen*, falls es zu keiner Einigung kommt; die entsprechenden Auszahlungen bestimmen den Konfliktpunkt $c = (c_1, c_2)$.
2. Die Spieler informieren sich wechselseitig über die gewählten Drohstrategien t_1 und t_2.
3. Die Spieler stellen, unabhängig voneinander, Auszahlungsforderungen $d_i, i = 1, 2$.
4. Die Spieler erhalten (d_1, d_2), falls es in P einen Auszahlungsvektor (u_1, u_2) gibt, für den $u_1 \geq d_1$ und $u_2 \geq d_2$ gilt. Existiert kein derartiger Vektor, so resultiert der Konfliktpunkt (c_1, c_2).

Nash zeigt, daß für „intelligente Spieler" das Spiel um die Auszahlungsforderungen d ohne exogene Koordination zur Nash-Lösung u^* konvergiert und der Lösung $(d_1, d_2) = u^*$ beliebig nahe kommt. Der Anspruch an die Intelligenz der Spieler ist hierbei hoch, wie die Darstellungen des Konvergenzprozesses in Nash (1953) und Roth (1979, S. 20ff) für diese Lösung allerdings zeigen.

Im Sinne einer axiomatischen **kooperativen Theorie** aber können wir davon ausgehen, daß, sobald die Konfliktauszahlungen verbindlich feststehen, die Nash-Lösung wie im einfachen Verhandlungsspiel durch die Axiome (N1) und (N4) festgelegt ist. In einer kooperativen Theorie brauchen wir uns dann um die Durchführung des Verhandlungsspiels nicht weiter zu kümmern. Damit reduzieren sich die oben angeführten vier Stufen auf **zwei Stufen**:

(1) ein nicht-kooperatives **Drohspiel**, dessen Ergebnis verbindlich ist, und
(2) ein darauf aufbauendes kooperatives **Verhandlungsspiel**, das alle Elemente der Kommunikation und der Verbindlichkeit umfaßt.

Ist das Drohspiel entschieden, folgen das Verhandlungsspiel und seine Lösung „automatisch": Die resultierenden Konfliktpunkte werden in das Nash-Produkt eingesetzt, das unter den üblichen Nebenbedingungen (siehe (5.1) in Abschnitt 5.3.1.1) maximiert wird.

Die Logik des Drohspiels ist durch die Abb. 5.20 (oben) veranschaulicht: Spieler 2 sollte versuchen, einen Drohpunkt in einer Menge $C(u)$ zu erreichen, der eine Gerade entspricht, die sich durch einen möglichst großen Achsenabschnitt an der vertikalen Achse auszeichnet. Spieler 1 hingegen sollte versuchen, einen Drohpunkt in einer Menge $C(u)$ zu realisieren, der eine Gerade mit einem möglichst kleinen Achsenabschnitt an dieser Achse entspricht. Die Interessen in bezug auf den Drohpunkt sind also **strikt gegensätzlich**.

Für Spiele mit nicht-linearen Nutzengrenzen ist das beschriebene Problem nicht leicht zu lösen. Für ein Spiel mit linearen Nutzengrenzen, also mit **transferierbaren Nutzen**, ist das Problem einfacher: Wir können die Auszahlungen durch äquivalente Nutzentransformation so gestalten, daß in einem 2-Personen-Spiel die Nutzengrenze $H(P)$ einer Funktion $u_1 + u_2 = h$ entspricht, wobei h der maximale Wert ist, den die Spieler durch Kooperation erreichen können. Setzen wir diese Funktion in das Nash-Produkt ein, so erhalten wir

$$\mathrm{NP}(u) = (u_1 - c_1)(h - u_1 - c_2)\,. \tag{5.23}$$

Leiten wir diesen Ausdruck nach u_1 ab, so erhalten wir unter Berücksichtigung von $u_1 + u_2 = h$ die folgende Bestimmungsgleichungen für die Auszahlungen entsprechend der Nash-Lösung:

$$u_1^* = (c_1 - c_2 + h)/2 \quad \text{und} \quad u_2^* = (c_2 - c_1 + h)/2\,. \tag{5.24}$$

Diese Ausdrücke machen deutlich, daß ein **strikt gegensätzliches Interesse** der beiden Spieler in bezug auf die Konfliktauszahlung besteht: u_1^* wächst mit einem Anstieg von $c_1 - c_2$, während u_2^* mit der Zunahme von $c_1 - c_2$ abnimmt.

Zur Veranschaulichung des Problems **optimaler Drohstrategien** sind besonders 2-mal-2-Matrixspiele geeignet, deren Auszahlungsraum für den Fall, daß sie kooperativ gespielt werden, durch die konvexe Hülle der vier Auszahlungspaare beschrieben und durch eine lineare Nutzengrenze charakterisiert ist (vgl. Abb. 5.21 unten). Gehen wir von einer allgemeinen Bi-Matrix (A,A') eines 2-mal-2-Matrixspiels aus, in der a, b, c und d die Elemente von A und damit die Auszahlungen des Spielers 1 und a', b', c' und d' die Elemente des Spielers 2 beschreiben. Gilt A ungleich $-A'$, so handelt es sich um ein Nicht-Nullsummenspiel, und Verhandlungslösungen können relevant sein.

Matrix 5.3. Allgemeines Bi-Matrix-Spiel

	s_{21}	s_{22}
s_{11}	(a,a')	(b,b')
s_{12}	(c,c')	(d,d')

Bezeichnen wir die Drohstrategien der Spieler durch die Vektoren t_1 bzw. t_2, wobei t_1 ein Zeilen- und t_2 ein Reihenvektor ist. Dann können wir das Nash-Produkt $\mathrm{NP}(t_1,t_2)$ für den Fall variabler Drohungen formulieren:

$$\mathrm{NP}(t_1,t_2) = (u_1 - t_1 A t_2)(u_2 - t_1 A' t_2) \tag{5.25}$$

und entsprechend (5.24) folgt für die Auszahlungen der Nash-Lösung:

$$u_1^* = (t_1 A t_2 - t_1 A' t_2 + h)/2 \quad \text{und} \quad u_2^* = (t_1 A' t_2 - t_1 A t_2 + h)/2 \tag{5.26}$$

bzw.

$$u_1^* = (t_1(A - A')t_2 + h)/2 \quad \text{und} \quad u_2^* = (t_1(A' - A)t_2 + h)/2\,. \tag{5.27}$$

Die Gleichungen (5.27) veranschaulichen nochmals sehr schön den strikten Interessengegensatz der beiden Spieler. Ferner zeigen sie, daß die **optimalen Drohstrategien** $t^* = (t_1^*, t_2^*)$ aus der Matrix der Differenz $A - A'$ abgeleitet werden: t_1^* wird dadurch bestimmt, daß $t_1(A-A')t_2^*$ maximiert wird, und t_2^* wird so festgelegt, daß $t_1^*(A-A')t_2$ minimiert wird. Dann ist $t^* = (t_1^*, t_2^*)$ ein Paar von wechselseitig besten Antworten, d. h. ein **Nash-Gleichgewicht**.

Das Spiel um die Differenz $(A-A')$ ist ein klassisches **Nullsummenspiel**, dessen Auszahlungen aus der Sicht des Spielers 1 definiert sind. Ein derartiges Spiel hat stets (mindestens) ein Gleichgewicht in reinen oder gemischten Strategien, und die Auszahlungen dieses Gleichgewicht sind immer mit der Maximinlösung identisch. Gibt es mehrere Gleichgewichte, so sind die Auszahlungswerte identisch und die Strategien *austauschbar*.

Somit ist gesichert, daß die optimalen Drohstrategien einen Konfliktpunkt beschreiben. Dieser ist allerdings nur bezug auf die Differenz $c_2 - c_1 = t_1^*(A-A')t_2^*$ eindeutig bestimmt. Jedes Paar von Konfliktpunkten (c_1, c_2), das diese Bedingung erfüllt, ist in bezug auf die Nash-Lösung gleichwertig: Es erbringt für die Nash-Lösung im **Verhandlungsspiel** die gleichen Auszahlungen.

5.3.4.4 Ein Zahlenbeispiel

Wir wollen die diskutierten Schritte der **Nash-Lösung mit optimalen Drohstrategien** an einem Zahlenbeispiel nachvollziehen, das sich aus Owen (1995, S. 201) ableitet, und gehen zu diesem Zweck von nachstehender Matrix (A, A') aus. Für den Fall, daß dieses Spiel **kooperativ** gespielt wird, ist der Auszahlungsraum die **konvexe Hülle** der vier Auszahlungspaare dieser Matrix. Dieser Fall ist in Abb. 5.21 (unten) veranschaulicht ist.

Matrix 5.4. Matrix (A,A')

	s_{21}	s_{22}
s_{11}	(1,5)	$(-5/3,-5)$
s_{12}	$(-3,-1)$	(5,1)

Die **Nutzengrenze** des kooperativen Spiels entsprechend Matrix 5.4 ist linear und hat in diesem Fall die Steigung 1: Es gilt für sie $u_1 + u_2 = 6$ in den Grenzen $5 \geq u_1 \geq 1$ und $5 \geq u_2 \geq 1$. Wir brauchen die Auszahlungen also nicht mehr transformieren, um die Nutzengrenze durch einen Abschnitt einer negativ geneigten 45°-Linie beschreiben zu können.

Die (nicht-kooperativen) Maximinstrategien für Spieler 1 und 2 sind $(3/4, 1/4)$ bzw. $(1/2, 1/2)$ im Spiel der Matrix (A, A'), und die entsprechenden Auszahlungen betragen für jeden der beiden Spieler 0. Also ist das Auszahlungspaar $(0,0)$ der **nicht-kooperative Konfliktpunkt**, wenn wir ihn aus Maximin begründen. Die dazugehörige Nash-Lösung ist $u^* = (3,3)$, wie unmittelbar aus Abb. 5.21 zu ersehen ist.

Anmerkung: Wir erhalten die Maximinlösung für dieses Spiel aus der Sicht des Spielers 1, indem wir fragen, mit welcher Wahrscheinlichkeit p muß 1 seine Strategie s_{11} und mit welcher Wahrscheinlichkeit $(1-p)$ muß er s_{12} wählen, damit er eine Auszahlung u° erhält, unabhängig davon, welche Strategie Spieler 2 wählt. Die

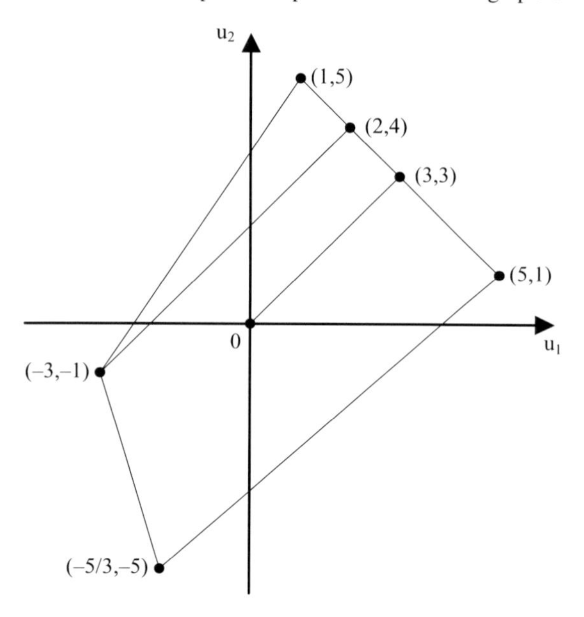

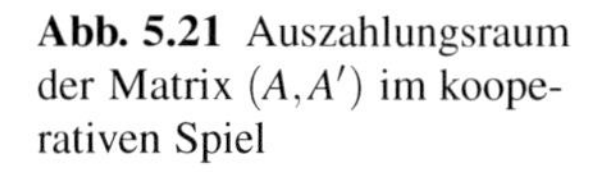
Abb. 5.21 Auszahlungsraum der Matrix (A, A') im kooperativen Spiel

Antwort darauf folgt aus der Gleichsetzung der Erwartungswerte entsprechend den Strategien s_{11} und s_{12}:

$$1p - 3(1-p) = -5p/3 + 5 \quad \text{ergibt} \quad p = 3/4 \text{ und } 1 - p = 1/4 .$$

Die Maximinlösung aus der Sicht des Spielers 2 bestimmt sich analog.

Man beachte: Jeder **Konfliktpunkt**, der die Gleichung $u_2 - u_1 = 0$ bzw. $c_2 - c_1 = 0$ erfüllt, erbringt $(3,3)$ entsprechend der Nash-Lösung. Aber die Strategien der Maximinlösung der Matrix (A, A') sind *keine* optimalen Drohstrategien, denn sie stehen im Widerspruch zu den Bedingungen (5.26) bzw. (5.27) wie wir gleich sehen werden.

Matrix 5.5. Matrix $(A\text{-}A')$ und Maximinlösung

	t_{21}	t_{22}	min
t_{11}	-4	$10/3$	-4
t_{12}	-2	4	-2
max	-2	4	-2

Zur Bestimmung der **optimalen Drohstrategie** gehen wir von der Matrix $(A - A')$ aus, die sich aus der Matrix (A, A') durch Subtraktion der Auszahlung des Spielers 2 von der entsprechenden Auszahlung des Spielers 1 errechnet. Zur Bestimmung der Maximinlösung betrachten wir die Minima der Zeilenwerte, die Spieler 1 maximiert, und die Maxima der Spaltenwerte, die Spieler 2 minimiert (denn die Werte in der Matrix sind „gut" für Spieler 1 und „schlecht" für Spieler 2).

Matrix $(A - A')$ hat einen **Sattelpunkt**, der durch die (reinen) Drohstrategien t_{12} und t_{21} gekennzeichnet ist. Der dazugehörige Wert -2 entspricht der Maximinlösung und ist, da Matrix $(A - A')$ ein Nullsummenspiel beinhaltet, im Wert identisch mit dem Nash-Gleichgewicht. Damit ist das Ergebnis des **Drohspiels** bestimmt: Für den Konfliktfall verpflichten sich somit Spieler 1 die Strategie $t_{12} = s_{12}$ und Spieler 2 die Strategie $t_{12} = s_{21}$ durchzuführen. Die entsprechenden Auszahlungen sind $(-3,-1)$, wie aus Matrix (A,A') zu ersehen ist.

Man beachte, daß $(-3,-1)$ kein Gleichgewicht für die Matrix (A,A') repräsentiert, ferner daß jeder Punkt, der die Bedingung $c_2 - c_1 = (-1) - (-3) = 2$ erfüllt und Element der konvexen Hülle entsprechend der Matrix (A,A') ist, **optimale Drohstrategien** repräsentiert.

Setzen wir die Konfliktauszahlungen $(-3,-1)$ oder $(0,2)$ in das Nash-Produkt (5.23) oder in die Bedingungen (5.24) ein, so erhalten wir unter Berücksichtigung der Nutzengrenze $u_1 + u_2 = h$ mit $h = 6$ das Ergebnis $u^* = (2,4)$ für die Nash-Lösung. Das Auszahlungspaar $(2,4)$ resultiert also für das gewählte Beispiel aus der **Nash-Lösung bei optimalen Drohstrategien**.

Es ist interessant, die Bedingung optimaler Drohstrategien $c_2 - c_1 = 2$ mit der Bedingung, die sich aus der Maximinlösung ableitet, nämlich $c_2 - c_1 = 0$, sowie die entsprechenden Auszahlungspaare zu vergleichen. Hier ist die Wahl optimaler Drohstrategie zum Vorteil des zweiten Spielers, denn die Differenz $c_2 - c_1$ ist in diesem Fall größer als bei der Maximinlösung.

5.4 Behavioristische Verhandlungsmodelle

In den bisher behandelten Verhandlungsmodellen wird das Verhalten der Spieler durch die in den Axiomen erfaßten wünschenswerten Eigenschaften berücksichtigt. Die Lösung, die diesen Eigenschaften (Axiomen) entspricht, wählt ein bestimmtes Ergebnis im Auszahlungsraum aus. Diesem Ergebnis entsprechen Strategien, d. h. Verhaltensentscheidungen. (Diese sind aber nicht für jedes Spiel eindeutig bestimmt.) Vom Verlauf der Verhandlungen wird abstrahiert. Verhandlungsangebote, Konzessionen und verwandte Phänomene, die wir in realen Verhandlungen beobachten können, werden nicht thematisiert.

Empirische Überprüfungen des aus diesen Modellen abgeleiteten Verhaltens beschränken sich deshalb in erster Linie darauf zu untersuchen, inwieweit die Axiome bei der Beschreibung tatsächlicher Verhandlungs*ergebnisse* gelten. Der Verhandlungs*prozeß* und dessen institutionelle und verhaltenstheoretische Annahmen werden nicht analysiert.

Das in diesem Kapitel behandelte **Zeuthen-Harsanyi-Spiel**dagegen geht von einem bestimmten Verhalten der Spieler aus, das auf dem Weg zum Verhandlungsergebnis hin – also im Verhandlungsprozeß – relevant sein soll. Damit werden einerseits Phänomene wie Verhandlungsangebote und Konzessionen für das Spielmodell bedeutsam und beschreibbar. Andererseits gewinnt der institutionelle Rahmen des Verhandlungsspiels für das Ergebnis an Gewicht. Wie wir weiter unten, bei der

Behandlung **strategischer Verhandlungsmodelle**, sehen werden, kann es entscheidend für das Verhandlungsergebnis sein, wer als erster ein Verhandlungsangebot machen kann (oder machen muß). In diesem Kapitel steht jedoch nicht der institutionelle Rahmen im Mittelpunkt, sondern das Verhalten der Spieler – deshalb sprechen wir von **behavioristischen Verhandlungsmodellen**.

5.4.1 Grundlegende Konzepte von Verhandlungsprozessen

Ehe wir uns einem spezifischen Verhandlungsmodell zuwenden, sollen einige Grundkonzepte skizziert werden, die Verhandlungsprozesse charakterisieren. Wir beschränken uns hierbei auf Zwei-Personen-Spiele, die im allgemeinen auch die Basis für Mehr-Personen-Verhandlungen bilden. Wie aber aus den nachfolgenden Beziehungen leicht zu erkennen ist, lassen sich einige Konzepte und Ergebnisse nicht ohne weiteres auf mehr als zwei Spieler übertragen, falls die Spielermenge nicht auf zwei Blöcke (Koalitionen) reduzierbar ist.

Bezeichnen wir einen **Verhandlungsvorschlag** des Spielers 1 mit $x = (x_1, x_2)$ und den des Spielers 2 mit $y = (y_1, y_2)$, so sind x und y machbar, wenn für ein gegebenes Verhandlungsspiel (P, c) x und y Elemente von P sind. Ein Vorschlag ist effizient, wenn er Element der Nutzengrenze $H(P)$ ist. Im folgenden betrachten wir ausschließlich **effiziente Vorschläge**. Ferner unterstellen wir individuelle Rationalität: Die Vorschläge x und y sind **individuell rational**, wenn sie durch die nachfolgenden Größenrelationen gekennzeichnet sind:

$$x_1 \geq y_1 \geq c_1 \quad \text{für den Vorschlag } x \text{ des Spielers 1 und}$$

$$y_2 \geq x_2 \geq c_2 \quad \text{für den Vorschlag } y \text{ des Spielers 2}\,.$$

Hierbei sind c_1 und c_2 *vorgegebene* Konfliktauszahlungen; wir beziehen uns also auf ein **einfaches Verhandlungsspiel**.

Die Vorschläge x' und y' sind („brauchbare“) **Konzessionen**, wenn, ausgehend von x und y in der Vorperiode, folgende Relationen gelten:

$$x'_2 > x_2 \quad \text{und} \quad y'_1 > y_1\,. \tag{5.28}$$

Spieler i macht eine **volle Konzession**, wenn er den Vorschlag des Mitspielers aus der Vorperiode aufgreift und nun seinerseits vorschlägt. Ist beispielsweise $x'_2 = y_2$, so stellt x' eine volle Konzession des Spielers 1 dar. Eine Konzession ist **partiell**, wenn sie die obenstehende Bedingung (5.28) erfüllt, aber keine volle Konzession ist. Ein Sonderfall der partiellen Konzession ist die **marginale Konzession**; für sie ist $x'_2 - x_2 = \min(x'_2 - x_2), y'_1 - y_1 = \min(y'_1 - y_1)$ und (5.28) erfüllt, wobei die Minima dieser Differenzen im allgemeinen durch die Maßeinheit der Nutzen gegeben sind.

Die **Konzessionsgrenzen** für x' und y' sind für **einfache Verhandlungsspiele** durch die Konfliktauszahlungen gegeben. Somit gilt: $x'_1 \geq c_1$ und $y'_2 \geq c_2$. Die Vorschläge x und y sind in einem Verhandlungsspiel (P, c) **kompatibel** und werden deshalb von den Spielern angenommen, wenn gilt:

$$x_2 \geq y_2 \quad \text{und} \quad y_1 \geq x_1 \quad \text{und} \quad (x_2, y_1) \in P\,. \tag{5.29}$$

Für kompatible Vorschläge x und y ist das **Verhandlungsergebnis** durch den Vektor (x_1, y_2) beschrieben. Damit erhält jeder Spieler jene Auszahlung, die sein eigener Vorschlag für ihn vorsieht. Ein **Abbruch** der Verhandlungen erfolgt dann, wenn die gemachten Vorschläge x und y nicht kompatibel sind und keiner der beiden Spieler eine Konzession macht. Dies ist dann der Fall, wenn beide Spieler ihre Vorschläge wiederholen, so daß $x' = x$ und $y' = y$ gilt. Dann resultieren die Konfliktauszahlungen c_1 und c_2.

Mit der Skizzierung von Vorschlag, Konzession, Konzessionsgrenze, Abbruch und Verhandlungsergebnis haben wir ein Instrumentarium zur Verfügung, das uns erlaubt, spezifische Verhandlungsprozesse wie das im folgenden dargestellte Zeuthen-Harsanyi-Spiel zu beschreiben und anschließend zu analysieren.

5.4.2 Das Zeuthen-Harsanyi-Spiel

Die Grundidee des folgenden Verhandlungsmodells, der Vergleich von Risikogrenzen bzw. die Anwendung des Prinzips der **Risiko-Dominanz**, geht auf das Lohnverhandlungsmodell in Zeuthen (1930) zurück. Sie wurde von Harsanyi (1956, 1977, S. 149–153) und, daran anschließend, auch von Roth (1979, S. 28–31) ausgearbeitet. Ausgangspunkt ist eine Verhandlungssituation mit zwei Spielern, die durch das Spiel (P, c) beschrieben ist. Im Verlauf der Verhandlungen machen sie Vorschläge x und y, auf die das im vorangehenden Abschnitt eingeführte Instrumentarium Anwendung findet. Sind beispielsweise die Vorschläge x und y in Periode 0 nicht kompatibel, so stehen dem Spieler 1 in diesem Spiel grundsätzlich drei Alternativen in der nachfolgenden Periode 1 zur Verfügung:

(a) Er wiederholt seinen Vorschlag x, d. h. $x' = x$.
(b) Er macht eine volle Konzession, d. h., $x'_2 = y_2$, und stellt damit sicher, daß x' und y' kompatibel sind.
(c) Er macht eine partielle Konzession und stellt damit sicher, daß das Spiel entweder weitergeht oder daß die Vorschläge x' und y' kompatibel sind.

Die entsprechenden Alternativen bieten sich auch dem Spieler 2, falls die Spieler ihre Vorschläge, wie in diesem Spiel angenommen, gleichzeitig formulieren. In diesem Fall sind Konstellationen von Vorschlägen und Ergebnisse denkbar, wie sie in Matrix 5.6 zusammengefaßt sind.

Matrix 5.6. Zeuthen-Harsanyi-Spiel

	Spieler 2		
Spieler 1	a	b	c
a	(c_1, c_2)	(x_1, x_2)	(weiter)
b	(y_1, y_2)	(y_1, x_2)	(y_1, y'_2)
c	(weiter)	(x'_1, x_2)	(weiter oder Einigung)

Die Strategienpaare *aa*, *bb*, *ab* und *ba* führen in der betrachteten Periode zu eindeutigen Verhandlungsergebnissen, wobei die Ergebnisse entsprechend ab und ba effizient sind, da die Verhandlungsvorschläge x und y als effizient unterstellt wurden. Das Verhandlungsergebnis entsprechend bb ist bei der gegebenen Struktur des Verhandlungsspiels niemals pareto-optimal. Auch *bc* und *cb* implizieren pareto-inferiore Verhandlungsergebnisse. Das spezielle Ergebnis hängt von der jeweiligen, nicht näher bestimmten Konzession ab.

In den Fällen *ac* und *ca* macht je einer der Spieler eine partielle Konzession, während der andere seinen Vorschlag aus der Vorperiode wiederholt. Die Konzessionen sind nicht groß genug, um kompatible Vorschläge zu ermöglichen, und die Verhandlungen werden fortgesetzt.

Das Strategienpaar *cc* führt zu einem Ergebnis, wenn die damit verbundenen Konzessionen kompatible Vorschläge beinhalten – oder es wird weiter verhandelt. Nur wenn die Konzessionen marginal sind, kann mit einem effizienten Ergebnis entsprechend cc gerechnet werden. Wenn nicht, kann ein pareto-inferiores Ergebnis resultieren.

Um auch für die Fälle *cc*, *ac* und *ca* das Verhandlungsergebnis näher zu bestimmen, muß der Verhandlungsprozeß weiter spezifiziert werden. Insbesondere ist zu klären, welcher Spieler Konzessionen macht. Harsanyi (1956, 1977, S. 149–153) geht im Anschluß an Zeuthen davon aus, daß

(a) jener Spieler in der nächsten Periode eine Konzession macht, dessen **Risikogrenze** (so Zeuthen, 1930) bzw. **Kampfneigung** (so Pen, 1952) niedriger ist, d. h., der „relativ mehr" im Konfliktfall verlieren würde, und
(b) daß beide Spieler Konzessionen machen, falls die Risikogrenzen gleich groß sind.

Diese beiden Regeln konstituieren das **Zeuthen-Prinzip**.

Teil (a) des Zeuthen-Prinzips ist Ausdruck der Risiko-Dominanz, wie sie z. B. in Harsanyi (1977, S. 164–168) definiert ist. Die Risikogrenze bzw. die Kampfneigungen der Spieler 1 und 2, r_1 und r_2, sind durch folgende Maße gegeben:

$$r_1 = \frac{x_1 - y_1}{x_1 - c_1}, \quad r_2 = \frac{y_2 - x_2}{y_2 - c_2}.$$

Damit drückt beispielsweise der Zähler von r_2 die „Nutzenkosten" des Spielers 2 aus, falls eine Einigung erzielt wird, die dem Vorschlag des Spielers 1 entspricht. Der Nenner von r_2 gibt den Nutzenverlust für den Spieler 2 wieder, falls, ausgehend von seinem Vorschlag y, keine Einigung zustande kommt. Der Zähler repräsentiert also die Kosten einer vollen Konzession, während der Nenner die Kosten eines Konflikts wiedergibt. Es folgt unmittelbar, daß die Risikogrenzen gleich Null sind, falls die Vorschläge der beiden Spieler identisch sind, d. h. $r_1 = r_2$, wenn $x = y$.

Das **Zeuthen-Prinzip** läßt sich somit folgendermaßen formulieren:

(1) Ist $r_1 > r_2$, dann macht Spieler 2 in der nächsten Periode eine Konzession.
(2) Ist $r_1 < r_2$, dann macht Spieler 1 in der nächsten Periode eine Konzession.
(3) Ist $r_1 = r_2$, dann machen beide Spieler in der nächsten Periode eine Konzession, falls $x \neq y$.
(4) Sind x und y kompatibel, dann ist Einigung erzielt und die entsprechenden Vorschläge werden realisiert.

Das **Zeuthen-Prinzip** beinhaltet eine einfache Verhaltensannahme für die Spieler, die (zunächst) exogen (etwa als psychologisches Gesetz) in das Spiel eingeführt wird. Diese einfache Verhaltensannahme ist aber bei Unterstellung marginaler Konzessionen so stark, daß sie das Ergebnis der Nash-Lösung impliziert (vgl. unten).

Man kann sich diese Konsequenz aus der Anwendung des Zeuthen-Prinzips dadurch verdeutlichen, daß man auf den von Harsanyi (1956) dargestellten Zusammenhang bzw. auf die sogenannte **Zeuthen-Nash-Analogie**, zurückgreift:

$$\begin{aligned} \text{Aus} \quad & r_1 > r_2 && \text{bzw.} \\ & \frac{x_1 - y_1}{x_1 - c_1} > \frac{y_2 - x_2}{y_2 - c_2} && \text{folgt} \\ & (x_1 - c_1)(x_2 - c_2) > (y_1 - c_1)(y_2 - c_2) && \text{bzw.} \\ & \mathrm{NP}(x) > \mathrm{NP}(y)\,, \end{aligned}$$

wobei $\mathrm{NP}(x)$ und $\mathrm{NP}(y)$ die **Nash-Produkte** aus den Vorschlägen x und y sind (vgl. Definition in Abschnitt 5.3.1.1). Entsprechend folgt $\mathrm{NP}(x) < \mathrm{NP}(y)$ aus $r_1 < r_2$ und $\mathrm{NP}(x) = \mathrm{NP}(y)$ aus $r_1 = r_2$. Eine einfache Umstellung der jeweiligen Gleichung bzw. Ungleichung liefert das hier postulierte Ergebnis. (Zur Übung beginne man mit $\mathrm{NP}(x) > \mathrm{NP}(y)$ und zeige, daß $r_1 > r_2$ folgt.)

Aufgrund der Zeuthen-Nash-Analogie lassen sich in einem u_1–u_2-Diagramm alternative Vorschläge in Hinblick auf die relative Größe der implizierten Risikogrenzen vergleichen. Da z. B. in Abb. 5.22 der Vorschlag x auf der gleichseitigen Hyperbel $\mathrm{NP}(x)$ und x' auf der gleichseitigen Hyperbel $\mathrm{NP}(x')$ mit den Asymptoten c_1 und c_2 liegen und $\mathrm{NP}(x') > \mathrm{NP}(x)$ gilt, folgt $r_1(x') > r_1(x)$. Da x' und y' auf der gleichen gleichseitigen Hyperbel liegen und somit $\mathrm{NP}(x') = \mathrm{NP}(y')$ folgt, gilt $r_1(x') = r_2(y')$. Entsprechend dem Zeuthen-Prinzip würden dann *beide* Spieler in der folgenden Periode eine **Konzession** mit den möglichen Ergebnissen x'' und y'' machen.

Das in Abb. 5.22 skizzierte Verhandlungsspiel könnte folgenden Verlauf haben: In der *Periode 0* wählten die Spieler 1 und 2 die Vorschläge x° und y°. Da $\mathrm{NP}(x^\circ) > \mathrm{NP}(y^\circ)$ und somit $r_1 > r_2$ ist, macht Spieler 2 den nächsten Vorschlag mit Konzession, während Spieler 1 seinen Vorschlag x° unverändert präsentiert. Der Vorschlag des Spielers 2 sei y für die *Periode 1*. Nun ist $\mathrm{NP}(y) > \mathrm{NP}(x^\circ)$, und Spieler 1 macht demzufolge in *Periode 2* eine Konzession; der entsprechende Vorschlag

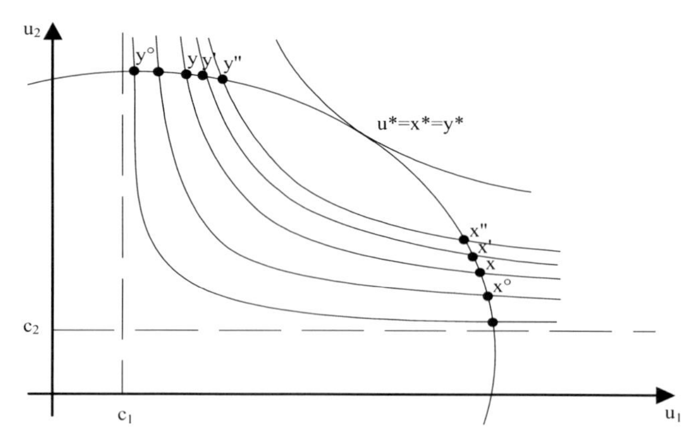

Abb. 5.22 Das Zeuthen-Harsanyi-Spiel

sei x'. Spieler 2 wiederholt y. Da $\text{NP}(y) < \text{NP}(x')$ ist, macht 2 in der darauffolgenden *Periode 3* eine Konzession. Der entsprechende Vorschlag sei y'. „Zufälligerweise" gelte $\text{NP}(x') = \text{NP}(y')$ und somit $r_1 = r_2$, so daß in *Periode 4*, dem Zeuthen-Prinzip entsprechend, beide Spieler Konzession machen.

Nehmen wir an, die Spieler 1 und 2 machten „gleich große" Konzessionen. Dann ergäben sich die Vorschläge x'' und y'', und es würde $\text{NP}(x'') = \text{NP}(y'')$ gelten. Würden die Spieler fortfahren, gleich große Konzessionen zu machen, so bliebe $r_1 = r_2$ erhalten.

Die Verhandlungen mit wechselseitigen Konzession enden, falls $x^* = y^*$ ist und somit keine Konzessionen mehr möglich sind, die das Nash-Produkt erhöhen. Dies ist dann der Fall, wenn die Vorschläge beider Spieler gleich der Nash-Lösung u^* sind, also $x^* = y^* = u^*$ gilt (vgl. dazu Abb. 5.22).

Diese Prozeßskizze macht deutlich, daß die Anwendung des Zeuthen-Prinzips die Maximierung des Nash-Produkts impliziert. Die Entsprechung ist aber dadurch eingeschränkt, daß das Zeuthen-Prinzip für einen Vergleich von mehr als zwei Risikogrenzen nicht formuliert ist und sich deshalb daraus kein Verhalten für Verhandlungsspiele mit mehr als zwei Spieler ableiten läßt. Die Anwendung der (axiomatischen) Nash-Lösung für einfache Verhandlungsspiele ist hingegen nicht auf zwei Spieler beschränkt.

5.4.3 Rationalisierung des Risikogrenzenvergleichs

Die **Zeuthen-Nash-Analogie** legt den Versuch nahe, das **Zeuthen-Prinzip** als Bestimmungsgrund von Verhandlungsverhalten aus der Annahme rationaler Entscheidungen abzuleiten. Ausgangspunkt eines entsprechenden Gedankenexperiments, das auf Harsanyi (1956) zurückgeht, ist ein Nutzenkalkül über die Strategien a und b des Zeuthen-Harsanyi-Spiels: Die Entscheidung der Spieler 1 und 2 wird auf die Alternativen *Wiederholung des eigenen Vorschlags* und *volle Konzession* beschränkt. Partielle Konzessionen werden nicht berücksichtigt.

Der erwartete Nutzen aus der Entscheidung des Spielers 1 über diese Alternativen, hängt dann entscheidend von den Wahrscheinlichkeiten ab, mit denen angenommen werden muß, daß Spieler 2 seinerseits die Alternative a oder b wählt. Da diese nicht objektiv gegeben sind, ist Spieler 1 als **Bayes'scher Entscheider** bei dieser Einschätzung auf seine subjektiven Erwartungen angewiesen. Bezeichnen wir die Wahrscheinlichkeit, mit der er erwartet, daß Spieler 2 seinen Vorschlag wiederholt (also Strategie a wählt) mit p_{21}, so ist der erwartete Nutzen des Spielers 1 aus der Strategie a gleich

$$U_1(a) = (1 - p_{21})x_1 + p_{21}c_1 .$$

Hier ist p_{21} gleich der subjektiven Wahrscheinlichkeit, mit der Spieler 1 einen Konflikt erwartet, wenn er selbst auf seinem Vorschlag beharrt: Wählen beide Spieler Strategie a, dann resultieren die Auszahlungen c_1 und c_2.

Um nun zu entscheiden, ob 1 die Strategie a oder b wählen soll, muß er $U_1(a)$ mit y_1, dem Nutzen aus der Strategie b, also einer vollen Konzession, vergleichen. Macht nämlich Spieler 1 eine volle Konzession, dann ist ihm y_1 sicher. Als Nutzenmaximierer wird 1 dann die Strategie a wählen und somit seinen Vorschlag x unverändert wiederholen, wenn

$$U_1(a) = (1 - p_{21})x_1 + p_{21}c_1 \geq y_1 ,$$

bzw. wenn, was unmittelbar folgt,

$$p_{21} \leq \frac{x_1 - y_1}{x_1 - c_1} \quad (= r_1) .$$

Für das Gleichheitszeichen, das in bezug auf die Entscheidung den Grenzfall der Indifferenz beinhaltet, erhalten wir die maximale Wahrscheinlichkeit für einen Konflikt, die Spieler 1 bereit ist zu akzeptieren, wenn er seinen Vorschlag wiederholt, anstatt eine volle Konzession zu machen. Dieser Wert ist gleich der **Risikogrenze**, die dem **Zeuthen-Prinzip** zugrunde liegt. (Natürlich wäre noch zu klären, was die Indifferenz für die Entscheidung selbst bedeutet, d. h., welche der gleichwertigen Alternativen gewählt wird. Es ist üblich, eine Zufallsauswahl zu unterstellen.)

Das hier diskutierte Entscheidungskalkül bezüglich der Alternativen a und b gibt eine illustrative Interpretation der Risikogrenze als maximal akzeptierbare Konfliktwahrscheinlichkeit. Ist $p_{21} > r_1$, dann macht Spieler 1 eine (volle) Konzession. Selbstverständlich können wir für den Spieler 2 das entsprechende Kalkül durchführen. Daraus erhalten wir

$$p_{12} \leq \frac{y_2 - x_2}{y_2 - c_2} \quad (= r_2)$$

als Bedingung dafür, daß er seinen Vorschlag y aus der Vorperiode wiederholt. Hier ist p_{12} die subjektive Wahrscheinlichkeit des Spielers 2, mit der annimmt, daß Spieler 1 seinen Vorschlag wiederholt; p_{12} repräsentiert also die Konfliktwahrscheinlichkeit des Spielers 2, *falls er keine Konzession macht.*

Ist $r_1 < r_2$, so ist die maximale (subjektive) Konfliktwahrscheinlichkeit des Spielers 2 größer als die entsprechende Wahrscheinlichkeit des Spielers 1. Ob man daraus, wie Harsanyi (1956, 1977, S. 151–152), auf das im **Zeuthen-Prinzip** implizierte Verhalten schließen kann, ist zweifelhaft. Warum soll Spieler 1 in diesem Fall eine Konzession machen? Die Ungleichung $r_1 < r_2$ impliziert nicht, daß $p_{21} > r_1$ ist, sofern man nicht das *zu begründende* Zeuthen-Prinzip selbst voraussetzt und aus $r_1 < r_2$ auf $p_{21} = 1$ schließt. Außerdem kann entsprechend dem Zeuthen-Prinzip jeder der beiden Spieler durch eine partielle (oder nur marginale) Konzession den Konflikt verhindern.

Es scheint uns unzulässig, aus dem auf die Alternativen a und b verkürzten Ansatz abzuleiten, welcher Spieler den nächsten Konzessionsschritt im Sinne der Strategie c macht. Allerdings liefert dieser Rationalisierungsversuch des Zeuthen-Prinzips eine anschauliche Interpretation des Konzepts der Risikogrenze.

Aus dem obigen Kalkül ist ferner ersichtlich, daß sich die *konsistenten* subjektiven Wahrscheinlichkeiten der Spieler aus dem nachfolgenden Satz von Relationen ergeben, sofern jeder der beiden Spieler zum einen die Auszahlungen und die Spielregeln kennt und zum anderen unterstellt, daß der Mitspieler ebenfalls ein **Bayes'scher Entscheider** ist.

$$\text{Wenn } p_{12} > r_2, \text{ dann } p_{21} = 0; \text{ wenn } p_{12} < r_2, \text{ dann } p_{21} = 1.$$
$$\text{Wenn } p_{21} > r_1, \text{ dann } p_{12} = 0; \text{ wenn } p_{21} < r_1, \text{ dann } p_{12} = 1.$$

Hieraus folgen drei Paare konsistenter (subjektiver) Wahrscheinlichkeitseinschätzungen:

(1) $p_{12} = 1$ und $p_{21} = 0$,
(2) $p_{12} = 0$ und $p_{21} = 1$,
(3) $p_{12} = r_2, p_{21} = r_1$ und $r_1 = r_2$.

Diese Paare beschreiben konsistente Erwartungsbildung, aber beschreiben sie auch zu erwartendes Verhalten?

5.5 Strategische Verhandlungsspiele

Der Versuch einer Rationalisierung von **Risikogrenzen** und damit des **Zeuthen-Prinzips** stellt einen Ansatz dar, das *kooperative*, axiomatisch begründete Konzept der **Nash-Lösung** auf individuell rationales Verhalten in einem *nicht-kooperativen* Kontext zurückzuführen. Letztlich soll das durch die Nash-Lösung bestimmte Ergebnis des Verhandlungsspiels Γ als Nash-*Gleichgewicht* eines Spiels Γ' resultieren, das *keine* verbindlichen Abmachungen vorsieht und somit nicht-kooperativ ist.

Dieser Zusammenhang wird unter dem Begriff **Implementierung** in Kap. 7 diskutiert. Er stellt auch einen Anwendungsfall des sogenannten **Nash-Programms** dar: Der Rückführung kooperativer Lösungen auf nicht-kooperative Spiele, so daß die die kooperative Lösung als „Kürzel" bzw. Zusammenfassung für die komplexere nicht-kooperative Spielsituation und deren Ergebnisse fungieren kann. Diese Beziehung zwischen kooperativer Lösung und nicht-kooperativem Spiel wurde in Nash (1953) angedeudet.

Verhandlungsspiele ohne verbindliche Abmachungen (**strategische Verhandlungsspiele**) werden im wesentlichen formuliert zur Modellierung und Analyse von

(a) *Verhandlungsprozessen*, in denen die Spieler keine verbindlichen Abmachungen treffen können. Verhandlungen zwischen Regierungen bzw. Staaten auf internationaler Ebene oder zwischen Gewerkschaften und Arbeitgeberverbänden auf nationaler Ebene kommen derartigen Situationen sehr nahe.

(b) *Institutionen* (Regelsystemen, Gesetzen), die unter nicht-kooperativen Verhandlungsbedingungen zu Ergebnissen führen, die sich aus der axiomatischen Theorie ableiten bzw. mit ihnen vergleichbar sind: Hier wirkt das Ergebnis der kooperativen Theorie als Norm, an der das nicht-kooperative Ergebnis gemessen wird. Die Ableitung (Evolution) geordneten staatlichen Handelns aus einem anarchischen Urzustand à la Hobbes ist hier ein klassisches Beispiel. (Vgl. Taylor, 1976; Axelrod, 1984; und Kliemt, 1986b, sowie auch Kap. 7).

In beiden Anwendungen wird ein nicht-kooperatives Lösungskonzept (im allgemeinen das Nash-Gleichgewicht oder eine Verfeinerung davon) zur Bestimmung des (Verhandlungs-)Ergebnisses angewandt. Im folgenden werden vier Spiele dargestellt, die die Aspekte (a) und (b) strategischer Verhandlungsspiele, allerdings mit unterschiedlichen Gewichten, recht gut veranschaulichen: das Modell konvergenter Erwartungen, das komprimierte Zeuthen-Harsanyi-Spiel, die Kuchenteilungsregel und das Rubinstein-Verhandlungsspiel.

5.5.1 Das Modell konvergenter Erwartungen

Das Modell **konvergenter Erwartungen** geht auf eine Arbeit von Anbar und Kalai (1978) zurück und ist u. a. in Roth (1979, S. 25–28) dargestellt. Für dieses Modell ergibt sich in einem Zwei-Personen-Verhandlungsspiel die **Nash-Lösung** als **Nash-Gleichgewicht**, wenn jeder der beiden Spieler seinen Erwartungsnutzen unter der Annahme maximiert, daß die Entscheidung des Gegenspielers i durch eine Gleichverteilung[4] über das Intervall c_i und $u_{i\max}$ beschrieben werden kann (siehe Abb. 5.23). Hierbei ist $u_{i\max}$ die maximale Auszahlung des Spielers i, die für i bei gegebener Konfliktauszahlung c_j des Spielers j möglich ist, d. h., $u_{i\max}$ ist der c_j entsprechende Wert „auf der Nutzengrenze" des Spiels (P,c). Beschreibt $H(u_1,u_2) = 0$ bzw. $u_2 = h(u_1)$ die Nutzengrenze, so gilt also $u_{2\max} = h(c_1)$.

In diesem Verhandlungsspiel ist unterstellt, daß der Konfliktpunkt c resultiert, falls die Forderungen der Spieler nicht kompatibel sind – ferner, daß die Forderungen simultan präsentiert werden und nicht nachträglich revidiert werden können,

[4] Die Hypothese der Gleichverteilung läßt sich durch das **Prinzip des unzureichenden Grundes** rechtfertigen: Hat Spieler i keinerlei Vorstellung, wie die Entscheidungen von Spieler j über das Intervall von c_i bis $u_{i\max}$ verteilt sein könnten (s. Abb. 5.24 unten), so ist die Annahme der Gleichverteilung eine gängige Annahme (vgl. Borch, 1969).

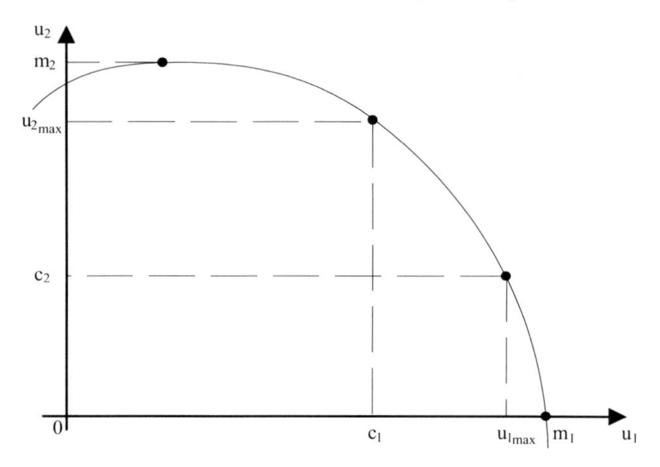

Abb. 5.23 Konvergente Erwartungen

d. h., die Spieler sind an ihren einmal geäußerten Vorschlag gebunden. Trotz dieser Bindung ist das Spiel nicht-kooperativ, weil die Vorschläge nicht auf Absprachen beruhen: Das Element der Kommunikation fehlt.

Die Annahme der Verbindlichkeit ist deshalb notwendig, weil Vorschläge nur **verbale Strategien** sind und ohne Verbindlichkeit kein Ereignis induzieren. Damit wären aber die Bedingungen eines Spiels (vgl. Abschnitte 1.2.1 und 1.2.2) nicht erfüllt.

Nehmen wir an, Spieler 1 unterstellt, daß Spieler 2 seine Verhandlungsforderung $y = (y_1, y_2)$ so wählt, als wäre y_2 zufällig aus dem Intervall $(c_2, u_{2\max})$. Diese Annahme scheint zunächst dadurch gerechtfertigt, daß Spieler 2 keinen Anhaltspunkt darüber hat, welchen Auszahlungsvektor $x = (x_1, x_2) \in P$ Spieler 1 wählt. Macht Spieler 1 dann den Vorschlag x, so ist der entsprechende erwartete Nutzen dieses Spielers gleich

$$E(x) = x_1 W\left[(x_1, y_2) \in P\right] + c_1 (1 - W\left[(x_1, y_2) \in P\right]) \,. \tag{5.30}$$

Hierbei drückt $W(x_1, y_2) \in P$ die Wahrscheinlichkeit dafür aus, daß die Vorschläge bzw. Forderungen der beiden Spieler, also x und y, kompatibel sind und somit jeder Spieler jene Auszahlung erhält, die seinem Vorschlag entspricht, wenn, wie unterstellt, das Spiel nach den jeweils ersten Verhandlungsvorschlägen beendet ist und es zu Auszahlungen kommt. Die Vorschläge sind kompatibel, wenn $y_2 \leq h(x_1)$ erfüllt ist. Wir können $E(x)$ deshalb auch folgendermaßen ausdrücken:

$$E(x) = x_1 W\left[y_2 \leq h(x_1)\right] + c_1 W\left[y_2 > h(x_1)\right] \,. \tag{5.31}$$

Berücksichtigen wir jetzt, daß Spieler 2 aus der Sicht von Spieler 1 den Vorschlag y zufällig auswählt und diese Zufallsauswahl durch eine Gleichverteilung charakterisiert ist, so ist die Wahrscheinlichkeit, daß die Vorschläge x und y kompatibel sind, gleich $(h(x_1) - c_2)/(u_{2\max} - c_2)$, wie aus Abb. 5.24 unmittelbar ersichtlich ist. In dieser Abbildung gibt $w(y_2)$ die Dichte der Zufallsverteilung der Variablen y_2 wie-

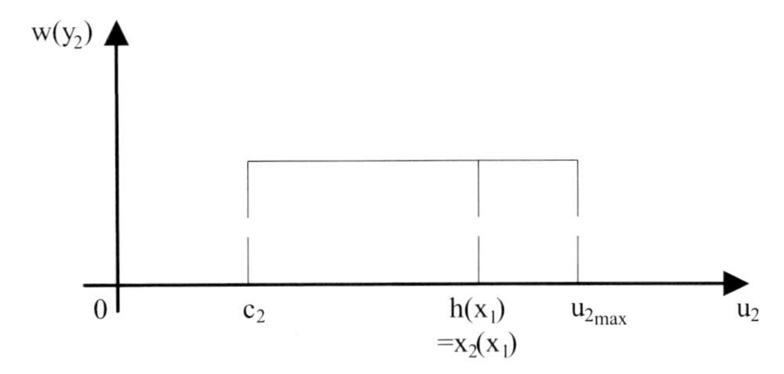

Abb. 5.24 Dichteverteilung und Wahrscheinlichkeiten

der. Unter der Annahme der Gleichverteilung ist ihr Wert konstant. Das Integral von $w(y_2)$ in den Grenzen c_2 und $y_{2\max}$ ist gleich 1, wie bei jeder Dichtefunktion.

Hier ist $x_2 = h(x_1)$ die Auszahlung, die einer von Spieler 1 geforderten Auszahlung x_1 entspricht; jede Forderung y_2, die geringer (oder gleich) $x_2 = h(x_1)$ ist, ist mit x_1 bzw. x kompatibel und führt zu keinem Konflikt. Daraus ergibt sich $(h(x_1) - c_2)/(u_{2\max} - c_2)$ als Wahrscheinlichkeit für das Ereignis „kein Konflikt", denn mit dieser Wahrscheinlichkeit gilt $y_2 \leq h(x_1)$. Für $E(x)$ gilt dann die folgende Beziehung:

$$E(x) = x_1(h(x_1) - c_2)/(u_{2\max} - c_2) + c_1(1 - (h(x_1) - c_2)/(u_{2\max} - c_2)) \quad (5.32)$$

bzw.

$$E(x) = (x_1 - c_1)(h(x_1) - c_2)/(u_{2\max} - c_2) + c_1 \,. \quad (5.33)$$

Maximiert Spieler 1 seinen erwarteten Nutzen $E(x)$ durch die Wahl von x_1, so ist dies gleichbedeutend mit der Maximierung des Produkts $(x_1 - c_1)(h(x_1) - c_2)$, denn $(u_{2\max} - c_2)$ ist ein positiver Faktor, der unabhängig von x_1 ist, und c_1 ist konstant. Das Produkt $(x_1 - c_1)(h(x_1) - c_2)$ aber ist das **Nash-Produkt** eines beliebigen Vorschlags $x = (x_1, h(x_1))$, der Element der Nutzengrenze $H(x_1, x_2) = 0$ ist. Die Maximierung von $E(x)$ entspricht damit der Maximierung von NP(x). Das x^*, das $E(x)$ maximiert, muß deshalb mit dem Auszahlungsvektor x identisch sein, der NP(x) maximiert. D.h., die Maximierung von $E(x)$ entspricht unter den gemachten Annahmen der **Nash-Lösung**, und es gilt $x^* = u^*$.

Da die Überlegungen, die wir hier für den Spieler 1 ausführten, bezüglich der formalen Struktur analog auf den Spieler 2 angewandt werden können, läßt sich für Spieler 2 ableiten, daß die Maximierung von $E(y)$ ebenfalls der Nash-Lösung entspricht. Es gilt dann $y^* = u^*$.

(E8) *Das Gleichgewicht eines einfachen Zwei-Personen-Verhandlungsspiels (P, c) entspricht der Nash-Lösung, wenn beide Spieler ihre Erwartungsnutzen maximieren und dabei für den Gegenspieler i unterstellen, daß er seinen Vorschlag z_i $(= x_1$ oder $y_2)$ aus einer gleichverteilten Menge von Alternativen zwischen den Grenzen c_i und $u_{i\max}$ auswählt, d. h., $c_i \leq z_i \leq u_{i\max}$ und $w(z_i)$ ist konstant.*

Unter den gemachten Annahmen beinhalten die Vorschläge x^* und y^* ein Nash-Gleichgewicht des **nicht-kooperativen** Spiels (P, c). Grundsätzlich ist das Spiel **infinit**, denn jedem Spieler steht ein Kontinuum von reinen Strategien zur Verfügung: Jeder Vorschlag $u \in P$ kann als Strategie interpretiert werden. **Infinite Spiele** haben nicht immer ein Nash-Gleichgewicht. Doch das vorliegende Spiel kann wie ein finites (endliches) Spiel behandelt werden, weil es einen Sattelpunkt hat und somit $u^* = \text{maximin}(P, c) = \text{minimax}(P, c)$ gilt (vgl. Owen (1982, S. 63–66).

Ein Spiel ist **finit** bzw. **endlich**, wenn die Spieler jeweils über eine endliche Zahl **reiner** Strategien verfügen. Diese kann, wie beim Schachspiel allerdings sehr groß sein.

Man könnte sich aufgrund dieses Ergebnisses fragen, warum die Annahme der (exogen) verbindlichen Abmachung des axiomatischen Nash-Modells für die Durchsetzung der Nash-Lösung notwendig ist. Bei kritischer Analyse der obigen Darstellung zeigen sich aber doch einige Probleme, insbesondere wenn man die Annahmen über die Erwartungsbildung der Spieler betrachtet:

(1) Geht man von der Annahme der Gleichverteilung ab, so konvergieren die Erwartungen in der Regel nicht und wir erhalten nicht $x^* = y^* = u^*$. Die Gleichverteilung ist damit begründet, daß beispielsweise für Spieler 1 kein hinreichender Grund vorliegt anzunehmen, daß y' wahrscheinlicher ist als y''. Man könnte aber das **Prinzip des unzureichenden Grundes** auch auf die Annahme der Verteilung selbst anwenden: Es gibt keinen Grund für Spieler 1 anzunehmen, daß die Gleichverteilung „$w(z_i) =$ konstant" wahrscheinlicher ist als jede andere Verteilung.

(2) Die Annahme der Gleichverteilung ist insoweit zu spezifizieren, da sie für jeden Spieler nur Ausgangspunkt der Überlegungen ist. Im Ergebnis wählt jeder Spieler den Vorschlag u^* mit Wahrscheinlichkeit 1. Sofern die Spieler intelligent sind und die Entscheidung des Gegenspielers nachvollziehen können, ist deshalb die Annahme der Gleichverteilung nicht mehr haltbar, denn es gibt einen „zureichenden Grund", für $x^* = u^*$ bzw. $y^* = u^*$ die Wahrscheinlichkeit 1 anzusetzen.
Die (sichere) Wahl von x^* und y^* konstituiert, wie die Maximierung des Erwartungsnutzens unter der Annahme der Gleichverteilung, ein Nash-Gleichgewicht des nicht-kooperativen Erwartungsspiels. Kein Spieler kann sich durch einen alternativen Vorschlag verbessern. Unser Ergebnis $x^* = y^* = u^*$ wird also durch die **konjekturale Falsifizierung** der Gleichverteilungsannahme nicht ungültig.

(3) Das Ergebnis $x^* = y^* = u^*$ wird aber nicht gelten, wenn einer der Spieler eine Gleichverteilung über ein anderes Intervall annimmt, als es oben eingeführt wurde. Zum Beispiel könnte Spieler 1 unterstellen, daß die Zufallsauswahl von y durch das Intervall zwischen c_2 und m_2 beschreibbar ist, wobei m_2 die maximale Auszahlung von Spieler 2 entsprechend P ist, wie wir sie bei der Kalai-Smorodinsky-Lösung (für den Idealpunkt) ansetzten. Dann ergibt sich ein x^*, das sich von u^* unterscheidet, falls m_2 nicht gleich $y_{2\max}$ ist.

Die Punkte (1) und (3) scheinen wesentliche Einschränkungen zu sein. Wir können das Ergebnis $x^* = y^* = u^*$ nur erwarten, wenn die Spieler 1 und 2 sehr ähnliche Denkmuster haben und dieses Denkmuster auch für den Mitspieler voraussetzen. Die Kommunikation, die in der Regel eine wesentliche Bedingung dafür ist, in einem kooperativen Spiel Abmachungen treffen zu können, zu deren Realisierung sich die Spieler verbindlich verpflichten, wird im vorliegenden *nicht-kooperativen Spiel* durch eine **Parallelität der Erwartungsbildung** substituiert.

5.5.2 Das komprimierte Zeuthen-Harsanyi-Spiel

Harsanyi (1977, S. 162–164) schlug ein zweistufiges nicht-kooperatives Zwei-Personen-Verhandlungsspiel vor, dessen **Nash-Gleichgewicht** bzw. **Maximinlösung** der **Nash-Lösung** entspricht. Dieses Spiel wird als **komprimiertes Zeuthen-Modell** bzw. als **komprimiertes Zeuthen-Harsanyi-Spiel** bezeichnet. Es beruht im wesentlichen auf folgenden Spielregeln:

(R0) Gegeben ist ein Spiel (P,c), wobei P eine konvexe Menge von Auszahlungspaaren $u = (u_1,u_2)$ und c der Konfliktpunkt ist.

(R1) Auf der ersten Stufe macht jeder der beiden Spieler ohne Kenntnis des Vorschlags des anderen Spielers einen Vorschlag. Spieler 1 macht Vorschlag $x \in P$, und Spieler 2 macht Vorschlag $y \in P$. Sind x und y im Sinne der Bedingung (5.29) kompatibel (vgl. Abschnitt 5.4.1), dann kommt es bereits auf dieser Stufe zu einer Einigung. und ihr entspricht der Auszahlungsvektor (x_1,y_2).

(R2) Kommt es auf der ersten Stufe zu keiner Einigung, so wird Spieler i $(= 1,2)$

  (a) seinen Vorschlag aus der Vorperiode wiederholen, wenn seine Risikogrenze $r_i > r_j$ ist $(j \neq i)$ oder

  (b) eine volle Konzession machen, d. h., i übernimmt den Vorschlag des anderen Spielers aus der Vorperiode, wenn $r_i \leq r_j$ gilt. Wiederum werden die Vorschläge simultan formuliert.

(R3) Die in der zweiten Stufe gemachten Vorschläge werden dergestalt realisiert, daß für den entsprechenden Auszahlungsvektor $u = (x_1,x_2)$, $u = (y_1,y_2)$ oder $u = (y_1,x_2)$ gilt.

Die potentielle Anwendung des **Zeuthen-Prinzips** auf der zweiten Stufe entsprechend Regel (R2) schließt aus, daß es zum Konflikt kommt und c resultiert. Aus der **Zeuthen-Nash-Analogie** folgt entweder, daß Spieler i den Vorschlag des j aus der ersten Stufe übernimmt, wenn $\text{NP}_i < \text{NP}_j$ ist, oder daß, falls $\text{NP}_i = \text{NP}_j$, aber $x \neq y$ gilt, jeder der Spieler den Vorschlag des anderen aus der Vorperiode akzeptiert. Diese Fälle können ähnlich wie in Abb. 5.22 illustriert werden. Im zweiten Fall wird sich kein pareto-optimales Ergebnis einstellen.

Ein Spieler kann somit vermeiden, den Vorschlag des anderen auf der zweiten Stufe übernehmen zu müssen, wenn er in der ersten Periode das Nash-Produkt maximiert, also einen Auszahlungsvektor $u^* = (u_i^*, u_j^*)$ vorschlägt, der der Nash-Lösung entspricht. Grundsätzlich ist es für Spieler i vergleichsweise ungünstig, den Vorschlag des Spielers j in der zweiten Stufe übernehmen zu müssen, wenn dieser eine geringere Auszahlung für i vorsieht als die Nash-Lösung; Spieler i kann sich dagegen absichern, indem er u^* in der ersten Stufe vorschlägt.

Andererseits ist es für Spieler j nicht von Vorteil, seinerseits auf der ersten Stufe einen Vorschlag zu machen, der i eine höhere Auszahlung zuerkennt als u_i^*. Denn dadurch gäbe sich j selbst mit einer geringeren Auszahlung als u_j^* zufrieden. D.h., Spieler i kann sich u_i^* und Spieler j kann sich u_j^* sichern, indem er einen Vorschlag u^* macht, der die Nash-Lösung repräsentiert. Somit beinhaltet der Vorschlag u^* in der ersten Periode für beide Spieler die Maximinstrategie, und das entsprechende Ergebnis ist u^*, die Maximinlösung. Entsprechend resultiert u^* bereits in der ersten Periode. (Aufgrund der Regel (R2) kann in der zweiten Periode nur dann u^* resultieren, wenn einer der beiden Spieler bereits in der ersten Periode diesen Auszahlungsvektor gewählt hat; dann muß sich der andere Spieler in der zweiten Periode diesem voll anpassen.)

Es ist unmittelbar einzusehen, daß u^* auch ein **Nash-Gleichgewicht** repräsentiert. Wählt Spieler i den Auszahlungsvektor u^* in der ersten Periode, so kann sich Spieler j nicht dadurch verbessern, daß er einen anderen Vorschlag als u^* macht: Schlägt er den alternativen Vektor u' ($\neq u^*$) vor und sind u' und u^* inkompatibel (dies ist der Fall, wenn u' ein effizienter Vorschlag ist und sich j mit keiner Auszahlung $u'_j < u_j^*$ zufrieden gibt), so folgt aus der **Zeuthen-Nash-Analogie** und dem **Zeuthen-Prinzip**, daß j auf der zweiten Stufe u^* wählen muß. Damit aber stellt sich j nicht besser als für den Fall, daß er bereits auf der ersten Stufe u^* wählt. Allerdings stellt sich Spieler j auch nicht schlechter, wenn er auf der ersten Stufe einen anderen Vorschlag als u^* macht, falls Mitspieler i den Vektor u^* vorschlägt. Weicht aber j von u^* ab, ist u^* möglicherweise keine beste Antwort des Spielers i, selbst wenn man die Entscheidung auf der zweiten Stufe berücksichtigt. Es ist aber unmittelbar einzusehen, daß u^* das einzige Vorschlagspaar charakterisiert, das **wechselseitig beste Antworten** und somit ein Nash-Gleichgewicht für das Spiel (P,c) beinhaltet.

Da die Nash-Lösung genau einen Vektor u^* bestimmt und u^* identisch mit der Maximinlösung ist, muß auch das Nash-Gleichgewicht in bezug auf die Auszahlungen (nicht notwendigerweise bezüglich der Strategien) eindeutig bestimmt sein, denn jeder Spieler kann sich die u^* entsprechende Auszahlung sichern. Jedes andere Auszahlungspaar beruht deshalb auf einem Vorschlag, der zumindest für einen Spieler keine beste Antwort ist. (Dies folgt unmittelbar auch aus der Pareto-Optimalität von u^*.)

(E9) *Unter den institutionellen Bedingungen der Regeln (R0), (R1), (R2) und (R3) sind die Maximinlösung und das Nash-Gleichgewicht des entsprechenden nicht-kooperativen Verhandlungsspiels gleich der Nash-Lösung* u^*.

Dieses Ergebnis macht deutlich, daß die *axiomatische Setzung*, die Ausgangspunkt der Nash-Lösung ist, durch einen *institutionellen Rahmen* substituiert werden kann, der in bezug auf die Lösung gleichwertig ist. Ähnliches gilt im Hinblick auf die Erwartungsbildung der Spieler: Der institutionelle Rahmen ersetzt Annahmen über gemeinsame Wahrscheinlichkeitsvorstellungen, wie sie die Lösung im Modell *konvergenter Erwartungen* voraussetzte.

Der institutionelle Rahmen des Zeuthen-Harsanyi-Spiels ist ziemlich restriktiv. Es ist durchaus denkbar, daß andere, weniger stark spezifizierte Regelsysteme das gleiche leisten. Jedenfalls ist zu erwarten, daß der oben unterstellte institutionelle Rahmen nicht der einzige ist, der zur Nash-Lösung führt. Zum Beispiel könnte aufgrund der abgeleiteten Maximin- bzw. Gleichgewichtseigenschaft von u^* auf die Annahme verzichtet werden, daß die Spieler ihre Vorschläge simultan wählen – es würde auch bei sequentieller Wahl der Vorschläge u^* resultieren.

5.5.3 Kuchenteilungsregel und Nash Demand-Spiel

Die in diesem Abschnitt analysierte **Kuchenteilungsregel** kann als komprimiertes Harsanyi-Zeuthen-Spiel interpretiert werden. Die Behandlung des Problems geht auf Steinhaus (1948) zurück und ist zum Beispiel in Shubik (1959b, S. 346) näher ausgeführt. Die Geschichte selbst und die Lösung des Problems waren aber sicher bereits vor ihrer entscheidungstheoretischen Behandlung bekannt. Es geht um die gerechte Teilung eines beliebig teilbaren Kuchens zwischen zwei Spielern. Nehmen wir an, daß der Nutzen jedes Spielers mit der Menge des Kuchens linear anwächst, so konstituiert ein Spiel um die Aufteilung ein Nullsummenspiel. Postuliert man aber ferner, daß bei Nicht-Einigung keiner etwas bekommt, so liegt ein kooperatives Verhandlungsspiel (P,c) mit linearer Nutzengrenze $H(P)$ vor, falls die Spieler verbindliche Abmachungen über die Aufteilung treffen können.

In der Standardformulierung des Kuchenteilungsspieles wird aber auf die Möglichkeit der verbindlichen Abmachung verzichtet. Statt dessen wird die sogenannte **Kuchenteilungsregel** als (verbindliche) institutionelle Bedingung eingeführt. Sie besagt, daß einer der beiden Spieler den Kuchen teilen und der andere die Wahl zwischen den Teilen haben soll. Aufgrund der postulierten Interessen der Spieler wird der Spieler, der die Teilung vornimmt – er kann zufällig ausgewählt werden, ohne dadurch benachteiligt zu sein, wie wir sehen werden –, den Kuchen in zwei gleiche Teile zerlegen. Der zweite Spieler wählt einen der Teile, zwischen denen er im Grunde indifferent ist.

Als Ergebnis des Verteilungspiels bekommt jeder Spieler die Hälfte des Kuchens. Dieses Ergebnis stellt, wie wir sehen werden, die Maximinlösung bzw. das Nash-Gleichgewicht des Kuchenteilungsspiels dar. Es entspräche der Nash-Lösung des Spiels, wenn verbindliche Abmachungen möglich wären.

Matrix 5.7. Das Kuchenteilungsspiel

	Spieler 2		
Spieler 1	x	$100-x$	Min
s_1 aus S_{11}	50	50	50
s_1 aus S_{12}	$100-x$	x	$100-x<50$
s_1 aus S_{12}	$100-x$	x	$x<50$

Um zu zeigen, daß das Ergebnis sowohl eine **Maximinlösung** als auch ein **Nash-Gleichgewicht** ist, betrachten wir den Entscheidungsbaum in Abb. 5.25 und die Matrix 5.7. Da vollkommene Teilbarkeit des Kuchens vorausgesetzt ist, ist das Spiel durch eine unendliche Zahl von reinen Strategien charakterisiert, aus denen der erste Spieler, der die Teilung des Kuchens vornimmt, auswählen kann. Wir können die Menge der Strategien des ersten Spielers S_1, in die drei Mengen S_{11}, S_{12} und S_{13} gruppieren, wobei der Gesamtkuchen mit 100 und der Anteil x als ein nichtnegativer Betrag angesetzt wird:

Spieler 1 macht einen Vorschlag $(100-x,x)$, so daß

$$S_{11} = \{(100-x,x)|x=50)\}$$
$$S_{12} = \{(100-x,x)|100 \geq x > 50)\}$$
$$S_{13} = \{(100-x,x)|50 > x > 0)\}\ .$$

S_{11}, S_{12} und S_{13} bilden eine *Partition* von S_1. Entsprechend zerfällt die Menge der Strategien des Spielers 2, also S_2, in zwei Teilmengen:

$$S_{21} = \{2 \text{ wählt } x\}$$
$$S_{22} = \{2 \text{ wählt } 100-x\}\ .$$

Die Auszahlungspaare an den Endpunkten des Entscheidungsbaumes in Abb. 5.25 zeigen, daß Spieler 1 dann den größten Anteil am Kuchen und damit die größte Auszahlung, nämlich 50 erhält, wenn er $(50,50)$ vorschlägt. Für alle anderen Vorschläge erhält er weniger als 50 und damit auch einen geringeren Anteil als Spieler 2.

Die Maximineigenschaft von $(50,50)$ wird auch durch die Analyse der entsprechenden Spielmatrix (Matrix 5.7) bestätigt. Die Aufteilung $z^* = (50,50)$ repräsentiert auch hier das Nash-Gleichgewicht.

Das hier beschriebene Spiel ist wohl die einfachste Form eines **Divide-and-Choose-Spiels**. Man könnte das abgeleitete Ergebnis als *fair* betrachten. Wenn allerdings der Kuchen heterogen ist und zum Beispiel der Spieler 1 Schokolade und der Spieler 2 Sahne bevorzugen, dann es von Vorteil sein, in der Rolle des Teilers zu sein. Dieser macht den Wähler (fast) indifferent und kann sich so in der Regel das von ihm bevorzugte Stück sichern (vgl. dazu van Damme, 1987, S. 130ff sowie Brams und Taylor, 1996).

Fairneß kann aber auch dann als Koordinationsinstrument wirken, wenn die Spieler gezwungen sind **simultan** ihre Ansprüche an einen (homogenen) Kuchen

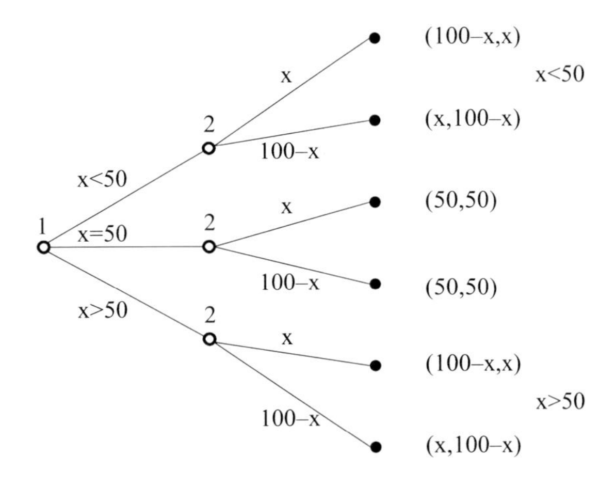

Abb. 5.25 Das Kuchenteilungsspiel

anzumelden und ihre Ansprüche kompatibel sind, wenn also die Summe der Ansprüche nicht größer ist als der Kuchen. In diesem sogenannten Nash Demand-Spiel gibt es zwei Probleme. (a) Die Ansprüche sind inkompatibel und die Spieler erhalten nichts oder (b) die Ansprüche sind kompatibel, aber es bleibt nach Erfüllung der Ansprüche noch etwas über. Im Fall (b) ist die Aufteilung **ineffizient**.

Ein Rückgriff auf das Nash-Gleichgewicht zur Koordination der simultan vorgebrachten Ansprüche hilft hier wenig, den jeder Anspruch x des Spieler 1 kann ein Nash-Gleichgewicht beinhalten, wenn der Anspruch y die Effizienzbedingung $y = 100 - x$ erfüllt und der Spieler 2 keinen Anteil der kleiner als $100 - x$ ist akzeptiert. (Vgl. dazu die Diskussion des Ultimatumspiels im Abschnitt 1.3.5.2.) Experimente zeigen, daß die Spieler unter diesen Bedingungen meist die Ansprüche $x = y = 50$ vorbringen. Das ist nicht überraschend! Zum einen ist die Aufteilung $z^* = (50, 50)$ „einmalig“: Einer Aufteilung $(30, 70)$ entspräche unter den symmetrischen Bedingungen eine Aufteilung $(70, 30)$. Die Symmetrie von z^* dient hier als **Fokus-Punkt**, um das Koordinationsproblem zu lösen.

Alternativ könnten dieses Problem durch Rückgriff auf **Fairneß** gelöst werden, die im Falle der Symmetrie im allgemeinen eine Gleichverteilung vorsieht. Diese Interpretation ist ganz im Sinne von Binmore, der in der Moral nur ein Koordinationsinstrument sieht. „Just as it is actually within our power to move a bishop like a knight when playing Chess, so we can steal, defraud, break promises, tell lies, jump lines, talk too much, or eat peas with our knives when playing a morality game. But rational folk choose not to cheat for much the same reason that they obey traffic signals“ (1998, p. 6).

Man muß diese Position nicht teilen, aber das Ergebnis z^* des **Nash Demand-Spiels** zeigt doch die unter Umständen enge Beziehung zwischen **Fokus-Punkt** (Koordination) und **Fairneß** (Moral). Aber derartige Entscheidungssituationen sind selten. Wird beispielsweise der Kuchen von einer Partei erstellt, dann, so führt Andreozzi (2008b) aus, folgt das Ergebnis in einem Nash Demand-Game einem anderen Muster, denn $(50, 50)$ wird nicht mehr als fair erachtet. Die Größe des Kuchens selbst hängt von der (zu erwartenden) Verteilung ab. Andreozzi schlägt ein Produce-

and-Divide-Spiel zur Modellierung dieses Zusammenhang vor. Die Analyse zeigt: Die Koordination wird komplexer, und ein effizientes Ergebnis wird weniger wahrscheinlich. Sind gar mehr als zwei Spieler an der Aufteilung beteiligt, so stellt sich zudem das Problem des **Free-Rider-Verhaltens** bzw. der Durchsetzung einer bestimmten Verteilung (Andreozzi, 2008a).

5.5.4 Das Rubinstein-Spiel

Der Vorschlag des Spielers 1 entspricht im obigen Verteilungsspiel dem einzigen **teilspielperfekten** Gleichgewicht dieses Spiels. Weniger trivial ist die Anwendung von Teilspielperfektheit im sogenannten **Rubinstein-Spiel**. Dieses Spiel wurde von Rubinstein (1982) eingeführt, und seine Grundzüge werden im folgenden skizziert. Es gilt inzwischen als exemplarisch für die Darstellung nicht-kooperativer Verhandlungsprozesse und dient als Grundbaustein für zahlreiche Erweiterungen (z. B. Gul, 1989, und Hart und Mas-Colell, 1996) und Anwendungen (z. B. in der „Theorie der Gerechtigkeit" von Binmore (1994, 1998) und in bezug auf Lohnverhandlungen in Dow (1993)).[5] Auf einen Vorläufer des Rubinstein-Spiels, das Verhandlungsmodell von Stahl (1972, 1977), gehen wir bei der abschließenden Diskussion.

5.5.4.1 Die Struktur des Verhandlungsprozesses

Zwei Spieler können einen Kuchen der Größe 1 zwischen sich aufteilen, falls sie sich über die Anteile einig werden, die jedem zustehen. Der Verhandlungsprozeß kann potentiell unendlich lange dauern. Die Spieler können jeweils abwechselnd einen Vorschlag machen, den der Gegenspieler entweder sofort akzeptiert oder auf den er in der Folgeperiode mit einem Gegenvorschlag reagiert. In der Periode $t = 0$ schlägt Spieler 1 eine Teilung $(x, 1-x)$ vor. Spieler 2 reagiert unmittelbar darauf: Er akzeptiert (spielt Strategie „ja") oder lehnt ab (spielt Strategie „nein"). Falls Spieler 2 zustimmt, endet das Spiel, und Spieler 1 erhält x und Spieler 2 erhält $1-x$ des Kuchens. Die Endverteilung $z = (z_1, z_2)$ wäre dann $(x, 1-x)$.

Lehnt hingegen Spieler 2 den Vorschlag x ab, dann ist es an ihm, in der nächsten Periode $(t = 1)$ einen Vorschlag $(1-y, y)$, zusammengefaßt als y, zu machen. Spieler 1 erhält $1-y$, falls er diesem Vorschlag zustimmt, und Spieler 2 bekommt y. Dann würde das Spiel mit der Endverteilung $z = (1-y, y)$ beendet. Lehnt aber Spieler 1 den Vorschlag des Spielers 2 ab, so macht er in Periode $t = 2$ einen Vorschlag $(x, 1-x)$. Spieler 2 hat dann die Möglichkeit, $(x, 1-x)$ abzulehnen, und damit eine nächste Runde des Verhandlungsprozesses einzuleiten, oder $(x, 1-x)$ zu akzeptieren.

[5] Dieses Modell ist in Goerke und Holler (1996), 1. Kapitel, ausgeführt und diskutiert.

Solange keine Einigung erzielt wird, schlägt Spieler 1 in den geradzahligen Perioden ($t = 0,2,4,\ldots$) eine Aufteilung des Kuchens x vor, die $1-x$ für den Spieler 2 impliziert, und in den ungeradzahligen Perioden ($t = 1,3,5,\ldots$) macht, dazu korrespondierend, Spieler 2 einen Vorschlag y, der ein Angebot $1-y$ an Spieler 1 beinhaltet. Eine Strategie des Spielers 1 für das Verhandlungsspiel ist somit ein Verhaltensplan, der für jede geradzahlige Periode t einen Vorschlag (Zug) x spezifiziert und für eine ungeradzahlige Periode die Entscheidung, den Vorschlag des Spielers 2 anzunehmen oder abzulehnen, vorsieht. Entsprechend spezifiziert die Strategie des Spielers 2 für jede ungeradzahlige Periode einen Vorschlag (Zug) y und für jede geradzahlige Periode die Entscheidung, den Vorschlag des Spielers 1, nämlich x, anzunehmen oder zu verwerfen.

Die Vorschläge der Spieler sind (nur) dergestalt *verbindlich*, daß der vorschlagende Spieler seinen Vorschlag realisiert, sofern der Mitspieler diesen akzeptiert. Ein Vorschlag, der nach Annahme durch den Gegenspieler nicht realisiert wird, hat in einem stationären Modell bei vollkommener Information keinerlei strategische Bedeutung. Ist aber, wie im vorliegenden Beispiel, *Zeit kostbar*, dann schadet sich der betreffende Spieler durch Rücknahme seines Vorschlags selbst, ohne daraus einen Vorteil für den weiteren Verlauf des Spiels zu ziehen.

Im Unterschied zu den **axiomatischen Verhandlungsspielen**, die wir in Abschnitt 5.3 behandelten, muß sich hier jedoch ein vorgeschlagener Auszahlungsvektor in einem nicht-kooperativen Zusammenhang behaupten, soll er als Ergebnis der Verhandlungen realisiert werden. Für den Verhandlungsprozeß finden das Nash-Gleichgewicht bzw. Teilspielperfektheit als Lösungskonzepte Anwendung.

Das Verhandlungsspiel ist in dem Sinne **stationär**, daß sich die Entscheidungssituation der Spieler von Runde zu Runde nicht ändert, sofern man davon absieht, daß in den geradzahligen Perioden Spieler 1 und in den ungeradezahligen Spieler 2 Angebote machen. Insbesondere hängt die Entscheidungssituation nicht von Angeboten, also Entscheidungen, der Vorperioden ab, sofern kein Angebot bereits akzeptiert wurde. Grundsätzlich ist der hier formulierte der Verhandlungsprozeß nicht zeitlich begrenzt, aber der Kuchen, den es zu verteilen gilt, schrumpft im Zeitablauf. Spezifischer kommt dies durch die folgenden beiden von Rubinstein diskutierten Nutzenfunktionen der Spieler zum Ausdruck:

$$u_i = z_i - c_i t \quad \text{und} \quad c_i \quad \text{für} \quad i = 1,2 \tag{5.34}$$

$$v_i = \delta_i^t z_i \quad \text{und} \quad 0 \leq \delta_i \leq 1 \quad \text{für} \quad i = 1,2\,. \tag{5.35}$$

Für jeden der beiden Spieler i soll gelten, daß sein Nutzen um so größer ist, je größer sein Anteil z_i ist, und um so kleiner ist, je länger der Verhandlungsprozeß dauert, d. h., je größer t ist.

Die u-Nutzenfunktion scheint, zumindest im Ansatz, zur Modellierung direkter Verhandlungskosten geeignet, die sich durch den Parameter c_i approximieren lassen (z. B. Lohn- und Gewinnausfall durch Arbeitskampf). Möglicherweise würde man diese Kosten aber auch in Abhängigkeit von der Zeit sehen, und nicht wie hier als für jede Periode gleich groß ansetzen.

Die v-Nutzenfunktion drückt die in der Ökonomie übliche Annahme der Zeitpräferenz aus: „Zuteilungen" (z. B. Einkommen), die heute anfallen, haben für die Individuen einen höheren Wert als Auszahlungen in selber Höhe, die erst morgen eintreten. In diesem Sinne sind δ_1 und δ_2 Diskontfaktoren.

5.5.4.2 Gleichgewichtslösungen

Unabhängig davon, welche der beiden Nutzenfunktionen unterstellt wird, ist unmittelbar einzusehen, daß jeder Vorschlag x bzw. y, der eine volle Aufteilung des Kuchens impliziert, ein Nash-Gleichgewicht darstellen kann. Dies ergibt sich z. B. für den Vorschlag x^* bei der folgenden *Strategien*konstellation, falls $y^* = 1 - x^*$ gilt:

(a) Spieler 1 macht immer, wenn er an der Reihe ist, den Vorschlag x^*, und Spieler 2 lehnt jeden Vorschlag x ab, für den $x > x^*$ d. h. $1 - x < 1 - x^*$ gilt, und akzeptiert x, falls $x \leq x^*$.

(b) Spieler 2 bietet immer y^*, wenn er an der Reihe ist, und Spieler 1 lehnt alle Vorschläge y ab, für die $y > y^*$ gilt, während er alle $y \leq y^*$ akzeptiert.

Falls z. B. ein Spieler 2 den Vorschlag x nicht akzeptiert, weil x die in (a) postulierten Bedingungen nicht erfüllt, geht er davon aus, daß er in der nächsten Periode gemäß (b) den für ihn vorteilhafteren Vorschlag y^* durchsetzen kann. Spieler 1 kann nichts besseres tun, als den (nicht näher bestimmten) Vorschlag x^* zu wählen, wenn er annehmen muß, daß Spieler 2 sich entsprechend (a) verhält. Beginnt der Verhandlungsprozeß mit einer geradzahligen Periode, so ist er mit der Verteilung $z = (x^*, 1 - x^*)$ unmittelbar abgeschlossen, und die beschriebenen Strategien repräsentieren ein Nash-Gleichgewicht: Gegeben die Strategien des andern, kann sich keiner verbessern.

Beginnt der Verhandlungsprozeß in einer ungeraden Periode, so macht Spieler 2 den ersten Vorschlag. Er kann keinen besseren Vorschlag machen als y^*, wenn er glaubt, daß sich Spieler 1 entsprechend (b) verhält. Wiederum ist y^* nicht weiter bestimmt. Gilt die Verhaltensannahme bezüglich Spieler 1 in (b) für „fast" jedes y^*, so kann y^* „sehr nahe" bei 1 liegen, ohne daß Spieler 1 y^* ablehnen würde.

Alle durch x^* bzw. y^* in (a) und (b) ausgedrückten Strategiepaare stellen **Nash-Gleichgewichte** dar. Sind die in (a) und (b) jeweils für den Mitspieler unterstellten Verhaltensannahmen plausibel? Sind die darin implizierten Drohungen, ein Angebot nicht zu akzeptieren, wenn es nicht groß genug ist, glaubwürdig? Die meisten dieser Gleichgewichte, die (a) bzw. (b) erfüllen, sind nicht teilspielperfekt. Es besteht in der Regel ein Anreiz für Spieler 1 bzw. 2, von der für ihn in (a) und (b) unterstellten Strategie abzuweichen, wenn er tatsächlich gefordert wäre, die darin ausgedrückte Drohung einzulösen.

Rekapitulieren wir: Ein Strategiepaar (s_{1t}, s_{2t}), konstituiert ein **teilspielperfektes (Nash-)Gleichgewicht**, wenn es für jedes Teilspiel, das in der Periode t ($t \geq 0$) ansetzt, ein Nash-Gleichgewicht beinhaltet. Das Strategiepaar ist dann ein Nash-Gleichgewicht für das in t beginnende Teilspiel. Wenden wir dieses Konzept auf $x^* = 0,5$ an und gehen wir davon aus, daß die Nutzenfunktion der Spieler als

u-Funktionen spezifiziert sind. Würde Spieler 1 einen Wert $x > x^*$, z. B. $x = 0,6$ vorschlagen, so müßte Spieler 2 entsprechend der in (a) formulierten und als Nash-Gleichgewichtsstrategie identifizierten Verhaltensnorm diesen Vorschlag ablehnen. Damit wäre für ihn die Hoffnung verbunden, in der nächsten Periode selbst $y^* = 0,5$ durchsetzen zu können.

Unterstellen wir für den Spieler 2 die „Kostenkonstante" $c_2 = 0,2$, so ist die Auszahlung, die Spieler 2 ablehnt, $u_2 = (1 - 0,6) - 0,2t = 0,4 - 0,2t$. Der Nutzen, den er erwartet, realisieren zu können, ist $u_2 = (1 - 0,5) - 0,2(t + 1) = 0,3 - 0,2t$. Aus der Ablehnung von x folgt also eine geringere Auszahlung als aus deren Annahme; die Drohung in (a) ist zumindest für die hier gewählten Zahlenwerte und für die u-Nutzenfunktion „leer". Das durch $x^* = 0,5$ spezifizierte Gleichgewicht ist *nicht* teilspielperfekt.

Dieses Beispiel deutet an, wodurch ein teilspielperfektes Gleichgewicht gekennzeichnet sein muß: Der Spieler i, der an der Reihe ist, abzulehnen oder zu akzeptieren, muß **indifferent** sein zwischen der „heutigen" Auszahlung bei Annahme des Vorschlags und der „morgigen" Auszahlung bei Ablehnung. Da dies in jeder Periode zu gelten hat, muß dies für jeden der beiden Spieler gelten, wann immer er vor die Entscheidung gestellt werden könnte. Damit ist ausgeschlossen, daß sich der betreffende Spieler durch Ablehnung und Weiterführung des Spiels besserstellt. Daß er sich durch Annahme des gegenwärtigen Angebots nicht besserstellt, als die Zukunft verspricht, dafür sorgt das Eigeninteresse des Spielers, der das Angebot macht: Dieser wird das Angebot nicht unnötig günstig für den Mitspieler gestalten, da dies zu Lasten seines eigenen Anteils ginge. Teilspielperfektheit erfordert, die Bedingungen so zu formulieren, daß sie auch den Spieler 2 als Spieler berücksichtigen, der Spiele mit seinem Angebot eröffnet: Dies gilt z. B. für das Teilspiel, das mit der Periode $t = 1$ beginnt.

Ausgehend von diesen Grundgedanken, können wir die **teilspielperfekten Gleichgewichte** des **Rubinstein-Spiels** durch folgende Bedingungen beschreiben (vgl. Friedman, 1986, S. 173):

> Die Zuteilungspaare $(x^*, 1 - x^*)$ und $(1 - y^*, y^*)$ beinhalten teilspielperfekte Gleichgewichte, falls das Paar (x^*, y^*) die beiden Gleichungen $x = x(y)$ und $y = y(x)$ erfüllt, wobei
>
> $$\begin{aligned} y(x) &= 1 \quad \text{für all jene } x, \text{ für die } u_1(1-y,t) > u_1(x,t+1) \\ &= y \quad \text{für all jene } x, \text{ für die } u_1(1-y,t) = u_1(x,t+1) \end{aligned} \tag{5.36}$$
>
> und
>
> $$\begin{aligned} x(y) &= 1 \quad \text{für all jene } y, \text{ für die } u_2(1-x,t) > u_2(y,t+1) \\ &= x \quad \text{für all jene } y, \text{ für die } u_2(1-x,t) = u_2(y,t+1)\,. \end{aligned}$$

Die Funktionen $u_i(\cdot,\cdot)$ sind hier Nutzenfunktionen des allgemeinen VNM-Typs, d. h., sie sind nicht unbedingt identisch mit den u-Nutzenfunktionen, wie sie in (5.34) definiert wurden, und können z. B. auch vom v-Typ sein.

Die Funktionen $x(y)$ und $y(x)$ können als Reaktionsfunktionen interpretiert werden. So gibt $x(y)$ wieder, welchen Vorschlag x Spieler 1 machen muß, damit Spieler 2 in bezug auf den Vorschlag y, den er selbst in der folgenden Periode machen könnte, *indifferent* ist, so daß 2 bereit ist, „heute" (d. h. in der Periode t) den Anteil $1-x$ zu akzeptieren.

Der erste Teil der durch $x(y)$ und $y(x)$ beschriebenen Bedingungen, nämlich $x(y)=1$ und $y(x)=1$, ist dann relevant, wenn auf Grund von Verhandlungskosten für bestimmte x bzw. y Nutzenwerte für $t+1$ resultieren, die kleiner sind als für den Fall, daß der entsprechende Spieler bei der Verteilung des Kuchens in t leer ausgeht. In diesen Fällen ist heute „nichts" besser als morgen „etwas". So gilt für jene x die Bedingung $y(x)=1$, für die $u_1(1-1,t) \geq u_1(x,t+1)$ ist.

Da das in (5.36) formulierte teilspielperfekte Gleichgewicht unter der Annahme formuliert wurde, daß das Spiel *stationär* ist, da sich die Entscheidungssituation von Runde zu Runde nicht ändert, spricht man in der Literatur auch oft von einem **stationär-perfekten Gleichgewicht** bzw. von einem **SSPE** (stationary subgame perfect equilibrium).

5.5.4.3 Anwendung des teilspielperfekten Gleichgewichtes

Die Bedeutung der Bedingungen $x(y)=1$ und $y(x)=1$ wird klar, wenn wir von der u-Funktion ausgehen und beispielsweise $c_1 > c_2$ unterstellen. Aus den Nutzenfunktionen folgt für die Indifferenzbedingung von $y(x)=y$ die Bedingung $1-y-c_1t = x-c_1(t+1)$ bzw. $y=1+c_1-x$, und für die Indifferenzbedingung $x(y)=x$, daß $x=1+c_2-y$. Offensichtlich gibt es für $c_1 \neq c_2$ kein Paar (x,y), das diese Bedingungen gleichzeitig erfüllt. Eine *innere Lösung* ist damit ausgeschlossen. Für $c_1 > c_2$ greift die Bedingung $y(x)=1$. Es folgt $(x^*,y^*)=(c_2,1)$ als Gleichgewichtspunkt. Punkte mit dieser Eigenschaft werden auch als **Rubinstein-Punkte** bezeichnet.

Der Punkt $(x^*,y^*)=(c_2,1)$ ist in Abb. 5.26 durch Punkt Z wiedergegeben. Er besagt, daß die Aufteilung $(c_2, 1-c_2)$ resultiert, falls Spieler 1 den ersten Vorschlag macht. Dies ist der Fall, wenn der Verhandlungsprozeß mit einer geraden Periodennummer beginnt. Macht Spieler 2 den ersten Vorschlag, dann resultiert $(0,1)$. *Man beachte*, daß ein Rubinstein-Punkt Gleichgewichte beschreibt, aber selbst i.d.R. *nicht* realisierbar ist. In unserem Fall gilt $x^*+y^*>1$.

Das Verhandlungsspiel kann also bereits in der ersten Runde abgeschlossen werden. Der Spieler, der in der zweiten Runde einen Vorschlag machte, kann sich durch Ablehnung des gegenwärtigen Vorschlags nicht besserstellen. Der Logik des Gleichgewichtsbegriffs entspricht es, daß er dann die Gleichgewichtsstrategie wählt, d. h. den gegenwärtigen Vorschlag akzeptiert.

Das Beispiel zeigt, daß die „Reaktionsfunktionen" $x=x(y)$ und $y=y(x)$ nicht die sequentielle Struktur des Spiels wiedergeben. Wir müssen die zusätzliche Information berücksichtigen, welcher Spieler in t einen Vorschlag macht und welcher über die Annahme des Vorschlags entscheidet, um aus der Lösung (x^*,y^*) des Gleichungssystems $x=x(y)$ und $y=y(x)$ die gleichgewichtige Allokation abzuleiten.

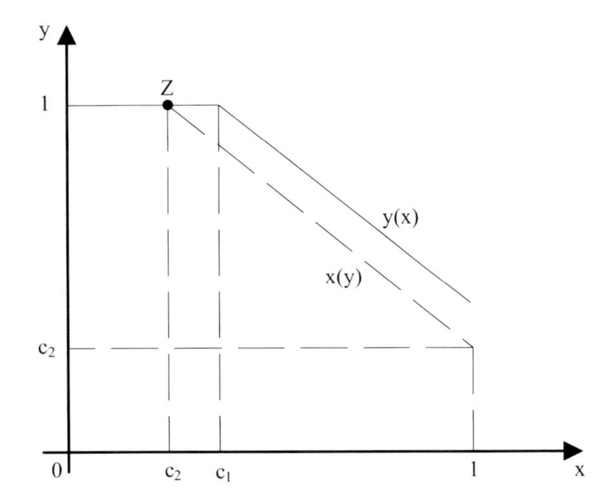

Abb. 5.26 Teilspielperfektes Gleichgewicht für die u-Funktion

Dieses Problem zeigt sich auch daran, daß z. B. $(x^*, y^*) = (c_1, 1)$ nicht realisiert werden kann, da $c_1 + 1 > 1$ ist.

Für den Fall $c_1 < c_2$ erhalten wir entsprechende Ergebnisse. Dem Gleichgewichtspunkt entspricht das Paar $(1, c_1)$. Dies bedeutet, daß $(1,0)$ resultiert, falls Spieler 1 den ersten Vorschlag macht, und $(1 - c_1, c_1)$, wenn der erste Vorschlag von Spieler 2 stammt. Für $c_1 = c_2$ sind die Punktemengen der Indifferenzbedingungen identisch und somit identisch mit einer Menge von Gleichgewichtspunkten. Diese ist in Abb. 5.27, die den Fall $c_1 = c_2$ skizziert, durch die Strecke BC dargestellt. Weitere Mengen von Gleichgewichtspunkten sind in Abb. 5.27 durch die Strecken AB und CD abgebildet. Über das Ergebnis des Verhandlungsspiels läßt sich in diesem Fall wenig sagen.

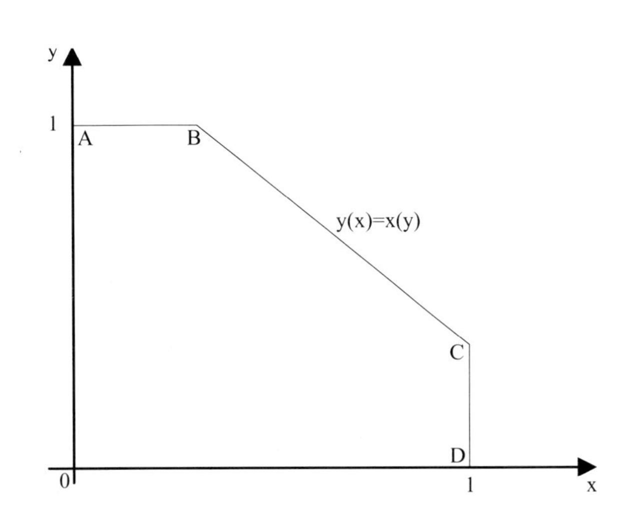

Abb. 5.27 Teilspielperfekte Gleichgewichte für $c_1 = c_2$

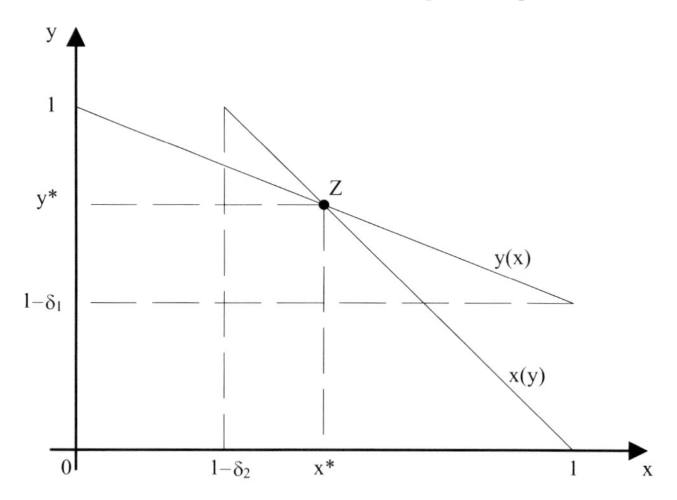

Abb. 5.28 Stationär-perfektes Gleichgewicht für die v-Funktion

Unterstellen wir für die Spieler statt u-Nutzenfunktionen nun v-Nutzenfunktionen, so gilt für $y(x)$ und $x(y)$:

$$\begin{aligned} \delta_1^t(1-y) &= \delta_1^{t+1}x \quad \text{und} \quad \delta_2^t(1-x) = \delta_2^{t+1}y \quad \text{bzw.} \\ 1-y &= \delta_1 x \quad \text{und} \quad 1-x = \delta_2 y\,. \end{aligned} \tag{5.37}$$

Die Bedingungen (5.37) drücken aus, daß der jeweilige Spieler wiederum **indifferent**ist in bezug auf die beiden Alternativen: den Vorschlag des Gegenspielers im Zeitpunkt t zu akzeptieren und den eigenen Vorschlag im Zeitpunkt $t+1$ zu realisieren. Aus (5.37) ergeben sich folgende Gleichgewichtswerte für x^* und y^*, die den **Rubinstein-Punkt** für den Fall der v-Nutzenfunktion beschreiben:

$$x^* = (1-\delta_2)/(1-\delta_1\delta_2) \quad \text{und} \quad y^* = (1-\delta_1)/(1-\delta_1\delta_2)\,. \tag{5.38}$$

Die Bedingungen (5.37) und die Gleichgewichtswerte (x^*, y^*) sind in Abb. 5.28 illustriert. x^* ist der gleichgewichtige Verteilungsvorschlag in jedem Teilspiel, das mit einer geraden Periode beginnt, während y^* Gleichgewichte für Teilspiele ausdrückt, die mit einer ungeraden Periode anfangen. Dies beinhaltet einerseits, daß Spieler 1 immer x^* vorschlägt, Vorschläge y mit $1-y < 1-y^*$ ablehnt und mit $1-y \geq 1-y^*$ akzeptiert, und daß Spieler 2 stets y^* anbietet, Vorschläge x mit $x > x^*$ ablehnt und mit $x \leq x^*$ akzeptiert. Damit endet das Spiel bereits in der Periode $t = 0$, denn Spieler 1 macht den Vorschlag x^* und Spieler 2 nimmt ihn an. Als Auszahlungsvektor ergibt sich $(x^*, 1-x^*)$.

Abbildung 5.28 macht deutlich, daß der **Rubinstein-Punkt** (x^*, y^*) Gleichgewichte beschreibt, aber selbst *nicht* realisierbar ist, denn es gilt $x^* + y^* > 1$.

5.5.4.4 Diskussion

Das **teilspielperfekte** bzw. das **stationär-perfekte Gleichgewicht** bevorzugt den Spieler mit dem höheren Diskontfaktor δ_i und damit der niedrigeren Zeitpräferenz: Geduld wird mit einem relativ größeren Stück des Kuchens belohnt. Ist $\delta_2 = 0$, so haben die Drohungen des Spielers 2 keine Kraft, denn er bezieht keinen Nutzen aus Zuteilungen in zukünftigen Perioden. In diesem Fall kann sich der vorschlagende Spieler 1 den gesamten Kuchen sichern. Durch Ablehnung dieses Vorschlags stellt sich Spieler 2 nicht besser als durch Annahme. Ist andererseits $\delta_1 = 0$, so kann sich Spieler 1 den Anteil $1 - \delta_2$ sichern, falls er den ersten Vorschlag macht. Diese Fallstudie illustriert, daß es (a) in diesem Spiel von Vorteil ist, den ersten Vorschlag zu machen und (b) daß eine niedrigere Zeitpräferenz und damit ein hoher Diskontfaktor ebenfalls von Vorteil sind.

Sind die Diskontfaktoren gleich groß, gilt also $\delta_1 = \delta_2 = \delta$, so ergeben sich für das teilspielperfekte Gleichgewicht die Zuteilungen

$$x^* = 1/(1+\delta) \quad \text{und} \quad (1-x^*) = \delta/(1+\delta)\,, \tag{5.39}$$

falls Spieler 1 den ersten Vorschlag macht. Dies bestätigt wiederum, daß es in diesem Spiel von Vorteil ist, den ersten Vorschlag zu machen, denn für $\delta < 1$ gilt $x^* > 1/2$. Geht allerdings δ in (5.39) gegen 1, dann nähert sich die Aufteilung des Kuchens der Gleichverteilung, die wir z. B. aus der **Kuchenteilungsregel** ableiteten und die bei der unterstellten Symmetrie des Spiels der **Nash-Lösung** entspricht. Damit ist ein weiterer Weg aufgezeigt, die (kooperative) Nash-Lösung durch ein nicht-kooperatives Verhandlungsspiel zu implementieren.

Diese Konvergenzeigenschaft läßt sich für nicht-lineare, in bezug auf die Kuchenanteile konkave Nutzenfunktionen verallgemeinern, wenn man die Größe der Zeitintervalle zwischen zwei Vorschlägen beliebig klein wählen kann. Bezeichnen wir die Länge der Zeit zwischen zwei Vorschlägen mit d und die Vorschläge von Spieler 1 und 2 mit $x(d)$ bzw. $y(d)$, dann müssen für jedes $d > 0$ die folgenden Bedingungen gelten:

$$u_1(1-y(d)) = \delta_1^d u_1(x(d)) \quad \text{und} \quad u_2(1-x(d)) = \delta_2^d u_2(y(d))\,. \tag{5.40}$$

Wenn nun d gegen 0 geht, gehen die Auszahlungen der Spieler gegen die Werte der Nash-Lösung. Dies ist nicht verwunderlich, da eine Reduktion der Verhandlungszeit gleichwertig mit einer Erhöhung der Diskontfaktoren ist. Falls sich d null nähert, entspricht dies einer Konvergenz von δ gegen 1.

Man könnte die Ergebnisse für d gegen 0 und δ gegen 1 als eine Bestätigung der Nash-Lösung als Beschreibung von Verhandlungsergebnissen interpretieren. In Experimenten mit sequentiellen Verhandlungsspielen hat sich jedoch gezeigt, daß das Testergebnis in der Regel den Voraussagen der teilspielperfekten Lösung widerspricht (vgl. Güth et al., 1982, und Ochs und Roth, 1989). Dies könnte daran liegen, daß das Konvergenzergebnis sehr empfindlich auf den Anpassungsprozeß ist. Sind die Diskontfaktoren nämlich unterschiedlich, gilt also $\delta_1 \neq \delta_2$, und gehen sie beide gegen 1, so resultiert die im Abschnitt 5.3.1.7 vorgestellte **asymmetrische**

Nash-Lösung: Gehen wir davon aus, daß die Spieler 1 und 2 durch die Zeitpräferenzparameter α und β $(\alpha \neq \beta)$ ausgewiesen sind. Wir unterstellen, daß sie auf $\alpha + \beta = 1$ standardisiert sind und sich die Diskontfaktoren entsprechend

$$\delta_1 = \mathrm{e}^{-\alpha d} \quad \text{und} \quad \delta_2 = \mathrm{e}^{-\beta d} \tag{5.41}$$

entwickeln. Nehmen wir nun an, daß d, die Länge der Zeit zwischen zwei Vorschlägen, gegen 0 geht. Dann gehen δ_1 und δ_2 gegen 1, und das entsprechende Verhandlungsergebnis (u_1, u_2), das ein **teilspielperfektes Gleichgewicht** beinhaltet, folgt aus der Maximierung des asymmetrischen Nash-Produkts

$$N^\circ = u_1^\alpha u_2^\beta \ . \tag{5.42}$$

Der Spieler mit dem höheren Zeitpräferenzparameter erhält, gemessen an der symmetrischen Nash-Lösung, die für $\alpha = \beta$ resultierte, eine relativ höhere Auszahlung. Für $\alpha > \beta$ nähert sich δ_1 schneller 1 an als δ_2; dies ist für Spieler 1 von Vorteil.

Mit diesem Resultat kann man jede Aufteilung, die sich als Ergebnis eines Verhandlungsspiels vom Rubinstein-Typ einstellt, durch unterschiedliche **Zeitpräferenzen** der Spieler rechtfertigen. Ein Nachweis, daß die Verhandlungen dem Kalkül des Rubinstein-Spiels folgen, läßt sich in diesem Fall nur dann erbringen, wenn wir von dem jeweiligen Verhandlungsspiel unabhängige Informationen über die Zeitpräferenzen der Spieler haben. Die Annahme, daß d gegen 0 geht, dürfte weniger problematisch sein. In der Regel sind die Zeiten zwischen den verschiedenen Verhandlungsangeboten kurz – gemessen an dem Zeitraum, für den das Ergebnis gelten soll.

Alternativ lassen sich δ_1 und δ_2 als Funktionen der Wahrscheinlichkeiten interpretieren, mit denen der jeweilige Spieler erwartet, daß das Spiel in der nächsten Runde abbricht (van Damme, 1987, S. 152). Der Spieler, der mit größerer Wahrscheinlichkeit einen Abbruch erwartet, ist bereit, dem Mitspieler großzügigere Angebote zu machen als der andere Spieler. Im Ergebnis, das der **asymmetrischen Nash-Lösung** entspricht, wird er sich deshalb, wiederum gemessen an der symmetrischen Nash-Lösung, schlechter stellen.

Verwandt mit dieser Interpretation ist δ_1 und δ_2 ist die Unterstellung, daß ein Spieler mit einer gewissen Wahrscheinlichkeit aus dem Verhandlungsprozeß ausscheidet. Zum Beispiel untersuchen Hart und Mas-Colell (1996) das folgende Szenarium eines Verhandlungsspiels mit mehr als zwei Personen: In jeder Spielrunde schlägt ein zufällig (mit gleicher Wahrscheinlichkeit) ausgewählter Spieler i einen Auszahlungsvektor vor. Wird er von allen Mitspielern akzeptiert, dann endet das Spiel mit diesem Ergebnis. Ist mindestens ein Mitspieler gegen den Vorschlag von i, dann folgt eine weitere Runde, wobei allerdings i mit Wahrscheinlichkeit ρ aus dem Spiel ausscheidet und mit der minimalen Auszahlung von 0 entlohnt wird. Mit Wahrscheinlichkeit $(1 - \rho)$ allerdings bleibt er im Spiel und kann u. U. in der nächsten Runde wieder dazu ausgewählt werden, einen Vorschlag zu machen.

Hart und Mas-Colell leiten für diesen nicht-kooperativen Verhandlungsprozeß vom Rubinstein-Typ ab, daß das Ergebnis, das **stationär-perfekte Gleichgewicht**, für *reine Verhandlungsspiele* mit der **Nash-Lösung** für transferierbare und nicht-transferierbare Nutzen zusammenfällt, daß es für Spiele mit transferierbarem Nutzen dem **Shapley-Wert** (siehe dazu Abschnitt 6.3 unten) und für Spiele mit nicht-transferierbarem Nutzen dem **Consistent-Shapley-Wert** von Maschler und Owen entspricht (Maschler und Owen, 1989).

Eine andere Modellierung der Zeit- bzw. Prozeßabhängigkeit der Auszahlungen wählte Stahl (1972, 1977). Die Spieler erhalten für jede Periode, für die sie sich einig sind, eine feste Auszahlung a. Einigen sie sich in der ersten von n Perioden, dann erhalten sie insgesamt na. Wird der Betrag in dieser Periode, der Periode 1, im Verhältnis x und $a-x$ mit zwischen den Spielern 1 und 2 aufgeteilt, dann erhält 1 insgesamt nx und 2 insgesamt $n(a-x)$. Einigen sie sich aber erst in der Periode j $(< n)$, so erhalten sie nur die Gesamtauszahlungen $(n-j+1)x$ und $(n-j+1)(1-x)$.

Diese Modellierung der Zeitabhängigkeit, das **Stahlsche Zeitmodell**, läßt sich unmittelbar nur auf Verhandlungen mit einer endlichen Anzahl von Spielrunden anwenden. Da es aber im Rubinstein-Spiel in der Version mit festem Abschlag c pro Periode auch eine Periode gibt, für die die Auszahlungen eines Spielers (oder beider Spieler) nicht mehr positiv sind, lassen sich die Ergebnisse beider Modelle ineinander überführen. Insbesondere läßt sich für beide **Backward Induction** (**Rückwärtsinduktion**) anwenden. Die Annahme stationärer Spielbedingungen erlaubt beim Rubinstein-Spiel mit der v-Funktion (bzw. Diskontierung) die Analyse auf einen endlichen Teil der unendlich vielen Perioden zu beschränken. Die Bedingungen in (5.37) zeigen, daß die Betrachtung von beliebigen drei aufeinanderfolgenden Perioden genügt, um ein **stationär-perfekte Gleichgewicht** abzuleiten.

Literaturhinweise zu Kapitel 5

Das Lehrbuch von Luce und Raiffa (1957) enthält eine sehr anschauliche Diskussion der **Nash-Lösung** (vgl. dazu auch Harsanyi, 1956). Roth (1979) bietet eine systematische, formal aber anspruchsvolle Darstellung der Nash-Lösung, der asymmetrischen Nash-Lösung, der Kalai-Smorodinsky-Lösung und der proportionalen Lösung und eignet sich hervorragend für ein intensiveres Studium auf dem Gebiet. Im Gegensatz dazu sind die Ausführungen zur **Nash-Lösung** und zur **Kalai-Smorodinsky-Lösung** in Friedman (1986) eher verwirrend. Ein Vergleich mit Roth (1979) zeigt, daß die Axiomatik der Nash-Lösung in Friedman unvollständig ist.

Das Modell **konvergenter Erwartungen** und das **komprimierte Zeuthen-Harsanyi-Spiel** sind in Roth (1979, Kap. I.C) skizziert. Friedman (1986) und Holler und Klose-Ullmann (2007) enthalten leicht verständliche Darstellungen des **Rubinstein-Spiels**. Siehe dazu auch Wiese (2002, S. 323ff). Napel (2002) bietet eine hervorragende Ausarbeitung des Zwei-Personen-Verhandlungsspiels auf anspruchsvollerem Niveau, und zwar sowohl in kooperativer als auch nicht-kooperativer Form.

Kapitel 6
Koalitionsspiele

Wenn wir, wie in Kap. 5, ausschließen, daß Teilmengen der Spieler miteinander Koalitionen bilden, dann können die dort für das 2-Personen-Spiel abgeleiteten Ergebnisse auf n-Personen-Spiele verallgemeinert werden. Diese Annahme soll nun modifiziert werden: Wir gehen jetzt davon aus, daß auch die Mitglieder jeder echten Teilmenge von Spielern (mit mehr als einem Element), also die Mitglieder von **Koalitionen** im engeren Sinne, verbindliche Abmachungen über die von ihnen zu wählenden Strategien treffen können. Es ist unmittelbar einzusehen, daß sich damit für Spiele mit mehr als zwei Spielern neue Lösungsprobleme ergeben. Entsprechende kooperative Lösungskonzepte stehen im Mittelpunkt dieses Kapitels.

Im folgenden unterscheiden wir für ein Spiel Γ **Einerkoalitionen** $\{i\}$ (für alle $i \in N$), die **große Koalition** N, die **Nullkoalition** und die Koalitionen im engeren Sinne, die aus einer echten Teilmenge von N gebildet werden, die mehr als einen Spieler enthält. Sofern keine Verwechslung möglich oder eine Unterscheidung nicht wesentlich erscheint, verzichten wir auf den Zusatz „i. e. S.".

$P(N)$ bezeichnet die Menge aller Koalitionen (Teilmengen), die aus der Gesamtheit der Spieler N gebildet werden kann; sie ist identisch mit der **Potenzmenge** von N. Mit Bezug auf N definiert die Koalition K ihr **Komplement** bzw. ihre komplementäre Menge $K^C = N - K$. Also ist K^C die Koalition aller Spieler, die nicht in K sind. Alternativ schreibt man dafür auch $K^C = N \backslash K$.

6.1 Einige Grundkonzepte für Koalitionsspiele

Die Behandlung von Koalitionen bzw. Koalitionsspielen erfordert die Einführung von Konzepten, die bisher aufgrund der Beschränkung auf nicht-kooperative Spiele oder des individualistisch-kooperativen Ansatzes vernachlässigt werden konnten, so zum Beispiel die Effektivitätsfunktion, die charakteristische Funktion, die Transferierbarkeit der Nutzen und das Konzept der Imputation bzw. Zurechnung.

M.J. Holler, G. Illing, *Einführung in die Spieltheorie*

6.1.1 Transferierbare und nicht-transferierbare Nutzen

Für die Behandlung von Koalitionsentscheidungen ist es offensichtlich von Bedeutung, ob die Mitglieder einer Koalition Nutzen ohne Verlust untereinander übertragen können. Übertragbare bzw. **transferierbare Nutzen** setzen voraus, daß die betroffenen Spieler über ein Medium verfügen, dem sie Nutzen zuordnen und das von einem Spieler auf den anderen übergehen kann (z. B. Geld), so daß **Seitenzahlungen** möglich sind. Beispielsweise kann die Tatsache, daß Kartelle illegal sind, möglicherweise ausschließen, daß der Gewinn aus abgestimmter Preispolitik auf einem Markt unter den Anbietern durch direkte Zahlungen verteilt werden kann. In diesem Fall muß die Verteilung des Gewinns über die *individuell* gewählten Strategien (z. B. Mengenpolitik) erfolgen, was möglicherweise zu einem geringeren Kartellgewinn führt als dies unter der Voraussetzung von Seitenzahlungen realisierbar wäre.

In Abb. 6.1 ist das Gewinnpotential eines homogenen Dyopols skizziert (vgl. Friedman, 1983, Kap. 2). Hierbei ist unterstellt, daß die beiden Anbieter unterschiedliche nicht-lineare Kostenkurven haben. Das Maximum g^* des Gesamtgewinns $g = g_1 + g_2$ ist erreicht, wenn jeder Anbieter jene Menge produziert, so daß g_1^* und g_2^* resultieren. Doch diese Gewinnaufteilung ist möglicherweise (für den Dyopolisten 2) nicht akzeptabel. Soll beispielsweise eine Gleichverteilung durchgesetzt werden und sind Seitenzahlungen zugelassen und damit alle Gewinnverteilungen auf der Linie AA machbar, so kann g^* so umverteilt werden, daß jeder Dyopolist $g^*/2$ erhält und die durch A' skizzierte Gewinnsituation verwirklicht wird. Damit das Niveau g^*, das auch für A' gilt, gehalten wird, muß jeder die Mengen produzieren, durch die die Gewinne in A'' realisiert werden können: Die Produktion erfolgt wie in A'', aber die Verteilung des Gewinns ist unabhängig davon.

Sind dagegen keine Seitenzahlungen möglich und sollen die Gewinnanteile gleich groß sein, so kann dies über die Absatzmengen erreicht werden – allerdings

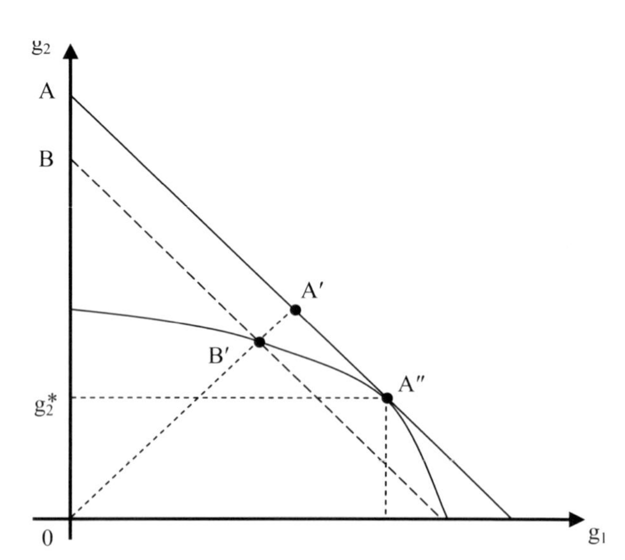

Abb. 6.1 Gewinnpotential eines homogenen Dyopols

zu Lasten des Gesamtgewinns, wie die Krümmung der Kurve durch bzw. ein Vergleich der Linien AA und BB andeutet. Die Strecke kann als Maß für die *Kosten der Gleichverteilung* bzw. des Verzichts auf Seitenzahlungen angesehen werden.

Eine Voraussetzung der (vollkommenen) Übertragbarkeit ist, daß die Nutzenfunktionen der betroffenen Spieler linear in dem Übertragungsmedium sind und somit, bei geeigneter Standardisierung der Nutzenfunktionen, die Auszahlungen im Verhältnis 1:1 vom Spieler i auf den Spieler j übertragen werden können, und vice versa, falls i und j Mitglieder einer Koalition K sind. Ansonsten könnte Nutzen bei der Übertragung „verloren" oder „hinzugewonnen" werden, und der Gesamtnutzen der Koalitionsmitglieder hinge von der Verteilung der Auszahlungen ab. Letzteres ist beispielsweise für Allokationen in der Edgeworth-Box der Fall. Spiele, die auf die Edgeworth-Box zurückgreifen, sind deshalb durch **nicht- transferierbare** Nutzen gekennzeichnet.

Illustriert ist die Nichtübertragbarkeit der Nutzen dadurch, daß die Nutzengrenze (Nutzenmöglichkeitskurve) eines Edgeworth-Box-Spiels im allgemeinen **nicht** linear ist. Sind dagegen die Nutzenfunktionen der Spieler linear und sind unbeschränkte (und transaktionskostenfreie) Seitenzahlungen möglich, so ist die Nutzengrenze linear. Im obigen Dyopolbeispiel wurde implizit unterstellt, daß die Nutzenfunktionen linear im Gewinn sind.

Bezeichnen wir den Wert einer Koalition K mit $v(K)$ und die Auszahlungen der Spieler wie bisher mit u_i, so muß *bei transferierbaren Nutzen* für den Auszahlungsraum der Koalition $\sum_{i\in K} u_i \leq v(K)$ gelten. $\sum_{i\in K} u_i = v(K)$ drückt die entsprechende Nutzengrenze aus.

Der Wert $v(K)$ ist eine ausreichende Beschreibung der möglichen Auszahlungen für die Elemente von K, falls die Nutzen *übertragbar* sind. Für den Fall, daß sie *nicht übertragbar* sind, ist der Auszahlungsraum P^{K} der Koalition durch die u^{K}-Vektoren beschrieben, die für die Mitglieder von K durch Kooperation im Rahmen von K erreichbar sind. u^{K} ist dabei die Spezifikation des Auszahlungsvektors $u = (u_1,\ldots,u_n)$ in bezug auf die Mitglieder von K, d. h., $u^{\mathrm{K}} = (u_j)$ für alle j in K entsprechend u.

Im allgemeinen sind Spiele mit transferierbaren Nutzen einfacher zu handhaben als Spiele mit nicht-transferierbaren Nutzen. Wir werden uns deshalb im folgenden auf diese Klasse konzentrieren und nur einige sehr einfache Spiele mit nicht-transferierbarem Nutzen betrachten.

6.1.2 Koalitionsform und charakteristische Funktion

Der oben bezeichnete Wert einer Koalition K in einem Spiel Γ mit transferierbarem Nutzen $v(K)$ ist durch eine Funktion v bestimmt, die jeder Koalition K in $P(N)$ eine reelle Zahl zuordnet. $v(K)$ ist die **charakteristische Funktion** des Spiels Γ und beschreibt dessen **Koalitionsform**, wenn folgende Bedingungen erfüllt sind:

$$v(\emptyset) = 0 \tag{6.1}$$

und, für alle Teilmengen S, T von N,

$$v(S \cup T) \geq v(S) + v(T) , \quad \text{falls } S \cap T = \emptyset . \tag{6.2}$$

Hier beschreiben $S \cup T$ die Vereinigungsmenge und $S \cap T$ die Durchschnittsmenge der Teilmengen S und T von N. Da letztere als leer unterstellt ist, sind die Mengen S und T disjunkt. (6.2) drückt somit aus, daß $v(K)$ **superadditiv** ist: Der Wert der Vereinigungsmenge von zwei disjunkten Teilmengen von N ist nie kleiner als die Summe der Werte dieser Teilmengen, sofern diese *einzeln* (und isoliert) betrachtet werden. D. h., wenn sich zwei Koalitionen S und T zusammenschließen, dann ist der Wert der Gesamtkoalition $S+T$ mindestens so hoch wie die Summe der Werte der einzelnen Koalitionen. Trifft (6.2) *nicht* zu, so beschreibt $v(K)$ ein **unproperes** Spiel. Wir beschränken uns aber hier auf die Betrachtung **properer** Spiele.

Der Wert $v(K)$ entspricht dem **Maximinwert** der Koalition, d. h. jener **Koalitionsauszahlung**, die sich K auch dann sichern kann, falls sich der für K ungünstigste aller Fälle einstellt und sich alle Spieler, die nicht in K sind, zum Komplement $K^c = N - K$ zusammenschließen und deren Interesse dem Interesse der Koalition K entgegengerichtet ist. Falls in einem Spiel für alle Koalitionen K von N die Interessen von K und $N - K$ tatsächlich strikt kompetitiv (bzw. strikt gegensätzlich) sind, gilt das Minimax-Theorem bzw.

$$v(K) + v(N - K) = v(N) . \tag{6.3}$$

Sind die Nutzen **nicht-transferierbar**, so ist die charakteristische Funktion $V(K)$ des Spieles Γ für alle Koalitionen K von N durch die Menge der Auszahlungsvektoren beschrieben, die sich K sichern bzw. die K verhindern kann. Falls beispielsweise $V(K)$ für $K = \{1,2,3\}$ den Vektor $u^K = (2,4,9)$ enthält, so bedeutet dies, daß auch $(2,2,7)$ in $V(K)$ ist. Es bedeutet aber z. B. nicht notwendigerweise, daß $(4,5,6)$ in $V(K)$ ist, obwohl die Summe der Auszahlungen für $(2,4,9)$ und für $(4,5,6)$ gleich 15 ist.

Das nachfolgende Beispiel (vgl. Aumann, 1967) macht deutlich, daß man bei nicht-transferierbaren Nutzen unterscheiden muß zwischen den Auszahlungen, die sich eine Koalition K *sichern* kann, und jenen Auszahlungen, die die Gegenkoalition K^C nicht *verhindern* kann. Entsprechend unterscheiden wir eine **α-charakteristische** und **β-charakteristische Funktion**: V_α und V_β.

Die Matrix 6.1 beschreibt ein beschreibt ein Drei-Personen-Spiel. Sie enthält die Auszahlungspaare für die Spieler 1 und 2, die die Koalition K bilden; s_{K1} und sind die Strategien der Koalition K. Die Strategien des Spielers 3 bzw. der Einerkoalition K^C sind s_{31} und s_{32}. Die Auszahlungen des dritten Spielers sind für die Fragestellung irrelevant und deshalb nicht in Matrix 6.1 aufgelistet.

Matrix 6.1. Drei-Personen-Spiel

	Spieler 3	
Koalition	s_{31}	s_{32}
s_{K1}	$(1,-1)$	$(0,0)$
s_{K2}	$(0,0)$	$(-1,1)$

Wählt Koalition K die Strategie s_{K1}, so sichert sie damit dem Spieler 1 die Auszahlung 0 und dem Spieler 2 die Auszahlung -1. Wählt sie hingegen s_{K2}, so sind die entsprechenden Werte -1 für Spieler 1 und 0 für Spieler 2. Man beachte, daß sich Spieler 1 und 2 nicht gleichzeitig, d. h. durch die Wahl von genau einer Strategie, die Auszahlung 0 sichern können. Spielt K gemischte Strategien, so drückt jedes Auszahlungspaar $(u_1, u_2) = \theta(-1,0) + (1-\theta)(0,-1)$ die Werte aus, die sich Spieler 1 und 2 ihm Rahmen der Koalition K sichern können. Die Menge dieser Auszahlungen sind in Abb. 6.2 durch die gestrichelte Linie dargestellt. Sie skizziert die Menge der strikt effizienten Auszahlungspaare u^{K} der Koalition K für die **α-charakteristische** Funktion $V_\alpha(K)$.

Aus der Matrix 6.1 ist unmittelbar zu ersehen, daß Spieler 3 bei simultaner Entscheidung das Auszahlungspaar $u^{\mathrm{K}} = (0,0)$ nicht *verhindern* kann: $(0,0)$ ist also ein Element des Auszahlungsraumes, den die β-charakteristische Funktion $V_\beta(K)$ beschreibt, nämlich jenes Element, das in bezug auf die Auszahlungen von Spieler 1 und 2 maximal ist.

Leider gibt es kein eindeutiges Kriterium, das uns darüber entscheiden läßt, ob $V_\alpha(K)$ oder $V_\beta(K)$ geeigneter ist. In der Regel wird $V_\alpha(K)$ bevorzugt. Dies geschieht wohl in Anlehnung an die Theorie transferierbarer Nutzen und die Definition von $v(K)$. Bei Vorliegen von *nicht-transferierbaren Nutzen* sollte dies irrelevant sein, trotzdem wird oft $V_\alpha(K)$ vorgezogen und mit $V(K)$ gleichgesetzt. Andererseits könnte man auch fragen, ob der Wert einer Koalition K *auch dann* durch die „minimierende" Gegenstrategie von K^{C} festgelegt wird, wenn diese für K^{C} keine beste Antwort impliziert und bzw. damit eine **nicht-glaubhafte** Drohung enthält (vgl. Holler, 1991).

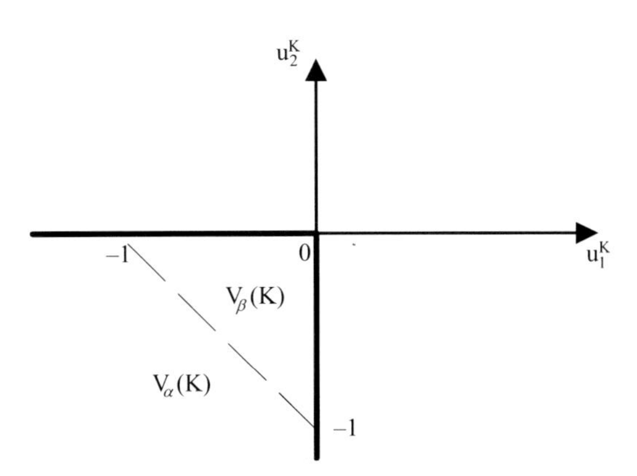

Abb. 6.2 α-und β-charakteristische Funktion

Bei *transferierbaren Nutzen* ist die Unterscheidung in α-charakteristische und β-charakteristische Funktionen irrelevant. Bei transferierbaren Nutzen würde zum Beispiel jede Zelle der Matrix in Abb. 6.2 den $v(K) = 0$ als „einzigen" Wert enthalten, und die Mitglieder von K würden, unabhängig vom Spieler 3, entscheiden, wie dieser Wert zwischen ihnen aufzuteilen wäre.

Fassen wir zusammen: Die Funktionen $v(K)$ bzw. $V(K)$, definiert auf der Potenzmenge $P(N)$, beschreiben die **Koalitionsform** des Spieles Γ für Spiele mit transferierbaren bzw. nicht-transferierbaren Nutzen, und $\Gamma = (N, v)$ und $\Gamma = (N, V)$ repräsentieren Spiele der entsprechenden Klassen.

Ist im Falle transferierbarer Nutzen $\sum v(\{i\}) = v(N)$ bzw. gilt im Falle nicht-transferierbarer Nutzen $u_i = V(\{i\})$ für jeden Spieler i und jeden Auszahlungsvektor $u = (u_1, \ldots, u_i, \ldots, v_n) \in V(N)$, so ist das betrachtete Spiel **unwesentlich**, denn der Koalitionsgewinn ist Null: Jeder Spieler kann bei Bildung der großen Koalition genau jene Auszahlung erhalten, die er sich auch als Einerkoalition $\{i\}$ sichern kann. Aufgrund der **Superadditivität** der charakteristischen Funktion gilt dies auch für die Mitglieder aller Koalitionen $S \subset N$, die einem unwesentlichen Spiel entsprechen. Die Bildung einer Koalition erbringt also in diesem Fall keinen Mehrwert, der auf die Spieler verteilt werden kann.

Dagegen sind Spiele, für die $v(N) > \sum v(\{i\})$ für alle i in N gilt, bzw. für die u in $V(K)$ zumindest für einen Spieler i eine höhere Auszahlung beinhaltet als $V(\{i\})$, **wesentliche Spiele**: Die Koalitionsbildung hat Einfluß auf die möglichen Auszahlungen. Die Spiele, die in diesem Kapitel analysiert werden, fallen in diese Klasse.

Ein Spiel ist **konvex**, wenn mindestens eine der beiden folgenden Bedingungen gilt:

$$v(S \cup T) + v(S \cap T) \geq v(S) + v(T) \text{ für alle Koalitionen } S \text{ und } T \text{ von } N \tag{6.4}$$

oder

$$v(S \cup \{i\}) - v(S) \leq v(T \cup \{i\}) - v(T) \quad \text{für alle } i \in N \text{ und alle } S, T \subset N - \{i\}, \text{ falls } S \subset T\,. \tag{6.5}$$

Hierbei bezeichnen $\cup$ die Vereinigungsmengen, $\cap$ die Schnittmengen und $\subset$ die Teilmengen.

Ein konvexes Spiel drückt ein intuitives Konzept von steigenden Erträgen aufgrund von Kooperation aus: Für Spiele mit transferierbaren Nutzen bedeutet das, daß der Grenzbeitrag eines Spielers um so größer ist, je größer die Koalition K ist, der er sich anschließt (vgl. Moulin, 1988, S. 112).

6.1.3 Effektivitätsfunktion

Die Möglichkeit, die Strategien von Koalitionsmitgliedern in einem Spiel Γ zu koordinieren und damit das Spielergebnis auf bestimmte Teilmengen des Ereignisraums E zu beschränken, wird durch die **Effektivitätsfunktion** EF(Γ) erfaßt.

Sie ordnet jeder Koalition K im Spiel Γ die Teilmengen von E zu, auf die K das Spielergebnis e (ein Element von E) beschränken kann. Bezeichnen wir die Potenzmenge der Ereignismenge E mit $P(E)$ – damit ist $P(E)$ die Menge aller Teilmengen, die aus E gebildet werden können –, dann ist EF(Γ) eine Abbildung der **Potenzmenge** $P(N)$, die die Menge aller aus N formbarer Koalitionen ausdrückt, in die Menge der Potenzmengen $P(E)$.

Die Effektivitätsfunktion EF(Γ) wählt für jede Koalition $K \subset N$ Elemente von $P(E)$ aus, für die die jeweilige Koalition **effektiv** ist. Eine Koalition K ist für die Teilmenge E_1 von E effektiv, wenn die Mitglieder von K ihre Strategien so koordinieren können, daß das Ereignis des Spiels Γ, $e(\Gamma)$, in E_1 und nicht in der Komplementärmenge $E - E_1$ ist. Allerdings kann K für mehrere Mengen E_k *gleichzeitig* effektiv sein, wie das Beispiel in Matrix 6.2 verdeutlicht.

Matrix 6.2. Illustration der Effektivitätsfunktion

	s_{21}	s_{22}	s_{23}
s_{11}	e_1/s_{31} e_2/s_{32}	e_3/s_{31} e_3/s_{32}	e_1/s_{31} e_2/s_{32}
s_{12}	e_4/s_{31} e_3/s_{32}	e_2/s_{31} e_2/s_{32}	e_4/s_{31} e_4/s_{32}

Wir betrachten eine **Spielform** $\Gamma' = \{N,S,E\}$, für die $N = \{1,2,3\}$ als Menge der Spieler, $S_1 = \{s_{11},s_{12}\}$, $S_2 = \{s_{21},s_{22},s_{23}\}$ und $S_3 = \{s_{31},s_{32}\}$ als Strategienmengen und $E = \{e_1,e_2,e_3,e_4\}$ als Menge der Ereignisse gegeben ist. Die Ereignisfunktion, die S in E abbildet, ist durch die Matrix in Matrix 6.2 bestimmt. Dort ist die durch den dritten Spieler notwendige Strategiendimension durch die Konditionierung der durch die Spieler 1 und 2 vorbestimmten Ereignisse erfaßt: e_1/s_{31} und e_2/s_{32} drücken aus, daß das Ereignis e_1 folgt, falls Spieler 3 die Strategie s_{31} wählt, und das Ereignis e_2 resultiert, falls 3 die Strategie s_{32} wählt.

Aus der Matrix 6.2 ist zu ersehen, daß Spieler 3 das Ereignis e_2 nicht verhindern kann, wenn Spieler 1 und 2 die Strategien s_{12} und s_{22} wählen. Spieler 3 kann auch e_4 nicht ausschließen: Spieler 1 und 2 brauchen nur s_{12} und s_{23} zu wählen. Er kann auch e_3 nicht verhindern, falls Spieler 1 und 2 den Strategien s_{11} und s_{22} folgen. Aber Spieler 3 kann das Ereignis e_1 ausschließen, denn falls s_{11} und s_{21} bzw. s_{11} und s_{23} gewählt werden, kann Spieler 3 mit seiner Entscheidung für s_{32} das Ereignis e_2 anstelle von e_1 auswählen. Somit kann Spieler 3 das Ergebnis aus diesem Spiel auf die Teilmenge $E_1 = \{e_2,e_3,e_4\}$ von E beschränken und ist damit für E_1 effektiv.

Spieler 2 kann zum einen durch die Wahl der Strategie s_{22} das Ergebnis auf die Menge $E_2 = \{e_2,e_3\}$ beschränken. Zum anderen kann er das Ergebnis als Element der Menge $E_3 = \{e_1,e_2,e_4\}$ bestimmen, indem er s_{23} wählt. D. h., Spieler 2 ist für die Mengen E_2 und E_3 effektiv. Entsprechend ist Spieler 1 für die Mengen $E_4 = \{e_1,e_2,e_3\}$ und $E_5 = \{e_2,e_3,e_4\}$ effektiv.

Betrachten wir nun die Koalition $K_1 = \{1,2\}$. Sie ist für die Mengen $\{e_2\}$, $\{e_3\}$, $\{e_4\}$, $\{e_1,e_2\}$ und $\{e_3,e_4\}$ effektiv. Stimmen beispielsweise die Spieler 1 und 2 ihre Strategienwahl so ab, daß das Paar (s_{12},s_{22}) resultiert, so legen sie damit das

Ergebnis des Spiels auf das Ereignis e_2 fest. Die Koalition $K_2 = \{2,3\}$ ist effektiv für die Mengen $\{e_2, e_3\}$, $\{e_1, e_4\}$ und $\{e_2, e_4\}$, wie sich aus der Matrix 6.3 ableitet, die der Matrix 6.2 entspricht. Wir überlassen es dem Leser, die Ereignismengen zu bestimmen, für die Koalition $K_3 = \{1,3\}$ effektiv ist.

Matrix 6.3. Illustration der Effektivitätsfunktion

	s_{21}	s_{22}	s_{23}
s_{31}	e_1/s_{11} e_4/s_{12}	e_3/s_{11} e_2/s_{12}	e_1/s_{11} e_4/s_{12}
s_{32}	e_2/s_{31} e_3/s_{32}	e_3/s_{11} e_2/s_{12}	e_2/s_{11} e_4/s_{12}

Es ist unmittelbar einzusehen, daß die große Koalition N für die Mengen $\{e_1\}$, $\{e_2\}$, $\{e_3\}$ und $\{e_4\}$ effektiv ist. Im Rahmen der Koalition N können die Spieler ihre Strategien so koordinieren, daß sie jedes Element der Menge E eindeutig als Ergebnis bestimmen können. Natürlich ist eine Koalition K, die für die Menge E' effektiv ist, auch für jede Obermenge E'' effektiv, deren Teilmenge E' ist. Die Obermenge sind aber im allgemeinen nicht relevant: Die interessante Frage ist, inwieweit K das Ergebnis des Spiels festlegen kann, wenn ihre Mitglieder kooperieren und ihre Strategien entsprechend koordinieren, d. h. auf welche Teilmengen von Ereignissen die Koalition K das Ergebnis beschränken kann. Die **Macht** der großen Koalition N zeigt sich darin, daß sie ein bestimmtes Element von E wählen kann, während sich die „*Ohnmacht*" der Nullkoalition $\emptyset$ darin zeigt, daß ihr die Effektivitätsfunktion die Menge E als effektiv zuordnet, sofern $\emptyset$ nicht von vorneherein von der Betrachtung ausgeschlossen wird.

Es ist naheliegend, die Effektivitätsfunktion im Hinblick auf **Macht** zu interpretieren (vgl. Moulin und Peleg, 1982, und Vannucci, 1986, 2002): So ist eine Koalition K' mächtiger als die Koalition K'', wenn E'' die einzige Menge beschreibt, für die K'' effektiv ist, und K' für mindestens eine echte Untermenge von E'' effektiv ist.

Ein eng verwandter Ansatz ist von der Spielform auszugehen, und zu fragen, welche Ergebnisse sich ein Spieler sichern kann, gleich welche Strategien der oder die anderen Spieler wählen. Die Antwort auf diese Frage beschreibt nach Miller (1982) die Macht des Spielers: Was kann er gegen den Widerstand der anderen erreichen. Holler (2008) hat diesen Ansatz gewählt, um die Macht des Diktators in Machiavelli's *Der Fürst* aus spieltheoretischer Sicht zu analysieren.

Die Spielform kann auch verwendet werden, auszudrücken, welche Ereignisse sich ein Spieler garantieren kann. Auf dieser Basis hat Marlies Ahlert (2008) einen Ansatz entwickelt, der erlaubt, unterschiedliche Spiele in bezug auf die Stellung der Spieler zu vergleichen. In ihrem Fall sind dies das **Diktatorspiel**[1] und das **Ulti-**

[1] Im Diktatorspiel beschließt der Diktator über die Verteilung der Ressourcen, ob der dem Mitspieler etwas abgibt vom Kuchen oder nicht. Der Mitspieler hat nicht einmal die Möglichkeit die Almosen abzulehnen; im eigentlichen Sinne ist er kein Spieler, weil über keine Strategien verfügt, und das Diktatorspiel ist somit ein „Spiel gegen die Natur".

matumspiel. Die Bewertung der Ereignisse ist hierbei einem externen Beobachter überlassen.

6.1.4 Imputation und Dominanz

Für Lösungen kooperativer Spiele sind jene Auszahlungsvektoren von Interesse, die **individuell rational** und **pareto-optimal** sind. Ein Auszahlungsvektor u, der diese beiden Bedingungen erfüllt, heißt **Imputation** oder auch **Zurechnung**. Bei *transferierbaren* Nutzen gilt für eine Imputation u somit $\sum u_i = v(N)$ und $u_i \geq v(\{i\})$. Sind die Nutzen *nicht-transferierbar*, so ist ein Auszahlungsvektor u dann eine Imputation, wenn es *keinen* Vektor $u' \in V(N)$ gibt, für den $u_i < u'_i$ für alle $i \in N$ ist, d. h. wenn u nicht von einem $u' \in V(N)$ strikt dominiert wird. Die Menge der Imputationen für ein Spiel (N, v) bzw. (N, V) bezeichnen wir mit $I(N, v)$ bzw. $I(N, V)$.

In einem Spiel $\Gamma = (N, v)$ **dominiert** der Auszahlungsvektor den Vektor u bezüglich der Koalition K, wenn $u'_i \geq u_i$ für alle $i \in K$ und für mindestens ein $i \in K$ die Ungleichung $u'_i > u_i$ gilt und $\sum u'_i \leq v(K)$ erfüllt ist. D. h., die Koalition K muß entsprechend der Spielform $\Gamma' = (N, S, E)$ und der dadurch bestimmten Effektivitätsfunktion $\text{EF}(K)$ die Möglichkeit haben, ein Ereignis in E zu realisieren, das dem Auszahlungsvektor u' entspricht.

Der Vektor dominiert u', falls es mindestens eine Koalition K gibt, so daß u' den Vektor u bezüglich K dominiert. Es ist unmittelbar einzusehen, daß u, soll er ein nicht-dominierter Auszahlungsvektor sein, ein Element in $I(N, v)$ sein muß, da u ansonsten von einem $u' \in I(N, v)$ bezüglich der Koalition N dominiert wird. Wird u' von einem Strategienvektor s^{K} und u von einem Strategienvektor t^{K} induziert und dominiert u' den Vektor u bezüglich der Koalition K, so dominiert s^{K} den Vektor t^{K} bezüglich K. Der Hintergrund ist, daß in Koalitionsspielen die Mitglieder einer Koalition K ihre Strategien so koordinieren können, daß man von einer **Koalitionsstrategie** s^{K} oder t^{K} sprechen kann.

In einem Spiel $\Gamma = (N, V)$ dominiert u' den Vektor u bezüglich der Koalition K, wenn $u'_i \geq u_i$ für alle $i \in K$ und für mindestens ein i in K die Ungleichung $u'_i > u_i$ gilt und u' und u in $V(K)$ sind. Daraus folgt, daß u von einem u' in $I(N, V)$ dominiert wird, wenn u keine Imputation ist.

Oft bezeichnet man die bisher definierten Beziehungen auch als **schwache Dominanz**. u ist **strikt dominiert** von u', wenn $u'_i > u_i$ für alle i in N gilt. Für *transferierbare* Nutzen ist die Unterscheidung in strikte und schwache Dominanz irrelevant, da der Vorteil eines Spielers i aus u' bezüglich u so umverteilt werden kann, daß $u'_i > u_i$ für alle $i \in K$ gilt. Im folgenden unterstellen wir **strikte Dominanz**, wenn wir den Begriff ohne Zusatz verwenden. Die übliche Notation für „*u' dominiert u bezüglich K*“ ist „*u' dom u via K*“. Bezüglich strikter oder schwacher Dominanz wird in der Notation im allgemeinen nicht unterschieden.

Im Unterschied zur **strikten Dominanz**, die den Vergleich von Auszahlungsvektoren beinhaltet, bezieht sich die **starke Dominanz** auf einen Vergleich von einer Menge von Alternativen, B, und einer Alternative a, die nicht in B ist: B dominiert a bezüglich der Koalition K, wenn $u_i(b) > u_i(a)$ für alle $b \in B$ und für alle $i \in K$ gilt (vgl. Moulin und Peleg 1982). Wir schreiben dann „B *Dom* a *via* K“. Die hier gewählte Definition beinhaltet die **strikte Form** der **starken Dominanz**. Die **schwache Form** fordert, daß wenn für alle $i \in K$ der Nutzen aus jedem Element b von B mindestens so groß und für ein i von K größer ist als der Nutzen aus a. Wenn die Menge B die Alternative a strikt dominiert, dann dominiert sie a auch schwach.

Die Relation „Dom“ bezieht sich hier auf Alternativen, also auf Ereignisse in E, während „dom“ in bezug auf Auszahlungsvektoren definiert ist. Eine Anpassung der beiden Konzepte ist aber ohne Schwierigkeiten möglich, wenn man auf die Elemente in E die entsprechenden Nutzenfunktionen der Spieler anwendet. Da die Ereignisfunktion $e(s)$ jedem Strategienvektor genau ein Ereignis zuordnet, können die Dominanzbeziehungen für Auszahlungen bzw. Ereignisse auch auf Strategien bzw. Strategienkombination überführt werden.

6.2 Lösungskonzepte für Koalitionsspiele: Mengenansätze

Mit Hilfe des nunmehr eingeführten Instrumentariums lassen sich eine Reihe von Lösungskonzepten für Koalitionsspiele formulieren. Dabei können wir zum einen Konzepte unterscheiden, die die Auszahlungsmenge bzw. die Menge der Alternativen (Ereignisse) auf einen eindeutigen Auszahlungsvektor bzw. ein eindeutiges Ereignis abbilden, so daß die Lösung als **Funktion** formulierbar ist: Diese Konzepte bezeichnet man als **Wertansätze**. Ferner gibt es Konzepte, die die Auszahlungsmenge bzw. die Menge der Alternativen auf eine Teilmenge reduzieren, so daß der Lösung eine **Korrespondenz** entspricht: die **Mengenansätze**.

Im folgenden sollen die wichtigsten bzw. gebräuchlichsten Mengenansätze skizziert werden. Ausgangspunkt ist, das sei hier nochmals betont, daß Teilmengen von Spielern (Koalitionen) *verbindliche* Abmachungen treffen und ihre Strategien entsprechend koordinieren können.

6.2.1 Das starke Nash-Gleichgewicht

Eine unmittelbare Übertragung des Nash-Gleichgewichts auf Koalitionsspiele stellt das **starke Nash-Gleichgewicht** (englisch: **strong equilibrium**) dar. Es zeichnet sich durch eine *nicht-kooperative* Eigenschaft aus, die sich aus dem Nash-Gleichgewicht herleitet, und durch eine *kooperative*, die darin begründet ist, daß die Mitglieder einer Koalition verbindliche Abmachungen im Hinblick auf die Koordinierung ihrer Strategien und, bei transferierbarem Nutzen, die Verteilung des Koalitionsertrags treffen können.

6.2.1.1 Definition und Eigenschaften

Ein Strategien-n-Tupel $s = s^N = (s^K, s^{N-K})$ ist ein **starkes Nash-Gleichgewicht**, wenn es *keine* Koalition $K \subset N$ gibt, so daß der K-Vektor s^K (d. h., der Vektor der Strategien der Mitglieder von K entsprechend s^N) von einem alternativen Strategienvektor t^K dominiert wird, *falls* die Mitglieder der komplementären Koalition $N - K$ die Strategien entsprechend s^N bzw. s^{N-K} wählen.

Anders ausgedrückt: Soll s ein **starkes Nash-Gleichgewicht** sein und ändern die Mitglieder von K ihre Strategieentscheidungen von s^K auf t^K, so sollen sich – bei *unveränderter Strategienwahl* der Mitglieder von $N - K$ entsprechend s (hier wird die Anlehnung an das Nash-Gleichgewicht besonders deutlich) – die Mitglieder i von K durch t^K ***nicht*** dergestalt besserstellen, daß

$$u_i(t^K, s^{N-K}) \geq u_i(s^K, s^{N-K})$$

und für mindestens ein $i \in K$ die Ungleichung

$$u_i(t^K, s^{N-K}) > u_i(s^K, s^{N-K})$$

gilt.

Da diese Bedingung auch auf die große Koalition N und die Einerkoalitionen $\{i\}$ zutrifft, muß ein Strategienvektor s, der ein starkes Nash-Gleichgewicht beinhaltet, einen individuell rationalen und pareto-optimalen Auszahlungsvektor $u(s)$ induzieren. Ferner folgt unmittelbar, mit Blick auf die Einerkoalition, daß jedes starke Nash-Gleichgewicht auch ein Nash-Gleichgewicht ist, denn (auch) bei einem starken Nash-Gleichgewicht kann sich keine Einerkoalition $\{i\}$, *gegeben* die Strategien der anderen Spieler, besserstellen.

Die Menge der starken Nash-Gleichgewichte des Spiels Γ bezeichnen wir mit $\mathrm{SE}(\Gamma)$. Die Menge $\mathrm{SE}(\Gamma)$ kann *leer* sein, d. h. unter Umständen hat ein Spiel Γ kein starkes Nash-Gleichgewicht.

6.2.1.2 Das Edgeworth-Box-Modell

Wenden wir das **starke Nash-Gleichgewicht** auf ein **Edgeworth-Box-Modell** des (reinen) bilateralen Tausches an, d. h. auf ein Spiel mit nicht-transferierbarem Nutzen. Zunächst ist festzustellen, daß jede Allokation der Güter Brot und Wein in der Box (s. Abb. 6.3) ein Nash-Gleichgewicht beinhaltet – auch die Anfangsverteilung A. Denn bei gegebenen Gütermengen des anderen Spielers kann sich kein Spieler durch Änderung seiner Menge verbessern. Eine einseitige Änderung der Gütermengen ist nur durch Vernichtung von Beständen realisierbar, und das führt zu einer Reduzierung des Nutzens des betreffenden Spielers.

In dem hier beschriebenen Marktspiel stellen Allokationsvorschläge, die im Prinzip realisierbar sind, die Strategien der Spieler dar. Die Strategienmenge eines Spielers ist durch die Art der Güter und durch die insgesamt verfügbare Menge jedes

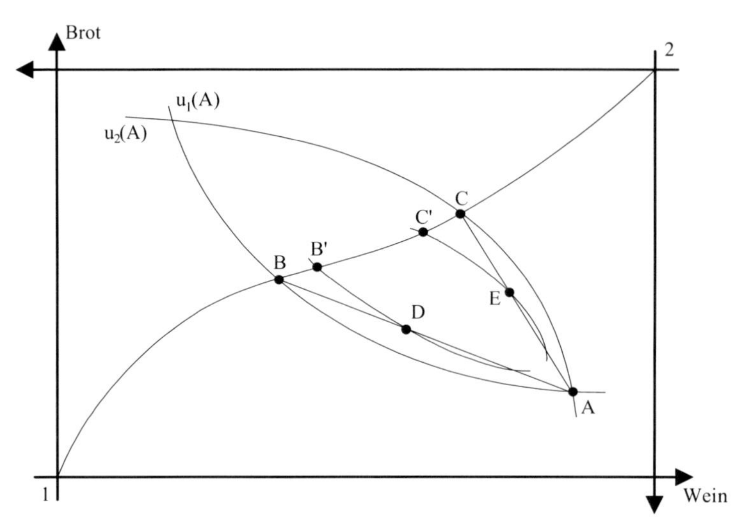

Abb. 6.3 Edgeworth-Box und starkes Nash-Gleichgewicht

Gutes bestimmt. Ist der Vorschlag des Spielers *i kompatibel* mit dem Vorschlag des Spielers *j* oder mit der Ausgangsverteilung, so ist der Vorschlag *realisierbar*.

Bilateraler Tausch ist der einzige Weg für einen Teilnehmer, sich in diesem Modell besser zu stellen als in der Ausgangssituation. Er erfordert, daß sich die Mengenpaare *beider* Spieler ändern. Das starke Nash-Gleichgewicht schließt diese Möglichkeit ein, da es davon ausgeht, daß Spieler 1 und 2 eine Koalition bilden können. Entsprechend erfüllt die Anfangsausstattung A nicht die Bedingung eines starken Nash-Gleichgewichts: Jede beliebige Güterallokation X im Innern der Linse, die durch die Indifferenzkurven $u_1(A)$ und $u_2(A)$ bestimmt ist, beinhaltet ein Nutzenpaar $u' = (u_1(X), u_2(X))$, das $u = (u_1(A), u_2(A))$ dominiert. Für jede Allokation X in der Linse, mit Ausnahme der Allokationen auf der **Kontraktkurve**[2] zwischen den Randallokationen B und C, läßt sich eine alternative Allokation Y finden, die – gemessen an den zugeordneten Auszahlungen – X bezüglich der Koalition $K = \{1,2\}$ dominiert. Entsprechend ist die Menge der starken Nash-Gleichgewichte, SE(Γ), in Abb. 6.3 durch den Teil der Kontraktkurve charakterisiert, der zwischen B und C liegt, bzw. durch die Nutzen, die diesen Allokationen zuzuordnen sind. Diese Punkte erfüllen, wie wir aus der Mikroökonomie wissen, die Bedingungen der individuellen Rationalität und Pareto-Optimalität.

Man beachte, daß die Randallokationen B und C auch **starke Nash-Gleichgewichte** darstellen. Allerdings kann keine dieser Allokationen durch Tausch erreicht werden, sofern Tausch impliziert, daß *beide* Tauschpartner einen Vorteil erzielen und A die Anfangsverteilung wiedergibt. Gehen wir aber jetzt davon aus, daß der Tausch, d. h. die Koalition $K = \{1,2\}$, ein Ergebnis erbrachte, das sehr nahe bei B liegt, und identifizieren wir es vereinfachend mit B. Nehmen wir an, daß zwei wei-

[2] Die Kontraktkurve ist der geometrische Ort aller Punkte, in denen sich die Indifferenzkurven von Spieler 1 und 2 tangieren.

tere Spieler in den Tausch einbezogen werden: ein Spieler 1a mit den Präferenzen und der Anfangsausstattung des Spielers 1 und ein Spieler 2a mit den Präferenzen und der Anfangsausstattung des Spielers 2. Die ursprüngliche Tauschsituation wird also dupliziert bzw. repliziert. Das entsprechende Spiel bezeichnen wir mit 2Γ.

Es ist unmittelbar einzusehen, daß B keinem Nutzenvektor entspricht, der in $\mathrm{SE}(2\Gamma)$ ist. Spieler 1 und 1a können ihr Nutzenniveau erhöhen, wenn sie ihre Güterbündel zusammenlegen und jeder je die Hälfte der Menge von jedem Gut erhält, über die sie gemeinsam verfügen können. Dieses Ergebnis ist durch die Allokation D in Abb. 6.3 repräsentiert. Die Menge der starken Nash-Gleichgewichte „*schrumpft*" bei Duplizierung der Spieler insofern, als der Nutzen der Allokation B für Spieler 1 nicht mehr vereinbar mit den Koalitionsmöglichkeiten des Spiels 2Γ ist. Allerdings sind die Dimensionen der Auszahlungsvektoren in $\mathrm{SE}(\Gamma)$ und $\mathrm{SE}(2\Gamma)$ verschieden, so daß die „Schrumpfung" nicht impliziert, daß $\mathrm{SE}(2\Gamma)$ eine echte Teilmenge von $\mathrm{SE}(\Gamma)$ ist. Das Spiel 2Γ besteht ja aus vier statt aus zwei Spielern.

Berücksichtigt man entsprechend dem Konzept des starken Nash-Gleichgewichts die Koalitionsmöglichkeiten von Spieler 1 und 1a mit 2 und 2a, so sieht man, daß die Auszahlungen entsprechend D (für 1 und 1a) und A (für 2a) von Nutzenvektoren bezüglich der Koalition $K' = \{1, 1\text{a}, 2, 2\text{a}\}$ dominiert werden, denen Allokationen zwischen B' und C entsprechen. Außerdem können, ausgehend von C, die Spieler 2 und 2a die Allokation E realisieren. Damit scheidet die Menge $C'C$ der Kontraktkurve aus, weil sie dominierte Allokationen repräsentiert. Die Menge der **starken Nash-Gleichgewichte** „schrumpft" auf die Repräsentation durch $B'C'$.

6.2.2 Der Kern

Die Argumentation, die hier für das starke Nash-Gleichgewicht dargestellt wurde, entspricht der Analyse bezüglich der „*Schrumpfung des Kerns*" (vgl. Hildenbrand und Kirman, 1976, 1988, und Varian, 1994, Kap. 21). Sind die Präferenzen der Tauschpartner strikt konvex bzw. sind deren Nutzenfunktion strikt quasi-konkav und die Indifferenzkurven entsprechend strikt konvex, dann gilt für Allokationen im **Kern**:

1. Die Güterbündel aller Tauschpartner vom gleichen Typ (entweder 1 oder 2) sind identisch und
2. der Kern enthält das **Walras-Gleichgewicht** als einziges Element, wenn die Ökonomie Γ genügend oft repliziert wird und das Gleichgewicht in bezug auf eine vorgegeben Anfangsverteilung A eindeutig ist.

Der **Kern** ist wohl das populärste Lösungskonzept für Koalitionsspiele. Seine explizite Definition stammt von Gillies (1959). Inhaltlich aber wurde er spätestens durch Edgeworth (1881) in die ökonomische Theorie eingeführt.

6.2.2.1 Definition und Eigenschaften

Der **Kern** $C(\Gamma)$ ist die Menge aller **nicht-dominierten Imputationen**. Ist für das Spiel Γ der Auszahlungsvektor x ein Element des Kerns $C(\Gamma)$, d. h., gilt $x \in C(\Gamma)$, so gilt für alle Koalitionen K aus N, daß es kein K gibt, so daß „y *dom* x *via* K" erfüllt ist. Keine Koalition K kann ihre Mitglieder also besser stellen, indem sie y statt x herbeiführt, d. h., entweder gibt es für das Spiel Γ keine Koalition K, die stark genug wäre, y zu realisieren – die Effektivitätsfunktion EF(Γ) gäbe uns darüber Auskunft –, oder y ist nicht in dem Sinne besser, daß $y_i > x_i$ mindestens für ein $i \in K$ und $y_i \geq x_i$ für alle $i \in K$ erfüllt ist. In diesem Sinne ist jeder Vektor $x \in C(\Gamma)$ **koalitionsrational**. Da x eine Imputation ist, ist x auch **individuell-rational** und **gruppenrational** (bzw. pareto-optimal, sofern man die Spieler von Γ mit der zu betrachtenden Gesellschaft gleichsetzt).

Da der Kern $C(\Gamma)$ auf der Elementrelation „dom" beruht, bezeichnen wir ihn (im Gegensatz zu dem unten diskutierten **starken Kern**) als **elementaren** Kern, sofern die Unterscheidung von Bedeutung ist. Für **transferierbare** Nutzen läßt sich der (**elementare**) **Kern** eines Spiels Γ auch folgendermaßen definieren:

$$C(\Gamma) = \{u | v(K) - \sum u_i \leq 0 \quad \text{über alle } i \in K \text{ und für alle } K \text{ von } N\}\ .$$

Diese Formulierung (vgl. Moulin, 1988, S. 94f) stellt die Beziehung zur charakteristischen Funktion $v(K)$ bzw. zu dem unten erläuterten Überschuß $e(K,u) = v(K) - \sum u_i$ her.

Weil kein Element in $C(\Gamma)$ dominiert wird, sind die Elemente des Kerns **intern stabil**. Sie sind aber nicht **extern stabil**: Es gibt Auszahlungsvektoren, die nicht in $C(\Gamma)$ sind, aber von keinem Element in $C(\Gamma)$ dominiert werden. Ein derartiger Vektor y muß von einem Vektor z, der auch nicht in $C(\Gamma)$ ist, dominiert werden, sonst wäre er selbst in $C(\Gamma)$. Die Dominanzrelation „dom" ist **nicht transitiv**, denn es ist also nicht ausgeschlossen, daß beispielsweise x den Vektor z und z den Vektor y dominiert, aber x nicht y dominiert. (Man beachte, daß die Koalitionen, die den Dominanzbeziehungen zugrunde liegen, im allgemeinen nicht identisch sind.) Daraus ergeben sich bei transitiven individuellen Präferenzen vielfach intransitive Dominanzen und ein **leerer Kern**. Die folgenden Beispiele zeigen, daß der Kern für ein Spiel Γ eine leere Menge sein kann, während er für ein anderes Spiel möglicherweise sehr groß ist.

Das Standardbeispiel für ein Spiel mit **leerem Kern** ist ein Abstimmungsspiel, in dem drei Spieler mit einfacher Mehrheit darüber entscheiden, wie eine vorgegebene, konstante und beliebig teilbare Nutzenmenge Q auf die drei Spieler verteilt wird. Hierbei ist vorausgesetzt, daß jeder Spieler ein Mehr einem Weniger vorzieht. Würde ein Verteilungsvektor x, für den $Q \geq \sum x_i$ gilt, von einer Koalition mit zwei oder drei Mitgliedern unterstützt, so könnte er sich durchsetzen. Aber zu jedem Vektor x, der diese Bedingung erfüllt, gibt es einen Verteilungsvektor y, der in Konkurrenz zu x von zwei (oder drei Spielern, wenn x nicht gruppenrational ist) unterstützt wird. Zu y allerdings gibt es auch einen Vektor z, der, in Konkurrenz zu y, von einer Mehrheit der Spieler favorisiert wird usw. Beginnt man beispielsweise mit dem

Vektor $x = (1/2, 1/2, 0)$, so ist leicht einzusehen, daß die Spieler 2 und 3 den Vektor $y = (0, 2/3, 1/3)$ dem Vektor x vorziehen, daß aber andererseits die Spieler 1 und 3 den Vektor $z = (1/2, 0, 1/2)$ y vorzögen. Es gibt keinen Vektor x, zu dem es keinen Vektor y gibt, der nicht von einer Koalition von mindestens zwei Spielern dem Vektor x vorgezogen würde. Das Abstimmungsspiel beinhaltet somit **zyklische Mehrheiten** (Majoritäten). Der Kern dieses Spiels ist somit leer. Das Ergebnis des Spiels hängt entscheidend davon ab, in welcher zeitlichen Folge die Vorschläge gemacht werden, bzw. davon, wer den letzten Vorschlag macht.

Ein Beispiel mit einem sehr großen Kern ist das **Edgeworth-Box-Modell** mit zwei Personen, das wir für das **starke Nash-Gleichgewicht** oben diskutierten. Für dieses Modell ist der Kern mit der Menge der starken Nash-Gleichgewichte identisch. Es gehört inzwischen zur Standardliteratur der Mikroökonomie zu zeigen, daß der Kern bei Replikation der 2-Personen-Wirtschaft im oben skizzierten Sinne schrumpft und mit steigender Zahl von Replikationen gegen ein **Walras-Gleichgewicht** konvergiert (vgl. Varian, 1994 (Kap. 21) und Hildenbrand und Kirman, 1988). Die Argumentation ist wie beim starken Nash-Gleichgewicht und braucht hier nicht wiederholt werden.

6.2.2.2 Das Gebührenspiel

Das folgende Beispiel geht auf Faulhaber (1975) zurück. Es befaßt sich mit der Formulierung eines stabilen Gebühren- bzw. Beitragssystems für den Fall, daß die Produktion eines Gutes subadditive Kosten aufweist und ökonomische Effizienz eine gemeinsame Produktion beinhaltet. Das Beispiel ist, zusammen mit zwei weiteren Aufgaben zum Kern, in Holler et al. (2008) ausgearbeitet. Ähnliche Beispiele sind auch in Moulin (1988, S. 89–95) ausführlich diskutiert.

Die **Stabilität** und **Effizienz** sei dadurch sichergestellt, daß die Beiträge so gewählt werden, daß für keine Teilmenge der Nutzer eine Aufteilung der Produktion auf mehrere Produktionseinheiten von Vorteil ist. Ein Beitragssystem $r = (r_1, \ldots, r_n)$ ist also stabil und effizient (gruppenrational), wenn die entsprechenden Auszahlungen im **Kern** des Spiels Γ liegen, das die Produktion und die Verteilung der Kosten und Erträge modelliert.

Beispiel. Eine neue Wasserversorgung für vier Gemeinden, von denen zwei (Spieler 1 und 2) im Westen und zwei (Spieler 3 und 4) im Osten liegen, soll errichtet und ein entsprechendes Beitragssystem bestimmt werden. Jede Gemeinde nimmt eine gleich große Menge von 10.000 hl Wasser ab, für die ein Gestehungspreis von 100 Geldeinheiten (GE) anzusetzen ist. Hinzu kommen Kosten für den (oder die) Brunnen von (je) 200 GE: Statt zwei Brunnen (je einen in Ost und West) kann eine Pipeline zwischen Ost und West gebaut werden, so daß mit einem Brunnen Gemeinden aus beiden Regionen versorgt werden können. Die Kosten der Pipeline wären 100 GE.

Abbildung 6.4 faßt die Kosten und die Lage der Gemeinden für den Fall einer gemeinschaftlichen Wasserversorgung zusammen, die alle vier Gemeinden umfaßt

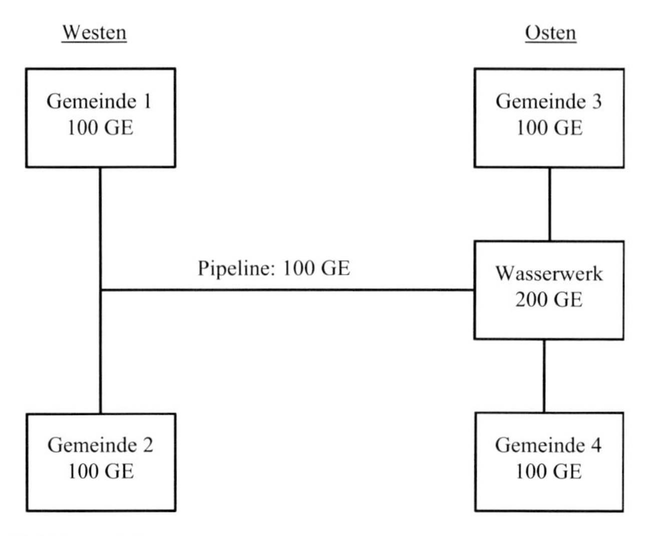

Abb. 6.4 Das Gebührenspiel

und bei der die gesamte Wassererzeugung aus einem Brunnen erfolgt. Diese Lösung muß von der großen Koalition $N = \{1,2,3,4\}$ getragen werden. Die entsprechenden Kosten (gemessen in GE) sind:

$$c(K) = c(\{1,2,3,4\}) = 700\,.$$

Alternative Arrangements K sind mit folgenden (Mindest-)Kosten $c(K)$ verbunden:

$$\begin{aligned} c(\{1,2,3\}) &= c(\{1,2,4\}) = c(\{2,3,4\}) = c(\{1,3,4\}) = 600 \\ c(\{1,3\}) &= c(\{1,4\}) = c(\{2,3\}) = c(\{2,4\}) = 500 \\ c(\{1,2\}) &= c(\{3,4\}) = 400 \\ c(\{i\}) &= 300 \quad \text{für alle } i \in N\,. \end{aligned}$$

Die Kosten erfüllen also die Bedingung der **Subadditivität**: Es gilt $c(K) + c(K') \geq c(K \cup K')$, falls K und K' disjunkte Mengen sind und ihre Durchschnittsmenge damit leer ist.

Eine effiziente Wasserversorgung setzt voraus, daß sich die Koalition N bildet und ein allumfassendes Wasserversorgungssystem, wie es in Abb. 6.5 beschrieben ist, eingerichtet wird. Diesen Produktions- bzw. Kostenverhältnissen entspricht ein **natürliches Monopol**. Man beachte, daß hiermit das natürliche Monopol als *unabhängig* von der Nachfrage bzw. von deren Umfang definiert ist. Es ist ausschließlich durch die Kostenbedingungen charakterisiert. Ob es realisiert wird, d. h., ob es **Bestand** hat, hängt allerdings im allgemeinen von den Marktbedingungen (Nachfrage und Konkurrenz) ab. Im obigen Beispiel hängt die Realisation der Gesamtlösung N davon ab, ob sich keine Teilmenge K von N zu einer alternativen Lösung entschließt.

Allgemein: Ein natürliches Monopol ist dann *beständig*, wenn die Allokation (die sich i. d. R. aus den Preisen ergibt) im **Kern** ist.[3] Für die Lösung, also die Gestaltung und Verteilung der Produktion, nehmen wir Kostendeckung an. Somit gilt:

$$r(K) = c(K)\,, \quad \text{wobei } r(K) = \sum r_i \text{ über alle } i \in K\,. \tag{F.1}$$

$r(K)$ ist die Summe der Beiträge, die die Mitglieder von K insgesamt zu dem von K getragenen Arrangement der Wasserproduktion leisten, falls das Arrangement unabhängig von den anderen Gemeinden realisiert wird.

Um die Stabilität eines Beitragssystems $r = (r_1, \ldots, r_n) = (r_1, r_2, r_3, r_4)$ zu testen, das eine effiziente Wasserversorgung sicherstellen soll, fassen wir das skizzierte Szenarium als ein Spiel in **Koalitionsform** auf. Die Kostenfunktion $c(K)$ entspricht der charakteristischen Funktion: Allerdings entsprechen hohe Kostenwerte einem geringen Koalitionswert, und vice versa. Die **Subadditivität** der Kosten (s. o.) entspricht der **Superadditivität** der charakteristischen Funktion (vgl. Bedingung (6.2) im Abschnitt 6.1.2).

Die Beiträge r_i können als (negative) Auszahlungen interpretiert werden. Der Vektor r repräsentiert demnach einen („inversen") Auszahlungsvektor. Die Lösung des Spiels läßt sich durch eine **Koalitionsstruktur** T und ein Gebührensystem r darstellen.

Grundsätzlich ist festzustellen, daß das vorliegende Gebührenspiel unter der Bedingung (F.1) ein **konvexes Spiel** ist, denn es erfüllt Bedingung (6.4) (s. Abschnitt 6.1.2). Es gilt der *Satz*: Der Kern eines konvexen Spiels ist nicht leer. D. h., es gibt ein Gebührensystem r, das im Kern liegt. Das Gebührensystem r ist im Kern, und die Produktion ist damit für alle vier Gemeinden gemeinsam, wenn

$$c(K) \geq r(K) \quad \text{für alle } K \subset N \tag{F.2}$$

gilt. Träfe dies für eine bestimmte Koalition K nicht zu, so wäre es für K bzw. deren Mitglieder von Vorteil, ein „eigenständiges" Arrangement der Wasserversorgung zu wählen.

Der in (F.2) formulierte Test ist eine Version eines **stand alone tests**, der im Gegensatz zur ursprünglichen Formulierung auch Koalitionen berücksichtigt. Eine Alternative zu (F.2) ist ein modifizierter **Zusatzkostentest**, der im Gegensatz zum ursprünglichen **incremental cost test** ebenfalls Koalitionen berücksichtigt:

$$r(K) \geq c(N) - c(N-K) \quad \text{für alle } K \subset N\,. \tag{F.3}$$

Soll die gemeinsame (effiziente) Lösung und damit eine Koalition N realisiert werden, so hat jede Koalition K mindestens in der Höhe Gebühren zu zahlen, die jene (zusätzlichen) Kosten decken, die sie im Rahmen der großen Koalition verursacht. Andernfalls würden die Mitglieder der Koalition $N-K$, die Mitglieder von K „subventionieren", falls die umfassende Gemeinschaftslösung zustande kommt, und eine Teillösung ohne K anstreben. Die Bedingungen (F.2) und (F.3) sind gleichwertig.

[3] Zum Problem der **Beständigkeit** (sustainability) eines natürlichen Monopols vgl. Baumol et al. (1977) und Panzar und Willig (1977).

Ein Arrangement besteht nur dann den Zusatzkostentest, wenn auch die Bedingung (F.2) erfüllt ist, und vice versa.

Eine **Subventionierung** von $N-K$ durch K bedeutet, daß sich K durch ein eigenständiges Arrangement der Wasserversorgung besser stellen könnte. Unter dem Prinzip der Freiwilligkeit und dem gegebenen institutionellen Arrangement, das keine Wiederholungen der Entscheidung und keine Seitenzahlungen vorsieht, kann man jedoch keine **Kreuzsubventionen** und damit keine effiziente Lösung erwarten, wenn das Beitragssystem die Bedingung (F.2) bzw. (F.3) verletzt.

Ist die Bedingung (F.2) nicht erfüllt, so *subventioniert* die Koalition K (die) Mitglieder der Koalition $N-K$ über Gebühren, d. h. durch Beiträge zur gemeinsamen Lösung, die höher liegen als die Kosten, die für K bei einer Lösung anfallen, die sich auf K selbst beschränkt. Ist Bedingung (F.3) nicht erfüllt, so *subventioniert* die Koalition $N-K$ die Koalition K in entsprechender Weise. Im zweiten Fall wird dann eine Kreuzsubvention von $N-K$ an K realisiert.

Ein Beitragssystem r ist also dann stabil und die Produktion ist gemeinsam, wenn (F.2) bzw. (F.3) erfüllt sind und damit die entsprechende Allokation im Kern liegt. Die spezifischen Bedingungen leiten sich aus (F.1) und (F.2) bzw. (F.3) unter Berücksichtigung der oben dargestellten Kosten $c(K)$ ab:

$$\begin{aligned} r_1+r_2+r_3+r_4 &= 700 \\ 300 \geq r_1 &\geq 100 \\ 400 \geq r_1+r_2 &\geq 300 \\ 400 \geq r_3+r_4 &\geq 300\,. \end{aligned} \tag{F.4}$$

Nehmen wir an, daß für Gemeinde 4 der Gesamtbeitrag von $r_4 = 100$ (exogen) festgesetzt wurde, so lassen sich die Restriktionen für die restlichen drei Gemeinden durch den in Abb. 6.6 skizzierten Simplex $S^{(3)} = \{(r_1,r_2,r_3)|\sum r_i = 600 \text{ und } r_i \geq 0\}$ darstellen. Jeder Punkt in gibt somit eine Allokation der Kosten innerhalb der Koalition $K = \{1,2,3\}$ wieder, wobei die Kosten über die Gebühren r_i zugerechnet werden.

Das Parallelogramm in Abb. 6.5 entspricht dem Kern des *Restspiels*, d. h. der Menge der stabilen Vektoren (r_1,r_2,r_3). Diese Vektoren erfüllen für $r_4 = 100$ die in (F.4) formulierten Bedingungen, d. h., sie sind durch $400 \geq r_1+r_2$, $300 \geq r_3$ und $r_1 \geq 100$ beschrieben

Ein Beitragssystem r, das für die Gemeinden 1, 2 und 3 pro 100 hl einen Betrag von 2 GE vorsieht, ist demnach für die individuelle Nachfrage von 10.000 hl stabil. Diesem Beitragssystem entspricht der Punkt $a = (200,200,200)$ im **Simplex** (vgl. Abb. 6.6). Ein Beitragssystem r', das pro 100 hl für die Gemeinden 1 und 2 den Betrag 2,2 GE und für die Gemeinden 3 und 4 die Beträge 1,6 GE bzw. 1 GE ansetzt, ist dagegen instabil und i. d. R. nur durch eine exogene Autorität (beispielsweise eine übergeordnete Gebietskörperschaft) durchzusetzen. In diesem Fall wäre es nämlich für die Koalition $K = \{1,2\}$ vorteilhaft, eine eigenständige Wasserversorgung einzurichten, wie der Test entsprechend (F.2) oder (F.3) zeigt. In Abb. 6.6 ist das Beitragssystem r' durch den Punkt $b = (220,220,160)$ skizziert; er liegt nicht im Parallelogramm, und r' ist damit nicht im Kern. Daraus folgt: Sofern die für die

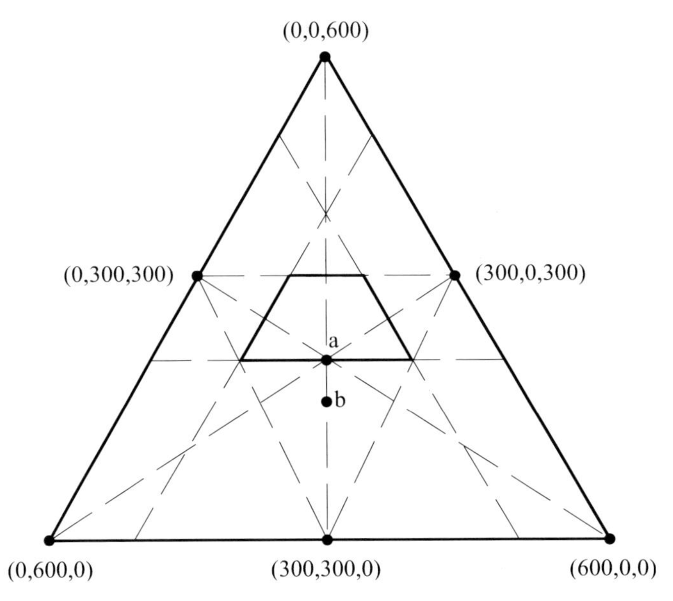

Abb. 6.5 Der Kern des Gebührenspiels

Gemeinden 3 und 4 in r' angesetzten Preise deren Leistungsgrenze widerspiegeln, müßten diese ohne Wasserversorgung auskommen, da das Gesamtaufkommen der Koalition $K^C = \{3,4\}$ nicht ausreichte, ein Versorgungssystem mit den entsprechenden Leistung zu etablieren.

In der Regel springt dann die öffentliche Hand ein und bezuschußt die „notleidenden" Gemeinden. Dies bedeutet möglicherweise, daß die Gemeinden 3 und 4 eine gemeinsame Wasserversorgung aufbauen. Bei den oben angesetzten Kosten und nachgefragten Mengen entsprächen dieser Lösung Kosten von 400 GE bzw. einem öffentlichen Zuschuß von 140 GE für die Wasserversorgung von 3 und 4 und 800 GE Gesamtkosten für die Wasserversorgung von allen vier Gemeinden.

Diese Lösung ist ineffizient. Bei einem Gebührensystem r, das im Kern liegt, könnte eine kostengünstigere Versorgung aller vier Gemeinden etabliert werden. Aber die beschränkte Leistungsfähigkeit der Gemeinden 3 und 4 läßt eine solche Lösung nicht zu. Hier ist die Freiwilligkeit der Beitragsleistung mit der gesamtwirtschaftlichen Effizienz nicht vereinbar. Eine effiziente Lösung, in der die kostengünstigste Versorgung aller vier Gemeinden ohne zusätzliche finanzielle Mittel, also nur über die Gebühren der Beteiligten sichergestellt wird, könnte beispielsweise dadurch erreicht werden, daß der Markteintritt von solchen Wasserwerken untersagt oder anderweitig beschränkt wird, die weniger als drei Gemeinden versorgen. Damit könnte die Koalition $K = \{1,2\}$ keine profitable Alternative zur Gesamtversorgung $N = \{1,2,3,4\}$ realisieren und wäre gezwungen, die Mitglieder von K^C über den Gebührensatz von 2,2 GE zu subventionieren. Dem entspricht eine **Kreuzsubvention** von 40 GE.

Das Beispiel zeigt, wie direkte Subventionen durch die öffentliche Hand (in Höhe von 14 GE) durch indirekte (Kreuz-) Subventionen (in Höhe von 40 GE) ersetzt werden könnten, und wie eine effiziente Lösung durch Abweichung vom *Freiwilligkeitsprinzip* bzw. durch Markteintrittsbarrieren erreicht werden kann. Ist eine **gruppenrationale** Lösung nicht im Kern, weil sie nicht **koalitionsrational** ist, so erfordert die Durchsetzung einer effizienten Lösung eine direkte oder indirekte Einschränkung der Koalitionsfreiheit. Das gilt u. U. auch, wenn zum Beispiel über die Gebühren **verteilungspolitische Zielsetzungen** verfolgt werden. Sind 3 und 4 arme und 1 und 2 reiche Gemeinden und wird eine Angleichung des ökonomischen Potentials angestrebt, so könnte ein Gebührensystem r' durchaus dieses Ziel unterstützen, aber es muß, wie die Analyse zeigt, von flankierenden Maßnahmen, die die Koalitionsfreiheit einschränken, begleitet werden, falls sich keine ineffiziente Lösung ergeben soll. Eine notwendige Bedingung, dafür daß der Kern des Gebührenspiels nicht leer ist, ist die **Subadditivität der Kosten**. Für beliebige zwei Produktionsarrangements, die durch die **disjunkten** Koalitionen K und beschrieben werden, muß also gelten:

$$c(K) + c(K') \geq c(K \cup K'). \tag{F.5}$$

Es ist aber leicht einzusehen, daß diese Bedingung nicht sicherstellt, daß der Kern nicht leer ist, wie das folgende Beispiel aus Faulhaber (1975) zeigt. Nehmen wir an, eine Wassergesellschaft soll drei Gemeinden versorgen, die so nahe zueinander liegen, daß keine Pipeline erforderlich ist. Was benötigt wird, sind Brunnen zu bohren und Wassertanks sowie lokale Verteilungssysteme zu errichten. Ein lokales Verteilungssystem kostet wiederum 100 GE und schließt die Versorgung mit 10 hl Wasser pro Tag ein, was dem Bedarf einer einzelnen Gemeinde entspricht. Als Brunnen stehen zwei Arrangements zur Verfügung: ein flacher Brunnen mit einer Leistung von 20 hl, für den pro Tag Kosten in Höhe von 200 anfallen, und ein tiefer Brunnen mit einer Leistung von 30 hl, dem Kosten in Höhe von 350 entsprechen. Die alternativen Arrangements sind mit folgenden (Mindest-)Kosten verbunden:

$$\begin{aligned} c(\{1,2,3\}) &= 650 \\ c(\{1,2\}) &= c(\{2,3\}) = c(\{1,3\}) = 400 \\ c(\{i\}) &= 300 \quad \text{für } i = 1,2 \text{ oder } 3\,. \end{aligned}$$

Die Bedingung (F.5) ist erfüllt. Aus (F.2) bzw. (F.3) aber leiten sich die folgenden Bedingungen für den Kern ab:

$$\begin{aligned} r_1 + r_2 &\leq 400 \\ r_1 + r_3 &\leq 400 \\ r_2 + r_3 &\leq 400\,. \end{aligned}$$

Aufsummiert ergibt dies:

$$2(r_1 + r_2 + r_3) \leq 1200\,,$$

woraus folgt, daß die drei Gemeinden bereit sind, nur die Gebühren

$$r_1 + r_2 + r_3 \leq 600$$

in einem gemeinsamen Brunnen-Arrangement zu zahlen. Damit ist dieses aber nicht kostendeckend realisierbar, denn für die Kosten gilt $c(\{1,2,3\}) = 650$.

6.2.2.3 Anmerkungen zur strikten Dominanz und zum starken Kern

Aufgrund der in Abschnitt 6.1.4 für Auszahlungsvektoren eingeführten Unterscheidung von **schwacher** und **strikter Dominanz**, lassen sich für den **Kern** zwei unterschiedliche Konzepte formulieren:

(A) Der **schwache Kern** enthält Auszahlungsvektoren u, die bezüglich einer Koalition S schwach, aber nicht stark dominiert sind, d. h., es gibt Vektoren v, so daß $v_i \geq u_i$ für alle i in S gilt, aber für mindestens ein i in S die Gleichung $v_i = u_i$ erfüllt ist.

(B) Der **strikte Kern** enthält alle Auszahlungsvektoren u, für die es keine Koalition S und keinen (machbaren) Vektor v gibt, so daß $v_i \geq u_i$ für alle i in S gilt. D. h., die Auszahlungsvektoren im strikten Kern sind weder schwach noch stark bezüglich einer Koalition S dominiert.

Der strikte Kern bildet stets eine Teilmenge des schwachen Kerns. Sofern bei schwacher Dominanz die Spieler, die sich besser stellen, Nutzen auf die indifferenten Spieler transferieren können, ist der Unterschied zwischen schwacher und strikter Dominanz und damit schwachem und striktem Kern aufgehoben. Unterscheiden sich aber die den beiden Konzepten entsprechenden Mengen von Auszahlungsvektoren, so beinhaltet der strikte Kern einen höheren Grad von Stabilität als der schwache Kern. – Roth (1991) nimmt in seiner Stabilitätsanalyse des Arbeitsmarkts für Jungmediziner in den Vereinigten Staaten und Großbritannien explizit Bezug auf den strikten Kern.

Die bisherige Betrachtung des Kerns beruht auf der (üblichen) elementaren Dominanzrelation „dom". Substituiert man diese durch die starke Dominanzrelation „Dom" (siehe Abschnitt 6.1.4 oben), so ist der **starke Kern** $SC(\Gamma)$ durch die Menge aller Auszahlungsvektoren eines Spiels Γ definiert, die im Sinne von „Dom" nicht dominiert werden. $SC(\Gamma)$ ist also die Menge aller Auszahlungsvektoren x, für die es für keine Koalition K von N eine Menge Q von Auszahlungsvektoren q gibt, so daß für einen beliebigen Vektor q in Q gilt: $q_i \geq x_i$ für alle $i \in K$ und $q_i > x_i$ für mindestens ein $i \in K$.[4]

In Abschnitt 6.1.4 wurde die **starke Dominanz** in bezug auf Präferenzen über Alternativen definiert. Die jetzt verwandte Formulierung in Auszahlung (Nutzen) ist insoweit eine äquivalente Darstellung, als die Auszahlungsfunktion bzw. die Nutzenfunktion die Präferenzen adäquat zusammenfaßt. Da die Menge Q auch aus nur

---

[4] Dies ist die **schwache Form der starken Dominanz**; in der strikten Form müßte für alle Mitglieder $i \in K$ gelten.

einem Auszahlungsvektor q bestehen kann, und damit die Bedingung starker und elementarer Dominanz zusammenfallen, ist unmittelbar einzusehen, daß der **starke Kern** $SC(\Gamma)$ stets eine Teilmenge des (elementaren) Kerns $C(\Gamma)$ ist. Für viele Spiele Γ ist $SC(\Gamma)$ eine echte Teilmenge von $C(\Gamma)$. (Ein Beispiel ist in Moulin und Peleg (1982) ausgeführt.) Andererseits bilden die Auszahlungsvektoren, die der Menge der starken Nash-Gleichgewichte SE(Γ) entsprechen, eine Teilmenge von $SC(\Gamma)$, die möglicherweise auch echt ist. (Siehe Moulin und Peleg (1982) für Beweis und Beispiel.)

6.2.3 Stabile Mengen bzw. die VNM-Lösung

Ist der Kern leer, so ist *jeder* Auszahlungsvektor eines Spiels dominiert und somit als Ergebnis des Spiels grundsätzlich *instabil*. Es scheint deshalb problematisch, für ein Spiel mit leerem Kern bei uneingeschränkter Koalitionsfreiheit ein Ergebnis vorzuschlagen, zu prognostizieren oder zu postulieren. Allerdings gibt es Teilmengen von Auszahlungsvektoren, die „weniger instabil" scheinen als andere, und im Sinne einer Lösung kann es sinnvoll sein, die Menge der instabilen Auszahlungsvektoren entsprechend zu differenzieren. Für eine derartige Unterscheidung aber gibt es kein eindeutiges Kriterium. Entsprechend stehen mehrere Konzepte zur Verfügung, nach denen bezüglich der Instabilität von Auszahlungsvektoren bzw. Teilmengen von Imputationen differenziert werden kann. Das in diesem Abschnitt diskutierte Konzept der **stabilen Mengen** wurde von von Neumann und Morgenstern (1961) als „Lösung" für Mehrpersonenspiele eingeführt und wird deshalb auch als **VNM-Lösung** bezeichnet.

6.2.3.1 Definition und Eigenschaften

Eine **stabile Menge** V eines Spiels Γ ist (a) **intern stabil**, d. h., es gibt keinen Auszahlungsvektor x in V, der von einem beliebigen Auszahlungsvektor y in V dominiert wird, und (b) **extern stabil**, d. h., jeder Auszahlungsvektor z, der nicht in V ist, wird von mindestens einem Auszahlungsvektor x in V dominiert, d. h., es gibt immer einen Vektor x in V, der z dominiert, falls z nicht in V ist. Erfüllt V *beide Eigenschaften*, dann ist sie eine stabile Menge.

Eine stabile Menge V ist also extern stabil, während der **Kern** diese Eigenschaft nicht erfüllt. Es können Auszahlungsvektoren außerhalb des Kerns existieren, die von keinem Auszahlungsvektor im Kern dominiert werden. Andererseits aber enthält eine stabile Menge V möglicherweise Elemente, die von Auszahlungsvektoren, die nicht in V sind, dominiert werden. (Ein Beispiel ist im folgenden Abschnitt ausgeführt.) Für den Kern ist dies ausgeschlossen.

V ist in der Regel nicht eindeutig: Ein Spiel Γ hat u. U. mehr als nur eine stabile Menge, und bei beliebiger Teilbarkeit enthält (fast) jede eine *unendliche* Anzahl von Elementen, wie das Beispiel im folgenden Abschnitt zeigt. Es gibt aber Spiele, die

eine eindeutige stabile Menge haben; diese ist identisch mit dem Kern des Spiels. Das trifft z. B. für das Edgeworth-Box-Modell im 2-Personen-Fall zu. Allerdings, sind mehr als zwei Tauschpartner involviert, dann schrumpft der Kern, während die VNM-Lösung im allgemeinen nicht schrumpft (vgl. Owen, 1995, S. 249–253).

V existiert nicht für jedes Spiel. Lucas (1968) zeigte für ein 10-Personen-Spiel, daß es keine stabile Menge hat (vgl. Owen, 1995, S. 253–258).

6.2.3.2 Das Drei-Personen-Abstimmungsspiel

Die wesentlichen Eigenschaften der **stabilen Mengen** lassen sich an Hand des **Drei-Personen-Abstimmungsspiels** skizzieren, das wir in Abschnitt 6.2.3.2 kennengelernt haben: Drei Spieler stimmen unter der einfachen Mehrheitsregel über die Verteilung einer konstanten Nutzensumme ab, die auf den Wert 1 normiert ist. Der Kern dieses Spiels ist leer, während offensichtlich

$$V = \left\{ \left(\tfrac{1}{2}, \tfrac{1}{2}, 0\right), \left(0, \tfrac{1}{2}, \tfrac{1}{2}\right), \left(\tfrac{1}{2}, 0, \tfrac{1}{2}\right) \right\}$$

eine stabile Menge darstellt. Zum einen wird keiner der drei Auszahlungsvektoren von einer Mehrheit (also von zwei Spielern) einem anderen Vektor in dieser Menge vorgezogen; damit wird auch keiner von einem anderen Vektor der Menge dominiert. V ist **intern stabil**. Zum anderen können maximal zwei Komponenten des Vektors $u = (u_1, u_2, u_3)$ gleich $1/2$ sein, da $\sum u_i = 1$. Das bedeutet, daß zwei Komponenten eines Vektors y (der nicht in V ist) kleiner als $1/2$ sein müssen, falls eine Komponente größer als $1/2$ ist – was zur Folge hat, daß zwei Spieler (also eine Mehrheit) einen Vektor x in V dem Vektor y vorziehen: y wird also von x dominiert. Demnach wird jeder Vektor y, der nicht in V ist, von einem x in V dominiert. Damit ist V auch **extern stabil**.

V ist in Abb. 6.6a wiedergegeben. V ist aber nicht die einzige stabile Menge dieses Spiels. Eine Klasse von stabilen Mengen wird z. B. durch die Menge

$$V_{3,C} = \left\{ (x_1, 1 - c - x_1, c) | 0 \leq x_1 \leq 1 - c \text{ und } 0 \leq c < \tfrac{1}{2} \right\}$$

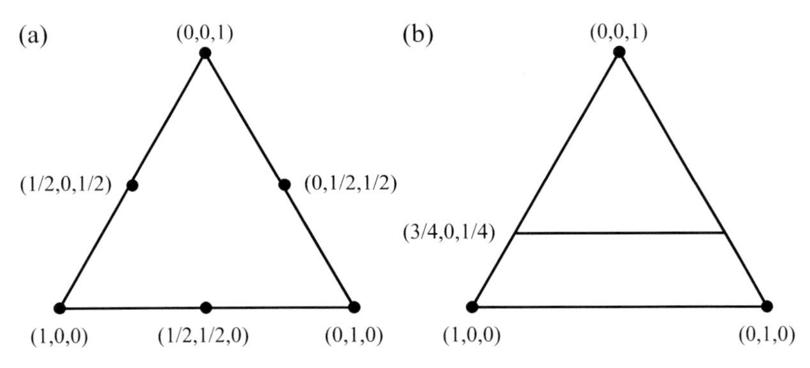

Abb. 6.6 **a** Die stabile Menge V, **b** Die stabile Menge $V_{3,C}$

definiert: Der dritte Spieler erhält einen konstanten Wert c, während sich Spieler 1 und 2 den Rest teilen. Für jeden (exogen bestimmten) Wert c, der die Nebenbedingung $0 \leq c < 1/2$ erfüllt, wird eine andere stabile Menge formuliert. Weil alternativ jedem der drei Spieler ein c-Wert zugeordnet werden kann, ergeben sich weitere Klassen von stabilen Mengen, die analog zu $V_{3,C}$ definiert sind: $V_{1,C}$ und $V_{2,C}$.

Die stabile Menge $V_{3,C}$ ist in Abb. 6.6b für $c = 1/4$ durch die dick gezeichnete Horizontale im Simplex $S^{(3)} = \{(x_1, x_2, x_3) | \sum x_i = 1 \text{ und } x_i \geq 0\}$ dargestellt, die im Abstand $1/4$ parallel zu der Verbindung der Eckpunkte $(1,0,0)$ und $(0,1,0)$ in den Grenzen $x_1 \geq 1/4$ und $x_2 \geq 1/4$ verläuft.

Es ist einfach zu zeigen, daß $V_{3,C}$ **intern stabil** ist. Für ein vorgegebenes (fixes) c unterscheiden sich zwei Imputationen x und y in nur durch zwei Komponenten: Es gilt entweder $x_1 > y_1$ und $x_2 < y_2$ oder $x_1 < y_1$ und $x_2 > y_2$. Da Spieler 3 indifferent zwischen x und y ist, zieht nur ein Spieler x dem Vektor y vor. Das begründet keine Mehrheit für x und entsprechend keine Dominanz. Die **externe Stabilität** von $V_{3,C}$ ist schwieriger zu zeigen. Ist y nicht in $V_{3,C}$, so gilt entweder $y_3 > c$ oder $y_3 < c$. Betrachten wir $y_3 > c$ und schreiben $y_3 = c + \varepsilon$. Dann definieren wir einen Vektor x in $V_{3,C}$, so daß

$$x_1 = y_1 + \varepsilon/2\,, \quad x_2 = y_2 + \varepsilon/2 \quad \text{und} \quad x_3 = c\,.$$

Die Spieler 1 und 2 bevorzugen x gegenüber y, also „x dom y via $\{1,2\}$“. Betrachten wir nun den Fall $y_3 < c$. Es muß $y_1 \leq 1/2$ oder $y_2 \leq 1/2$ gelten, da sonst $y_1 + y_2 > 1$ wäre. Nehmen wir $y_1 \leq 1/2$ an und betrachten den Vektor $x = (1-c, 0, c)$ in $V_{3,C}$, dann erhalten wir „x dom y via $\{1,3\}$“, da $1 - c > 1/2 \geq y_1$ und $c > y_3$ ist. Nehmen wir $y_2 \leq 1/2$ an und betrachten den Vektor $x = (0, 1-c, c)$ in $V_{3,C}$, dann erhalten wir „x dom y via $\{2,3\}$“, da $1 - c > 1/2$ und $c > y_3$ ist.

6.2.3.3 Anmerkungen zur VNM-Lösung

Die Menge $V_{3,C}$ ist eine (den Spieler 3) **diskriminierende stabile Menge**. Für $x_3 = c = 0$ und (x_1, x_2, x_3) in $V_{3,0}$ ist Spieler 3 **vollkommen diskriminiert**. Wir wollen dieses Ergebnis nicht weiter kommentieren und hier nur anmerken, daß von Neumann und Morgenstern (1947) dieses Konzept als Ausdruck von **Verhaltensstandards** in einer Gesellschaft sahen. Sind für eine Gesellschaft die Verhaltensstandards festgelegt, dann beschreibt die entsprechende stabile Menge die möglichen Auszahlungen der Spieler, die mit diesen Standards vereinbar sind.

Die Stabilität einer stabilen Menge V ist „intuitiv“ darin begründet, daß sich die Koalitionen, die die Elemente von V unterstützen, in dem durch V bestimmten Rahmen nicht verbessern können, da es keine dominanten Auszahlungsvektoren in V in bezug auf Elemente von V gibt. Auszahlungsvektoren, die nicht in der stabilen Menge sind, können aber durch Elemente in V als Forderungen abgewehrt werden, auch wenn sie dominant zu einem Element in V sind – denn sie werden von Elementen in V dominiert. Warum ist z. B. die Imputation $x = (1/2, 1/2, 0)$ in V stabil, die von der Koalition $\{1,2\}$ induziert wird, und warum nicht die dazu dominante

Imputation $y = (1/2 + \varepsilon, 0, 1/2 - \varepsilon)$, die von der Koalition $\{1,3\}$ getragen wird? Der durch y benachteiligte Spieler hätte im Rahmen von V einen Einwand gegen y: Er könnte mit Hilfe von Spieler 3 den Vektor $z = (0, 1/2, 1/2)$ in V induzieren, der y via $\{2,3\}$ dominiert. Wohingegen kein Spieler im Rahmen von V ein Möglichkeit hat, einen Vektor zu induzieren, der $(1/2, 1/2, 0)$ dominiert. Die Imputation z kann als **Gegeneinwand** bezüglich eines **Einwandes** y interpretiert werden. Diese Begriffe werden im nächsten Abschnitt weiter präzisiert.

Einwand, Gegeneinwand und Koalitionsbildung sind in den stabilen Mengen nicht explizit dargestellt, sondern in der Dominanzrelation enthalten. Das gilt auch in bezug auf die Effektivitätsfunktion der entsprechenden Spielform, die ausdrückt, auf welche Alternativen und damit Auszahlungsvektoren eine Koalition das Ergebnis beschränken kann, bzw. welche Imputationen in einer stabilen Menge durch eine Koalition unterstützt werden. Die Imputationen in einer stabilen Menge drücken deshalb implizit aus, welche Koalitionen für sie relevant sind, d. h., welche Koalitionen die „Macht" haben, einen stabilen Auszahlungsvektor zu induzieren. Die im folgenden Kapitel diskutierten Verhandlungsmengen gehen explizit auf die Koalitionsbildung und das Wechselspiel von Forderung und Gegenforderung bzw. Einwand und Gegeneinwand ein.

6.2.4 Die Verhandlungsmengen

Eine **Verhandlungsmenge** des Spiels Γ ist eine Menge von **Auszahlungskonfigurationen**, gegen die keine **zulässige Koalition** einen **wirksamen Einwand** hat. Ein Einwand ist *wirksam*, wenn es dazu keinen **Gegeneinwand** gibt. Eine Koalition ist *zulässig*, wenn sie der vorgegebenen **Koalitionsstruktur** des Spiels entspricht. Damit ist die Verhandlungsmenge abhängig von der jeweiligen Koalitionsstruktur; es ist deshalb konsequent, daß diese für die jeweilige Verhandlungsmenge explizit gemacht wird. Die Verhandlungsmenge gibt damit nicht nur Antwort auf die Frage nach stabilen Auszahlungsvektoren, sondern auch nach stabilen Koalitionsstrukturen.

6.2.4.1 Definitionen

Eine **Koalitionsstruktur** $TT = \{T_1, \ldots, T_m\}$ ist eine vollständige Zerlegung der Menge aller Spieler N in Koalitionen, so daß jede Koalition T_j, $j = 1, \ldots, m$, mindestens ein Element von N enthält. Da TT eine **vollständige Zerlegung** ist, muß die Durchschnittsmenge von je zwei beliebigen Elementen in TT leer und die Vereinigungsmenge aller T_j in TT ist gleich N sein. Für eine gegebene Koalitionsstruktur TT sind die **Partner** einer Koalition K durch die Spielermenge $P(K,TT) = \{i | i \in T_j \text{ und } T_j \cap K \neq \emptyset\}$ charakterisiert. Ist beispielsweise $TT = \{\{1,2,3\},\{4,5,6\},\{7,8,9\}\}$, so ist für die Koalition $K = \{1,5\}$ die Menge der Partner durch $P(K,TT) = \{1,2,3,4,5,6\}$ gegeben.

Eine **Auszahlungskonfiguration** (AK) ist eine Kombination (x, TT) des Auszahlungsvektors x mit einer Koalitionsstruktur, so daß $\sum x_i = v(T_j)$ für alle i in T_j und alle T_j in TT. Dies impliziert, daß x **gruppenrational** ist, denn $\sum x_i = v(N)$ für alle i in N. Eine AK ist individuell rational, wenn $x_i \geq v(\{i\})$ für alle i in N gilt. In diesem Fall ist x eine Imputation. – Im folgenden werden wir ausschließlich **individuell rationale** AKs betrachten. Es sollte jedoch klar werden, daß wir zusätzliche Konzepte von Verhandlungsmengen definieren können, wenn wir diese Einschränkung aufheben.

Einwand: Gehen wir von einer Konfiguration (x, TT) aus, in der zum einen die Koalitionen K und L Teilmengen der gleichen größeren Koalition T_j sind (wobei T_j ein Element von TT ist) und zum andern K und L keine gemeinsamen Elemente haben (ihre Durchschnittsmenge also leer ist). Ein **Einwand** (auch oft als **Forderung** oder **Drohung** bezeichnet) einer Koalition K gegen L ist eine AK (y, SS), alternativ zu (x, TT), für die gilt:

(aa) die Schnittmenge $P(K, SS) \cap L$ ist leer.
(ab) $y_i > x_i$ für alle i in K.
(ac) $y_i \geq x_i$ für alle i in $P(K, SS)$.

Man kann sich vorstellen, daß K dann einen Einwand gegenüber L formuliert, wenn die Spieler in K nicht mit dem zufrieden sind, was ihnen entsprechend x zugerechnet wird, und wenn sie glauben, daß die Spieler in L zu hohe Auszahlungen entsprechend x erhalten. Der Einwand (y, SS) fordert strikt höhere Auszahlungen für die Spieler in K; er setzt aber eine andere Koalitionsstruktur voraus als (x, TT), nämlich SS, da y gemäß der alten Koalitionsstruktur TT nicht durchsetzbar wäre, denn die Spieler in L würden y nicht unterstützen. Deshalb will K mit seinen Partnern $P(K, SS)$ eine Koalition bilden. Diese ist zum einen *zulässig*, wenn SS so gestaltet ist, daß sie die Mitglieder von K und deren Partner in einer Koalition S_j in SS zusammenfaßt, die keine Mitglieder von L enthält. Zum anderen ist SS bzw. S_j machbar, weil der entsprechende Auszahlungsvektor y den Spielern in K eine höhere und ihren Partnern keine geringere Auszahlung gibt als x.

Gegeneinwand: Gehen wir von (x, TT) und dem entsprechenden Einwand (y, SS) von K gegen L aus. Ein **Gegeneinwand** (auch oft als **Gegenforderung** oder **Gegendrohung** bezeichnet) einer Koalition L gegen K ist dann eine AK (z, RR), für die gilt:

(ba) K ist keine Teilmenge von $P(L, RR)$, kann aber gemeinsame Elemente haben.
(bb) $z_i \geq x_i$ für alle i in $P(L, RR)$.
(bc) $z_i \geq y_i$ für alle i, die in $P(L, RR) \cap P(K, SS)$ sind.

Die AK (y, SS) ist ein **gerechtfertigter Einwand** von K gegen L, wenn es dazu keinen Gegeneinwand (z, RR) von L gibt. Ist ein Einwand (y, SS) nicht gerechtfertigt, so gibt es (mindestens) einen **erfolgreichen Gegeneinwand** von L gegen K.

Offensichtlich bedeutet ein erfolgreicher Gegeneinwand von L gegen K, daß alle oder ein Teil der Mitglieder von K schlechter abschneiden als in der Ausgangssituation (x, TT), wenn das Spiel mit dem Gegeneinwand endet und K oder eine

Teilmenge von K keine Antwort auf den Gegeneinwand von L formulieren kann. Sind die Mitglieder von K nicht „kurzsichtig", dann akzeptieren sie in diesem Fall (x, TT).

Das Muster des **myopischen Gleichgewichts** (vgl. Brams und Wittman, 1981, und Zagare, 1984, S. 55–58) ließe sich hier anwenden. Einwand und Gegeneinwand sind *nicht-kooperative* Strategien bzw. Züge. Das kooperative Element des Lösungskonzepts ist dadurch gegeben, daß die Mitglieder innerhalb einer Koalition K oder L ihre Strategien so (*verbindlich*) koordinieren können, daß für sie jeder Auszahlungsvektor erreichbar ist, den die Koalition K oder L als singuläre Entscheidungseinheit erreichen kann. Für transferierbaren Nutzen bedeutet dies beispielsweise, daß jeder K-Vektor x^{K} für die Koalition K realisierbar ist, für den $\sum_{i \in K} x_i \leq v(K)$ gilt.

Ein Vergleich von (ab) und (bb) zeigt, daß die Bedingungen für einen Gegeneinwand i. d. R. weniger restriktiv sind als für die Formulierung eines Einwands. Die Bedingung (bc) impliziert sogar, daß die Partner von L, die auch Partner von K sind, die Koalition L auch dann bei ihrem Gegeneinwand unterstützen, wenn sie entsprechend dem Vektor z die gleiche Auszahlung erhalten wie gemäß dem Vektor y, der Bestandteil des Einwands von K gegen L ist. Es ist also unterstellt, daß es genügt, die Partner von L indifferent zu (y, SS) bzw. zu (x, TT) zu machen, um einen Einwand (y, SS) zu blockieren.

Die **Verhandlungsmenge** M ist die Menge aller (indivduell rationalen) AKs (x, TT), die sich dadurch auszeichnen, daß es zu jedem Einwand (y, SS) einer beliebigen Koalition K gegen eine Koalition L einen Gegeneinwand (z, RR) der Koalition L gegen K gibt. Mit anderen Worten, (x, TT) ist in M, wenn es keine Koalition K gibt, die gegenüber einer Koalition L einen **gerechtfertigten Einwand** hat.

6.2.4.2 Alternative Verhandlungsmengen

Wir können die Forderung für einen Gegeneinwand abmildern, indem wir annehmen, es genügt, daß mindestens ein Mitglied von L – nicht notwendigerweise die Koalition L als Einheit – einen Gegeneinwand gegen K erheben kann. Diese Modifikation von $M^{(i)}$ definiert die Verhandlungsmenge $M_1^{(i)}$ (vgl. Friedman, 1986, S. 200). Da für $M_1^{(i)}$ im Vergleich zu $M^{(i)}$ der Gegeneinwand erleichtert, aber der Einwand an gleich starke Bedingungen geknüpft ist, muß $M^{(i)}$ eine Teilmenge von $M_1^{(i)}$ sein.

Eine naheliegende Variante ergibt sich, wenn man davon ausgeht, daß (x, TT) in der Verhandlungsmenge ist, wenn immer ein einzelner Spieler i in K einen Einwand gegen L hat und L einen Gegeneinwand gegen i hat; diese Verhandlungsmenge wird mit $M_2^{(i)}$ bezeichnet (vgl. Owen, 1995, S. 316). Die Verhandlungsmenge $M_2^{(i)}$ ist eine Teilmenge von $M^{(i)}$. Die Beziehung zwischen $M_1^{(i)}$ und $M_2^{(i)}$ ist nicht klar.

Wie schon angedeutet, ließen sich aus den drei bisher definierten Verhandlungsmengen drei weitere ableiten, indem man auf die Bedingung der individuellen Rationalität für die Auszahlungsvektoren verzichtet. Allerdings stellte sich dann die Frage der Glaubwürdigkeit des Einwands und des Gegeneinwands. Im Sinne der **Teilspielperfektheit** (vgl. Abschnitt 4.1.1) wäre diese zu verneinen. Auch hier folgen wir einer nicht-kooperativen Interpretation von Einwand und Gegeneinwand. Die drei oben definierten Verhandlungsmengen und auch die drei Konzepte, die sich daraus unter Verzicht auf individuelle Rationalität ableiten, beschreiben – im Gegensatz zum Kern – stets *nicht-leere* Mengen.

Weitere Verhandlungsmengen leiten sich aus den obigen Definitionen ab, indem man die Forderungen an Einwand oder Gegeneinwand verstärkt oder abschwächt. Fordert man z. B. für den Gegeneinwand, daß für (bb) oder (bc) oder für beide „strikt größer" gelten soll, so erschwert dies den Gegeneinwand und erleichtert die Formulierung eines **gerechtfertigten Einwandes**. Als Konsequenz resultiert eine Verhandlungsmenge, die eine Teilmenge jener Verhandlungsmenge ist, die auf der Gültigkeit von (bb) und (bc) beruht.

Eine alternative Version einer Verhandlungsmenge wurde in Schofield (1978) eingeführt. Die Verhandlungsmenge M^* basiert auf der Vorstellung, daß ein gerechtfertigter Einwand eines Spielers i in K gegenüber einer Koalition L, der j angehört, durch einen **gerechtfertigten Einwand** von j gegenüber der Koalition K ausgeglichen und damit „wirkungslos" gemacht wird. Falls also i mit Unterstützung „schwacher" Spieler j bedrohen kann und j dies mit gleichem vergelten kann, dann beschreibt die durch (x, TT) gekennzeichnete Ausgangsposition ein „Gleichgewicht des Schreckens". Die AKs, die diese Eigenschaft für jedes beliebige Paar i und j erfüllen, bilden die Verhandlungsmenge M^*. Die Menge M^* ist niemals leer.

6.2.4.3 Beispiele

Die nachfolgenden Beispiele 1 mit 4 sind Friedman (1986, S. 201) entnommen. Ihr Ausgangspunkt ist ein 3-Personen-Abstimmungsspiel, das wir bereits im Zusammenhang mit dem (leeren) Kern und den stabilen Mengen diskutiert haben: Jeder Spieler hat eine Stimme; die Mehrheit entscheidet über die Aufteilung einer konstanten Nutzensumme, die auf den Wert 1 normiert ist.

Beispiel 1. Die AK $((0,0,0), \{\{1\},\{2\},\{3\}\})$ ist in der Verhandlungsmenge M, denn kein Spieler ist in einer Koalition mit einem anderen Spieler und so gibt es keine Koalition, die gegenüber einer anderen Koalition einen Einwand geltend machen könnte. Für **Einerkoalitionen** kann weder ein Einwand noch ein Gegeneinwand formuliert werden.

Beispiel 2. Die AK $((1/2, 1/2, 0), \{\{1,2\},\{3\}\})$ ist in M. Spieler 1, d. h. die Koalition $K = \{1\}$, kann einen Einwand $(y, SS) = ((1/2+e, 0, 1/2-e), \{\{1,3\},\{2\}\})$ gegen Spieler 2 erheben, wobei $0 < e \leq 1/2$ gilt. Spieler 2 kann einen Gegeneinwand $(z, RR) = ((0, 1/2+e-d, 1/2-e+d), \{\{1\},\{2,3\}\})$ formulieren, wobei $0 \leq d \leq e$ gilt. Es muß $d \leq e$ gelten, da ansonsten $z_2 < 1/2$ ist; dies würde die Bedingung für einen Gegeneinwand verletzen, denn dieser hat $z_2 \geq x_2$ zu erfüllen, obwohl $y_2 = 0$ für den Spieler 2 relevant wird, wenn er keinen Gegeneinwand formulieren kann. Wenn der Einwand (y, SS) ergangen ist, sollte man annehmen, daß Spieler 2 mit jedem $z_2 > y_2 = 0$ aus einem Gegeneinwand (z, RR) zufrieden ist. Dies aber entspräche nicht der Bedingung (bb) für einen Gegeneinwand. Diese „Ungereimtheit" ist hier kein Problem, weil $y_3 < 1/2$, denn Spieler 1 fordert in seinem Einwand $y_1 > x_1$.

Aufgrund der Symmetrie läßt sich dieses Ergebnis auch für einen Einwand von Spieler 2 und einen Gegeneinwand von Spieler 1 in gleicher Weise ableiten. Spieler 3 wiederum hat keinen Einwand zu befürchten, kann aber auch keinen Einwand formulieren, weil er eine Einerkoalition bildet. Damit erhalten wir das Ergebnis, daß jede AK (x,TT) für das 3-Personen-Abstimmungsspiel in M ist, für die x jeweils die Auszahlung $1/2$ gibt.

Beispiel 3. Die AK $((1/2+e,1/2-e,0),\{\{1,2\},\{3\}\})$ ist für $e > 0$ nicht in M. Spieler 2 kann $((0,(1-e)/2,(1+e)/2),\{\{1\},\{2,3\}\})$ vorschlagen. Spieler 1 hat aufgrund der höheren Anfangsauszahlung $x_1 = 1/2+e$ keinen Gegeneinwand verfügbar, da $x_1 + y_3 > 1$. – Außerdem gilt $x_1 + y_2 > 1$; aber eine Koalition $\{1,2\}$ würde ohnehin die Bedingung verletzen, daß $K = \{2\}$ keine Teilmenge der Partner von $L = \{1\}$ ist.

Die Tatsache, daß $(x,TT) = ((1/2+e,1/2-e,0),\{\{1,2\},\{3\}\})$ nicht in M ist, überrascht nicht, denn die Ungleichheit der Auszahlungen x_1 und x_2 entspricht nicht der Gleichheit der Koalitionsmöglichkeiten der Spieler 1 und 2. Spieler 2 kann die Ungleichheit der Auszahlung als ungerecht empfinden, und ein Verhandlungsergebnis, d. h. ein Element einer Verhandlungsmenge, sollte diese Ungleichheit nicht reproduzieren, wenn es stabil sein soll.

Beispiel 4. Jede AK $(x,TT) = ((x_1,x_2,x_3),\{\{1,2,3\}\})$ ist in M, denn gegen jeden Einwand kann ein Gegeneinwand vorgebracht werden. Dies folgt aus der schon diskutierten Tatsache, daß der **Kern** des 3-Personen-Abstimmungsspiels über die Verteilung einer konstanten Summe leer ist.

Beispiel 5. Gegeben ist ein einfaches gewichtetes 4-Personen-Abstimmungsspiel v, in dem jede Koalition mit drei und mehr Stimmen gewinnt, der Spieler 1 zwei Stimmen hat und die anderen Spieler jeweils eine, d. h. $v = (3;2,1,1,1)$. Für dieses Spiel ist $(x,TT) = ((1/2,1/2,0,0),\{\{1,2\},\{3\},\{4\}\})$ in M. Spieler 3 und 4 können keinen Einwand bzw. Gegeneinwand vorbringen. Formuliert Spieler 1 einen Einwand $(y,\{\{1,3\},\{2\},\{3\}\})$ mit $y_1 = 1/2+\varepsilon$ und $y_3 = 1/2-\varepsilon$, so kann Spieler 2 durch $(z,\{\{2,3,4\}\})$ mit $z_2 = 1/2$, $z_3 = 1/2-\varepsilon$ und $z_4 = \varepsilon$ kontern: Der Einwand von Spieler 1 ist somit nicht gerechtfertigt. Entsprechendes gilt für einen Einwand von Spieler 1, der auf einer Koalition $\{1,4\}$ anstatt $\{1,3\}$ aufbaut und $y > 1/2$ enthält. Betrachten wir nun den Fall, daß Spieler 1 mit Hilfe von Spieler 3 und 4 den Einwand $(y',\{\{1,3,4\},\{2\}\})$ mit $y'_1 = 1/2+\varepsilon$ und $y'_3 = y'_4 = 1/4-\varepsilon/2$ vorbringt. Ein erfolgreicher Gegeneinwand dazu ist $(z',\{\{1\},\{2,3,4\}\})$ mit $z'_2 = 1/2$ und $z'_3 = z'_4 = 1/4$. Also hat Spieler 1 also keinen gerechtfertigten Einwand gegen die Auszahlungskonfiguration $((1/2,1/2,0,0),\{\{1,2\},\{3\},\{4\}\})$.

Da Spieler 1 nur einen zusätzlichen Spieler zur Bildung einer Gewinnkoalition braucht, Spieler 2 aber zwei, falls er nicht mit Spieler 1 koaliert, ist unmittelbar einzusehen, daß auch Spieler 2 keinen gerechtfertigten Einwand gegen $((1/2,1/2,0,0),\{\{1,2\},\{3\},\{4\}\})$ hat. Offensichtlich hat 1 gegen jede AK $(x,\{\{1,2\},\{3\},\{4\}\})$ mit $x_1 < 1/2$ und $x_2 > 1/2$ einen gerechtfertigten Einwand, beispielsweise die AK $((1/2,0,0,1/2),\{\{1,4\},\{2\},\{3\}\})$. Aber Spieler 2 hat nicht immer einen gerechtfertigten Einwand, falls $x_1 > 1/2$ und $x_2 < 1/2$ ist. Ist $x_1 = 1/2+\varepsilon$ und $x_2 = 1/2-\varepsilon$, so ist $((0,1/2-\varepsilon+\delta,(1/2+\varepsilon-\delta)/2,(1/2+\varepsilon-\delta)/2),\{\{2,3,4\},\{1\}\})$ für ein sehr kleines δ der „stärkste Einwand" von Spieler 2. Falls $1-x_1 = 1/2-\varepsilon \geq (1/2+\varepsilon-\delta)/2$ bzw. $\varepsilon \leq 1/6-\delta/3$, dann hat Spieler 1 gegen den Einwand von Spieler 2 einen gerechtfertigten Gegeneinwand. Damit ist $(x,\{\{1,2\},\{3\},\{4\}\})$ trotz $x_1 > 1/2$ und $x_2 < 1/2$ in M. Die Auszahlungen $x_1 = 1/2+\varepsilon$ und $x_2 = 1/2-\varepsilon$ mit $0 \leq \varepsilon \leq 1/6-\delta/3$ und die Koalitionsstruktur $\{\{1,2\},\{3\},\{4\}\}$ geben damit eine vollständige Charakterisierung der Verhandlungsmenge M des vorliegenden Spiels.

Beispiel 6. Gegeben ist ein gewichtetes 4-Personen-Abstimmungsspiel $v = (3;2,1,1,1)$ wie in Beispiel 5. (x,TT) ist für $x = (2/5,1/5,1/5,1/5)$ und $TT = \{N\}$ in M. Zum Beispiel kann ein Einwand $((2/5+\varepsilon,3/5-\varepsilon,0,0),\{\{1,2\},\{3\},\{4\}\})$ durch den Gegeneinwand $((0,3/5,1/5,1/5),\{\{2,3,4\},\{1\}\})$ gekontert werden. Oder, ein anderes Beispiel, der Einwand $((0,1/3,1/3,1/3),\{\{2,3,4\},\{1\}\})$ kann durch den Gegeneinwand $((2/3,1/3,0,0),\{\{1,2\},\{3\},\{4\}\})$ ausgeglichen werden.

Das Beispiel zeigt, daß bei Vorgabe der großen Koalition, d. h. bei Fehlen einer diskriminierenden Koalitionsstruktur, jede „Stimme" in bezug auf die Verhandlungsmenge gleich wiegt bzw. den gleichen Preis hat. Im vorliegenden Beispiel ist der Preis einer Stimme $1/5$.

Grundsätzlich stellen die Verhandlungsmengen einen ersten Schritt dar, die Koalitionsstruktur endogen zu erklären. Ausgehend von den Forderungs- bzw. **Anspruchsniveaus** der Spieler, die aus dem Spielzusammenhang begründet werden, formulierte Albers (1975, 1979) „Grundzüge" für Lösungskonzepte, die die Koalitionsstruktur als Bestandteil des Spielergebnisses enthalten. Bennett (1983, 1984) entwickelte daraus den **Aspirationsansatz**, der aber bis heute nur sehr beschränkt Eingang in die spieltheoretische Literatur fand. Allerdings ist die Formulierung von Anspruchsniveaus und deren Wirkung auf das Ergebnis ein wesentlicher Bestandteil vieler Verhandlungsmodelle. So leiten beispielsweise Bolle und Breitmoser (2008) aus den Ansprüchen politischer Parteien, die sich Programmen und Koalitionsaussagen manifestieren, eine Theorie der Koalitionsbildung her. Ausgangspunkt ist ein teilspielperfektes Gleichgewicht, das auf die Anspruchsniveaus rekurriert – und auf die Entscheidung der Partei, die mit der Koalitionsbildung beauftragt ist.

6.2.5 Der Kernel

Verwandt mit den Verhandlungsmengen ist der **Kernel** K eines Spiels. Er ist im wesentlichen dadurch gekennzeichnet, daß das Einwandspotential der Spieler für die individuell-rationalen Auszahlungskonfigurationen (AKs) ausgeglichen ist. Das **Einwandspotential** eines Spielers i gegen einen Spieler j, der *Surplus* von i gegenüber j, ist das Maximum des Überschusses, den i in alternativen Koalitionen erzielen kann, die i, aber nicht j enthalten. Daraus ergibt sich die nachfolgende Definition des Kernels.

6.2.5.1 Definitionen

Für transferierbaren Nutzen ist der **Überschuß** einer Koalition K bezüglich eines Auszahlungsvektors u folgendermaßen definiert:

$$e(K,u) = v(K) - \sum_{i \in K} u_i \quad \text{über alle } i \text{ in } K\,.$$

Das **Einwandspotential** eines Spielers i gegen Spieler j bezüglich u, $s_{ij}(u)$, ist das Maximum von $e(K,u)$ für alle Koalitionen K, so daß i in K und j nicht in K ist. Somit repräsentiert $s_{ij}(u)$ die maximale Auszahlung, die i ohne Kooperation mit j realisieren könnte, falls es Spieler i gelingt, sich in der entsprechenden Koalition den Überschuß voll zu sichern. Es bleibt bei der Berechnung des Einwandpotentials unberücksichtigt, daß i den Koalitionsertrag von K im allgemeinen mit den anderen Spielern in K teilen muß.

Der **Kernel** eines Spiels Γ ist die Menge K aller individuell-rationalen AKs (u,TT), für die es keine Koalition T_k Element in TT gibt, so daß $s_{ij}(u) > s_{ji}(u)$, $u_i > v(\{i\})$ und $u_j > v(\{j\})$ ist. Der Kernel ist also die Menge aller **individuell-rationalen** AKs (u,TT), so daß entweder

$$\begin{aligned} &s_{ij}(u) = s_{ji}(u)\,, && \text{oder} \\ &s_{ij}(u) > s_{ji}(u) && \text{und} \quad u_j = v(\{j\})\,, \quad \text{oder} \\ &s_{ij}(u) < s_{ji}(u) && \text{und} \quad u_i = v(\{i\}) \end{aligned}$$

für alle i, j in und alle Koalitionen T_k in TT gilt.

6.2.5.2 Beispiele

Die folgenden Beispiele sind Owen (1995, S. 320) entnommen, aber dem vorliegenden Text angepaßt.

Beispiel 1. Gegeben ein 3-Personen-Abstimmungsspiel, in dem mit einfacher Mehrheit entschieden wird und jeder Spieler eine Stimme hat, und die AK $(x,\{\{1,2\},\{3\}\})$. Der Auszahlungsvektor $x = (1/2,1/2,0)$ ist der einzige, für den $(x,\{\{1,2\},\{3\}\})$ im Kernel K ist. Bei der vorliegenden Koalitionsstruktur hat Spieler 3 keinen Partner, damit kein Einwandspotential, und geht deshalb im Kernel leer aus. Spieler 1 und 2 haben jeweils eine Koalition, nämlich die mit Spieler 3, die den anderen Spieler nicht enthält. Die entsprechenden Überschüsse sind

$$\begin{aligned} e(\{1,3\},(\tfrac{1}{2},\tfrac{1}{2},0)) &= v(\{1,3\}) - x_1 - x_3 = \tfrac{1}{2} \quad \text{und} \\ e(\{2,3\},(\tfrac{1}{2},\tfrac{1}{2},0)) &= v(\{1,3\}) - x_2 - x_3 = \tfrac{1}{2}\,. \end{aligned}$$

Die Maxima der Überschüsse, die Einwandpotentiale, sind trivialerweise gleich. Somit ist $(x,\{\{1,2\},\{3\}\})$ das einzige Element im Kernel dieses Spiels.

Beispiel 2. Gegeben ein 3-Personen-Abstimmungsspiel wie in Beispiel 1 und die AK $(x, \{\{1,2,3\}\})$. $x = (1/3, 1/3, 1/3)$ stellt sicher, daß $(x, \{\{1,2,3\}\})$ im Kernel K ist und diese AK ist das einzige Element.

Beispiel 3. Gegeben ein 3-Personen-Abstimmungsspiel mit den Gewinnkoalitionen $\{1,2\}$, $\{1,3\}$ und $\{1,2,3\}$. Die AK $((1,0,0), TT)$ ist das einzige Element im Kernel K, unabhängig davon, ob die Koalitionsstruktur TT gleich $\{\{1,2\},\{3\}\}$, $\{\{1,3\},\{2\}\}$ oder $\{\{1,2,3\}\}$ ist.

Betrachten wir z. B. $((1,0,0), \{\{1,2\},\{3\}\})$. Die relevanten Überschüsse sind $e(\{1,3\},(1,0,0)) = 1 - 1 = 0$ und $e(\{2,3\},(1,0,0)) = 0 - 0 = 0$. Diese sind wiederum identisch mit ihren Maxima. Die Einwandspotentiale von Spieler 1 und 2 in der Koalition $\{1,2\}$ sind also für $x = (1,0,0)$ gleich und $x_3 = v(\{3\}) = 0$. Damit sind die Bedingung für den Kernel von $((1,0,0), \{\{1,2\},\{3\}\})$ erfüllt.

Beispiel 4. Gegeben ist ein gewichtetes 4-Personen-Abstimmungsspiel v, in dem jede Koalition mit drei und mehr Stimmen gewinnt, der Spieler 1 zwei Stimmen hat und die anderen Spieler je eine Stimme haben, d. h., $v = (3;2,1,1,1)$. Die AK (x, TT) mit $x = ((1/2, 1/2, 0, 0)$ und Koalitionsstruktur $TT = \{\{1,2\},\{3\},\{4\}\})$ ist ein Element des Kernel K. (y, SS) ist auch ein Element von K, wenn $y = (1/2, 0, 1/2, 0)$ und $SS = \{\{1,3\},\{2\},\{4\}\})$ gilt.

Beispiel 5. Gegeben ist das in Beispiel 4 vorausgesetzte gewichtete 4-Personen-Abstimmungsspiel $v = (3;2,1,1,1)$. Die AK $(x, TT) = ((2/5, 1/5, 1/5, 1/5), \{\{2,3,4\}\})$ ist das einzige Element des Kernel K für die Koaltionsstruktur $TT = \{N\}$.

Ein Vergleich der Beispiele 4 und 5 mit den für die Verhandlungsmengen diskutierten Beispiele 5 und 6 weist auf einen engen Zusammenhang von **Kernel** und **Verhandlungsmengen** hin: Es kann gezeigt werden, daß der Kernel eine Teilmenge der Verhandlungsmenge ist, die wir in Abschnitt 6.2.4.2 skizzierten. Der Beweis dafür findet sich in Owen (1995, S. 321–323).

6.2.6 Der Nucleolus

Der **Nucleolus** *NC* ist eine Menge von Auszahlungsvektoren (die allerdings oft nur ein Element enthält), die die *Überschüsse* der Koalitionen eines Spiels und damit das *Potential möglicher Einwände* der Spieler gegen einen Auszahlungsvektor $u \in P$ *minimieren*. Dadurch ergibt sich ein gewisses Maß von Stabilität für die Elemente in *NC*. Die nach folgenden Definitionen präzisieren diese Eigenschaften.

Noch ein Hinweis: Der Nucleolus wurde von Schmeidler (1969) in die Literatur eingeführt. Er unterscheidet sich wesentlich von dem in Holzman (1987) vorgestellten Konzept des Nucleus, auf das wir hier aber nicht näher eingehen wollen.

6.2.6.1 Definitionen

Die Minimierung der Überschüsse bei der Bestimmung von NC erfolgt *lexikographisch*. Dabei wird von einer **Ordnung der Überschüsse**

$$\theta(u) = (\theta_1(u), \ldots, \theta_n(u)) \text{ ausgegangen,}$$

wobei $\theta_k = e(K_k, u)$ und $e(K_k, u) = v(K_k) - \sum_{i \in K_k} u_i$ ist.

Die Überschüssen beziehen sich auf alle 2^n-vielen Koalitionen K der **Potenzmenge** $P(N)$ der Spielermenge N. Diese Überschüsse werden so geordnet, daß $e(K_k, u) \geq e(K_{k+1}, u)$ für $k = 1, \ldots, 2^n$ gilt, d. h., wir ordnen von größeren Überschüssen zu kleineren. Betrachten wir zum Beispiel ein 3-Personen-Abstimmungsspiel um eine konstante Nutzensumme 10, bei dem mit einfacher Mehrheit über die Verteilung dieser Summe entschieden wird. Dem Auszahlungsvektor $u = (6, 3, 1)$ entspricht die folgende Ordnung der Überschüsse:

$e(K,u)$	6	3	1	0	0	−1	−3	−6
Koalitionen	$\{2,3\}$	$\{1,3\}$	$\{1,2\}$	N	$\emptyset$	$\{3\}$	$\{2\}$	$\{1\}$

Der Überschuß der Einerkoalition $\{3\}$, nämlich $e(\{3\}, u) = -1$, errechnet sich z. B. aus $v(\{3\}) - u_3 = 0 - 1$. Entsprechend gilt für die *Gewinnkoalition* $\{2, 3\}$ der Überschuß $v(\{2,3\}) - (u_2 + u_3) = 10 - (3 + 1) = 6$.

Vergleichen wir zwei Auszahlungsvektoren x und y bezüglich der Ordnung der Überschüsse $\theta(u)$. Wir sagen, x ist **lexikographisch kleiner** y, wenn es eine Indexzahl m gibt, so daß gilt:

$$\theta_k(x) = \theta_k(y)\,, \quad \text{für alle } 1 \leq k < m \text{ und} \tag{a}$$

$$\theta_m(x) < \theta_m(y) \tag{b}$$

Sind (a) und (b) erfüllt, schreiben wir $x <_L y$. D. h., wir vergleichen die geordneten Überschüsse von x und y, beginnend mit dem größten, Paar für Paar. Ergibt sich bei Beachtung der Reihenfolge ein Unterschied für ein Paar, dann ist jener Auszahlungsvektor lexikographisch kleiner, dem der kleinere Überschuß entsprechend (b) zugeordnet ist, unabhängig von Unterschieden in nachfolgenden Paaren.

Beispiele. Sind zwei Vektoren u und v gegeben, so daß $u = (2, 3, 4, 6, 8, 10)$ und $v = (2, 3, 6, 6, 6, 10)$, so ist u lexikographisch kleiner als v, denn die beiden kleinsten Werte sind für beide Vektoren gleich, aber der drittkleinste Wert von u, nämlich 4, ist kleiner als der drittkleinste Wert von v, nämlich 6.

Man beachte, daß bei der Bestimmung des Nucleolus die Überschüsse von größeren zu kleineren Werten geordnet werden. Sind zwei Vektoren u' und v', so daß $u' = (10, 8, 6, 4, 3, 2)$ und $v' = (10, 6, 6, 6, 3, 2)$, dann ist v' lexikographisch kleiner als u'. Ein Vergleich von u und v mit u' und v' zeigt den Einfluß der Ordnung auf das Ergebnis des lexikographischen Vergleichs.

Entsprechend ist x **lexikographisch gleich** y, wenn $\theta_k(x) = \theta_k(y)$ für alle $1 \leq k \leq 2^n$ gilt. Wir schreiben dann $x =_\mathrm{L} y$. Dann ist $x \leq_\mathrm{L} y$, wenn entweder $x <_\mathrm{L} y$ oder $x =_\mathrm{L} y$ erfüllt ist. – Mit Hilfe dieser Relation können wir den Nucleolus wie folgt definieren:

Definition. Der **Nucleolus** $NC(P)$ ist die Menge aller Auszahlungsvektoren x im Auszahlungsraum P, für die für alle y in P gilt.

6.2.6.2 Beziehung zu Kernel, Verhandlungsmengen und Kern

(E10) *Ist die Menge P aller Auszahlungsvektoren des Spiels Γ kompakt, d. h. abgeschlossen und beschränkt, und enthält sie mindestens ein Element, dann ist $NC(P)$ ebenfalls nicht-leer und kompakt. Diese Eigenschaft des Nucleolus ist in Owen (1995, S. 323–324) bewiesen.*

(E11) *Ist die Menge P aller Auszahlungsvektoren des Spiels Γ kompakt und konvex und enthält sie mindestens ein Element, dann ist $NC(P)$ eine einelementige Teilmenge von P, d. h., dann enthält der $NC(P)$ nur einen Auszahlungsvektor. – Der Beweis dieses Ergebnisses beruht auf Ergebnis 10 (vgl. Owen, 1995, S.326).*

Die Menge P, aus der der Nucleolus eine Teilmenge auswählt, kann die Menge aller Imputationen sein; sie kann aber auch anders spezifiziert sein. Ist zum Beispiel eine Koalitionsstruktur TT vorgegeben, so ist es naheliegend, P auf die Menge aller individuell-rationalen Auszahlungskonfigurationen (AKs) zu beschränken – was beinhaltet, daß für u in P, $v(T_k) = \sum u_i$ über alle i in T_k und für alle T_k gilt und $u_i \geq v(\{i\})$ erfüllt ist. Macht man diese Annahme, wird P von der Koalitionsstruktur TT abhängig, so daß allgemein $P = P(TT)$ gilt. Damit ist ein Zusammenhang von Koalitionsstruktur und $NC(P)$ und auch eine Beziehung des Nucleolus zu Kernel und Verhandlungsmenge hergestellt.

(E12) *Für ein Spiel Γ mit einer vorgegebenen Koalitionsstruktur TT und der entsprechenden Menge $P(TT)$ individuell-rationaler AKs, und dem Nucleolus $NC(P) = \{x^*\}$, für den x^* in $P(TT)$ ist, ist die AK (x^*, TT) stets ein Element des Kernels.*

Der Beweis dieses Zusammenhangs ist in Owen (1995, S. 327–329) ausgeführt. Damit ist auch gezeigt, daß der Kernel nie leer ist und, da der Kernel eine Teilmenge der Verhandlungsmenge M ist, daß auch M nie leer ist. Der Zusammenhang von **Nucleolus**, **Kernel** und **Verhandlungsmenge** wird auch durch die Beispiele 3 und 4 bestätigt, die bereits im Hinblick auf Kernel und Verhandlungsmenge diskutiert wurden.

Für transferierbare Nutzen ist der **Kern** eines Spiels durch die Menge der Imputationen gekennzeichnet, für die der Überschuß kleiner oder gleich 0 ist (vgl. Abschnitt 6.2.1.1). Ist der **Kern** nicht leer, dann ist der **Nucleolus** stets ein Element des Kerns (vgl. Shubik, 1984, S. 339–340, und Moulin, 1988, S. 121–124).

6.2.6.3 Beispiele

In einer klassischen Anwendung des Nucleolus untersuchten Littlechild und Thompson (1977) die Benutzungsgebühren, die die unterschiedlichen Flugzeugtypen, die den Flughafen von Birmingham frequentieren, zu tragen hatten. Sie prüften Stabilitäts- und Effizienzbedingungen für hypothetische Gebührensysteme, aber auch für die vorliegende Gebührenordnung. Das grundlegende Problem bei der Gebührensetzung ist, die Fixkosten des Baus der Rollbahn so auf die Benutzungsgebühren für Start, Landung etc. umzulegen, daß die Gebührenordnung fair und die Lösung effizient ist. Dies bedeutet insbesondere, daß die Gebühren so zu gestalten sind, daß (a) die Rollbahn eine optimale Länge hat und (b) keine Gruppe von Flugzeugtypen nach einer vorteilhafteren Lösung sucht und den Flughafen Birmingham meidet, was diesen bei der vorgegebenen Auslegung ineffizient machte. Ein Gebührensystem scheint gesichert, wenn es Auszahlungen entspricht, die im Nucleolus des „Spiels" liegen. Diese Untersuchung ist in Littlechild (1974), Littlechild und Vaidya (1976) und Littlechild und Owen (1977) ausführlich diskutiert. Wir wenden uns einfacheren Beispielen zu.

Beispiel 1. Gegeben ist ein 3-Personen-Abstimmungsspiel über die konstante Nutzensumme 6. Lassen wir alle Imputationen zu, d. h., gehen wir von keiner spezifischen Koalitionsstruktur aus, so ist $NC(P) = \{(2,2,2,)\}$. Die entsprechende Ordnung der Überschüsse ist:

$e(K,u)$	2	2	2	0	0	−2	−2	−2
Koalitionen	$\{2,3\}$	$\{1,3\}$	$\{1,2\}$	N	$\emptyset$	$\{3\}$	$\{2\}$	$\{1\}$

Jeder andere Vektor als $(2,2,2)$ vergrößert den Überschuß einer Zweierkoalition und ist damit lexikographisch größer als $(2,2,2)$. Somit ist $(2,2,2)$ das einzige Element von $NC(P)$.

Beispiel 2. Gegeben ist ein 3-Personen-Abstimmungsspiel über die konstante Nutzensumme 6 und die Koalitionsstruktur $TT = \{\{1,2\},\{3\}\}$. Dann gilt $v(\{1,2\}) = u_1 + u_2 = 6$ und $v(\{3\}) = 0$. Es folgt $NC(P) = \{(3,3,0)\}$. Die entsprechende Ordnung der Überschüsse ist:

$e(K,u)$	3	3	0	0	0	0	−3	−3
Koalitionen	$\{2,3\}$	$\{1,3\}$	$\{1,2\}$	N	$\emptyset$	$\{3\}$	$\{2\}$	$\{1\}$

Jeder andere Auszahlungsvektor u, der der Bedingung $u_1 + u_2 = 6$ genügt, würde entweder für die Koalition $\{1,3\}$ oder $\{2,3\}$ einen größeren Überschuß erbringen als 3 und wäre damit lexikographisch größer als $(3,3,0)$.

Beispiel 3. Gegeben ist ein einfaches gewichtetes 4-Personen-Abstimmungsspiel $v = (3;2,1,1,1)$, in dem Spieler 1 zwei und alle anderen Spieler eine Stimme haben. Ist P gleich der Menge aller Imputationen, dann ist $NC(P) = \{(2/5,1/5,1/5,1/5)\}$. Der maximale Überschuß tritt für die vier minimalen Gewinnkoalitionen auf; er ist $2/5$. Für jeden anderen Auszahlungsvektor als $(2/5,1/5,1/5,1/5)$ erhielte mindestens eine minimale Gewinnkoalition einen größeren Überschuß zugeordnet.

Beispiel 4. Gegeben ist ein 4-Personen-Abstimmungsspiel $v = (3;2,1,1,1)$ wie in Beispiel 3 und eine spezifische Koalitionsstruktur $TT = \{\{1,2\},\{3\},\{4\}\}$. Beschränkt man P auf Auszahlungsvektoren, die die Bedingung $v(K) = \sum_{i \in K} u_i$ erfüllen, so ist $NC(P) = \{(1/2,1/2,0,0)\}$. Jede andere Aufteilung in und als $u_1 = u_2 = 1/2$ würde für mindestens eine der vier Gewinnkoalitionen einen höheren Überschuß implizieren als $1/2$, dem maximalen Überschuß für die Imputation $(1/2,1/2,0,0)$.

6.3 Lösungskonzepte für Koalitionsspiele: Werte

Eine wesentliche Eigenschaft des **Nucleolus** $NC(P)$ war, daß er nur einen einzigen Auszahlungsvektor enthält, wenn P *konvex*, *kompakt* und *nicht-leer* ist. In der Regel aber enthalten die Lösungsmengen der Konzepte, die im vorausgehenden Kapitel diskutiert wurden, mehr als einen Auszahlungsvektor. Dies beinhaltet ein gewisses Maß von Unbestimmtheit, das im allgemeinen zwar der Komplexität des Spiels entspricht, aber im Hinblick auf die Beschreibung der zu erwartenden Handlungen und Ergebnisse wenig wünschenswert erscheint. Die im folgenden dargestellten Lösungskonzepte, der **Shapley-Wert**, der **Banzhaf-Index**, der **Deegan-Packel-Index** und der **Public-Good-Index**, ordnen einem kooperativen Spiel einen *eindeutigen* Lösungsvektor zu, der u. U. als Auszahlungsvektor interpretiert werden kann. Zunächst aber ist der jeweilige Vektorwert ein Maß für die (Abstimmungs-)Macht des entsprechenden Spielers.

Die hier diskutierten Konzepte sind nur eine Auswahl aus dem umfangreichen Angebot sogenannter (Macht-)Indizes. Sie sind aber geeignet, die grundsätzlichen Eigenschaften und Probleme dieser Ansätze zu veranschaulichen. Wir werden im folgenden diese Konzepte überwiegend mit **gewichteten Abstimmungsspielen** veranschaulichen. Das dient zum einen der Vereinfachung der Darstellung, denn der Wert einer Gewinnkoalition ist dabei im allgemeinen auf 1 und der Wert der Verlustkoalition auf 0 standardisiert: Letzteres kennzeichnet ein **einfaches Spiel**. Zum anderen aber lassen sich viele Koalitionsspiele bei geeigneter Wahl und Interpretation der Gewichte durch Abstimmungsspiele repräsentieren.

6.3.1 Der Shapley-Wert

Der **Shapley-Wert** ordnet jedem Spieler i in N des kooperativen Spiels v (mit transferierbaren Nutzen) zu, so daß

$$\Phi_i(v) = \sum_{K \ni i; K \subseteq N} \frac{(k-1)!(n-k)!}{n!} [v(K) - v(K - \{i\})] ,$$

so daß $\sum \Phi_i(v) = v(N)$ und $\Phi(v) = (\Phi_i(v))$.

Hierbei drückt k die Anzahl der Spieler in Koalition K und n die Gesamtzahl der Spieler aus. Für Abstimmungsspiele wird $v(N) = 1$ gesetzt (vgl. Abschnitt 6.3.1.2 unten).

6.3.1.1 Axiome und Interpretation

Shapley (1953) zeigte, daß der Index Φ das einzige Maß ist, das die Axiome der (S1) **Gruppenrationalität** bzw. **Effizienz**, (S2) **Symmetrie** und (S3) **Additivität** erfüllt.

Axiom (S1) ist eine Form der Pareto-Optimalität und bedarf an dieser Stelle keiner weiteren Diskussion.

Axiom (S2) ist bei Shapley auf Permutationen bezogen. Ändern die (Namen der) Spieler ihre Reihenfolge, dann werden die Werte entsprechend dieser Reihenfolge ausgetauscht, so daß der Wert für den betreffenden Spieler gleich bleibt: Der *Name* eines Spielers hat damit also keinen Einfluß auf den Wert, den der Spieler zugeordnet bekommt. Dies ist eine plausible Unterstellung, wenn man davon ausgeht, daß das Spielergebnis nur davon abhängig sein soll, welche Entscheidungen die Spieler treffen können.

Axiom (S3) beinhaltet, daß $\Phi_i(v+w) = \Phi_i(v) + \Phi_i(w)$, wobei $(v+w)$ die Zusammenfassung der Spiele v und w ist. Diese Bedingung ist jedoch für viele Spiele nicht erfüllt, z. B. nicht für Abstimmungsspiele. Als Konsequenz wurden alternative Axiomensysteme für den Shapley-Wert vorgeschlagen (vgl. Dubey, 1975).

Man kann den Shapley-Wert als **Machtindex** interpretieren. In diesem Sinn drückt $[v(K) - v(K - \{i\})]$ den Einfluß des Spielers i auf den Wert des Spiels in einer spezifischen Entscheidungssituation aus: Verläßt i die Koalition K und verringert sich damit der Wert: $[v(K) - v(K - \{i\})]$ zeigt den Wert des Spielers i an, und dieser Wert wird i bei der Berechnung von Φ_i „gutgeschrieben“. Dahinter steht die Vorstellung, daß die Menge der Spieler N geordnet ist, z. B. ist $r = (1,3,5,2,6,4)$ eine *Ordnung* der Spielermenge $N = \{1,2,3,4,5,6\}$, und daß i (z. B. Spieler 2) dafür ausschlaggebend ist, ob $v(K)$ oder $v(K - \{i\})$ resultiert. Ist K, z. B. $K = \{1,3,5,2\}$, eine Gewinnkoalition und $K - \{i\} = \{1,3,5\}$, eine Verlustkoalition, so ist $i = 2$ ein entscheidender Spieler (d. h. ein **Pivotspieler**). Bei entsprechender Normierung steht ihm in einem **einfachen Spiel** der Wert 1 der Gewinnkoalition zu. Ist i in bezug auf die Koalition K nicht **pivotal**, so ist $[v(K) - v(K - \{i\})] = 0$.

Es ist unmittelbar einzusehen, daß ein Spieler i, der nie ein Pivotspieler ist, einen Indexwert $\Phi_i(v) = 0$ hat. Das ist gleichwertig mit Feststellung, daß i ein **Dummy-Spieler** im betrachteten v ist. Felsenthal und Machover (2008) aber zeigen, daß unter bestimmten Annahmen, ein Dummy-Spieler doch wesentlich für die Stabilität von Koalitionen sein kann. Doch diese Annahmen sind für den Shapley-Wert nicht relevant.

Die Anordnung der Spieler r ist im allgemeinen zufällig. Für den **Shapley-Wert** wird unterstellt, daß jede Reihenfolge der Spieler gleich wahrscheinlich ist. Es gibt $n!$ Ordnungen (d. h. **Permutationen**), also ist die Wahrscheinlichkeit für eine bestimmte Permutation gleich $1/n!$. Betrachtet man alle Permutationen der Menge N, so ist unter diesen Annahmen die Wahrscheinlichkeit dafür, daß i (z. B. Spieler 2) an der k-ten (bzw. 4-ten) Stelle steht, gleich $(k-1)!(n-k)!/n!$ (bzw. $3!2!/6! = 1/60$). Es gibt $(k-1)!$ viele Permutationen, die sich von r durch die Reihenfolge der ersten $k-1$ Elemente unterscheiden, aber sonst mit r identisch sind – und für die i ein Pivotspieler ist, falls er für r ein Pivotspieler ist. Es gibt $(n-k)!$ viele Permutationen, die sich von r durch die Reihenfolge der i folgenden $n-k$ Elemente unterscheiden, aber mit r die ersten k Elemente und ihre Reihenfolge gemeinsam haben.

Der Spieler i kann auch für andere Koalitionen als K pivotal sein. Deshalb sind u. U. nicht nur die Reihenfolge r und die entsprechenden Permutationen relevant. Die Aufsummierung in der Bestimmungsgleichung von Φ_i über *alle* Koalitionen, die i enthalten, trägt diesem Umstand Rechnung. Damit sind alle Elemente dieser Gleichung interpretiert.

6.3.1.2 A-priori-Abstimmungsstärke

Auf Grund der eben skizzierten Eigenschaften liegt es nahe, den Shapley-Wert als Maß der **A-priori-Abstimmungsstärke** in gewichteten Abstimmungsspielen anzuwenden. In Shapley und Shubik (1954) wurde der Shapley-Wert in diesem Sinne gebraucht. Man bezeichnet ihn in dieser Anwendung auch als **Shapley-Shubik-Index** (SSI).

Durch den Rückgriff auf alle denkbaren Permutationen der geordneten Spielermenge wird sichergestellt, daß keine spezifischen Vorstellungen über Koalitionen in das Kalkül der Abstimmungsmacht eingehen. Entsprechend läßt sich der SSI als Maß dafür anwenden, wie die quantitativen Größen, also **Stimmgewicht** und **Entscheidungsregel**, auf tatsächliche oder potentielle Entscheidungen einwirken bzw. wie diese Größen die real beobachtbaren Entscheidungen möglicherweise prädeterminieren. Er trägt aber auch zur Klärung der qualitativen Komponente bei, insofern sich faktische Entscheidungen als „Summe“ quantitativer Bedingungen, wie sie der SSI zu erfassen versucht, und qualitativer (z. B. politisch-ideologischer oder soziokultureller) Komponenten darstellen lassen.

Mit Hilfe dieses Maßes wurde die Machtverteilung in zahlreichen nationalen Parlamenten untersucht. Ausgangspunkt der Arbeiten ist die inzwischen klassische Untersuchung der Machtverteilung im Kongreß der Vereinigten Staaten durch Shapley und Shubik (1954). Frey (1969) analysierte mit Hilfe des SSI die Machtverteilung im schweizerischen Bundesrat. Holler und Kellermann (1978) wandten dieses Maß zur Analyse der Machteffekte an, die aus der Umverteilung der nationalen Sitzkontingente im **Europäischen Parlament** vor den ersten direkten Wahlen zu diesem Gremium (im Frühjahr 1978) erwartet wurden.

Zahlreiche Studien befassen sich mit der Machtverteilung in den Gremien der Europäischen Gemeinschaft (z. B. Baldwin und Widgrén (2004), Brams und Affuso (1976), Widgrén (1994, 1995, 2008) und Napel und Widgrén (2006)). Die meisten dieser Untersuchungen beruhen auf dem **Banzhaf-Index**, den wir im nächsten Abschnitt behandeln werden oder auf einer Modifikation des Shapley-Shubik-Index. Rattinger und Elicker (1979) wenden aber eine Version des Shapley-Shubik-Index an, welche die ideologische Nähe verschiedener Gruppen im Europäischen Parlament bei der Koalitionsbildung berücksichtigt. Im Mittelpunkt der meisten Untersuchungen steht allerdings der EU-Ministerrat.[5]

Aber nicht nur in Abstimmungsspielen wird der SSI angewandt. In ihrer Untersuchung fairer und effizienter Gebühren für den Flughafen von Birmingham (vgl. Abschnitt 6.2.6.3) verwenden Littlechild und Thompson (1977) neben dem Nucleolus auch den Shapley-Wert. In einer umfassenden Studie analysiert Bös (1970) die Mitwirkung der Verbände an der Wirtschaftsverwaltung Österreichs, der Handelskammern und des Österreichischen Gewerkschaftsbundes, vermittelt durch paritätisch beschickte Ausschüsse. Zur Bestimmung der Machtverhältnisse in den verschiedenen Kollegien greift er auf den SSI zurück. Aumann und Kurz (1977) gehen dem Zusammenhang von Besteuerung und Abstimmungsmacht bzw. ökonomischer Macht mit Hilfe des Shapley-Wertes bei *nicht-transferier-baren Nutzen* nach.

6.3.1.3 Eigenschaften und Beispiele

Inwieweit die Anwendung des **Shapley-Werts** zur Analyse der Machtverhältnisse in ökonomischen, politischen und sozialen Institutionen sinnvoll bzw. angemessen ist, hängt selbstverständlich von den Eigenschaften dieses Maßes ab – und von der Interpretation der Ergebnisse. Zur Illustration einiger Eigenschaften des Shapley-Werts bzw. des SSI gehen wir von einem einfachen gewichteten Abstimmungsspiel v aus, das durch Gewinn- und Verlustkoalitionen charakterisiert ist, wobei der Wert für die Gewinnkoalition 1 und der für die Verlustkoalition 0 sei. Das Spiel kann allgemein als **Abstimmungskörper** $v = (d; w_1, \ldots, w_n)$ beschrieben werden. Hierbei ist d die Entscheidungs-, Abstimmungs- oder Mehrheitsregel, und die Größen w_i, $i = 1, \ldots, n$, sind die Stimmgewichte. Sie repräsentieren beispielsweise die relative Sitzverteilung bzw. die Stimmanteile von Fraktionen. Entsprechend ist $w = (w_i)$ die **Sitz-** bzw. **Stimmverteilung**. Manchmal werden aber in der Literatur auch die absoluten Werte der Sitze bzw. Stimmen herangezogen.

Der SSI ist für diese Spiele monoton in der Größe der Stimmgewichte: Ein Spieler i mit Stimmgewicht w_i erhält stets einen höheren (oder gleich großen) Wert Φ_i zugeordnet als ein Spieler j mit einem Stimmgewicht $w_j < w_i$. Diese Eigenschaft wird auch als **lokale Monotonie** bezeichnet. Bei gegebener Entscheidungsregel d hat somit in einem Abstimmungsgremium (Parlament) keine Fraktion mit einer größeren Sitz- bzw. Stimmzahl einen kleineren SSI als eine Fraktion mit einer geringeren Sitz- bzw. Stimmenzahl. Jedoch ist der SSI nicht-monoton in *Veränderungen* von Stimmgewichten: Spieler, deren Stimmgewicht sich erhöht, erfahren u.U. eine Verringerung ihres Shapley-Werts und damit, bei entsprechender Interpretation, ihrer **A-priori-Abstimmungsstärke**. Dies veranschaulicht ein Vergleich der Beispiele 1 bis 4.

[5] Vgl. Felsenthal und Machover (2001, 2004) und die dort angegebene Literatur.

	Spieler		
Permutationen	1	2	3
(1,2,3)	–	1	–
(1,3,2)	–	–	1
(2,1,3)	1	–	–
(2,3,1)	1	–	–
(3,1,2)	1	–	–
(3,2,1)	1	–	–
Zahl der Pivots	4	1	1
Shapley-Wert Φ_i	2/3	1/6	1/6

Abb. 6.7 Berechnung der Shapley-Werte

Beispiel 1. Gegeben ein Abstimmungsspiel $v_1 = (70; 55, 25, 20)$. Die Menge der Spieler $N = \{1, 2, 3\}$ erlaubt $n! = 6$ Permutationen. Für jede Permutation bestimmen wir das Pivotelement entsprechend der Entscheidungsregel $d = 70$. Das Ergebnis ist in Abb. 6.7 aufgelistet. Hier drückt eine „1" aus, daß der entsprechende Spieler pivotal ist, und „–", daß dies nicht der Fall ist.

Der Shapley-Wert Φ_i des Spielers i errechnet sich durch Division der Zahl der Permutationen, für die i pivotal ist, mit der Gesamtzahl der Permutationen $n!$. Wir erhalten $\Phi(v_1) = (2/3, 1/6, 1/6)$ als Shapley-Wert. Bei einer kleinen Zahl von Spielern können wir mit Hilfe einer Auflistung wie in Abb. 6.7 den Shapley-Wert berechnen, ohne auf die „Summenformel" für Φ_i zurückzugreifen.

Beispiel 2. Gegeben ein Abstimmungsspiel $v_2 = (70; 50, 25, 25)$. Der entsprechende Shapley-Wert ist $\Phi(v_2) = (2/3, 1/6, 1/6)$. Ein Vergleich mit Beispiel 1 zeigt, daß unterschiedlichen Verteilungen von Stimmgewichten bei identischer Entscheidungsregel identische Shapley-Werte zugeordnet sein können.

Beispiel 3. Gegeben ein Abstimmungsspiel $v_3 = (70; 35, 35, 30)$. Der entsprechende Shapley-Wert ist $\Phi(v_3) = (1/2, 1/2, 0)$. Ein Vergleich mit den beiden vorausgehenden Beispielen zeigt, daß sich der Shapley-Wert des ersten Spielers, dessen Stimmgewicht in v_1 und v_2 größer ist als in v_3, verringerte. Dies ließe vermuten, daß der Shapley-Wert und die durch ihn gemessene A-priori-Abstimmungsstärke mit den Stimmgewichten positiv korreliert. Ein Vergleich der Stimmgewichte und des Shapley-Werts für den dritten Spieler aber zeigt, daß dies nicht der Fall ist. Das nächste Beispiel bestätigt dieses Ergebnis.

Beispiel 4. Gegeben ein Abstimmungsspiel $v_4 = (70; 55, 35, 10)$. Der entsprechende Shapley-Wert ist $\Phi(v_4) = (1/2, 1/2, 0)$. Der Vergleich mit Beispiel 2 zeigt, daß sich der Shapley-Wert des Spielers 1 von $2/3$ auf $1/2$ *verringert*, obwohl sich das Stimmgewicht des Spielers von 50 auf 55 *erhöht*. Der Shapley-Wert ist also nicht (positiv) monoton in Veränderungen der Stimmgewichte. Ob eine Erhöhung des Stimmgewichts bei gleichbleibender Entscheidungsregel zu einer Erhöhung oder einer Senkung des Shapley-Werts führt (oder ihn unverändert beläßt), hängt von der

Verteilung der Stimmgewichte und nicht nur von der Größe des jeweiligen Stimmgewichts ab.

Das durch den Vergleich von $\Phi(v_2)$ und $\Phi(v_4)$ bzw. v_2 und v_4 skizzierte Phänomen ist als **Paradox of Redistribution** von Fischer und Schotter (1978) in die Literatur eingeführt worden (vgl. auch Schotter, 1982). Ihre Untersuchung zeigt, daß dieses Paradoxon unabhängig von der ursprünglichen Stimmverteilung für Spiele mit mehr als sechs Spielern auftritt, falls die Abstimmungsmacht mit dem Shapley-Shubik-Index gemessen wird. Wird die einfache Mehrheitsregel angewandt, genügen vier Spieler, so daß das **Paradox of Redistribution** für keine Ausgangsverteilung ausgeschlossen werden kann; es ist also ein wesentliches Element der Analyse von Änderungen der Stimmverteilungen in Abstimmungsgremien.

Das **Paradox of Redistribution** ist eng mit den „Paradoxien" verwandt, die in den folgenden Beispielen illustriert werden.

Beispiel 5. Gegeben sei das Drei-Personen-Abstimmungsspiel $v_1 = (4;3,2,2)$ mit $\Phi(v_1) = (1/3,1/3,1/3)$. Nehmen wir an, daß Spieler 1 sich in drei Einzelstimmen „auflöst", so daß $v_2 = (4;1,1,1,2,2)$ mit $\Phi(v_2) = (2/15,2/15,2/15,3/10,3/10)$ folgt. Addiert man die Indexwerte der Spieler 1, 2 und 3, so ergibt sich der Wert 0,4. Entsprechend v_1 aber hat Spieler 1 den Indexwert $1/3$, also einen geringeren Wert. Das widerspricht der üblichen Annahme, daß eine Gruppe stärker als die „Summe ihrer Mitglieder" ist. Brams (1975, S. 175ff) bezeichnet dieses Phänomen als **Paradox of Size**.

Beispiel 6. Wir nehmen an, daß ausgehend von $v_1 = (4;3,2,2)$ mit $\Phi(v_1) = (1/3,1/3,1/3)$, ein neuer Wähler (mit einer Stimme) eintritt und sich die Entscheidungsregel d von 4 auf 5 erhöht. Es gilt dann $v_2 = (5;3,2,2,1)$ mit $\Phi(v_2) = (5/12,1/4,1/4,1/12)$.

Der Machtindex des Spielers 1, der über drei Stimmen verfügt, hat sich durch den Beitritt des vierten Spielers und durch die Erhöhung der Entscheidungsregel erhöht – ein unerwartetes Ergebnis? Hätte sich nur die Entscheidungsregel von 4 auf 5, nicht aber die Sitzverteilung gegenüber v_1 geändert, so daß das Spiel $v_3 = (5;3,2,2)$ lautete, dann entspräche dies einem Machtindex $\Phi(v_3) = (2/3,1/6,1/6)$. So gesehen profitieren auch Spieler 2 und 3 (mit je zwei Stimmen) vom Beitritt des vierten Spielers, wie ein Vergleich von $\Phi(v_2)$ und $\Phi(v_3)$ zeigt. Dieses Phänomen wurde als **Paradox of New Members** in Brams (1975, S. 178–180) vorgestellt und in Brams und Affuso (1976) ausführlich analysiert.

Beispiel 7. Geht man davon aus, daß sich bestimmte Gewinnkoalitionen nicht bilden, da die potentiellen Mitglieder „verfeindet" sind, so tritt u. U. das **Paradox of Quarreling Members** auf (Kilgour, 1974, und Brams, 1975, S. 180f). Gehen wir beispielsweise von $v_1 = (5;3,2,2)$ mit $\Phi(v_1) = (2/3,1/6,1/6)$ aus. Nehmen wir jetzt an, daß die Spieler 2 und 3, die über je zwei Stimmen verfügen, nie in eine gemeinsame Koalition eintreten, so ist der entsprechende Machtindex $\Phi(v_2) = (1/2,1/4,1/4)$.

Ein Vergleich mit $\Phi(v_1)$ zeigt, daß sich die Spieler mit zwei Stimmen sowohl individuell als auch als Gesamtheit in ihrer A-Priori-Abstimmungsstärke dadurch verbessert haben, daß sie keine Koalition eingehen. Inwieweit derartige Überlegungen Ausgangspunkt für das Auseinanderbrechen von Koalitionen sind, kann nur gemutmaßt werden, aber eine gewisse Plausibilität kann man diesem Ergebnis nicht absprechen. Mitglieder eines Abstimmungsgremiums könnten, unabhängig von ideologischen Betrachtungen, in einen Konflikt zueinander geraten, nur um dadurch ihre individuelle A-priori-Abstimmungsstärke zu erhöhen (vgl. Brams, 1976, S. 190).

Beispiel 8. Wir gehen von dem Gebührenspiel in Abschnitt 6.2.2.2 aus und betrachten das Restspiel, das sich dadurch ergibt, daß wir $r_4 = 100$ setzen. Sofern eine gemeinsame Lösung für die Wasserversorgung der Gemeinden 1, 2 und 3 zustande kommt, sind die „Bruttonutzen" der Gemeinden gleich. Sollen die Vorteile aus dieser Lösung dem Shapley-Wert entsprechen, so müssen die Kosten über ein Gebührensystem $r = (r_1, r_3, r_3)$ verteilt werden, für das gilt:

$$r_i = \sum_{\substack{K \subset \{1,2,3\} \\ K \ni i}} \frac{(k-1)!(n-k)!}{n!} [c(K) - c(K - \{i\})] \; .$$

Die Interpretation dieser Formel folgt unmittelbar aus der Definition von Φ_i. Zur konkreten Berechnung können wir uns wieder auf die Auflistung der Permutationen stützen und jedem Spieler in der Reihenfolge, die die Permutation ausdrückt (also von links nach rechts), die Zusatzkosten zurechnen, die er verursacht. Es errechnet sich ein Gebührensystem $\hat{r} = (183{,}3; 183{,}3; 233{,}3)$.

Abbildung 6.9, die sich aus Abb. 6.7 ableitet, zeigt $\hat{r}$, daß im **Kern** des 3-Personen-Gebührenspiels liegt. Da $r_4 = 100$ mit dem Kern vereinbar ist, liegt $\hat{r}$ auch im Kern des nicht-reduzierten 3-Personen-Spiels, falls $r_4 = 100$ gilt. Allgemein gilt der

Satz: Für konvexe (kooperative) Spiele liegt der Shapley-Wert stets im Kern (vgl. Abschnitt 6.1.2). Es gibt aber (nicht-konvexe) Spiele, deren Kern nicht leer ist, für die der Shapley-Wert nicht im Kern ist. (Vgl. dazu Beispiel 5.1 in Moulin, 1988, S. 110f.) Der Nucleolus dagegen ist immer ein Element des Kerns, falls dieser nicht leer ist.

	Gemeinde		
Permutationen	1	2	3
(1,2,3)	300	100	200
(1,3,2)	300	100	200
(2,1,3)	100	300	200
(2,3,1)	100	300	200
(3,1,2)	200	100	300
(3,2,1)	100	200	300
Total	1100	1100	1400
Φ	(183,3; 183,3; 233,3)		

Abb. 6.8 Berechnung der Shapley-Werte der Gebühren

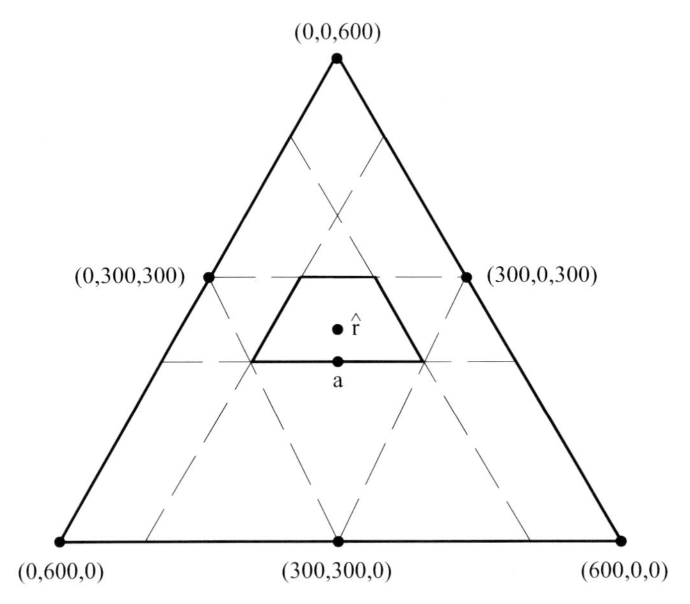

Abb. 6.9 Der Gebührensimplex

6.3.1.4 Proportionale Repräsentation und Strategiebeständigkeit

Die Beispiele 1 mit 7 zeigen, daß die beschriebenen Paradoxien dann nicht aufträten, wenn für jedes Spiel Sitz- bzw. Stimmverteilung und Verteilung der Abstimmungsstärke identisch wären. Diese Identität ist aber nur in Ausnahmefällen erfüllt. Kann ein Entscheidungsgremium auf mehr als eine Entscheidungsregel zurückgreifen und den Einsatz der jeweiligen Regel „adäquat“ gewichten z. B. mit Hilfe eines Zufallsmechanismus, der die Entscheidungsregel passend auswählt, so kann die Identität von Stimm- und Machtverteilung hergestellt und die skizzierten Paradoxien können vermieden werden. Ein entsprechendes Modell **(strikter) proportionaler Repräsentation** mit **gemischter Entscheidungsregel** wurde in Holler (1985, 1987) und Berg und Holler (1986) ausgeführt. Betrachten wir den folgenden Fall:

Beispiel 9. Gegeben ist das Abstimmungsspiel $v(d) = (d; 5/12, 4/12, 3/12)$. Für alternative Entscheidungsregeln d_j mit den entsprechenden Spielen $v(d_j)$ ergeben sich die folgenden Shapley-Werte $\Phi(d_j)$:

$$\begin{aligned}
\Phi(d_1) &= (1/3, 1/3, 1/3) \quad \text{für } d_1 = 10/12\\
\Phi(d_2) &= (1/2, 1/2, 0) \quad \text{für } d_2 = 9/12\\
\Phi(d_3) &= (2/3, 1/6, 1/6) \quad \text{für } d_3 = 8/12\\
\Phi(d_4) &= (1/3, 1/3, 1/3) \quad \text{für } d_4 = 7/12\,.
\end{aligned}$$

Wir sehen, daß (a) für die gegebenen Stimmgewichte so unterschiedliche Entscheidungsregeln wie und zu identischen Shapley-Werten führen, daß es (b) für die gegebenen Stimmgewichte über den gesamten möglichen Definitionsbereich von $0 < d \leq 1$ nur drei unterschiedliche Shapley-Werte gibt und daß (c) keiner dieser Werte mit der Verteilung der Stimmgewichte identisch ist.

Interpretieren wir den Shapley-Wert als Erwartungswert und lassen wir eine Zufallsauswahl der Entscheidungsregel zu, d. h., führen wir eine **randomisierte** bzw. **gemischte Entscheidungsregel** im Sinne von Holler (1985, 1987) und Berg und Holler (1986) ein, dann ist die Stimmverteilung gleich der (erwarteten) Machtverteilung, wenn das folgende Gleichungssystem erfüllt ist:

$$(q_1, q_2, q_3)\{\Phi(d_1), \Phi(d_2), \Phi(d_3)\} = (w_1, w_2, w_3)$$

d. h.

$$q_1\Phi(d_1) + q_2\Phi_1(d_2) + q_3\Phi_1(d_3) = w_1 \quad \text{usw.}$$

Die Größen q_1, q_2 und q_3 sind die Gewichte. Je nach institutionellem Design und Interpretation sind sie Wahrscheinlichkeiten oder relative Häufigkeiten, mit denen die Entscheidungsregeln d_1, d_2 und d_3 gewählt werden sollen. Somit drückt der Vektor q die **gemischte Entscheidungsregel** aus. Damit die Matrixmultiplikation machbar ist, muß der Vektor der Shapley-Werte eine 3-mal-3 Matrix sein. Selbstverständlich ließe sich im vorliegenden Beispiel d_1 durch d_4 substituieren. Dieser Freiheitsgrad erlaubt es, bestimmte *reine* Entscheidungsregeln bei der Randomisierung zu vermeiden, und ermöglicht somit eine *qualifizierte proportionale Repräsentation.*

Für das konkrete Zahlenbeispiel ergibt sich die Lösung (q_1, q_2, q_3) aus dem folgenden Gleichungssystem:

$$\begin{aligned} q_1/3 + q_2/2 + 2q_3/3 &= 5/12 \\ q_1/3 + q_2/2 + q_3/6 &= 4/12 \\ q_1/3 + q_2 \cdot 0 + q_3/6 &= 3/12\,. \end{aligned}$$

Wir erhalten $q_1 = 2/3$ und $q_2 = q_3 = 1/6$. Dieses Ergebnis ist in Abb. 6.11 veranschaulicht. Die Punkte A, B und C repräsentieren die Shapley-Werte $\Phi(d_1) = \Phi(d_4)$, $\Phi(d_2)$ und $\Phi(d_3)$ im Simplex $S^{(3)} = \{(x_1, x_2, x_3) | x_1 + x_2 + x_3 = 1\}$. Der Punkt W repräsentiert die vorgegebene Verteilung der Stimmgewicht w.

Die Identität von A-priori-Abstimmungsstärke, gemessen durch den Shapley-Wert Φ, und die Verteilung der Stimmgewichte w ist stets dann durch eine **gemischte Entscheidungsregel** q erreichbar, wenn die Zahl der unterscheidbaren Machtindizes nicht kleiner als die Zahl der Spieler ist und die Verteilung der Stimmgewichte w stets im Innern oder auf der Grenze des (konvexen) Raumes liegt, der durch die Machtindizes aufgespannt ist. Dies ist im allgemeinen erfüllt (vgl. Berg und Holler, 1986). Unter Umständen ist die Zahl der unterscheidbaren Shapley-Werte größer als die Zahl der Spieler, und man kann bei der Formulierung der gemischten Entscheidungsregel auf „weniger geschätzte" *reine* Entscheidungsregeln verzichten, z. B. auf Entscheidungsregeln, die einen Spieler mit positiver Wahr-

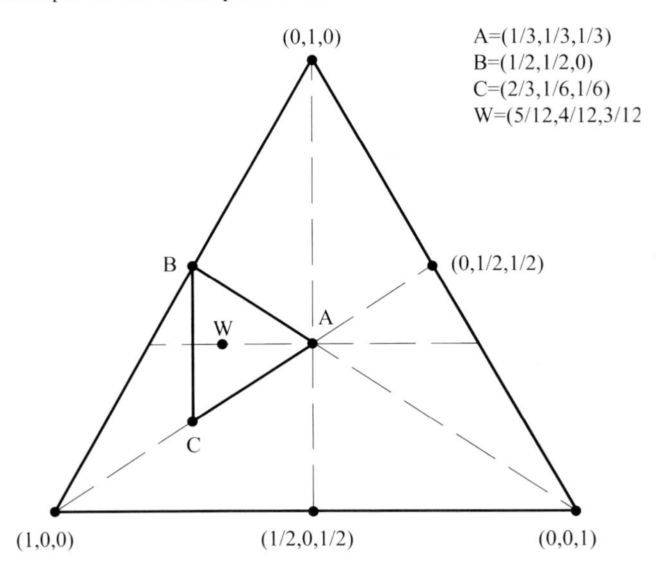

Abb. 6.10 Shapley-Werte

scheinlichkeit zum Diktator machen. Auf das damit verbundene Problem der **qualifizierten proportionalen Repräsentation** werden wir in Abschnitt 6.3.2.3 (unten) näher eingehen.

Abgesehen von Fairneßüberlegungen, die indirekt auch die Legitimität, die Stabilität und den Bestand von Abstimmungsgremien betreffen, ist **proportionale Repräsentation** deshalb eine wünschenswerte Eigenschaft, weil sie für das betreffende Gremium **Strategiebeständigkeit** herstellt (Holler, 1987): Die Spieler (Wähler) können dann nicht durch Reduzierung bzw. *Manipulation* ihres Stimmgewichtes oder durch Provozierung eines Konfliktes mit Mitspielern („Quarreling") eine Erhöhung ihrer A-priori-Abstimmungsstärke erzielen. Damit ist ein wesentliches Element des „Wettbewerbs um Stimmen", der unserem Verständnis von repräsentativer Demokratie und der Anwendung dieses Prinzips in Politik, Wirtschaft und Gesellschaft innewohnt, durch das Ziel, Abstimmungsmacht auszuüben, gesichert. Der Wettbewerb muß z. B. nicht dadurch induziert werden, daß die Parteien für jede Wählerstimme einen bestimmten Geldbetrag erhalten.

Wird der Shapley-Wert nicht auf Abstimmungsgremien angewandt, sondern, allgemeiner, auf die Allokation der Nutzen wie im Gebührenspiel (Beispiel 8), so entspricht der Manipulation der Stimmen eine Mißrepräsentation der Nutzen- bzw. Kostenfunktionen. In Thomsen (1988) sind die strategischen Überlegungen, die daraus resultieren, daß die Spieler ihre Nutzenfunktionen manipulieren können, als Spiel modelliert.

Ein alternativer Ansatz, Gleichheit von Abstimmungsmacht π und Stimmverteilung w herzustellen, ist bei gegebener Entscheidungsregel d die Stimmverteilung w so „umzugestalten", daß $\pi = w$ resultiert. Man lässt mit einer modifizierten Stimmverteilung w° abstimmen, so daß bei Anwendung des entsprechenden

Machtmaßes $\pi(d,w^\circ) = w$ gilt. Geht man von einem Abstimmungsspiel $(d,w) = (51;45,35,20)$ aus, so ist unmittelbar einzusehen, daß es kein w° gibt, so daß $\pi(d,w^\circ) = (45,35,20)$, gleich welches Maß π man verwendet. Aber insbesondere in Fällen mit einer großen Zahl von Spielern kann $\pi(d,w^\circ) = w$ durch die Wahl einer Stimmverteilung w° annäherungsweise hergestellt werden (vgl. Leech, 2003).

6.3.1.5 Würdigung

Selbstverständlich forderte die Berücksichtigung der Reihenfolge der Spieler bzw. von **Permutationen** zur Kritik heraus. Für die Bedeutung eines Spielers i in der Koalition K soll nicht die Reihenfolge, in der er in die Koalition K eintritt bzw. in der er sie verläßt, maßgeblich für seine „Stärke" sein, sondern nur die Zugehörigkeit zu K. Nur in Grenzfällen wird sequentiell entschieden, so daß die Reihenfolge der Stimmabgabe bzw. der Beitragsleistung in einer Koalition tatsächlich selten eine Rolle spielt. Dies wäre z. B. dann der Fall, wenn $k-1$ Spieler bereits ihren Beitrag zur Realisierung eines kollektiven Gutes erbracht hätten, das ausschließlich den Mitgliedern der Koalition K zugute kommt, und Spieler i als k-tes Mitglied aufgerufen ist, seinen Beitrag zu erbringen. Er könnte dann so mit diesen $k-1$ Spielern verhandeln, daß er den gesamten Koalitionsertrag erhält. (Man beachte, daß bei sequentiellen Entscheidungen die Kosten der Beiträge der $k-1$ Spieler „versunken" sind, d. h. daß die entsprechenden „Investitionen" nicht mehr ungeschehen gemacht werden können.)

Der im folgenden Kapitel diskutierte **Banzhaf-Index** trägt dieser Kritik insoweit Rechnung, als dieses Maß von *Koalitionen* und nicht von Permutationen ausgeht. Andererseits schafft gerade die Berücksichtigung aller Permutationen, die sich aus der Menge der Spieler N bilden lassen, eine gewisse Neutralität des Maßes gegenüber ad hoc Vorstellungen bezüglich der Bildung von Koalitionen und deren Wahrscheinlichkeiten – wenn auch dadurch die Koalitionen in der Regel mit unterschiedlichen Gewichten in das Maß eingehen. Die Gewichte werden durch die Zahl der Spieler bestimmt, die in einer Koalition enthalten sind: Je mehr Spieler in einer Koalition sind, desto mehr Permutationen entsprechen ihr.

Aber, wie schon mehrfach angedeutet, die Bedeutung des **Shapley-Wertes** ist nicht von der Unterstellung einer Reihenfolge abhängig, mit der die Spieler zur Entscheidung antreten. Shapley (1953) begründet seinen Wert dadurch, daß dieser Wert (und nur er) drei spezifische Axiome erfüllt, die wünschenswerte Eigenschaften ausdrücken, die man von der Lösung eines kooperativen Mehrpersonenspiels (vielleicht) erwarten kann. Diese Axiome selbst beruhen nicht auf der Berücksichtigung einer Reihenfolge.

Der Shapley-Wert kann aber auch wahrscheinlichkeitstheoretisch begründet werden, wie im Abschnitt 6.3.6 (unten) zu sehen ist. Auch hier spielt die Berücksichtigung der Reihenfolge keine unmittelbare Bedeutung.

Der **Shapley-Wert** ist nicht für jedes Spiel ein Element des Kerns (vgl. Nurmi, 1980). Dies ist offensichtlich, wenn beispielsweise die Abstimmung die Verteilung einer konstanten Nutzensumme betrifft und der Kern leer ist, wie in den entsprechenden Beispielen gezeigt wurde (s. Abschnitte 6.2.2 und 6.2.3.1). Der Shapley-Wert ist auch nicht generell ein Element der Verhandlungsmenge M. Aber, wie Nurmi (1980) zeigt, für bestimmte Klassen von Spielen liegt der Shapley-Wert in der von Schofield (1978, 1982) eingeführten Verhandlungsmenge M^* (s. Abschnitt 6.2.4.2). In **Apex-Spielen**, die sich durch einen starken und viele schwache Spieler auszeichnen, übersteigt der Shapley-Wert des starken Spielers (Apex-Spieler) nie die Obergrenze, die ihm durch die Verhandlungsmenge M^* gesetzt ist.

Bereits Shapley (1953) deutete an, daß der Shapley-Wert $\Phi_i(v)$ des Spielers i als dessen **Erwartungswert** bezüglich des Spiels v angesetzt werden kann. In Roth (1977b) ist dieses Ergebnis ausgearbeitet: Der Shapley-Wert ist mit dem Erwartungswert im Sinne von Von-Neumann-Morgenstern-Nutzen identisch, falls die Spieler risiko-neutral sind.

Eine zusätzliche Bestätigung erfährt der Shapley-Wert dadurch, daß er für einfache Verhandlungsspiele (d. h. mit gegebenen Konfliktauszahlungen) mit transferierbaren Nutzen mit der **Nash-Lösung** (vgl. Abschnitt 5.3.1) zusammenfällt. Diese Eigenschaft ist in Harsanyi (1977, S. 226–338) allgemein bewiesen (s. auch Hart und Mas-Colell, 1996). Sie erklärt sich aus der Tatsache, daß beide Lösungskonzepte auf den weiteren Zuwachs abstellen, den ein Spieler i für eine Koalition K erbringt; dieser wird ihm zugerechnet. Induzieren zwei Spieler einen Auszahlungszuwachs für eine Koalition, dann wird er entsprechend der Nash-Lösung bei Unterstellung transferierbarer Nutzen halbiert. Dies entspräche auch dem Shapley-Wert des isoliert betrachteten Spiels, denn beide Spieler sind pivotal für je eine Permutation in bezug auf den Auszahlungszuwachs.

Die Entsprechungen von **Shapley-Wert**, **Nash-Lösung** und **erwartetem Nutzen** legen nahe, die *A-priori-Abstimmungsstärken*, die den Handelnden in einen Abstimmungsgremium zugeordnet werden können, als Prognose eines durchschnittlichen Verhandlungsergebnisses und den Indexwert eines Spielers als Ausdruck seiner quantitativen Verhandlungsstärke zu interpretieren. Wir haben im Zusammenhang mit der asymmetrischen Nash-Lösung bereits auf ein Ergebnis von Laruelle und Valenciano (2008) hingewiesen: Diese Arbeit zeigt, daß der Vektor $a = (a_1, \ldots, a_n)$ unter „bestimmten Bedingungen" durch den **Shapley-Wert** beziehungsweise den **Shapley-Shubik-Index** (siehe Abschnitt 5.3.1.7 oben) spezifiziert wird.[6] Folgt man dieser Interpretation, so stellt das Auseinanderfallen von Sitz- bzw. Stimmenverteilung und Machtindex, das für viele Abstimmungsgremien festgestellt werden kann, eine Herausforderung an das Design des **Entscheidungsmechanismus** dar, sofern man davon ausgeht, daß (a) Macht- und Sitzverteilung in Abstimmungsgremien stark korrelieren sollen und (b) der Shapley-Shubik-Index ein adäquates Maß für die Abstimmungsstärke bzw. für die Verhandlungsposition ist. Die oben skizzierte

[6] Ausgangspunkt ist ein Komitee, in dem grundsätzlich abgestimmt wird und die Mitglieder unterschiedliche Stimmgewichte haben. Angestrebt wird aber keine Entscheidung durch Abstimmung, sondern eine Verhandlungslösung, die die Zustimmung aller Beteiligten (also Spieler) erhält. Die Verhandlungsmacht des einzelnen Spielers, die letztlich das Ergebnis bestimmt, leitet sich aus der möglichen Abstimmung, also von den Stimmgewichten und der Entscheidungs- bzw. Mehrheitsregel ab. Allerdings wird hier der Status quo sowohl als Konfliktpunkt des Verhandlungsspiels als auch als mögliches Ergebnis der Abstimmung unterstellt. Letzteres erfordert eine gewisse Neuinterpretation der Gewinnkoalition.

Lösung dieses Problems über Randomisierung von Entscheidungsregeln dürfte nur schwer in die Praxis umsetzbar sein.

Aus der Übereinstimmung von **Nash-Lösung** und **Shapley-Wert** für einfache Verhandlungsspiele mit transferierbaren Nutzen folgt, daß der Shapley-Wert die Nash-Axiome (N1)–(N4) erfüllt und die entsprechenden Eigenschaften aufweist: *Unabhängigkeit von äquivalenter Nutzentransformation*, *Symmetrie*, *Unabhängigkeit von irrelevanten Alternativen* und *Pareto-Optimalität*. Insofern diese Eigenschaften z. B. im Hinblick auf die Verteilung von Leistungen wünschenswert sind, kann auf den Shapley-Wert als „faire und vernünftige" (Verteilungs-) Norm zurückgegriffen werden. Dies erspart die explizite Formulierung eines Verhandlungsmodells und die Ableitung der Ergebnisse.

In Abstimmungsspielen ist der **Shapley-Wert** für eine gegebene Entscheidungsregel *monoton in der Größe der Stimmgewichte*. Diese Eigenschaft der **lokalen Monotonie** wird oft als wünschenswerte Eigenschaft eines Maßes von Abstimmungsmacht gesehen (Nurmi, 1982) oder sogar als unerläßlich erachtet (Felsenthal und Machover, 1998, S. 245): Spieler mit größerem Stimmgewicht erhalten stets einen größeren (oder gleich großen) Shapley-Wert Φ_i zugeordnet. Bei gegebener Entscheidungsregel hat somit in einem Abstimmungsgremium (Parlament) keine Fraktion mit einer größeren Sitz- bzw. Stimmenzahl einen kleineren Shapley-Shubik-Index als eine Fraktion mit einer geringeren Sitz- bzw. Stimmenzahl. Jedoch ist, wie wir gesehen haben, der Shapley-Wert in Abstimmungsspielen nicht-monoton in Veränderungen von Stimmgewichten: Spieler, deren Stimmgewicht sich erhöht, erfahren u.U. eine Verringerung ihres Shapley-Wertes und damit, bei entsprechender Interpretation, ihrer A-priori-Abstimmungsstärke. Das kann man als Mangel des verwendeten Maßes sehen oder aber als Problem unserer Intuition, die ein Mehr an Stimmen mit einem Mehr an Abstimmungsmacht gleichsetzt. Die oben skizzierten Paradoxien können sehr wohl in unseren intuitiven Vorstellungen über den Zusammenhang von Stimmgewicht und Abstimmungsmacht begründet sein, und nicht im Maß (so Holler, 1982a). In diesem Sinne stellt das formale Maß, der Shapley-Wert, ein Hilfsmittel dar, mit dem man Intuition und Vorurteil begegnen kann, wenn es um die *Untersuchung der Machtstrukturen* oder *die Gestaltung von Abstimmungsgremien* geht.

Für die praktische Anwendung des Shapley-Wertes sei angemerkt, daß die Analyse von Permutationen ohne geeignetes Computerprogramm mit steigender Zahl der Spieler n sehr schnell sehr umfangreich wird. Für 10 Spieler hat man beispielsweise grundsätzlich 10! (also mehr als 3 Millionen) Permutationen zu berücksichtigen. Aufgrund von Symmetrien aber vereinfacht sich die Aufgabenstellung in der Regel. Außerdem ist die Berechnung des Shapley-Wertes relativ einfach zu programmieren.

6.3.2 Banzhaf-Index oder Penrose-Index?[7]

Banzhaf (1965, 1968) hat den im folgenden diskutierten Index als *Maß für Abstimmungsstärke* vorgeschlagen, um sowohl tatsächlich bestehende als auch potentiell mögliche Abstimmungsgremien beurteilen zu können. Anlaß war die Einführung von Stimmgewichten in gesetzgebenden Versammlungen in einigen US-Bundesstaaten (so beispielsweise in New Jersey, wo die Gewichtung aber wieder rückgängig gemacht wurde). Das Gewichtungsverfahren sieht vor, daß jeder Abgeordnete in den entsprechenden Gremien ein Stimmgewicht hat, das proportional zu der Bevölkerungszahl seines Wahlbezirks ist. Die Stimmgewichtung war (und ist) umstritten, und es kam zu mehreren Revisionen. Aber, wie Banzhaf (1965, S. 318) anmerkte: Weder die Befürworter noch die Gegner der Stimmgewichtung hatten erkannt, daß durch die proportionale Gewichtung nicht erreicht wurde, was von beiden Seiten unterstellt wurde, nämlich eine proportionale Zuteilung von Abstimmungsmacht.[8]

Ausgehend von dieser Einsicht, formulierte Banzhaf ein Maß für **A-priori-Abstimmungsstärke.** Im Gegensatz zum Shapley-Wert geht es von Koalitionen, und nicht von Permutationen von Spielern aus, was im Hinblick auf die skizzierte Anwendung plausibler und damit überzeugender ist. Es basiert auf dem Umfang, in dem der einzelne Spieler zum Erfolg einer Koalition beiträgt. Der Erfolg einer Koalition wird durch Koalitionsertrag $v(K)$ gemessen.

6.3.2.1 Definition

Gehen wir zur Illustration des **Banzhaf-Index** wiederum von einem einfachen Abstimmungsspiel v aus, in dem es Gewinn- und Verlustkoalitionen gibt. Verläßt Spieler i die Gewinnkoalition K und wird K dadurch zu einer Verlustkoalition, so kann i im Spiel v für K einen „Swing" verursachen: i hat einen **Swing** bezüglich K, wenn er die Gewinnkoalition K durch Verlassen in eine Verlustkoalition und die Verlustkoalition $K - \{i\}$ durch Eintritt in eine Gewinnkoalition verwandeln kann. In diesem Fall ist i ein *wesentliches (bzw. kritisches) Mitglied* von K. Diese Stellung begründet seine Abstimmungsmacht. Zu berücksichtigen sind dann nur noch alle Koalitionen K des Spiels v, für die i einen Swing hat.

Der (**nicht-normalisierte**) **Banzhaf-Index** β_i' des Spielers i im Spiel v ist entsprechend der Quotient aus der Zahl der Swings, die i bei Berücksichtigung aller Koalitionen K in der Potenzmenge $P(N)$ des Spiels hat, und der Zahl der Koalitio-

[7] Dieses Maß wird in der neueren Literatur auch als **Banzhaf-Penrose-Index** bezeichnet. Damit wird anerkannt, daß bereits Penrose (1946) die Grundüberlegungen zu diesem Maß enthält.

[8] Im Jahr 1967 entschied das höchste Gericht des Staates New York, daß die Bezirke in ihren Entscheidungsgremien Stimmgewichtungen vornehmen dürfen, und verfügte, daß zur Beurteilung der Fairneß des jeweiligen Gewichtungsschema der **Banzhaf-Index** angewandt werden soll (Grofman und Scarrow, 1979, 1981).

nen, in denen i Mitglied ist, also 2^{n-1}. Damit folgt:

$$\beta_i' = \frac{\text{Zahl der Swings von } i \text{ für alle } K \in P(N)}{2^{n-1}} .$$

Offensichtlich ist $\sum \beta_i'$ für alle i in N nicht notwendigerweise 1 bzw. konstant. Um die Vergleichbarkeit zu anderen Machtindizes (und zur Stimmverteilung w) zu gewährleisten, wird deshalb oft der **normalisierte Banzhaf-Index** $\beta = (\beta_i)$ verwendet, für den gilt:

$$\beta_i = \frac{\text{Zahl der Swings von } i \text{ für alle } K \in P(N)}{\sum \text{Zahl der Swings von } i \text{ für alle } K \in P(N)} = \frac{\beta_i'}{\sum \beta_i'}$$

für alle $i \in N$.

Wie wir sehen werden, haben die Indizes β und β' teilweise unterschiedliche Eigenschaften.

6.3.2.2 Eigenschaften

In Coleman (1971) wurden zwei Machtindizes eingeführt, die sich als lineare Transformation des Banzhaf-Index herausstellten (Brams und Affuso, 1976). Deshalb wird der oben skizzierte Index auch oft als **Banzhaf-Coleman-Index** bezeichnet. Es gibt eine große Klasse von Maßen, die durch lineare Transformation in den Banzhaf-Index übergeführt werden können und mit ihm gemeinsame Eigenschaften teilen. Zu dieser Klasse gehören der in Johnston (1977a,b) und Johnston und Hunt (1977) angewandte Index, der sich aus den von Coleman (1971) eingeführten Maßen ableitet.

Der **Shapley-Wert** gehört *nicht* in diese Klasse und läßt sich somit nicht durch eine lineare Transformation in den **Banzhaf-Index** überführen. Damit kann der Banzhaf-Index nicht durch die Nash-Lösung und die Verhandlungsspiele begründet werden, aus denen die Nash-Lösung resultiert. Außerdem zeigen sich Unterschiede bei der Verhandlungsmenge M^* in **Apex-Spielen**: Während der Shapley-Wert des Apex-Spielers, d. h. des Spielers mit dem weitaus größten Stimmgewicht, nie den größten Wert, den ihm M^* zuordnet, übersteigt, überschreitet der entsprechende Wert des Banzhaf-Index u. U. diese Grenze (Nurmi, 1980).

Die mathematischen Eigenschaften des Banzhaf-Index, die in Dubey und Shapley (1979) diskutiert wurden, und die formale Charakterisierung des Index in Owen (1978) sind für alle Indizes dieser Klasse relevant. Für die praktische Anwendung des Banzhaf-Index auf Abstimmungsspiele vom Typ $v = (d; w_1, \ldots, w_n)$ sind insbesondere folgende Eigenschaften von Bedeutung:

(1) Für den normalisierten Index gilt $\beta_i = 1$, falls i ein **Diktator** ist und somit kein anderer Spieler einen **Swing** hat.

(2) Es gilt sowohl $\beta_i = 0$ als auch $\beta_i' = 0$, falls i ein **Dummy** ist, d. h. keinen Swing hat.

(3) Der Banzhaf-Index β ist (positiv) monoton in den Stimmgewichten w: Es gilt $\beta_i \geq \beta_j$, falls $w_i > w_j$ ist.
(4) Es gilt $\beta_i = \beta_j$, wenn $w_i = w_j$.
(5) Der Banzhaf-Index β ist nicht-monoton in Veränderungen der Stimmgewichte w_i: Aus $w_i^\circ - w_i > 0$ folgt nicht immer $\beta_i^\circ - \beta_i \geq 0$.
(6) Der Banzhaf-Index β ist im allgemeinen verschieden von der Sitzverteilung (und dem Shapley-Wert).

Aufgrund der Eigenschaften (1) und (6), die einander bedingen, treten für den normalisierten Banzhaf-Index β auch die für den Shapley-Wert diskutierten Phänomene auf: Paradox of Redistribution, Paradox of New Member, Paradox of Size, Paradox of Quarreling Members. (Siehe dazu Brams, 1975, S. 175–182.)

Das **Paradox of Size** gilt aber nicht für den nicht-normalisierten Banzhaf-Index β', wie Lehrer (1988) zeigt. Für das einfache Abstimmungsspiel $v_1 = (6;2,2,2)$ ist $\beta'(v_1) = (1/4, 1/4, 1/4)$, da $\beta_i'(v_1) = (1/2)^{n-1} = 1/4$. Für den entsprechenden normalisierte Banzhaf-Index gilt $\beta(v_1) = (1/3, 1/3, 1/3) = \Phi(v_1)$: er ist also gleich dem Shapley-Wert. Gehen wir nun davon aus, daß Spieler 1 und 2 zu einer Koalition verschmelzen, so folgen für das Spiel $v_2 = (6;4,2)$ die Indizes $\beta'(v_2) = (1/2, 1/2) = \beta(v_2) = \Phi(v_2)$.

Vergleichen wir die Spiele v_1 und v_2 bzw. die Indexwerte, so zeigt sich:

$$\beta_1'(v_1) + \beta_2'(v_1) = \beta_1'(v_2)\,,$$
$$\beta_1(v_1) + \beta_2(v_1) > \beta_1(v_2)\,,$$
$$\Phi_1(v_1) + \Phi_2(v_1) > \Phi_1(v_2)\,.$$

Die Werte für den normalisierten Banzhaf-Index und den Shapley-Wert drücken das **Paradox of Size** aus: Spieler 1 und 2 verfügten über eine größere „Machtsumme", bzw. dem dritten Spieler entspräche ein geringerer Wert, wenn Spieler 1 und 2 keine Koalition bildeten.

Brams und Affuso (1976) und Rapoport und Cohen (1984) errechneten die relativen Häufigkeiten für ein **Paradox of New Members** für unterschiedliche Spiele, um Gesetzmäßigkeiten für das Auftreten dieses Phänomens zu erkennen. Eine entsprechende Untersuchung führten, basierend auf dem normalisierten Banzhaf-Index, Rapoport und Cohen (1986) für das **Paradox of Quarreling Members** durch; sie variierten dabei sowohl die Zahl und die Stimmverteilung als auch die Entscheidungsregeln und differenzierten dabei zwischen dem Ergebnis, daß sich nur für einen Spieler ein höherer Indexwert ergibt (Paradoxon 1) und dem Ergebnis, daß beide Spieler durch Konflikt ihre Abstimmungsmacht erhöhen (Paradoxon 2). Sie erhielten folgende Ergebnisse aus ihren Simulationen:

(1) Falls die Spieler i und j eine Gewinnkoalition bilden, können sie nicht von einem Konflikt untereinander profitieren.
(2) Keines der beiden Paradoxa tritt ein, wenn die Zahl der Spieler ungerade ist und die einfache Entscheidungsregel angewandt wird.
(3) Die Häufigkeit von Paradoxon 2 nimmt ab, wenn die Zahl der Spieler zunimmt.

(4) Die Häufigkeit von Paradoxon 1 nimmt zunächst zu und dann ab, wenn die Zahl der Spieler zunimmt.
(5) Die Variation der Entscheidungsregel d hat keinen systematischen Einfluß auf die Häufigkeit der beiden Paradoxa.
(6) Der Spieler mit dem höchsten Stimmgewicht kann nie von einem Konflikt profitieren.

Diese Ergebnisse legen die Folgerungen nahe, daß (a) die Machtmessungen eine tatsächliche „Paradoxie“ sozialer Entscheidungen offenbaren, oder daß (b) das Resultat eine Spezialität des verwendeten Maßes und nicht der tatsächlichen Machtbeziehungen ist, oder daß (c) das Resultat eine Spezialität des angewandten Konfliktmodells ist, das Kooperation zwischen zwei Spielern i und j ausschließt, ohne daß dadurch das Kooperationspotential von i oder j mit anderen Spielern erhöht wird (vgl. Straffin, 1982).

6.3.2.3 Qualifizierte proportionale Repräsentation

Proportionale Repräsentation, d. h. die Identität von Sitzverteilung und A-priori-Abstimmungsstärke, läßt sich für den Banzhaf-Index wie beim Shapley-Wert bei gegebener Stimmverteilung durch **gemischte Entscheidungsregeln** herstellen. Dubey und Shapley (1979) haben bewiesen, daß man proportionale Repräsentation für den Banzhaf-Index dadurch erreicht, daß man die Entscheidungsregel d als eine gleichverteilte Zufallsvariable im Intervall $0{,}5 < d \leq 1$ betrachtet. Dieses Verfahren beinhaltet eine **(gemischte) stetige Entscheidungsregel**. Proportionale Repräsentation ist aber auch dadurch zu erreichen, daß sich (a) für jeden Spieler i mit Wahrscheinlichkeit q_i die *Gewinnkoalition* $K = \{i\}$ bildet und i damit Diktator ist, (b) alle anderen Koalitionen mit Wahrscheinlichkeit 0 auftreten und (c) $q_i = w_i$ gilt. Dann ist i ein **Zufallsdiktator**.

Es stehen aber in der Regel auch *diskrete gemischte Entscheidungsregeln* zur Verfügung, die nicht auf den Zufallsdiktator zurückgreifen, um proportionale Repräsentation für den Banzhaf-Index zu erreichen. (Das folgende Verfahren ist in Holler (1985, 1987) und Berg und Holler (1986) beschrieben.) Für den Falle eines 3-Personen-Abstimmungsspiels $v = (d; w_1, w_2, w_3)$ gilt analog zu der in Abschnitt 6.3.1.3 für den Shapley-Wert abgeleiteten Lösung:

$$(q_1, q_2, q_3)(\beta(d_1), \beta(d_2), \beta(d_3)) = (w_1, w_2, w_3).$$

Die Größen und sind wiederum die **Gewichte**, d. h. Wahrscheinlichkeiten oder relative Häufigkeiten, mit denen die Entscheidungsregeln d_1, d_2 und d_3 gewählt werden sollen, um die Identität von Abstimmungsstärke (β) und relativer Stimmverteilung (w) herzustellen. Gehen wir von $v = (d; w)$ mit $w_1 \geq w_2 \geq w_3$ aus. Für d_1, d_2, d_3 und d_4, die in der Menge aller Entscheidungsregeln sind, die durch das Intervall $0 \leq d_j \leq 1$ gegeben ist, erhalten wir die folgenden, voneinander unterschiedlichen Banzhaf-Indizes:

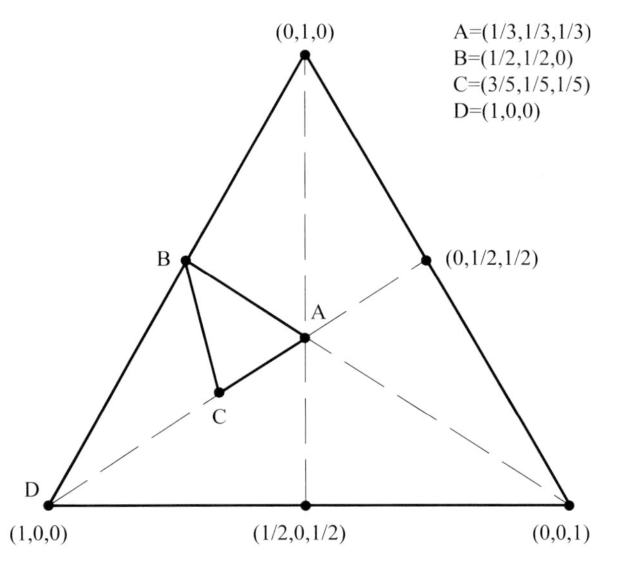

Abb. 6.11 Banzhaf-Indizes

$$\begin{aligned}
\beta_1 &= \beta(d_1) = (3/5, 1/5, 1/5)\,, \\
\beta_2 &= \beta(d_2) = (1/2, 1/2, 0)\,, \\
\beta_3 &= \beta(d_3) = (1/3, 1/3, 1/3) \quad \text{und} \\
\beta_4 &= \beta(d_4) = (1, 0, 0)\,.
\end{aligned}$$

Bei gegebener Stimmverteilung w entspricht jeder der vier Indizes einer anderen Entscheidungsregel, aber nicht jede Entscheidungsregel induziert einen anderen Index.

Die Menge der Indizes dieses Spiels ist vollkommen durch die vier Punkte A, B, C und D des **Simplex** $S^{(3)} = \{(x_1, x_2, x_3) | x_1 + x_2 + x_3 = 1\}$ in Abb. 6.12 charakterisiert (vgl. auch Erklärung zu Abb. 6.11). Aus der Simplex-Algebra wissen wir, daß für jede Stimmverteilung w, die durch einen Punkt im Dreieck ABC repräsentiert wird – und bei der vorgegebenen Ordnung $w_1 \geq w_2 \geq w_3$ sind das alle Stimmverteilungen –, eine (diskrete) **gemischte Entscheidungsregel** existiert, so daß der (normalisierte) Banzhaf-Index identisch mit w ist. Für Stimmverteilungen w, die im Dreieck ABC liegen, können wir sogar eine Auswahl unter verschiedenen **gemischten Entscheidungsregeln** treffen, die proportionale Repräsentation garantieren; sowohl durch Randomisierung bezüglich der reinen Entscheidungsregeln d_1, d_2 und d_3 als auch d_1, d_2 und d_4 kann proportionale Repräsentation sichergestellt werden. Man kann also auf die **diktatorische Entscheidungsregel**, die sich auf d_4 stützt und dem Spieler die gesamte Abstimmungsmacht zuordnet, verzichten und trotzdem proportionale Repräsentanz erreichen. (Eine weitere Diskussion dieses Falls enthält Holler, 1987.)

Insofern man zwischen der Qualifikation von Entscheidungsregeln unterscheidet, die Alternativen zur Herstellung proportionaler Repräsentanz darstellen, spricht man von **qualifizierter proportionaler Repräsentation**. Im Grunde ist die Entscheidung (a) für eine *diskrete Entscheidungsregel* und (b) gegen eine *stetige Entscheidungsregel* oder einen *Zufallsdiktator* bereits eine derartige Qualifikation.

6.3.2.4 Das IMF-Abstimmungsspiel

Dreyer und Schotter (1980) wiesen für den Banzhaf-Index das **Paradox of Redistribution** im Falle des „*Proposed Second Amendment to the Articles of the Agreement of the International Monetary Fund*" nach. Die Vorlage wurde von 60% der 131 Mitglieder des *Internationalen Währungsfonds* mit 80% der Stimmen angenommen. Doch wie die Analyse zeigt, wurde damit das Ziel der Umverteilung der Macht verfehlt (vgl. dazu auch Fischer und Schotter, 1978, und Schotter, 1982). Die damit verbundene Neuverteilung der Stimmrechte implizierte folgende Ergebnisse, die im Gegensatz zu den expliziten Zielvorstellungen des „Amendments" im Hinblick auf die Machtumverteilung stehen:

(1) Der Banzhaf-Index von 38 Mitgliedsstaaten erhöhte sich, obwohl sich ihr Stimmanteil verringerte.
(2) Japan, die Bundesrepublik Deutschland, Belgien und die Niederlande erhielten als Folge ihrer zunehmenden Geltung für den IWF höhere Stimmanteile, doch ihre Indexwerte reduzierten sich.
(3) Die Abweichung der Machtindizes von der Stimmverteilung, die kennzeichnend für die kleineren Mitgliedsländer wie Luxemburg, Österreich oder Irland ist, verstärkte sich. Österreich hatte z. B. zunächst mit einem Stimmanteil von 0.91% einen Machtindex 0,0129. In der neuen Stimmverteilung war sein Anteil auf 0,84% gesunken, aber sein Machtindex stieg auf 0,0132.
(4) Die Macht der Vereinigten Staaten hat sich drastisch in bezug auf jene Abstimmungen erhöht, die mit Repräsentanten (Executive Directors) durchgeführt werden, im Gegensatz zu den Abstimmungen, die durch die „Governors" erfolgen.
(5) Unter dem alten wie auch dem neuen System gibt es wesentliche „abnehmende Skalenerträge" der Macht bezogen auf Stimmen, doch diese Verzerrung hat sich bei der Neugestaltung der Stimmverhältnisse verstärkt.

Dreyer und Schotter (1980) schließen aus diesem Ergebnis, daß die Initiatoren des „Amendments" mit der Neuverteilung der Stimmen ein Ergebnis erzielten, das möglicherweise ihrer Absicht direkt entgegengesetzt steht. Andererseits, sollten die Initiatoren eine Machtverteilung angestrebt haben, wie sie aus der Neuverteilung folgt, so haben sie u. U. durch eine Erhöhung des Stimmanteils eines Staates i dafür dessen Zustimmung für die Amendments erhalten, auch wenn sich der Indexwert für i und damit seine A-priori-Abstimmungsstärke durch die Neuverteilung der Stimmen letztlich gesenkt hat. Dieses Ergebnis illustriert, daß der Banzhaf-Index (wie der Shapley-Wert) nicht **strategiebeständig** ist, da er nicht monoton in Veränderung der Stimmanteile ist, sofern man keine **gemischte Entscheidungsregel** anwendet, die strikte Proportionalität von Stimmen und Abstimmungsstärke sicherstellt.

6.3.3 Der Deegan-Packel-Index

In Deegan und Packel (1978) wird ein alternativer Machtindex für einfache n-Personenspiele vorgestellt. In Packel und Deegan (1980) wird gezeigt, daß dieser Index einer Familie von Indizes zugeordnet ist, die sich grundsätzlich vom Shapley-Shubik-Index, vom Banzhaf-Index und von allen Indizes unterscheiden, die mit ihnen verwandt sind. Der **Deegan-Packel-Index** hat drei wesentliche Merkmale:

(a) Es werden nur **Minimumgewinnkoalitionen** (MWC) berücksichtigt, die dadurch gekennzeichnet sind, daß *jeder* Spieler i, der Mitglied einer solchen Gewinnkoalition K ist, durch sein Austreten die Koalition in eine Verlustkoalition verwandelt. Es werden also nur solche Koalitionen betrachtet, für die jedes Mitglied wesentlich bzw. kritisch ist und damit „einen Swing hat". Bezeichnen wir die Menge der **MWC** für ein Spiel v mit $M(v)$, so gilt:

$$M(v) = \{K \subset N | v(K) = 1 \text{ und } v(L) = 0, \text{ wenn } L \text{ echte Teilmenge von } K\} .$$

(b) Jede Koalition in $M(v)$ wird mit gleichem Gewicht berücksichtigt, d. h., es wird davon ausgegangen, daß sie sich mit gleicher Wahrscheinlichkeit bildet.

(c) Die Mitglieder einer Koalition K in $M(v)$ teilen den Koalitionsertrag $v(K)$ zu gleichen Teilen, so daß jedes Mitglied in K den Anteil $v(K)/k$ erhält, wobei k die Zahl der Mitglieder von K ist.

Entsprechend gilt für den Deegan-Packel-Index $\delta(v) = (\delta_i(v))$ des Spiels v,

$$\delta_i(v) = \frac{1}{|M(v)|} \cdot \sum_{K \in M(v); K \ni i} \frac{v(K)}{k} .$$

Der **Deegan-Packel-Index** ist weder monoton in Änderungen der Stimmanteile, noch ist er monoton für *gegebene* Stimmanteile, wie das folgende Beispiel zeigt. (In der zweiten Eigenschaft unterscheidet er sich von Shapley-Shubik- und Banzhaf-Index, wähend er sich die erste mit dem Shapley-Shubik-Index und dem Banzhaf-Index teilt.)

Beispiel. Der Deegan-Packel-Index des folgenden 5-Personen-Abstimmungsspiels $v = (51; 35, 20, 15, 15, 15)$ ist $\delta(v) = (18/60, 9/60, 11/60, 11/60, 11/60)$. Spieler 2 erhält einen geringeren Machtindex zugeordnet als die Spieler 3, 4 und 5, obwohl sein Stimmanteil höher ist.

Macht das Fehlen von Monotonie den **Deegan-Packel-Index** als Maß nicht unbrauchbar? Wenn man von **lokaler Monotonie** von Stimmgewichten und Abstimmungsmacht ausgeht, wie z. B. das Prinzip der repräsentativen Demokratie unterstellt, müßte man die Annahmen (bzw. Axiome) in Frage stellen, auf denen dieser Index beruht, da sie die Monotonie von Stimmgewichten und Macht nicht sicherstellen. Andererseits kann man wiederum fragen, ob unsere Vorstellungen, soweit sie diese Monotonie implizieren, gerechtfertigt bzw. richtig sind. Packel und Deegan (1980) verteidigen die Adäquanz ihres Maßes mit Hinweis auf soziologische Ergebnisse (bzw. auf Caplow, 1968), die zeigen, daß Situationen, in denen „kleinere Spieler" eine größere Macht haben als „größere" nicht ungewöhnlich sind, sondern in der Realität sehr häufig auftreten .

Selbst wenn man diese Ergebnisse akzeptiert, kann man fragen, ob sie den Deegan-Packel-Index rechtfertigen. Zum einen muß man sehen, daß die „noch kleineren Spieler" mit dem Stimmgewicht von 15 nicht schlecht abschneiden: Ihr Machtanteil ist größer als 0,18 und übersteigt damit den Stimmanteil. Zum anderen ist festzustellen, daß z. B. das **Size Principle** (Riker, 1962, S. 32) der Koalition $K_0 = \{1,2\}$ mit den Stimmgewichten $(35,20)$ Priorität einräumte. Alle anderen Koalitionen K von N sind entweder keine Gewinnkoalitionen oder die Summe ihrer Stimmanteile übersteigt $s_0 = 55$. Bei einem Maß, das auf *Verteilung* eines Koalitionsertrages abstellt, wäre dies zu berücksichtigen.

Aufgrund der Aufteilungsvorschrift im Deegan-Packel-Index wäre aber die Koalition auch noch aus einem anderen Grund bevorzugt. Aus der Eigenschaft (c) ließe sich folgern, daß der Spieler 1 mit dem Stimmgewicht 35 eigentlich die Koalition mit Spieler 2 mit dem Stimmgewicht 20 jeder anderen MWC sollte, denn dann erhält er $v(K)/2$ statt $v(K)/3$. Die in Packel und Deegan (1980) diskutierte Verallgemeinerung des Index trägt insofern diesen beiden Argumenten Rechnung, als von der Eigenschaft (b) abgerückt wird und unterschiedliche Wahrscheinlichkeiten für das Auftreten von alternativen Koalitionen vorgesehen werden.

6.3.4 Der Public-Good-Index

Die bisher diskutierten Machtindizes betrachten den Koalitionsertrag als ein *privates* Gut, das unter den Mitgliedern der Koalition aufgeteilt wird. Entsprechend wäre „Macht" auch als Gut zu identifizieren. Am deutlichsten ist dies beim Deegan-Packel-Index und der darin enthaltenen Aufteilungsvorschrift. Aber auch beim Shapley-Shubik-Index bedeutet die Zuordnung des Wertes $v(K) - v(K - \{i\})$ zum Pivotspieler i in K, daß $v(K)$ als privates Gut gesehen wird. Viele Koalitionen zeichnen sich aber dadurch aus, daß sie ein *kollektives* Gut erstellen, das zumindest von allen Mitgliedern der betreffenden Koalition K so genossen werden kann, daß der Konsum durch Spieler i nicht den Konsum durch Spieler j beeinflußt, falls beide Mitglieder von K sind. Das dürfte insbesondere für erfolgreiche Abstimmungen in Parlamenten oder anderen großen Gremien gelten. Es soll aber damit nicht geleugnet werden, daß mit Entscheidungen im Hinblick auf kollektive Bedürfnisse oft auch Nutzen aus privaten Gütern verbunden sind, z. B. aus Ämtern und individuellem Prestige. Für die Entscheidung aber sind sie zum einen meist nachrangig und zum anderen setzt ihre Entstehung die Erstellung eines kollektiven Gutes voraus. Die **Kollektivgutannahme**, die sich aus diesen Überlegungen ableitet, ist Ausgangspunkt des im folgenden diskutierten **Public-Good-Index** (PGI). Dieser Index wurde in Holler (1978, 1982b, 1984) eingeführt und in Holler und Packel (1983) sowie Napel (1999) axiomatisiert.

Die **Kollektivgutannahme** beinhaltet, daß jedes Mitglied der (Gewinn-)Koalition K den Wert $v(K)$ „konsumieren" kann und deshalb diesen Wert zugerechnet bekommt. Präferenzen für das Kollektivgut bleiben unberücksichtigt, denn es soll die *Macht* des Spielers i gemessen werden und nicht die *Befriedigung*, die er aus dem Spiel bezieht. Entsprechend formulieren Straffin et al. (1982) alternative Modelle zur Darstellung von Macht einerseits und Befriedigung andererseits und wenden diese auf die „Indexanalyse" an.

Als Konsequenz der Kollektivgutannahme bezieht sich der PGI ausschließlich auf **Minimumgewinnkoalitionen** bzw. auf die Menge $M(v)$, wie sie für den Deegan-Packel-Index oben definiert wurde. Unter der Voraussetzung eines kollektiven Koalitionsertrags stellt sich nämlich das Problem des *free riding* (**Trittbrettfahrerverhalten**), da kein Koalitionsmitglied vom Genuß des Koalitionsertrages ausgeschlossen werden kann. Ein Mitglied i der Koalition K wird nur dann „sicher" seinen Beitrag zur Erstellung des Koalitionsertrags $v(K)$ leisten, wenn (a) sein Nutzen aus dem Kollektivgut $v(K)$ größer ist als die privaten Kosten seines Beitrags und wenn (b) sein Beitrag unerläßlich ist, um $v(K)$ zu realisieren, d. h., wenn i **wesentlich** bzw. **kritisch** für K ist, wenn also K eine Gewinn- und $K-\{i\}$ eine Verlustkoalition ist.

Bildet sich eine Koalition K, die nicht ausschließlich kritische Mitglieder enthält, so ist dies „Glück". Die Tatsache, daß ein Koalitionsertrag $v(K)$ zustande kommt, kann nicht als Ausdruck der Macht der Mitglieder von K gewertet werden. Der PGI wird deshalb derartige Koalitionen auch nicht berücksichtigen. Er trägt damit der Unterscheidung von „Macht" und „Glück" Rechnung, die, wie in Barry (1980) kritisch ausgeführt, vom Shapley-Shubik- und Banzhaf-Index nicht gemacht wird. Zwischen Koalitionen, die ausschließlich aus kritischen Mitgliedern bestehen, wird nicht diskriminiert: Es wird unterstellt, daß sie gleich wahrscheinlich sind.

Aus der **Kollektivgutannahme** und der folgerichtigen Beschränkung auf **Minimumgewinnkoalitionen** $M(v)$ leitet sich der PGI wie folgt ab. Wir definieren die Summe aller Werte $v(K)$ für $K \in M(v)$, die den Spieler i enthalten:

$$c_i = \sum_{K \ni i; K \in M(v)} v(K) ,$$

wobei, wie beim Deegan-Packel-Index, gilt:

$$M(v) = \{K \subset N | v(K) = 1 \text{ und } v(L) = 0, \text{ wenn } L \text{ echte Teilmenge von } K\} .$$

Die Variable c_i gibt also die Summe der kollektiven Koalitionserträge wieder, die für i aus den Koalitionen $K \in M(v)$ resultieren, in denen i Mitglied ist. Dann gilt für den PGI $h(v) = (h_i(v))$ des Spiels v:

$$h_i = \frac{c_i(v)}{\sum_{i=1}^{n} c_i(v)} \quad \text{und} \quad \sum_{i=1}^{n} h_i = 1 \, .$$

Der Wert $h_i(v)$ ist proportional zu der Zahl von Minimumgewinnkoalitionen in $M(v)$, die i als Element haben. Der PGI ist aber weder monoton in Veränderungen der Stimmanteile, noch in den absoluten Werten einer Stimmverteilung, wie das folgende Beispiel zeigt.

Beispiel. Gegeben sei ein gewichtetes Abstimmungsspiel $v = (51;35,20,15,15,15)$. Die Entscheidungs- bzw. Mehrheitsregel ist $d = 51$, die Verteilung der Stimmgewichte ist $w = (35,20,15,15,15)$ und $h(v) = (16/60, 8/60, 12/60, 12/60, 12/60)$ ist der PGI dieses Spiels. Wir sehen: Spieler 2 erhält einen geringeren Machtindex zugeordnet als die Spieler 3, 4 und 5, obwohl sein Stimmanteil höher ist. Dieses Ergebnis verletzt **lokale Monotonie**. Dieses Ergebnis entspricht qualitativ dem Deegan-Packel-Index für das Abstimmungsspiel v (vgl. das Beispiel im vorausgehenden Abschnitt). Allerdings unterscheiden sich die Indexwerte $h(v)$ von $\delta(v)$.

In Holler und Li (1995) wird eine nicht-normalisierte Form des PGI, der **Public Value**, diskutiert. Haradau und Napel (2005) zeigen, daß das **Potential** des Public Values eines Spiels v die Zahl der MWC in $M(v)$ ist. – Zur Definition des Potential eines Spiels vgl. Hart und Mas-Colell (1988, 1989).

Einige Argumente, die als Kritik zum **Deegan-Packel-Index** vorgebracht wurden bzw. mit denen er verteidigt wurde, lassen sich wegen der fehlenden Monotonieeigenschaft auch in bezug auf den **Public-Good-Index** (PGI) anführen. Allerdings scheint die Verletzung der **lokalen Monotonie** unter der Kollektivgutannahme weniger problematisch, da der PGI keine „Zuteilung“ des Koalitionsertrags impliziert: Hat ein Spieler i mit einem kleineren Stimmgewicht einen höheren Indexwert als ein Spieler j mit einem größeren Stimmgewicht, so bedeutet dies nicht, daß i mehr bekommt als j, sondern daß das Ergebnis des Abstimmungs-spiels, soweit es auf Entscheidungsmacht und nicht auf Glück beruht, eher den Vorstellungen des Spielers i über das zu erstellende Kollektivgut $v(K)$ entspricht als denen des Spielers j. Ob dies so ist, hängt von den Präferenzen von i und seiner möglichen Partner sowie von der Entscheidungsregel und der Struktur der Stimmverteilung und damit der machbaren Koalitionen K von $M(v)$ ab. Die Präferenzen der Spieler werden aber bei der Bestimmung der Abstimmungsmacht grundsätzlich nicht berücksichtigt (vgl. Braham und Holler, 2005a,b, siehe aber auch Napel und Widgrén, 2004). *Den quantitativen Zusammenhang von Entscheidungsregel und Stimmverteilung aber drückt der Machtindex aus.*

Holler und Napel (2004a,b) argumentieren, daß gerade durch die mögliche Verletzung lokaler Monotonie der PGI in der Lage ist, bestimmte Spiele in besonderer Art zu charakterisieren. Das Abstimmungsspiel $v = (51;35,20,15,15,15)$ würde die Eigenschaft lokaler Monotonie erfüllen, wenn die Möglichkeit einer Patt-Situation ausgeschlossen wäre, was aber nicht der Fall ist. Das Spiel v ist nicht

proper: Es ist *nicht* gesichert, daß eine Gewinnkoalition resultiert. *Ist ein Spiel proper, dann ist entweder die Koalition K eine Gewinnkoalition oder ihr Komplement $N-K$.*

Andererseits zeigen die Ergebnisse in Alonso-Meijide und Bowles (2005), daß weder der Shapley-Shubik-Index noch der Banzhaf-Index die Eigenschaft **lokaler Monotonie** erfüllen, wenn sogenannte **a priori unions** berücksichtigt werden und dadurch einige Koalition wahrscheinlicher werden als andere. „A priori unions" sind Teilmengen von Spielern, die zusammen agieren und nur in ihrer Gesamtheit Koalitionen mit anderen Spielern eingehen. In der Analyse der daraus resultierenden Spiele wird zunächst von einem Spiel zwischen den „a priori unions" ausgegangen, dem sogenannten **quotient game**, und darauf das entsprechende Machtmaß angewandt. Im nächsten Schritt wird dann die Zuordnung der Macht innerhalb der „a priori unions" vollzogen.[9]

6.3.5 Der Public-Help-Index

Bertini et al. (2008) schlagen mit ausdrücklichem Bezug zum Public-Good-Index (PGI) einen **Public-Help-Index** vor. Hier steht die Verwendung eines öffentlichen Gutes im Mittelpunkt, von dessen Konsum niemand ausgeschlossen werden kann. Das folgt aus der Definition eines öffentlichen Gutes. Entsprechend kann auch ein Spieler an dem öffentlichen Gut partizipieren, der nicht zu dessen Produktion beiträgt und unter Umständen aufgrund seiner beschränkten Ressourcen nichts beitragen kann. Letzteres gilt in Abstimmungsspielen für **Dummy-Spieler**. Deshalb kommt beim Public-Help-Index (**PHI**), der sich auf die *Verwendung* öffentlicher Güter (Konsum) bezieht, den Dummy-Spielern eine gewisse Bedeutung zu, während sie beim PGI, der auf die *Erstellung* öffentlicher Güter abstellt, leer ausgehen. Aber auch bei der Verwendung öffentlicher Güter ist es wichtig, *welche* Güter erstellt werden. Denn diese bestimmt letztlich auch, ob ein Spieler i das Gut konsumieren kann oder nicht. Der Nutzen, den ein Einbrecher aus dem öffentlichen Gut „Polizei" ziehen kann, ist beschränkt.

Der Einfluß der einzelnen Spieler auf die Verwendung wird entsprechend nicht gleich sein und in einem Abstimmungsspiel von den Stimmgewichten mitbestimmt, sofern die Verwendung daran geknüpft ist, daß eine bestimmte Stimmenzahl erreicht wird. Der PHI unterstellt, daß Gewinnkoalitionen über die Verwendung öffentlicher Güter entscheiden und daß jedes Mitglied einer Gewinnkoalition, ob Dummy-Spieler oder nicht, daraus seinen Vorteil zieht. Wenn ein Spieler i einen Swing in bezug auf die Koalition K hat, dann kann er darüber entscheiden, ob K zustande kommt oder nicht; er kann aber nicht andere Mitglieder K aus der Nutzung des K entsprechenden Gutes ausschließen: Er muß ihnen *helfen*, ob er will oder nicht. Diese Grundüberlegungen spiegeln sich in der folgenden, formalen Definition des PHI wider.

[9] Diese Vorgehensweise geht auf die Arbeiten von Owen (1977, 1982) zurück, in denen das Problem von „a priori unions" zum ersten Mal systematisch analysiert wurde.

Wenn wir mit $\varpi_i(v)$ die Zahl der Gewinnkoalitionen beschreiben, die i als Mitglied haben, dann gilt für den **Public-Help-Index (PHI)**:

$$\theta_i = \frac{\varpi_i(v)}{\sum_{i=1}^{n} \varpi_i(v)}\,, \quad \text{so daß} \sum_{i=1}^{n} \theta_i = 1 \text{ gilt.}$$

Ein Vergleich dieses Ausdrucks mit der formalen Darstellung des PGI macht die Verwandtschaft der beiden Maße deutlich. Er zeigt aber auch den Unterschied: Während der PGI auf Minimumgewinnkoalitionen abstellt, bezieht sich der PHI auf Gewinnkoalitionen. Gemeinsam ist den beiden Maßen, daß jedes Mitglied der jeweiligen Koalition den „vollen Wert" der Koalition zugerechnet bekommt. Hierin spiegelt sich der Bezug zum öffentlichen Gut. Die Standardisierung bringt allerdings für beide Maße eine gewisse Teilung des öffentlichen Gutes.

So eng die beiden Maße verwandt sind, so haben sie doch sehr unterschiedliche Eigenschaften. Der PHI erfüllt, im Gegensatz zum PGI, die Bedingungen der **lokalen Monotonie** (LM) und der **globalen Monotonie** (GM),[10] wie Bertini et al. (2008) beweisen.

Abschließend wollen wir den PHI noch anhand eines *Beispiels* veranschaulichen. Ausgangspunkt ist ein 3-Personen-Koalitionsspiel, das durch folgende Werte der charakteristischen Funktion gegeben ist:

$$v(\{1\}) = v(\{2\}) = v(\{3\}) = v(\{2,3\}) = 0\,;$$
$$v(\{1,2\}) = v(\{1,3\}) = v(\{1,2,3\}) = 1\,.$$

Zieht man nur die Minimumgewinnkoalitionen ins Kalkül, so erhält man als PGI den Vektor $h = (1/2, 1/4, 1/4)$. Berücksichtigt man alle Gewinnkoalitionen, so folgt für den PHI der Vektor $\theta^\circ = (3/7, 2/7, 2/7)$. Jetzt tritt der Dummy-Spieler 4 in das Spiel ein. An der Menge der Minimumgewinnkoalitionen und damit am PGI ändert sich nichts, aber die Menge der Gewinnkoalitionen ist jetzt durch

$$v(\{1,2\}) = v(\{1,3\}) = v(\{1,2,3\}) = v(\{1,2,4\}) = v(\{1,3,4\}) = v(\{1,2,3,4\}) = 1$$

beschrieben. Der entsprechende PHI-Index ist $\theta^* = (6/17, 4/17, 4/17, 3/17)$. Am erstaunlichsten an diesem Ergebnis ist wohl, daß der Wert des Dummy-Spielers 4 nicht unbedeutend scheint: Ihm wird *geholfen*.

Was kann man aus dem Vergleich von $h = (1/2, 1/4, 1/4)$, $\theta^\circ = (3/7, 2/7, 2/7)$ und $\theta^* = (6/17, 4/17, 4/17, 3/17)$ schließen? Wie paßt dazu die Interpretation, daß der PGI die Macht in der Produktion und PHI in beim Konsum mißt? Es scheint so zu sein, daß mit dem Auftreten von Dummy-Spielern die Diskrepanz zwischen den PGI- und den PHI-Werten immer größer wird. So jedenfalls wäre die Tabelle 1 in Bertini et al. (2008) zu lesen. Beinhaltet dies einen Hinweis auf Instabilität? In einem Spiel mit $n = 10$, von denen sieben Spieler Dummy-Spieler sind und die Koalitionen der Spieler 1, 2 und 3 dem obigen 3-Personen-Koalitionsspiel entspre-

[10] Siehe Abschnitt 6.3.6.2 unten.

chen, sind die errechneten PHI-Werte $\theta^{10} = (6/35, 4/35, 4/35, 3/35, 3/35, \ldots)$. Die Werte der Spieler, die einen Swing haben und die Koalitionsbildung kontrollieren, scheinen gegen die Werte der Dummy-Spieler zu konvergieren, wenn es um die Bestimmung des Konsums geht. Ihnen wird von den „Mächtigen" reichlich *geholfen*. Das bedeutet natürlich nicht, daß die *Anzahl* der Koalitionen, an denen die Nicht-Dummy-Spieler beteiligt sind, geringer wird – im Gegenteil! –, nur deren *Anteil* an der Gesamtzahl der Koalitionen schrumpft.

6.3.6 Der richtige Index

Selbstverständlich wirft das Nebeneinander von Indizes die Frage auf, welcher der richtige sei. Bei näherer Betrachtung des Problems und der oben skizzierten Ergebnisse zeigt sich, daß diese Frage nur in Abhängigkeit von der Entscheidungssituation und damit vom vorliegenden Spiel beantwortet werden kann. Es gibt aber doch eine Reihe wiederkehrender Kriterien, die in der Literatur zur Klassifikation der Indizes verwendet werden und auf die wir hier kurz eingehen wollen.

6.3.6.1 Macht: Inhalt und Konzepte

Ein erstes Auswahlkriterium ist durch die Eigenschaften des zu verteilenden bzw. zuzuordnenden Gutes gegeben: Ist es ein *öffentliches* bzw. *kollektives* Gut, so ist der **Public-Good-Index** adäquat. Ist das Gut *privat*, so sind grundsätzlich die übrigen in diesem Kapitel besprochen Maße und die damit verwandten Indizes relevant. Den **Deegan-Packel-Index** wird man aber wohl nur dann anwenden, wenn der Koalitionsertrag annähernd nach Köpfen aufgeteilt wird und diese Aufteilungsregel keinen Einfluß auf die Wahrscheinlichkeit hat, mit der sich eine Minimumgewinnkoalition bildet. Um zwischen **Banzhaf-Index** und **Shapley-Wert** begründet zu unterscheiden, sind verschiedene Ansätze sehr hilfreich, auf die wir hier kurz eingehen wollen.

Felsenthal und Machover (1998) unterscheiden zwischen **I-Power** und **P-Power**. Hierbei bezieht sich I-Power auf den Einfluß eines Spielers auf die Entscheidung eines Kollektivs, während sich die P-Power auf den Anteil bezieht, den sich ein Entscheider aus dem Ergebnis der kollektiven Entscheidung sichern kann. Der **Shapley-Wert** und der **Deegan-Packel-Index** sind der P-Power und der **Banzhaf-Index** ist der I-Power zuzurechnen.

Dazu stellt Machover (2000) fest, daß Konzepte, die sich auf I-Power beziehen, nichts mit Spieltheorie zu tun haben, weil sie keine Verhandlungen voraussetzen, und damit auch, so Machover, die Vorstellung von Koalitionsbildung nicht zutrifft. Kollektive Güter werden aber im allgemeinen von Kollektiven erstellt, die sich, spieltheoretisch gesehen, als Koalitionen formieren. Auch Machovers Argument, daß es sich bei den zugrunde liegenden Modellen nicht um Spiele handelt, weil die Auszahlungen nicht spezifiziert sind, ist nicht überzeugend: Es ist die Eigenschaft aller A-priori-Machtmaße, daß sie von spezifischen Präferenzen der Spieler abstrahieren (zum Zusammenhang von Präferenzen und Macht vgl. Braham und Holler (2005).

Widgrén (2001) unterscheidet Macht, die sich an der Teilnahme an der Entscheidung ergibt (z. B. Einfluß auf die Mehrheitsentscheidung im Parlament), die **Entscheidungsmacht**, von Macht, die sich aus der Bestimmung des Ergebnisses (der Politikinhalte) ableitet, die **Ergebnismacht**. Geht man von dieser Zuordnung aus, so kann der Unterschied zwischen Entscheidungsmacht und Ergebnismacht mit dem Unterschied zwischen **I-Power** und **P-Power** gleichgesetzt werden. Die Zuordnung des Shapley-Werts, des Deegan-Packel-Indexes und des Banzhaf-Indexes ist entsprechend. Widgrén ordnet den **Public-Good-Index** (PGI) der Entscheidungsmacht zu.

Angesichts der Wahrscheinlichkeitsmodelle, die in Abschnitt 6.3.6.3 für den **Shapley-Shubik-Index**, den **Banzhaf-Index** und den **Public Good Index**, dargestellt werden, sind die Argumente, die sich aus der spieltheoretischen Formulierung dieser Werte ableiten, mit Vorsicht zu behandeln. Ausgehend von der formalen Struktur kann jeder dieser Werte **I-Power** oder **P-Power** repräsentieren (siehe dazu Turnovec et al., 2008.) Die Zuordnung, sofern sie überhaupt von Bedeutung ist, hängt von der Interpretation des Wertes und seiner Eigenschaften ab.

Für eine weiterführende Klärung untersucht Widgrén (2001) die Beziehung zwischen dem PGI (h_i) und dem normalisierten Banzhaf-Index (β_i), wobei beide als Wahrscheinlichkeiten interpretiert werden. Er zeigte, daß β_i als lineare Funktion von h_i geschrieben werden kann: $\beta_i = (1-p)h_i + pe_i$. Die Definition von p und e_i beruht auf dem Konzept der **wesentlichen Koalition** (bzw. der „**crucial coalition**"): Eine Gewinnkoalition K ist wesentlich in bezug auf $i \in K$, wenn K durch das Ausscheiden von i in eine Verlustkoalition verwandelt. In diesem Fall ist i wesentlich für K bzw. i hat einen **Swing**. *Alle Minimumgewinnkoalition* (MWC) *sind wesentliche Koalitionen*; die Umkehrung aber gilt nicht. p ist die Zahl der wesentlichen Koalition von i, die keine MWC sind, im Verhältnis zur Zahl aller Koalition, für die i wesentlich ist. e_i ist die Zahl aller Koalition, für die i wesentlich ist, im Verhältnis zur Zahl aller wesentlichen Koalition des betrachteten Spiels.

Es ist offensichtlich, daß sich β_i und h_i um so mehr unterscheiden, je größer die Verhältnisse $1-p$ und e_i sind. Widgrén interpretiert den Teil der obigen Funktion, der unabhängig vom PGI ist, nämlich pe_i, als Ausdruck des „Glücks" im Sinne von Barry (1980). Wenn die institutionellen Bedingungen so sind, daß sich auch wesentliche Koalitionen bilden, die keine MWC sind, und die entsprechenden Koalitionsgüter produziert werden, dann scheint der normalizierte Banzhaf-Index ein geeignetes Maß zu sein und **lokale Monotonie** ist kein Problem. Das bedeutet aber, daß das fundamentale Problem des Trittbrettfahrerverhaltens in diesem Fall nicht relevant ist. Wenn doch, dann ist der PGI das überzeugendere Maß (vgl. Holler, 1982b, 1984).

Wir haben oben festgehalten, daß die Präferenzen der Spieler bei der Bestimmung der Abstimmungsmacht grundsätzlich nicht berücksichtigt werden. Diese Position ist aber umstritten; sie ist Gegenstand einer wechselvollen Diskussion. Diese erreichte einen ersten Höhepunkt mit dem Plädoyer in Tsebelis und Garrett (1997) und Garrett und Tsebelis (1999) für die Berücksichtigung der Präferenzen bei der

Machtmessung und der anschließenden Diskussion im *Journal of Theoretical Politics* (siehe Holler und Widgrén, 1999a,b). Ein weiterer Höhepunkt waren die in dieser Frage kontroversen Publikationen von Napel und Widgrén (2004) und Braham und Holler (2005a,b) in der gleichen Zeitschrift.

Eine Motivation, Präferenzen bei der Machtmessung zu berücksichtigen, leitet sich aus dem Versuch ab, die Machtmaße aus einem nicht-kooperativen Spiel abzuleiten. Die Formulierung eines Spielmodells setzt voraus, daß die Auszahlungen, die Nutzen, der Spieler bekannt sind. Da sich die Autoren dieser Ansätze nicht auf bestimmte Präferenzen festlegen können (oder wollen), verwenden sie unter Umständen alle nur denkbaren. Leider wird dabei die im ersten Schritt nur technische Annahme von Präferenzen, um das Spiel zu komplettieren, oft mit der inhaltlichen Interpretation vermischt, und Macht stellt sich in Abhängigkeit von Präferenzen (oder politischen Ideologien) dar. Das Verhandlungsmodell von Bolle und Breitmoser (2008) verführt beispielsweise zu einer derartigen Interpretation.

Eine weitere Versuchung, Macht mit Präferenzen zu vermengen, ist dann gegeben, wenn historische Daten über Koalitionsbildungen vorliegen. Die *a priori* Macht wird dann oft nicht als *eine* Bestimmungsgröße der *ex post* Koalitionsbildung gesehen. Statt dessen wird die Koalitionsbildung als Maß der Macht, der „real voting power", interpretiert (vgl. Stenlund et al., 1985). Dann aber ist kein Rückgriff auf Macht mehr möglich, wenn es um die Analyse von Koalitionsbildung geht.

Selbstverständlich haben Präferenzen bzw. ideologische Positionen Einfluß auf die Koalitionsbildung. Aber die a priori Abstimmungsmacht soll ja gerade jene Bestimmungsgründe für die Koalitionsbildung erfassen, die sich allein aus der Sitzverteilung und der Entscheidungsregel ableiten. Unter Umständen kann die a priori Abstimmungsstärke sogar auf ideologische Positionen einwirken. Die Parteienlandschaft der Bundesrepublik Deutschland bietet derzeit ein ziemlich gutes Anschauungsmaterial dafür, daß selbst die Politiker die ideologischen Positionen nicht unabhängig von der a priori Abstimmungsmacht sehen. Mit dem Eintritt einer fünften Partei, der „Linken", in die parlamentarische Arena haben sich die numerischen Verhältnisse so verändert, daß traditionelle ideologische Positionen, die bestimmte Koalitionen bevorzugen und andere ausgrenzen, nicht mehr einzuhalten sind, wenn eine Partei die Beteiligung an der Regierungsmacht im Bund (siehe große Koalition) oder in einem Bundesland anstrebt. Die Politiker erklären sich „offen" für neue politische Konstellationen. Die neue Hamburger Landesregierung, bestehend aus CDU und den Grünen (GAL), macht deutlich, daß dies auch umsetzbar ist. Ideologie folgte hier der Macht, und zwar der numerischen Abstimmungsstärke. Deshalb kann es wichtig sein, sich mit der Messung der Macht auseinanderzusetzen.

6.3.6.2 Eigenschaften der Indizes

Als weiteres Klassifikationsverfahren von Machtindizes bietet sich folgendes an: Man vergleicht die zugrundeliegenden Axiome und prüft, welcher Satz von Axiomen die Eigenschaften der vorliegenden Entscheidungssituation am besten wiedergibt. Oder man versucht, aufgrund der Axiome eine allgemeine Rangordnung zwischen den Indizes aufzustellen. Wir sind oben nicht explizit auf die Axiome der einzelnen Indizes eingegangen, sondern haben uns mit Quellenangaben begnügt: Shapley (1953) für den **Shapley-Wert**, Deegan und Packel (1979) für den **Deegan-Packel-Index**, Owen (1979) und Dubey und Shapley (1979) für den **Banzhaf-Index** und Holler und Packel (1983) für den **PGI**.

Aufgrund der in dieser Literatur ausgeführten Axiome dürfte es aber kaum möglich sein, eine Güte-Rangordnung zwischen den Indizes zu aufzustellen. Eine Alternative ist, wünschenswerte Eigenschaften in Form von Axiomen vorzugeben und dann zu prüfen, welches Maß welche Eigenschaften erfüllt. In Laruelle (1999) ist ein derartiger Versuch dargestellt: Von den sieben gewählten Kriterien erfüllt jeder der vier oben genannten Indizes vier Kriterien, aber jeder der vier Indizes unterscheidet sich in der Erfüllung von mindestens zwei Kriterien von jedem anderen. Man müßte also zwischen den gewählten Kriterien differenzieren, um zu einer Rangordnung zu kommen.

Freixas und Gambarelli (1997) stellen zumindest implizit eine Rangordnung der Kriterien auf, wobei das **Desirability-Axiom** von Isbell (1958) die erste Stelle einnimmt. Spieler i ist im Vergleich zu Spieler j „gewünscht", wenn eine beliebige Koalition S, der sich i anschließt, so daß $S \cup \{i\}$, immer eine Gewinnkoalition ist, falls auch $S \cup \{j\}$ eine Gewinnkoalition ist. Für Abstimmungsspiele ist dieses Axiom gleichwertig mit dem bereits mehrfach angesprochenen Axiom der **lokalen Monotonie** (LM), das besagt:

(LM) Gilt für das Spiel $v = (d; w)$ die Ungleichung $w_i > w_j$, dann folgt für das Machtmaß $\pi_i \geq \pi_j$.

Wie oben für das 5-Personen-Abstimmungsspiel $v = (51; 35, 20, 15, 15, 15)$, gezeigt wurde, erfüllen der **Deegan-Packel-Index** und der **PGI** dieses Kriterium nicht, hingegen genügen **SSI** und **Banzhaf-Index** dieser Eigenschaft. Felsenthal und Machover (1998, S. 245) argumentieren, daß jedes Machtmaß, ob I-Power oder P-Power, die LM-Eigenschaft erfüllen muß, *wenn es Sinn machen soll.* Vielleicht ist diese Aussage für Maße zutreffend, die P-Power ausdrücken und auf Verhandlungen bzw. Aufteilung ausgerichtet sind, aber es ist nicht unmittelbar einzusehen, daß sie für Maße gelten soll, die I-Power beschreiben und den Einfluß auf das Ergebnis eines Kollektivs zum Gegenstand haben. Außerdem lassen sich Klassen von Spiele ermitteln, für die **Deegan-Packel-Index** und der **Public-Good-Index** die LM-Eigenschaft erfüllen.

Man beachte, daß die LM-Eigenschaft nichts über die Verteilung der Stimmen voraussetzt! So ist unmittelbar einzusehen, daß der PGI die LM-Eigenschaft nicht verletzt, wenn man sich auf n-Personen-Abstimmungsspiele beschränkt, die sich dadurch auszeichnen, daß $n-2$ Spieler **Dummy-Spieler** und somit kein Mitglied einer **Minimumgewinnkoalition** entsprechend der in Abschnitt 6.3.3 definierten Menge $M(v)$ sind. In diesem Fall gibt es nur eine Minimumgewinnkoalition, nämlich die Koalition der beiden Nicht-Dummy-Spieler.[11] Dieses Ergebnis gilt unter der einfachen Mehrheitsregel, die sicherstellt, daß es nur immer eine Gewinnkoalition

---

[11] Natürlich lassen sich auch allgemeinere Bedingungen über die Verteilung der Stimmgewichte formulieren, die eine Verletzung der LM-Eigenschaften ausschließen. In Holler et al. (2001) wer-

gibt, auch dann, wenn nur $n-3$ oder $n-4$ Spieler Dummy-Spieler sind. Der PGI erfüllt nämlich die LM-Eigenschaft, wenn die Zahl der Spieler nicht größer ist als $n=4$. Dies folgt unmittelbar aus der Auflistung aller Minimumgewinnkoalitionen für Abstimmungsspiele mit 2, 3, 4 und 5 Spieler in Brams und Fishburn (1995) und Fishburn und Brams (1996).

Einen höheren Grad der Monotonie stellt die **globale Monotonie** (GM) dar. Ein Machtmaß π genügt dieser Eigenschaft, wenn gilt:

(GM) Gegen zwei Abstimmungsspiele $v^\circ = (d; w^\circ)$ und $v' = (d; w')$ mit $w_i^\circ > w_i'$ und $w_j^\circ \leq w'_j$ für alle $j \neq i$, dann folgt für das Machtmaß von i: $\pi_i^\circ \geq \pi_i'$.

Erfüllt das Machtmaß π die GM-Eigenschaft nicht, so tritt möglicherweise das **Donation-Paradoxon** auf: Ein Spieler gibt einen Teil seines Stimmgewichts an einen anderen ab und erhöht dadurch sein Machtmaß. Dieses Paradoxon haben Felsenthal und Machover (1995) für den **normalisierten Banzhaf-Index** β für die beiden Spiele $v' = (8; 5, 3, 1, 1, 1)$ und $v^\circ = (8; 4, 4, 1, 1, 1)$ nachgewiesen. Im Spiel v' ist der Wert des Banzhaf-Indexes für den ersten Spieler mit dem Stimmgewicht 5 gleich $9/19$. Dagegen ist im Spiel v° dieser Wert für den ersten Spieler $1/2$, obwohl sein Stimmgewicht in diesem Spiel nur 4 ist. Allerdings gilt für den nicht-normalisierten Banzhaf-Index, daß der Wert des ersten Spielers im Spiel v' mit $9/16$ größer ist als dessen Wert im Spiel v°, der nur $8/16$ ist. Dies widerspricht nicht der GM-Eigenschaft. Damit ist gezeigt, daß der **normalisierte Banzhaf-Index** nicht GM-Eigenschaft der **globale Monotonie** erfüllt. Der **Shapley-Shubik-Index** aber genügt dieser Eigenschaft, wie Turnovec (1998) zeigt.

Bei der direkten Anwendung der GM-Eigenschaft ist wichtig, daß sich nur das Stimmgewicht von einem Spieler erhöht und die Entscheidungs- bzw. Mehrheitsregel konstant ist. Aus dem Abschnitt 6.3.1.3 wissen wir, daß für den Shapley-Wert das **Paradox of Redistribution** gilt: Ist die Zahl der Spieler größer als 6, so können wir für *jede* Ausgangsverteilung der Stimmgewichte die Stimmen so umverteilen, daß ein Spieler nach der Umverteilung einen höheren Index-Wert hat als vor der Umverteilung, obwohl sein relatives Stimmgewicht durch die Umverteilung reduziert wurde.

Turnovec (1998) hat nachgewiesen, *daß jeder Index der global monoton und symmetrisch ist*, auch *lokal monoton* ist. Eine umfassendere Diskussion der Monotonieeigenschaften von Machtindizes enthält Levínský und Silársky (2001). Ihre Untersuchung zeigt, daß die Beziehung zwischen den verschiedenen Monotoniekonzepten noch nicht abschließend geklärt ist. Insbesondere ist es problematisch, wenn man ein Monotoniekonzept herausgreift, das einem bestimmten Machtmaß zugrunde liegt, und dieses Konzept zum „Maß aller Dinge" macht. So definieren Felsenthal et al. (1998) eine als **Preis-Monotonie** bezeichnete Bedingung PM:

(PM) Es gilt $\pi_i > \pi_j$ dann und nur dann, wenn die Zahl der Koalitionen, für die i wesentlich ist, größer ist als die Zahl der Koalitionen, für die j wesentlich ist.

---

den derartige Bedingungen untersucht: Es hängt von den Annahmen über die *Verteilung* der Stimmen ab, ob ein Machtmaß monoton ist oder nicht.

Ein Spieler ist wesentlich, wenn er einen **Swing** im Sinne des Banzhaf-Indexes verursachen kann. Es ist deshalb nicht überraschend, daß der Banzhaf-Index das einzige gängige Machtmaß ist, das die PM-Eigenschaft erfüllt. Die PM-Eigen-schaft ist für den Banzhaf-Index spezifisch und ist deshalb wenig hilfreich für den Vergleich unterschiedlicher Machtmaße.

6.3.6.3 Verhandlungen und Koalitionsbildung

Um den Unterschied zwischen Banzhaf-Index und Shapley-Wert herauszuarbeiten, kann man auf die verhandlungstheoretische Begründung der beiden Ansätze und die Beziehung zu anderen kooperativen Lösungskonzepten zurückgreifen (vgl. Nurmi, 1980). Es gibt unterschiedliche Illustrationen, die der Koalitionsbildung in den beiden Maßen entsprechen. Für den **Shapley-Wert** schlägt sich die Koalitionsbildung in der Betrachtung von Permutationen nieder, die eine Interpretation als sequentielles Spiel nahelegen. Der Spieler, der am stärksten eine Koalition unterstützt, tritt zuerst ein, die anderen Spieler folgen im abnehmenden Grad ihrer Unterstützung, bis die Bedingung für eine Gewinnkoalition erfüllt ist. Allerdings sollte man nicht so weit gehen, bei Fehlen einer sequentiellen Entscheidungsstruktur grundsätzlich gegen den Shapley-Wert zu entscheiden: Das Bild der Koalitionsbildung ist kaum mehr als eine Illustration.

Eine Erweiterung der diskutierten Indizes, die uns dem „richtigen Index" möglicherweise näher bringt, ist durch Einarbeitung theoretischer und empirischer Ergebnisse der Koalitionstheorie möglich. So sieht z. B. das „**Size Principle**" von Riker (1962, S. 32ff) vor, daß sich jene Gewinnkoalition formen wird, für die die Summe der Stimmgewichte der Mitglieder die Entscheidungsregel mit dem geringsten Überschuß erfüllt. Ist die Entscheidungsregel 51%, so wird dadurch jene Gewinnkoalition ausgewählt, deren Gesamtstimmanteil diese Quote erfüllt und die Abweichung dazu minimiert.

Leiserson (1968) hingegen geht davon aus, daß sich Koalitionen mit geringerer Zahl von Handelnden, also stärker gewichteten Spielern, mit höherer Wahrscheinlichkeit bilden werden als andere Koalitionen. Hinter diesen Konzepten stehen unterschiedliche verhandlungstheoretische Überlegungen. Grundsätzlich aber impliziert die Minimierung von Stimmüberschüssen oder der Zahl der Spieler Stabilitätsüberlegungen, wie wir sie für den **Kernel** (Abschnitt 6.2.5) und den **Nucleolus** (Abschnitt 6.2.6) vorausgesetzt haben.

Die ideologische Nähe der Mitglieder einer potentiellen oder realisierten Koalition ist ein weiteres Phänomen, das die Stabilität einer Koalition und damit u. U. ihre Bildung unterstützt. Axelrods (1970) Konzept der **minimal connected winning coalition** und de Swaans (1970, 1973) **policy distance theory** sind Ausfluß davon. Stenlund et al. (1985) berücksichtigen empirische Häufigkeiten von Koalitionen bei ihrer Messung der **real voting power** im schwedischen Reichstag. Die Häufigkeiten sind das Substitut für die unterschiedlichen Wahrscheinlichkeiten, mit denen die Koalitionen in ihrem modifizierten Banzhaf-Index berücksichtigt werden. Diese Substitution soll von der formalen Abstimmungsmacht, wie sie von

Banzhaf-Index und Shapley-Shubik-Index gemessen wird, zu einem Maß für die **tatsächliche Abstimmungsmacht** führen. Wie Rasch (1988) dazu anmerkt, berücksichtigt diese Vorgehensweise u.a. nicht die Wirkung komplexer Abstimmungsprozeduren auf die tatsächliche Koalitionsbildung. Diese Abstimmungsprozeduren werden nur sehr unvollkommen durch Entscheidungsregeln ausgedrückt. (Raschs Einwand gilt damit aber auch für die formalen Maße.)

In Owen (1977) wurde gezeigt, wie die Tatsache, daß u. U. einige Spieler mit größerer Wahrscheinlichkeit eine Koalition bilden als andere, in einer Modifizierung des Shapley-Wertes berücksichtigt werden kann. Für den modifizierten Index gibt er eine Axiomatisierung. In Owen (1982) wurde die entsprechende Frage für den Banzhaf-Index untersucht, und zwei formale Lösungen wurden abgeleitet. Grundsätzlich ist also einiges an theoretischer Vorarbeit geleistet, um verfeinerte Konzepte der Koalitionsbildung in diesen Maßen zu berücksichtigen. Eine derartige Erweiterung bietet sich natürlich auch für den Public-Good-Index an (vgl. van Deemen, 1990).

6.3.6.4 Wahrscheinlichkeitsmodelle und multilineare Extension

Ein weiterer Ansatz, Machtindizes zu beurteilen und auf ihre Verwendbarkeit abzuschätzen, besteht darin, auf *Wahrscheinlichkeitsmodelle* zurückzugreifen, wie sie zumindest für die gebräuchlichsten Maße formuliert wurden. Grundsätzlich wird in diesen Modellen davon ausgegangen, daß ein Spieler i eine Koalition S, deren Mitglied er ist, möglicherweise nur mit einer Wahrscheinlichkeit $x_i < 1$ unterstützt.

Aus den Arbeiten von Owen (1972, 1975) und Straffin (1977, 1988) folgt, daß der **Banzhaf-Index** dann angewandt werden soll, wenn die Spieler vollständig *unabhängig* voneinander entscheiden, d. h., wenn jeder mit einer beliebigen Wahrscheinlichkeit für eine bestimmte Alternative bzw. Koalition optiert. Entsprechend unterstellt man im Wahrscheinlichkeitsmodell, daß jeder Spieler sich mit Wahrscheinlichkeit $1/2$ für eine Alternative entscheidet. Der **Shapley-Wert** hingegen ist dann relevant, wenn die Menge der Spieler insoweit *homogen* ist, als daß jeder Spieler sich mit (annähernd) gleicher Wahrscheinlichkeit für eine Alternative entscheidet, d. h. daß $x_i = t$ für alle $i \in N$ gilt.

Der **Public-Good-Index** (PGI) läßt sich auch mit Hilfe der Unabhängigkeitshypothese begründen, die dem Banzhaf-Index zugrunde liegt, allerdings sind beim PGI nur die **Minimumgewinnkoalitionen**, und *nicht* alle Koalitionen mit Swings zu berücksichtigen. In den Arbeiten von Brueckner (2001) und Widgrén (2001) ist dies ausgeführt.

Zur theoretischen Ableitung dieser Ergebnisse wird eine erweiterte **charakteristische Funktion** definiert: Für eine Spielermenge $N = \{1, \ldots, n\}$ beschreibe 2^N die Potenzmenge, d. h. Menge aller Teilmengen (Koalitionen), die sich aus N bilden lassen. Wenn wir dem Spieler i in N den Wert 1 zuordnen, wenn i in der Koalition S ist, die eine Teilmenge von N ist (also $S \subset N$), und den Wert 0, wenn i nicht in S ist, dann können wir 2^N als Menge der Vektoren $(x_1, \ldots, x_n)$ interpretieren, deren Komponenten entweder 0 oder 1 sind. Wir können somit $2^N = \{0, 1\}^N$

schreiben, wobei $\{0,1\}^N$ einen n-dimensionalen Würfel repräsentiert. Wenn beispielsweise $N = \{1,\ldots,6\}$ gegeben ist, dann kann die Koalition $S = \{1,2,4\}$ durch den Vektor $(1,1,0,1,0,0)$ ausgedrückt werden. Die Menge 2^N kann somit durch die Ecken eines n-dimensionalen Würfels veranschaulicht werden.

Die **charakteristische Funktion** v dieses Koalitionsspiels ist dann für die Ecken dieses Würfels definiert. So ist beispielsweise $v(1,1,0,1,0,0) = v(S)$. Wenn wir jetzt unterstellen, daß es nicht nur die Alternativen gibt, daß i in S oder nicht in S ist, sondern daß i möglicherweise nur mit einer gewissen Wahrscheinlichkeit x_i in S ist, die weder notwendigerweise $x_i = 1$ noch $x_i = 0$ ist, dann kann x_i als Wahrscheinlichkeit dafür interpretiert werden, daß i eine bestimmte Koalition S unterstützt, die i als Mitglied hat, d. h. für die $i \in S$ gilt. Entsprechend drückt $1 - x_i$ die Wahrscheinlichkeit dafür aus, daß der Spieler i die Koalition S unterstützt, deren Mitglied er nicht ist, für die also $i \notin S$ zutrifft. Grundsätzlich liegt somit x_i im Intervall $0 \leq x_i \leq 1$ (vgl. Abb. 6.12).

Die Wahrscheinlichkeit $P(S)$, daß sich eine bestimmte Koalition S bildet ist somit durch folgendes Produkt gegeben:

$$P(S) = \prod_{i \in S} x_i \prod_{i \notin S} (1 - x_i) \,. \tag{6.6}$$

Wir können damit eine (neue) charakteristische Funktion über den gesamten Würfel definieren, denn jeder Vektor $(x_1,\ldots,x_n)$ mit $0 \leq x_i \leq 1$ ist ein Punkt im Innern oder auf dem Rand des Würfels (Abb. 6.12).

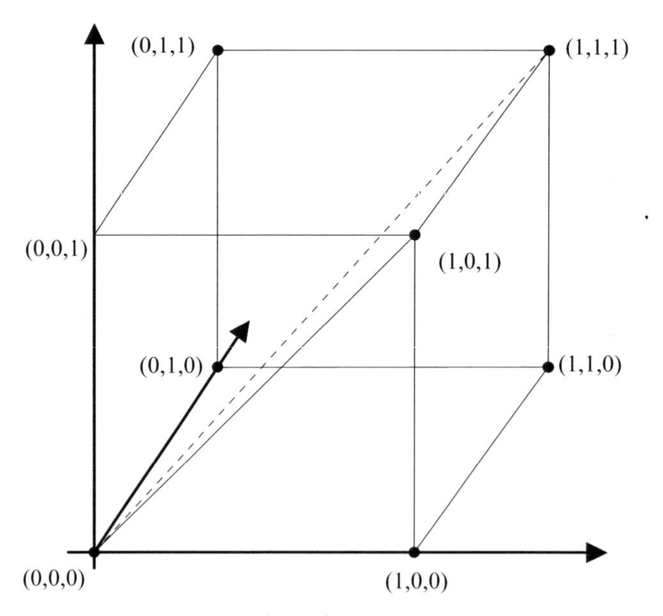

Abb. 6.12 Die lineare Extension für $N = \{1,2,3\}$

Owen (1972) schlägt eine **multilineare Extension** (MLE) als **Erweiterung** von v vor, für die gilt:

$$f(x_1,\ldots,x_n) = \sum_{S\subset N} \left\{ \prod_{i\in S} x_i \prod_{i\notin S} (1-x_i) \right\} v(S)\,. \tag{6.7}$$

Wenn wir unterstellen, daß sich die Koalition S entsprechend (6.6) zufällig bildet und damit einer Zufallsvariablen $S \subset N$ entspricht, dann implizieren die Gleichungen (6.6) und (6.7), daß $f(x_1,\ldots,x_n)$ dem Erwartungswert von $v(S)$ entspricht und somit $f(x_1,\ldots,x_n) = E[v(S)]$ gilt.

Die Funktion $f(x_1,\ldots,x_n)$ ist also eine „neue" charakteristische Funktion, die auf der charakteristischen Funktion v aufbaut. Sie ist **multilinear**, denn offensichtlich sind die Ausdrücke in den eckigen Klammern linear in jeder einzelnen Variablen x_i, aber nicht in allen Variablen gleichzeitig, und $f(x_1,\ldots,x_n)$ ist die Summe über diese Ausdrücke. Es ist etwas schwieriger zu zeigen, daß $f(x_1,\ldots,x_n)$ eine **Extension** bzw. eine **Erweiterung** von v ist; dies ist dann der Fall, wenn $f(x_1,\ldots,x_n)$ mit v zusammenfällt, wo immer v definiert ist. Es genügt also zu zeigen, daß $f(x_1,\ldots,x_n) = v(S)$, wenn

$$x_i = \begin{cases} 0\,, & \text{wenn } i \notin S \\ 1\,, & \text{wenn } i \in S\,. \end{cases}$$

Wir prüfen jetzt Owens (6.7). Das Produkt $\prod_{i\in T} x_i \prod_{i\notin T} (1-x_i)$ habe den Wert

(a) 1, wenn $T = S$, und
(b) 0, wenn $T \neq S$.

Offensichtlich ist die Bedingung (a) erfüllt. Die Bedingung (b) gilt für Spieler i in T aber nicht in S (d. h. $i \in T$ und $i \notin S$). In diesem Fall ist $x_i = 0$, und der Wert des Produktes ist 0. Für $i \in S$ und $i \notin T$ erhalten wir $1 - x_i = 0$. Wiederum ist der Wert des Produktes gleich 0. Daraus folgt, daß die charakteristische Funktion v *ein Spezialfall* von $f(x_1,\ldots,x_n)$ ist und $f(x_1,\ldots,x_n)$ somit eine Extension von v ist.

Owen (1995, S. 268f) gibt einen Beweis für die *Eindeutigkeit* von $f(x_1,\ldots,x_n)$ als **multilineare Extension** der charakteristischen Funktion v, den wir hier aber nicht wiederholen wollen. Statt dessen stellen wir eines seiner Beispiele dar, die das Konzept der **multilinearen Extension** veranschaulichen.

Beispiel. Wir betrachten das folgende („einfache") 4-Personen-Spiel, dessen charakteristische Funktion v und dessen Spielermenge $N = \{1,2,3,4\}$ sei, so daß $v(S) = 1$, falls S zwei Mitglieder hat, von denen eines Spieler 1 ist, oder falls S drei oder vier Mitglieder hat. In allen anderen Fällen gilt $v(S) = 0$. Dann gilt für die **multilineare Extension** von v:

$$\begin{aligned} &f(x_1,x_2,x_3,x_4) \qquad (6.8)\\ &= x_1x_2(1-x_3)(1-x_4) + x_1x_3(1-x_2)(1-x_4) + x_1x_4(1-x_2)(1-x_3)\\ &\quad + x_2x_3x_4(1-x_1) + x_1x_2x_3(1-x_4) + x_1x_3x_4(1-x_2) + x_1x_2x_4(1-x_3) + x_1x_2x_3x_4\\ &= x_1x_2 + x_1x_3 + x_1x_4 + x_2x_3x_4 - x_1x_2x_3 - x_1x_2x_4 - x_1x_3x_4\,. \end{aligned}$$

Wir werden auf dieses Beispiel zurückkommen, wenn wir im folgenden das Konzept der multilinearen Extension auf die Machtindizes anwenden.

6.3.6.5 Multilineare Extension und Machtindizes

Die **Macht** eines Spielers i läßt sich durch seine Wirkung auf den Wert der multilinearen Extension $f(x_1,\ldots,x_n)$ ausdrücken. Ganz allgemein erhält man ein Maß für diese Wirkung, indem man untersucht, wie sich $f(x_1,\ldots,x_n)$ verändert, wenn x_i, d. h. die Bereitschaft von i, eine Koalition S zu unterstützen, deren Mitglied er ist, variiert. Man erhält eine Antwort darauf, wenn man $f(x_1,\ldots,x_n)$ nach x_i partiell differenziert. Dies ist gleichbedeutend mit der Untersuchung der Werte der Koalitionen mit und ohne den Spieler i, gewichtet mit der Wahrscheinlichkeit, daß sie zustande kommen. Erinnern wir uns: $v(S)-v(S-\{i\})$ ist der Beitrag von i zum Wert der Koalition S (vgl. beispielsweise die Interpretation des Shapley-Wertes in Abschnitt 6.3.1.1). Ist S eine Gewinnkoalition und $S-\{i\}$ eine Verlustkoalition, dann gilt $v(S)-v(S-\{i\})=1$. Für alle anderen Kombinationen ist der Wert der Differenz 0 und trägt nicht zur Macht von i bei; in diesen Fällen übt i keinen Einfluß auf das Ergebnis aus.

Bezeichnen wir die Menge aller Gewinnkoalitionen, für die $v(S)-v(S-\{i\})=1$ gilt, mit M_i, dann folgt für *einfache Spiele*:

$$f_i(x_1,\ldots,x_n)=\sum_{S\in M_i}\prod_{j\in S-\{i\}}x_j\prod_{k\in N-S}(1-x_k)\quad \text{mit } j,k\neq i\,. \tag{6.9}$$

Hierbei ist $f_i(x_1,\ldots,x_n)$ die partielle Ableitung von $f(x_1,\ldots,x_n)$ nach x_i. Der Ausdruck (6.9) wird auch als **Macht-Polynom** bezeichnet.

Wenn man in (6.9) für alle x_i gleich $x_i=t$ setzt und bezüglich t über das Intervall $0\leq t\leq 1$ integriert, erhält man den **Shapley-Wert**. Dann gilt

$$\int_0^1 f_i(t,\ldots,t)\,\mathrm{d}t=\Phi_i(v)\,. \tag{6.10}$$

Um den Shapley-Wert für den Spieler i zu bekommen, integriert man also die partiellen Ableitungen der multilinearen Extension von v, d. h. die Macht-Polynome $f_i(x_1,\ldots,x_n)$ entlang der Hauptdiagonalen des Würfels $\{0,1\}^N$ (vgl. dazu Abb. 6.12 oben). Für die Hauptdiagonale gilt $x_i=t$ für alle $i\in N$. Ferner wird für die Integration unterstellt, daß die t-Werte im Intervall $0\leq t\leq 1$ *gleichverteilt* sind.

Wenden wir den in (6.10) beschriebenen Zusammenhang auf das obige Beispiel einer multilinearen Extension an (siehe dazu Owen, 1995, S. 271), so erhalten wir beispielsweise für Spieler 1 durch Differentiation von $f(x_1,x_2,x_3,x_4)$ in bezug auf x_1 das **Macht-Polynom**:

$$f_1(x_1,x_2,x_3,x_4)=x_2+x_3+x_4-x_2x_3-x_2x_4-x_3x_4\,. \tag{6.11}$$

Wir setzen $x_i = t$ und erhalten

$$f_1(t,t,t,t) = 3t - 3t^2 \,. \tag{6.12}$$

Wir integrieren diesen Ausdruck im Intervall $0 \leq t \leq 1$ und erhalten:

$$\int_0^1 f_1(t,t,t,t)\,\mathrm{d}t = \left[\frac{3}{2}t^2 - t^3\right]_0^1 = \frac{1}{2}\,. \tag{6.13}$$

Der Shapley-Wert des Spielers 1 für das obige 4-Personen-Spiel ist also $1/2$.

Für den nicht-normalisierten bzw. absoluten **Banzhaf-Index** β' gilt:

$$\int_0^1 \ldots \int_0^1 f_i(x_1,\ldots,x_n)\,\mathrm{d}x_1 \ldots \mathrm{d}x_n = \sum_{S \in M_i} \left(\tfrac{1}{2}\right)^{n-1} = \beta_i' \,. \tag{6.14}$$

Hier ist M_i die Menge aller Koalitionen S, für die Spieler i wesentlich ist bzw. einen Swing verursachen kann (vgl. Abschnitt 6.3.2.1). Die $n-1$-vielen Werte von $1/2$ drücken aus, daß unter der Annahme der Unabhängigkeit, die für den Banzhaf-Index gilt, jeder Spieler mit Wahrscheinlichkeit $1/2$ für eine Koalition votiert, zu der er zählt, und mit gleicher Wahrscheinlichkeit dagegen stimmt. Der Erwartungswert ist also $1/2$. Es sind $n-1$-viele Werte, weil da $f_i(x_1,\ldots,x_n)$ nicht von x_i abhängt, da nach der Variablen x_i differenziert wurde. Entsprechend kann auch nicht bezüglich x_i integriert bzw. der Erwartungswert gebildet werden. Selbstverständlich ist der Ausdruck

$$\sum_{S \in M_i} \left(\tfrac{1}{2}\right)^{n-1} = \beta_i'$$

aus (6.14) gleichwertig mit dem Ausdruck für β_i' in Abschnitt 6.3.2.1, wenn man die betrachteten Koalitionen mit K statt wie oben mit S bezeichnet.

Man beachte, daß jede *symmetrische Verteilung* über das Intervall $[0,1]$ den Erwartungswert $1/2$ hat. Der **Banzhaf-Index** setzt als nicht zwingend voraus, daß die x_i gleichverteilt sind. Das gilt auch für die Wahrscheinlichkeitsinterpretation des **Public-Good-Indexes**, wie unmittelbar aus dem folgenden Zusammenhang zu ersehen ist (vgl. dazu Brueckner, 2001).

Unterstellen wir, daß die Spieler unabhängig voneinander entscheiden und daß somit ein Spieler mit Wahrscheinlichkeit $1/2$ für eine bestimmte Koalition optiert. Ist c_i die Zahl der Minimumgewinnkoalitionen im Sinne der Definition von $M(v)$, die i als kritisches Mitglied haben, so wird diese Zahl dadurch relativiert, daß unter der **Unabhängigkeitsannahme** jeder der $n-1$ (anderen) Spieler mit Wahrscheinlichkeit $1/2$ einer bestimmten Koalition S in $M(v)$ zustimmt und mit gleicher Wahrscheinlichkeit diese ablehnt. Dann bildet sich jede Koalition S, für die i mit Sicherheit stimmt, mit Wahrscheinlichkeit $(1/2)^{n-1}$. Bei c_i Minimumgewinnkoalition ergibt sich daraus für den Spieler i ein Erwartungswert von $(1/2)^{n-1}c_i$ dafür, daß er an einer Entscheidung (über ein kollektives Gut) teilnimmt.

Setzt man diese Größe in Beziehung zu den Erwartungswerten aller Spieler, so erhält man den entsprechenden **PGI** für Spieler i:

$$h_i = \frac{\left(\frac{1}{2}\right)^{n-1} c_i}{\sum_{i \in N} \left(\frac{1}{2}\right)^{n-1} c_i} . \tag{6.15}$$

Selbstverständlich kann man den Ausdruck $(1/2)^{n-1}$ im Nenner vor das Summenzeichen setzen und dann gegen den gleichen Ausdruck im Zähler kürzen. Wir erhalten dann den Ausdruck für den PGI, den wir bereits aus Abschnitt 6.3.4 kennen. Damit ist gezeigt, daß der PGI mit der Unabhängigkeitsannahme kompatibel ist.

Aus (6.15) ist auch zu erkennen, daß wir dieses Ergebnis auch für andere als die oben unterstellten Wahrscheinlichkeitsannahmen erhalten, sofern das Wahrscheinlichkeitsmaß formal unabhängig von den Spielern i ist und sich somit „rauskürzen" läßt.

Die der multilinearen Extension $f(x_1, \ldots, x_n)$ hat sich als sehr hilfreich bei der Berechnung von Machtindizes erwiesen (vgl. Owen, 1972). Deshalb sind die Zusammenhänge, die oben für den **Shapley-Shubik-Wert** und den **Banzhaf-Index** formuliert wurden, für die Anwendungen dieser Maße sehr nützlich. Die Arbeit von Alonso-Meijide et al. (2008) erweitert die Anwendung der multilinearen Extension auf den **Johnston-Index**, den **Deegan-Packel-Index** und den **Public Good Index**. Der Beitrag enthält auch Rechenbeispiele und zeigt auch, wie aus den Überlegungen zur der multilinearen Extension eine alternative Charakterisierung der Indizes abgeleitet werden kann. Bertini et al. (2008) enthält einen Algorithmus zur Berechnung des **Public Good Index**.

Literaturhinweise zu Kapitel 6

Zur Effektivitätsfunktion und dem starken Nash-Gleichgewicht empfiehlt sich die Lektüre von Moulin und Peleg (1982); die Ausführungen sind jedoch formal sehr anspruchsvoll. Das Edgeworth-Box-Modell und die Lösungskonzepte Kern, stabile Mengen, Verhandlungsmengen, Kernel, Nucleolus, Shapley-Wert und Banzhaf-Index sind in Owen (1995) übersichtlich dargestellt und durch zahlreiche Beispiele veranschaulicht. Allerdings dürfte der Arbeitsaufwand aufgrund des formalen Instrumentariums für viele Leser beträchtlich sein. Die Behandlung dieser Konzepte in Friedman (1986) folgt weitgehend der Darstellung in Owen; paralleles Lesen fördert sicher das Verständnis.

Eine anschauliche Darstellung des Shapley-Wertes und des Banzhaf-Indexes enthält Brams (1975). Der grundlegende Beitrag zum Public-Good-Index ist Holler und Packel (1983). Das Buch von Nurmi (1998) enthält eine interessante Diskussion der Frage „Which index is right?". Materialien zum neusten Stand der Forschung über Machtindizes enthalten die Sammelwerke Holler und Owen (2000, 2001, 2003) und Gambarelli und Holler (2005). Eine wertvolle Quelle ist immer noch die Aufsatzsammlung „Power, Voting, and Voting Power" (Holler, 1982): Sie ist allerdings vergriffen.

Kapitel 7
Implementierung und Mechanismusdesign

In den vorausgehenden Kapiteln haben wir einige nicht-kooperative Spiele kennengelernt, deren Auszahlungen identisch mit denen kooperativer Spiele waren. Für das komprimierte Zeuthen-Harsanyi-Spiel ergibt sich z. B. die Nash-Lösung als Nash-Gleichgewicht; beim **Rubinsteinspiel** erhält man für bestimmte asymptotische Eigenschaften der Parameter die Nash-Lösung als teilspielperfektes Gleichgewicht. Dabei war es jeweils notwendig, spezifische Regeln für das nicht-kooperative Spiel zu unterstellen. Auch die Annahme eines unendlichen Zeithorizonts kann als eine spezifische Spielregel interpretiert werden, die die Voraussetzung dafür schafft, Auszahlungen an der Pareto-Grenze als Nash-Gleichgewicht zu realisieren. So könnte man beispielsweise die Umwandlung einer Personengesellschaft in eine Kapitalgesellschaft als eine Änderung des institutionellen Rahmens ansehen, die gewährleistet, daß das Unternehmen einen unendlichen Zeithorizont bei seinen Entscheidungen zugrundelegt.

In diesem Kapitel werden wir den von nicht-kooperativer und kooperativer Lösung näher untersuchen und fragen, welchen Regeln das nicht-kooperative Spiel folgen muß bzw. welches nicht-kooperative Spiel gespielt werden muß, damit Ergebnisse entsprechend einer bestimmten kooperativen Lösung resultieren. Anders ausgedrückt: *Wie muß der* **Mechanismus** *gestaltet sein, um eine bestimmte kooperative Lösung zu implementieren?*

Dies ist die Kernfrage des **Mechanismusdesigns** und des Konzepts der **Implementierung**. Hierbei schließt Mechanismusdesign die Gestaltung von *sozialen Institutionen* ein, und Implementierung kann sich grundsätzlich auf jedes gesellschaftliche Ergebnis beziehen, das als *Norm* vorgegeben ist. Eine bestimmte **soziale Institution** kann selbst die Norm sein, die durch einen Mechanismus implementiert werden soll. Gelingt die Implementierung, so wird die Norm in der sozialen Institution realisiert. Diesen Ausgangspunkt wählte z. B. Schotter (1981), um Bedingungen für institutionalisiertes kooperatives Handeln im Gefangenendilemma abzuleiten (vgl. Taylor, 1976; Kliemt, 1986b und Axelrod 1987).

Beinhaltet der Mechanismus strategische Entscheidungen, so fällt die Frage der Implementierung mit der Frage nach einer adäquaten **Spielform** zusammen, die dafür sorgt, daß die Ergebnisse der korrespondierenden Spiele der zu implementierenden Norm entsprechen. Die Spielform, die das leistet, ist dann der **Mechanismus**, der die Norm implementiert.

7.1 Die Implementierung einer sozialen Entscheidungsregel

In diesem Abschnitt werden wir in Anlehnung an Maskin (1979) sowie Moulin und Peleg (1982) ein spieltheoretisches Modell der Implementierung sozialer Entscheidungsregeln einführen. Eine **soziale Entscheidungsregel** gibt an, welches gesellschaftliche *Ereignis* $e \in E$ verwirklicht werden sollte, wenn die einzelnen Gesellschaftsmitglieder (die *n Spieler*) bestimmte *Präferenzen* u_i über die Menge E aller möglichen Ereignisse haben. Ausgangspunkt ist somit die Menge der Ereignisse E (die Menge aller möglichen Alternativen), die Menge der Spieler N sowie deren Präferenzen $u_i \in U(E)$ $(i = 1, \ldots, n)$ über die Menge der Alternativen E. $U(E)$ sei die Menge aller zulässigen Präferenzordnungen. Wir gehen zunächst davon aus, daß die Menge aller zulässigen Präferenzen nicht eingeschränkt wird (*unbeschränkte Präferenzen*).[1] Der Vektor $u = (u_i)$ für alle $i \in N$ und $u_i \in U(E)$ ist ein **Präferenzprofil**. $U(E)^N$ ist die Menge aller zulässigen Präferenzprofile.

Eine soziale Entscheidungsregel drückt die Wertvorstellungen einer Gesellschaft aus: Sie ordnet jedem Präferenzprofil $u = (u_1, \ldots, u_n)$ bestimmte Ereignisse in E zu, die entsprechend diesen gesellschaftlichen Wertvorstellungen realisiert werden sollten. Die Wertvorstellungen können entweder durch eine *Regel* ausgedrückt werden (beispielsweise: „Die Alternative aus E, die von der Mehrheit der Spieler bevorzugt wird, ist gesellschaftlich gewünscht.") oder sie werden durch *Axiome* (wie Effizienz, Neutralität, Monotonie, Fairneß etc.) beschrieben.

Mit Hilfe der Definitionen können wir die **soziale Entscheidungsregel** als **soziale Entscheidungskorrespondenz** (SCC) oder als **soziale Entscheidungsfunktion** (SCF) spezifizieren:[2]

Eine **soziale Entscheidungskorrespondenz** ist eine Abbildung SCC: $U(E)^N \twoheadrightarrow E$. Für jedes Präferenzprofil $u \in U(E)^N$ wählt die Abbildung SCC(u) eine nicht-leere Teilmenge von E aus.

Eine **soziale Entscheidungsfunktion** ist eine Funktion SCF: $U(E)^N \rightarrow E$. Die Funktion SCF(u) wählt für jedes $u \in U(E)^N$ *genau ein* Ereignis $e \in E$ aus.

Im Idealfall bestimmt die soziale Entscheidungsregel für jedes u genau ein Ereignis. Dann existiert eine soziale Entscheidungs*funktion* (SCF)), und es ist eindeutig definiert, welche gesellschaftliche Alternative bei gegebenen Präferenzen sozial wünschenswert ist. (Letztlich kann ja nur eine Alternative realisiert werden.) Eine solche Funktion wäre einfach zu konstruieren, wenn jeweils ein einzelner Spieler

[1] In der Social-Choice-Theorie ist es üblich, (als *technische* Bedingung) auszuschließen, daß Spieler indifferent zwischen zwei nicht identischen Elementen von E sind (s. Moulin, 1983, S. 18). Der Verzicht auf die Indifferenzbeziehung läßt sich *inhaltlich* damit begründen, daß ein Individuum, das indifferent zwischen den Ereignissen a und b ist, keinen Einfluß auf die kollektive Entscheidung haben soll, wenn die Gesellschaft zwischen a und b zu wählen hat.

[2] SCC steht für **Social Choice Correspondence** und SCF für **Social Choice Function**.

(als eine Art Diktator) festlegte, welches Ereignis realisiert werden sollte. Wenn aber die Entscheidungen nicht von einem Diktator getroffen werden sollen, sondern gewisse sozial erwünschte Axiome erfüllen sollen, dann lassen sich die Präferenzen der Gesellschaftsmitglieder im allgemeinen nicht so aggregieren, daß die Wertvorstellungen jeweils genau ein Element aus E als gesellschaftliche Entscheidung bestimmen (s. Moulin, 1983, S. 48ff). Deshalb muß man sich oft mit einer sozialen Entscheidungs*korrespondenz* SCC zufrieden geben.

Im folgenden werden wir uns auf SCC beziehen und betrachten eine SCF als Sonderfall der entsprechenden SCC. Beispiele für SCCs sind Abstimmungsregeln wie Mehrheits- und Punktwahl sowie Wahlregeln, wie sie von Borda, Coombs, Copeland, Kramer, Nansen usw. formuliert wurden (vgl. Moulin, 1983). Auch das Rawls'sche und das utilitaristische Prinzip (vgl. Harsanyi, 1955 und Rawls, 1972) oder eine gesellschaftlich gewünschte Machtverteilung (ausgedrückt durch die Effektivitätsfunktion oder die Machtindizes, die wir im vorausgehenden Kapitel diskutierten) und kooperative Lösungen wie der Kern, die Nash- und die Kalai-Smorodinsky-Lösung können als Norm und damit SCC interpretiert werden – aber auch Konzepte wie „soziale Marktwirtschaft", soweit sie operationalisierbar bzw. axiomatisierbar sind.

Wenn eine soziale Entscheidungsregel festgelegt ist, muß ein **Mechanismus** geschaffen werden, der diese Regel auch tatsächlich durchsetzt **(implementiert)**. Es geht dabei darum, *institutionelle Spielregeln* (eine **Spielform** Γ') festzulegen, die garantieren, daß eines der gesellschaftlich gewünschten Ereignisse eintritt, auch wenn die einzelnen Mitglieder (Spieler) ihr Eigeninteresse verfolgen und dabei eventuell durch strategische Manipulation versuchen, eine andere, für sie individuell bessere Alternative durchzusetzen. Betrachten wir einen Planer, der die Regel durchsetzen soll. Würde er über alle Informationen bezüglich der einzelnen Spieler verfügen, könnte er dank seiner Entscheidungsgewalt einfach anordnen, daß die entsprechende Alternative ausgeführt wird. Die Präferenzen der einzelnen Spieler sind jedoch ihre *private Information*. Um die Regel durchzusetzen, muß der Planer dann Anreize schaffen, daß die Spieler die wahre Information enthüllen.

Lautet die Regel beispielsweise, die von einer Mehrheit der Spieler präferierte Alternative sollte realisiert werden, so bestünde ein möglicher Mechanismus in einer Abstimmungsregel mit *Mehrheitsentscheidung*. Wenn die einzelnen Spieler immer wahrheitsgemäß entsprechend ihren Präferenzen abstimmen würden, könnte dieser Mechanismus die Regel implementieren. Die Spieler werden sich jedoch im allgemeinen bei der Abstimmung *strategisch* verhalten, um eine Alternative durchzusetzen, die ihren Vorstellungen am ehesten entspricht. Nur wenn es für jeden einzelnen eine dominante Strategie wäre, bei der Abstimmung seine wahren Präferenzen anzugeben, wäre in jedem Fall gewährleistet, daß der Mechanismus das gewünschte Ergebnis implementiert (derartige Mechanismen bezeichnet man als **nicht manipulierbar** oder **strategisch robust**). Die Mehrheitsregel ist nicht strategisch robust, wenn mehr als zwei Alternativen zur Abstimmung stehen. Denn wie der einzelne abstimmt, hängt jeweils von seinen Erwartungen über das Verhalten der anderen ab.

Auf das Spiel (Γ', u), das durch die Spielregeln, zusammengefaßt in der Spielform Γ', und dem Präferenzprofil u beschrieben ist, wird ein nicht-kooperatives

Lösungskonzept F angewandt. F ist z. B. das Nash-Gleichgewicht oder eine ihrer Verfeinerungen. Da F nicht immer eine eindeutige Antwort in bezug auf die Strategienwahl der Spieler erbringt, wird durch F eine Menge von Strategienvektoren s definiert: $F(\Gamma', u) = \{s|s$ entspricht der Lösung des Spiels $(\Gamma', u)\}$, d. h. $F(\Gamma', u)$ ist eine Teilmenge des Strategienraums $S = S_1 \times \ldots \times S_n$. Jeder Strategienvektor s in $F(\Gamma', u)$ determiniert ein Ereignis $e[F(\Gamma', u)]$. $\mathscr{E} = \{e|e[F(\Gamma', u)]\}$ sei die Menge aller Ereignisse (Alternativen), die durch Lösungen des Spiels (Γ', u) realisiert werden.

Die Aufgabe der **Implementierung** einer SCC besteht nun darin, die Spielform Γ', d. h. den Mechanismus so zu formulieren, daß für alle zulässigen Nutzenprofile $u \in U(E)^N$ die Menge der Ereignisse $\mathscr{E}$, die durch Strategienvektoren der nicht-kooperative Lösung des jeweiligen Spiels (Γ', u) realisiert werden, stets identisch ist mit der Menge der Ereignisse, die durch SCC(u) ausgewählt wird (s. Dasgupta et al., 1979, und Maskin, 1979). Die SCC ist also durch die Spielform Γ' implementiert, wenn gilt:

$$\text{(IMP)} \qquad \text{SCC}(u) = \mathscr{E} = \{e|e[F(\Gamma', u)]\} \quad \text{für alle } u \in U(E)^N .$$

Es ist offensichtlich, daß das nicht-kooperative Lösungskonzept, das auf das Spiels angewandt wird, einen starken Einfluß darauf hat, welche Alternativen bzw. Ereignisse ausgewählt werden. Das bedeutet: In der Regel beeinflussen strategische Erwägungen der Spieler das Ergebnis. Wenn der Mechanismus so gestaltet werden könnte, daß jeder Spieler eine dominante Strategie besitzt und Koalitionsbildung ausgeschlossen wird, gäbe es keinen Spielraum für strategische Manipulationen. Mechanismen, die Gleichgewichte in dominanten Strategien implementieren, bezeichnet man als *nicht-manipulierbar* oder *strategisch robust*.

Im allgemeinen existieren aber keine strategisch robusten Mechanismen, die soziale Mechanismen mit bestimmten wünschenswerten Eigenschaften implementieren könnten. Das **Gibbard-Satterthwaite-Theorem** (vgl. Gibbard; 1973, Green und Laffont, 1979 und Moulin, 1983, S. 65–66) beweist, daß es ohne Beschränkung der Präferenzen keine SCF gibt, die (a) *bürger souverän*, (b) *nicht manipulierbar* und (c) *nicht-diktatorisch* ist, falls N und E endliche Mengen sind und E mehr als zwei Elemente enthält. Eigenschaft (a) besagt, daß die Mitglieder der Gesellschaft als Gesamtheit (d. h. die Menge N) grundsätzlich jedes Element in E realisieren können, wenn sie sich entsprechend verhalten. Eigenschaft (b) beinhaltet, daß es für jedes Mitglied der Gesellschaft optimal sein sollte, seine eigenen Präferenzen bei der sozialen Entscheidung *wahrheitsgemäß anzugeben*. Niemand sollte einen Vorteil daraus ziehen, seine Präferenzen zu verschleiern, falsch anzugeben oder nicht den Präferenzen entsprechend zu handeln. Ist die Abstimmungsregel nicht manipulierbar (strategisch-robust), so wird in einer Abstimmung über die Alternativen a und b ein Wähler stets für a votieren, wenn er a tatsächlich gegenüber b vorzieht. Eigenschaft (c) ist dann verletzt, wenn ein Spieler über die gesamte Entscheidungsmacht verfügt, d. h., wenn zwischen jedem Paar von Ereignissen immer entsprechend seinen Präferenzen entschieden wird.

Als Reaktion auf dieses negative Resultat kann entweder die *Menge der zulässigen Präferenzen eingeschränkt* werden (vgl. das Beispiel in 7.2.2), oder es wird auf die Forderung nach strategischer Robustheit verzichtet und statt dessen ein *schwächeres Gleichgewichtskonzept* verwendet. Als schwächere Gleichgewichtskonzepte bieten sich das Nash-Gleichgewicht sowie entsprechende Verfeinerungen an, wenn die Spieler über vollständige Information bezüglich der Präferenzen ihrer Mitspieler verfügen. Im Fall unvollständiger Information läßt sich das **Bayes'sche Gleichgewicht** verwenden (vgl. Kap. 3 sowie Laffont und Maskin, 1982).

Alle angesprochenen Gleichgewichtskonzepte unterstellen implizit, daß sich die Spieler individualistisch verhalten (daß sie untereinander keine Koalitionen eingehen). Häufig würde jedoch ein Anreiz bestehen, durch Koalitionsbildung Einfluß darauf zu nehmen, welche Alternative realisiert wird. Mit Hilfe des Konzepts des starken Nash-Gleichgewichts (vgl. Abschnitt 6.2.1) kann untersucht werden, welche Mechanismen gegenüber Anreizen zur Koalitionsbildung robust sind (vgl. als Beispiel Abschnitt 7.2.4).

7.2 Beispiele von Implementierung

7.2.1 Der Marktmechanismus

Ein Beispiel für eine soziale Entscheidungsregel ist die Forderung, daß eine *wirtschaftlich effiziente* Allokation realisiert werden soll. Sie besagt, daß nur solche Allokationen durchzusetzen wären, die Nutzenauszahlungen auf der Pareto-Grenze garantierten. Staatliche Planung wäre ein denkbarer Mechanismus zur Realisierung dieser Regel. Ein solcher Mechanismus würde jedoch an den Planer enorme Informationsanforderungen bezüglich der Präferenzen der einzelnen Spieler stellen. Die ökonomische Theorie weist nach, daß unter bestimmten Bedingungen die Regel ohne staatliche Eingriffe durch den Marktmechanismus implementiert werden kann. Der Marktmechanismus läßt sich in diesem Sinn als eine Form der Implementierung der Regel auffassen. Implementierung deckt sich in diesem Fall mit dem Wirken der *„unsichtbaren Hand"*.

Die Leistung von Adam Smith wird von vielen darin gesehen, daß er als erster aufzeigte, daß es keiner staatlicher Eingriffe bedarf, um eine effiziente Produktion und Verteilung der Güter sicherzustellen, sondern daß man dies dem Eigeninteresse (und der Neigung zum Tausch) der Wirtschaftenden überlassen kann, sofern der Staat die Bedingungen für funktionierende Märkte setzt – ja, daß der Wettbewerb Effizienz weit wirkungsvoller schafft als eine (in den Augen von Smith) korrupte Bürokratie, wenn das Wirken des Marktes weder durch den Staat noch durch privates monopolistisches Verhalten begrenzt wird. Dies ist in wenigen Worten die Botschaft der „Wealth of Nations" (Smith, 1776). Die Gestaltung der Wirtschaftsbeziehungen ist auch das zentrale Thema des neoliberalen ordnungspolitischen Ansatzes im Anschluß an Eucken (1939), der sich im deutschsprachigen Raum herausgebildet hat.

Wenn wir uns auf die statische Formulierung der Regel beschränken, so hat die mikroökonomische Theorie des allgemeinen Marktgleichgewichts Bedingungen aufgezeigt, unter denen die Aussagen von Adam Smith formal begründet werden können. Gemäß dem **Ersten Theorem der Wohlfahrtstheorie** (vgl. Varian, 1994, Abschnitte 17.6 und 17.7) ist die Menge der Marktgleichgewichte bei vollkommener Konkurrenz effizient. Voraussetzung dafür ist, daß keine *externen Effekte* auftreten und daß die einzelnen Spieler keine *Marktmacht* besitzen. Unter diesen Bedingungen sichert der Walras'sche Preismechanismus die Implementierung einer effizienten Allokation.

Lautet die Regel, eine spezifische effiziente Allokation sollte verwirklicht werden, so genügt es, die Anfangsausstattung der Wirtschaftssubjekte entsprechend umzuverteilen: Nach dem **Zweiten Theorem der Wohlfahrtstheorie** kann jede gewünschte effiziente Allokation als Marktgleichgewicht realisiert werden, sofern nur die Anfangsausstattung entsprechend gewählt wird. In einer Ökonomie mit vollkommener Konkurrenz können demnach die Fragen von Effizienz und gerechter Verteilung getrennt gelöst werden.

Die Theorie vollkommener Konkurrenz geht davon aus, daß sich alle Spieler als *Preisnehmer* verhalten. Nur in dem Fall, daß der Einfluß jedes einzelnen Marktteilnehmers verschwindend gering ist, ist ein solches Preisnehmerverhalten tatsächlich eine dominante Strategie (vgl. Roberts und Postlewaite, 1976). Unter solchen Bedingungen kann sich zudem auch durch Koalitionsbildung keine Gruppe gegenüber dem Marktergebnis besser stellen. Dieses Resultat wurde in Arbeiten von Shubik (1959a) zum *„Edgeworth Market Game"*, dem *„Limit Theorem on the Core of an Economy"* von Debreu und Scarf (1963) und Arbeiten von Shapley und Shubik (1969, 1975) abgeleitet.

Sobald die Spieler jedoch einen fühlbaren Einfluß auf die Allokation haben, besteht für sie ein Anreiz, durch strategisches Verhalten ihre Marktmacht auszunutzen. Dies wird in spieltheoretischen *Oligopolmodellen* untersucht. Bei Vorliegen von Marktmacht stellen sich im wesentlichen zwei ganz unterschiedliche Fragen an das **Mechanismusdesign**:

(a) Unter welchen Bedingungen (Spielregeln) resultiert eine Kartellösung, wenn verbindliche Abmachungen ausgeschlossen sind?
(b) Wie sind die Marktbedingungen zu gestalten, damit das Marktergebnis im Oligopol „so nahe wie möglich" bei dem Ergebnis unter vollkommener Konkurrenz liegt (damit die gesamtwirtschaftliche Effizienz möglichst wenig beeinträchtigt ist)?

Im allgemeinen unterscheidet sich ein Design, das die Bedingungen von (a) erfüllt, stark von einem, das (b) gerecht wird, weil, zumindest im statischen Kontext, eine Kartellbildung zu verstärkter Ineffizienz führt. Soll gesamtwirtschaftliche Effizienz erreicht werden, so müssen die Regeln des Marktspiels ausschließen, daß die Marktteilnehmer Kartelle oder gar Monopole bilden, um Einfluß auf den Marktpreis zu nehmen. Die Einrichtung von *Wettbewerbskommissionen* und *Monopol- bzw. Kartellaufsichtsbehörden* (z. B. dem Bundeskartellamt) kann als ein Mechanismus zur Überwachung derartiger Regeln aufgefaßt werden.

Liegt aufgrund technologischer Bedingungen ein **natürliches Monopol** vor (vgl. das Gebührenspiel in Abschnitt 6.2.2.3), könnte eine effiziente Lösung durch folgenden Mechanismus verwirklicht werden: Durch eine Versteigerung von Konzessionen wird ein *Wettbewerb zwischen potentiellen Anbietern* kreiert, der gewährleisten soll, daß der Konzessionsnehmer einen Preis nahe den Durchschnittskosten festlegt (vgl. von Weizsäcker, 1980; Finsinger und Vogelsang, 1981 und Bolle und Hoven, 1989).

7.2.2 Öffentliche Güter

Bei **öffentlichen Gütern**, also Gütern, die von mehreren Spielern gleichzeitig, ohne *Rivalität* (wechselseitige Beeinträchtigung) im Konsum genutzt werden können, gewährleistet der Marktmechanismus keine effiziente Allokation. Selbst wenn man von der Möglichkeit von **Free-Rider-Verhalten** absieht (vgl Abschnitt 1.2.4.2), würde bei Bereitstellung (oder Kauf) durch einen einzelnen Nutzer dieser nur seinen individuellen Vorteil den Bereitstellungskosten des entsprechenden Gutes gegenüberstellen, und nicht die Vorteile der anderen Nutzer berücksichtigen. Es würde deshalb, gemessen an der gesamtwirtschaftlichen Wohlfahrt, zu einer Unterversorgung mit öffentlichen Gütern kommen.

Eine zentrale staatliche Instanz könnte aber die effiziente Lösung durchsetzen, sofern sie über die erforderlichen Informationen verfügte. Weil aber die individuelle Bewertung öffentlicher Güter private Information der einzelnen Spieler darstellt, muß ein Mechanismus gefunden werden, der der Planungsinstanz die *wahren Präferenzen* der Spieler *enthüllt*. Betrachten wir ein einfaches Beispiel eines *unteilbaren öffentlichen Projekts*:[3] Die Anrainer eines öffentlichen Parks (sie bilden die Menge der Spieler $N = \{1, \ldots, n\}$) sollen darüber entscheiden, ob dort eine Beleuchtung eingerichtet wird. Die Kosten der Beleuchtung belaufen sich auf c. Falls die Beleuchtung gebaut wird, wird jeder Anrainer i (Element von N) mit einem *Gestehungskostenanteil* von $r_i = c/n$ Geldeinheiten belastet. Die Zahlungsbereitschaft von Anwohner i aus der Beleuchtung des Parks sei x_i; seine **Nettozahlungsbereitschaft** betrage $v_i = x_i - r_i$. Wir nehmen an, daß Einkommenstransfers die individuelle Zahlungsbereitschaft nicht verändern. (Damit beschränken wir die Menge der zulässigen Präferenzen $U(E)$.)

Die **soziale Entscheidungsregel** laute: Die Beleuchtung soll eingerichtet werden, wenn die Summe der Nettozahlungsbereitschaften nicht negativ ist:

$$\sum_{i \in N} v_i \geq 0 \,.$$

Diese Norm schließt nicht aus, daß manche Anwohner durch die Einrichtung schlechter gestellt werden. Nur wenn $v_i \geq 0$ für alle $i \in N$ gelten würde, wäre die Regel *individuell rational*.

---

[3] Für allgemeinere Ansätze vgl. Green und Laffont (1979).

Zur Umsetzung der Entscheidungsregel muß der Planer die individuellen Zahlungsbereitschaften ermitteln. Jeder Spieler i macht dem Planer eine *Mitteilung* m_i über seine Nettozahlungsbereitschaft. Als Entscheidungsmechanismus gelte, daß die Parkbeleuchtung eingerichtet wird, falls gilt:

$$\sum_{i \in N} m_i \geq 0 \, .$$

Die Strategie eines Spielers besteht darin, einen Wert m_i festzulegen. Die soziale Regel kann nur dann implementiert werden, wenn das Spiel so gestaltet ist, daß es für jeden Spieler eine optimale Strategie ist, seine wahren Präferenzen anzugeben ($m_i = v_i$ zu spielen).

Bei einer einfachen *Befragung* hätten die Spieler jedoch wegen des Free-Rider-Problems einen starken Anreiz, falsche Angaben ($m_i \neq v_i$) zu machen: Der Gestehungskostenanteil r_i ist ja unabhängig von der Mitteilung m_i. Wird ein Anwohner mit $v_i < 0$ nach seiner Zahlungsbereitschaft befragt, so wird er sie so niedrig wie irgend möglich ansetzen, um zu verhindern, daß das Projekt realisiert wird. Falls umgekehrt $v_i > 0$ ist, wird i den Wert der Parkbeleuchtung übertreiben, um sicherzugehen, daß sie installiert wird. Er will sicherstellen, daß $\sum m_i \geq 0$. Es ist also eine dominante Strategie für i, einen möglichst niedrigen [hohen] Wert m_i anzugeben, falls $v_i <$ [$>$]0 ist.

Der Wert $\sum m_i$ sagt somit sehr wenig darüber aus, ob die Bedingung $\sum v_i \geq 0$ erfüllt wird. Die Regel ist durch eine einfache Befragung folglich nicht implementierbar. Es gibt aber einen **Mechanismus**, der mit Hilfe von **Seitenzahlungen** die Offenlegung der wahren Präferenzen garantieren kann. Der Mechanismus wird als **Groves-Mechanismus** bezeichnet. Er besteht aus folgenden *Regeln*:

(1) Gilt $\sum_{i \in N} m_i \geq 0$, dann wird das Projekt realisiert. Jeder Spieler (Anwohner) erhält dann zusätzlich eine Seitenzahlung $y_i = \sum_{j \neq i} m_j$ in Höhe der Nettozahlungsbereitschaft aller anderen Spieler.
(2) Gilt hingegen $\sum_{i \in N} m_i < 0$, so wird das Projekt nicht realisiert; keiner erhält dann eine Seitenzahlung ($y_i = 0$).
(3) Die Seitenzahlungen werden von „außen“ (von dritter Seite, z. B. vom Staat) gezahlt und sind grundsätzlich nicht beschränkt.
(4) Absprachen zwischen zwei oder mehr Spielern über eine Umverteilung der Seitenzahlungen sind nicht zulässig; Koalitionen sind ausgeschlossen bzw. eine direkte Umverteilung der Seitenzahlungen zwischen den Spielern ist nicht möglich.
(5) Die Mitteilungen m_i – die Wahl der Strategien – erfolgen unabhängig voneinander: Spieler i kennt nicht m_j, wenn er seine Strategie m_i wählt bzw. bekannt gibt.

Die Matrix 7.1 gibt die Auszahlungen des durch (1) mit (5) beschriebenen Spiels für einen Spieler i an, der eine positive Zahlungsbereitschaft $v_i > 0$ hat. Als mögliche Strategien von i analysieren wir die beiden Fälle: (1) Er teilt seine wahre Zahlungsbereitschaft mit (also $m_{i1} = v_i$) oder (2) er übertreibt (also $m_{i2} > v_i$). Die Auszahlungen des i sind in Abhängigkeit der eigenen Strategie (Spalten) und der Summe der mitgeteilten Zahlungsbereitschaften aller Mitspieler $j \neq i$ (Reihen) dargestellt. Dabei sei $m^\circ = \sum_{j \neq i} m_j$.

Matrix 7.1. Groves-Mechanismus für $v_i > 0$

<table>
<tr><td colspan="2"></td><td>$m_{i1} = v_i$</td><td>$m_{i2} > v_i$</td></tr>
<tr><td colspan="2">$m^\circ \geq 0$</td><td>$v_i + m^\circ > 0$</td><td>$v_i + m^\circ > 0$</td></tr>
<tr><td rowspan="3">$m^\circ < 0$</td><td>$-v_i \leq m^\circ < 0$</td><td>$v_i + m^\circ \geq 0$</td><td>$v_i + m^\circ \geq 0$</td></tr>
<tr><td>$-m_{i2} < m^\circ < -v_i$</td><td>0</td><td>$v_i + m^\circ < 0$</td></tr>
<tr><td>$M^\circ < -m_{i2}$</td><td>0</td><td>0</td></tr>
</table>

Die Strategie $m_i = v_i$ ist für jeden Spieler i eine **(schwach) dominante Strategie**. Damit ist $(m_1, \ldots, m_n) = (v_1, \ldots, v_n)$ ein **Gleichgewicht in dominanten Strategien**. Dies ist aus folgender Überlegung zu ersehen: Eine Übertreibung $(m_i > v_i)$ kann für i nur von Nachteil sein: Sie bringt für ihn in keinem Fall höhere Auszahlungen, birgt aber die Gefahr, daß das Projekt realisiert wird wenn $-m_i < m^\circ < -v_i$. Die Zahlungen in Höhe von $-m^\circ$, die Spieler i in diesem Fall leisten müßte, würden ihm einen negativen Nettonutzen einbringen. Eine Untertreibung $(m_i < v_i)$ ist bei positiver Zahlungsbereitschaft nie sinnvoll, weil dies höchstens dazu führen kann, daß das Projekt nicht realisiert wird, obwohl es im Interesse des betreffenden Spielers liegt. Der Leser kann für den Fall einer negativen Zahlungsbereitschaft $(v_i < 0)$ eine analoge Matrix konstruieren, um zu zeigen, daß es auch in diesem Fall nur schaden würde, wenn der Spieler seine Zahlungsbereitschaft falsch angeben würde.

Der Groves-Mechanismus ist somit geeignet, die wahren Präferenzen der Spieler zu offenbaren. Entscheidend ist, daß i über die Wahl von m_i keinen Einfluß auf die eigenen Seitenzahlungen hat. Um dies zu gewährleisten, muß die *Bildung von Koalitionen* bzw. die Möglichkeit direkter Seitenzahlungen von Spieler i und j (und umgekehrt) ausgeschlossen werden. Gehen wir zur Illustration des Problems von einem Spiel mit $N = [1,2,3]$ aus und unterstellen für die Bewertungen des entsprechenden Projektes $m_3 = v_3 > 0$, $v_1 < 0$, $v_2 < 0$ und $\sum v_i < 0$ ($i = 1$, 2 und 3). Das Projekt sollte aufgrund dieser Bewertung nicht realisiert werden. Spieler 1 und 2 könnten aber $m_1 > v_1$ und $m_2 > v_2$ vereinbaren, so daß $\hat{u}_1 = v_1 + m_2 + m_3 > 0$ und $\hat{u}_2 = v_2 + m_1 + m_3 > 0$ gilt und das Projekt realisiert wird – eine solche Manipulation ist freilich für die beiden Spieler nur dann risikolos, wenn sie über die Präferenzen von Spieler 3 voll informiert sind (vgl. Green und Laffont, 1979, S. 189ff). Das Beispiel zeigt, daß eine wahrheitsgemäße Angabe der Präferenzen $(m_1, \ldots, m_n) = (v_1, \ldots, v_n)$ nur dann ein Gleichgewicht darstellt, wenn die Spielregeln jede Koalitionsbildung ausschließen. Die soziale Entscheidungsregel kann somit mit Hilfe des Groves-Mechanismus nicht als **starkes Nash-Gleichgewicht** implementiert werden. Soll sie durch den skizzierten Mechanismus implementiert werden, so muß folglich die entsprechende Spielform Γ' ein *durchsetzbares Verbot* von Koalitionen vorsehen.

Ein weiteres Problem dieses Mechanismus besteht darin, daß offen bleibt, wer die Seitenzahlungen leistet, wer also die Implementierungskosten trägt. Die Summe der Seitenzahlungen kann im Vergleich zum Nettonutzen des Projekts sehr hoch sein. Damit stellen sich bei Anwendung dieses Mechanismus neben dem Problem effizienter Allokation auch die Frage der Verteilungsgerechtigkeit und der Machbarkeit. Dieses Problem kann jedoch teilweise gelöst werden. Die Spieler können mit Steuerzahlungen belastet werden, ohne daß dadurch die Anreize verändert werden, sofern die Steuerhöhe nicht von der eigenen Mitteilung abhängig gemacht wird. Ein Beispiel dafür ist der **Clarke-Mechanismus**.

Clarke (1971) modifizierte den Seitenzahlungsmechanismus in folgender Weise: Es werden keine Seitenzahlungen geleistet; vielmehr werden die Spieler jeweils dann besteuert, wenn ihre Mitteilung die soziale Entscheidung verändert (man spricht deshalb auch von einem **Pivot-Mechanismus**). Die Höhe der Steuer entspricht gerade dem externen Effekt, den der Spieler durch seine Angaben auf die anderen Spieler ausübt. Wenn immer seine Angaben die soziale Entscheidung unverändert lassen, wird von ihm keine Steuer erhoben.

Im folgenden sei $m^\circ = \sum_{j \neq i} m_j$ wieder die Summe der mitgeteilten Zahlungsbereitschaften aller Mitspieler $j \neq i$. Falls das Projekt ohne den Spieler i durchgeführt würde ($m^\circ \geq 0$) und seine Mitteilung daran nichts ändert ($m_i + m^\circ \geq 0$), muß er keine Steuer zahlen. Gleiches gilt, falls das Projekt ohne ihn nicht realisiert würde ($m^\circ < 0$) und seine Mitteilung dies nicht beeinflußt ($m_i + m^\circ < 0$). Anders dagegen, wenn seine Mitteilung die Entscheidung verändert. Gilt $m^\circ < 0$, wird aber durch seine Zahlungsbereitschaft die Entscheidung gerade zugunsten des Projekt verändert ($m_i + m^\circ > 0$), dann muß er Steuern in Höhe des Nettoschadens $-m^\circ$ zahlen, den er den anderen damit zufügt. Entsprechend muß er den Nettoverlust tragen, der den anderen entsteht, wenn seine Mitteilung gerade dafür verantwortlich ist, daß das Projekt nicht realisiert wird: Wenn also $m^\circ \geq 0$, aber $m_i + m^\circ < 0$, so muß er den Betrag m° abführen.

Durch diesen Mechanismus werden die sozialen Kosten, die der einzelne den anderen aufbürdet, voll internalisiert. Die Auszahlungen für einen einzelnen Spieler lassen sich folgendermaßen zusammenfassen:

$$\begin{array}{llll} u_i = v_i & \text{falls} \quad m_i + m^\circ \geq 0 & \text{und} & m^\circ \geq 0 \\ u_i = v_i + m^\circ & \text{falls} \quad m_i + m^\circ \geq 0 & \text{aber} & m^\circ < 0 \\ u_i = -m^\circ & \text{falls} \quad m_i + m^\circ < 0 & \text{aber} & m^\circ \geq 0 \\ u_i = 0 & \text{falls} \quad m_i + m^\circ < 0 & \text{und} & m^\circ < 0\,. \end{array}$$

Abbildung 7.1 illustriert, daß die Angabe der wahren Zahlungsbereitschaft ($m_i = v_i$) eine dominante Strategie ist. Die durchgehend gezeichnete Linie gibt die Auszahlung von Spieler i an, wenn die Mitteilungen der restlichen Spieler sich auf $m^\circ = \sum_{j \neq i} m_j$ belaufen und i seinen wahren Wert v_i angibt. In Abb. 7.1a ist der Fall $v_i > 0$ dargestellt. Gilt $m^\circ > 0$, wird das Projekt ohnehin realisiert ($u_i = v_i$). Gilt $m^\circ < -v_i$, wird das Projekt nicht realisiert ($u_i = 0$). Für $-v_i \leq m^\circ \leq 0$ ist i gerade ein Pivot-Spieler: Er beeinflußt die Entscheidung in seinem Sinn und wird entsprechend mit dem Betrag $-m^\circ$ besteuert. Würde er einen Wert $m_i > v_i$ angeben, so hätte das nur dann unterschiedliche Auswirkungen im Vergleich zu einer wahrheitsgemäßen Angabe, wenn $m^\circ < -v_i$; in diesem Fall aber müßte er eine Steuer $-m^\circ > v_i$ abführen und wäre somit schlechter gestellt (gepunktete Gerade) als bei

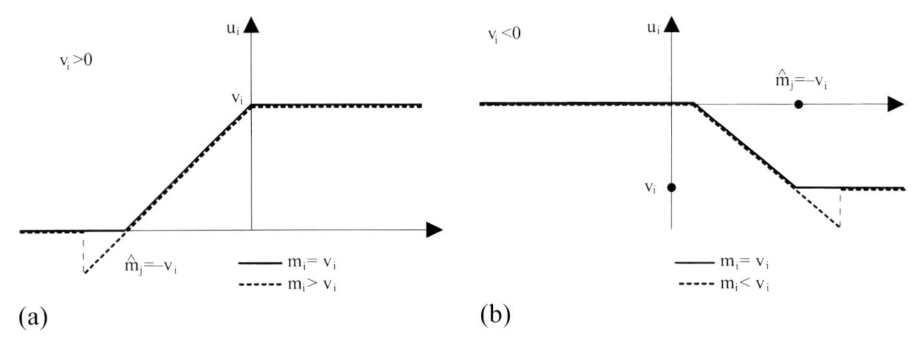

Abb. 7.1a,b Der Clarke-Mechanismus

einer wahrheitsgemäßen Angabe. Gibt er umgekehrt einen niedrigeren Wert $m_i < v_i$ an, so hätte das nur zur Folge, daß in bestimmten Fällen (wenn $m_i < -m^\circ < v_i$) das Projekt nicht durchgeführt würde, obwohl es für ihn vorteilhaft wäre. $m_i = v_i$ ist somit die dominante Strategie. Anhand von Abb. 7.1b kann der Leser nachvollziehen, daß gleiches für den Fall $v_i < 0$ gilt. Die wahren Präferenzen anzugeben, ist folglich ein Gleichgewicht in dominanten Strategien: $(m_1, \ldots, m_n) = (v_1, \ldots, v_n)$.

Die Abb. 7.1b macht auch deutlich, daß beim **Clarke-Mechanismus** ein Spieler mit negativer Bewertung bei Realisation des Projektes (im Fall $m^\circ > -v_i$) schlechter gestellt ist als in einer Situation, in der er an dem Spiel nicht teilnehmen müßte. Der Mechanismus ist nicht individuell rational.

Für den Groves- und den Clarke-Mechanismus existiert ein Gleichgewicht in dominanten Strategien; die Mechanismen sind nicht manipulierbar. Dies ist deshalb möglich, weil bei der Analyse die Menge aller Nutzenfunktionen beschränkt wurde. Es wurde angenommen, daß *keine Einkommenseffekte* auftreten. Andernfalls würden die Steuer- oder Seitenzahlungen die Bewertung des öffentlichen Gutes verändern; damit würde die Anreizstruktur durch den Mechanismus beeinflußt. In vielen Fällen scheint es durchaus zulässig zu unterstellen, daß Einkommenseffekte im Fall öffentlicher Projekte vernachlässigbar gering sind.

Dennoch wirft die Anwendung der Mechanismen verschiedene Probleme auf. So kann in den betrachteten Mechanismen das *Budget* des Projekts *nicht ausgeglichen* werden. Während im ersten Mechanismus die Seitenzahlungen exogen finanziert werden müssen, erzeugen die Steuerzahlungen im Clarke-Mechanismus einen Überschuß, der nicht an die Spieler zurückgezahlt werden kann (andernfalls würden sich wiederum die Anreize zur wahren Mitteilung verändern).

Dies ist freilich kein Problem mehr, wenn man vom Konzept dominanter Strategien abgeht und sich auf die Implementierung von Bayes-Gleichgewichten beschränkt. Wie D'Aspremont und Gérard-Varet (1979) gezeigt haben, gibt es ein **Bayes-Gleichgewicht**, in dem für jeden die Nash-Gleichgewichtsstrategie darin besteht, seine wahren Präferenzen zu enthüllen, wobei die Seitenzahlungen so gewählt werden können, daß das Budget ausgeglichen ist. Bei allen Mechanismen zur Ermittlung der Zahlungsbereitschaft für öffentliche Güter besteht jedoch zum einen ein starker Anreiz zur Koalitionsbildung; zum anderen verletzen sie die Bedingung individueller Rationalität. In der Regel ist staatlicher Zwang, aber zumindest Koordination notwendig, eine effiziente Lösung zu implementieren. Basiert die Bereitstellung öffentlicher Güter auf freiwilligen Beiträgen, so ist das Nash-Gleichgewicht ineffizient ist, wenn die Spieler nicht das Recht haben, Free-Rider zu bestrafen bzw. wenn der Staat nicht diese Funktion übernimmt. (Vgl. Andreozzi (2008a) für eine neuere spieltheoretische Ausarbeitung dieses Ergebnisses.)

7.2.3 Verhandlungen bei externen Effekten

Jede effiziente Lösung eines Zwei-Personen-Verhandlungsspiels ist durch entsprechende Gestaltung der Spielregeln als Nash-Gleichgewicht eines nicht- kooperativen Spiels implementierbar. Soll eine spezifische Lösung (z. B. die Nash-Lösung oder die Kalai-Smorodinsky-Lösung) implementiert werden, kann sie durch eine entsprechende Gestaltung der Spielregeln erzwungen werden. Im allgemeinen gibt es dazu alternative Mechanismen: In Salonen (1986) sorgt ein nutzenmaximierender Schiedsrichter dafür, daß die Kalai-Smorodinsky-Lösung implementiert wird. Moulin (1984) führt einen exogen gegebenen Bestrafungsmechanismus ein, auf den die Spieler im Gleichgewicht so reagieren, daß die Kalai-Smorodinsky- Lösung resultiert.

Man könnte vermuten, daß ganz generell eine zentrale Instanz durch die Festlegung geeigneter Spielregeln immer eine effiziente Lösung gewährleisten kann, selbst wenn sie über die Präferenzen der Spieler nicht informiert ist. Sie muß nur die *Durchsetzung bindender Verträge* garantieren. Diese Überlegung ist der Ausgangspunkt des **Coase-Theorems**.

Coase (1960) argumentiert, daß der Staat nur die rechtlichen Rahmenbedingungen schaffen muß, die die Durchsetzbarkeit von privaten Verträgen garantieren muß. Dann werden sich die privaten Spieler jeweils auf eine effiziente Lösung einigen. Das bedeutet, daß auch bei Vorliegen externer Effekte (also selbst wenn der Marktmechanismus versagt) keine staatlichen Eingriffe in die Allokation (Verordnungen, korrigierende Steuern etc.) erforderlich sind: Die Möglichkeit zu Verhandlungen schafft für die Spieler einen Anreiz, dezentral eine effiziente Lösung zu realisieren.

Das Argument setzt freilich voraus, daß alle Spieler *vollständige Information* über die Präferenzen aller Mitspieler besitzen – es ist allen bekannt, wo die Pareto-Grenze liegt. Alle Spieler haben dann einen Anreiz, Verhandlungen so lange fortzusetzen, bis eine effiziente Vereinbarung getroffen ist. Bei **unvollständiger Information** über die Präferenzen der Mitspieler ist dies jedoch nicht mehr zutreffend. Dann ist das Verhandlungsergebnis in der Regel selbst bei nur zwei Spielern nicht mehr effizient. Bei unvollständiger Information weiß der einzelne nicht, mit welchem konkreten Gegenspieler er konfrontiert ist. Potentiell sieht er sich einer Vielzahl von möglichen Typen von Gegenspielern gegenüber.

Ein Zwei-Personen-Verhandlungsspiel mit unvollständiger Information läßt sich in ein Spiel mit imperfekter Information mit entsprechend vielen potentiellen Spielertypen transformieren. Als Lösungskonzept eines Verhandlungsspiels bietet sich das **Bayes'sche Gleichgewicht** an. Dies soll im folgenden an einem einfachen Beispiel erläutert werden. (Eine allgemeinere Darstellung enthält Illing, 1992.)

Ein Unternehmen Y betreibt eine Aktivität y, die als maximal erreichbaren Gewinn genau den Wert y ermöglicht; somit gilt $G_Y = y$. Das Niveau der Aktivität y sei zufallsbedingt; es ist nur dem Unternehmen selbst bekannt. Zur Vereinfachung wird unterstellt, daß die Zufallsvariable y gleichverteilt zwischen 0 und 1 ist. Die Aktivität y verursacht gleichzeitig einen negativen externen Effekt, der einem anderen Unternehmen Z einen Schaden S_Z zufügt, der den Gewinn von Y um 50% übersteigt: $S_Z = 1{,}5y$. Weil der Schaden von Z den Gewinn von Y übersteigt, wäre die Einstellung der Produktion von y effizient. Wenn aber das Eigentumsrecht für y beim Produzenten Y liegt, dann muß dieser für den entgangenen Gewinn entschädigt werden. Bei vollständiger Information über y wäre dies auch das Ergebnis von Verhandlungen: Der Transfer der Einkommensrechte ermöglicht einen Überschuß von $0{,}5y$, der je nach Verhandlungsstärke auf beide Parteien aufgeteilt werden könnte. Wenn aber Z das Niveau der Aktivität y nicht kennt, kann Z nur Erwartungen über den Wert des Eigentumsrechts bilden. Weil aber andrerseits Y sein Aktivitätsniveau kennt, wird er das Eigentumsrecht nur dann verkaufen, wenn der gebotene Preis z den Wert y übersteigt, also nur, falls $y \leq z$. Würde das Kompensationsangebot in Höhe von z durch Y akzeptiert, so wäre das somit ein untrügliches Signal, daß das gekaufte Eigentumsrecht den gezahlten Preis nicht wert ist. Denn im Fall einer Annahme des Angebots z beläuft sich wegen der Gleichverteilung der bedingte Erwartungswert der Aktivität y nur auf $0{,}5z$. Dann beträgt jedoch der erwartete Vorteil für Z nur: $1{,}5 \cdot 0{,}5z = 0{,}75z < z$, so daß Z mit einem Verlust rechnen muß. In der beschriebenen Situation muß für jedes Gebot $z > 0$ die Differenz zwischen dem gebotenen Preis z und dem daraus erwarteten Vorteil $0{,}75z$ zu einem Verlust führen.

Für Z besteht die optimale Strategie somit darin, nichts zu bieten ($z = 0$). Dann kommt kein Tausch zustande, und die ineffiziente Situation bleibt bestehen. Dagegen würde die Produktion y nicht durchgeführt, wenn Z über das Eigentumsrecht verfügte. Die Verteilung der Eigentumsrechte kann somit bei unvollständiger Information drastische Konsequenzen für die Effizienz der Allokation haben. Unvollständige Information kann also zum vollständigen Zusammenbruch von Verhandlungsmechanismen führen – ähnlich wie **asymmetrische Information** wegen **adverser Selektion** dazu führen kann, daß kompetitive Märkte zusammenbrechen wie im Beispiel des „**Markets for Lemon**" von Akerlof (1970). Im betrachteten Fall ist die Bewertung des Eigentumsrechtes für beide Parteien vollständig miteinander korreliert, aber nur der Verkäufer kennt den Wert des Produkts (das ist hier der Wert des Eigentumsrechts). Dies führt zum Phänomen des „**Winner's Curse**": Die Bereitschaft von Y, das Recht zu verkaufen, signalisiert Z, daß es den Preis nicht wert ist; Z wird deshalb gar nichts bieten.

Die Ineffizienz des Verhandlungsprozesses kann aber auch dann auftreten, wenn die Bewertungen der Verhandlungspartner nicht miteinander korreliert sind. Dies soll eine kleine Modifikation des Beispiels illustrieren: Wieder sei der Gewinn von Y zwischen Null und Eins gleichverteilt, der Wert des Eigentumsrechts für Z betrage nun jedoch 1,2; er sei beiden Partnern bekannt. Wir betrachten einen Verhandlungsprozeß, in dem Z über die gesamte Verhandlungsmacht verfügt: Z bietet einen Preis für das Eigentumsrecht, und Y hat die Wahl, entweder zu akzeptieren oder abzulehnen. Bei einem Gebot z beträgt für Z der Nettovorteil $1{,}2-z$. Das Gebot wird immer dann akzeptiert, wenn $y \leq z$. Aufgrund der Gleichverteilung ist die Wahrscheinlichkeit für eine Annahme des Angebots also gleich z. Der erwartete Gewinn für Z beträgt demzufolge $1{,}2z - z^2$. Das optimale Gebot lautet $z^* = 0{,}6$. Ein effizientes Verhandlungsergebnis erfolgt also nur in 60% aller Fälle. Mit einer Wahrscheinlichkeit von 40% kommt keine Einigung zustande.

Die Annahme, daß nach einer Ablehnung durch Y keine weiteren Verhandlungen erfolgen, erscheint freilich nicht besonders plausibel. Bei nicht-strategischem Verhalten von Y wäre seine Ablehnung ja ein sicheres Indiz dafür, daß die Bewertung 0,6 übersteigt; damit bestünde für Z ein Anreiz, ein neues, höheres Gebot zu machen. Z kann sich nicht glaubwürdig bindend verpflichten, nur ein einziges Angebot abzugeben. Ein solches Verhalten wäre dynamisch nicht konsistent. Sofern Y dies antizipiert, würde er freilich auch bei einem Wert kleiner als 0,6 nicht sofort akzeptieren, sondern ein höheres Gebot abwarten, vorausgesetzt der in der Zukunft erwartete höhere Preis übersteigt die durch die Abdiskontierung anfallenden Opportunitätskosten. Ein dynamisch konsistentes sequentielles Verhandlungsgleichgewicht besteht in einer Folge von im Zeitablauf steigenden Verhandlungsangeboten (vgl. Fudenberg und Tirole, 1983).

Die durch unvollständige Information verursachte Ineffizienz des Verhandlungsprozesses spiegelt sich nun in der Zeitverzögerung wider, bis eine Einigung erfolgt. Die Verzögerung tritt deshalb auf, weil ein Unternehmen mit einem hohem Wert y mit seiner Zustimmung abwartet, um so seine hohe Bewertung zu signalisieren. Dagegen übersteigen im Gleichgewicht für niedrige Werte von y die Opportunitätskosten, die durch eine spätere Einigung anfallen, den erwarteten zukünftigen Gewinn.

In den angeführten Beispielen wurden nur einfache, konkret spezifizierte Verhandlungsabläufe analysiert, bei denen der Nichtinformierte die gesamte Verhandlungsmacht besitzt. Man könnte vermuten, daß alternative Verhandlungsmechanismen zu effizienteren Lösungen führen. Die Theorie des Mechanismusdesigns untersucht optimale Verhandlungsmechanismen bei unvollständiger Information. Myerson und Satterthwaite (1983) haben nachgewiesen, daß bei unvollständiger Information kein Verhandlungsmechanismus existiert, der die effiziente Lösung realisieren kann, die unter vollständiger Information erreichbar wäre (vgl. Schweizer, 1988).[4] Erfolgt nur ein einmaliges Verhandlungsangebot, dann zeigt sich die Ineffizienz darin, daß mit positiver Wahrscheinlichkeit keine Einigung zustande kommt; bei einem mehrperiodigen Verhandlungsprozeß entstehen Opportunitätskosten durch den Zeitverlust bis zur Einigung (vgl. dazu das **Rubinstein-Spiel** im Abschnitt 5.5.4).

Natürlich macht es wenig Sinn, das Ergebnis an der First-Best-Lösung, die bei vollständiger Information erreichbar wäre, zu messen. Weit interessanter wäre die Frage, durch welche Mechanismen eine Second-Best-Lösung verwirklicht werden kann, die die private Information als Beschränkung berücksichtigt. Die Antwort dar-

[4] Dies gilt immer, sofern die Verteilung der Zufallsvariablen stetig ist. Gibt es eine diskrete Menge von verschiedenen Informationszuständen, kann das Verhandlungsergebnis unter Umständen effizient sein (vgl. Chatterjee, 1985).

auf hängt davon ab, ob man als Nutzenkriterium den erwarteten Nutzen der Teilnehmer vor oder nach der Kenntnis ihrer eigenen privaten Information zugrundelegt.

Myerson (1989) entwickelt eine Theorie der Wahl von Mechanismen, die untersucht, welche Allokationen erreichbar sind, wenn eine Besserstellung eines Teilnehmers nicht auf Kosten anderer gehen darf, nachdem alle bereits ihre privaten Information kennen. Eine beschränkt effiziente Allokation ermittelt man, indem die Nutzen der Spieler um die Kosten korrigiert werden, die durch das Beachten der privaten Information entstehen. Solche Beschränkungen werden also analog zu Produktionskosten behandelt.

Im Beispiel mit korrelierten Bewertungen ist nach diesem Kriterium trivialerweise jeder Verhandlungsmechanismus beschränkt effizient, weil Verhandlungen hier ohnehin nie zu einem Erfolg führen würden. Wenn das Eigentumsrecht bei Y liegt, dann ist kein Mechanismus denkbar, der durchsetzen könnte, daß Z das Eigentumsrecht abkauft, und der zugleich garantiert, daß für jeden Wert y die Anreizbedingungen für einen Verkauf durch Y beachtet werden.

Welcher Mechanismus effizient ist, hängt im allgemeinen allerdings von der konkreten Situation der Verhandlungspartner (z. B. von ihren Wahrscheinlichkeitseinschätzungen) und auch von der Verteilung der Eigentumsrechte ab. Das bedeutet, daß in jeder konkreten Verhandlungssituation die Partner sich jeweils darauf einigen müßten, unter allen denkbaren Mechanismen, die die Anreizbeschränkungen beachten, denjenigen auszuwählen, der in der spezifischen Situation eine beschränkt effiziente Allokation garantiert. Dies scheint zum einen wenig praktikabel, zum anderen besteht die Gefahr der Manipulierbarkeit des Mechanismus.

Ein sinnvolleres Vorgehen besteht wohl darin zu analysieren, ob institutionell robuste Mechanismen verankert werden können, die zumindest im Erwartungswert effiziente Allokationen gewährleisten. So kann unter bestimmten Bedingungen die staatliche Festsetzung von Steuern im Durchschnitt eine effizientere Allokation ermöglichen als eine private Verhandlungslösung, selbst wenn die verordneten Steuersätze im Einzelfall nicht den optimalen Verhandlungspreisen entsprechen[5].

7.2.4 Abstimmungsmechanismen

In einer Gesellschaft, die durch die Menge der Spieler $N = \{1,2,3\}$ und die Menge der Ereignisse $E = \{a,b,c\}$ gegeben ist, soll eine Machtstruktur implementiert werden, die durch folgende Effektivitätsfunktion beschrieben ist: Die Koalition K sei eine Teilmenge von N und σ die Zahl der Elemente von K, dann soll gelten:

(EF) Wenn $\sigma \geq 2$, dann $\mathrm{EF}(K) = P(E)$,
wenn $\sigma < 2$, dann $\mathrm{EF}(K) = \{E\}$.

[5] Wenn die zentrale Instanz die Bedingungen individueller Rationalität nicht berücksichtigen muß (wie dies im Abschnitt 7.2.2 für den Fall öffentlicher Güter unterstellt wurde), so kann sie sogar die First-Best-Lösung durchsetzen (vgl. dazu auch Farrell, 1987).

$P(E)$ ist die Potenzmenge von E, d. h., die Menge der Teilmengen von E. Wenn $\sigma \geq 2$ erfüllt ist, kann entsprechend (EF) die Koalition K jedes Element in E als gesellschaftliches Ergebnis bestimmen, denn a, b und c sind Elemente von $P(E)$. Die Menge $\{E\}$ enthält nur ein Element, nämlich die Menge E selbst. D. h., gilt $\sigma = 1$, so kann K kein Element aus E auswählen; somit ist K „machtlos". (EF) repräsentiert die Norm, die soziale Entscheidungskorrespondenz SCC, die es zu implementieren gilt. Die Frage ist, welcher Mechanismus bzw. welche Regel Entscheidungen liefert, so daß (EF) stets erfüllt ist.

Eine naheliegende Regel, (EF) zu implementieren, ist die **Mehrheitsregel**, d. h., das Abstimmungsspiel $v' = (2;1,1,1)$, für das $d = 2$ die Entscheidungsregel und $w_i = 1$ die Stimmgewichte der Spieler $i = 1$, 2 und 3 wiedergeben. Stimmenthaltungen seien ausgeschlossen. Falls $d = 2$ nicht erfüllt ist, dann wird ein Ereignis 0 realisiert: 0 steht dafür, daß E gewählt und damit keine Entscheidung über a, b und c getroffen wird. Dieses Ergebnis stellt einen „Defekt" der Mehrheitsregel dar, der dadurch möglich ist, daß den drei Wählern drei Alternativen gegenüberstehen. Dieser Defekt kann immer dann auftreten, wenn die Zahl der Spieler n genau um einen Primfaktor kleiner oder gleich der Zahl der Ereignisse in E ist (vgl. Moulin, 1983, S. 23). In diesem Fall ist nicht auszuschließen, daß zwei oder mehr Alternativen die gleiche Stimmenzahl erhalten. Würden die drei Wähler nur über zwei Alternativen entscheiden, so gäbe es immer eine Entscheidung für eine Alternative, falls Stimmenthaltung ausgeschlossen ist.

Gehen wir davon aus, daß die Spieler nicht *per se* daran interessiert sind, der Mehrheit zuzugehören (oder gewählt zu werden), sondern an der Realisation eines oder mehrerer Ereignisse in E, dann ist v' eine **Spielform**, da die Präferenzen der Spieler bezüglich a, b und c nicht spezifiziert sind. Unterstellen wir folgendes Präferenzprofil:

$$\begin{aligned} u(1): \quad & u_1(a) > u_1(b) > u_1(c) > u_1(0)\,, \\ & u_2(a) > u_1(c) > u_1(b) > u_2(0)\,, \\ & u_1(b) > u_1(c) > u_1(a) > u_3(0)\,, \end{aligned}$$

dann werden die Spieler 1 und 2 für a und 3 für b votieren. Diese Entscheidung impliziert ein starkes Nash-Gleichgewicht für das Profil $u(1)$. Entsprechend gilt für SCC$(u(1))$: 1 und 2 werden eine Koalition $K = \{1,2\}$ bilden, die es ihnen erlaubt, u. a. das Ereignis a durchzusetzen. Prüfen wir jetzt ein alternatives Präferenzprofil:

$$\begin{aligned} u(2): \quad & u_1(a) > u_1(b) > u_1(c) > u_1(0)\,, \\ & u_2(b) > u_1(c) > u_1(a) > u_2(0)\,, \\ & u_1(c) > u_1(a) > u_1(b) > u_3(0)\,. \end{aligned}$$

Das Spiel $v = ((2;1,1,1), u(2))$ hat kein (starkes) Nash-Gleichgewicht, sofern wir keine zusätzlichen Regeln einführen. Votieren alle drei Spieler für ihr bevorzugtes Ereignis, so erhält jede Alternative in E eine Stimme. Da $d = 2$, wird keine Alternative ausgewählt, und das „Ereignis" 0 tritt ein. Dieses Ereignis kann kein

Nash-Gleichgewicht sein. In diesem Fall wäre es für jeden der drei Spieler besser, seine zweitbeste oder sogar drittbeste Alternative zu wählen, falls die beiden anderen Spieler bei ihrer ursprünglichen Entscheidung blieben. Votiert aber jeder Spieler für seine zweitbeste (bzw. drittbeste) Alternative, so resultiert wiederum 0. Auch in diesem Fall beinhalten die Entscheidungen kein Gleichgewicht: Jeder Spieler würde sich besser stellen, wenn er, gegeben die Entscheidungen der anderen, für seine bevorzugte Alternative aus E stimmte.

Eine Stimmenkonstellation mit „mehr Stabilität" ist dann gegeben, wenn z. B. Spieler 1 für seine beste Alternative a und Spieler 3 für seine zweitbeste Alternative, ebenfalls a, votieren. Dann ist a das gewählte Ereignis. Spieler 2, der a weniger als b und c schätzt, könnte aber für c votieren, und wenn Spieler 3 gleichzeitig ebenfalls für (seine beste Alternative) c stimmt, dann ist c gewählt. Gegen diese Entscheidung wiederum hätte Spieler 1 einen **berechtigten Einwand**:[6] Votierte er für b und stimmte Spieler 2 gleichzeitig für (seine beste Alternative) b, so ist b gewählt.

Jedes der drei Ereignisse a, b und c wird von einem Ereignis der drei Ereignisse „über eine Zweier-Koalition" dominiert. Dieses Phämomen ist als **Condorcet-Zyklus**, **Abstimmungs-** bzw. **Arrow-Paradoxon** und **zyklische Majoritäten** in die Literatur eingegangen. Es kann als Sonderfall des **Arrowschen Unmöglichkeitstheorems** verstanden werden. Dieses besagt:[7] Wir erhalten aus beliebigen individuellen Präferenzen nur dann *immer* eine **soziale Wohlfahrtsfunktion**, die die Eigenschaften einer individuellen Nutzenfunktion hat, wenn ein Spieler i ein **Diktator** ist, so daß alle sozialen Entscheidungen der Präferenzordnung von i entsprechen, gleich welche Präferenzen die übrigen Spieler haben. Dies widerspricht sowohl der zu implementierenden Effektivitätsfunktion (EF) als auch der Spielform $v' = (2; 1, 1, 1)$, durch die (EF) implementiert werden soll. Das Spiel $v = ((2; 1, 1, 1), u(2))$ hat keine Nash-Gleichgewichte; die Menge der starken Nash-Gleichgewichte ist deshalb für $u(2)$ leer; und die Bedingung (IMP) ist nicht erfüllt. Wenn wir von Arrows (1951) Analyse ausgehen, so liegt eine Lösung dieses Problems nahe, nämlich die Menge der zulässigen Nutzenfunktionen bzw. Präferenzprofile $U(E)^N$ so zu beschränken, daß zyklische Majoritäten ausgeschlossen sind.

Literaturhinweise zu Kapitel 7

Die grundsätzlichen Ansätze zur Implementierung werden in Dasgupta et al. (1979), Maskin (1979) und Moulin und Peleg (1982) ausgeführt. Zwei Mechanismen, die die Kalai-Smorodinsky-Lösung implementieren, sind in Crawford (1977) und Moulin (1984) dargestellt. Diese Literatur ist aber nicht leicht zu lesen. Green und Laffont (1979) und Moulin (1983) geben einen Überblick über die Theorie *sozialer Ent-*

[6] Wir können hier die Konzepte und Begriffe wie **Einwand** und **Gegeneinwand** anwenden, die im Zusammenhang mit den **Verhandlungsmengen** in Abschnitt 6.2.4 eingeführt wurden.

[7] Vgl. Moulin (1983, S. 52–57) und Shubik (1984, S. 120–122). Die Interpretation des Arrowschen Unmöglichlichkeitstheoreams ist aber noch nicht abschließend geklärt.

scheidungsregeln und ihrer *Implementierung*. Zur Diskussion verschiedener Gleichgewichtskonzepte ist der Survey von Laffont und Maskin (1982) hilfreich. Dort findet sich auch eine Analyse anreizverträglicher Mechanismen zur Präferenzenthüllung bei öffentlichen Gütern. Eine umfassende Einführung in diesen Ansatz bieten Green und Laffont (1979).

Eine Darstellung der allgemeinen Theorie des *Mechanismusdesigns* findet sich in Myerson (1989). Spezifische Probleme werden in den Beiträge der Aufsatzsammlung von Sertel und Steinherr (1989) zum „Economic Design" behandelt.

Kapitel 8
Evolutorische Spiele

Wie entwickelt sich der Fischbestand, wenn ein Hecht in den Karpfenteich eindringt? Ein ähnliches Beispiel: Falken und Tauben versorgen sich aus einer Wasserstelle, deren Vorrat begrenzt ist. Die Falken sind bereit, um das Wasser zu kämpfen, wenn es ihnen streitig gemacht wird – auf die Gefahr hin, dabei schwer verwundet zu werden, wenn der Kontrahent ebenfalls ein Falke ist. Die Tauben kämpfen nicht. Werden sich die Tauben oder Falken durchsetzen – oder werden sie auch in Zukunft die Wasserstelle gemeinsam benutzen? *Apple Computer* bringt eine CD-ROM auf den Markt, deren Speicherkapazität tausendmal größer ist als die jeder herkömmlichen CD-ROM, aber sie ist mit der vorhandenen Hardware nicht kompatibel. Wird sie ihren Markt finden und vielleicht sogar die bewährten CD-ROM-Technologien verdrängen?

Mit diesen Fragen sind folgende fundamentale Problemstellungen verbunden: Welches Verhalten setzt sich durch, welches scheidet aus? Welche Institution überlebt, welche nicht? Tendiert das betrachtete System zu einem Gleichgewicht? Dieses sind Typen von Fragen, für die mit Hilfe der **Theorie evolutorischer Spiele** nach Antworten gesucht werden kann.

In der Literatur wird oft von **evolutionärer Spieltheorie**, evolutionären Prozessen, evolutionären Gleichgewichten etc. gesprochen. Wir betrachten „evolutorisch“ und „evolutionär“ als beliebig austauschbar.

8.1 Grundfragen und Grundprinzipien

Die Theorie evolutorischer Spiele unterscheidet sich deutlich von der herkömmlichen Spieltheorie. Sie trägt aber auch zum Verständnis der traditionellen Theorie bei. Im Gegensatz zur herkömmlichen Spieltheorie, in der sich das Spielergebnis durch *bewußte Strategienwahl*, welche die Strategienwahl der Mitspieler einbezieht, bestimmt – zumindest wenn das Nash-Gleichgewicht das Lösungskonzept ist, das die Spieler anwenden, und das Gleichgewicht eindeutig ist –, werden in **evolutorischen Spielen** die Strategien *nicht* in dem Bewußtsein gewählt, daß eine

strategische Entscheidungssituation vorliegt und somit die Entscheidungen *interdependent* sind, wie es generell für die Spieltheorie vorausgesetzt wird (vgl. Abschnitt 1.1). Ein *Spieler* wird in evolutorischen Spielen nicht durch seine Entscheidungsmöglichkeiten (Strategienmenge) charakterisiert, sondern durch die *Strategie*, die er „repräsentiert“ bzw., besser gesagt, die ihn repräsentiert. Strategien und Spieler werden deshalb in der **evolutorischen Spieltheorie** gleichgesetzt: Sie drücken Verhaltensstandards, Ideen, Symbole etc. aus. Diese werden nicht gewählt, sondern sie sind beständig (bzw. stabil), vermehren (bzw. replizieren) sich oder sterben aus. Dawkins (1976) hat für diese Einheit den Begriff *„meme“* eingeführt; es stellt für den sozioökonomischen Bereich das Pendant des *„gene“* (des Gens) dar, das im Mittelpunkt des biologischen Evolution steht.

Man könnte argumentieren, daß **evolutorische Spiele** gar keine Spiele im Sinne der Spieltheorie sind. Dieser Zweig hat sich aber aus der herkömmlichen Spieltheorie entwickelt – und die dabei zumindest verwendeten **statischen Gleichgewichtskonzepte** stehen im engen Zusammenhang mit den Konzepten, die die traditionelle Spieltheorie liefert. Zudem beantwortet sie, wie unten noch ausführlich erläutert wird, Fragen, die für die herkömmliche Spieltheorie äußerst relevant sind. Zum Beispiel gibt sie mögliche Antworten darauf, was geschieht, wenn in einer sich wiederholenden Entscheidungssituation die Koordinierungsaufgabe des Nash-Gleichgewichts versagt (z. B. wenn es mehrere Gleichgewichte gibt und eine offensichtliche Grundlage fehlt, die es den Spielern erlaubt, eines davon auszuwählen) oder welche stabilen Zustände denkbar sind, wenn ein Teil der Spieler Nash-Strategien wählt, während sich der andere Teil gemäß der Maximin-Lösung verhält (Andreozzi, 2002a).

Da in **evolutorischen Spielen** hinter der Wahl der Strategien kein bewußter Akt steht, ist es durchaus denkbar, daß die resultierenden Strategien kein Gleichgewicht darstellen. Ein evolutorisches Spiel ist somit eine *Abfolge von Ergebnissen*, die entweder Ungleichgewichte oder Gleichgewichte implizieren. In Ungleichgewichten treten neue Strategien hinzu und alte scheiden aus. Die Gesetze, nach denen sich die Veränderungen der Population vollziehen, hängen auch von der Art der Spieler (ob Tier oder Mensch) und von den Umweltbedingungen ab und lassen sich nicht aus der Spieltheorie ableiten. Die Beziehung eines Spielers zu seiner Umwelt und damit sein Potential, in dieser Umwelt erfolgreich zu sein, drückt sich durch seine **Fitneß** aus. Die Fitneß eines Spielers ist situationsbedingt; sie hängt von der jeweiligen Umwelt ab, in der sich der Spieler befindet, und diese Umwelt ist maßgeblich von den Mitspielern geprägt. Eine Standardannahme der evolutorischen Spieltheorie ist, daß sich Strategien (bzw. Spieler), deren Fitneß (operationalisiert z. B. in der Zahl der Kinder) überdurchschnittlich ist, in der betrachteten Population ausbreiten. Das bestimmt die *Dynamik* evolutorischer Spiele.

Um das Verständnis für die hier skizzierten Grundprinzipien der evolutorischen Spieltheorie zu vertiefen, erscheint ein kurzer Hinweis auf die historischen Wurzeln dieses Ansatzes sinnvoll. Charles Darwin (1809–1882) führte mit seinem Hauptwerk „The Origin of Species by Natural Selection or The Preservation of Favoured Races in the Struggle of Life“ das Konzept der **Evolution** in die Biologie ein, und aus dem Bereich der Biologie stammen auch die ersten Arbeiten, die sich aus spieltheoretischer Sicht mit diesem Konzept auseinandersetzten. Es waren in erster Linie die Arbeiten von Maynard Smith (zusammengefaßt in Maynard Smith, 1982), die die Forscher anderer Disziplinen, in denen Evolution als Erklärungsmuster relevant sein könnten, anregten, sich damit auf spieltheoretischer Basis auseinanderzusetzen. Das Falke-Taube-Spiel (*Hawk and Dove*), das wir oben ansprachen, wurde in dem inzwischen klassischen Beitrag von Maynard Smith und Price (1973) in die Literatur eingeführt. Wir werden darauf unten noch im Detail eingehen. Selten (1980) war einer der ersten, der, ausgehend von Konflikten im Tierreich, ein *spieltheoretisches Modell* formulierte, das die Entwicklung einer Population beschreibt, in die Mutanten eindringen können und deren Zusammensetzung sich bei erfolgreichen Eintritten verändert.

8.2 Das Modell evolutorischer Spiele

Selbstverständlich gibt es alternative Formulierungen für das Spielmodell, mit dem die Merkmale einer evolutorischen Theorie zusammengefaßt werden, schon deshalb, weil es unterschiedliche Vorstellungen darüber gibt, welches diese Merkmale sind und welche bestimmend für diese Theorie – insbesondere aus spieltheoretischer Sicht – sind. Die folgenden fünf **Spielregeln** beschreiben das *Grundmodell eines evolutorischen Spiels,* das sich in der einen oder anderen Form in nahezu allen Beiträgen zu dieser Theorie findet.[1]

(A) Jeder Spieler sieht sich als Mitglied einer sehr *großen* Grundgesamtheit (**Population**) von Spielern, von der er unterstellt, daß sie in bezug auf entscheidungsrelevante Merkmale *zufallsverteilt* ist.

(B) Die Spieler entscheiden nicht *strategisch*; sie gehen bei ihren Entscheidungen *nicht* davon aus, daß sich die Mitspieler optimierend verhalten.

(C) Die Spieler *lernen* in dem Sinne aus dem Spielverlauf, als die Vergangenheit des Spiels, die sich in der „Summe" der Strategieentscheidungen zum Zeitpunkt t ausdrückt, darüber bestimmt, welche Strategien im Zeitpunkt t realisiert werden.

(D) Ein Spieler geht bei seiner Entscheidung stets davon aus, daß sie keinen Einfluß auf zukünftige Perioden hat – weder in bezug auf die eigenen Auszahlungen (bzw. Fitneß) noch in bezug auf das Verhalten der Mitspieler.

(E) Die Spieler treffen im Spielverlauf *paarweise* aufeinander.

Als Konsequenz der *Spielregel* (A) sind die Beziehungen der Spieler *anonym*, und jeder einzelne Spieler kann davon ausgehen, daß er keinen Einfluß auf die *Entwicklung* bzw. *Zusammensetzung* der Population hat. Das aus der herkömmlichen Mikroökonomik wohlbekannte Modell der *vollkommenen Konkurrenz* beschreibt eine derartige Entscheidungssituation. Aus der Regel (C) resultiert die **Dynamik** des Modells. Sie verbindet die Ergebnisse der einzelnen Spiele, die im Zeitverlauf

[1] Die folgende Auflistung lehnt sich an Mailath (1992) an.

realisiert werden und einen **evolutorischen Prozeß** beinhalten. Der evolutorische Prozeß ist *nicht* durch die Zukunft bzw. zukunftsorientierte Entscheidungen determiniert, wie die Regeln (C) und (D) deutlich machen.

Die **Matching-Regel** (E) ist selbstverständlich eine Vereinfachung. Sie erlaubt uns Entscheidungssituationen, die sich im Laufe des Spiels ergeben, als Zwei-Personen-Spiele zu analysieren. Es bietet sich an, diese Annahme zu modifizieren. Da aber aufgrund der Regel (B) *keine* strategische Interaktion stattfindet, scheiden Koalitionsüberlegungen aus; mit der Erweiterung der Entscheidungssituation auf mehr als zwei Personen kommt somit keine zusätzliche Qualität in das Spiel.

Für eine vollständige Beschreibung eines evolutorischen Spiels müßten im Prinzip (a) die Spieler, (b) ihre Strategiemengen und (c) die Auszahlungen spezifiziert werden. Aufgrund der aufgestellten Spielregeln hat sich der Kreis möglicher Spieler erweitert. In einem evolutorischen Spiel wird nicht vorausgesetzt, daß die Spieler strategisch denken können.

Wenn wir das Lernen, das in der Regel (C) unterstellt wird, sehr weit fassen und nicht auf den *einzelnen Akteur*, sondern auf die *Population* beziehen, deren Entwicklung das „Lernen“ manifestiert, dann ist es nicht einmal erforderlich, daß die Akteure überhaupt denken können. Deshalb kann mit diesem Modell auch die Interaktion von Tieren, Genen etc. beschrieben werden – was nicht verwunderlich ist, da sein Ursprung in der Biologie liegt. Übertragen läßt sich dieser Ansatz aber auch auf die Interaktion von Staubpartikeln, auf Sprachen und Rechts- bzw. Wirtschaftssysteme.

Dieser Vielfalt möglicher „Akteure“ wird im evolutorischen Spielmodell dadurch entsprochen, daß die *Spieler* oft mit *Strategien* gleichgesetzt werden. So wird z. B. untersucht, was geschieht, wenn eine *bestimmte Strategie* in eine Population von anderen Strategien eintritt. Als Konsequenz muß zwischen der Menge der Spieler und dem Strategienraum, der sich aus den Strategienmengen ableitet, über die die Spieler verfügen, *nicht* unterschieden werden. Differenziert aber wird zwischen den etablierten Spielern und den Mutanten: Ein **Mutant** ist ein Spieler, der eine andere Strategie wählt als die etablierten Spieler. Er kann von außen hinzutreten oder sich aus einer Änderung der Strategiewahl eines etablierten Spielers entwickeln.

Eine **Population** kann dann als ein Strategienraum zu einem bestimmten Zeitpunkt des evolutorischen Spiels verstanden werden. Dieser Strategienraum ist aber im allgemeinen nicht abgeschlossen: Die Evolution ergibt sich daraus, daß – etwa durch Mutation, Invention oder Innovation – neue Strategien hinzukommen und sich mit den vorhandenen auseinandersetzen.

Grundsätzlich unterscheidet man zwischen monomorphe und polymorphe Populationen. Eine **monomorphe Population** ist eine Population, deren Mitglieder identisch sind, d. h., sie verfolgen gleiche Strategien und erhalten bei gleichen Strategienkombinationen identische Auszahlungen. Verkürzt ausgedrückt: Eine monomorphe Population ist ein Vektor identischer Strategien. Interagieren zwei Spieler aus einer monomorphen Population, so ist dies durch ein *symmetrisches Spiel* beschreibbar. Wenn wir Spieler durch Strategien identifizieren, so stehen sich in einer monomorphen Population identische Strategien und Bewertungen (d. h. Fitneßwerte) gegenüber. Eine evolutorische Spielsituation entsteht in diesem Fall dann, wenn von „außen“ eine andersartige Strategie hinzutritt und mit den vorhandenen Strategien (im allgemeinen paarweise) interagiert.

Eine **polymorphe Population** zeichnet sich entsprechend dadurch aus, daß unterschiedliche Spieler (Strategien) aufeinandertreffen; eine Spielsituation setzt in diesem Fall keinen Eintritt einer „neuen“ Strategie voraus. Ein polymorphe Population ist also dann gegeben, wenn Falken und Tauben, um auf das obige Beispiel von Maynard Smith und Price (1973) Bezug zu nehmen, nebeneinander existieren. Setzte sich die Population ausschließlich aus Tauben zusammen, dann wäre die Population **monomorph**.

Da die Spieler im evolutorischen Spielmodell i.d.R. keine Entscheider sind, deren Verhalten sich aus einer Präferenzordnung ableitet, müssen die Auszahlungen in einem weiteren Sinne interpretiert werden als in der herkömmlichen Spieltheorie: Die **Auszahlungen** eines Spielers i werden mit seinem Durchsetzungsvermögen, seiner **Fitneß**, gleichgesetzt. Die entsprechende Nutzen- bzw. Auszahlungsfunktion $u_i(\cdot)$ ist die **Fitneßfunktion** des Spielers i.

Analog zu den Eigenschaften einer Nutzenfunktion vom von Neumann-Morgenstern-Typ unterstellen wir, daß die **erwartete Fitneß** gleich dem Erwartungswert der Fitneß ist. Wir unterscheiden deshalb *grundsätzlich* nicht zwischen erwarteter Fitneß und Fitneß. Im Unterschied zu einer VNM-Nutzenfunktion impliziert die Fitneßfunktion neben Kardinalität auch **interpersonelle Vergleichbarkeit** der Fitneß. Das beinhaltet z. B., daß die durchschnittliche Fitneß einer Population berechnet werden kann, was für die Fitneß Additivität unterstellt, und daß die Fitneß eines Spielers i mit diesem Durchschnitt verglichen werden kann.

8.3 Analyse- und Lösungskonzepte

Spielmodelle werden zum einen mit Hilfe von **statischen Lösungs**- bzw. **Gleichgewichtskonzepten** analysiert, um *Zustände* anzugeben, in die die Evolution münden könnte. Hier ist in erster Linie das **ESS-Konzept** zu nennen, das auf der Vorstellung **evolutorisch stabiler Strategien** beruht. Zum anderen werden Konzepte **dynamischer Stabilität** angewandt, um Eigenschaften des *evolutorischen Prozesses* zu beschreiben. Der Prozeß wird selbst durch eine dynamische Gleichung operationalisiert, die oft die Form einer **Replikatorengleichung** oder eine Variation dieses Konzepts hat. Mit ihrer Hilfe werden die Entwicklung in der Zusammensetzung der Population im Zeitverlauf beschrieben und z. B. Ruhepunkte analysiert.

Zentrale Ergebnisse der Theorie der evolutorischer Spiele beinhalten Aussagen sowohl über die Beziehungen dieser Konzepte untereinander als auch über Beziehungen zu den Lösungskonzepten der herkömmlichen Spieltheorie (insbesondere zum Nash-Gleichgewicht), die in den vorausgegangenen Kapiteln dieses Buches dargestellt wurden. Auf diese Zusammenhänge werden wir im Anschluß an die Darstellung der Analyse- und Lösungskonzepte eingehen.

8.3.1 Evolutorisch stabile Strategien

Eine Population, die durch einen Strategienvektor $s = (s_1, \ldots, s_n)$ beschrieben werden kann, ist dann *in einer Art* Gleichgewicht, wenn s die Bedingung **evolutorischer Stabilität** bzw. die **ESS-Bedingung** erfüllt, d. h., wenn s eine **evolutorisch stabile Strategie** ist. Eine Population ist evolutorisch stabil, wenn bei einem geringen Anteil ε von Mutanten die Fitneß der Mutanten geringer ist als die der nicht mutierten d. h. der etablierten Individuen.

Für den Fall einer **monomorphen Population** kann diese Bedingung auf einfache Art formalisiert werden. Die Strategie s genügt der ESS-Bedingung, wenn es alle *reinen* oder *gemischten* Strategien $m \neq s$ ein „sehr kleines" ε° gibt, so daß für alle $\varepsilon < \varepsilon^\circ$ und $\varepsilon > 0$ die Beziehung

$$(1-\varepsilon)u(s,s) + \varepsilon u(s,m) > (1-\varepsilon)u(m,s) + \varepsilon u(m,m)\,, \tag{8.1}$$

erfüllt ist. Ungleichung (8.1) besagt, daß beim Zutritt eines „beliebig kleinen" Anteils ε von Spielern, die statt s die Strategie $m \neq s$ spielen, die Strategie s erfolgreicher ist als m. Die linke Seite der Ungleichung verkörpert also die **erwartete Fitneß** eines Spielers mit Strategie s, während die rechte Seite die erwartete Fitneß eines Spielers mit Strategie m wiedergibt. Hierbei drückt ε die Wahrscheinlichkeit dafür aus, daß ein Spieler, der die etablierte Strategie s oder die „neue" Strategie m spielt, in der paarweisen Interaktion entsprechend der Regel (E) auf einen *Mutanten* trifft, der die Strategie m (re-)präsentiert.

Der Ausdruck $u(x_i, x_j)$ beschreibt die **Fitneßfunktion**, die in diesem Fall angibt, welcher Wert für den Spieler i resultiert, der die Strategie x_i verfolgt, falls der oder die Mitspieler j die Strategie(n) x_j wählen. Sie gibt also an, mit welcher Stärke sich i gegenüber j durchsetzt, wenn i auf j trifft. Somit beschreibt $u(s,m)$ die Fitneß des etablierten Spielers i, der die Strategie s verfolgt, wenn dieser auf den Mutanten j trifft, dessen Strategie m ist. Die *linke Seite* der Ungleichung (8.1) drückt somit die (erwartete) Fitneß der etablierten Spieler (Strategien) und die rechte Seite die der Mutanten aus. (8.1) impliziert also **interpersonelle Vergleichbarkeit** der Fitneß.

Man beachte, daß (8.1) grundsätzlich unterstellt, daß die möglichen Akteure, also auch Tiere, Gene usw., in der Lage sind, gemischte Strategien zu spielen. Falls s und m gemischte Strategien sind, muß natürlich gelten:

$$\sum_{i=1}^{n} s_i = 1 \quad \text{und} \quad \sum_{i=1}^{n} m_i = 1$$

Es gibt unterschiedliche Darstellungen der ESS-Bedingung. Die **ESS-Bedingung** (8.1) ist gleichwertig mit der folgenden Formulierung:

$$u(s,s) \geq u(m,s) \quad \text{für alle möglichen (Mutanten-)Strategien } m\,, \tag{8.2}$$

und

$$\text{falls } u(s,s) = u(m,s)\,,\ \text{dann gilt } u(s,m) > u(m,m) \quad \text{für alle möglichen Strategien } m \neq s\,. \tag{8.3}$$

Bedingung (8.2) beinhaltet einen Vergleich der Fitneß etablierter Spieler, falls etablierte auf etablierte Spieler treffen, mit der Fitneß von Mutanten, falls diese auf etablierte Spieler treffen. Ergeben sich für diesen (interpersonellen) Vergleich identische Fitneßwerte, so greift Bedingung (8.3), durch die die Fitneß der etablierten Spieler, falls diese auf Mutanten stoßen, mit der Fitneß von Mutanten, falls ein Mutant auf einen Mutanten trifft, verglichen wird. Dabei wird immer davon ausgegangen, daß sich jeweils nur zwei Spieler gegenüberstehen.

Wenn alle Mitglieder einer monomorphen Population die ESS-Strategie s anwenden, dann kann kein „sehr kleiner" Mutant j erfolgreich eintreten, falls für s die Bedingungen (8.2) und (8.3) erfüllt sind. Aus (8.2) folgt unmittelbar, daß die Strategien s ein **Nash-Gleichgewicht** darstellen. Aus (8.2) und (8.3) folgt ferner, daß möglicherweise *kein Nash-Gleichgewicht existiert, das der ESS-Bedingung genügt*, z. B. dann, wenn $u(s,s) = u(s,m) = u(m,m)$ für alle s und m gilt.

Aus der **ESS-Bedingung** (8.1) ergibt sich durch Umstellung

$$[\varepsilon u(m,m) - (1-\varepsilon)u(s,s)] + [(1-\varepsilon)u(m,s) - \varepsilon u(s,m)] < 0 \,. \tag{8.4}$$

Die erste Differenz ist ein Maß für die „Effizienz" der Mutanten-Strategie m im Vergleich zur etablierten Strategie s: Sie beinhaltet eine Gegenüberstellung der internen Auszahlungen der Spieler. Vernachlässigte man die Anteile der Spieler in der Population, so drückte $[u(m,m) - u(s,s)]$ den Effizienzvorteil des Mutanten m gegenüber dem etablierten Spieler s aus. Die zweite Differenz vergleicht die externen Auszahlungen: Der Ausdruck $[u(m,s) - u(s,m)]$ gibt die „Ausbeutbarkeit" von s bzw. den Ausbeutungsgewinn von m wieder.

Eine weitere alternative Darstellung der **ESS-Bedingung** ergibt sich, wenn wir auf die **Fitneßmatrix** U zurückgreifen, die die Werte $u(x_i,x_j)$ zusammenfaßt, die sich aus der Anwendung der **Fitneßfunktion** auf die Strategienpaare ergeben. Für eine monomorphe Population ist U symmetrisch, weil die Spieler von der gleichen Grundgesamtheit ausgewählt werden. Gemäß (8.1) erhalten wir dann

$$(1-\varepsilon)sUs + \varepsilon sUm > (1-\varepsilon)mUs + \varepsilon mUm \,. \tag{8.5}$$

Entsprechend den Bedingungen (8.2) und (8.3) folgt aus der Ungleichung (8.5) die folgende Formulierung für **ESS**:

$$sUs \geq mUs \quad \text{für alle möglichen Strategien } m \,, \tag{8.6}$$

und

$$\text{falls } sUs = mUs \,, \text{ dann gilt } sUm > mUm \text{ für alle möglichen Strategien } m \neq s \,. \tag{8.7}$$

Der Strategienvektor s, der **ESS** erfüllt, muß symmetrisch sein (d. h. für jeden Spieler den gleichen Wert zeigen), da für eine monomorphe Population U symmetrisch ist, denn die Stabilität von s besteht darin, daß der Zutritt eines andersartigen Akteurs nicht vorteilhaft für diesen ist. Als Konsequenz hat jeder Akteur der Ausgangspopulation für s die gleiche erwartete Fitneß, falls s die ESS erfüllt.

Der Vorteil der Formulierung der ESS-Bedingung entsprechend (8.5) bzw. (8.6) und (8.7) gegenüber (8.1) bzw. (8.6) und (8.3) ist darin zu sehen, daß die **erwartete Fitneß** getrennt in Wahrscheinlichkeit und Fitneßwerten dargestellt wird. So ist z. B.

$$sUm = \sum_{i,j=1}^{n} s_i m_j u(s_i, m_j) \tag{8.8}$$

Wir werden auf diesen Zusammenhang im nächsten Abschnitt zurückgreifen.

Ferner ist auch aus (8.6) und (8.7) unmittelbar zu erkennen, daß möglicherweise kein Nash-Gleichgewicht existiert, das ESS erfüllt. Das gilt beispielsweise, wenn die Fitneßmatrix U mit lauter Nullen besetzt ist. Dann ist jedes Strategienpaar ein Nash-Gleichgewicht, aber keinem entsprechen Auszahlungen, die größer als die Auszahlungen anderer Strategienkombinationen sind.

Es liegt nahe, die ESS-Bedingung dahingehend abzuschwächen, daß man auf die Restriktion (8.3) bzw. (8.7) verzichtet und sich damit begnügt, daß eine evolutorisch stabile Strategie eine *gleich hohe oder höhere* Fitneß ermöglicht als jede alternative Strategie.

Diese Forderung definiert eine **schwache ESS-Bedingung** bzw. eine **neutrale ESS-Bedingung** (vgl. van Damme, 1987, S. 212). Sie ist insofern eine Abschwächung von ESS, weil Strategien, die die ESS-Bedingung nicht erfüllen, der schwachen ESS-Bedingung genügen können.

Eine andere Abschwächung von ESS stellt RSEE dar: **RSEE** (robust against symmetric equilibrium entrants) fordert, daß eine Strategie nur gegen Strategien Bestand hat, die beste Antworten in ihrer eigenen Umgebung sind, während ESS impliziert, daß eine Strategie robust gegenüber allen Mutanten ist, die überhaupt auftreten können (Swinkels, 1992). Alle Strategien, die ESS erfüllen, erfüllen deshalb auch RSEE. Die Umkehrung dieser Aussage gilt nicht.

RSEE und schwache ESS-Bedingung sind dann hilfreich, wenn die Menge der Strategien, die der ESS-Bedingung genügt, *leer* ist.

8.3.2 Selektion und Mutation im sozialen Umfeld

Mit der Berücksichtigung nicht-marginaler Eintrittsmengen für Mutanten wird das von Peters entwickelte Instrumentarium der Selektion und Mutation im sozialen Umfeld und deren adäquaten Umsetzung in evolutorischen Modellen eher gerecht, als das von Maynard Smith und Price (1973) propagierte ESS-Konzept. „Soziale Individuen besitzen ... die Möglichkeit ihr Verhalten willentlich zu ändern. Zusammen mit der Befähigung zur Kommunikation entsteht hieraus die qualitativ neue Möglichkeit zu koordinierten und damit größeren Verhaltensmutationen. Größere Mutationen können als eine notwendige Voraussetzung für das Entstehen vieler sozialer Institutionen betrachtet werden. So sind so unterschiedliche Institutionen wie Gewerkschaften und Konventionen oft erst dann erfolgreich, wenn sie von einem ausreichend großen Teil der Bevölkerung unterstützt werden" (Peters, 1998, S. 2).

Peters' *Verfeinerung der ESS-Bedingung* knüpft an der Annahme an, daß ε, der Anteil der zu einer Population hinzutretenden Mutanten, für die Formulierung der ESS-Bedingungen als *sehr klein* unterstellt wird. Er stellt die Frage, welche Populationen stabil gegenüber dem Zutritt eines größeren Anteils von Mutanten sind. Die Menge der stabilen Strategien ist um so kleiner, je größer der Anteil ε, gegenüber denen sie erfolgreich sein soll. Das maximale ε, für das die Menge der stabilen Strategien nicht leer ist, die „kritische Masse" kennzeichnet Peters' **CR-Lösung**.

Die Strategienmenge, die dieser Lösung entspricht, beschreibt somit die größte „Stabilität" in bezug auf den Umfang einer möglichen Invasion konkurrierender Spieler, Strategien, Mutanten usw., und das maximale ε, nämlich $\varepsilon^{\mathrm{CR}}$, dann somit als **Maß** für die **evolutorische Stabilität** einer Population interpretiert werden. Betrachtet man ε als eine exogen gegebene Größe, so hängt die Menge der stabilen Strategien von ε ab und wir erhalten ein Konzept **evolutorisch stabiler Strategien mit exogener Größe der Invasion**:

$$\begin{aligned} \mathrm{ESS}(\varepsilon) = \{s | (1-\varepsilon')u(s,s) + \varepsilon' u(s,m) > (1-\varepsilon')u(m,s) + \varepsilon' u(m,m) \\ \text{für alle } \varepsilon' < \varepsilon \text{ und } m \neq s\}\,. \end{aligned} \tag{8.9}$$

Das **ESS(ε)-Konzept** beschreibt die Strategien s, die gegenüber die Invasion eines beliebigen Mutanten m Bestand hat, vorausgesetzt der Umfang der Invasion ist kleiner als ε.

Die exogene Größe ε kann als ein Mittel der Gleichgewichtsauswahl verstanden werden. In der Regel nimmt die Menge ESS(ε) ab, wenn sich ε erhöht. Einen interessanten Grenzfall stellt jenes ε dar, für das ESS(ε) in dem Sinne minimal ist, daß ESS(ε) leer ist, falls ε weiter zunimmt.

Wir bezeichnen das ε, für das die Menge ESS(ε) in diesem Sinne minimal ist, mit $\varepsilon^{\mathrm{CR}}$ und die entsprechende Menge stabiler Strategien mit CR. Also ist $\varepsilon^{\mathrm{CR}}$die **kritische Masse** der Invasion: Wird sie überschritten, dann setzt sich eine andere Strategie bzw. Strategienmenge durch, als sie durch die Ausgangssituation vorgegeben ist.[2] Es gilt somit:

$$\varepsilon^{\mathrm{CR}} = \sup\{\varepsilon | \mathrm{ESS}(\varepsilon) \neq \emptyset\}\,, \tag{8.10}$$

$$\mathrm{CR} = \mathrm{ESS}(\varepsilon^{\mathrm{CR}})\,. \tag{8.11}$$

Das sup (= **Supremum**) in (8.10) bezeichnet die „kleinste obere Schranke" des betrachteten Bereichs von ε. Ist diese Schranke, d. h. $\varepsilon^{\mathrm{CR}}$, selbst ein Element von $\mathrm{ESS}(\varepsilon) \neq \emptyset$, dann ist $\varepsilon^{\mathrm{CR}}$ ein **Maximum**. Die Unterscheidung zwischen Supremum und Maximum wird dann relevant, wenn der Eintritt der Mutanten nicht in beliebig kleinen bzw. teilbaren Mengen zu vollziehen ist.

Ist eine Menge von Strategien gegen jeden Umfang der Invasion stabil, so sind ihre Elemente **evolutorisch dominante Strategien**. Für die entsprechende Menge, die mit EDS bezeichnet wird, gilt:

$$\mathrm{EDS} = \mathrm{ESS}(\varepsilon = 1)\,. \tag{8.12}$$

---

[2] Es ist naheliegend, dieses Konzept auf die Durchsetzung von Netzwerken anzuwenden (vgl. Peters, 1997, 1998, S. 15ff.).

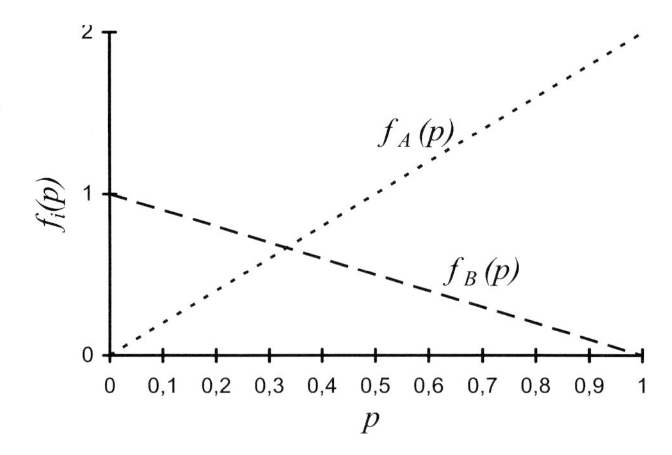

Abb. 8.1 Die Fitneß der beiden Normen

Die Elemente in EDS zeichnen sich durch maximale Stabilität aus. Für das Spiel in Matrix 8.1b (unten) existiert eine nicht leere Menge EDS.

Wir wollen nun die soeben diskutierten Erweiterungen des ESS-Konzepts anhand eines Beispiels veranschaulichen, das Holler und Peters (1999) entnommen ist. Zu diesem Zweck gehen wir von einer Gesellschaft aus, die sich durch zwei rivalisierende Normen auszeichnet. Wir unterstellen, daß die Mitglieder der Gesellschaft, die sich an derselben Norm orientieren, kooperieren, während zwischen Mitgliedern, die unterschiedlichen Normen gehorchen, ein Konflikt besteht. Die Matrix 8.1a beschreibt diesen Zusammenhang.

Matrix 8.1a. Gesellschaft mit zwei Normen

i, j	A	B
A	2	0
B	0	1

Die Spieler i und j sind zwei zufällig aufeinander treffende Mitglieder der betrachteten Gesellschaft. Es wird, wie in der evolutorischen Spieltheorie üblich, unterstellt, daß die Spieler immer *paarweise* aufeinander treffen und damit z. B. Probleme der Koalitionsbildung ausgeklammert werden können. Ferner wird angenommen, daß die Ereignisse „Alle Spieler folgen der Norm A“, „Alle Spieler folgen der Norm B“ und „Die Spieler gehorchen unterschiedlichen Normen“ von den jeweils beteiligten Spielern gleich bewertet werden. Offensichtlich sind aber die Spieler, die der Norm A gehorchen, in ihrer Zusammenarbeit erfolgreicher, als die Spieler, die der Norm B folgen.

Holler und Wickström (1999) analysieren ein ähnliches Modell einer Gesellschaft mit zwei möglichen Normen, in der aber jeder Spieler grundsätzlich eine unterschiedliche Bewertung der beiden Ereignisse „Alle Spieler folgen der Norm A“ und „Alle Spieler folgen der Norm B“ hat.

Abbildung 8.1 illustriert die Auszahlungen bzw. die erwartete Fitneß, $f_A(p)$ und $f_B(p)$, die sich bei einer Variation von p ergeben. Der Vektor $p = (p, 1-p)$ beschreibt die Zusammensetzung der Gesellschaft aus: p drückt den relativen Anteil der Gesellschaft aus, der der Norm A folgt. Somit gilt:

$$f_A(p) = p2 + (1-p)0 \text{ und } f_B(p) = p0 + (1-p)1\,. \tag{8.13}$$

Für die kleinen Werte von p, die an der linken Seite der Abb. 8.1 angetragen sind, ist es sehr wahrscheinlich, auf eine Individuum zu treffen, das sich entsprechend der Norm B verhält. Deshalb haben in diesem Bereich jene Mitglieder der Gesellschaft eine geringe Auszahlung, die der Norm A gehorchen. Mit zunehmendem Anteil p wird es immer wahrscheinlicher, auf ein Individuum zu stoßen, dessen Verhalten durch Norm A bestimmt ist.

Für die Interpretation von Abb. 8.1 ist der Schnittpunkt von f_A und f_B von Bedeutung. Er ist beim Anteil $p = 1/3$. Gesellschaften, die sich zum einen durch ein Wertesystem auszeichnen, wie es in Matrix 8.1a beschrieben ist, und zum anderen durch einen Anteil p, der kleiner als $1/3$ ist, werden sich zu einer homogenen Gesellschaft hinentwickeln, die ausschließlich von Norm B geprägt ist. Ist aber in der Ausgangssituation der Anteil p größer als $1/3$, so wird das Normensystem der Gesellschaft gegen A konvergieren.

Die Anteile $0 < p < 1/3$ und $1/3 < p < 1$ charakterisieren die **Attraktionsintervalle (basin of attraction)** für die Normen B bzw. A.

Das Gleichgewicht $(p, 1-p) = (1/3, 2/3)$ ist *nicht* evolutorisch stabil, denn bereits sehr kleine Invasionen können einen Prozeß in Gang setzen, der zur Norm A oder B führt und die jeweils andere Norm ausschließt. Die Normen A und B erfüllen, einzeln betrachtet, die ESS-Bedingung (8.1) und sind somit evolutorisch stabil. Aber ihre Stabilität ist unterschiedlich. Während sich Norm A bis zu einer Invasion von $\varepsilon = 2/3$ behauptet, hat Norm B nur eine Stabilität von 1/3. Es gilt also ESS$(\varepsilon \leq 1/3) = \{A, B\}$, ESS$(1/3 < \varepsilon \leq 2/3) = \{A\}$ und ESS$(\varepsilon > 2/3) = \emptyset$. Die **kritische Masse** ist also $\varepsilon^{\text{CR}} = 2/3$, und $\{A\}$ beschreibt die entsprechende Menge CR für das in Matrix 8.1a skizzierte Spiel.

Abschließend sei noch ein Spiel mit **evolutorisch dominanten Strategien** skizziert, das Peters (1996) entnommen ist.

Matrix 8.1b. Spiel mit evolutorisch dominante Strategien

i, j	b	β
a	(2,2)	(0,3)
α	(3,0)	(2,2)

Interpretiert man diese Matrix im Sinne der traditionellen Spieltheorie, so stellt das Strategienpaar (α, β) ein **Gleichgewicht in dominanten Strategien** dar. Die evolutorische Betrachtungsweise zeigt, daß die Fitneß der Strategien α und β, unabhängig von den Populationsanteilen p und $(1-p)$, stets höher ist als die Fitneß der

Strategien a und α, denn

$$f_i(p/a) = p2 + (1-p)0 \text{ und } f_i(p/\alpha) = p3 + (1-p)2\,, \tag{8.14}$$

so daß $f_i(p/a) < f_i(p/\alpha)$ für beliebige p im Intervall $0 \leq p \leq 1$ gilt. Die entsprechende Relation $f_j(p/b) < f_j(p/\beta)$ läßt sich für b und β nachweisen.

Foster und Young (1990) gehen ebenfalls davon aus, daß mehrere Mutanten, gesteuert durch einen *Zufallsprozeß*, gleichzeitig in eine vorhandene Population eintreten können. Sie zeigen, daß sich die asymptotischen Eigenschaften ihres Ansatzes von den ESS-Bedingungen unterscheiden: Geht der Einfluß des Zufalls gegen null, so wird ein **stochastisch stabiles Gleichgewicht** (mit **SSE** abgekürzt) erreicht, das sich dadurch auszeichnet, daß es pareto-dominant ist. Selbst wenn es nur ein einziges Nash-Gleichgewicht gibt, das ESS erfüllt, muß dieses kein stochastisch stabiles Gleichgewicht sein, denn ein derartiges Gleichgewicht muß *nicht* existieren. Aber es kann auch sein, daß kein Nash-Gleichgewicht existiert, das die ESS-Bedingungen erfüllt, wie wir am Beispiel der mit Nullen besetzten Fitneßmatrix U gesehen haben.

8.3.3 Replikatorengleichung

Welche Bedeutung die **Fitneß**, die für die Spieler vom Phänotyp i durch die Fitneßfunktion $u_i(\cdot)$ beschrieben ist, hat, zeigt sich im Vergleich zur Fitneß der übrigen Spieler. Es ist eine Standardannahme der Theorie der evolutorischen Spiele, daß sich der Anteil x_i der Spieler i (d. h. jener Spieler, die die *reine Strategie* i wählen) entsprechend der folgenden **Replikatorengleichung** (8.15) entwickelt:

$$\frac{\dot{x}_i(t)}{x_i(t)} = u_i(x(t)) - \bar{u}(x(t)) \quad \text{für } t \geq 0\,. \tag{8.15}$$

Hierbei ist $\dot{x}(t)$ die Ableitung der Variablen nach der Zeit t, also $\mathrm{d}x_i(t)/\mathrm{d}t$. Wir unterstellen, daß diese Ableitung für jedes t existiert: (8.15) stellt somit eine **stetige Replikatorengleichung** dar. Die linke Seite von (8.15) drückt die *Wachstumsrate* von x_i zum Zeitpunkt t aus. In der rechten Seite von (8.15) repräsentiert $\bar{u}(x(t))$ die durchschnittliche Fitneß in einer polymorphen Population, die zum Zeitpunkt t entsprechend dem Vektor $x(t) = (x_1(t), \ldots, x_n(t))$ in n unterschiedliche Gruppen gegliedert ist. Wir unterstellen, daß die Anteile so standardisiert sind, daß gilt

$$\sum_{i=1}^{n} x_i(t) = 1\,. \tag{8.16}$$

Ist die Fitneß der Spieler vom Typ i größer als der Durchschnitt der Fitneß der Population, so ist die rechte Seite von (8.15) positiv: Der Anteil x_i nimmt zu. Er wächst um so schneller, je größer die Differenz $u_i(x(t)) - \bar{u}(x(t))$ ist. Eine derartige, auf dem Vergleich mit der durchschnittlichen Fitneß einer Population beruhenden Replikatorengleichung beschreibt einen sogenannten **Malthus-Prozeß**.

Die Replikatorengleichung (8.15) macht deutlich, daß der Erfolg eines Spielers von (der Fitneß) seiner Umgebung bestimmt wird. Insofern diese nicht durch ihn bestimmt wird bzw. bestimmbar ist, ist es also *Glück*, wenn er Bedingungen vorfindet, die ihm „Existenz und Wachstum" ermöglichen. Das wurde auch bereits von Darwin erkannt.

Andreozzi (2002a) verwendet in seiner Analyse des **Inspection Game** (vgl. Abschnitt 3.3.5.2) auch dynamische Gleichungen, die schwächeren Bedingungen folgen, als die Replikatorengleichungen (8.15). Zum einen unterstellt er **auszahlungspositive Funktionen**, die zwar auch von der Annahme ausgehen, daß Strategien mit Auszahlungen über dem Durchschnitt jene mit Auszahlungen unter dem Durchschnitt verdrängen, die aber auf die strenge Proportionalität, die (8.15) auszeichnet, verzichten. Zum anderen setzt er u.a. Funktionen voraus, die nur die Eigenschaft der **Auszahlungsmonotonie** erfüllen: Ist die Auszahlung von Strategie i größer als die Auszahlung von Strategie j, so wird der Anteil der Spieler, die Strategie i wählen, stärker wachsen, als der Anteil der Spieler, die Strategie j wachsen. Für den von Andreozzi untersuchten Fall ist das Ergebnis für beide Funktionstypen qualitativ identisch mit dem Ergebnis, das die Anwendung der Replikatorengleichung (8.15) liefert.

Das **Survival of the Fittest**, der Kernsatz des **Sozialdarwinismus** im Sinne von Herbert Spencer und seines Jüngers William G. Summer, definiert sich somit durch das Glück, eine vorteilhafte Umgebung zu finden: Ein moralischer Anspruch läßt sich deshalb daraus nicht ableiten. Orthodoxe Sozialdarwinisten vertreten selbstverständlich eine gegenteilige Auffassung. Ebenso widersinnig ist es zu unterstellen, wir hätten eine Wahl zwischen „survival of the fittest" und alternativen Ansätzen sozialer Auswahl.

Gilt die Replikatorengleichung (8.15), so wird sich immer der Teil der Population durchsetzen, der eine überdurchschnittliche Fitneß hat. Je nach sozialer Wertung kann diese Fitneß aber aus so unterschiedlichen Kriterien wie physische Stärke, ererbte gesellschaftliche Stellung, geistige oder seelische Reife abgeleitet werden. Auch die Fähigkeit, Mitleid zu erregen, kann in diesem Sinne ein hohes Maß an Fitneß implizieren, und das „survival of the fittest" wird zur Tautologie, denn wer sich in einer Gesellschaft durchsetzt, ist am „fittesten" (vgl. Binmore, 1994, S.99).

Wir können uns den durch die Replikatorengleichung (8.15) beschriebenen Prozeß anhand eines einfachen Beispiels veranschaulichen, das auf Friedman (1991) zurückgeht. Dieses Beispiel beruht auf der paarweisen Interaktion von Mitgliedern *zweier* Populationen. Die Bevölkerungsanteile werden (statt etwa mit x_i und x_j) mit p und q beschrieben.

Beispiel 8.1. Wir betrachten einen Markt, auf dem Käufer (Spieler vom Typ 1) und Verkäufer (Spieler vom Typ 2) *paarweise* aufeinandertreffen. Jeder Verkäufer verfügt über zwei reine Strategien: „ehrliche" Leistung zu erbringen oder zu „schwindeln". Jeder Käufer hat zwei reine Strategien: die Ware zu prüfen und die Ware nicht zu prüfen. Berücksichtigen wir, daß die Spieler auch gemischte Strategien wählen können, so läßt sich der Strategienraum S als Menge aller Paare (p,q) definieren, mit $0 \leq p \leq 1$ und $0 \leq q \leq 1$, wobei p der Anteil der Käufer ist, die die Ware prüfen, und q der Anteil der „ehrlichen" Verkäufer. Wir unterstellen, daß die Fitneß (Auszahlung) für den Fall, daß ein Käufer und ein Verkäufer zusammentreffen, durch die Matrix 8.2 wiedergegeben wird.

Matrix 8.2. Fitneßmatrix des Marktspiels

		Verkäufer (2)	
		ehrlich	schwindeln
Käufer (1)	prüfen	(3,2)	(2,1)
	nicht prüfen	(4,3)	(1,4)

Wählt der Käufer „prüfen" mit Wahrscheinlichkeit 1 (also $p = 1$), so ist seine (erwartete) Fitneß $u_1(p = 1) = 3q + 2(1 - q) = q + 2$. Wählt er „nicht prüfen" mit Wahrscheinlichkeit 1 (also $p = 0$), so ist seine Fitneß $u_1(p = 0) = 4q + 1(1 - q) = 3q + 1$. Für die Fitneß des Verkäufers folgt damit die Werte $u_2(q = 1) = 3 - p$ und $u_2(q = 0) = 4 - 3p$. Die durchschnittliche Fitneß der Käufer beträgt somit

$$\bar{u}_1 = p(q+2) + (1-p)(3q+1) = 1 + p - 2pq + 3q \tag{8.17}$$

und die der Verkäufer beträgt

$$\bar{u}_2 = q(3-p) + (1-q)(4-3p) = 4 - q + 2pq - 3p\,. \tag{8.18}$$

Wenden wir die Replikatorengleichung (8.15) an, so erhalten wir für die Entwicklung des Anteils der Käufer, die stets prüfen (d. h. sich entsprechend $p = 1$ verhalten), die *Wachstumsrate*

$$\frac{\dot{p}}{p} = (1-p)(1-2q) \tag{8.19}$$

und für die Entwicklung des Anteils der Verkäufer, die immer ehrlich sind (d. h. sich entsprechend $q = 1$ verhalten), die entsprechende *Wachstumsrate*

$$\frac{\dot{q}}{q} = (1-q)(2p-1)\,. \tag{8.20}$$

$\dot{p}$ und $\dot{q}$ geben hier die Ableitung der Variablen p bzw. q nach der Variablen t, der Zeit, wieder. Der dargestellte dynamische Prozeß ist also durch eine Replikatorengleichung beschrieben, die nicht nur eine *stetige*, sondern auch eine *differenzierbare* Funktion für p bzw. q impliziert. (Eine Funktion, die in jedem Punkt differenzierbar ist, ist auch stetig – aber die Umkehrung dieser Aussage gilt nicht.)

Definition. Ein **dynamisches Gleichgewicht** ist ein **Fixpunkt**. Ist ein dynamisches System durch ein Differentialgleichungssystem $\dot{x} = f(x)$ beschrieben, so sind die Fixpunkte durch die Bedingung $f(x) = 0$ charakterisiert.

Für die **Fixpunkte** (bzw. **Ruhepunkte**) eines evolutorischen Spiels gilt, daß sich die Anteile der Spieler bzw. der Strategien nicht mehr ändern. In Beispiel 8.1 bedeutet dies: $\dot{p} = 0$ und $\dot{q} = 0$, d. h., die jeweiligen Populationsanteile unter den Käufern und Verkäufern verändern sich nicht mehr. Aus den Gleichungen (8.19) und (8.20) ist zu erkennen, daß die Fixpunkte des von ihnen beschriebenen Prozesses durch die folgenden Wertepaare (p,q) bestimmt sind: $(1/2,1/2)$, $(0,0)$, $(1,0)$, $(0,1)$ und $(1,1)$. In Abb. 8.1 (Abschnitt 8.3.4 unten) sind die *dynamischen Eigenschaften* des durch (8.19) und (8.20) formulierten Systems skizziert.

Eine Alternative zu dem in der Replikatorengleichung (8.15) formulierten **Malthus-Prozeß** stellt die **lineare Dynamik** dar. Ihr entsprechen Replikatorengleichungen,[3] die für das in Beispiel 8.1 skizzierte Marktmodell folgende Form haben (vgl. Friedman, 1991):

$$\dot{p} = 1/2 - q\,, \qquad (8.21)$$

$$\dot{q} = p - 1/2\,. \qquad (8.22)$$

Damit p und q als relative Anteile bzw. Wahrscheinlichkeiten interpretierbar bleiben und die Intervalle $0 \leq p \leq 1$ und $0 \leq q \leq 1$ erfüllen, ist ferner unterstellt:

$$\dot{p} = 0 \text{ für } p = 1 \text{ und } p = 0 \text{ und } \dot{q} = 0 \text{ für } q = 1 \text{ und } q = 0\,. \qquad (8.23)$$

Die Replikatorengleichungen (8.21) und (8.22) leiten sich für das in Matrix 8.2 beschriebene Beispiel aus folgenden Gleichungen her:

$$\dot{p} = u_1(p=1) - [u_1(p=1) + u_1(p=0)]/2 \quad \text{bzw.} \qquad (8.24)$$

$$\dot{q} = u_2(q=1) - [u_2(q=1) + u_2(q=0)]/2 \qquad (8.25)$$

Diese beiden Gleichungen machen den Unterschied der **linearen Dynamik** zu dem in (8.15) beschriebenen **Malthus-Prozeß** deutlich: (1) Die lineare Dynamik bezieht sich nicht wie (8.15) auf die Wachstumsrate eines Populations- bzw. Strategieanteils, sondern (nur) auf die Veränderung in der Zeit. (2) Letztere ergibt sich aus der Differenz der entsprechenden Fitneß im Vergleich zum „einfachen" Durchschnitt aller verfügbaren Strategien. Mit „einfach" ist hier gemeint, daß alle Fitneßwerte gleichgewichtig, also *nicht* mit den Populationsanteilen gewichtet sind. Aus der „einfachen" Gewichtung ergibt sich die *Linearität* des durch (8.21), (8.22) und (8.23) beschriebenen Prozesses: Im Gegensatz zu dem durch (8.15) beschriebenen Malthus-Prozeß hängt hier $\dot{p}$ *nicht* von p, sondern nur von q ab, und das entsprechende gilt für $\dot{q}$.

Die **Fixpunkte** für die **lineare Dynamik** sind in dem hier untersuchten Beispiel mit denen des oben dargestellten **Malthus-Prozeß** identisch: Die Fixpunkte $(0,0)$, $(1,0)$, $(0,1)$ und $(1,1)$ folgen aus den Bedingungen in (8.23), und $(1/2,1/2)$ erhalten wir aus (8.21) und (8.22) für $\dot{p} = 0$ und $\dot{q} = 0$.

Friedman (1991) leitet die in (8.21) mit (8.22) ausgedrückte **lineare Dynamik** aus einer Modellierung ab, die im ersten Schritt zu der **diskreten Anpassungsfunktion** $\Delta p = \alpha(1-2q)$ führt. (Dadurch daß er die Zeitperiode gleich 2 setzt, erhält er (8.21) und (8.22).) Betrachtet man die Zeit nicht als stetig, sondern in

[3] In manchen Texten wird die Bezeichnung Replikatorengleichung ausschließlich in bezug auf einen Malthus-Prozeß verwendet.

Perioden gegliedert, so entsprechen den **Malthus-Prozessen** (vgl. Mailath, 1992 Weibull, 1994).

Ein wichtiges Klassifikationskriterium für Replikatorengleichungen stellt die Eigenschaft der **kompatiblen Dynamik** dar. Eine Replikatorengleichung ist **kompatibel**, wenn sich eine Strategie (ein Spieler) mit höherer Fitneß stärker ausbreitet als Strategien (Spieler) mit geringer Fitneß. Sie ist **schwach kompatibel**, wenn sich eine Strategie mit höherer Fitneß mindestens so gut ausbreitet wie Strategien mit geringer Fitneß (vgl. Friedman, 1991). Wenden wir diese Definition auf die oben dargestellten Replikatorengleichungen an, so sehen wir, daß sie **kompatibel** sind.

Dynamischen Prozesse werden auch dahingehend unterschieden, ob sich die entsprechenden Replikatorengleichungen ausschließlich auf **reine Strategien** oder auch auf **gemischte Strategien** beziehen (vgl. Robson, 1995). In den oben skizzierten Prozessen war jeder Spieler auf die Wahl einer reinen Strategie beschränkt, und zwar auch in polymorphen Populationen: Sie implizieren also eine **Dynamik in reinen Strategien**. Entsprechend ist eine **Dynamik in gemischten Strategien** dadurch charakterisiert, daß jedes Mitglied in einer Population gemischte Strategien verfolgen kann. Derartige Prozesse unterliegen damit den Einwänden, die üblicherweise gegen gemischte Strategien vorgebracht werden, wenn sie auf den einzelnen Spieler bezogen sind (vgl. Abschnitt 3.3.5 (oben) und 8.4 (unten)). Im Rahmen der evolutorischen Spieltheorie kommt hinzu, daß man den individuellen Spielern möglicherweise keine strategische Entscheidungskompetenz zuordnen kann. Das gilt für Tiere, Gene usw. Die Attraktivität der **Dynamik in gemischten Strategien** besteht darin, daß sie unmittelbar an die Eigenschaften der ESS-Bedingung anschließt, die nämlich grundsätzlich für gemischte Strategien definiert ist.

Anmerkung: In der Biologie mag es Tatbestände geben, die eine Replikatorengleichung vom Typ (8.15) nahelegen. In den Wirtschafts- und Sozialwissenschaften aber gibt es keine Grundprinzipien, die eine derartige Formulierung rechtfertigen – außer vielleicht empirische Beobachtungen. Menschen können schneller reagieren, als die Replikatorengleichung impliziert, und sie können anders reagieren, insbesondere dann, wenn sie die Dynamik, die die Replikatorengleichung zusammenfaßt, durchschauen. Dies ist schon deshalb zu erwarten, weil die Replikatorengleichung, die in diesem Abschnitt diskutiert wurde, auf Verhaltenweisen beruht, die *keine* wechselseitig besten Antworten beinhalten. Wenn wir diese Replikatorengleichungen auf menschliches Verhalten anwenden, so ist dies deshalb stets als eine Näherung zu verstehen. Diese ist um so eher gerechtfertigt, je näher die tatsächlichen Bedingungen sozialer Interaktion dem Grundmodell eines evolutorischen Spiels kommen, das wir im Abschnitt 8.2 beschrieben haben.

Binmore (1994, S. 132) argumentiert, daß die Natur den *Homo oeconomicus*, und nicht den *Homo behavioralis* selektiert hat, denn letzterer „ist blind wie seine Herrin", die Natur. Die Natur „lernt" über das Mittel der Selektion, indem „Strategien" mit geringerer Fitneß ausscheiden. Dieses Lernen ist langwierig, braucht viel Zeit. Der *Homo oeconomicus* hingegen sammelt Informationen und reagiert (relativ) schnell darauf. Sozialökonomische Veränderungen benötigen deshalb viel weniger Zeit als Änderungen in der Natur. Kulturelle Evolution läuft deshalb schneller ab als genetische (vgl. dazu Robson, 1995), was einerseits die Anpassungsfähigkeit des

Menschen an veränderte Umweltbedingungen erhöht, aber andererseits die Gefahr in sich birgt, daß sich die Evolution der menschlichen Gesellschaft von der Entwicklung der Natur abkoppelt. Letzteres stellt eines der Grundprobleme der Ökologie dar.

8.3.4 Dynamische Stabilität

Die Frage, wohin die durch die Replikatorengleichungen beschriebenen Prozesse führen, wird mit Hilfe dynamischer Lösungskonzepte analysiert. Dabei unterscheidet man grundsätzlich folgende: **globale, lokale (örtliche) und asymptotische Stabilität**. Leider wird in der Literatur in bezug auf diese Konzepte nicht immer sorgfältig getrennt.

Ein *dynamisches System*, das durch ein Differentialgleichungsystem $\dot{x} = f(x)$, die Menge der Zustände X und den **Fixpunkt** (bzw. das Gleichgewicht) $x^* \in X$ beschrieben wird, hat einen **stabilen Fixpunkt** x^*, wenn eine Umgebung Y von $x^* \in X$ existiert, so daß die Lösungskurven (**Trajektoren**) von $\dot{x} = f(x)$, die in Y beginnen, in der Umgebung Z von x^* verlaufen (vgl. van Damme, 1987, S. 221). Wird beispielsweise eine Kugel durch einen Anstoß von außen aus ihrer Ruhelage x^* gebracht, so ist das System, das ihr weiteres Verhalten bestimmt, stabil, wenn die Bewegung der Kugel nicht dazu führt, daß sie sich immer weiter von x^* entfernt.

Globale asymptotische Stabilität liegt dann vor, wenn von jedem Zustand x° eines dynamischen Systems, das durch ein Differentialgleichungssystem $\dot{x} = f(x)$ beschrieben wird, der Fixpunkt x^* erreicht wird, d. h., wenn gilt:

$$\lim_{t \to \infty} x(t) = x^* \ .$$

Das setzt voraus, daß x^* ein *eindeutiges Gleichgewicht* ist, das System $\dot{x} = f(x)$ also keinen weiteren Fixpunkt hat (vgl. Varian, 1994, S. 490).

Die globale asymptotische Stabilität eines Fixpunkts kann mit Hilfe der Liapunovs „direkter Methode“ untersucht werden.[4]. Sie ist dann erfüllt, wenn – bezogen auf das dynamische System $\dot{x} = f(x)$ – eine differenzierbare Funktion V existiert, die die Menge aller Zustände auf die Menge der reellen Zahlen abbildet, so daß

(a) V für den Wert x^* ein Minimum hat und
(b) $\dot{V}(x(t)) < 0$ für alle $x(t) \neq x^*$ gilt.

Die Eigenschaft (b) impliziert für die oben erwähnte Kugel, daß sie sich auf den **Fixpunkt** x^* *mit im Zeitverlauf sinkenden Abstand* zu bewegt, nach dem sie durch system-exogene Kräfte aus der Gleichgewichtslage gebracht wurde. Wenn das der Fall ist, dann ist das System, das ihre Bewegung beschreibt, **asymptotisch stabil**. Genauer: Der Fixpunkt x^* ist asymptotisch stabil. Wir werden aber im folgenden ein dynamisches System, das einen (asymptotisch) stabilen Fixpunkt hat, auch als (asymptotisch) stabil bezeichnen.

---

[4] Man findet auch die Schreibweisen Ljapunov und Liaponov

Eine Funktion V mit den Eigenschaften (a) und (b) heißt **Liapunov-Funktion**. Sie drückt den Abstand eines Zustands $x(t)$ vom Gleichgewicht x^* aus, und das Minimum von V für x^* zeigt entsprechend (a) das Gleichgewicht an. Die Eigenschaft (b) beinhaltet, daß die Ableitung von V nach der Zeit immer kleiner wird; der Abstand des jeweiligen Zustands $x(t)$ von x^* wird im Zeitverlauf immer geringer.

Gelten die Aussagen, die hier über Stabilität und asymptotische Stabilität gemacht wurden, nur in der Umgebung eines Fixpunkts x^*, so ist das entsprechende dynamische System (nur) **lokal stabil** bzw. **lokal asymptotisch stabil**. Oft aber wird die Spezifikation **lokal** weggelassen, so auch im folgenden.

Im Hinblick auf die betrachteten evolutorischen Spiele gelten folgende Definitionen: Sei x^* die Phänotypen-Aufteilung der Population in der Ausgangssituation und x' die Aufteilung nach *Mutation* oder *Invasion*. x^* heißt **asymptotisch stabil**, falls es ein $\varepsilon > 0$ gibt, so daß für alle x' mit $|x^* - x'| < \varepsilon$ gilt, daß $x(t)$ gegen x^* strebt, wenn die Zeit t gegen unendlich geht. Dann ist x^* auch ein **Fixpunkt**. Asymptotische Stabilität verlangt, daß jeder Anpassungspfad, der genügend nahe bei x^* beginnt, gegen x^* geht (vgl. Samuelson und Zhang, 1992).

Ein asymptotisch stabiler **Fixpunkt** wird auch (Punkt-)**Attraktor** genannt. Keiner der für das Beispiel 8.1 ermittelten Fixpunkte ist ein Attraktor, auch nicht der Gleichgewichtspunkt $(1/2, 1/2)$. Das gilt unabhängig davon, ob die Dynamik des Systems durch einen **Malthus-Prozeß** oder durch eine *lineare Dynamik* beschrieben wird.

Für den Malthus-Prozeß illustriert Abb. 8.2, die sich aus „Figure 1" in Friedman (1991) ableitet, die dynamische Entwicklung. Die Pfeile geben die Bewegungsrichtung von p und q wieder. Daraus ist zu ersehen: Die Eckpunkte $(0,0)$, $(1,0)$, $(0,1)$ und $(1,1)$ sind nicht stabil und über den Gleichgewichtspunkt $(1/2, 1/2)$ läßt sich im Hinblick auf Stabilität keine Aussage treffen.[5]

Wir werden im nächsten Abschnitt den folgenden **Satz** noch näher erläutern: Jeder asymptotisch stabile Fixpunkt ist ein Nash-Gleichgewicht, aber nicht jedes Nash-Gleichgewicht ist ein asymptotisch stabiler Fixpunkt (van Damme, 1987, S. 223).

8.3.5 Beziehungen zwischen den Analyse- und Lösungskonzepten

In diesem Abschnitt sollen die Beziehungen zwischen den Konzepten **evolutorischer Stabilität (ESS)**, **dynamischer Stabilität** und **Replikatorengleichungen** diskutiert und der Zusammenhang dieser Konzepte zu traditionellen Konzepten der Spieltheorie, hier insbesondere zum Nash-Gleichgewicht und seinen **Verfeinerungen** dargestellt werden. Stark vereinfachend läßt sich folgendes sagen:

1. *Replikatorengleichungen* beschreiben (bzw. bestimmen), wie sich ein dynamisches System entwickelt.

[5] Die formale Ableitung der Stabilitätseigenschaften ist für dieses an sich einfache Beispiel ziemlich aufwendig (vgl. Friedman, 1991, Appendix).

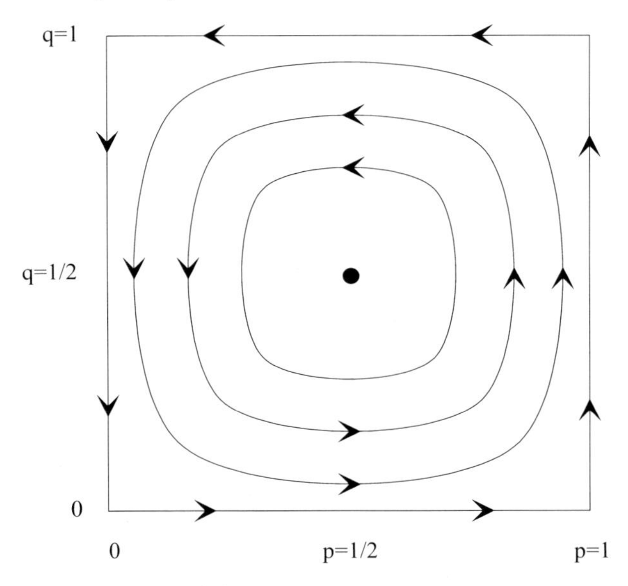

Abb. 8.2 Zur Dynamik des Marktspiels

2. *Evolutorische Stabilität* besagt, daß ein bestimmter Zustand, der dem dynamischen System entspricht, stabil ist.
3. *Dynamische Stabilität* prüft, ob dieser Zustand überhaupt erreicht wird bzw. wie sich das dynamische System entwickelt, wenn sich der gegenwärtige Zustand von einem als evolutorisch stabil ausgezeichneten Zustand unterscheidet.

Nehmen wir an, $f(x)$ beschreibe ein **dynamisches System**, das durch **Replikatorengleichungen** vom Typ (8.15) spezifiziert ist. Wir bezeichnen nun

(a) mit $\text{FP}(M_u)$ die Menge der **Fixpunkte** (also der **dynamischen Gleichgewichte**), die $f(x)$ entsprechen, wobei M_u für einen Malthus-Prozeß steht, der auf einer Fitneßfunktion u beruht, die fallweise spezifiziert wird,
(b) mit $\text{NE}(u)$ die Menge der **Nash-Gleichgewichte**, die sich für die Fitneßfunktion u ergeben,
(c) mit $\text{EE}(M_u)$ die Menge der (lokal) **asymptotisch stabilen Fixpunkte**, die sich für den Malthus-Prozeß M_u ergeben, und
(d) mit $\text{ESS}(u)$ die Menge der **evolutorisch stabilen Strategien**, die der Fitneßfunktion u entsprechen.

Dann läßt sich folgende Hypothese über den Zusammenhang der soeben definierten Lösungsmengen formulieren (vgl. Friedman, 1991):

$$\text{ESS}(u) \subset \text{EE}(M_u) \subset \text{NE}(u) \subset \text{FP}(M_u)\,. \tag{8.26}$$

Diese Beziehung gilt, wenn M_u einen Malthus-Prozeß wiedergibt und u eine Fitneßfunktion ist, die linear in den (beiden) Strategien ist, die paarweise aus einer monomorphen Population aufeinandertreffen. Dieses Szenarium ist aber höchstens für den Bereich der Biologie, nicht aber für wirtschafts- und sozialwissenschaftliche Fragestellung adäquat. In Friedman (1991) werden Ergebnisse diskutiert, die auf weniger restriktiven Annahmen beruhen und im folgenden skizziert werden sollen.

Für jedes dynamisches System F, das sich durch **stetige schwach kompatible Replikatoren** auszeichnet, gelten die nachfolgenden Ergebnisse, selbst wenn die Fitneßfunktion u nichtlinear ist und sich auf eine polymorphe Population bezieht.

1. $\mathrm{NE}(u) \subset \mathrm{FP}(M_u)$: Alle Nash-Gleichgewichte des durch die Fitneßfunktion u bestimmten Spiels sind **Fixpunkte**, also **dynamische Gleichgewichte**, des dynamischen Systems F, das durch die Replikatorengleichung(en) M_u beschrieben ist. Aber es gibt Fixpunkte, die kein Nash-Gleichgewicht darstellen. Letzteres gilt z. B. für alle Fixpunkte des Marktspiels außer der gemischten Strategie $(1/2, 1/2)$, die ein Nash-Gleichgewicht impliziert. Einen Beweis der allgemeinen Aussage findet sich in van Damme (1987, S. 221).
2. $\mathrm{EE}(M_u) \subset \mathrm{NE}(u)$, d. h., jeder asymptotisch stabile Fixpunkt ist ein Nash-Gleichgewicht, aber nicht jedes Nash-Gleichgewicht ist ein asymptotisch stabiler Fixpunkt. So ist z. B. das Nash-Gleichgewicht $(1/2, 1/2)$ im obigen Marktspiel kein asymptotisch stabiler Fixpunkt, wie aus der Abb. 8.1 zu ersehen ist, die die Dynamik des Marktspiels illustriert.
3. $\mathrm{ESS}(u) \subset \mathrm{NE}(u)$: Evolutorisch stabile Strategien sind immer Nash-Gleichgewichte. Damit ist $\mathrm{ESS}(u)$ als eine weitere **Verfeinerung** des Nash-Gleichgewichtskonzepts zu interpretieren.
4. $\mathrm{ESS}(u) \subset \mathrm{EE}(M_u)$: Diese Beziehung ist allerdings unter allgemeinen Bedingungen bezüglich der Fitneßfunktion u und den Replikatorgleichungen M_u *nicht* zutreffend: Weder ist jede evolutorisch stabile Strategie immer (lokal) asymptotisch stabil, noch erfüllt jede asymptotisch stabile Strategie die ESS-Bedingung. Friedman (1991) enthält einen Beweis und eine Reihe von Beispielen, die dieses Ergebnis belegen.

Van Damme (1987, S. 227f.) aber weist nach, daß für *2×2-Matrixspiele* nicht nur jede Strategie, die ESS erfüllt, asymptotisch stabil ist, wie (8.26) postuliert, sondern daß hier auch die Umkehrung gilt: Jede *asymptotisch stabile* Strategie ist auch *evolutorisch stabil*. Von Zeeman (1980) stammt ein Beweis dafür, daß jedes Element in $\mathrm{ESS}(u)$ einen asymptotisch stabilen Fixpunkt repräsentiert, und zwar auch für eine polymorphe Population, *falls die Spieler nur reine Strategien wählen können*. Diese Einschränkung scheint für die Domäne der Naturwissenschaften adäquat,[6] aber für menschliches Verhalten ist diese Annahme möglicherweise zu eng. Jedenfalls geht die herkömmliche Spieltheorie davon aus, daß menschliche Entscheider grundsätzlich auch über gemischte Strategien verfügen.

Die Beispiele in Friedman (1991) zeigen ferner, daß die Mengen $\mathrm{ESS}(u)$ und $\mathrm{EE}(M_u)$ *leer* sein können und man zur Beschreibung der Eigenschaften des dynamischen Systems auf Nash-Gleichgewichte (und Fixpunkte) beschränkt ist. Falls aber $\mathrm{ESS}(u)$ *nicht leer* ist, so beinhalten die Strategien s in $\mathrm{ESS}(u)$, daß jedes Strategienpaar (s,s) ein **properes Gleichgewicht** ist (vgl. Abschnitt 4.1.3) und damit

---

[6] Zeemans Beweis bestätigt damit das in (8.26) postulierte Ergebnis für diesen Anwendungsbereich.

auch die Bedingung der **Trembling-Hand-Perfektheit** erfüllt (van Damme, 1987, S. 218f.). Ferner ist jedes symmetrische **strikte Nash-Gleichgewicht** (s, s) dadurch gekennzeichnet, daß s in ESS(u) ist (Mailath, 1992).

Anmerkung: Ein striktes Nash-Gleichgewicht zeichnet sich dadurch aus, daß jeder Spieler *nur eine* beste Antwort in bezug auf die Gleichgewichtsstrategien der anderen Spieler hat.

Die Ergebnisse, die Friedman (1991) in bezug auf (8.26) diskutiert, zeigen sehr schön, welche Bedeutung die Spezifikation der Anpassungsprozesse, operationalisiert durch die Replikatorengleichungen, und der Fitneßfunktionen für die Beschreibung und nachfolgende Analyse eines evolutorischen Modells haben können. Mit Blick auf die Besonderheiten wirtschaftlicher und sozialer Prozesse im Vergleich zu biologischen Vorgängen ist hier noch eine Fülle von Fragen zu beantworten. Wie sieht beispielsweise die adäquate Replikatorengleichung für ein Dyopol aus, wie es in Abschnitt 4.2.4 beschrieben ist?

Die soeben diskutierten Ergebnisse gelten für *stetige* Replikatorengleichungen. Preisänderungen und Mengenanpassungen, Werbung und Investitionen laufen aber im allgemeinen nicht stetig ab. Zumindest sind die Entscheidungen und auch die Zahlungen oft auf Zeitpunkte bezogen. Ist die Replikatorengleichung *diskret*, so kann es zu Ergebnissen kommen, die von den oben diskutierten abweichen. Darauf weist z. B. Weibull (1994) hin. Für **stetige** Replikatorengleichungen kann z. B. nachgewiesen werden, daß *strikt dominierte* Strategien als mögliche Zustände ausgeschieden werden, wenn sich der dynamische Prozeß unendlich fortsetzt und sich der Anfangszustand dadurch auszeichnet, daß alle Anteile in der Population positiv sind (Samuelson und Zhang, 1992).

Im Gegensatz dazu zeigen Dekel und Scotchmer (1992) anhand eines Beispiels, daß eine reine Strategie, die von einer gemischten Strategie *strikt dominiert* wird – und damit *keine* Nash-Gleichgewichtsstrategie sein kann –, in einem dynamischen Prozeß, dem eine **diskrete** Replikatorengleichung entspricht, „überleben" kann, selbst wenn der dynamische Prozeß zeitlich nicht beschränkt ist. Allerdings weisen die Autoren nach, daß alle Strategien durch diesen Prozeß ausgeschieden werden, die *nicht* **rationalisierbar** sind (vgl. dazu Abschnitt 3.6 oben).

8.3.6 Ein einfaches Beispiel evolutorischer Spiele

Das in Beispiel 8.1 behandelte Marktspiel setzte zwei Populationen voraus, nämlich Käufer und Verkäufer. Dabei wurde unterstellt, daß die Mitglieder einer Population nicht miteinander in Beziehung treten können. Das folgende Beispiel, das **Hawk-Dove-** bzw. **Falke-Taube-Spiel**, geht von *nur einer*, allerdings polymorphen Population aus.[7]

Maynard Smith und Price (1973) verwenden dieses Spiel, um die Grundkonzeption der evolutorischen Spieltheorie und die ESS-Bedingung zu veranschaulichen.

[7] Sacco und Sandri (1995) untersuchen die evolutorischen Eigenschaften einer *polymorphen* Gesellschaft, die aus Männer und Frauen besteht, von denen jedes Mitglied eine *gemischte Strategie* wählen kann. Die Fitneßmatrix entspricht dabei einem Chicken-Spiel (vgl. dazu Matrix 8.3).

Wir greifen mit der Behandlung dieses Spiels ein am Anfang dieses Kapitels angesprochenes Anwendungsbeispiel wieder auf. Die folgende Ausführung basiert auf der Darstellung in Binmore (1994, S. 97–99 und S. 187–189), Mailath (1992) und van Damme (1987, S. 209–211).

Beispiel 8.2. Falken und Tauben versorgen sich aus einer Wasserstelle, deren Vorrat begrenzt ist. Die Falken sind bereit, um das Wasser zu kämpfen, wenn es ihnen streitig gemacht wird – auf die Gefahr hin, dabei schwer verwundet zu werden, wenn der Kontrahent ebenfalls ein Falke ist. Die Tauben kämpfen nicht. Trifft eine Taube auf eine andere, so teilen sie sich das Wasser; trifft sie auf einen Falken, so weicht sie aus und verzichtet auf das Wasser. In diesem Fall kann sich der Falke den gesamten Wasservorrat sichern, ohne kämpfen zu müssen. Es ist unterstellt, daß die Fitneß um so größer ist, je mehr Wasser der entsprechende „Spieler" (Falke oder Taube) trinken kann. (Fitneß wäre hier gleichzusetzen mit der Zahl der Nachkommen.)

Matrix 8.3. Falken und Tauben: Hawk-Dove-Spiel I

		Spieler 2	
		Taube	Falke
Spieler 1	Taube	(1,1)	(0,2)
	Falke	(2,0)	(−1,−1)

Matrix 8.3 gibt spezifische Fitneßwerte wieder, die dieser Annahme entsprechen. Die Matrix macht deutlich, daß in diesem Fall das **Hawk-Dove-Spiel** identisch mit einem **Chicken-Spiel** ist: Es hat zwei Nash-Gleichgewichte in reinen und eines in gemischten Strategien.

Wir gehen von einer Population aus, die sich je zu einer Hälfte aus Tauben und Falken zusammensetzt. (Die Population der Ausgangssituation ist also *polymorph.*) Die Wahrscheinlichkeit, daß eine Taube an der Wasserstelle auf einen Falken trifft, ist damit $p = 1/2$. Die durchschnittliche Fitneß einer Taube wird deshalb $p1 + (1-p)0 = 1/2$ und die eines Falken $p2 + (1-p)(-1) = 1/2$ sein. Die durchschnittliche Fitneß der Population ist somit $1/2$. Wenden wir die Replikatorengleichung (8.15) oder eine *lineare Dynamik* entsprechend (8.21), (8.22) and (8.23) an, so resultiert ein Wachstum der Populationsanteile von 0: Die hälftige Aufteilung der Population in Falken und Tauben wird durch die paarweise Interaktion, deren Konsequenzen für die Fitneß durch Matrix 8.3 beschriebenen sind, nicht verändert. Das entsprechende Strategienpaar $((1/2, 1/2), (1/2, 1/2))$ stellt ein Nash-Gleichgewicht in *gemischten Strategien* des in Matrix 8.3 beschriebenen Spiels dar. (Das Spiel hat auch zwei Nash-Gleichgewichte in *reinen Strategien*, die aber hier nicht relevant sind.)

Man beachte, daß das Strategienpaar $((1/2, 1/2), (1/2, 1/2))$ ein **schwaches Nash-Gleichgewicht**[8] impliziert und hier das oben angeführte Ergebnis von Mai-

[8] Der Strategienvektor $((1/2, 1/2), (1/2, 1/2))$ ist ein Gleichgewicht in gemischten Strategien und ist deshalb ein *schwaches Gleichgewicht*: Ein Spieler *i* hat mehr als eine beste Antwort zur Strategie des Spielers *j* (vgl. Abschnitt 3.3.5).

lath (1992) für *2×2-Matrixspiele* nicht anwendbar ist. Aber die dazugehörige hälftige Aufteilung der Population erfüllt trotzdem die ESS-Bedingung, wie leicht zu erkennen ist. Wenden wir dazu die Formulierung der ESS-Bedingung (8.2) und (8.3) an und setzen $s = (1/2, 1/2)$. Für einen beliebigen Mutanten m gilt dann $u(s,s) = u(m,s)$, denn ein gemischtes Nash-Gleichgewicht impliziert, daß s so gewählt wird, daß der Gegenspieler für alle Strategienalternativen indifferent ist, also auch für s und m. Damit greift (8.3), und es gilt $u(s,m) > u(m,m)$ zu prüfen. Falls der Mutant m eindeutig ein Falke ist, dann folgt $u(m,m) = -1$; somit ist $u(s,m) > u(m,m)$ erfüllt, denn $u(s,m) = 1/2 \cdot 0 + 1/2 \cdot (-1) = -1/2$. Falls m eine Taube ist, gilt $u(m,m) = 1$ und $u(s,m) = 1/2 \cdot 1 + 1/2 \cdot 2 = 3/2$. Damit ist wiederum $u(s,m) > u(m,m)$ erfüllt. Falls der Mutant mit Wahrscheinlichkeit x als Taube und mit Wahrscheinlichkeit $(1-x)$ als Falke eintritt, folgt für $u(s,m) = (1-x)(-1/2) + x \cdot 3/2 = 2x - 1/2$ und für $u(m,m) = (1-x)(-1) + x \cdot 1 = 2x - 1$. D.h., für beliebige x im Intervall $0 \le x \le 1$ gilt $u(s,m) > u(m,m)$. Damit ist (8.3) und auch (8.2) erfüllt, und wir können folgern, daß $(1/2, 1/2)$ **evolutorisch stabil** ist.

Wir werden diese Ergebnisse im folgenden anhand einer allgemeineren Betrachtung des **Hawk-Dove-Spiels** überprüfen. Zu diesem Zweck gehen wir davon aus, daß der Anteil der Falken p und der Anteil der Tauben $1-p$ ist und die Fitneß, die sich für paarweise Interaktion ergibt, durch Matrix 8.4 ausgedrückt wird. Diese Matrix beschreibt wieder ein **Chicken-Spiel**, wenn $c > a > d > b$ ist; sie beinhaltet ein **Gefangenendilemma** mit der dominanten Strategie ‚Falke", wenn $c > a$ und $b > d$ gilt.

Matrix 8.4. Falken und Tauben: Hawk-Dove-Spiel II

		Spieler 2	
		Taube	Falke
Spieler 1	Taube	(a,a)	(d,c)
	Falke	(c,d)	(b,b)

Für eine Taube ergibt sich aus Matrix 8.4 die Fitneß $u(T) = (1-p)a + pd$, und für die Fitneß eines Falken folgt $u(F) = (1-p)c + pb$. Der Anteil der Tauben wird zunehmen, wenn $u(T) > u(F)$, also wenn

$$(1-p)a + pd > (1-p)c + pb\,. \tag{8.27}$$

In diesem Fall ist die Fitneß der Tauben $u(T)$ größer als die durchschnittliche Fitneß der Population, die sich aus $(1-p)u(T) + pu(F)$ errechnet. Für die Replikatorengleichung, die die Entwicklung des Bestands an Falken beschreibt, folgt gemäß (8.15)

$$\frac{\dot{p}}{p} = u(F) - (1-p)u(T) + pu(F) \tag{8.28}$$

und für die Replikatorengleichung, die das Wachstum des Bestands an Tauben ausdrückt, gilt, falls man $q = 1-p$ setzt, entsprechend (8.15):

$$\frac{\dot{q}}{q} = u(T) - (1-p)u(T) + pu(F)\,. \tag{8.29}$$

Fixpunkte wären durch die Bedingungen $\dot{p} = 0$ und $\dot{q} = 0$. Im vorliegenden Fall ergibt sich ein Fixpunkt, wenn $u(T) = u(F)$ bzw. $(1-p)a + pd = (1-p)c + pb$ gilt. Daraus folgt, daß sich eine Ausgangspopulation, die sich gemäß

$$p^* = \frac{a-c}{a-d-c+b} \quad \text{und} \quad 1-p^* = \frac{b-d}{a-d-c+b} \tag{8.30}$$

aufteilt, durch die paarweise Interaktion in bezug auf die Anteile an Falken und Tauben nicht verändert. Setzen wir die speziellen Werte aus Matrix 8.3 ein, so erhalten wir $p^* = 1 - p^* = 1/2$.

Um die ESS-Bedingung für das durch Matrix 8.4 skizzierte Spiel zu diskutieren, gehen wir zunächst von einer monomorphen Population aus, die ausschließlich aus Tauben besteht. Als nächstes nehmen wir an, daß Falken im Umfang von $p = \varepsilon$ eintreten; dabei sei ε wieder *sehr klein* (vgl. die Definition der ESS-Bedingung oben). Die ESS-Bedingung lautet dann

$$(1-\varepsilon)a + \varepsilon d > (1-\varepsilon)c + \varepsilon b\,. \tag{8.31}$$

Gilt dies, so werden „angreifende" Falken abgewiesen. Dies setzt aber voraus, daß die folgenden beiden Bedingungen gelten

$$a \geq c \quad \text{und} \tag{8.32}$$

$$\text{wenn} \quad a = c\,, \ \text{dann } d > b\,. \tag{8.33}$$

Diese Bedingungen sind weder für die Spezifikation von Matrix 8.4 als **Chicken-Spiel** noch als **Gefangenendilemma** erfüllt. Es ist aber unmittelbar einzusehen, daß für das Gefangendilemma eine (monomorphe) Population von Falken die entsprechende ESS-Bedingung

$$c \geq a \quad \text{und} \tag{8.34}$$

$$\text{wenn} \quad c = a\,, \ \text{dann } b > d\,. \tag{8.35}$$

erfüllt, denn wir unterstellten $c > a$ (und $b > d$). Nur eine Population, die ausschließlich aus Falken besteht, ist für die Spezifikation von Matrix 8.4 als Gefangenendilemma **evolutorisch stabil**. Das folgt unmittelbar aus der Tatsache, daß dieses Spiel ein **strikt dominante Strategie** enthält.

Für die Spezifikation von Matrix 8.4 als **Chicken-Spiel** ist *keine* monomorphe Population **evolutorisch stabil**, falls die Spieler *reine* Strategien wählen. Weder eine Population von nur Falken noch eine Population von nur Tauben impliziert nämlich ein *Nash-Gleichgewicht*. Sie kann somit durch Mutanten der jeweils anderen Spezies erfolgreich unterwandert werden.

Eine monomorphe Population erfüllt dann die ESS-Bedingung, wenn sich ihre Mitglieder entsprechend (8.30) mit Wahrscheinlichkeit p^* als Falke und mit Wahrscheinlichkeit $(1-p^*)$ als Taube verhalten, d. h. eine entsprechende gemischte Strategie wählen: p^* beschreibt die *einzige* evolutorisch stabile Lösung. Wenn ein Mutant in die Population eintritt, der sich mit der Wahrscheinlichkeit $r \neq p^*$ als Falke verhält, dann stellt er sich zwar genauso gut, wie für den Fall, daß er sich entsprechend p^* als Falke geriert, denn p^* repräsentiert ein Nash-Gleichgewicht in gemischten Strategien und ist deshalb ein *schwaches Gleichgewicht*: Ein Spieler i hat mehr als eine beste Antwort zur Strategie des Spielers j. Aber die Strategie p^* ergibt ein besseres Ergebnis gegenüber der Strategie r, als r erreicht, wenn sie auf r trifft: $u(p^*,r) > u(r,r)$. Damit erfüllt p^* nicht nur die Bedingung (8.2), was aus der Tatsache folgt, daß p^* ein Nash-Gleichgewicht ist, sondern auch die Bedingung (8.3), die spezifisch für ESS ist.

Wenden wir (8.26) auf dieses Ergebnis an, so folgt, daß der Fixpunkt p^* asymptotisch stabil ist. Allerdings dürften insbesondere Tauben Probleme haben, sich wie Falken zu verhalten, um dadurch „echte" Falken von der Wasserstelle und damit von dem Eindringen in die eigene Population abzuhalten. Vielleicht aber gibt es keine echten Falken, und die Mutanten unterscheiden sich von den Mitgliedern der betrachteten Population nur dadurch, daß sie mit unterschiedlicher Wahrscheinlichkeit Falke bzw. Taube spielen. Dies entspräche durchaus der „Logik" des hier entwickelten Modells evolutorischer Spiele. Plausibler scheint es in diesem Fall von einer polymorphen Population auszugehen, die sich aus einem Anteil von Tauben in Höhe von p^* und von Falken in Höhe von $(1-p^*)$ zusammensetzt, die jeweils ihre entsprechenden reinen Strategien wählen bzw. ihren angeborenen Verhaltensmustern folgen. Diese Aufteilung erfüllt die ESS-Bedingung.

8.4 Zum Erklärungsbeitrag der evolutorischen Spieltheorie

Vergleichen wir die durch die Regeln (A) bis (E) beschriebene Entscheidungssituation mit der Definition einer **strategischen Entscheidungssituation**, mit der wir das vorliegende Buch einleiteten und die den Gegenstand der Spieltheorie charakterisiert (s. Abschnitt 1.1), so ist festzustellen, wie oben schon angedeutet, daß diese Regeln *kein* Spiel im Sinne der Spieltheorie beschreiben. Wenn wir uns dennoch hier mit dieser Theorie befassen, dann hat dies u.a. den Grund, daß (a) sich die Lösungskonzepte entsprechen oder zumindest in enger Beziehung zueinanderstehen und (b) wichtige Konzepte der herkömmlichen Spieltheorie durch den evolutorischen Ansatz ihre Begründung erhalten. In jedem Fall fördert es das Verständnis der traditionellen Spieltheorie, wenn man sie von einem alternativen Blickwinkel betrachtet. Im folgenden werden wir uns mit einigen Ergebnissen der *Theorie evolutorischer Spiele* auseinandersetzen, die zur Klärung von Fragen beitragen, denen sich die *herkömmliche Spieltheorie* gegenüber sieht, die wir in den Kapiteln 1 bis 7 dieses Buches kennengelernt haben (siehe dazu auch Mailath, 1992, 1998).

(A) Die Theorie evolutorischer Spiele gibt eine „natürliche" Interpretation für gemischte Strategien, wenn die Population groß ist.

Jeder Phänotyp, der eine polymorphe Population charakterisiert, steht für eine ihm spezifische reine Strategie. Der relative Anteil der Population, der eine bestimmte Strategie wählt, entspricht damit der Wahrscheinlichkeit, mit der eine bestimmte reine Strategie im Rahmen einer gemischten Strategie auftritt, der sich das einzelne Mitglied der Population gegenübersieht.

Es gibt starke Vorbehalte gegenüber der Annahme, (a) daß Menschen überhaupt gemischte Strategien spielen (vgl. Rubinstein, 1991) und (b) daß sie diese wie in einem *Nash-Gleichgewicht* in gemischten Strategien wählen. Den zweiten Einwand haben wir in Abschnitt 3.3.6 diskutiert: Das Problem resultiert aus der Tatsache, daß ein Nash-Gleichgewicht in gemischten Strategien *schwach* ist und somit jeder Spieler mehr als nur eine – gemischte oder reine – Strategie hat, die eine beste Antwort zu den Gleichgewichtsstrategien der anderen Spieler ist. Wenn eine polymorphe Population evolutorisch stabil ist, dann entspricht dies einem Nash-Gleichgewicht in gemischten Strategien, denn aus (8.26) folgt, daß evolutorisch stabile Strategien immer Nash-Gleichgewichte konstituieren. Damit ist es plausibel zu unterstellen, daß im Gleichgewicht jedes Mitglied von den anderen Mitgliedern der Population so eingeschätzt wird, als entspräche sein *erwartetes Verhalten* dem durchschnittlichen Verhalten der Population. Das heißt, daß ein Individuum nicht davon ausgeht, daß ein anderes eine gemischte Strategien *spielt*, sondern daß es die Konzepte Gleichgewicht und gemischte Strategien ansetzt, um sich selber eine Meinung zu bilden und Entscheidungen zu treffen.[9]

Der Bedarf der Erwartungsbildung besteht selbstverständlich auch außerhalb des Gleichgewichts. Kann ein Spieler i nicht davon ausgehen, daß Spieler j eine bestimmte Gleichgewichtsstrategie spielt – weil entweder mehrere Nash-Gleichgewichte existieren und ein Koordinationsproblem besteht, oder weil i nicht glaubt, daß j in der Lage ist, eine Gleichgewichtsstrategie zu identifizieren –, dann wird i auch eine Wahrscheinlichkeitseinschätzung in bezug auf die Strategienwahl treffen, sofern i selbst anstrebt, seine erwartete Auszahlung zu maximieren. Diese Einschätzung kann sich z. B. am **Prinzip des unzureichenden Grundes** orientieren, mit der Folgerung, daß alle Strategien gleich wahrscheinlich sind, oder an Durchschnittswerten über die Population ausrichten. Im zweiten Fall sind wir wieder bei unserer Ausgangsthese angelangt: i wird seine Erwartungen so bilden, als spielte j eine gemischte Strategie, die durch die relativen Populationsanteile bestimmt ist.

(B) Die Theorie evolutorischer Spiele bietet eine Fundierung des Nash-Gleichgewichts, die andeutet, wie Gleichgewichte erreicht werden können.

Tan und Werlang (1988) haben gezeigt, daß die Annahme individuell rationalen Verhaltens nicht ausreicht, ein Nash-Gleichgewicht sicherzustellen. Sie führen eine Reihe anderer zusätzlicher Axiome ein, die notwendig sind, um das Nash-Gleichgewicht als Lösungskonzept eines nicht-kooperativen Spiels zu begründen. Überspitzt formuliert kommen sie zu dem Ergebnis, daß ein Nash-Gleichgewicht nur dann realisiert wird, wenn es eindeutig ist und jeder Spieler davon ausgeht, daß die anderen Nash-Gleichgewichtsstrategien wählen. So überzeugend das Nash-Gleichgewicht als Lösungskonzept ist, so bedauerlich ist es, daß die herkömmliche Spieltheorie wenig dazu aussagt, wie es zu erreichen ist. Wenn aber die

[9] Binmore (1994, S. 216) argumentiert generell, daß man das Gleichgewichtskonzept eher auf Erwartungsbildung als auf Handlungen beziehen sollte, „one is on much sounder ground if one thinks of the equilibrium as an equilibrium in *beliefs* rather than *actions*".

Aussage (8.26) zutrifft – Ausnahmen davon haben wir in Abschnitt 8.3.5 diskutiert –, dann wissen wir nicht nur, daß eine evolutionär stabile Strategie x ein Nash-Gleichgewicht beschreibt, sondern auch daß x ebenfalls asymptotisch stabil ist, d. h., daß sich x „irgendwann" einstellen wird. Die Strategie x wird sich also durchsetzen, ohne daß sie bewußt gewählt wird, und sobald ein Zustand erreicht wird, der der ESS-Bedingung gehorcht, wird kein Spieler einen Anreiz haben, eine andere Strategie zu wählen, denn dieser Zustand ist ein Nash-Gleichgewicht.

Die Aussage (8.26) beinhaltet aber auch, daß nicht alle Nash-Gleichgewichte evolutorisch begründet werden können. Im allgemeinen gibt es Nash-Gleichgewichte für ein Spiel, die *nicht* die ESS-Bedingung erfüllen, und möglicherweise ist die Menge der Strategien, die ESS erfüllen, leer. Ferner impliziert (8.26) selbstverständlich, daß ein dynamischer Prozeß existiert, der durch eine **kompatible Dynamik** beschrieben werden kann. Insofern die Spieler Menschen sind und Menschen lernen, setzte dies voraus, daß der Lernprozeß durch einen derartigen dynamischen Prozeß abzubilden wäre und dieser Prozeß asymptotisch stabil ist.

(C) Die Theorie evolutorischer Spiele kann unter bestimmten Bedingungen rationales Verhalten entsprechend der Erwartungsnutzenhypothese begründen.

Robson (1995) zeigt anhand eines einfachen Modells, wie sich eine bestimmte Risikohaltung evolutorisch durchsetzen kann. Die **Population**, die dem Modell von Robson zugrunde liegt, ist durch folgende Eigenschaften charakterisiert:

Es existieren zwei Phänotypen von Individuen, 1 und 2, denen folgende **Fitneß** entspricht:

- Typ 1 hat 0 Nachkommen mit Wahrscheinlichkeit $q > 0$ und 2 Nachkommen mit Wahrscheinlichkeit $p = 1 - q > 0$. Die erwartete Nachkommenschaft für den Typ 1 ist dann $2p$. Es gilt $2p > 1$, wenn $p > 1/2$.
- Typ 2 hat 1 Nachkommen mit Wahrscheinlichkeit 1.

Wir nehmen an, daß die Nachkommen jedes Individuums stets die gleichen Eigenschaften haben wie seine Vorgänger.

Im Hinblick auf die Entwicklung der betrachteten Population ist nun die entscheidende Frage, ob die größere durchschnittliche Fitneß, die den Typ 1 auszeichnet, die kleinere Varianz (und damit größere Sicherheit) aufwiegt, die für den Typ 2 anzusetzen ist. Zunächst ist festzuhalten, daß Typ 1 bereits nach der ersten Periode mit Wahrscheinlichkeit q ausgelöscht ist, wenn man davon ausgeht, daß nur jeweils ein Individuum von jedem Typ existiert. Die Wahrscheinlichkeit, daß Typ 1 letztlich ausgelöscht wird, ist q/p, was möglicherweise nahe bei 1 liegen kann.[10] Es ist also „sehr wahrscheinlich", daß es nach vielen Perioden nur Individuen vom Typ 2, die durch eine geringere erwartete Fitneß als die Individuen vom Typ 1 gekennzeichnet sind, geben wird. Allerdings kann Typ 1 mit Wahrscheinlichkeit $1 - q/p > 0$ und der Rate $2p > 1$ gegen unendlich wachsen und so die konstante Zahl von Individuen vom Typ 2 überschwemmen, aber aussterben werden die Individuen vom Typ 2 dadurch nicht.

[10] Die Herleitung dieses Ergebnisses ist ziemlich komplex und trägt nicht zur Aufhellung des Gegenstands bei.

Das Bild ändert sich, wenn man unterstellt, daß jeder Typ mit einer Wahrscheinlichkeit $\lambda > 1$ zum anderen Typen mutieren kann: Ein Individuum vom Typ 1 kann Nachkommen haben, die mit Wahrscheinlichkeit λ vom Typ 2 sind. Damit ist selbstverständlich die Möglichkeit für jeden der beiden Phänotypen unserer Population gegeben, daß er ausstirbt und daß die Population insgesamt erlischt. (Das wäre dann der Fall, wenn Typ 2 zum Typ 1 mutiert und Typ 1 keine Nachkommen hat.) Ausgeschlossen aber ist, daß nur ein Typ ausstirbt und der andere gedeiht. Falls die Population nicht erlischt, dann wird sie nur noch aus Individuen vom Typ 1 bestehen, wenn λ gegen null geht. Der Typ mit der höheren erwarteten Fitneß setzt sich durch. Übertragen auf die Konzepte und Ergebnisse der herkömmlichen Spieltheorie impliziert dieses Ergebnis, daß sich jener Spieler *evolutorisch* durchsetzt, der seinen **Erwartungsnutzen** maximiert. Man wird also erwarten, daß sich in einer Population der Anteil der Mitglieder erhöht, die sich entsprechend der Erwartungsnutzenhypothese verhalten.

Dies ist ein wichtiges Ergebnis für die Begründung der Erwartungsnutzenhypothese und ihrer Anwendung in der Spieltheorie. Allerdings beruht das skizzierte Beispiel doch auf relativ simplen Annahmen, und das Ergebnis scheint nicht besonders robust in bezug auf deren Modifikation. Es gibt genügend Beispiele, die zeigen, daß Wirtschaftssubjekte, deren Verhalten nicht der Erwartungsnutzenhypothese entsprechen, auf Märkten überleben und u. U. sogar das Marktergebnis entscheidend bestimmen (vgl. Shiller, 1981).[11] Wir können deshalb aus dem skizzierten Beispiel nicht schließen, daß die Maximierung des Erwartungsnutzens die folgende bereits klassische Forderung erfüllt: „But if the superiority of ‚rational behavior' over any other kind is to be established, then its description must include rules of conduct for all conceivable situations – including those where ‚the others' behaved irrationally, in the sense of standards which the theory will set for them" (von Neumann und Morgenstern, 1947, S. 32). Es scheint Situationen zu geben, in denen die Maximierung des Erwartungsnutzens erfolgreich ist, und andere, in denen ein derartiges Verhalten nicht zum Erfolg führt. Mit einer alternativen Verhaltensannahme setzen wir uns im folgenden auseinander.

(D) Die Theorie evolutorischer Spiele kann unter Umständen das Entstehen spezifischer Präferenzen begründen.

Güth (1995) zeigt, wie Spieler positive Anreize entwickeln, auf bestimmte Verhaltensweisen „reziprok" zu reagieren. – **Reziprokes Verhalten** impliziert, daß ein Spieler, der beschenkt wird, den Schenker seinerseits beschenkt, und daß er mit Schlägen reagiert, wenn er von den Mitspielern geschlagen wird. – Die Entwicklung solcher Anreize ist im allgemeinen mit Kosten verbunden. Sie erfordert, daß der Spieler z. B. auf ein Geschenk mit einem Geschenk reagiert, obwohl dieses Verhalten keinen Einfluß auf das empfangene Geschenk hat und somit mit einer Nutzeneinbuße verbunden ist, oder daß ein Spieler zurückschlägt, obwohl dies auch für ihn schmerzhaft ist und er damit den bereits empfangenen Schlag und die damit verbundenen Schmerzen nicht ungeschehen machen kann. Sofern in der spezifischen

[11] Man könnte diese Ergebnisse auch dahingehend interpretieren, daß die entsprechenden Marktprozesse nicht asymptotisch und damit auch nicht evolutorisch stabil sind.

Situation weder ein zweiter Schlag von dem Mitspieler droht oder ein weiteres Geschenk von ihm zu erwarten ist, entspricht das skizzierte reziproke Verhalten keinem teilspielperfekten Gleichgewicht – es ist somit „irrational“, sofern der Spieler nicht *per se* seine reziproke Reaktion positiv bewertet.

Ist die Ausgangssituation durch Spieler gekennzeichnet, die keine entsprechenden Präferenzen haben, dann setzen sich Mutanten durch, die positive Anreize in bezug auf reziprokes Verhalten haben: Ihre Fitneß ist im allgemeinen höher als die durchschnittliche Fitneß der Population. Verfügen die Spieler über vollständige Information, kennen also auch die Anreize in bezug auf reziprokes Verhalten der Mitspieler, läßt sich reziprokes Verhalten in Güths Spielmodell als evolutorisch stabile Strategie begründen. Güth zeigt freilich auch, daß kein generelles Ergebnis in bezug auf die Entwicklung der Population abgeleitet werden kann, falls die Spieler nicht voll über die Anreize der Mitspieler informiert sind, auf die sie treffen und mit denen sie sich auseinandersetzen müssen.

(E) Die Theorie evolutorischer Spiele begründet beschränkte Rationalität.

Mailath (1992) weist darauf hin, daß es im evolutorischen Kontext für einen Spieler im allgemeinen ausreicht zu wissen, *welche* Strategie erfolgreich war. Er braucht nicht zu wissen, *warum* sie erfolgreich war. Letzteres würde voraussetzen, daß die Spieler ihre Mitspieler, d. h. deren Strategienmengen und Auszahlungsfunktionen kennen. Aber bei einer großen Zahl von Spielern ist diese Annahme unrealistisch, und oft würde diese Kenntnis auch bei wenigen Spielern nicht helfen, eine eindeutige Antwort auf das *Warum* abzuleiten – z. B. wenn das Spiel mehrere (effiziente) Nash-Gleichgewichte hat. Die *Imitation* erfolgreicher Strategien ist dann eine „brauchbare“ Vorgehensweise, die oft zum Erfolg, d. h. zum Überleben und zur Ausbreitung der entsprechenden Strategie führt.

Das im Abschnitt 8.2 entworfene **Modell evolutorischer Spiele** beinhaltet die Grundlage für **beschränkte Rationalität** (vgl. dazu Abschnitt 4.2.6.3), wie sie sich z. B. in der Imitation erfolgreicher Strategien manifestiert. Selten und Ostmann (2001) diskutieren ein **Imitationsgleichgewicht** und wenden es auf einen oligopolistischen Markt an. Insofern die Ergebnisse der Theorie evolutorischer Spiele relevant für das Verständnis sozioökonomischer Prozesse sind, wird die Brauchbarkeit beschränkter Rationalität bestätigt und gezeigt, daß auf striktere Formulierungen rationalen Verhaltens verzichtet werden kann. Das besagt aber nicht, daß sich Verhalten, das sich an der Maximierung des Erwartungsnutzens orientiert und Information über die Mitspieler voraussetzt, nicht durchsetzen würde (siehe oben).

(F) Die Theorie evolutorischer Spiele begründet die Bedeutung von Fokus-Punkten für die Entscheidung von Spielern.

Die kulturelle Disposition ist dafür verantwortlich, wie die Spieler *selbst* ihre Entscheidungssituation sehen und wie sie diese operationalisieren. Davon hängt ab, ob **Fokus-Punkte** existieren, über die die Spieler ihre Strategieentscheidungen koordinieren können (vgl. Sudgen, 1995). Kulturelle Evolution kann als ein Prozeß interpretiert werden, bei dem sich Fokus-Punkte herausbilden. Ist der Prozeß der kulturellen Evolution asymptotisch stabil, dann wird eine Menge von Gleichgewichtspunkten extrahiert, die sich dadurch auszeichnen, daß durch ihre Beschreibung ein Grad der Bestimmtheit und allgemeinen Anerkennung erreicht wird, der es den Spielern ermöglicht, die entsprechenden Strategien zu wählen.

Schelling (1960) berichtet von einer Umfrage, in der einzelne Mitglieder einer Gruppe von Versuchspersonen jeweils angeben mußten, wo sie hingehen würden, wenn sie sich mit einer anderen Person verabredet hätten, ohne aber einen Ort zu vereinbaren. Das Experiment fand in New York statt, und die Mehrheit der Personen antwortete „Grand Central Station". – Man beachte, daß keiner der Befragten eine spezifische Vorliebe für diesen Ort hatte, die in Nutzen oder Fitneß auszudrücken wäre, aber der Ort war „herausragend" und die Befragten gingen anscheinend davon aus, daß dies auch die anderen Beteiligten so sahen.

Ein Tourist hätte sich möglicherweise für den Time Square entschieden, und ein Einheimischer, der sich mit diesem Touristen verabredete, ohne einen Ort zu vereinbaren, stünde vor dem Dilemma, sich zwischen Grand Central Station und Times Square entscheiden zu müssen.[12] Der Tourist könnte denken, daß der Einheimische zur Grand Central Station tendiert, aber möglicherweise berücksichtigt, daß Touristen zum Times Square neigen, weil er für einen Ortsfremden leichter zu erreichen ist. Je länger sich der Tourist in New York aufhält, um so mehr wird er von der lokalen Kultur aufnehmen und um so eher wird er in der Lage sein zu erkennen, wo sich New Yorker treffen. Aus der Sicht seines ursprünglichen Phänotypus wird er in diesem Sinne zu einem kulturellen New Yorker mutieren. Tut er dies nicht, dann ist er nicht fähig, die **Fokus-Punkte** der New Yorker zu erkennen. Die Konsequenz: Er wird frustriert abreisen, und die Population hat erfolgreich einen Mutanten abgewehrt.

Oft ist kulturell bedingt, was „herausragend" im Sinne der Fokal-Punkt-Theorie ist, und die Anerkennung eines Fokus-Punktes unterliegt damit der kulturellen Evolution. Es gibt aber auch andere Faktoren, die in einem Evolutionsprozeß Fokus-Punkte bestimmen.

(G) Die Theorie evolutorischer Spiele gibt Hinweise auf die Auswahl von Nash-Gleichgewichten.

Das Fokus-Punkt-Problem ist immer dann relevant, wenn eine Entscheidungssituation mehr als ein Nash-Gleichgewicht hat. Multiple Gleichgewichte sind nach Mailath (1998) auch eine Begründung dafür, sich mit der Theorie evolutorischer Spiele zu befassen, selbst wenn man an evolutorischen Prozessen an sich kein Interesse hat.

[12] Möglicherweise käme der Time Square auch deshalb nicht in Frage, weil er viel zu unübersichtlich ist und es dort keinen lokalen Fokus-Punkt gibt, der ein Treffen erleichtert. Am Grand Central trifft man sich um 12 Uhr „bei der großen Uhr" in der Haupthalle. Damit wird auch die zeitliche Koordination erleichtert: Ein Uhrenvergleich ist dann im allgemeinen nicht nötig.

Matrix 8.5. Risiko-Dominanz versus Pareto-Effizienz

		Spieler 2	
		Rechts	Links
Spieler 1	Rechts	(3,3)	(0,2)
	Links	(2,0)	(2,2)

Robson (1995) und Kandori et al. (1993) haben für 2-mal-2-Spiele mit mehr als einem Gleichgewicht gezeigt, daß ein evolutorischer Prozeß das **risiko-dominante Gleichgewicht** auch dann auswählt, wenn ein anderes Gleichgewicht des Spieles pareto-effizient ist. In der Matrix 8.5 repräsentiert das Strategienpaar (Links, Links) das risiko-dominante Gleichgewicht, während das Strategienpaar (Rechts, Rechts) **Pareto-Effizienz** impliziert. Dieses Spiel entspricht dem **Stag-Hunt-Spiel**, das beispielsweise in Mailath (1998) und Kuhn (2004) ausführlich analysiert wurde.

Wenn Spieler 1 keinen Hinweis auf die Strategienwahl des Spielers 2 hat und diese aus seinem Erwartungskalkül auch nicht ableiten kann, dann wird er, ausgehend vom **Prinzip des unzureichenden Grundes**, für jede reine Strategie des Gegenspielers die Wahrscheinlichkeit $1/2$ ansetzt. Sein erwarteter Nutzen aus der Strategie „Links" ist dann 2. Dieser ist größer als der erwartete Nutzen aus der Strategie „Rechts", der nur 1,5 beträgt. Aufgrund der Symmetrie des Spiels gelten die gleichen Werte auch für Spieler 2. Das Strategienpaar (Links, Links) ist also das **risiko-dominante Gleichgewicht**. Diesem ist das Auszahlungspaar $(2,2)$ zugeordnet. Es ist pareto-inferior in bezug auf das Gleichgewicht (Rechts, Rechts), dem das Auszahlungspaar $(3,3)$ entspricht.

Die Bevorzugung eines risiko-dominanten gegenüber einem pareto-effizienten Nash-Gleichgewicht steht im Widerspruch zur axiomatischen Theorie der **Gleichgewichtsauswahl** von Harsanyi und Selten (1988), die im Abschnitt (4.1.6) angesprochen wurde. Das Ergebnis des evolutorischen Ansatzes scheint aber relativ robust zu sein. Zum Beispiel zeigt eine kritische Untersuchung von Ellison (1993), daß im Modell von Kandori et al. (1993) die Anpassungsgeschwindigkeit zwar von der gewählten **Matching-Regel** abhängt, aber auch unter veränderten Bedingungen konvergiert der Prozeß zum risikodominanten Nash-Gleichgewicht.

Andreozzi (2002a) zeigt andererseits für das **Inspection Game**, in dem sowohl das Nash-Gleichgewicht als auch die Maximinlösung gemischt sind (vgl. Abschnitt 3.3.5.2), daß Spieler, die sich entsprechend der Maximinlösung verhalten, nicht „aussterben". Das Nash-Gleichgewicht wird nur dann realisiert, sofern alle Spieler in der Ausgangssituation die entsprechenden Strategien wählen. Das Spiel konvergiert also in diesem Fall *nicht* zum Nash-Gleichgewicht.

8.5 Der indirekt evolutorische Ansatz

Der indirekt evolutorische Ansatz der Spieltheorie unterscheidet zwischen einem *direkten Spielerfolg*, der sich in der Befriedigung von Bedürfnissen manifestiert, die sich aus den Präferenzen der Entscheider ableiten, und einem *indirekten Spielerfolg*, der sich dadurch zeigt, daß sich eine Strategie ausbreitet bzw. ein Verhaltenstypus häufiger wird. Der **indirekt evolutorische Ansatz** unterscheidet also zwischen Nutzen, ausgedrückt in Auszahlungen, und Fitneß, während beim direkten Ansatz evolutorischer Spiele beide Kategorien gleichgesetzt werden. Im Gegensatz zum direkt evolutorischen Ansatz unterstellt also der indirekt evolutorische Ansatz, daß die Entscheider *rational handeln* und ihren Nutzen maximieren. Letzteres bedeutet aber nicht immer, daß dadurch ihre Fitneß zunimmt, wie die Diskussion des Rauchens im nachfolgenden Abschnitt zeigt. Nutzenmaximierung in bezug auf die Präferenzen kann im **Fitneßspiel**, das sich auf materielle Bedingungen zwischenmenschlicher Interaktion bzw. des Lebens und Überlebens bezieht, zur Reduktion der Fitneß führen. Als Folge werden entsprechende Präferenzen „ausselektiert". Entsprechend werden die Begriffe der **indirekten Evolution** und der **Präferenzevolution** oftmals synonym gebraucht (vgl. dazu Samuelson, 2001).

8.5.1 Rauchen und altruistisches Verhalten

Der indirekt evolutorische Ansatz ist somit beispielsweise geeignet, soziale Prozesse zu beschreiben, die sich dadurch auszeichnen, daß die Spieler große Befriedigung aus ihren Entscheidungen ziehen, daß diese Entscheidungen die Umweltbedingungen aber so verändern, daß die Möglichkeiten, diese Befriedigung zu ziehen immer problematischer werden und deshalb der dahinterstehende Verhaltenstypus über die Zeit marginalisiert wird oder gar „ausstirbt". Diese theoretische Skizze könnte für viele Raucher gelten, und zwar sowohl auf der individuellen Ebene als auch für das Rauchen an sich. Wie viele ehemalige Raucher gibt es, die zwar noch vom Genuß einer Zigarette träumen, aber aus Gesundheitsgründen zum Nichtraucher konvertierten?

Natürlich gibt es auch Prozesse, in denen individuelle Nutzenmaximierung dazu führt, daß sich die Möglichkeiten erweitern und die Nebenbedingungen der Nutzenmaximierung immer weniger restriktiv werden. Es gibt Modelle altruistischen Verhaltens, die dieses Potential aufzeigen. In einem **Diktatorspiel**[13] gibt der Entscheider i einen wesentlichen Teil des Kuchens ab, weil der Anteil des Empfängers j positiv in seine Nutzenfunktion eingeht. Dies schafft Vertrauen und verstärkt die Interaktionsmöglichkeiten zwischen i und j mit der Konsequenz, daß der zu verteilende Kuchen wächst und in der nächsten Runde größer ausfallen wird. Über

[13] Ein einfaches Diktatorspiel zeichnet sich dadurch aus, daß ein Spieler i einen gegebenen Kuchen zwischen sich und einem Spieler j aufteilt und die resultierende Aufteilung auch dann gilt, wenn er dem Spieler j einen Anteil von 0 zuordnet. Genau diese Aufteilung beschreibt das teilspielperfekte Gleichgewicht, wenn der Nutzen des Spielers i allein von seinem Anteil abhängt.

die Zeit werden altruistische Entscheider erfolgreicher sein als egoistische, die als Entscheider i im Diktatorspiel kein Krümel vom Kuchen abgeben würden.

Zu ähnlichen Ergebnissen kommt man beim **Ultimatumspiel**, vielleicht sogar unmittelbarer. Denn wenn der Teiler i die Fairneßvorstellungen des Empfängers j mißachtet, dann bekommen beide nichts vom zu verteilenden Kuchen, denn in diesem Fall wird j das Angebot des i ablehnen. Bedeutet dies in der Tat, daß sie beide hungern, so werden Teiler, die die Fairneßvorstellungen in der Gesellschaft mißachten, letztlich verhungern und ihr Verhaltenstypus wird aussterben.

Im Fall des Rauchens wie auch im Fall des altruistischen Verhaltens werden letztlich vom realen Prozeß der Natur „erfolgreiche Präferenzen" selektiert. Es wird immer mehr Mitglieder in der betrachteten Population geben, die sich gegen das Rauchen entscheiden, also Nichtrauchen präferieren, und es wird immer mehr altruistisches Verhalten beobachtbar sein, wenn die oben gemachten Annahmen über die Entwicklung der Natur zutreffen. Was aber wenn Raucher populärer sind und einem Gegenüber, ähnlich wie im **Bier-Quiche-Spiel** (vgl. Abschnitt 4.1.4.2), erfolgreich signalisieren, daß sie sich das Rauchen leisten können?

8.5.2 Indirekte Evolution und Präferenzevolution

Im Fall des Ultimatumspiels werden letztlich nicht Präferenzen selektiert, sondern Vorstellungen bzw. Erwartungen über das Verhalten anderer, über die Effektivität und Aktualität sozialer Normen. Die von Albert und Heiner (2003) diskutierten Lösungen des **Newcomb-Problems** kombinieren beide Aspekte: Präferenzevolution und Evolution der Erwartungen.

Das Newcomb-Problem wird in Albert und Heiner (2003) anhand folgender Geschichte veranschaulicht: Eva bietet Adam zwei Schachteln an, die dieser öffnen kann. Schachtel A ist undurchsichtig. Schachtel B ist durchsichtig und enthält \$ 1.000. Adam kann den Inhalt von Schachtel B sehen.

Eva gibt Adam die Schachtel A, deren Inhalt er nicht sehen kann, aber in die Eva möglicherweise \$ 1.000.000 steckte. Bevor Adam diese öffnet, muß er entscheiden, ob er auch B öffnen wird und damit zeigt, daß er „gierig" ist (Strategie g wählt) oder dieser Versuchung widersteht (Strategie r wählt). Adam liebt Geld! Eva möchte, daß Adam nicht gierig ist. Sie wird deshalb nur dann \$ 1.000.000 in die Schachtel A stecken, wenn sie erwartet, daß Adam nicht die Schachtel B mit den \$ 1.000 auch öffnet. Natürlich hat Eva bereits über den Inhalt von Schachtel A entschieden, wenn Adam vor der Wahl steht, B zu öffnen oder nicht. Wird sie Strategie m wählen und \$ 1.000.000 in die Schachtel A stecken oder wird sie sich für Strategie n entscheiden und A leer belassen?

Nun kommt die Annahme, die das eigentliche Problem generiert: Es wird unterstellt, daß Eva „perfekt" vorhersagen kann, ob Adam g oder r wählt, und ferner daß Adam dies weiß. Soll Adam unter diesen Bedingungen Schachtel B ausräumen?

Um diese Frage zu beantworten, kann man zur Übung einen Entscheidungsbaum zeichnen. Abbildung 8.3 zeigt die Selten-Leopold-Version[14] des Newcomb-Problems. Sie entspricht „Figure 1" in Albert und Heiner (2003). Wir können aber feststellen, daß es für Adam in jedem Fall eine dominante Strategie ist, beide Schachteln zu öffnen, also g zu wählen. Von Adams Entscheidung kann keine kausale Wirkung auf die zeitlich vorgelagerte Entscheidung Evas ausgehen. Entsprechend würde Eva die Schachtel A leer lassen.

Dieses Ergebnis vernachlässigt aber die speziellen Informationsannahmen, die das **Newcomb-Problem** charakterisieren. Wenn Adam nur in die Schachtel A schaut und auf die \$ 1.000 in die Schachtel B verzichtet, kann er sicher sein, daß dies Eva weiß und sie deshalb \$ 1.000.000 in die Schachtel A steckt. Dies ist natürlich nur dann konsistent, wenn Adam darauf verzichtet seine dominante Strategie g zu spielen.

Albert und Heiner (2003) zeigen, daß sich das beschriebene Problem evolutorisch lösen läßt, wenn man „moralische Präferenzen" unterstellt. Sie folgen hier Güth und Kliemt (1994) und nehmen an, daß Adam aus der Tatsache, daß er nicht die Schachtel B mit den \$ 1.000 öffnet (Strategie g wählt), einen Zusatznutzen in Höhe von a erhält, während sich sein Nutzen um $-a$ verringert, wenn er in die Schachtel B schaut (Strategie g wählt), unabhängig davon ob er \$ 1.000.000 in die Schachtel A findet oder nicht. Unterstellt sei nun, daß es viele Adams und Evas gibt und in der Population der Adams zwei Typen existieren: den unmoralischen Adam, für den $a = 0$ gilt, und den moralischen Adam, für den $a > 0$ zutrifft. Für den moralischen Adam ist a so groß, daß er stets die Strategie r der Strategie g vorzieht. Damit ist r für ihn eine dominante Strategie, die er auch immer wählen wird.

Sind die Evas nicht nur in der Lage vorherzusagen, was Adam macht, sondern auch, ob er moralisch ist oder nicht, so werden sie stets \$ 1.000.000 in die Schachtel A legen, wenn sie auf einen moralischen Adam treffen. Für den unmoralischen Adam werden sie dagegen die Schachtel A leer lassen. Als Konsequenz wird der moralische Adam reicher und reicher werden, während sich der unmoralische mit der Anhäufung von \$ 1.000 Päckchen zufrieden geben muß. Allerdings kann er versuchen, auch moralisch zu werden. In jedem Fall ist zu erwarten, daß unter den

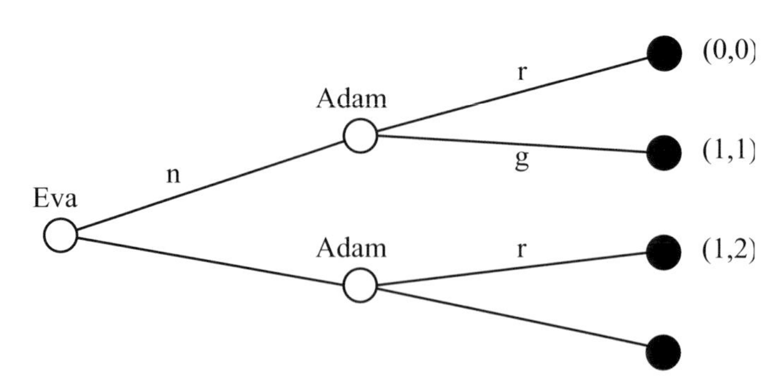

Abb. 8.3 Die Selten-Leopold-Version des Newcomb-Problems

[14] Albert und Heiner (2003) beziehen sich hier auf Selten und Leopold (1982).

beschriebenen Bedingungen der Anteil der moralischen Adams steigt, sofern neue Adams hinzukommen oder vorhandene Adams ihre Gier ablegen können. Ein entsprechendes Replikatormodell könnte den Zuwachs dieses Anteils abbilden.

Es gibt zahlreiche Arbeiten, die aufzeigen, wie eine Konfliktsituation auf der materiellen Ebene aufgrund einer evolutorischen Entwicklung der Präferenzen, zu einem effizienten Ergebnis führen können. Ockenfels (1993) zeigt dies für eine Gefangenendilemmasituation. Kritikos und Bolle (2004) zeigen sowohl für das **Ultimatumspiel** als auch für das **Gefangenendilemma** wie sich Altruismus als reziprokes Verhalten entwickelt. (Vgl. dazu auch Bester und Güth (1998) und Bolle und Ockenfels (1990).) Dies ist eine „versöhnliche Perspektive" und zugleich eine gute Gelegenheit, den Text abzuschließen.

Literaturhinweise zu Kapitel 8

Einen anspruchsvollen Überblick über die Grundlagen der *Theorie evolutorischer Spiele* erhält der Leser, wenn er die im vorangehenden Text verwendeten Beiträge von Mailath (1992, 1998), van Damme (1987, Kap. 9), Robson (1995) und Friedman (1991) durcharbeitet, und zwar in der hier vorgeschlagenen Reihenfolge. Das Buch von Weibull (1995) enthält eine elegante, aber formal anspruchsvolle Einführung in die Theorie evolutorischer Spiele. Eine umfassende formale Einführung in die *Evolutionstheorie* und die *Theorie dynamischer Systeme* bietet, allerdings aus biologischer Sicht, das Buch von Hofbauer und Sigmund (1984). Der indirekt evolutorische Ansatz ist in Güth und Kliemt (1998), Albert und Heiner (2003) und Napel (2005) dargestellt und diskutiert.

In Elworthy (1993) wird die Übertragung des evolutorischen Ansatzes auf menschliches Verhalten „im allgemeinen" herausgearbeitet. Peters (1998) führt „erweiterte" Lösungskonzepte zur Analyse von Selektion und Mutation *im sozialen Umfeld* ein. Eine spezifischere Anwendung im ökonomischen Bereich bietet Erdmann (1993), der sich mit dem Phänomen der Innovationen auseinandersetzt. Witt (1992) analysiert die Stellung der *evolutorischen Ökonomik* in der Wirtschaftstheorie aus methodologischer und theoriegeschichtlicher Sicht.

Literaturverzeichnis

Abreu, D. (1986), Extremal Equilibria of Oligopolistic Supergames, *Journal of Economic Theory* 39, 191–225.

Abreu, D. (1988), On the Theory of Infinitely Repeated Games with Discounting, *Econometrica* 56, 383–396.

Abreu, D. und D.G. Pearce (1989), A Perspective on Renegotiation in Repeated Games, in: Selten (1991).

Abreu, D., Pearce, D.G. und E. Stacchetti (1986), Optimal Cartel Equilibria with Imperfect Monitoring, *Journal of Economic Theory* 39, 251–269.

Abreu, D. und A. Rubinstein (1988), The Structure of Nash Equilibrium in Repeated Games with Finite Automata, *Econometrica* 56, 1259–1281.

Akerlof, G. (1970), The Markets for Lemons: Qualitative Uncertainty and the Market Mechanism, *Quarterly Journal of Economics* 89, 488–500.

Ahlert, M. (2008), Guarantees in Game Forms, in: M. Braham und F. Steffen (Hrsg.), *Power, Freedom, and Voting. Essays in Honour of Manfred J. Holler*, Springer, Berlin, Heidelberg.

Albers, W. (1975), Zwei Lösungskonzepte für kooperative Mehrpersonenspiele, die auf Anspruchsniveaus der Spieler basieren, in: Henn et al. (Hrsg.), *OR-Verfahren (Methods of Operations Research)* 21, Verlag Anton Hain, Heidenheim, 1–13.

Albers, W. (1979), Grundzüge einiger Lösungskonzepte, die auf Forderungsniveaus der Spieler beruhen, in: W. Albers, G. Bamberg und R. Selten (Hrsg.), *Entscheidungen in kleinen Gruppen*, Verlag Anton Hain, Königstein, 11–39.

Albert, M. und R.A. Heiner (2003), An Indirect-Evolution Approach to Newcombs Problem, *Homo Oeconomicus* 20, 161–194.

Allais, M. (1953), Le comportement de l'homme rational devant le risque: critique des postulats et axiomes de l'Ecole Américaine, *Econometrica* 21, 503–546.

Alonso-Meijide, J.M. und C. Bowles (2005), „Power indices restricted by a priori unions can be easily computed and are useful: A generating function-based application to the IMF", *Annals of Operations Research* 137, 21–44.

Alonso-Meijde, J.M., Casas-Mendez, B., Holler, M.J. und S. Lorenzo-Freire (2008), Computing Power Indices: Multilinear Extensions and New Characterizations, *European Journal of Operational Research* 188, 540–554.

Anbar, D. und E. Kalai (1978), A One-Shot Bargaining Problem, *International Journal of Game Theory* 7, 13–18.

Andreozzi, L. (2002a), Oscillations in the Enforcement of Law: An Evolutionary Analysis, *Homo Oeconomicus* 18, 403–428.

Andreozzi, L. (2002b), Society Saved by Children: the Role of Youngsters in the Generation of Scandals, in: M.J. Holler (Hrsg.) *Scandal and Its Theory II* (*Homo Oeconomicus* 19), Accedo-Verlag, München, 199–206.

Andreozzi, L. (2004), Rewarding Policeman Increases Crime: Another Surprising Result from the Inspection Game, *Public Choice* 121, 62–82.
Andreozzi, L. (2008a), The Principle of Fairness: A game Theoretic Model, in: M. Braham und F. Steffen (Hrsg.), *Power, Freedom, and Voting. Essays in Honour of Manfred J. Holler*, Springer-Verlag, Berlin, Heidelberg.
Andreozzi, L. (2008b), An evolutionary theory of social justice: Choosing the right game, *European Journal of Political Economy* (Special Issue, hrsg. von M.J. Holler und V. Kanniainen), erscheint demnächst.
Arrow, K.J. (1951), *Social Choice and Individual Values*, New Haven und London.
Asheim, G. (1988), Renegotiation-Proofness in Finite and Infinite Stage Games through the Theory of Social Situations, Discussion Paper A-173, Bonn.
Aumann, R.J. (1967), A Survey of Cooperative Games Without Side Payments, in: M. Shubik (Hrsg.), *Essays in Mathematical Economics*, Princeton University Press, Princeton, 3–27.
Aumann, R.J. (1976), Agreeing to Disagree, *Annals of Statistics* 4, 1236–1239.
Aumann, R.J. (1981), Survey of Repeated Games, in: *Essays in Game Theory and Mathematical Economics in Honor of Oskar Morgenstern*, Bibliographisches Institut, Mannheim, 11–42.
Aumann, R.J. (1985), On the Non-transferable Utility Value: A Comment on the Roth-Shafer Examples, *Econometrica* 53, 667–677.
Aumann, R.J. (1985), What is Game Theory Trying to Accomplish?, in: K.J. Arrow und S. Honkapohja (Hrsg.), *Frontiers of Economics*, Basil Blackwell, Oxford.
Aumann, R.J. (1987), Correlated Equilibrium as an Expression of Bayesian Rationality, *Econometrica* 55, 1–18.
Aumann, R.J. (1999a), Interactive Epistemology I: Knowledge, *International Journal of Game Theory* 28, 263–300.
Aumann, R.J. (1999b), Interactive Epistemology I: Knowledge, *International Journal of Game Theory* 28, 301–314.
Aumann, R. und A. Brandenburger (1995), Epistemic Conditions for Nash Equilibrium, *Econometrica* 63, 1161–1180.
Aumann, R.J. und S. Hart (1992/94), *Handbook of Game Theory*, Band 1 und 2, Elsevier Science, Amsterdam.
Aumann, R.J. und M. Kurz (1977), Power and Taxes, *Econometrica* 45, 1137–1161.
Aumann, R.J. und M. Maschler (1972), Some Thoughts on the Minimax Principle, *Management Science* 18, 54–63.
Aumann, R.J. und S. Sorin (1989), Cooperation and Bounded Recall, *Games and Economic Behavior* 1, 5–39.
Axelrod, R. (1970), *Conflict of Interest as a Political Problem, A Theory of Divergent Goals with Applications to Politics*, Chicago University Press, Chicago.
Axelrod, R. (1987), *Die Evolution der Kooperation,* Oldenbourg-Verlag, München
Azariadis, C. und R. Guesnerie (1986), Sunspots and Cycles, *Review of Economic Studies* 53, 725–737.
Baldwin, R. und M. Widgrén (2004), Winners and losers under various dual majority rules for the EU's Council of Ministers, in: M. Wiberg (Hrsg.), *Reasoned Choices, Essays in Honor of Academy Professor Hannu Nurmi on the occasion of his 60th birthday*, Digipaino, Turku.
Banks, J.S. und J. Sobel (1987), Equilibrium Selection in Signaling Games, *Econometrica* 55, 890–904.
Banzhaf, J.F.III (1965), Weighted Voting Doesn't Work: A Mathematical Analysis, *Rutgers Law Review* 19, 317–343.
Banzhaf, J.F.III (1968), One Man, 3.312 Votes: A Mathematical Analysis of the Electoral College, *Villanova Law Review* 13, 304–332.
Barry, B. (1980), Is it Better to be Powerful or Lucky?, *Political Studies* 28, 183–194 und 338–352.
Bart, E. und J. Zweimüller (1995), Relative Wages under Decentralized and Coporatist Bargaining Systems, *Scandinavian Journal of Economics* 97, 369–384.
Basu, K. (1990), On the Non-Existence of a Rationality Definition for Extensive Games, *International Journal of Game Theory* 19, 33–44.

Battigalli, P. (1997), On Rationalizability in Extensive Games, *Journal of Economic Theory* 74, 40–61.

Battigalli, P. und M. Siniscalchi (1999), Hierarchies of Conditional Beliefs and Interactive Epistemology in Dynamic Games, *Journal of Economic Theory* 88, 188–230.

Baumol, W., Bailey, E. und R. Willig (1977), Weak Visible Hand Theorems on the Sustainability of Multiproduct Natural Monopoly, *American Economic Review* 67, 350–365.

Bennett, E. (1984), A New Approach to Predicting Coalition Formation and Payoff Distribution in Characteristic Function Games, in: M.J. Holler (Hrsg.), *Coalitions and Collective Action*, Physica-Verlag, Würzburg, Wien.

Bennett, E. (1983), The Aspiration Approach to Predicting Coalition Formation and Payoff Distribution in Sidepayment Games, *International Journal of Game Theory* 12, 1–28.

Benoit, J.-P. und V. Krishna (1985), Finitely Repeated Games, *Econometrica* 53, 905–922.

Berg, S. und M.J. Holler (1986), Randomized Decision Rules in Voting Games. A Model for Strict Proportional Power, *Quality and Quantity* 20, 419–429.

Bergin J. und B. MacLeod (1989), Efficiency and Renegotiation in Repeated Games, Discussion Paper, Queens University, Kingston.

Bernheim, B.D. (1984), Rationalizable Strategic Behavior, *Econometrica* 52, 1007–1028.

Berninghaus, S.K., Ehrhart, K.-M. und W. Güth (2002), *Strategische Spiele. Eine Einführung in die Spieltheorie*, Springer-Verlag, Berlin.

Bertini, C., Gambarelli, G. und I. Stach (2008), A Public Help Index, in: M. Braham und F. Steffen (Hrsg.), *Power, Freedom, and Voting. Essays in Honour of Manfred J. Holler*, Berlin und Heidelberg, Springer-Verlag.

Bester, H. und W. Güth (1998), Is Altruism Evolutionary Stable?, *Journal of Economic Behavior and Organization* 34, 193–209.

Bewley, T. (Hrsg.) (1987), *Advances in Economic Theory*, Cambridge University Press, Cambridge.

Binmore, K. (1990), *Essays on the Foundations of Game Theory*, Basil Blackwell, Oxford.

Binmore, K. (1992), *Fun and Games, A Text on Game Theory*, D.C. Heath, Lexington.

Binmore, K. (1994), *Playing Fair* (Game Theory and the Social Contract, Volume I), The MIT Press, Cambridge, London.

Binmore, K. (1998), *Just Playing* (Game Theory and the Social Contract, Volume II), The MIT Press, Cambridge, London.

Binmore, K. und A. Brandenburger (1990), Common Knowledge and Game Theory, in: Binmore (1990).

Binmore, K. und P. Dasgupta (1986), Game Theory: a Survey, in: K. Binmore und P. Dasgupta (Hrsg.), *Economic Organizations as Games*, Basil Blackwell, Oxford.

Binmore, K., Rubinstein, A. und A. Wolinsky (1986), The Nash Bargaining Solution in Economic Modelling, *Rand Journal of Economics* 17, 176–188.

Bishop, R.L. (1963), Game Theoretical Analysis of Bargaining, *Quarterly Journal of Economics* 77, 559–602.

Bös, D. (1970), *Wirtschaftsgeschehen und Staatsgewalt. Wieviel Staat hat die Wirtschaft zu ertragen?* Herder-Verlag, Wien.

Bolle, F. (2004), Iff you want me, I don't want you, *Journal of Mathematical Sociology* 28, 57–65.

Bolle, F. und J. Hoven (1989), Wettbewerb um das exklusive Angebotsrecht. Franchise Bidding als alternatives Regulierungsinstrument, *Finanzarchiv* 47, 460–478.

Bolle, F. und P. Ockenfels (1990), Prisoners' Dilemma as a Game with Incomplete Information, *Journal of Economic Psychology* 11, 69–84.

Bolle, F. und Y. Breitmoser (2008), Coalition Formation, Agenda Selection, and Power, in: M. Braham und F. Steffen (Hrsg.), *Power, Freedom, and Voting. Essays in Honour of Manfred J. Holler*, Springer-Verlag, Berlin, Heidelberg.

Borch, K. (1969), *Wirtschaftliches Verhalten bei Unsicherheit*, Oldenbourg-Verlag, München.

Braham, M. und M.J. Holler (2005a), The Impossibility of a Preference-based Power Index, *Journal of Theoretical Politics* 17, 137–157.

Braham, M. und M.J. Holler (2005b), „Power and preferences again: A reply to Napel and Widgrén“, *Journal of Theoretical Politics* 17, 389–395.
Braham, M. und F. Steffen (2002), Local Monotonicity and Straffin's Partial Homogeneity Approach to the Measurement of Voting Power, unveröffentlichtes Manuskript, Institut für Allokation und Wettbewerb, Universität Hamburg.
Bramoullé, Y. (2007), Anti-coordination and Social Interaction, *Games and Economic Behavior* 58, 30–49.
Brams, S.J. (1975), *Game Theory and Politics*, Free Press, New York.
Brams, S.J. (1976), *Paradoxes in Politics*, Free Press, New York.
Brams, S.J. (1992), A Generic Negotiation Game, *Journal of Theoretical Politics* 4, 53–66.
Brams, S.J. (1994), Game Theory and Literature, *Games and Economic Behavior* 6, 32–54.
Brams, S.J. und P. Affuso (1976), Power and Size: A New Paradox, *Theory and Decision* 7, 29–56.
Brams, S.J. und P.C. Fishburn (1976), When Size is a Liability? Bargaining Power in Minimal Winning Coalitions, *Journal of Theoretical Politics* 7, 301–316.
Brams, S.J. und A.D. Taylor (1996), *Fair Division: From Cake-cutting to Dispute Resolution*, Cambridge University Press, Cambridge.
Brams, S.J. und D. Wittman (1981), Nonmyopic Equilibria in 2×2 Games, Conflict, *Management and Peace Science* 6, 39–62.
Brandenburger, A. und E. Dekel (1987), Rationalizability and Correlated Equilibria, *Econometrica* 55, 1391–1402.
Brandenburger, A. und E. Dekel (1989), The Role of Common Knowledge Assumptions in Game Theory, in: Hahn (1989).
Brueckner, M. (2001), Extended Probabilistic Characterization of Power, in: M.J. Holler und G. Owen (Hrsg.), *Power Indices and Coalition Formation*, Kluwer Academic Publishers, Boston, Dordrecht, London.
Buchholz, W. und K.A. Konrad (1994), Global Environmental Problems and the Strategic Choice of Technology, *Journal of Economics* 60, 299–321.
Buschena, D. und D. Zilberman (1995), Performance of the Similarity Hypothesis Relative to Existing Models of Risky Choice, *Journal of Risk and Uncertainty* 11, 233–262.
Caplow, T. (1968), *Two Against One: Coalitions in Triads*, Prentice-Hall, Englewood Cliffs.
Carlsson, H. und E. van Damme, (1993), Global Games and Equilibrium Selection, *Econometrica* 61, 989–1018.
Carmichael, F. (2005), *A Guide to Game Theory*, Pearson Education, Harlow.
Cheng, L.K. und M. Zhu (1995), Mixed Strategy Nash Equilibrium Based upon Expected Utility and Quadratic Utility, *Games and Economic Behavior* 9, 139–150.
Coase, R. (1960), The Problem of Social Cost, *Journal of Law and Economics* 3, 1–44.
Chatterjee, K. (1985), Disagreement in Bargaining: Models with Incomplete Information, in: Roth (1985).
Cho, I. und D.M. Kreps (1987), Signaling Games and Stable Equilibria, *Quarterly Journal of Economics* 102, 179–221.
Clarke, E.H. (1971), Multipart Pricing of Public Goods, *Public Choice* 11, 17–33.
Coleman, J. (1971), Control of Collectivities and the Power of a Collectivity to Act, in: B. Lieberman (Hrsg.), *Social Choice*, Gordon and Breach, New York.
Conley, J., McLean, R. und S. Wilkie (1997), Reference functions and possibility theorems for cardinal social choice theory, *Social Choice and Welfare* 14, 65–78.
Cooper, R., DeJong, D., Forsythe, R. und T. Ross (1990), Selection Criteria in Coordination Games, *American Economic Review* 80, 218–233.
Cournot, A. (1838), *Recherches sur les principes mathématiques de la théorie des richesses*, Hachette, Paris.
Crawford, V.P. (1977), A Game of Fair Division, *Review of Economic Studies* 44, 235–247.
Crawford, V.P. und H. Haller (1990), Learning How to Cooperate: Optimal Play in Repeated Coordination Games, *Econometrica* 58, 571–595.
Crott, H. (1971), Experimentelle Untersuchung zum Verhandlungsverhalten in kooperativen Spielen, *Zeitschrift für Sozialpsychologie* 2, 61–74.

Dawkins, R. (1976), *The Selfish Gene*, Oxford University Press, Oxford.

Dasgupta, P., Hammond, P. und E. Maskin (1979), The Implementation of Social Choice Rules: Some General Results on Incentive Compatibility, *Review of Economic Studies* 46, 185–216.

Dasgupta, P. und E. Maskin (1986), The Existence of Equilibrium in Discontinuous Economic Games, I and II, *Review of Economic Studies* 53, 1–41.

D'Aspremont, C. und L.A. Gérard-Varet (1979), Incentives and Incomplete Information, *Journal of Public Economics* 11, 25–45.

Debreu, G. und H. Scarf (1963), A Limit Theorem on the Core of an Economy, *International Economic Review* 4, 235–246.

Deegan, J. und E.W. Packel (1978), A New Index of Power for Simple n-Person-Games, *International Journal of Game Theory* 7, 113–123.

Dekel, E. und S. Scotchmer (1992), On the Evolution of Optimizing Behavior, *Journal of Economic Theory* 57, 392–406.

Demsetz, H. (1968), Why Regulate Utilities? *Journal of Law and Economics* 9, 55–65.

de Swaan, A. (1970), An Empirical Model of Coalition Formation as an n-Person Game of Policy Distance Minimization, in: S. Groennings, E. Kelley und M.A. Leiserson (Hrsg.), *The Study of Coalition Behavior*, Holt, Rinehardt and Winston, New York.

de Swaan, A. (1973), *Coalition Theories and Cabinet Formation: A Study of Formal Theories of Coalition Formation as Applied to Nine European Parliaments after 1918*, Elsevier, Amsterdam.

Dixit, A.K. und B.J. Nalebuff (1995), *Spieltheorie für Einsteiger: Strategisches Know-how für Gewinner*, Schäffer-Poeschel-Verlag, Stuttgart.

Dow, G.K. (1993), Why Capital Hires Labor: A Bargaining Perspective, *American Economic Review* 83, 118–134.

Dreyer, J. und A. Schotter (1980), Power Relationship in the International Monetary Fund: The Consequences of Quota Changes, *Review of Economics and Statistics* 62, 97–106.

Dubey, P. (1975), On the Uniqueness of the Shapley Value, *International Journal of Game Theory* 4, 131–139.

Dubey, P. (1980), Nash Equilibria of Market Games: Finiteness and Efficiency, *Journal of Economic Theory* 22, 363–376.

Dubey, P. und L.S. Shapley (1979), Mathematical Properties of the Banzhaf Power Index, *Mathematics of Operations Research* 4, 99–131.

Duffie, D. und H. Sonnenschein (1989), Arrow and General Equilibrium Theory, *Journal of Economic Literature* 27, 565–598.

Edgeworth, F.Y. (1881), *Mathematical Psychics*, Kegan Paul & Co., London.

Eichberger, J. (1995), Spieltheorie und Experimente: Auktionen, Verhandlungen und Koordinationsprobleme, in: M.J. Holler (Hrsg.), *Ein halbes Jahrhundert Spieltheorie* (*Homo Oeconomicus* 12), Accedo-Verlag, München.

Ellison, G. (1993), Learning, Local Interaction, and Coordination, *Econometrica* 61, 1047–71.

Ellsberg, D. (1956), Theory of the Reluctant Duelist, *American Economic Review* 46, 909–923.

Elworthy, C. (1993), *Homo Biologicus: An Evoluntionary Model for Human Sciences*, Duncker & Humblot, Berlin.

Engelmann, D. and J. Steiner (2007), The Effects of risk preferences in mixed-strategy equilibria of 2×2 games, *Games and Economic Behavior* 60, 381–388.

Erdmann, G. (1993), *Elemente einer evolutorischen Theorie*, J.C.B. Mohr (Paul Siebeck), Tübingen.

Eucken, W. (1939), *Die Grundlagen der Nationalökonomie*, Springer-Verlag, Berlin.

Farrell, J. und E. Maskin (1989), Renegotiation in Repeated Games, *Games and Economic Behavior* 1, 327–360.

Faulhaber, G. (1975), Cross-Subsidization: Pricing in Public Enterprises, *American Economic Review* 65, 966–977.

Feichtinger, G. und R.F. Hartl (1986), *Optimale Kontrolle ökonomischer Prozesse. Anwendung des Maximumprinzips in den Wirtschaftswissenschaften*, Verlag De Gruyter, Berlin, New York.

Felsenthal, D.S. und A. Diskin (1982), The Bargaining Problem Revisited, *Journal of Conflict Resolution* 26, 664–691.

Felsenthal, D.S. und M. Machover (1998), Postulates and Paradoxes of Relative Voting Power. A Critical Reappraisal, *Theory and Decision* 38, 195–229.

Felsenthal, D.S. und M. Machover (1998), *The Measurement of Voting Power Revisited*, Edward Elger, Cheltenham.

Felsenthal, D.S. und M. Machover (2008), Further Reflections on the Expedience and Stability of Alliances, in: M. Braham und F. Steffen (Hrsg.), *Power, Freedom, and Voting. Essays in Honour of Manfred J. Holler*, Springer-Verlag, Berlin, Heidelberg.

Felsenthal, D.S., Machover, M. und W. Zwicker (1995), The Bicameral Postulates and Indices of a Priori Voting Power, *Theory and Decisions* 44, 83–116.

Finsinger, J. und I. Vogelsang (1981), Alternative Institutional Frameworks for Price Incentive Mechanisms, *Kyklos* 34, 388–404.

Fischer, D. und A. Schotter (1978), The Inevitability of the „Paradox of Redistribution" in the Allocation of Voting Weights, *Public Choice* 33, 49–67.

Fishburn, P.C. und S.J. Brams (1996), Minimal Winning Coalitions in Weighted Majority Voting Games, *Social Choice and Welfare* 13, 397–417.

Foster, D. und H.P. Young (1990), Stochastic Evolutionary Game Dynamics, *Theoretical Population Biology* 38, 219–232.

Fraser, N. und K.W. Hipel (1984), *Conflict Analysis: Models and Resolutions*, North-Holland, Amsterdam.

Freimer, K. und P. Yu (1976), Some New Results on Compromise Solutions for Group Decision Problems, *Management Science* 22, 688–693.

Freixas, J. und G. Gambarelli (1997), Common Internal Properties among Power Indices, *Control and Cybernetics* 26, 591–603.

Frey, B.S. (1969), Eine spieltheoretische Analyse der Machtverteilung im schweizerischen Bundesrat, *Schweizerische Zeitschrift für Volkswirtschaft und Statistik* 104, 155–169.

Frey, B.S. und M.J. Holler (1998), Tax Compliance Policy Reconsidered, *Homo Oeconomicus* 15, 27–44.

Friedman, D. (1991), Evolutionary Games in Economics, *Econometrica* 59, 637–666.

Friedman, J.W. (1971), A Noncooperative Equilibrium for Supergames, *Review of Economic Studies* 38, 1–12.

Friedman, J.W. (1977), *Oligopoly and the Theory of Games*, North-Holland, Amsterdam.

Friedman, J.W. (1983), *Oligopoly Theory*, Cambridge University Press, Cambridge.

Friedman, J.W. (1985), Cooperative Equilibria in Finite Horizon Noncooperative Supergames, *Journal of Economic Theory* 35, 390–398.

Friedman, J.W. (1986), *Game Theory with Application to Economics*, Oxford University Press, Oxford.

Fudenberg, D. und D. Levine (1983), Subgame Perfect Equilibria of Finite and Infinite Horizon Games, *Journal of Economic Theory* 31, 227–256.

Fudenberg, D., Kreps, D.M. und D. Levine (1988), On the Robustness of Equilibrium Refinements, *Journal of Economic Theory* 44, 354–380.

Fudenberg, D. und E. Maskin (1986), The Folk Theorem in Repeated Games with Discounting and with Incomplete Information, *Econometrica* 54, 533–554.

Fudenberg, D. und J. Tirole (1983), Sequential Bargaining with Incomplete Information, *Review of Economic Studies* 50, 221–247.

Fudenberg, D. und J. Tirole (1991), *Game Theory*, MIT Press, Cambridge.

Gambarelli, G. und M.J. Holler (Hrsg.) (2005), Power Measures III, Accedo-Verlag, München.

Garrett, G. und G. Tsebelis (1999). Why resist the temptation to apply power indices to the EU, *Journal of Theoretical Politics* 11, 321–221.

Gibbard, A. (1973), Manipulation of Voting Schemes: A General Result, *Econometrica* 41, 587–601.

Gibbons, R. (1992), *A Primer in Game Theory*, Harvester Wheatsheaf, New York.

Gillies, D.B. (1959), Solutions to General Non-Zero-Sum-Games, in: A.W. Tucker und R.D. Luce (Hrsg.), Contributions to the Theory of Games, IV, *Annals of Mathematical Studies* 40, Princeton University Press, Princeton, 47–87.

Goerke, L. und M.J. Holler (1996), *Arbeitsmarktmodelle*, Springer-Verlag, Berlin.

Green, E. und R. Porter (1984), Noncooperative Collusion under Imperfect Information, *Econometrica* 52, 87–100.

Green, J. und J.-J. Laffont (1979), *Incentives in Public Decision-Making*, North-Holland, Amsterdam.

Green, J. (1985), Differential Information, the Market and Incentive Compati-bility, in: K.J. Arrow und S. Honkapohja (Hrsg.), *Frontiers of Economics*, Basil Blackwell, Oxford.

Grofman, B. und H. Scarrow (1979), Iannucci and its Aftermath: The Application of the Banzhaf Index to Weighted Voting in the State of New York, in: S.J. Brams, A. Schotter und G. Schwödiauer (Hrsg.), *Applied Game Theory*, Physica-Verlag, Würzburg, Wien.

Grofman, B. und H. Scarrow (1981), Weighted Voting: The Record in New York County Government, *Legislative Studies Quarterly*, 287–304.

Grout, P.A. (1984), Investment and Wages in the Absence of Binding Contracts: A Nash Bargaining Approach, *Econometrica* 52, 449–460.

Güth, W. (1978), *Zur Theorie kollektiver Lohnverhandlungen*, Nomos-Verlag, Baden-Baden.

Güth, W. (1991), Game Theory's Basic Question – Who Is a Player?: Examples, Concepts and Their Behavioral Relevance, *Journal of Theoretical Politics* 3, 403–435.

Güth, W. (1999), *Spieltheorie und ökonomische (Bei)Spiele*, 2. Aufl., Springer-Verlag, Berlin.

Güth, W. (1995), An Evolutionary Approach to Explaining Cooperative Behavior by Reciprocal Incentives, *International Journal of Game Theory* 24, 323–344.

Güth, W. und E. van Damme (1989), Equilibrium Selection in the Spence Signaling Game, in: Selten (1991).

Güth, W. und B. Kalkofen (1989), Unique Solutions for Strategic Games, *Lecture Notes in Economics and Mathematical Systems* 328, Springer-Verlag, Berlin.

Güth, W. und H. Kliemt (1984), Competition or Cooperation: On the Evolutionary Economics of Trust, Exploitation and Moral Attitudes, *Metroeconomics* 45, 155–187.

Güth, W. und H. Kliemt (1995), Ist die Normalform die normale Form?, in: M.J. Holler (Hrsg.), Ein halbes Jahrhundert Spieltheorie (*Homo Oeconomicus* 12), Accedo-Verlag, München.

Güth, W. und H. Kliemt (1998), The Indirect Evolutionary Approach, *Rationality and Society* 10, 377–399.

Güth, W. und H. Kliemt (2004), Bounded Rationality and Theory Absorption, *Homo Oeconomicus* 21, 521–540.

Güth, W., Leininger, W. und G. Stephan (1988), On Supergames and Folk Theorems: A Conceptual Discussion, in: Selten (1991).

Güth, W. und S. Napel (2003), Inequality Aversion in a Variety of Games: An Indirect Evolutionary Analysis, Beiträge zur Wirtschaftsforschung, Nr. 130, Universität Hamburg.

Güth, W., Schmittberger, R. und B. Schwarze (1982), An Experimental Analysis of Ultimatum Bargaining, *Journal of Economic Behavior and Organization* 3, 367–388.

Gul, G. (1989), Bargaining Foundations of Shapley Value, *Econometrica* 57, 81–95.

Hahn, F. (Hrsg.) (1989), *The Economics of Missing Markets, Information, and Games*, Oxford University Press, Oxford.

Haradau, R. und S. Napel (2005), Holler-Packel Value and Index: A New Characterization, Beiträge zur Wirtschaftsforschung, Nr. 140, Universität Hamburg.

Harsanyi, J.C. (1955), Cardinal Welfare, Individual Ethics, and Interpersonal Comparisons of Utility, *Journal of Political Economy* 63, 309–321.

Harsanyi, J.C. (1956), Approaches to the Bargaining Problem Before and After the Theory of Games: A Critical Discussion of Zeuthen's, Hicks', and Nash's Theories, *Econometrica* 24, 144–157.

Harsanyi, J.C. (1967/8), Games with Incomplete Information Played by Bayesian Players, *Management Science* 14, 159–182, 320–334, 486–502.

Harsanyi, J.C. (1973), Games with Randomly Disturbed Payoffs: A New Rationale for Mixed-Strategy Equilibrium Points, *International Journal of Game Theory* 2, 1–23.

Harsanyi, J.C. (1977), *Rational Behavior and Bargaining Equilibrium in Games and Social Situations*, Cambridge University Press, Cambridge.

Harsanyi, J.C. und R. Selten (1972), A Generalized Nash Solution for Two-Person Bargaining Games with Incomplete Information, *Management Science* 18, Part II, 80–106.

Harsanyi, J.C. und R. Selten (1988), *A General Theory of Equilibrium Selection in Games*, MIT-Press, Cambridge.

Hart, S. und A. Mas-Colell (1988), The Potential of the Shapley value, in: A.E. Roth (Hrsg.), *The Shapley Value: Essays in Honor of Lloyd S. Shapley*, Cambridge University Press, Cambridge.

Hart, S. und A. Mas-Colell (1989), Potential, Value, and Consistency, *Econometrica* 57, 589–614.

Hart, S. und A. Mas-Colell (1996), Bargaining and Value, *Econometrica* 64, 357–380.

Heinemann, F. und G. Illing (2002), Speculative Attacks: Unique Sunspot Equilibrium and Transparency, *Journal of International Economics* 58, 429–450.

Hellwig, M.(1987), Some Recent Developments in the Theory of Competition in Markets with Adverse Selection, *European Economic Review* 31, 319–325.

Henrich, J. (2000), Does Culture Matter in Economic Behavior? Ultimatum Game Bargaining among the Machiguenga of the Peruvian Amazon, *American Economic Review* 90, 973–979.

Henrich, J., Boyd, R., Bowles, S., Camerer, C., Fehr, E., Gintis, H. und R. McElreath (2001), In Search of Homo Economicus: Behavioral Experiments in 15 Small-Scale Societies, *American Economic Review* 91, 73–78.

Henrich, J., Boyd, R., Bowles, S., Cramer, C., Fehr, E., and H. Gintis (Hrsg.) (2004), *Foundations of Human Sociality: Economic Experiments and Ethnographic Evidence from Fifteen Small-Scale Societies*, Oxford University Press, Oxford.

Hildenbrand, W. und A.P. Kirman (1976), *Introduction to Equilibrium Analysis*, North-Holland, Amsterdam.

Hildenbrand, W. und A.P. Kirman (1988), *Equilibrium Analysis: Variations on Themes by Edgeworth and Walras*, North-Holland, Amsterdam.

Hillas, J. (1990), On the Definition of Strategic Stability of Equilibria, *Econometrica* 58, 1365–1390.

Hirshleifer, J. und E. Rasmusen (1992), Are Equilibrium Strategies Unaffected by Incentives?, *Journal of Theoretical Politics* 4, 353–367.

Hofbauer, J. und K. Siegmund (1984), *Evolutionstheorie und dynamische Systeme*, Paul Parey-Verlag, Berlin und Hamburg.

Holler, M.J. (1978), A Priori Party Power and Government Formation, *Munich Social Science Review* 1, 25–41 (abgedruckt in: M.J. Holler (Hrsg.) (1982), *Power, Voting, and Voting Power*, Physica-Verlag, Würzburg, Wien).

Holler. M.J. (Hrsg.) (1982), *Power, Voting, and Voting Power*, Physica-Verlag, Würzburg, Wien.

Holler, M.J. (1982a), Note on a Paradox, *Jahrbücher für Nationalökonomie und Statistik* 197, 251–257.

Holler, M.J. (1982b), Forming Coalitions and Measuring Voting Power, *Political Studies* 30, 262–271.

Holler, M.J. (1984), A Public Good Power Index, in: M.J. Holler (Hrsg.) *Coalitions and Collective Action*, Physica-Verlag, Würzbug und Wien.

Holler, M.J. (1985), Strict Proportional Power in Voting Bodies, *Theory and Decision* 19, 249–258.

Holler, M.J. (1986), Two Concepts of Monotonicity in Two-Person Bargaining Theory, *Quality and Quantity* 20, 431–435.

Holler, M.J. (1987), Paradox Proof Decision Rules in Weighted Voting, in: M.J. Holler (Hrsg.), *The Logic of Multiparty Systems*, Kluwer Publishers, Dordrecht.

Holler, M.J. (1990), The Unprofitability of Mixed-Strategy Equilibria in Two-Person Games: A Second Folk-Theorem, *Economics Letters* 32, 319–323.

Holler, M.J. (1991), Three Characteristic Functions and Tentative Remarks on Credible Threats, *Quality and Quantity* 25, 29–35.

Holler, M.J. (1993), Fighting Pollution When Decisions are Strategic, *Public Choice* 76, 347–356.

Holler, M.J. (1997), Power, Monotonicity and Expectations, *Control and Cybernetics* 26, 605–607.
Holler, M.J. (1998), Two Stories, One Index, *Journal of Theoretical Politics* 10, 179–190.
Holler, M.J. (2002), Classical, Modern and New Game Theory, *Jahrbücher für Nationalökonomie und Statistik* 222, 556–583.
Holler, M.J. (2008), Machiavelli: Der Versuch einer spieltheoretischen Analyse von Macht, in: M. Held, G. Kubon-Gilke und R. Sturn (Hrsg.), *Macht in der Ökonomie. Normative und institutionelle Grundfragen der Ökonomik, Jahrbuch 7*, Verlag Metropolis, Marburg.
Holler, M.J. und J. Kellermann (1978), Die a-priori-Abstimmungsstärke im europäischen Parlament, *Kyklos* 31, 107–111.
Holler, M.J. und B. Klose-Ullmann (2007), *Spieltheorie für Manager. Handbuch für Strategen*, 2. Aufl., Verlag Vahlen, München.
Holler, M.J. und B. Klose-Ullmann (2008), Das Wallenstein-Wrangel-Verhandlungsspiel und das Problem der Macht, *GIS Arbeitspapier I*, Accedo-Verlag, München.
Holler, M.J., Leroch, M. und N. Maaser (2008), *Spieltheorie Lite. Aufgaben und Lösungen*, Accedo-Verlag, München.
Holler, M.J. und X. Li (1995), From Public Good Index to Public Value: An Axiomatic Approach and Generalization, *Control and Cybernetics* 24, 257–70.
Holler, M.J. und I. Lindner (2004), Mediation as Signal, *European Journal of Law and Economics* 17, 165–173.
Holler, M.J. und S. Napel (2004a), Monotonicity of Power and Power Measures, *Theory and Decision* 56, 93–111.
Holler, M.J. und S. Napel (2004a), Local Monotonicity of Power: Axiom or Just a Property?, *Quality and Quantity* 38, 637–647.
Holler, M.J., R. Ono und F. Steffen (2001), Constrained Monotonicity and the Measurement of Power, *Theory and Decision* 50, 385–397.
Holler, M.J. und G. Owen (Hrsg.) (2000), *Power Measures: Volume I (Homo Oeconomicus 17)*, Accedo-Verlag, München.
Holler, M.J. und G. Owen (Hrsg.) (2001), *Power Indices and Coalition Formation*, Kluwer Academic Publishers, Boston, Dordrecht, London.
Holler, M.J. und G. Owen (Hrsg.) (2003), *Power Measures: Volume I (Homo Oeconomicus 19)*, Accedo-Verlag, München.
Holler, M.J. und E.W. Packel (1983), Power, Luck and the Right Index, *Zeitschrift für Nationalökonomie (Journal of Economics)* 43, 21–29.
Holler, M.J. und R. Peters (1999), Scandals and Evolution: A Theory of Social Revolution, in: M.J. Holler (Hrsg.), *Scandal and Its Theory*, Accedo-Verlag, München.
Holler, M.J. und B.-A. Wickström (1999), The Use of Scandals in the Progress of Society, in: M.J. Holler (Hrsg.), *Scandal and Its Theory*, Accedo-Verlag, München.
Holler, M.J. und M. Widgrén (1999a), Why Power Indices for Assessing European Union Decision-making, *Journal of Theoretical Politics* 11, 321–331.
Holler, M.J. und M. Widgrén (1999b), The Value of a Coalition is Power, *Homo Oeconomicus* 15, 497–511.
Holzman, R. (1987), Sub-Core Solutions of the Problem of Strong Implementation, *International Journal of Game Theory* 16, 263–289.
Huyck, J. van, Battalio, R. und R. Beil (1990), Tacit Coordination Games, Strategic Uncertainty and Coordination Failure, *American Economic Review* 80, 234–248.
Illing, G. (1992), Private Information as Transaction Costs: The Coase Theorem Revisited, *Journal of Institutional and Theoretical Economics* 148, 558–576.
Illing, G. (1995), Industrieökonomie: Nur eine Spielwiese für Spieltheoretiker?, in: M.J. Holler (Hrsg.), *Ein halbes Jahrhundert Spieltheorie (Homo Oeconomicus 12)*, Accedo-Verlag, München.
Isbell, J.R. (1958), A Class of Simple Games, *Duke Mathematical Journal* 25, 423–439.
Johnston, R.J. (1977), National Power in the European Parliament as Meditated by the Party System, *Environment and Planning* 9, 1055–1066.

Johnston, R.J. (1982), Political Geography and Political Power, in: M.J. Holler (Hrsg.), *Power, Voting and Voting Power*, Physica-Verlag, Würzburg und Wien.

Johnston, R.J. und A. Hunt (1977), Voting Power in the E.E.C.'s Council of Ministers: An Essay on Method in Political Geography, *Geoforum* 8, 1–9.

Kahneman, D. und A. Tversky (1979), Prospect Theory: An Analysis of Decision under Risk, *Econometrica* 47, 263–291.

Kalai, E. (1977a), Nonsymmetric Nash Solutions and Replication of 2-Person Bargaining, *International Journal of Game Theory* 6, 129–133.

Kalai, E. (1977b), Proportional Solutions to Bargaining Situations: Interpersonal Utility Comparisons, *Econometrica* 45, 1623–1630.

Kalai, E. (1990), Bounded Rationality and Strategic Complexity in Repeated Games, in: T. Ichiishi, A. Neyman, Y. Tauman (Hrsg.), *Game Theory and Applications*, Academic Press, San Diego.

Kalai, E. und M. Smorodinsky (1975), Other Solutions to Nash's Bargaining Problem, *Econometrica* 43, 513–518.

Kandori, M., Mailath, G.J. und R. Rob (1993), Learning, Mutation, and Long Run Equilibria in Games, *Econometrica* 61, 29–56.

Kilgour, D. (1974), The Shapley Value for Cooperative Games with Quarelling, in: A. Rapoport, (Hrsg.), *Game Theory as a Theory of Conflict Resolution*, Reidel, Boston.

Kliemt, H. (1986a), The Veil of Insignificance, *European Journal of Political Economy* 2, 333–344.

Kliemt, H. (1986b), *Antagonistische Kooperation*, Alber, Freiburg.

Kohlberg, E. und J.-F. Mertens (1986), On the Strategic Stability of Equilibria, *Econometrica* 54, 1003–1037.

Kreps, D.M. (1989), Out-of-Equilibrium Beliefs and Out-of-Equilibrium Behaviour, in: Hahn (1989).

Kreps, D.M. (1990), *A Course in Microeconomic Theory*, Harvester Wheatsheaf, New York.

Kreps, D.M., Milgrom, P., Roberts, D.J. und R. Wilson (1982), Rational Cooperation in the Finitely Repeated Prisoners' Dilemma, *Journal of Economic Theory* 27, 245–252.

Kreps, D.M. und G. Ramey (1987), Structural Consistency, Consistency and Sequential Rationality, *Econometrica* 55, 1331–1348.

Kreps, D.M. und R. Wilson (1982a), Sequential Equilibria, *Econometrica* 50, 863–894.

Kreps, D.M. und R. Wilson (1982b), Reputation and Imperfect Information, *Journal of Economic Theory* 27, 253–279.

Kritikos, A. und F. Bolle (2004), Approaching Fair Behavior: Distributional and Reciprocal Preferences, in: F. Cowell (Hrsg.), *Inequality, Welfare and Income Distribution: Experimental Approaches*, North-Holland/Elsevier, Amsterdam.

Kuhn, H.W. (1953), Extensive Games and the Problem of Information, in: H.W. Kuhn und A.W. Tucker (Hrsg.), *Contributions to the Theory of Games II*, Princeton University Press, Princeton.

Kuhn, S.T. (2004), Reflections on Ethics and Game Theory, *Synthese* 141, 1–44.

Laffont, J.-J. und E. Maskin (1982), The Theory of Incentives: an Overview, in: W. Hildenbrand (Hrsg.), *Advances in Economic Theory*, Cambridge.

Langenberg, T. (2006), *Standardization and Expectations*, Springer-Verlag, Berlin, Heidelberg.

Laruelle, A. (1999), On the Choice of a Power Index, *Instituto Valenciano de Investigaciones Económicas*, WP-AD99–10.

Laruelle, A. und F. Valenciano (2008), Noncooperative Foundations of Bargaining Power in Committees and the Shapely-Shubik index, *Games and Economic Behavior* 63, 341–353.

Leech, D. (2003), Power Indices as an Aid to Institutional Design, in: M.J. Holler, H. Kliemt, D. Schmidtchen und M.E. Streit (Hrsg.), *European Governance* (Jahrbuch für Neue Politische Ökonomie 22), Mohr Siebeck, Tübingen.

Lehrer, E. (1988), An Axiomatization of the Banzhaf Value, *International Journal of Game Theory* 17, 89–99.

Leiserson, M. (1968), Factions and Coalitions in One-Party Japan: An Interpretation Based on the Theory of Games, *American Political Science Review* 62, 770–787.

Leland, J.W. (1994), Generalized Similarity Judgements: An Alternative Explanation for Choice Anomalies, *Journal of Risk and Uncertainty* 9, 151–172.

Levínský, R. und P. Silársky (2001), Global Monotonicity of Values of Cooperatives Games. An Argument Supporting the Explanatory Power of Shapley's Approach, in: M.J. Holler und G. Owen (Hrsg.), *Power Indices and Coalition Formation*, Kluwer, Boston, Dordrecht, London.

Leonard, R.J. (1994), Reading Cournot, Reading Nash: The Creation and Stabilisation of the Nash Equilibrium, *Economic Journal* 104, 492–511.

Littlechild, S.C. (1974), A Simple Expression for the Nucleolus in a Special Case, *International Journal of Game Theory* 3, 21–29.

Littlechild, S.C. und G. Owen (1977), A Further Note on the Nucleolus of the Airport Game, *International Journal of Game Theory* 5, 91–95.

Littlechild, S.C. und G. Thompson (1977), Aircraft Landing Fees: A Game Theory Approach, *Bell Journal of Economics* 8, 186–204.

Littlechild, S. und K. Vaidya (1976), The Propensity to Disrupt and the Disruption Nucleolus of a Characteristic Function Game, *International Journal of Game Theory* 5, 151–161.

Luce, R.D. und H. Raiffa (1957), *Games and Decisions*, Wiley, New York.

Lucas, W.F. (1968), A Game with no Solution, *Bulletin of the American Mathematical Society* 74, 237–239.

Machina, M.J. (1982), „Expected Utility" Analysis without the Independence Axiom, *Econometrica* 50, 277–323.

Machina, M.J. (1987), Choice under Uncertainty: Problems Solved and Unsolved, *Journal of Economic Perspectives* 1, 121–154.

Machina, M.J. (1989), Dynamic Consistency and Non-Expected Utility Models of Choice under Uncertainty, *Journal of Economic Literature* 27, 1622–1668.

Machover, M. (2000), Notions of A Priori Voting Power: Critique of Holler and Widgrén, *Homo Oeconomicus* 16, 415–425.

Mailath, G.J. (1992), Introduction: Symposium on Evolutionary Game Theory, *Journal of Economic Theory* 57, 259–277.

Mailath, G.J. (1998), Do People Play Nash Equilibrium? Lessons From Evolutionary Game Theory, *Journal of Economic Literature* 36, 1347–1374.

Mariot, M. (1994), The Nash Solution and Independence of Revealed Irrelevant Alternatives, *Economics Letters* 45, 175–179.

Maschler, M. und G. Owen (1989), The Consistent Shapley Value for Hyperplane Games, *International Journal of Game Theory* 18, 389–407.

Mas-Colell, A., Whinston, M. und J. Green (1995), *Microeconomic Theory*, Oxford University Press, Oxford.

Maskin, E. (1979), Implementation and Strong Nash Equilibrium, in: J.-J. Laffont (Hrsg.), *Aggregation and Revelation of Preferences*, North-Holland, Amsterdam, 433–439.

Maskin, E. (1985), The Theory of Implementation in Nash-Equilibrium: A Survey, in: L. Hurwicz, D. Schmeidler und H. Sonnenschein (Hrsg.), *Social Goals and Social Organization. Essays in Memory of E.A. Pazner*, Cambridge University Press, Cambridge.

Maynard Smith, J. (1982), *Evolution and the Theory of Games*, Cambridge University Press, Cambridge.

Maynard Smith, J. und G.R. Price (1973), The Logic of Animal Conflict, *Nature* 246, 15–18.

McDonald, I. und R. Solow (1981), Wage Bargaining and Employment, *American Economic Review* 71, 896–908.

Milgrom P. und D.J. Roberts (1982), Predation, Reputation and Entry Deterrence, *Journal of Economic Theory* 27, 280–312.

Miller, N.R. (1982), Power in Game Forms, in: M.J. Holler (Hrsg.), Power, *Voting and Voting Power*, Physica-Verlag, Würzburg, Wien.

Morris, S. und H.S. Shin (1998), Unique Equilibrium in a Model of Self-Fulfilling Currency Attacks, *American Economic Review* 88, 587–597.

Morris, S. und H.S. Shin (2003), Global Games: Theory and Applications, in: M. Dewatripont, L.P. Hansen, S.J. Turnovsky (Hrsg.), *Advances in Economics and Econometrics: Theory and*

Applications, 8th World Congress of the Econometric Society, Cambridge University Press, Cambridge.

Moulin, H. (1982), *Game Theory for the Social Sciences*, New York University Press, New York.

Moulin, H. (1983), *The Strategy of Social Choice*, North-Holland, Amsterdam.

Moulin, H. (1984), Implementing the Kalai-Smorodinsky Bargaining Solution, *Journal of Economic Theory* 33, 32–45.

Moulin, H. (1987), Equal or Proportional Division of a Surplus, and other Methods, *International Journal of Game Theory* 16, 161–186.

Moulin, H. (1988), *Axioms of Cooperative Decision Making*, Cambridge University Press, Cambridge.

Moulin, H. und B. Peleg (1982), Cores of Effectivity Functions and Implementation Theory, *Journal of Mathematical Economics* 10, 115–145.

Myerson, R.B. (1977), Two-Person Bargaining Problems and Comparable Utility, *Econometrica* 45, 1631–1637.

Myerson, R.B. (1978), Refinements of the Nash Equilibrium Concept, *International Journal of Game Theory* 7, 73–80.

Myerson, R.B. (1985), Bayesian Equilibrium and Incentive-compatibility: An Introduction, in: L. Hurwicz, D. Schmeidler und H. Sonnenschein (Hrsg.), *Social Goals and Social Organization – Essays in memory of E A. Pazner*, Cambridge University Press, Cambridge.

Myerson, R.B. (1989), Mechanism Design, in: J. Eatwell, M. Milgate und P. Newman (Hrsg.), *Allocation, Information and Markets*, Macmillan, London.

Myerson, R.B. (1991), *Game Theory, Analysis of Conflict*, Harvard University Press, Cambridge.

Myerson, R.B. (1999), Nash Equilibrium and the History of Economic Theory, *Journal of Economic Literature* 37, 1067–1082.

Myerson, R.B. und M. Satterthwaite (1983), Efficient Mechanisms for Bilateral Trading, *Journal of Economic Theory* 29, 265–281.

Nalebuff, B.J. und A. Brandenburger (1996), Coopetition – kooperativ konkurrieren, Campus-Verlag, Frankfurt/Main, New York.

Napel, S. (1999), The Holler-Packel Axiomatization of the Public Good Index Completed, *Homo Oeconomicus* 15, 513–520.

Napel, S. (2002), *Bilateral Bargaining: Theory and Applications*, Springer-Verlag, Berlin.

Napel, S. (2003), Aspiration Adaption in the Ultimatum Minigame, *Games and Economic Behavior* 43, 86–106.

Napel, S. (2004), Power Measurement as Sensitivity Analysis, *Journal of Theoretical Politics* 16, 517–538.

Napel, S. (2005), Evolutionäre Grundlagen von Fairness – Eine Spieltheoretische Analyse, in: E.H. Witte (Hrsg.), *Evolutionäre Sozialpsychologie und automatische Prozesse*, Pabst, Lengrich.

Napel, S. (2002), *Bilateral Bargaining*, Springer-Verlag, Berlin, Heidelberg, New York.

Napel, S. und M. Widgrén (2004), Power Measurement as Sensitivity Analysis – A Unified Approach, *Journal of Theoretical Politics* 16, 517–538.

Napel, S. und M. Widgrén (2006), The Inter-Instituional Distribution of Power in EU Codecision, *Social Choice and Welfare* 27, 129-154

Napel, S. und M. Widgrén (2008), Shapley-Shubik versus Strategic Power – Live from the UN Security Council, in: M. Braham und F. Steffen (Hrsg.), *Power, Freedom, and Voting. Essays in Honour of Manfred J. Holler*, Springer-Verlag, Berlin, Heidelberg.

Nash, J.F. (1950), The Bargaining Problem, *Econometrica* 18, 155–162.

Nash, J.F. (1951), Non-Cooperative Games, *Annals of Mathematics* 54, 286–295.

Nash, J.F. (1953), Two-Person Cooperative Games, *Econometrica* 21, 128–140.

Neymann, A. (1985), Bounded Complexity Justifies Cooperation in the Finitely Repeated Prisoners' Dilemma, *Economics Letters* 19, 227–229.

Nikaido, H. (1970), *Introduction to Sets and Mappings in Modern Economics*, North-Holland, Amsterdam.

Nurmi, H. (1980), Game Theory and Power Indices, *Zeitschrift für Nationalökonomie* 40, 35–58.

Nurmi, H. (1982), Measuring Power, in: M.J. Holler (Hrsg.), *Power, Voting and Voting Power*, Physica-Verlag, Würzburg, Wien.

Nurmi, H. (1998), *Rational Behaviour and Design of Institutions: Concepts, Theories and Models*, Edward Elgar, Cheltenham.

Nurmi, H. (2000), Game Theoretical Approaches to the EU Institutions: An Overview and Evaluation, *Homo Economics* 16, 363–391.

Nurmi, H. (2006), *Models of Political Economy*, Rutledge, London, New York.

Nydegger, R. und G. Owen (1975), Two-Person Bargaining: An Experimental Test of Nash Axioms, *International Journal of Game Theory* 3, 239–249.

Ochs, J. und A.E. Roth (1989), An Experimental Test of Sequential Bargaining, *American Economic Review* 79, 355–384.

Ockenfels, P. (1989), *Informationsbeschaffung auf homogenen Oligopolmärkten*, Physica-Verlag, Heidelberg.

Ockenfels, P. (1993), Cooperation in Prisoners' Dilemma: An Evolutionary Approach, *European Journal of Political Economy* 9, 567–579.

Osborne, M.J. und A. Rubinstein (1990), Bargaining und Markets, Academic Press, San Diego.

Owen, G. (1972), Multilinear Extensions of Games, *Management Science* 18, 64–79.

Owen, G. (1977), Values of Games with A Priori Unions, in: R. Henn und O. Moeschlin (Hrsg.), *Essays in Mathematical Economics and Game Theory*, Springer-Verlag, Berlin.

Owen, G. (1978), A Note on the Banzhaf-Coleman Index, in: P. Ordeshook (Hrsg.), *Game Theory and Political Science*, New York University Press, New York.

Owen, G. (1995[1968]), *Game Theory*, 3. Aufl., Academic Press, New York.

Owen, G. (1982), Modification for the Banzhaf-Coleman Index for Games with A Priori Unions, in: M.J. Holler (Hrsg.), *Power, Voting and Voting Power*, Physica-Verlag, Würzburg, Wien.

Packel, E.W. und J. Deegan (1980), An Axiomatic Family of Power Indices for Simple n-Person Games, *Public Choice* 35, 229–239.

Panzar, J. und D. Willig (1977), Free Entry and the Sustainability of Natural Monopoly, *Bell Journal of Economics* 8, 1–22.

Pearce, D.G. (1984), Rationalizable Strategic Behavior and the Problem of Perfection, *Econometrica* 52, 1029–1050.

Pen, J. (1952), A General Theory of Bargaining, *American Economic Review* 42, 24–42.

Penrose, L.S. (1946), The Elementary Statistics of Majority Voting, *Journal of the Royal Statistical Society* 109, 53–57.

Peters, R. (1995), Evolutionary Stability in the Rubinstein Game, Beiträge zur Wirtschaftforschung, Nr. 87, Sozialökonomisches Seminar der Universität Hamburg.

Peters, R. (1997), The Stability of Networks: an Evolutionary Approach to Standardization, in: M.J. Holler and E. Niskanen (Hrsg.), *EURAS Yearbook of Standardization, Volume 1*, Accedo-Verlag, München.

Peters, R. (1998), *Evolutorische Stabilität in sozialen Modellen*, Accedo-Verlag, München.

Pfingsten, A. (1991), Surplus-Sharing Methods, *Mathematical Social Sciences* 21, 287–301.

Podszuweit, H.-J. (1998), Eine Verallgemeinerung von Kakutanis Fixpunkttheorem, *Homo Oeconomicus* 15, 263–269.

Polak, B. (1999), Epistemic Conditions for Nash Equilibrium, and Common Knowledge of Rationality, *Econometrica* 67, 673–676.

Radner, R. (1980), Collusive Behavior in Noncooperative Epsilon-Equilibria of Oligopolies with Long but Finite Lives, *Journal of Economic Theory* 22, 136–154.

Radner, R. (1986), Can Bounded Rationality Resolve the Prisoners' Dilemma?, in: W. Hildenbrand und A. Mas-Collel (Hrsg.), *Contributions to Mathematical Economics In Honor of Gerard Debreu*, Amsterdam, 387–399.

Raiffa, H. (1953), Arbitration Schemes for Generalized Two-Person Games, in: H.W. Kuhn und A.W. Tucker (Hrsg.), *Contributions to the Theory of Games, II, Annals of Mathematical Studies*, Princeton University Press, Princeton, 361–387.

Rapoport, A. und A. Cohen (1984), Expected Frequency and Mean Size of the Paradox of New Members, *Theory and Decision* 17, 29–45.

Rapoport, A. und A. Cohen (1986), Paradoxes of Quarreling in Weighted Majority Games, *European Journal of Political Economy* 2, 235–250

Rasch, B. (1988), On the Real Voting Power Index, *European Journal of Political Economy* 4, 285–291.

Rasmusen, E. (1989), *Games and Information – An Introduction to Game Theory,* Basil Blackwell, Oxford.

Rattinger, H. und H. Elicker (1979), Machtverteilung im Europäischen Parlament vor und nach der Direktwahl, *Zeitschrift für Parlamentsfragen* 10, 216–232.

Rawls, J. (1972), *A Theory of Justice*, Oxford University Press, Oxford.

Riker, W.H. (1962), *The Theory of Political Coalitions*, Yale University Press, New Haven.

Riley, J. (1979), Informational Equilibrium, *Econometrica*, 47, 331–359.

Roberts, J. (1987), Battles for Market Share: Incomplete Information, Aggressive Strategic Pricing and Competitive Dynamics, in: Bewley (1987).

Roberts, J. und A. Postlewaite (1976), The Incentives for Price-Taking, Behavior in Large Economies, *Econometrica* 44, 115–128.

Robson, A.J. (1995), The Evolution of Strategic Behavior, *Canadian Journal of Economics* 28, 17–41.

Roth, A.E. (1977a), Individual Rationality and Nash's Solution to the Bargaining Problem, *Mathematics of Operations Research* 2, 64–65.

Roth, A.E. (1977b), The Shapley Value as a von Neumann-Morgenstern Utility, *Econometrica* 45, 657–664.

Roth, A.E. (1979), *Axiomatic Models of Bargaining*, Springer-Verlag, Berlin.

Roth, A.E. (1984), Stable Coalition Formation: Aspects of a Dynamic Theory, in: M.J. Holler (Hrsg.), *Coalitions and Collective Action*, Physica-Verlag, Würzburg, Wien.

Roth, A.E. (Hrsg.) (1985), *Game-Theoretic Models of Bargaining*, Cambridge University Press, Cambridge.

Roth, A.E. (1987), Bargaining Phenomena and Bargaining Theory, in: A.E. Roth (Hrsg.), *Laboratory Experimentation in Economics: Six Points of View*, Cambridge University Press, Cambridge.

Roth, A.E. (1988), Laboratory Experimentation in Economics: A Methodological Overview, *Economic Journal* 98, 974–1031.

Roth, A.E. (1991), A Natural Experiment in the Organization of Entry-Level Labor Markets, *American Economic Review* 81, 415–440.

Roth, A.E. und M. Malouf (1979), Game-Theoretic Models and the Role of Information in Bargaining, *Psychological Review* 86, 574–594.

Roth, A.E. und M. Malouf (1982), Scale Changes and Shared Information in Bargaining, An Experimental Study, *Mathematical Social Sciences* 3, 157–177.

Roth, A.E. und J. Murnigham (1982), The Role of Information in Bargaining: An Experimental Study, *Econometrica* 50, 1123–1142.

Roth, A.E. und U. Rothblum (1982), Risk Aversion and Nash Solution for Bargaining Games with Risky Outcomes, *Econometrica* 50, 639–647.

Roth, A.E. und F. Schoumaker (1983), Expectations and Recognitions in Bargaining: An Experimental Study, *American Economic Review* 73, 362–372.

Rothschild, M. und J. Stiglitz (1976), Equilibrium in Competitive Insurance Markets: The Economics of Imperfect Information, *Quarterly Journal of Economics* 90, 629–649

Rubinstein, A. (1982), Perfect Equilibrium in a Bargaining Model, *Econometrica* 50, 97–111.

Rubinstein, A. (1986), Finite Automata Play the Repeated Prisoners' Dilemma *Journal of Economic Theory* 39, 83–96.

Rubinstein, A. (1987), A Sequential Strategic Theory of Bargaining, in: Bewley (1987).

Rubinstein, A. (1991), Comments on the Interpretation of Game Theory, *Econometrica* 59, 909–924.

Rubinstein, A. (2000), *Economics and Language: Five Essays*, Cambridge University Press, Cambridge.

Sabourian, H. (1989), Repeated Games: A Survey, in: Hahn (1989).

Sacco, P.L. und M. Sandri (1995), Evolutionary Selection of 'Chivalrous' Conventions in Coordination Games without Common Expectations, *European Journal of Political Economy* 11, 663–681.

Samuelson, L. (2001), Introduction to the Evolution of Preferences, *Journal of Economic Theory* 97, 225–230.

Samuelson, L. und J. Zhang (1992), Evolutionary Stability in Asymmetric Games, *Journal of Economic Theory* 57, 363–391.

Samuelson, W. (1985), A Comment on the Coase Theorem, in: Roth (1985).

Salonen, H. (1986), Arbitration Schemes and Bargaining Solutions, *European Journal of Political Economy* 2, 395–405.

Salonen, H. (1992), An Axiomatic Analysis of the Nash Equilibrium Concept, *Theory and Decision* 33, 177–189.

Savage, L. (1954), *Foundations of Statistics*, Wiley, New York.

Schellenberg, J.A. 1990), *Primitive Games*, Westview Press, Boulder.

Schelling, T.C. (1960), *The Strategy of Conflict*, Oxford University Press, London.

Schmeidler, D. (1969), The Nucleolus of a Characteristic Function Game, SIAM *Journal of Applied Mathematics* 17, 1163–1170.

Schofield, N. (1978), Generalised Bargaining Sets for Cooperative Games, *International Journal of Game Theory* 7, 183–199.

Schofield, N. (1982), Bargaining Set Theory and Stability in Coalition Governments, *Mathematical Social Sciences* 3, 9–32.

Schotter, A. und G. Schwödiauer (1980), Economics and Theory of Games: A Survey, *Journal of Economic Literature* 18, 479–527.

Schotter, A. (1981), *The Economic Theory of Social Institutions*, Cambridge University Press, Cambridge.

Schotter, A. (1982), The Paradox of Redistribution: Some Theoretical and Empirical Results, in: M.J. Holler (Hrsg.), *Power, Voting and Voting Power*, Physica-Verlag, Würzburg, Wien.

Schweizer, U. (1988), Externalities and the Coase Theorem, *Zeitschrift für die gesamte Staatswissenschaft* 144, 245–266.

Selten, R. (1965), Spieltheoretische Behandlung eines Oligopolmodells mit Nachfrageträgheit, *Zeitschrift für die gesamte Staatswissenschaft* 12, 301–324 und 667–689.

Selten, R. (1975), Reexamination of the Perfectness Concept for Equilibrium Points in Extensive Games, *International Journal of Game Theory* 4, 25–55.

Selten, R. (1978), The Chain-Store Paradox, *Theory and Decision* 9, 127–159.

Selten, R. (1980), A Note on Evolutionarily Stable Strategies in Asymmetric Animal Conflicts, *Journal of Theoretical Biology* 84, 93–101; abgedruckt in: R. Selten (1988), *Models of Strategic Rationality*, Springer-Verlag, Berlin.

Selten, R. (1982), Einführung in die Theorie der Spiele bei unvollständiger Information, in: *Information in der Wirtschaft, Schriften des Vereins für Socialpolitik*, Neue Folge, Band 126.

Selten, R. (1991) (Hrsg.), Game Equilibrium Models, Springer-Verlag, Berlin.

Selten, R. und U. Leopold (1982), Subjunctive Conditionals in Decision and Game Theory, in: W. Stegmüller, W. Balzer und W. Spohn (Hrsg.), *Philosophy of Economics* 2, Springer-Verlag, Berlin.

Selten, R. und A. Ostmann (2001), Imitation Equilibrium, *Homo Oeconomicus* 18, 111–150.

Sertel, M. und A. Steinherr (1989) (Hrsg.), Economic Design, *European Journal of Political Economy* (Special Issue) 5, 149–428.

Shapley, L.S. (1953), A Value for n-Person Games, in: H.W. Kuhn und A.W. Tucker (Hrsg.), *Contributions to the Theory of Games, II, Annals of Mathematical Studies*, Princeton University Press, Princeton 307–317.

Shapley, L.S. und M. Shubik (1954), A Method for Evaluating the Distribution of Power in a Committee System, *American Political Science Review* 48, 787–792.

Shapley, L.S. und M. Shubik (1969), On Market Games, *Journal of Economic Theory* 1, 9–25.

Shapley, L.S. und M. Shubik (1975), Competitive Outcomes in the Core of the Market Games, *International Journal of Game Theory* 4, 229–237.

Shiller, R.J. (1981), Do Stock Prices Move Too Much to be Justified by Subsequent Changes in Dividends?, *American Economic Review* 71, 421–436.

Shubik, M. (1959a), Edgeworth Market Games, in: R.D. Luce und A. Tucker (Hrsg.), Contributions to the Theory of Games, IV, *Annals of Mathematical Studies* 40, Princeton University Press, 267–278.

Shubik, M. (1959b), *Strategy and Market Structure*, John Wiley, New York.

Shubik, M. (1984), *Game Theory in the Social Sciences: Concepts and Solutions*, MIT Press, Cambridge.

Simon, H. (1957), *Models of Man*, John Wiley, New York.

Smith, A. (1776), *Inquiry into the Nature and Causes of the Wealth of Nations*; deutsche Ausgabe: Der Wohlstand der Nationen, hrsg. v. H.C. Recktenwald, 3. Aufl., München 1983.

Spence, M. (1973), *Market Signalling: Information Transfer in Hiring and Related Processes*, Harvard University Press, Cambridge.

Stahl, D.O. und E. Haruvy (2008), Subgame Perfection in Ultimatum Bargaining Trees, *Games and Economic Behavior* 63, 292–307.

Stahl, I. (1972), *Bargaining Theory*, Economic Research Institute, Stockholm.

Stahl, I. (1977), An n-Person Bargaining Game in the Extensive Form, in: R. Henn und O. Moeschlin (Hrsg.), *Mathematical Economics and Game Theory, Lecture Notes in Economics and Mathematical Systems*, Nr. 141, Springer-Verlag, Berlin.

Steinhaus, H. (1948), The Problem of Fair Division (Abstract), *Econometrica* 16, 101–104.

Stenlund, H., Lane, J.-E. und B. Bjurulf (1985), Formal and Real Voting Power, *European Journal of Political Economy* 1, 59–75.

Straffin, P.D. (1977), Homogeneity, Independence, and Power Indices, *Public Choice* 30, 107–118.

Straffin, P.D. (1982), Power Indices in Politics, in: S.J. Brams, W.F. Lucas und P.D. Straffin (Hrsg.), *Modules in Applied Mathematics*, Volume 2, Springer-Verlag, Berlin.

Straffin, P.D., Davis, M.D. und S.J. Brams (1982), Power and Satisfaction in an Ideologically Divided Voting Body, in: M.J. Holler (Hrsg.), *Power, Voting and Voting Power*, Physica-Verlag, Würzburg, Wien.

Sudgen, R. (1995), A Theory of Focal Points, *Economic Journal* 105, 533–550.

Sutton, J. (1986), Non-Cooperative Bargaining Theory: An Introduction, *Review of Economic Studies* 53, 709–724.

Svejnar, J. (1986), Bargaining Power, Fear of Disagreement, and Wage Settlements: Theory and Evidence from U.S. Industry, *Econometrica* 54, 1055–1078.

Swinkel, J.M. (1992), Evolutionary Stability with Equilibrium Entrants, *Journal of Economic Theory* 57, 306–332.

Tan, T. und S. Werlang (1988), The Bayesian Foundation of Solution Concepts of Games, *Journal of Economic Theory* 45, 370–391.

Taylor, M. (1976), *Anarchy and Cooperation*, John Wiley, London.

Thomson, W. (1981), Nash's Bargaining Solution and Utilitarian Choice Rules, *Econometrica* 49, 535–538.

Thomson, W. (1988), The Manipulability of the Shapley Value, *International Journal of Game Theory* 17, 101–127.

Tirole, J. (1988), *The Theory of Industrial Organization*, MIT Press, Cambridge.

Tsebelis, G. (1989), The Abuse of Probability in Political Analysis: The Robinson Crusoe Fallacy, *American Political Science Review* 83, 77–91.

Tsebelis, G. und G. Garrett (1997). Why power indices cannot explain decisionmaking in the European Union, in: D. Schmidtchen und R. Cooter (Hrsg.), *Constitutional Law and Economics of the European Union*, Edward Elgar, Cheltenham.

Turnovec, F. (1998), Monotonicity and power indices, in: T.J. Stewart und R.C. van den Honert (Hrsg.), *Trends in Multicriteria Decision Making, Lecture Notes in Economics and Mathematical Systems* 465, Springer-Verlag, Berlin.

Turnovec, F., Mercik, J.W. and M. Mazurkiewicz (2008), Power Indices Methodology: Decisiveness, Pivots, and Swings, in: M. Braham und F. Steffen (Hrsg.), *Power, Freedom, and Voting. Essays in Honour of Manfred J. Holler*, Springer-Verlag, Berlin, Heidelberg.

van Damme, E. (1987), *Stability and Perfection of Nash Equilibria*, Springer-Verlag, Berlin.

van Damme, E. (1989a), Renegotiation-Proof Equilibria in Repeated Prisoners' Dilemma, *Journal of Economic Theory* 47, 206–217.

van Damme, E. (1989b), Stable Equilibria and Forward Induction, *Journal of Economic Theory* 48, 476–496.

van Damme, E. (1994), Evolutionary Game Theory, *European Economic Review* 38, 847–858.

van Deemen, A.M.A. (1991), Coalition Formation in Centralised Policy Games, *Journal of Theoretical Politics* 3, 139–161.

Vannucci, S. (1986), Effectivity Functions, Indices of Power, and Implementation, *Economic Notes* 25, 92–105.

Vannucci, S. (2002), Effectivity Functions, Opportunity Rankings, and Generalized Desirability Relations, *Homo Oeconomicus* 19, 451–467.

Varian, H. (1994), *Mikroökonomie*, 3. Aufl., Oldenbourg-Verlag, München.

Vartiainen, H. (2007), Collective choice with endogenous reference outcome, *Games and Economic Behavior* 58, 172–180.

Vives, X. (1984), Duopoly Information Equilibrium: Cournot and Bertrand, *Journal of Economic Theory* 34, 71–94.

von Neumann, J. (1928), Zur Theorie der Gesellschaftsspiele, *Mathematische Annalen* 100, 295–320.

von Neumann, J. und O. Morgenstern (1947[1944]), *The Theory of Games and Economic Behavior*, 2. Aufl., Princeton University Press, Princeton.

von Neumann, J. und O. Morgenstern (1947), *The Theory of Games and Economic Behavior*, 2. Aufl., Princeton University Press, Princeton.

von Weizsäcker, C.C. (1980), Barriers to Entry, Springer-Verlag, Berlin.

Voss, T. (1985), *Rationale Akteure und soziale Institutionen*, Oldenbourg-Verlag, München.

Wakker, P. (1994), Separating Marginal Utility and Probabilistic Risk Aversion, *Theory and Decision* 36, 1–44.

Weibull, J.W. (1994), The 'As If' Approach to Game Theory: Three Positive Results and Four Obstacles, *European Economic Review* 38, 868–881.

Weibull, J.W. (1995), *Evolutionary Game Theory*, The MIT Press, Cambridge, London.

Wen-Tsün, W. und J. Jia-He (1962), Essential Equilibrium Points of *n*-Person Noncooperative Games, *S. Sinica* 11, 1307–1322.

Widgrén, M. (1994), Voting Power in the EC and the Consequences of Two Different Enlargements, *European Economic Review* 38, 1153–1170.

Widgrén, M. (1995), Probabilistic Voting Power in the EU Council: The Case of Trade Policy and Social Regulation, *Scandinavian Journal of Economics* 92, 345–356.

Widgrén, M. (2001), On the Probabilistic Relationship between Public Good Index and Normalized Banzhaf Index, in: M.J. Holler und G. Owen (Hrsg.), *Power Indices and Coalition Formation*, Kluwer Academic Publishers, Boston, Dordrecht, London.

Widgrén, M. (2008), The Impact of Council's Internal Decision-Making Rules on the Future EU, Discussion paper, Public Choice Research Centre, Turku.

Wiese, H. (2002), Entscheidungs- und Spieltheorie, Springer-Verlag, Berlin.

Wilson, C. (1977), A Model of Insurance Markets with Incomplete Information, *Journal of Economic Theory* 16, 167–207.

Wilson, R. (1985), Reputation in Games and Markets, in: Roth (1985).

Wilson, R. (1987), Game-Theoretic Analyses of Trading Processes, in: Bewley (1987).

Witt, U. (1992), Überlegungen zum gegenwärtigen Stand der evolutorischen Ökonomik, in: B. Biervert und M. Held (Hrsg.), *Evolutorische Ökonomik: Neuerungen, Normen, Institutionen*, Campus-Verlag, Frankfurt, New York.

Wittman, D. (1985), Counter-Intuitive Results in Game Theory, *European Journal of Political Economy* 1, 77–89.

Wittman, D. (1993), Nash Equilibrium vs. Maximin: a Comparative Statics Analysis, *European Journal of Political Economy* 9, 559–565.

Young, H.P. (1985), Monotonic Solutions of Cooperative Games, *International Journal of Game Theory* 14, 65–72.

Yu, P. (1973), A Class of Solutions for Group Decision Problems, *Management Science* 19, 936–946.

Zagare, F. (1984a), Limited Move Equilibria in 2×2 Games, *Theory and Decision* 16, 1–19.

Zagare, F. (1984b), *Game Theory: Concepts and Applications*, Sage, Beverly Hills.

Zeeman, E.C. (1980), Population Dynamics from Game Theory, in: Z. Nitecki und C. Robinson (Hrsg.), *Global Theory of Dynamical Systems*, Springer-Verlag, Berlin.

Zeuthen, F. (1930), *Problems of Monopoly and Economic Warfare*, Routledge, London.

Personenverzeichnis

L

M

N

O

P

R

S

T

V

W

Y

Z

Sachverzeichnis

A

B

C

D

E

P

Q

R

S